AF294093

DIE GRUNDLEHREN DER
MATHEMATISCHEN WISSENSCHAFTEN

IN EINZELDARSTELLUNGEN MIT BESONDERER BERÜCKSICHTIGUNG DER ANWENDUNGSGEBIETE

HERAUSGEGEBEN VON

R. GRAMMEL · E. HEINZ · F. HIRZEBRUCH · E. HOPF
H. HOPF · W. MAAK · W. MAGNUS · F. K. SCHMIDT
K. STEIN · B. L. VAN DER WAERDEN

BAND 112

VORLESUNGEN ÜBER THEORETISCHE MECHANIK

VON

D. MORGENSTERN UND I. SZABÓ

SPRINGER-VERLAG
BERLIN · GÖTTINGEN · HEIDELBERG
1961

VORLESUNGEN ÜBER THEORETISCHE MECHANIK

VON

DR. RER. NAT. DIETRICH MORGENSTERN PH. D.

A. O. PROFESSOR AN DER UNIVERSITÄT MÜNSTER

UND

DR.-ING. ISTVÁN SZABÓ

O. PROFESSOR AN DER TECHNISCHEN UNIVERSITÄT BERLIN

MIT 112 ABBILDUNGEN

SPRINGER-VERLAG

BERLIN · GÖTTINGEN · HEIDELBERG

1961

Softcover reprint of the hardcover 1st edition 1961

ISBN-13: 978-3-642-94821-3   e-ISBN-13: 978-3-642-94820-6
DOI: 10.1007/ 978-3-642-94820-6

BRÜHLSCHE UNIVERSITÄTSDRUCKEREI GIESSEN

Vorwort

Dieses unter Benutzung verschiedener Vorlesungen der beiden Verfasser entstandene Buch über die klassische Mechanik soll die Stelle der *„Theoretischen Mechanik"* von G. HAMEL in der „Gelben Reihe" einnehmen. Eine gewisse Verwandtschaft mit diesem Vorgänger wird sich auch nicht verleugnen lassen, die aber wohl mehr durch das gesteckte Ziel, eine Übersicht über die Mechanik zu geben, bedingt ist, als durch innere Ähnlichkeit des Aufbaus. Denn außer einer Modernisierung der Bezeichnungsweisen wurde im Gegensatz zum Hamelschen Buch die natürliche Aufbaumethode der Mechanik benutzt, bei der der Kraftbegriff im Vordergrund steht, die Kräfte also nicht als mathematische Hilfsgrößen, Lagrangesche Multiplikatoren, eingeführt werden. Daneben wird durchaus betont, daß die Mechanik — wenigstens bis jetzt — kein einheitliches Gebilde ist, sondern ein Konglomerat verschiedener Theorien, zwischen denen die Zusammenhänge nicht immer klar erkannt sind. Für einen wichtigen Teil, die Näherungstheorien der technischen Statik, wird eine solche Verknüpfung hier erstmalig in einem Lehrbuch geleistet, indem diese Theorien als Folgerungen der dreidimensionalen linearen Elastizitätstheorie nachgewiesen werden. Somit hoffen die Verfasser, ein Buch geschaffen zu haben, das in gleicher Weise für viele Interessenten der Mechanik — Physiker, Astronomen, Mathematiker und auch theoretisch interessierte Ingenieure — ein nützliches *Lehrbuch* sein kann und welches auch als Ausgangspunkt für die Beschäftigung mit weiterführenden Fragen dienen mag. Wenn auch der sachliche Umfang beschränkt ist, so soll doch wenigstens teilweise durch Literaturhinweise auf die sich in den letzten Jahren so ungeheuer vermehrenden, in Büchern und Zeitschriften niedergelegten speziellen Ergebnisse in den verschiedenen Zweigen der theoretischen und angewandten Mechanik hingewiesen werden. Gängige mathematische Sätze und Formeln sind meist nur „pauschal" zitiert. Der mathematisch orientierte Leser wird ohnehin wissen, wo er nachzuschlagen hat, und der nur am physikalischen Ergebnis interessierte Leser wird geneigt sein, in dieser Hinsicht „großzügig" zu sein. Im allgemeinen waren wir bestrebt, nicht nur die Herleitung der maßgeblichen Gesetze zu geben, sondern aus ihnen auch konkrete (quantitative) Folgerungen in Form von Beispielen und Lösungen von „Aufgaben und Problemen" zu ziehen; daß dies nicht überall möglich war, leuchtet sofort ein, wenn man hierfür als Beispiele die Theorie der Turbulenz oder die Stabilität der Strömung anführt.

An mathematischem Kalkül und Symbolik wurde nicht mehr herangezogen und verwendet als unbedingt notwendig. Die darstellungs- und umfangsmäßigen Unterschiede, die der Leser zwischen den §§ 1—9 und §§ 10—12 feststellen wird, liegen nicht allein in den Personen der Verfasser (§§ 1—9 von D. Morgenstern und §§ 10—12 von I. Szabó), sondern auch in dem Stoff selbst: Während der erstgenannte Teil einer stärkeren „Mathematisierung" und Vereinheitlichung und somit einer strafferen Fassung fähig ist, verlangt der zweite, wegen seiner augenblicklichen und sicherlich noch lange anhaltenden Aktualität und dadurch geförderten laufenden Entwicklung, auch die Heranziehung von Näherungsverfahren, die sowohl in Idealisierungen physikalischen Charakters (z. B. reibungsfreie Strömung idealer Gase), wie auch in vereinfachenden geometrischen Annahmen (z. B. schlanke Projektile) wurzeln.

Besonderen Dank schulden die Verfasser Herrn Dr. rer. nat. Klaus André und Herrn Dipl.-Ing. Wolfgang Zander: Sie waren an den sich über zwei Jahre hinziehenden seminaristischen Besprechungen und Diskussionen zur Abfassung des Manuskriptes aktiv beteiligt; sie entwarfen nach unseren Vorschlägen die meisten „Aufgaben und Probleme" zu den einzelnen Paragraphen, und zwar Herr Dr. André die zu den ersten neun, Herr Dipl.-Ing. Zander die sehr umfangreichen zu den letzten drei Paragraphen; das druckfertige Manuskript wurde erst geschrieben, nachdem Herr Dr. André die §§ 1—9 und Herr Dipl.-Ing. Zander die §§ 10—12 kritisch durchgesehen und entsprechend ihren Vorschlägen an zahlreichen Stellen geändert wurde; Herr Dipl.-Ing. Zander gestaltete die meisten der Abbildungen; schließlich unterstützten sie uns durch gewissenhaftes und kritisches Korrekturlesen, dessen Frucht weitere und wichtige Verbesserungsvorschläge waren.

Für eine erfreuliche Zusammenarbeit und vorzügliche Ausstattung des Buches danken die Verfasser dem Springer-Verlag.

Die Verfasser sind sich darüber im klaren, daß die erste Auflage noch nicht allen Ansprüchen gerecht werden wird, wie dies vielleicht möglich und wünschenswert ist, und sind für alle Verbesserungsvorschläge und Hinweise dankbar.

Münster i. W. und Berlin-Charlottenburg, im Sommer 1961

D. Morgenstern   I. Szabó

Inhaltsverzeichnis

II. Mechanik der Kontinua

III. Anhang

Abriß der Geschichte der klassischen Mechanik

Formeln und Operatoren in orthogonalen Koordinaten

Einleitung

Allgemeines über mechanische Theorien

Wenn man von theologischen Überlegungen absieht, so ist es das Ziel jeder von Menschen gemachten Theorie, einen gewissen Teil der Erfahrungswelt zu beschreiben. Dabei ist es für das Aufstellen der Theorie belanglos, ob der eigentliche Zweck in der Vorhersage zukünftiger Ereignisse, der Aufstellung von Verhaltensregeln, der Konstruktion nützlicher Maschinen und Geräte oder rein der Befriedigung des Erkenntnisdranges dient. Es zeigt sich, daß alle solche Theorien im Laufe der Entwicklung mehr und mehr mathematische Form bekommen, und daß der mathematische Charakter um so stärker wird, je genauer eine Theorie ist. Allgemein kann man jetzt bei fast allen Wissenschaften sagen, daß eine Theorie ein mathematisches Modell zur Beschreibung eines gewissen Teiles unserer Erfahrungswelt ist. Dabei wollen wir uns hier um den möglicherweise empirischen Charakter mathematischer und logischer Einsichten nicht weiter kümmern.

Die wesentlichen Bestandteile einer Theorie sind: 1. Die Menge der in der Theorie verwendeten Größen. 2. Die Axiome, d. h. diejenigen Beziehungen zwischen einigen dieser Größen, aus denen die anderen Beziehungen durch mathematische Betrachtung hergeleitet werden sollen. 3. Die Interpretationsregeln, nach denen die in der Theorie auftretenden Größen und Beziehungen mit den beobachtbaren (insbesondere den meßbaren) Dingen der Erfahrungswelt verglichen werden sollen. Dazu kommen evtl. noch 4. die Abgrenzung desjenigen Teiles der Erfahrungswelt, auf den die Theorie angewendet werden soll. Es ist geschichtlich interessant, daß alle diese Bestandteile von Theorien auch schon an den klassischen Theorien der Mechanik festzustellen sind, aber eigentlich erst seit Aufstellung der Quantentheorie als wesentliche Bestandteile einer Theorie erkannt worden sind.

Man darf sich nicht wundern, wenn es verschiedene Theorien gibt, deren Anwendungsbereiche, das ist der Bereich der Erfahrungen, der beschrieben werden soll, sich überschneiden, ohne daß hierin Übereinstimmung besteht. Als heutzutage in weiten Kreisen bekanntes Beispiel seien hierzu die Widersprüche zwischen Relativitätstheorie und klassischer Physik erwähnt, die streng genommen für die ganze Technik bestehen. Man denke auch an die völlig verschiedenartige Beschreibung

des Würfelspieles durch zufällige Größen in der Wahrscheinlichkeits-
rechnung einerseits (nach der sich jeder vernünftige Mensch richtet, wenn
er im nüchternen Zustand ein Spielkasino betritt) und durch die Bewegungsgesetze der Mechanik andererseits. Weitere Beispiele werden uns
innerhalb der Mechanik begegnen. Es bleibt naturgemäß eine Forderung
für den denkenden Menschen, diese „Widersprüche" aufzudecken und
durch Korrektur der sich widersprechenden Theorien zu beseitigen oder
den Näherungscharakter einer von zwei Theorien im Rahmen der anderen
festzustellen. Ein Beispiel hierzu bietet der § 9 der Mechanik der Kontinua in diesem Buch.

Eine in diesem Buch nicht verfolgte Aufgabe ist es, die (innere)
Widerspruchslosigkeit einer Theorie nachzuweisen; jeder, der die langen,
durch HILBERTs Arbeiten gekrönten Grundlagenuntersuchungen in der
Geometrie kennt, weiß, wie schwierig solche Nachweise sein können.
Es wäre falsch, einen derartigen Nachweis der Widerspruchslosigkeit
einer Theorie — oder, was dasselbe bedeutet, der Widerspruchslosigkeit
ihrer Axiome — auch bei einer physikalischen Theorie durch den Hinweis
auf die (zweifelsfrei!) Widerspruchslosigkeit der Wirklichkeit zu ersetzen, da man ja niemals weiß, wieweit die Übereinstimmung mit der
Wirklichkeit geht. Diese an sich banale Tatsache wird leider oft außer
acht gelassen. Trotz dieses Hinweises wird ein Widerspruchslosigkeits-
nachweis hier nicht erbracht.

Die klassische Mechanik fußt auf der Geometrie und der Kinematik
des euklidischen Raumes; sie ist insofern eine weitergehende Theorie, als
sie außer den Begriffen der Geometrie noch den der Masse und den der
Kraft kennt. Ihr Ziel ist die Beschreibung des Bewegungsablaufes von
„Massenpunkten", endlich oder unendlich viele, durch Aufstellung allgemeiner Gleichungen und durch Feststellung allgemeiner Eigenschaften
solcher Bewegungsabläufe. Diese Gleichungen oder äquivalente Aussagen
können in verschiedener Weise formuliert werden, oft nur für gewisse
spezielle Klassen von mechanischen Systemen. Man nennt sie „Prinzipien", womit sowohl die (zur Kinematik hinzukommenden) wesentlichen Axiome als auch aus ihnen gewonnene Aussagen gemeint sein
können. Eine genauere Unterscheidung zwischen Axiomen und Folgerungen ist hier nicht am Platze, da man verschiedene Möglichkeiten hat, die
mechanischen Theorien sinnvoll aufzubauen.

Im allgemeinen läßt man sich von der Regel leiten, als Axiome solche
Aussagen einer Theorie zu verwenden, die in ihrer Interpretation leicht
nachprüfbaren Tatsachen entsprechen; oft wählt man aber solche Aussagen der Theorie, aus denen die logische Deduktion der Theorie besonders
leicht wird, oder die eine kurze Formulierung gestatten. Auf die Darstellung der Axiomatik der Mechanik wird hier weniger Wert gelegt als
darauf, daß konkretes Material mechanischer Theorien gebracht wird.

I. Mechanik der Systeme mit endlichem Freiheitsgrad

§ 1. Momentanprinzipien der Punktmechanik

Diese Prinzipien verknüpfen die momentanen Werte der mechanischen Größen des Systems (Kräfte, Massen, Lagen, Geschwindigkeiten, Beschleunigungen etc.) in Form von Gleichungen, die im allgemeinen die Zeit explizit enthalten.

1. Der spezielle Fall der Systeme aus endlich vielen freien Massenpunkte. Diese Theorie wurde zunächst aufgestellt zur Beschreibung der Bewegung von starren Körpern, deren Ausdehnungen klein im Vergleich zu den Dimensionen des Bewegungsraumes sind, und deren Drehbewegung um sich selbst nicht betrachtet werden, wie z. B. Sterne, Planeten, Satelliten oder Atomteilchen. Weitere Ausdehnungen dieser Theorie (z. B. Punktsysteme mit starren Bindungen) dienen auch zur Beschreibung der Bewegung technischer Getriebewerke. Auch Bewegungen wesentlich ausgedehnter Körper können in gewissen Fällen, z. B. „Kreisel", behandelt werden; man vergleiche auch Kap. II.

In einem gegebenen Koordinatensystem, das wie alle anderen, in denen sich die Bewegungsgleichungen später in gleicher Weise ausdrücken, *Inertialsystem* genannt wird, seien *Massenpunkte* durch Angabe von positiven Zahlen m_α $(\alpha = 1, \ldots, l)$ bestimmt[1], die den noch unbekannten Ortslagen $\mathfrak{r}_\alpha$ zugeordnet seien. Darüber hinaus gebe es *Kräfte* $\mathfrak{R}_\alpha$, die, durch nicht näher definierte Gesetze, diesen Massen als in ihren Ortslagen zugeordnete Vektoren als Funktionen der Ortslagen aller auftretenden Massenpunkte bestimmt seien. In der physikalischen Anschauung sind Kräfte solche Größen, die sich mit Gewichten vergleichen lassen. Auf erkenntnistheoretische Betrachtungen wird hier verzichtet. Dann wird als *Bewegungsgleichung postuliert*[2]:

$$m_\alpha \ddot{\mathfrak{r}}_\alpha = \mathfrak{R}_\alpha(\mathfrak{r}_1, \mathfrak{r}_2, \ldots) . \tag{1.1}$$

Damit haben wir ein System gewöhnlicher Differentialgleichungen zweiter Ordnung, das die Ortslagen $\mathfrak{r}_\alpha(t)$ der Massen für jede Zeit t bestimmt durch Angabe der Lagen $\mathfrak{r}_\alpha(t_0)$ und Geschwindigkeiten $\dot{\mathfrak{r}}_\alpha(t_0)$ zu einer festen Anfangszeit t_0.

Eine für die Anwendungen dieser allgemeinen „Theorie" nützliche Spezialisierung erhalten wir durch die Annahme, daß die Kräfte durch (vektorielle) Addition aus *Einzelkräften* entstehen, die ihrerseits nur

---

[1] Im Gegensatz zur Relativitätstheorie, wo diese Masse geschwindigkeitsabhängig ist.

[2] Wie üblich setzen wir $\dot{\mathfrak{r}} = \dfrac{d\mathfrak{r}}{dt}$ usw.

von dem betreffenden Massenpunkt und jeweils *einem* anderen Punkt abhängen. Wenn diese Funktionen unabhängig von der Lage des Koordinatensystems sein sollen, so bleibt folgende Gestalt:

$$\Re_{\alpha\beta} = -\frac{\mathfrak{r}_\alpha - \mathfrak{r}_\beta}{|\mathfrak{r}_\alpha - \mathfrak{r}_\beta|} f(|\mathfrak{r}_\alpha - \mathfrak{r}_\beta|) \, . \tag{1.2}$$

Nach Einführung von

$$F(r) = \int^r f(\varrho) \, d\varrho \tag{1.3}$$

(eine additive Konstante ist unwesentlich) kann man unter Benutzung des sog. *Potentials*

$$U(\mathfrak{r}_1, \ldots, \mathfrak{r}_l) = \sum_{\alpha < \beta} F(|\mathfrak{r}_\alpha - \mathfrak{r}_\beta|) \tag{1.4}$$

der Bewegungsgleichung die Form

$$m_\alpha \ddot{\mathfrak{r}}_\alpha = -\operatorname{grad}_{\mathfrak{r}_\alpha} U \tag{1.5}$$

geben. Man bemerkt, daß die Bewegungsgleichungen des Systems, kurz *das System*, durch Angabe der Massen m_α und der eben eingeführten Potentialfunktion U beschrieben sind. Es kommt hierbei nicht darauf an, daß die Potentialfunktion sich in der angegebenen speziellen Weise ergibt; *als Potential wird jede Funktion* $U(\mathfrak{r}_1, \ldots, \mathfrak{r}_l, t)$ *bezeichnet, deren Ableitungen*

$$-\operatorname{grad}_{\mathfrak{r}_\alpha} U$$

die Kräfte $\Re_\alpha$ *ergeben.*

Notwendig und hinreichend dafür, daß eine Kraft $\Re(\mathfrak{r}, t)$ sich so aus einem Potential $U(\mathfrak{r}, t)$ ergibt, ist, daß das Integral über $\Re$ längs jeder geschlossenen Kurve im $\mathfrak{r}$-Raum verschwindet.

Beweis: Daß diese Bedingung notwendig ist, ist trivial. Um einzusehen, daß sie auch hinreicht, definiere man U durch

$$U(\mathfrak{r}, t) = \int^{\mathfrak{r}} \Re(\mathfrak{s}, t) \, d\mathfrak{s} \, .$$

Ein Linienintegral dieser Art bezeichnet man als die längs des Weges von der Kraft geleistete *Arbeit*; in diesem Sinne kann man das Potential als Arbeitsvermögen interpretieren.

Beispiele für Potentiale:

1. Für die Schwerkraft (näherungsweise für einen kleinen Bereich, z. B. für Bauwerke verwendet):

$$U(\mathfrak{r}_1, \ldots, \mathfrak{r}_l) = \sum_{\alpha = 1}^{l} g \, m_\alpha (\mathfrak{r}_\alpha \mathfrak{e}) \, , \tag{1.6}$$

wo $\mathfrak{e}$ ein senkrecht gerichteter Einheitsvektor ist.

2. Für die Gravitationskräfte zwischen den Massen:

$$U(\mathfrak{r}_1, \ldots, \mathfrak{r}_l) = -\sum_{\alpha < \beta} \frac{\varkappa \, m_\alpha m_\beta}{|\mathfrak{r}_\alpha - \mathfrak{r}_\beta|} \tag{1.7}$$

($\varkappa$ = Newtonsche Gravitationskonstante);

das entspricht dem oben geschilderten Fall (1.2).

3. Harmonischer Oszillator (federnd befestigte Masse)

$$U(\mathfrak{r}) = \frac{c}{2}\,|\mathfrak{r}|^2 \;(c = \text{Federkonstante}).\tag{1.8}$$

Für diese „Theorie" läßt sich schon ein allgemeiner Satz als Folge der Bewegungsgleichungen gewinnen:

Energiesatz: Für jeden Bewegungsablauf eines derartigen Systems mit t-unabhängigem U gilt:

$$\sum_\alpha \frac{m_\alpha}{2}\,(\dot{\mathfrak{r}}_\alpha(t))^2 + U(\mathfrak{r}(t)) = \text{konst.}\tag{1.9}$$

Beweis: Man denke sich $\mathfrak{r}_\alpha$ in der linken Seite von (1.9) durch die Lösung der Bewegungsgleichungen ersetzt; dann folgt durch Differentiation nach der Zeit t

$$\frac{d}{dt}\sum\frac{1}{2}\,m_\alpha[\dot{\mathfrak{r}}_\alpha(t)]^2 = \sum m_\alpha \dot{\mathfrak{r}}_\alpha \ddot{\mathfrak{r}}_\alpha = -\sum \dot{\mathfrak{r}}_\alpha \operatorname{grad}_{\mathfrak{r}_\alpha} U = -\frac{d}{dt}\,U(\mathfrak{r}(t))\,.\quad \text{q. e. d.}$$

$\sum \frac{m_\alpha}{2}[\dot{\mathfrak{r}}_\alpha(t)]^2$ bezeichnet man als *kinetische Energie* des Systems.

Die Bewegungsgleichungen lassen sich auf eine Form umschreiben, die sich durch eine bemerkenswerte Invarianz bei Wechsel des Koordinatensystems auszeichnet, und die aus diesem Grunde für den weiteren Aufbau der Mechanik der Punktsysteme besonders wichtig ist:

Wir bilden die kinetische Energie als Funktion der ersten Ableitungen der Geschwindigkeiten:

$$T(\dot{\mathfrak{r}}) = \sum_\alpha \frac{m_\alpha}{2}\,[\dot{\mathfrak{r}}_\alpha]^2\,.\tag{1.10}$$

Dann sehen wir durch Vergleich mit den Bewegungsgleichungen, daß diese sich so schreiben lassen:

$$\frac{d}{dt}\frac{\partial}{\partial \dot{x}_\alpha}\,T - \frac{\partial}{\partial x_\alpha}\,T = -\frac{\partial U}{\partial x_\alpha}\;;\quad \text{dgl. für } y_\alpha,\,z_\alpha\,.\tag{1.11}$$

Nach Durchnumerierung aller Koordinaten und Einführung der *Lagrangeschen Funktion L*

$$q_1 = x_1,\; q_2 = x_2,\;\ldots,\; q_{3l} = z_l \qquad (\mathfrak{r}_\alpha = \{x_\alpha,\,y_\alpha,\,z_\alpha\})$$

$$L(\dot{q},\,q,\,t) = T - U\tag{1.12}$$

haben wir dann die wichtige Form:

$$\frac{d}{dt}\frac{\partial L}{\partial \dot{q}_\nu} - \frac{\partial L}{\partial q_\nu} = 0\,.\tag{1.13}$$

Wenn man irgendwelche Koordinaten ξ_μ durch eine Transformation

$$q_\nu = f_\nu(\xi_\mu,\,t)\tag{1.14}$$

einführt, erhält man die Bewegungsgleichungen in diesen Koordinaten, indem man in der Lagrangeschen Funktion die Transformation

$$q_\nu = f_\nu(\xi_\mu, t); \quad \dot{q}_\nu = \sum_\mu f_{\nu|\mu}\,\dot{\xi}_\mu + f_{\nu|t} \tag{1.15}$$

vornimmt $\left(g_{|\mu} \text{ bedeutet } \dfrac{\partial g}{\partial \xi_\mu}\right)$; dann gilt[1]

$$\left.\begin{aligned}
L(\dot{q}, q, t) &= L\left(\sum_\mu f_{\nu|\mu}\dot{\xi}_\mu + f_{\nu|t}, f_\nu(\xi_\mu), t\right) \equiv L^*(\dot{\xi}, \xi, t) \\
\frac{\partial L^*}{\partial \dot{\xi}_\mu} &= \sum_\nu \frac{\partial L}{\partial \dot{q}_\nu} f_{\nu|\mu} \\
\frac{d}{dt}\frac{\partial L^*}{\partial \dot{\xi}_\mu} &= \sum_\nu \frac{d}{dt}\left(\frac{\partial L}{\partial \dot{q}_\nu}\right) f_{\nu|\mu} + \sum_\nu \frac{\partial L}{\partial \dot{q}_\nu}\left(\sum_\sigma f_{\nu|\mu\sigma}\dot{\xi}_\sigma + f_{\nu|\mu t}\right) \\
\frac{\partial L^*}{\partial \xi_\mu} &= \sum_\nu \frac{\partial L}{\partial \dot{q}_\nu}\left(\sum_\sigma f_{\nu|\mu\sigma}\dot{\xi}_\sigma + f_{\nu|\mu t}\right) + \sum_\nu \frac{\partial L}{\partial q_\nu} f_{\nu|\mu}.
\end{aligned}\right\} \tag{1.16}$$

Durch Addition folgt die Identität:

$$\frac{d}{dt}\left(\frac{\partial L^*}{\partial \dot{\xi}_\mu}\right) - \frac{\partial L^*}{\partial \xi_\mu} = \sum_\nu \left\{\frac{d}{dt}\left(\frac{\partial L}{\partial \dot{q}_\nu}\right) - \frac{\partial L}{\partial q_\nu}\right\} f_{\nu|\mu}, \tag{1.17}$$

die den Vektorcharakter und damit die Invarianz der Bewegungs-gleichungsform erkennen läßt. Die Ausdrücke $\dfrac{\partial L}{\partial \dot{q}_\nu}$ nennt man *allgemeine Impulse*. Dieses Transformationsgesetz wird später noch auf andere Weise bestätigt. Von jetzt an bezeichnen wir deshalb mit q_ν beliebige Koordinaten für die Systemlage. Wenn man bedenkt, daß die auf unsere oben beschriebene Weise eingeführte Funktion T, und damit auch die Lagrange-Funktion L quadratisch in den Ableitungen der Koordinaten ist:

$$L = \sum_{\mu,\nu} a_{\mu\nu}(q)\,\dot{q}_\mu\dot{q}_\nu - U(q) \qquad (a_{\mu\nu} \equiv a_{\nu\mu}), \tag{1.18}$$

worin die $a_{\mu\nu}$ also nicht explizit von t abhängen, so folgt

$$\frac{\partial L}{\partial \dot{q}_\nu} = 2\sum_\mu a_{\mu\nu}\dot{q}_\mu$$

$$\frac{d}{dt}\frac{\partial L}{\partial \dot{q}_\nu} = 2\sum_\mu a_{\mu\nu}\ddot{q}_\mu + 2\sum_{\mu,\sigma} a_{\mu\nu|\sigma}\dot{q}_\mu\dot{q}_\sigma$$

$$\frac{\partial L}{\partial q_\nu} = \sum_{\mu,\sigma} a_{\mu\sigma|\nu}\dot{q}_\mu\dot{q}_\sigma - U_{|\nu},$$

also

$$\frac{d}{dt}\left(\frac{\partial L}{\partial \dot{q}_\nu}\right) - \frac{\partial L}{\partial q_\nu} = 2\left\{\sum_\mu a_{\mu\nu}\ddot{q}_\mu + \frac{1}{2}\left\{\sum_{\mu,\sigma} a_{\mu\nu|\sigma} + a_{\sigma\nu|\mu} - a_{\mu\sigma|\nu}\right\}\dot{q}_\mu\dot{q}_\sigma\right\} +$$
$$+ U_{|\nu} = 0.$$

---

[1] Es wird hier sogar direkte Abhängigkeit der Funktion L von t zugelassen.

Durch Multiplikation mit den Elementen[1] $A_{\nu\lambda}$ der zu $a_{\mu\nu}$ inversen Matrix, Einführung der Abkürzung

$$\Gamma_{\mu\sigma}^{\lambda}=\frac{1}{2}\sum_{\nu}A_{\nu\lambda}(a_{\mu\nu/\sigma}+a_{\nu\sigma/\mu}-a_{\sigma\mu/\nu}) \tag{1.19}$$

(den *Christoffel*symbolen der $a_{\mu\nu}$-Metrik) und Addition ($\sum_{\nu}$) ergibt sich

folgende Form der Bewegungsgleichungen

$$2\ddot{q}_{\lambda}+\sum_{\nu,\sigma}2\,\Gamma_{\nu\sigma}^{\lambda}\,\dot{q}_{\nu}\dot{q}_{\sigma}+\sum_{\nu}A_{\lambda\nu}U_{/\nu}=0\,, \tag{1.20}$$

die für den speziellen Fall $U=0$ erkennen läßt, daß die Bewegungsbahnen, als Kurven im q-Raum mit der $a_{\mu\nu}$-Metrik aufgefaßt, geodätische Linien sind.

Es sei bemerkt, daß sowohl der Transformationscharakter wie auch die Umrechnung durch Einführung der Christoffelsymbole nur den quadratischen Charakter der kinetischen Energie L voraussetzt, und sich auch auf die linken Seiten der allgemeineren Gleichungen

$$\frac{d}{dt}\frac{\partial L}{\partial\dot{q}_{\nu}}-\frac{\partial L}{\partial q_{\nu}}=K_{\nu} \tag{1.21}$$

anwenden läßt, wenn nur das Transformationsgesetz

$$K_{\nu}^{*}=\sum_{\mu}K_{\mu}f_{\mu/\nu} \tag{1.22}$$

beim Übergang zu einem anderen Koordinatensystem für die Kraftkomponenten gefordert wird (K_{ν} sind die Komponenten der nicht durch das Potential berücksichtigten Kräfte im ξ-Raum).

2. Die Bewegungsgleichungen im bewegten Koordinatensystem. Es soll die neue Lagrange-Funktion und daraus die neuen Bewegungsgleichungen in einem sich bewegenden Koordinatensystem berechnet werden.

Die Koordinaten der beteiligten Massenpunkte in einem ruhenden Koordinatensystem werden mit $x_{\alpha\nu}$ bezeichnet ($\nu=1,2,3$). Die Koordinaten in dem sich bewegenden Koordinatensystem seien $y_{\alpha\mu}$ ($\mu=1,2,3$). Es besteht dann der Zusammenhang

$$x_{\alpha\nu}=\sum_{\mu}u_{\nu\mu}(t)\,y_{\alpha\mu}+b_{\nu}(t)\,, \tag{1.23}$$

wobei $u_{\nu\mu}$ orthogonale Matrizen sind:

$$\sum_{\nu}u_{\nu i}u_{\nu k}=\delta_{ik}\,. \tag{1.24}$$

---

[1] Um den in der Tensorrechnung üblichen Gebrauch oberer und unterer Indizes zu vermeiden, muß hier ein anderer Buchstabe verwendet werden.

Daraus folgt, daß der Tensor mit den Komponenten

$$w_{ik} = \sum_{\nu} \dot{u}_{\nu i}\, u_{\nu k} \tag{1.25}$$

schiefsymmetrisch ist:

$$w_{ik} = -\, w_{ki}\,. \tag{1.26}$$

Die Komponenten dieses schiefsymmetrischen Tensors werden üblicherweise zum sog. *Drehgeschwindigkeitsvektor*

$$\left.\begin{aligned} \mathfrak{w} &= \{w_1,\, w_2,\, w_3\} \\ w_1 &= w_{32},\ \ w_2 = w_{13},\ \ w_3 = w_{21} \end{aligned}\right\} \tag{1.27}$$

zusammengefaßt. Hier beschreibt $\mathfrak{w}$ die Drehgeschwindigkeit des festen x-Systems gegenüber dem bewegten y-System. Im allgemeinen verwendet man $-\mathfrak{w}$, die Drehgeschwindigkeit des bewegten gegenüber dem festen System.

Es ergibt sich $\dot{x}_{\alpha\nu} = \sum\limits_{\mu} \dot{u}_{\nu\mu} y_{\alpha\mu} + \sum u_{\nu\mu} \dot{y}_{\alpha\mu} + \dot{b}_{\nu}(t)$, also

$$\begin{aligned} L &= \sum_{\alpha,\nu} \frac{1}{2}\, m_\alpha (\dot{x}_{\alpha\nu})^2 - U(x_{\alpha\nu},\, t) \\ &= \sum_{\alpha,\mu} \frac{1}{2}\, m_\alpha (\dot{y}_{\alpha\mu})^2 - U^*(y_{\alpha\mu},\, t) + \sum_{\mu,\varkappa,\alpha} m_\alpha w_{\mu\varkappa} y_{\alpha\mu} \left(\dot{y}_{\alpha\varkappa} + \frac{1}{2}\, w_{\nu\varkappa} y_{\alpha\nu}\right) + \\ &\quad + \frac{1}{2}\left(\sum_\alpha m_\alpha\right)\left(\sum_\nu \dot{b}_\nu^2\right) + \sum_{\alpha,\nu,\mu} m_\alpha \dot{u}_{\nu\mu} y_{\alpha\mu} \dot{b}_\nu + \sum_{\alpha,\nu,\mu} m_\alpha u_{\nu\mu} \dot{y}_{\alpha\mu} \dot{b}_\nu \end{aligned}$$

mit

$$U^*(y_{\alpha\mu},\, t) = U(\Sigma\, u_{\nu\mu} y_{\alpha\mu},\, t)\,, \tag{1.28}$$

also ein Ausdruck für L, der unter der vereinfachenden Annahme $b_\nu = 0$ (nur gedrehte Koordinatensysteme) dem im ruhenden Koordinatensystem gebildeten gleicht, vermehrt um das sog. *Scheringsche Potential*

$$S = \sum_{\alpha,\varkappa,\mu} m_\alpha\, w_{\mu\varkappa}\, y_{\alpha\mu}\, \dot{y}_{\alpha\varkappa} \tag{1.29}$$

und das *Potential der Zentrifugalkräfte*

$$Z = \frac{1}{2} \sum_{\mu,k,\nu,\alpha} m_\alpha w_{\mu k} y_{\alpha\mu} y_{\alpha\nu} w_{\nu k}\,. \tag{1.30}$$

Die Aufstellung der Lagrangeschen Bewegungsgleichungen im gedrehten System ergibt daher folgende Zusatzterme:

a) Aus dem Scheringschen Potential

$$\frac{d}{dt}\left(\frac{\partial S}{\partial \dot{y}_{\alpha\mu}}\right) - \frac{\partial S}{\partial y_{\alpha\mu}} = 2 \sum_i w_{i\mu} y_{\alpha i} m_\alpha + \sum_{i,\mu} \dot{w}_{i\mu} m_\alpha y_{\alpha i}, \tag{1.31}$$

die sog. *Corioliskraft*. Der Begriff des Potentials ist hier also etwas weiter gefaßt als in Ziffer 1.

b) Aus dem Potential der Zentrifugalkräfte

$$-\frac{\partial Z}{\partial y_{\alpha\mu}} = -\sum_{l,k} m_\alpha w_{\nu l} w_{kl} y_{\alpha k} \tag{1.32}$$

die sog. *Zentrifugalkraft*.

Im allgemeinen Fall $b_\nu \neq 0$ sind die weiteren Zusatzpotentiale

$$\left(\frac{1}{2}\sum_\alpha m_\alpha\right)\left(\sum_\nu \dot{b}_\nu^2\right) + \sum m_\alpha \dot{u}_{\nu\mu} y_{\alpha\mu} \dot{b}_\nu + \sum m_\alpha u_{\nu\alpha} \dot{y}_{\alpha\mu} \dot{b}_\nu,$$

die folgende Zusatzglieder bei den Lagrangeschen Gleichungen ergeben:

$$\sum_\nu m_\alpha (u_{\nu\mu} \dot{b}_\nu)^{\boldsymbol{\cdot}} - \sum_\nu m_\alpha \dot{u}_{\nu\mu} \dot{b}_\nu = \sum_\nu m_\alpha u_{\nu\mu} \ddot{b}_\nu = m_\alpha \ddot{b}_\mu^*,$$

(*Galileische Trägheitskraft*), wenn $\ddot{\mathfrak{b}}^*$ mit den Komponenten $\ddot{b}_\mu^* = \sum u_{\nu\mu} \ddot{b}_\nu$ den auf das bewegte Koordinatensystem umgerechneten Vektor der Relativbeschleunigung bezeichnet.

Für den mit dem y-Koordinatensystem mitbewegten Beobachter, der nichts von der Bewegung seines Koordinatensystems weiß, scheinen also bei Annahme der Gültigkeit der für ein ruhendes System geltenden Bewegungsgleichungen diese *Zusatzkräfte* (oft „*Scheinkräfte*" genannt) zu wirken. Diese Zusatzglieder fallen weg, und die Bewegungsgleichungen lauten wie im ursprünglichen Inertialsystem, wenn die gegenseitige Bewegung der Koordinatensysteme eine gleichförmige Translation ist: *Galileisches Relativitätsprinzip*.

3. D'Alembertsches Prinzip und Systeme von endlich vielen Massenpunkten mit holonomen Nebenbedingungen. Bezeichnet man die linke Seite der Bewegungsgleichungen in der Lagrangeschen Form [s. (1.13)]

$$\frac{d}{dt}\frac{\partial L}{\partial \dot{q}_\nu} - \frac{\partial L}{\partial q_\nu} = 0$$

mit L_ν, so lassen sich diese Gleichungen trivialerweise durch folgende Aussage ersetzen: Es gilt

$$\sum_\nu L_\nu u_\nu = 0 \tag{1.33}$$

für alle Vektoren u_ν. Die invariante Bedeutung der linken Seite von (1.33) folgt aus der früher bewiesenen Transformationseigenschaft (1.17)

$$\sum_\nu L_\nu u_\nu = \sum L_\mu^* v_\mu,$$

da das Vektorkomponententransformationsgesetz $u_\nu = f_{\nu/\mu} v_\mu$ lautet. $\sum L_\nu u_\nu$ hat hierbei die physikalische Bedeutung einer Arbeit, falls u_ν als Längen angesehen werden; ein derartiger Vektor u_ν wird als *virtuelle Verrückung* bezeichnet, weil sich bekanntlich die Koordinatendifferentiale, die Physiker üblicherweise als Verbindungslinie „benachbarter Punkte" zu veranschaulichen gewohnt sind, wie kontravariante Vektorkomponenten transformieren.

Man ist bei der in Ziffer 1 beschriebenen Transformation $q \to \xi$ nicht an umkehrbare Transformationen gebunden; es soll jetzt insbesondere der Fall betrachtet werden, wo überflüssige ξ-Koordinaten eingeführt werden, zwischen denen also noch Relationen (sog. *Nebenbedingungen*) $g_k(\xi, t) = 0$ bestehen. Die erweiterte Transformation

$$q_\nu = f_\nu(\xi_\mu, t) \quad (\nu = 1, \ldots, n) , \quad r_k = g_k(\xi, t) \quad (k = n + 1, \ldots, n^*)$$

sei umkehrbar, also ihre Funktionaldeterminante $\mathrm{Det}\,(f_{\nu/\mu}\, g_{k/\mu})$ von Null verschieden. Man überlegt sich leicht anhand von einfachen Beispielen, daß die wie in Gl. (1.17) gebildeten Gleichungen $L_\mu^* = 0$ abhängig sind; aber zusammen mit den Bedingungen $g_k = 0$ bestimmen sie naturgemäß die Bewegung. Die Bedingungen, die zu den Gleichungen $g_k = 0$ noch hinzukommen, kann man in folgender Weise ausdrücken: Für alle Vektoren v_μ, für die

$$\sum_\mu g_{k/\mu}\, v_\mu = 0 \tag{1.34}$$

gilt, soll auch

$$\sum_\mu L_\mu^*\, v_\mu = 0 \tag{1.35}$$

gelten.

Denn die Beziehungen (1.34) und $\sum f_{\nu\mu}\, v_\mu = u_\nu$ lassen sich bei beliebigem u_ν befriedigen; und dann folgt aus den Voraussetzungen und dem Transformationsgesetz (1.17), daß

$$0 = \sum L_\mu^*\, v_\mu = \sum L_\nu\, f_{\nu/\mu}\, v_\mu = \sum L_\nu\, u_\nu$$

gilt für jeden Vektor u_ν, also $L_\nu = 0$ q. e. d.

In der eben gefundenen Weise soll nun das Bewegungsgesetz auch postuliert werden für eine weitere Klasse von mechanischen Systemen, den *Punktsystemen mit holonomen Nebenbedingungen:* Zwischen den Koordinaten q_ν des Systems mögen irgendwelche Beziehungen der Form $g_k(q, t) = 0$ bestehen; dann soll gelten: Aus $\sum_\nu g_{k/\nu}(q)\, v_\nu = 0$ folgt

$$\left[\frac{d}{dt}\left(\frac{\partial L}{\partial \dot{q}_\nu}\right) - \frac{\partial L}{\partial q_\nu}\right] v_\nu = 0 \tag{1.36}$$

(D'Alembertsches Axiom). v_ν mit $g_{k/\nu}\, v_\nu = 0$ heißen *zulässige virtuelle Verschiebungen.* Man kann sie als kleine Verschiebungen deuten. Auf Grund der vorangegangenen Überlegungen sehen wir, daß dieses Axiom für die bisher betrachteten Systeme (ohne Nebenbedingungen) zu den bisher betrachteten Bewegungsgleichungen führt.

Wenn man als Koordinaten wieder die natürlichen Koordinaten (die Cartesischen Koordinaten der einzelnen Massenpunkte) verwendet, kann man schreiben:

Ist $\sum\limits_{\alpha} \mathrm{grad}_{\mathfrak{r}_\alpha} g_k \cdot \mathfrak{u}_\alpha = 0$ $(k = n + 1, \ldots, n^*)$, dann gilt auch

$$\sum\limits_{\alpha} (m_\alpha \ddot{\mathfrak{r}}_\alpha - \Re_\alpha)\, \mathfrak{u}_\alpha = 0 \ .$$

Nach bekannten Sätzen über lineare Abhängigkeit existieren dann gewisse Zahlen *(Lagrangesche Multiplikatoren)* λ_k, für die gilt

$$m_\alpha \ddot{\mathfrak{r}}_\alpha = \Re_\alpha + \sum\limits_{k} \lambda_k\, \mathrm{grad}_{\mathfrak{r}_\alpha} g_k \tag{1.37}$$

(Lagrangesche Gleichungen erster Art). Wegen der Ähnlichkeit mit den früher definierten Kräften als einzigem Bestandteil der rechten Seite nennt man die Größen $\lambda\, \mathrm{grad}\, g$ auch *Reaktionskräfte*. Anschaulich interpretiert man sie als von den Führungen verursachte Kräfte.

Diese Modelle sind geeignet zur Beschreibung des Bewegungsablaufes von „Massenpunkten" (d. h. *wenig ausgedehnten Teilen*), auf deren Drehbewegung wir nicht achten, die durch „starre" Führungsglieder (Hebel, Stangen) verbunden sind. Da man sich diese Hebel als Idealisierung (Grenzfälle) von Federn mit sehr großen Federkonstanten denken kann, liegt es nahe, die Bewegungsgleichungen durch Einführung geeigneter Potentiale durch einen Grenzprozeß zu gewinnen. Es genügt, diese Überlegung anhand einer Nebenbedingung durchzuführen: Abweichend vom bisherigen numerieren wir die q von Null an: $q_0, q_1, \ldots q_n$.

Da die Lagrangeschen Gleichungen invariant gegenüber Koordinatentransformationen sind, können wir die Nebenbedingung in der Form $q_0 = 0$ ansetzen. Indem man nun in dem Raum der $q_0, \ldots, q_n$ mit der durch die kinetische Energie T definierten Metrik die weiteren Koordinaten derart umtransformiert, daß die kinetische Energie so aussieht

$$T = \sum\limits_{i,k=1}^{n} a_{ik}(q_j, q_0)\, \dot{q}_i \dot{q}_k + \dot{q}_0^2\,, \tag{1.38}$$

werde nun das jetzt besonders einfach zu schreibende Potential so eingeführt:

$$U(q_j, q_0) + \frac{1}{2}\, \Omega^2 q_0{}^2\,. \tag{1.39}$$

Dabei soll U das Potential der gegebenen Kräfte, Ω eine Konstante sein, die wir gegen unendlich streben lassen wollen (Steiferwerden der Federn). In dem im folgenden benutzten Teil des q-Raumes setzen wir alle auftretenden Funktionen

$$U_{|j}\,, \quad a_{ik}\,, \quad a_{ik|j}\,, \quad a_{ik|0}$$

als beschränkt und stetig voraus, und außerdem soll die quadratische Form dort einer Bedingung der Form $\sum a_{ik}\, \xi_i \xi_k \geq C \sum \xi_i^2$ genügen, was in jedem kompakten Teil immer gilt. Der Anfangspunkt und die Anfangsgeschwindigkeit seien so gewählt, daß für die Anfangsenergie $h_0 = O(1)$

gilt[1]; dabei beziehen sich alle o und O auf den Grenzübergang $\Omega \to \infty$. Es soll also h_0 beschränkt bleiben.

Dann bestehen für das System (ohne Nebenbedingung!) folgende Gleichungen:

$$\ddot{q}_0 = -\Omega^2 q_0 + \frac{1}{2} \sum_{k,i} a_{ik/0}(q_j, q_0) \dot{q}_i \dot{q}_k - U_{/0}$$

$$\sum_{k=1}^{n} a_{ik}(q_j, q_0) \ddot{q}_k + \sum_{k,j} a_{ik/j} \dot{q}_j \dot{q}_k + \sum_{k} a_{ik/0} \dot{q}_0 \dot{q}_k \qquad (1.40)$$

$$= \frac{1}{2} \sum_{k,j} a_{jk/i} \dot{q}_j \dot{q}_k - U_{/i}.$$

Statt dieser Bewegungsgleichungen verwenden wir nur die letzten n dieser Bewegungsgleichungen und dazu den Energiesatz:

$$T + U + \frac{1}{2}\Omega^2 q_0^2 = h = O(1). \qquad (1.41)$$

Aus dem Energiesatz folgt

$$q_0 = O\left(\frac{1}{\Omega}\right); \quad \dot{q}_0 = O(1); \quad \dot{q}_j = O(1). \qquad (1.42)$$

Damit ergeben die Bewegungsgleichungen (1.40)

$$\ddot{q}_k = O(1). \qquad (1.43)$$

Um nun die behauptete Konvergenz $q_0 \to O$ nachzuweisen, führen wir zunächst geglättete Funktionen ein

$$\hat{f}(t) = \sqrt{\Omega} \int_0^{\frac{1}{\sqrt{\Omega}}} f(t + \tau)\, d\tau. \qquad (1.44)$$

Dann gilt wegen $\hat{\dot{f}} = \dot{\hat{f}}$ und $\dot{q}_k = o(1); \ \ddot{q}_k = O(1)$

$$q_k(t) = \hat{q}_k(t) + o(1); \quad \dot{q}_k = \hat{\dot{q}}_k(t) + o(1). \qquad (1.45)$$

Wendet man den Glättungsoperator auf die Bewegungsgleichungen an, so ergibt sich für die einzelnen Gliederarten

$$\overbrace{b(q_\nu(t),\, q_0(t))\, \dot{q}_j(t),\, \dot{q}_k(t)} - b(\hat{q}_\nu(t), O)\, \hat{\dot{q}}_j(t)\, \hat{\dot{q}}_k(t)$$

$$= \sqrt{\Omega} \int_0^{\frac{1}{\sqrt{\Omega}}} \{[b(q_\nu(t+\tau), q_0(t+\tau)) - b(\hat{q}_\nu(t), O)]\, \dot{q}_j(t+\tau) -$$

$$- \dot{q}_k(t+\tau)\}\, d\tau + \qquad (1.46)$$

$$+ \sqrt{\Omega} \int_0^{\frac{1}{\sqrt{\Omega}}} b(\hat{q}_\nu(t), O)\, [\dot{q}_j(t+\tau)\, \dot{q}_k(t+\tau) - \hat{\dot{q}}_j(t)\, \hat{\dot{q}}_k(t)]\, d\tau$$

$$= o(1) + o(1) = o(1).$$

---

[1] $h = O(f)$ bedeutet, daß $\frac{h}{f}$ bei dem in Rede stehenden Grenzübergang beschränkt bleibt; $h = o(f)$ bedeutet, daß dieser Quotient gegen Null konvergiert.

Ähnlich ergeben sich

$$\overline{b\,(q_\nu, q_0)\,\dot{q}_k\dot{q}_0} = o\,(1)\,, \quad \hat{U}_{|j} = U_{|j} + o\,(1)$$

$$\overline{a_{ik}(q_j, q_0)\,\ddot{q}_k} = a_{ik}(\hat{q}_j, O)\,\hat{\ddot{q}}_k + o\,(1)\,. \tag{1.47}$$

Für die Funktion q_0 folgt direkt

$$\hat{q}_0(t) = \sqrt{\Omega}\int_0^{\frac{1}{\sqrt{\Omega}}} \dot{q}_0(t+\tau)\,d\tau = \sqrt{\Omega}\,[q_0(t+\tau)]_0^{\frac{1}{\sqrt{\Omega}}} = \sqrt{\Omega}\cdot o\left(\frac{1}{\Omega}\right)O\,(1)\,. \tag{1.48}$$

Damit bekommt man aus den n Bewegungsgleichungen (1.40) für $\Omega \to \infty$

$$\Sigma\,a_{ik}(\hat{q}_j, O)\,\hat{\ddot{q}}_k + \Sigma\,a_{ik|j}(\hat{q}_j, O)\,\hat{\dot{q}}_j\hat{\dot{q}}_k =$$

$$= \frac{1}{2}\,\Sigma\,a_{jk|i}(\hat{q}_j, O)\,\hat{\dot{q}}_j\hat{\dot{q}}_k - U_{|i} - O\,(1) \tag{1.49}$$

und aus bekannten Sätzen über reguläre Störungstheorie gewöhnlicher Differentialgleichungen erhellt

$$\hat{q}_k(t) \to q_k^*\,(t) \quad \text{und} \quad \hat{\dot{q}}_k(t) \to \dot{q}_k^*(t)\,, \tag{1.50}$$

wobei q_k^* die Lösungen des Systems

$$\sum_{k=1}^{n} a_{ik}(q_j^*, O)\,\ddot{q}_k^* + \sum_{k=1}^{n} a_{ik|j}(q_j^*, O)\,\dot{q}_j^*\dot{q}_k^* =$$

$$= \frac{1}{2}\sum_{j,k=1}^{n} a_{jk|i}(q_j^*, O)\,\dot{q}_i^*\ddot{q}_k^* - U_{|i}(q_j^*, O) \qquad (i = 1, \ldots, n) \tag{1.51}$$

sind. Im Zusammenhang mit $\hat{q}_k \to q_k$ folgt dann die Behauptung $q_k \to q_k^*$, $\dot{q}_k \to \dot{q}_k^*$. Dagegen folgt im allgemeinen $\ddot{q}_k \to \ddot{q}_k^*$ *nicht*, was den für den Beweis erforderlichen Umweg über die geglätteten Funktionen erklärt.

4. Der starre Körper. Ein Grenzfall, der auch technisch wichtig ist, ist der Fall, in dem alle auftretenden Massenpunkte soweit miteinander verbunden sind, daß nur noch *gemeinsame Bewegungen* möglich sind. Solche Gebilde heißen „starre Körper". Dazu denken wir uns vorgeschrieben, daß alle Abstände der Massenpunkte voneinander fest seien. Bei einer beliebigen, durch einen Parameter τ beschriebenen zulässigen Bewegung muß dann gelten:

$$\frac{d}{d\tau}\,(\mathfrak{r}_\alpha - \mathfrak{r}_\beta)^2 = 2\,(\mathfrak{r}_\alpha - \mathfrak{r}_\beta)\,(\mathfrak{r}'_\alpha - \mathfrak{r}'_\beta) = 0\,. \tag{1.52}$$

Indem wir einen der Massenpunkte, etwa $\alpha = 1$ auszeichnen, können wir aus diesen Gleichungen ($\alpha = 1$, $\beta = \alpha_1$, $\beta = \alpha_2$) $\mathfrak{r}'_\alpha$ bei gegebenem $\mathfrak{r}'_{\alpha_1}$ und $\mathfrak{r}'_{\alpha_2}$ bestimmen, und man erkennt, daß $\mathfrak{r}'_\alpha$ linear von $\mathfrak{r}_\alpha$ abhängt.

Weiteres Einsetzen in (1.52) liefert die Schiefsymmetrie der auftretenden Matrix

$$\mathfrak{r}'_\alpha - \mathfrak{r}'_1 = W\,(\mathfrak{r}_\alpha - \mathfrak{r}_1)\,, \quad W = (w_{ik})\,.$$

Die drei wesentlichen Komponenten w_{23}, w_{31}, w_{12} faßt man zu einem Vektor $\mathfrak{w}^* = \{w_{32}, w_{13}, w_{21}\}$ zusammen und kann dann mit $\mathfrak{v} = \mathfrak{r}'_1 - W\mathfrak{r}_1$ schreiben

$$\mathfrak{r}'_\alpha = \mathfrak{w}^* \times \mathfrak{r}_\alpha + \mathfrak{v}\,. \tag{1.53}$$

Umgekehrt liefert jedes $\mathfrak{w}^*$ und $\mathfrak{v}$ durch diese Formel ein zulässiges System von $\mathfrak{u}$-Größen (virtuelle Verrückung).

Das D'Alembertsche Prinzip für unser System liefert daher nach Ziffer 2 folgende Bedingung: Für jeden Vektor $\mathfrak{w}^*$ ist, wenn y_i zu $\mathfrak{y}$ und $w_{\mu\nu}$ entsprechend zu $\mathfrak{w}$ zusammengefaßt wird:

$$\sum_\alpha \{m_\alpha \ddot{\mathfrak{y}}_\alpha + 2\,\mathfrak{w} \times \dot{\mathfrak{y}}_\alpha m_\alpha + m_\alpha\,\dot{\mathfrak{w}} \times \mathfrak{y}_\alpha - m_\alpha\,\mathfrak{w} \times (\mathfrak{w} \times \mathfrak{y}_\alpha) -$$
$$- \mathfrak{R}_\alpha + \ddot{\mathfrak{b}}^*\} \,(\mathfrak{w} \times {}^*\mathfrak{y}_\alpha + \mathfrak{v}) = 0\,. \tag{1.54}$$

Bezeichnen wir die Glieder in der geschweiften Klammer mit $\mathfrak{z}_\alpha$, so erhält man, indem wir nacheinander $\mathfrak{v}$ und $\mathfrak{w}^*$ gleich Null setzen:

$$\sum \mathfrak{z}_\alpha(\mathfrak{w}^* \times \mathfrak{y}_\alpha) = 0 \quad \text{und} \quad \sum \mathfrak{z}_\alpha\,\mathfrak{v} = 0\,.$$

Aus der ersten Gleichung folgt[1]

$$\sum (\mathfrak{z}_\alpha \times \mathfrak{y}_\alpha)\,\mathfrak{w}^* = 0\,,$$

so daß sich schließlich wegen der Willkürlichkeit von $\mathfrak{w}^*$

$$\sum_\alpha \mathfrak{z}_\alpha \times \mathfrak{y}_\alpha = 0 \quad \text{und} \quad \sum_\alpha \mathfrak{z}_\alpha = 0 \tag{1.55}$$

ergeben.

Ausgeschrieben lauten diese *allgemeinen Bewegungsgleichungen eines starren Körpers bei Drehbewegung um einen festen Punkt*

$$\sum m_\alpha(\ddot{\mathfrak{y}}_\alpha \times \mathfrak{y}_\alpha) + 2\sum m_\alpha(\mathfrak{w} \times \dot{\mathfrak{y}}_\alpha) \times \mathfrak{y}_\alpha + \sum m_\alpha(\dot{\mathfrak{w}} \times \mathfrak{y}_\alpha) \times \mathfrak{y}_\alpha -$$
$$- \sum m_\alpha[\mathfrak{w} \times (\mathfrak{w} \times \mathfrak{y}_\alpha)] \times \mathfrak{y}_\alpha + \sum m_\alpha(\ddot{\mathfrak{b}}^* \times \mathfrak{y}_\alpha) - \sum_\alpha \mathfrak{R}_\alpha \times \mathfrak{y}_\alpha = 0 \tag{1.56}$$

und

$$\sum_\alpha m_\alpha\{\ddot{\mathfrak{y}}_\alpha + 2\,\mathfrak{w} \times \dot{\mathfrak{y}}_\alpha + \dot{\mathfrak{w}} \times \mathfrak{y}_\alpha - \mathfrak{w} \times (\mathfrak{w} \times \mathfrak{y}_\alpha) + \ddot{\mathfrak{b}}^*\} - \mathfrak{R}_\alpha = 0\,. \tag{1.57}$$

Spezialisieren wir insbesondere auf ein Koordinatensystem, welches sich mit den starr miteinander verbundenen Punkten (dem „starren Körper") mitbewegt, so gilt $\ddot{\mathfrak{y}} = 0$ und $\dot{\mathfrak{y}} = 0$; $\mathfrak{w}$ beschreibt dann also die Dreh-

---

[1] Wegen der Identität $(\mathfrak{a} \times \mathfrak{b})\,\mathfrak{c} = \mathfrak{a}\,(\mathfrak{b} \times \mathfrak{c})$.

geschwindigkeit des Körpers. Und es bleibt:

$$\sum_{\alpha} m_{\alpha}(\dot{\mathfrak{w}}\times\mathfrak{y}_{\alpha})\times\mathfrak{y}_{\alpha}-\sum m_{\alpha}[\mathfrak{w}\times(\mathfrak{w}\times\mathfrak{y}_{\alpha})]\times\mathfrak{y}_{\alpha}+\sum m_{\alpha}\ddot{\mathfrak{b}}^{*}\times\mathfrak{y}_{\alpha}=\sum_{\alpha}\mathfrak{R}_{\alpha}\times\mathfrak{y}_{\alpha}$$

und $\hspace{9cm}$ (1.58)

$$\sum m_{\alpha}(\dot{\mathfrak{w}}\times\mathfrak{y}_{\alpha}-\mathfrak{w}\times(\mathfrak{w}\times\mathfrak{y}_{\alpha})+\ddot{\mathfrak{b}}^{*})=\sum \mathfrak{R}_{\alpha}\,.$$

Man erkennt, daß die Gleichungen dieselbe Form wie in dem $\mathfrak{x}$-System haben, wenn $\mathfrak{w}=0$, $\mathfrak{b}^{*}=\mathfrak{a}_{0}+\mathfrak{a}_{1}\,t$ ist, d. h. das Koordinatensystem gleichförmig parallel verschoben wird *(Galileisches Relativitätsgesetz)*. Durch naheliegende Einführung von $\mathfrak{Y}$, der Lage des „*Schwerpunktes*", durch

$$M\,\mathfrak{Y}=\sum m_{\alpha}\mathfrak{y}_{\alpha}\,,\quad\text{d. h.}\quad M\,\mathfrak{X}=\sum m_{\alpha}\mathfrak{r}_{\alpha}\,,\qquad(1.59)$$

mit $M=\sum m_{\alpha}$ als Gesamtmasse, schreibt sich die zweite Gleichung als *Schwerpunktsatz:*

$$\dot{\mathfrak{w}}\times\mathfrak{Y}-\mathfrak{w}\times(\mathfrak{w}\times\mathfrak{Y})+M\,\ddot{\mathfrak{b}}^{*}=\sum \mathfrak{R}_{\alpha}\,.\qquad(1.60)$$

Wenn insbesondere der Ursprungspunkt des $\mathfrak{y}$-Systems dieser Schwerpunkt ist, also $\mathfrak{b}=\mathfrak{X}$, bleibt

$$\text{Masse}\times\text{Beschleunigung des Schwerpunkts}=\text{Gesamtkraft.}$$

Bei dieser Annahme bleibt von der ersten Gleichung:

$$\sum_{\alpha} m_{\alpha}(\dot{\mathfrak{w}}\times\mathfrak{y}_{\alpha})\times\mathfrak{y}_{\alpha}-\sum_{\alpha} m_{\alpha}[\mathfrak{w}\times(\mathfrak{w}\times\mathfrak{y}_{\alpha})]\times\mathfrak{y}_{\alpha}=\sum_{\alpha}\mathfrak{R}_{\alpha}\times\mathfrak{y}_{\alpha}\,.\qquad(1.61)$$

Dieselbe Gleichung wäre im allgemeinen Fall entstanden, wenn man den Ursprungspunkt des $\mathfrak{y}$-Systems (mit dem Körper verbunden!) am Ursprung des $\mathfrak{x}$-Systems festgehalten hätte, d. h. nur Drehbewegungen um diesen Punkt zugelassen hätte.

Da

$$[\mathfrak{w}\times(\mathfrak{w}\times\mathfrak{y})]\times\mathfrak{y}=\mathfrak{w}\times[(\mathfrak{w}\times\mathfrak{y})\times\mathfrak{y}]$$

gilt, kann man unter Einführung des *Drallvektors*[1]

$$\mathfrak{D}=-\sum m_{\alpha}\mathfrak{y}_{\alpha}\times(\mathfrak{w}\times\mathfrak{y}_{\alpha})\qquad(1.62)$$

die Bewegungsgleichung auch so schreiben

$$\frac{d^{*}}{d t^{*}}\mathfrak{D}+\mathfrak{w}\times\mathfrak{D}=\sum \mathfrak{y}_{\alpha}\times\mathfrak{R}_{\alpha}\equiv\mathfrak{M}\,,\qquad(1.63)$$

wobei $\mathfrak{M}$ das „*Moment der Kräfte*" ist. In dieser Gleichung ist $\dfrac{d^{*}}{d t^{*}}\mathfrak{D}$ nach der Herleitung derjenige Vektor, dessen Komponenten in dem körperfesten Koordinatensystem mit den Einheitsvektoren $\mathfrak{e}_{\nu}$ die Werte

---

[1] Man beachte wegen des Vorzeichens die Bemerkung auf S. 8.

$\dfrac{dD_\nu}{dt}$ hat, wenn $\mathfrak{D} = \Sigma\, D_\nu \mathfrak{e}_\nu$ gilt. Da $\dfrac{d\mathfrak{e}_\nu}{dt} = -\,\mathfrak{w}\times\mathfrak{e}_\nu$ gilt, ist nun

$$\frac{d}{dt}\mathfrak{D} = \frac{d}{dt}\,\Sigma\, D_\nu\mathfrak{e}_\nu = \Sigma\left(\frac{d}{dt}\,D_\nu\right)\mathfrak{e}_\nu + \Sigma\, D_\nu\frac{d}{dt}\,\mathfrak{e}_\nu =$$
$$= \frac{d^*}{dt^*}\,\mathfrak{D} - \Sigma\, D_\nu(\mathfrak{w}\times\mathfrak{e}_\nu) = \frac{d^*}{dt^*}\,\mathfrak{D} - \mathfrak{w}\times\mathfrak{D}\,. \tag{1.64}$$

Deshalb lassen sich die Bewegungsgleichungen — ,,*Drallsatz*'' genannt — auch so schreiben:

$$\frac{d}{dt}\,\mathfrak{D} = \mathfrak{M}\,. \tag{1.65}$$

Liegt das Koordinatensystem insbesondere so, daß der durch

$$\mathfrak{D} = -\,\mathfrak{T}\,\mathfrak{w}$$

definierte Trägheitstensor $\mathfrak{T} = (\Theta_{ik})$ mit

$$\Theta_{ik} = \Sigma\, m_\alpha\{[\mathfrak{y}_\alpha]^2\delta_{ik} - \mathfrak{y}_{\alpha i}\,\mathfrak{y}_{\alpha k}\} \tag{1.66}$$

die Diagonalform hat[1], also

$$\Theta_{ik} = \delta_{ik}\Theta_i\,, \tag{1.67}$$

gilt, so erhalten wir folgende — nach EULER genannte — Gleichungen für die auf dasselbe Koordinatensystem bezogenen Komponenten ω_1, ω_2, ω_3 des Drehgeschwindigkeitsvektors — $\mathfrak{w}$:

$$\left.\begin{aligned}
\Theta_1\frac{d\omega_1}{dt} + (\Theta_3 - \Theta_2)\,\omega_2\omega_3 &= M_1\,,\\[4pt]
\Theta_2\frac{d\omega_2}{dt} + (\Theta_1 - \Theta_3)\,\omega_1\omega_3 &= M_2\,,\\[4pt]
\Theta_3\frac{d\omega_3}{dt} + (\Theta_2 - \Theta_1)\,\omega_2\omega_1 &= M_3\,.
\end{aligned}\right\} \tag{1.68}$$

5. Nichtholonome Systeme. Zur Beschreibung von Bewegungsabläufen von Geräten, in denen das Gleiten von Schneiden oder das Abrollen auftritt, ist eine Erweiterung der Theorie auf Punktsysteme mit anderen Nebenbedingungen erforderlich[2]: Sogenannte *nichtholonome Bedingungen*. Die Systeme werden dann kurz nichtholonom genannt.

Während aus den bisher zugelassenen Nebenbedingungen $g_k(q_\nu, t) = 0$ folgte, daß $\Sigma\, g_{k/\nu}\dot{q}_\nu + g_{k/t} = 0$ gilt, soll jetzt von vornherein nur eine Bedingung ähnlicher Art für die zeitlichen Ableitungen gestellt werden:

$$\sum_\nu g_{k\nu}(q, t)\,\dot{q}_\nu + g_{k0} = 0 \tag{1.69}$$

(die nicht notwendig aus einer Beziehung $g_k = 0$ entstanden sein muß). Als Axiom wird wieder eine Beziehung von der Art des bisherigen D'Alembertschen Axioms [Gln. (1.35) und (1.36)] zugrunde gelegt:

---

[1] In § 6 wird gezeigt, daß das immer möglich ist.

[2] Eine Herleitung solcher Nebenbedingungen aus einem Grenzübergang ähnlich wie bei holonomen Nebenbedingungen ist den Autoren nicht bekannt.

Aus $\sum_{\nu} g_{k\nu}(q, t)\, u_{\nu} = 0$ soll folgen

$$\Sigma \left[\frac{d}{dt} \left(\frac{\partial L}{\partial \dot{q}_{\nu}} \right) - \frac{\partial L}{\partial q_{\nu}} - K_{\nu} \right] u_{\nu} = 0 \,. \tag{1.70}$$

Das ist das *D'Alembertsche Axiom für nichtholonome Systeme*.

Es ist offensichtlich, daß für die bisher betrachtete Klasse mechanischer Systeme die alten Bewegungsgleichungen entstehen.

Aus dem schon früher herangezogenen Satz über lineare Beziehungen folgt die Existenz geeigneter Lagrangescher Faktoren λ_k und die *Lagrangeschen Gleichungen erster Art*

$$\frac{d}{dt} \left(\frac{\partial L}{\partial \dot{q}_{\nu}} \right) - \frac{\partial L}{\partial q_{\nu}} - K_{\nu} = \sum_{k} \lambda_k g_{k\nu} \,. \tag{1.71}$$

Die darin auftretenden Größen $\lambda_k g_{k\nu}$ werden wieder als *Reaktionskräfte* bezeichnet.

Um die Lagrangeschen Faktoren zu eliminieren, verwendet man zweckmäßig nach BOLTZMANN und HAMEL den Nebenbedingungen angepaßte *nichtholonome Geschwindigkeitskoordinaten*[1]:

$$\omega_{\lambda} = \sum_{\mu} g_{\lambda\mu} \dot{q}_{\mu} \,. \tag{1.72}$$

Die Umkehrung dieser Beziehungen sei

$$\dot{q}_{\mu} = \sum_{\lambda} G_{\mu\lambda} \omega_{\lambda} \,, \tag{1.73}$$

also

$$\sum_{\lambda} G_{\mu\lambda} g_{\lambda\nu} = \delta_{\mu\nu} \,. \tag{1.74}$$

Die kinetische Energie sei

$$T\left(\sum_{\lambda} G_{\mu\nu} \omega_{\lambda}, q \right) = T^*(\omega_{\mu}, q_{\mu}) \,. \tag{1.75}$$

Dann ergibt sich für die neuen *Quasi-Impulse*

$$P_{\mu}^* = \frac{\partial T^*}{\partial \omega_{\mu}} = \sum_{\varrho} \frac{\partial T}{\partial \dot{q}_{\varrho}} G_{\varrho\mu} \tag{1.76}$$

und weiterhin

$$\frac{\partial T}{\partial \dot{q}_{\varrho}} = \sum_{\mu} g_{\mu\varrho} \frac{\partial T^*}{\partial \omega_{\mu}} = \sum g_{\mu\varrho} P_{\mu}^* ,$$

$$\frac{\partial T}{\partial q_{\varrho}} = \frac{\partial T^*}{\partial q_{\varrho}} + \sum_{\mu,\nu} \frac{\partial T^*}{\partial \omega_{\mu}} \cdot g_{\mu\nu/\varrho} \dot{q}_{\nu} \,.$$

---

[1] Von den Größen $g_{\lambda\mu}$ werde Zeitunabhängigkeit vorausgesetzt. Der Fall zeitabhängiger $g_{\lambda\mu}$ kann durch Einführung von $q_{n+1} = t$ und der Nebenbedingung $\dot{q}_{n+1} - 1 = 0$ darauf zurückgeführt werden.

Damit erhält man für den Ausdruck

$$A = \sum_\varrho \left[\frac{d}{dt}\left(\frac{\partial T}{\partial \dot{q}_\varrho}\right) - \frac{\partial T}{\partial q_\varrho} - K_\varrho \right] u_\varrho$$

$$= \sum_\varrho \left[\frac{d}{dt}\left(\sum_\mu g_{\mu\varrho} P_\mu^*\right) - \frac{\partial T^*}{\partial q_\varrho} - \sum_{\mu,\nu} \frac{\partial T^*}{\partial \omega_\mu} g_{\mu\nu|\varrho}\dot{q}_\nu - K_\varrho \right] u_\varrho$$

$$= \sum_{\mu,\varrho} g_{\mu\varrho} \frac{d}{dt} P_\mu^* u_\varrho + \sum_\varrho \left[\sum_\lambda \frac{d}{dt}(g_{\lambda\varrho}) P_\lambda^* - \frac{\partial T^*}{\partial q_\varrho} - \right.$$

$$\left. - \sum_{\lambda,\tau} P_\lambda^* g_{\lambda\tau|\varrho}\dot{q}_\tau - K_\varrho \right] u_\varrho \,. \tag{1.77}$$

Wenn man $g_{\mu\varrho} u_\varrho$ ausklammert, geht aus (1.77)

$$A = \sum_{\mu,\varrho} \left\{ \frac{d}{dt} P_\mu^* + \sum_{\lambda,\sigma} P_\lambda^* \left[G_{\sigma\mu} \frac{d}{dt}(g_{\lambda\sigma}) \sum_\tau g_{\lambda\sigma|\tau} G_{\sigma\mu}\dot{q}_\tau \right] - \right.$$

$$\left. - \frac{\partial T^*}{\partial q_\sigma} G_{\sigma\mu} - K_\sigma G_{\sigma\mu} \right\} g_{\mu\varrho} u_\varrho$$

hervor. Mit Einführung der zu den nichtholonomen Geschwindigkeiten gehörenden Richtungsableitungen

$$\nabla_\lambda \varphi = \sum \frac{\partial \varphi}{\partial q_\nu} G_{\nu\lambda} \tag{1.78}$$

ergibt sich somit

$$A = \sum_\varrho \left[\frac{d}{dt}\left(\frac{\partial T}{\partial \dot{q}_\varrho}\right) - \frac{\partial T}{\partial q_\varrho} - K_\varrho \right] u_\varrho$$

$$= \sum_{\mu,\varrho} \left\{ \frac{d}{dt} P_\mu^* - \nabla_\mu T^* + \sum_{\tau,\lambda} P_\tau^* \beta_{\tau,\lambda\mu}\omega_\lambda - K_\varrho G_{\varrho\mu} \right\} g_{\mu\varrho} u_\varrho \,, \tag{1.79}$$

wobei zur Abkürzung

$$\beta_{\tau,\lambda\mu} = \sum_{\nu,\varrho} G_{\nu\lambda} G_{\varrho\mu} (g_{\tau\varrho|\nu} - g_{\tau\nu|\varrho}) \tag{1.80}$$

gesetzt worden ist.

Über die hier auftretenden Größen $\beta_{\tau,\lambda\mu}$ sei bemerkt, daß sie auch in den Vertauschungsbeziehungen für je zwei der eingeführten Richtungsableitungen (1.78) auftreten:

$$\nabla_\lambda(\nabla_\mu \varphi) - \nabla_\mu(\nabla_\lambda \varphi) = - \sum_\eta \beta_{\eta,\lambda\mu} \nabla_\eta \varphi \,.$$

Außerdem ist ersichtlich, daß aus dem Verschwinden von $\beta_{\tau,\lambda\mu} = 0$ für alle λ,μ folgt, daß $g_{\tau\varrho|\mu} - g_{\tau\nu|\varrho} = 0$ für alle ν und ϱ, d. h. daß ω_τ ein totales Differential ist.

Unter Benutzung dieser Umformungen ist das Ablesen der eigentlichen Bewegungsgleichungen einfach: Da nur $g_{k\nu} u_\nu = 0$ für $k \equiv 1, \ldots, m$

verlangt wird, die anderen $g_{k\nu} u_\nu$ also willkürlich sind, müssen die entsprechenden Faktoren in der Gl. (1.79) verschwinden, d. h. die Bewegungsgleichungen lauten

$$\left.\begin{aligned}
&\frac{d}{dt} P_\mu^* - \nabla_\mu T^* + \sum_{\tau,\lambda} P_\tau^* \beta_{\tau,\lambda\mu}\omega_\lambda - K_\mu^* = 0 \\
&\text{mit } K_\mu^* = \sum_\varrho K_\varrho G_{\varrho\mu} (\mu = m+1,\ldots, n)\,.
\end{aligned}\right\} \qquad (1.81)$$

HAMEL hat vorgeschlagen, sie die *Euler-Lagrangeschen Gleichungen* zu nennen, weil sie eine Verallgemeinerung der Lagrangeschen Gleichungen sind, die die Eulerschen Gleichungen (1.68) für die Bewegung des starren Körpers um einen festen Punkt (Kreisel) umfassen.

Beispiel:

$$T = \frac{m}{2}(\dot{x}^2 + \dot{y}^2) + m\, s\vartheta\,(\dot{y}\cos\vartheta - \dot{x}\sin\vartheta) + \frac{1}{2}\Theta\dot{\vartheta}^2,$$

$$\dot{y}\cos\vartheta - \dot{x}\sin\vartheta = 0\,.$$

Das entspricht anschaulich der Bewegung eines Körpers mit der Masse m und dem Trägheitsmoment Θ (d. h. $t_{11} = t_{22} = \Theta$; $t_{12} = 0$) um einen seiner Punkte mit den rechtwinkligen Koordinaten x, y, der sich nur in Richtung einer mit dem Körper verbundenen Schneide gegen die x-Achse bewegen kann. ϑ sei der Winkel der Schneide gegen die x-Achse.

Die Bewegungsgleichungen in der Form der *Lagrangeschen Gleichungen* zweiter Art ergeben sich gemäß (1.71) leicht in der Form

$$\frac{d}{dt}(m\,\dot{x} - m\,s\sin\vartheta\,\dot{\vartheta}) = -\lambda\sin\vartheta + K_x,$$

$$\frac{d}{dt}(m\,\dot{y} + m\,s\cos\vartheta\,\dot{\vartheta}) = +\lambda\cos\vartheta + K_y,$$

$$\frac{d}{dt}(m\,s\,(\dot{y}\cos\vartheta - \dot{x}\sin\vartheta)) + \ddot{\vartheta}\Theta +$$
$$+ m\,s\,\dot{\vartheta}\,(\dot{y}\sin\vartheta + \dot{x}\cos\vartheta) = M\,(\equiv K_\vartheta)\,,$$

wobei sich die letzte Gleichung auf Grund der Nebenbedingung noch vereinfachen läßt. Mit Einführung der (nichtholonomen!) Geschwindigkeit

$$v = \sqrt{\dot{x}^2 + \dot{y}^2}\,, \quad \text{also} \quad \dot{x} = v\cos\vartheta\,, \quad \dot{y} = \sin\vartheta$$

ergibt die Elimination des Lagrangeschen Faktors λ die Gleichungen

$$m\,\dot{v} - m\,s\,\dot{\vartheta}^2 = Z$$

$$\Theta\,\ddot{\vartheta} + m\,s\,\dot{\vartheta}\,v = M\,,$$

wobei zur Abkürzung $K_x\cos\vartheta + K_y\sin\vartheta = Z$ gesetzt ist. Weitere Diskussion (unter der Annahme $M = Z = 0$) bei HAMEL, [1.2], S. 467.

Mit Hilfe der Quasikoordinaten gestaltet sich die Rechnung so:

$$\omega_1 = \dot y \cos\vartheta - \dot x \sin\vartheta,$$
$$\omega_2 = \dot x \cos\vartheta + \dot y \sin\vartheta,$$
$$\omega_3 = \dot\vartheta .$$

Daraus bestimmen sich nach (1.80) die $\beta_{\tau,\lambda\mu}$ zu $\beta_{1,23} = -\beta_{1,32} = \beta_{2,31} = -\beta_{2,13} = 1$; alle anderen sind Null. Die Energie wird

$$T^* = \frac{m}{2}\,(\omega_1^2 + \omega_2^2) + m\,s\,\omega_3\omega_1 + \frac{\Theta}{2}\,\omega_3^2 .$$

Die Impulse

$$P_1^* = m\,s\,\omega_3 + m\,\omega_1; \quad P_2^* = m\,\omega_2; \quad P_3^* = \Theta\,\omega_3 + m\,s\,\omega_1 .$$

Die Kräfte

$$K_2^* = Z , \quad K_3^* = M .$$

Und als Euler-Lagrangesche Gleichungen entstehen

$$\frac{d\,P_2^*}{d\,t} - \omega_3 P_1 = Z , \; \frac{d\,P_3^*}{d\,t} + \omega_2 P_1 = M .$$

6. Weitere Momentanprinzipien. Die Bewegungsgleichungen drücken die zweiten Ableitungen nach der Zeit durch die anderen momentanen (d. h. zur gleichen Zeit angenommenen) Werte, Lagen und Geschwindigkeiten, aus. Diese Beschleunigungen können auch durch andere Eigenschaften charakterisiert werden.

Satz von APPELL: Bildet man

$$\mathfrak{A} = \sum_\alpha \frac{1}{2}\,m_\alpha(\ddot{\mathfrak{r}}_\alpha)^2 \tag{1.82}$$

und drückt hierin unter Benutzung der Nebenbedingungen und der durch zeitliche Ableitung hieraus entstandenen Gleichungen alles durch $(n-m)$-Argumente $\ddot q_\mu\,(\mu = 1, \ldots, n-m)$ und q_ν sowie $\dot q_\nu\,(\nu = 1, \ldots, n)$ aus, so gilt

$$\frac{\partial\mathfrak{A}}{\partial\ddot q_\mu} = K_\mu^* , \tag{1.83}$$

wobei K_μ die Kräfte sind, die zu den benutzten $\ddot q_\mu$ gehören, und die durch

$$\sum_{\nu=1}^{n} K_\nu u_\nu = \sum_{\mu=1}^{n-m} K_\mu^* u_\mu \tag{1.84}$$

für alle u_μ, die $\sum_\mu g_{k\mu} u_\mu = 0\,(k = 1, \ldots, m)$ genügen, definiert sind.

Beweis: Es mögen die Transformationsgleichungen $\mathfrak{r}_\alpha = f(q, t)$ bestehen. Dann folgt $\dot{\mathfrak{r}}_\alpha = f_{\alpha/\nu}\,\dot q_\nu + f_t$, unter Benutzung der ohne Einschränkung der Allgemeinheit in der Form

$$\dot q_\nu = \sum_{\mu=1}^{n-m} \alpha_{\nu\mu}\dot q_\mu + \alpha_{\nu 0}$$

angesetzten Nebenbedingungen also

$$\dot{\mathfrak{r}}_\alpha = f_{\alpha/\nu}\,\alpha_{\nu\mu}\,\dot{q}_\mu + f_{\alpha/\nu}\,\alpha_{\nu 0} + f_t$$

und daraus durch nochmaliges Differenzieren

$$\ddot{\mathfrak{r}}_\alpha = \frac{d}{dt}\,(f_{\alpha/\nu}\alpha_{\nu\mu})\,\dot{q}_\mu + f_{\alpha/\nu}\alpha_{\nu\mu}\ddot{q}_\mu + \frac{d}{dt}\,(f_{\alpha/\nu}\alpha_{\nu 0} + f_t)\,.$$

Jetzt erkennt man durch einfaches Einsetzen

$$\frac{\partial \mathfrak{A}}{\partial \dot{q}_\mu} = \sum_{\alpha,\,\nu} m_\alpha \ddot{\mathfrak{r}}_\alpha \cdot (f_{\alpha/\nu}\alpha_{\nu\mu})\,.$$

Das D'Alembertsche Prinzip besagt: Für alle $\mathfrak{u}_\alpha$ mit $\mathfrak{u}_\alpha = f_{\alpha/\nu}\,u_\nu$, wobei die u_ν die Bedingungen $u_\nu = \sum \alpha_{\nu\mu}\,u_\mu$ erfüllen, gilt $\sum (m\,\ddot{\mathfrak{r}}_\alpha - \mathfrak{K}_\alpha)\,\mathfrak{u}_\alpha = 0$; d. h. also

$$\sum_\alpha (m\,\ddot{\mathfrak{r}}_\alpha - \mathfrak{K}_\alpha)\,f_{\alpha/\nu}\,\alpha_{\nu\mu}\,u_\mu = 0 \qquad (u_\mu \text{ beliebig, } \mu = 1,\,\ldots,\,n-m)\,,$$

so daß die Richtigkeit der Behauptung erhellt.

Satz von GAUSS: Unter allen mit den aus den Nebenbedingungen durch Differentiation entstandenen Gleichungen

$$\frac{d}{dt}\,(\Sigma\, g_{k\nu}\dot{q}_\nu + g_{k0}) = \Sigma\, g_{k\nu}\ddot{q}_\nu + \cdots = 0 \tag{1.85}$$

verträglichen $\ddot{q}$-Systemen (d. h. $\ddot{\mathfrak{r}}_\alpha$-Systemen), macht die wirkliche Beschleunigung den Ausdruck

$$G = \sum_\alpha \frac{(m_\alpha\ddot{\mathfrak{r}}_\alpha - \mathfrak{K}_\alpha)^2}{m_\alpha} \tag{1.86}$$

zum Minimum.

Beweis: Bezeichnen wir die den Gln. (1.85) genügenden Wertesysteme $\ddot{q}$ als „zulässige Beschleunigungssysteme", so gilt für die Differenz $b_\nu = \ddot{q}_\nu - \ddot{q}_\nu^*$ zweier zulässiger Beschleunigungssysteme

$$\sum_\nu g_{k\nu}b_\nu = 0\,.$$

Also kann jede solche Differenz als u_ν-Vektor in dem D'Alembertschen Prinzip verwendet werden:

$$\Sigma (m_\alpha\ddot{x}_\alpha - K_\alpha)\,b_\alpha = 0\,.$$

Das sind aber bekanntlich die notwendigen (und hinreichenden) Bedingungen, daß die Funktion G ihr Minimum bei $\ddot{x}_\alpha$ annimmt. q. e. d.

Beispiel: Massenpunkt der Masse $m = 1$ im dreidimensionalen Raum (x, y, z) mit der Nebenbedingung

$$\ddot{y} = z \cdot \dot{x}\,.$$

Hier wird

$$\Sigma \frac{m_\alpha}{2}\,[\ddot{\mathfrak{r}}_\alpha]^2 = \frac{1}{2}\,(\ddot{x}^2 + \ddot{y}^2 + \ddot{z}^2)\,.$$

Es werden x und z als freie Koordinaten verwendet; $\ddot{y}$ kann eliminiert werden auf Grund von

$$\ddot{y} = z\,\ddot{x} + \dot{z}\,\dot{x}$$

und bleibt nach (1.82)

$$A = \frac{1}{2}\,(\ddot{x}^2 + z^2\,\ddot{x}^2 + 2z\,\ddot{x}\,\dot{z}\,\dot{x} + \dot{z}^2\,\dot{x}^2 + \ddot{z}^2)\,.$$

Die zugehörigen Kräfte sind offensichtlich

$$K_x^* = K_x + z\cdot K_z\,;\quad K_z^* = K_z\,,$$

so daß die Bewegungsgleichungen

$$\frac{\partial A}{\partial \ddot{x}} \equiv \ddot{x} + z^2\,\ddot{x} + z\dot{z}\,\dot{x} = K_x^*\,;\quad \frac{\partial A}{\partial \ddot{z}} \equiv \ddot{z} = K_z^*$$

übrigbleiben.

Der Satz von GAUSS würde dieselben Gleichungen ergeben, indem man den Ausdruck

$$G = (\ddot{x} - K_x)^2 + (\ddot{y} - K_y)^2 + (\ddot{z} - K_z)^2$$

unter der Bedingung

$$\ddot{y} = z\,\ddot{x} + \dot{z}\,\dot{x}$$

bezüglich der $\ddot{x}$, $\ddot{y}$, $\ddot{z}$ zum Minimum zu machen hätte.

§ 2. Zeitintegralprinzipien der Punktmechanik

Während die bisher dargestellten momentanen Prinzipien die jeweiligen Beschleunigungen ergaben, wird durch die jetzt behandelten Zeitintegralprinzipien die gesamte Bahnkurve charakterisiert. Die Betrachtungen gelten nur für Systeme mit holonomen Nebenbedingungen und aus Potentialen stammenden Kräften („konservative Systeme") (teilweise mit weiteren Einschränkungen) und gruppieren sich um das Hamiltonsche Prinzip; ein großer Teil der weiteren Theorie ist völlig unabhängig davon, daß es sich um mechanische Fragestellungen handelt, er tritt auch in der geometrischen Optik auf und ist im wesentlichen ein Bestandteil der Variationsrechnung.

1. Das Hamiltonsche Prinzip. Die wirkliche Bahnkurve $q_\nu(t)$ werde in eine Schar von Kurven $q_\nu(t,\,\varepsilon)$ eingebettet, die in Anfangs- und Endpunkt (zu gegebenen Zeiten t_0 und t_1) übereinstimmen. Dabei soll jede Kurve der Kurvenschar den evtl. vorgeschriebenen holonomen Nebenbedingungen:

$$g_k(q_\nu(t,\,\varepsilon),\,t) \equiv 0 \quad (t_0 \leq t \leq t_1) \tag{2.1}$$

genügen; dann gilt auch

$$\sum_{\nu} q_{k|\nu} \frac{\partial q_{\nu}}{\partial \varepsilon} \equiv 0 \; ; \tag{2.2}$$

daher ergibt das D'Alembertsche Axiom (1.36), indem man $v_{\nu} = \dfrac{\partial q_{\nu}}{\partial \varepsilon}$ setzt

$$\sum_{\nu} \left(\frac{d}{dt} \left(\frac{\partial L}{\partial \dot{q}_{\nu}} \right) - \frac{\partial L}{\partial q_{\nu}} \right) \frac{\partial q_{\nu}}{\partial \varepsilon} = 0 \quad (\varepsilon = 0) \; . \tag{2.3}$$

Durch Integration über t von t_0 bis t_1 folgt hieraus

$$\int \sum \left(\frac{d}{dt} \left(\frac{\partial L}{\partial \dot{q}_{\nu}} \right) - \frac{\partial L}{\partial q_{\nu}} \right) \frac{\partial q_{\nu}}{\partial \varepsilon} \, dt = 0$$

und durch einfache partielle Integration, bei der die Randglieder wegen $\dfrac{\partial q_{\nu}}{\partial \varepsilon} (t, \varepsilon) = 0$ für $t = t_0$ und $t = t_1$ wegfallen,

$$\begin{aligned}
0 &= - \int_{t_0}^{t_1} \left[\frac{\partial L}{\partial \dot{q}_{\nu}} \frac{\partial}{\partial \varepsilon} \frac{\partial}{\partial t} q_{\nu} + \frac{\partial L}{\partial q_{\nu}} \frac{\partial}{\partial \varepsilon} q_{\nu} \right] \frac{dt}{\varepsilon = 0} \\
&= - \frac{\partial}{\partial \varepsilon} \int L \left(\dot{q}_{\nu}, q_{\nu}, t \right) \, dt_{|\varepsilon = 0} \; .
\end{aligned} \tag{2.4}$$

Die rechts stehende Ableitung bezeichnet man als ,,Variation`` des Integrals, und das Verschwinden der Variation bezeichnet man als ,,Stationärsein`` des Integrals. Wir haben damit den *Stationaritätssatz von* HAMILTON:

Die Bahnkurven eines holonomen konservativen Systems sind dadurch ausgezeichnet, daß sie das Integral

$$\int_{t_0}^{t_1} L \left(\dot{q}_{\nu}, q_{\nu}, t \right) dt \tag{2.5}$$

bei festen $q_{\nu}(t_0)$ und $q_{\nu}(t_1)$ stationär machen bezüglich aller den Nebenbedingungen genügenden Vergleichskurven, die dieselben Anfangs- und Endwerte haben.

Aus der Variationsrechnung ist bekannt, wie man allein aus der Bedingung, daß ein Integral stationär sein soll, die ,,Eulerschen Gleichungen`` ableitet, die hier offenbar mit den Lagrangeschen Gleichungen (1.13) identisch sind. Man darf aber nicht denken, daß das im Hamiltonschen Satz vorkommende Integral einen kleinsten oder größten Wert annehmen muß.

Aus dieser Herleitung der Euler-Lagrangeschen Gleichungen aus dem Hamiltonschen Satz ergibt sich übrigens auch sofort der früher durch Rechnung nachgewiesene Invarianzcharakter der Lagrangeschen Gleichungen, da das Integral, dessen Stationärsein gefordert wird, eine vom Koordinatensystem unabhängige Bedeutung hat.

2. Die Wirkungsfunktion und die Hamiltonsche Funktion. Wir nehmen an, daß alle etwaigen Nebenbedingungen durch Einführung geeigneter Koordinaten eliminiert worden sind, und nun soll bei festen Anfangspunkten t_1, $q_\nu(t_1)$ der Endpunkt $t_2 = t$, $q_\nu(t)$ verändert werden, und der Wert des Integrals $\int\limits_{t_1}^{t} L(\dot{q}, q, t)\, dt$ längs der als bekannt angesehenen Bahnkurven als Funktion des Endpunktes t, q betrachtet werden.

Aus den Existenzsätzen der gewöhnlichen Differentialgleichungen und dem Satz über implizite Funktionen folgt, daß Bahnkurven, die den festen Anfangspunkt mit dem veränderlichen Endpunkt q_μ verbinden, jedenfalls existieren, wenn dieser hinreichend benachbart ist.

Die Bahnkurven seien durch

$$\tilde{q}_\nu(t, q_\mu, \tau) \quad (t_1 \leqq \tau \leqq t) \tag{2.6}$$

beschrieben. Dann definieren wir also die „Wirkungsfunktion"

$$S(t, q) = \int\limits_{t_1}^{t} L(\tilde{\dot{q}}_\nu(t, q, \tau), \tilde{q}_\nu(t, q, \tau), \tau)\, d\tau \tag{2.7}$$

und stellen folgende Eigenschaften fest:

1. Die Richtungsableitung längs der Bahnkurven im Endpunkt muß den Wert des Integranden im Endpunkt ergeben, d. h. es gilt

$$\frac{\partial S}{\partial t} + \sum_\nu \tilde{\dot{q}}_\nu(t, q, t)\, \frac{\partial S}{\partial q_\nu} = L(\tilde{\dot{q}}_\nu(t, q, t), q_\nu, t)\,. \tag{2.8}$$

2. Partielle Ableitung ergibt

$$\frac{\partial S}{\partial q_\nu} = \int\limits_{t_1}^{t} \sum_\mu \left(\frac{\partial L}{\partial \dot{q}_\mu}\, \overset{\bullet}{\frac{\partial \tilde{q}_\mu}{\partial q_\nu}} + \frac{\partial L}{\partial q_\mu}\, \frac{\partial \tilde{q}_\mu}{\partial q_\nu} \right) dt$$

$$= -\int \sum_\mu \left[\frac{d}{dt}\left(\frac{\partial L}{\partial \dot{q}_\mu} \right) - \frac{\partial L}{\partial q_\mu} \right] \frac{\partial \tilde{q}_\mu}{\partial q_\nu}\, d\tau + \left[\frac{\partial L}{\partial \dot{q}_\mu}\, \frac{\partial \tilde{q}_\mu}{\partial q_\nu} \right]_{t_1}^{t}$$

wegen des Bestehens der Lagrangeschen Gleichungen (1.13) und der aus (2.6) folgenden Beziehung $\dfrac{\partial \tilde{q}_\mu(t)}{\partial q_\nu} = \delta_\nu^\mu$

$$\frac{\partial S}{\partial q_\nu} = 0 + \frac{\partial L(\tilde{\dot{q}}(t, q, t), q, t)}{\partial \dot{q}_\nu}\,. \tag{2.9}$$

Es sollen nun aus diesen Gleichungen die $\tilde{\dot{q}}$ eliminiert werden. Hierzu führt man die *Hamiltonsche Funktion* ein: Wir setzen die *verallgemeinerten Impulse*

$$p_\nu = \frac{\partial L(\dot{q}, q, t)}{\partial \dot{q}_\nu} \tag{2.10}$$

und nehmen das Nichtverschwinden der Funktionaldeterminante

$$\mathrm{Det}\left(\frac{\partial p_\nu}{\partial \dot{q}_\mu} \right) = \mathrm{Det}\left(\frac{\partial^2 L}{\partial \dot{q}_\nu\, \partial \dot{q}_\mu} \right)$$

an, so daß wir statt der $\dot{q}_\mu$ die p_ν einführen können. Dann definieren wir als Hamiltonsche Funktion

$$H(p_1, \ldots, p_n, q_1, \ldots, q_n, t) = \sum_\nu \dot{q}_\nu p_\nu - L(\dot{q}, q, t) \qquad (2.11)$$

(die q_ν spielen bei der ganzen Transformation nur die Rolle von Parametern). Für spätere Zwecke sei bemerkt, daß durch Differentiation von (2.11) unter Benutzung von (2.10) folgt:

$$\frac{\partial H(p_\nu, q_\nu, t)}{\partial p_\varrho} = \sum_\nu \frac{\partial \dot{q}_\nu}{\partial p_\varrho} p_\nu + \dot{q}_\varrho - \sum_\nu \frac{\partial L}{\partial \dot{q}_\nu} \frac{\partial \dot{q}_\nu}{\partial p_\varrho} = \dot{q}_\varrho. \qquad (2.12)$$

Unter Benutzung dieser Funktion, die mittels alleiniger Benutzung von Differentiationen und Eliminationen aus L berechnet werden kann, ist die gesuchte Elimination möglich und ergibt die *Hamilton-Jacobische Gleichung:*

$$\frac{\partial S}{\partial t}(t, q) + H\left(\frac{\partial S}{\partial q}, q, t\right) = 0. \qquad (2.13)$$

Der Zusammenhang zwischen *allen* Lösungen dieser Differentialgleichung mit den Bahnkurven und der Nutzen dieser Differentialgleichung für die Bestimmung der Bahnkurven wird sich später herausstellen.

In dem in der Mechanik zunächst nur vorkommenden Fall (1.18), daß

$$L = \sum_{\mu, \nu} a_{\mu\nu}(q)\, \dot{q}_\mu \dot{q}_\nu - U(q, t) = T - U$$

gilt, wird

$$\frac{\partial L}{\partial \dot{q}_\nu} = 2 \sum_\mu a_{\mu\nu} \dot{q}_\mu; \quad \sum_\nu \frac{\partial L}{\partial \dot{q}_\nu} \dot{q}_\nu = 2 \sum_{\mu, \nu} a_{\mu\nu} \dot{q}_\mu \dot{q}_\nu = 2T$$

und

$$H(p, q, t) = 2T - (T - U) = T + U, \qquad (2.14)$$

d. h. die Hamiltonsche Funktion ist gleich dem Wert der Gesamtenergie, ausgedrückt durch die als *kanonisch* bezeichneten Variablen p, q.

3. Das Prinzip der kleinsten Wirkung. Das System wird als zeitunabhängig vorausgesetzt, womit gemeint ist, daß die Lagrangesche Funktion L nicht explizit von t abhängen soll. Für diesen Satz wird wesentlich benutzt, daß

$$L = \sum a_{\mu\nu}(q)\, \dot{q}_\mu \dot{q}_\nu - U(q) \equiv T - U$$

ist. Dann gilt nach früherer Rechnung für das Integral $\int L\, dt$ längs einer Bahnkurve, wenn man die Kurve bei fester Anfangszeit und festem Anfangspunkt dadurch ändert, daß man die Endzeit t in $t + \varepsilon$, nicht aber den Endpunkt variiert,

$$\delta \int_{t_1} L\, dt \equiv \frac{\partial}{\partial \varepsilon} \int_{t_1}^{t+\varepsilon} L(\tilde{q}_\nu(t, \varepsilon), \dot{\tilde{q}}_\nu(t, \varepsilon), t)\, dt$$

$$= L - \sum \dot{q}_\nu \frac{\partial L}{\partial \dot{q}_\nu} = L - 2T = -(U + T)_{Endpkt.}.$$

Nun ist aber längs einer Lösungskurve nach (1.9)

$$T + U = h = \text{const.}$$

Schränkt man die zugelassenen Vergleichskurven bei der Variation auf solche mit festem $\Sigma\, a_{\mu\nu}\dot{q}_\mu\dot{q}_\nu + U = h$, d. h. festem Energiewert ein, so folgt also für den neuen Integranden

$$L^* = L + h$$

$$\delta \int L^* \, dt = -\,(U + T)_{Endpkt} + h = 0\,.$$

Hierin kann man aber leicht die t-Abhängigkeit in L^* beseitigen, da $L^* = 2\,T = 2\,\sqrt{T}\,\sqrt{h-U}$ ist, und erhält den *Satz von Jacobi:*

Für zeitunabhängige Systeme mit

$$L = \Sigma\, a_{\mu\nu}(q)\, \dot{q}_\mu\dot{q}_\nu - U\,(q)$$

(sog. *„natürliche Systeme"*) gilt für Kurven in dem n-dimensionalen q-Raum

$$\delta \int \sqrt{h - U\,(q)}\; \sqrt{\Sigma\, a_{\mu\nu}\, dq_\mu\, dq_\nu} = 0\,. \tag{2.15}$$

Dieser Satz wird auch *Prinzip der kleinsten Wirkung* genannt.

Auf Grund der in der Variationsrechnung bekannten Überlegungen weiß man, daß sich ein System von n Differentialgleichungen zweiter Ordnung ergibt, die die Kurven durch ihre Anfangsdaten, Lage q_ν und Verhältnis der $\dot{q}_\nu$ bestimmen, da *eine* Abhängigkeit zwischen ihnen besteht, die die Parameterabhängigkeit des Integrals widerspiegelt (die nicht explizit vorkommende Zeit spielt die Rolle des Parameters der Weierstraßschen Theorie der Variationsrechnung). Explizit ergibt sich folgendes:

$$\frac{d}{dt}\left\{ \frac{\sqrt{h-U}\;\sum\limits_{\mu} a_{\mu\nu}\dot{q}_\mu}{\sqrt{\Sigma a_{\mu\nu}\dot{q}_\mu\dot{q}_\nu}} \right\} + \frac{U_{|\nu}\sqrt{\Sigma a_{\mu\nu}\dot{q}_\mu\dot{q}_\nu}}{2\sqrt{h-U}} -$$

$$- \sqrt{h-U}\;\frac{\sum\limits_{\mu,\lambda} a_{\mu\lambda|\nu}\dot{q}_\mu\dot{q}_\lambda}{2\sqrt{\Sigma a_{\mu\nu}\dot{q}_\mu\dot{q}_\nu}} = 0\,.$$

Durch geeignete Wahl des Parameters t, von dem ja die Kurven nicht abhängig sind, derart, daß

$$\sqrt{\Sigma\, a_{\mu\nu}\dot{q}_\mu\dot{q}_\nu} = \sqrt{h-U}$$

ist, wird daraus

$$\frac{d}{dt}\,(\Sigma\, a_{\mu\nu}\dot{q}_\mu) + \frac{1}{2}\,U_{|\nu} - \frac{1}{2}\sum\limits_{\mu,\lambda} a_{\mu\lambda|\nu}\dot{q}_\mu\dot{q}_\nu = 0\,,$$

d. h. die alten Lagrangeschen Gleichungen (1.13).

Beispiel: Die Bahnkurve des freien Wurfes. Hier ist

$$T = \frac{m}{2}\,(\dot{x}^2 + \dot{y}^2)\,; \quad U = g\,y\,m\,,$$

also lautet der Satz von JACOBI

$$\delta \int \sqrt{h - g\,m\,y}\ \sqrt{\frac{m}{2}\,(d\,x^2 + d\,y^2)} = 0\,.$$

Indem man x als Funktion von y ansieht, ergibt sich folgende Eulersche Differentialgleichung

aus der sofort
$$\frac{d}{d\,y}\left(\sqrt{h - g\,m\,y}\ \frac{x'}{\sqrt{x'^2 + 1}}\right) = 0\,,$$

$$\sqrt{h - g\,m\,y}\ x' = C\,\sqrt{x'^2 + 1}$$

und damit
$$x = -\frac{C^2}{g\,m}\,\sqrt{h - g\,m\,y}\,,$$

also die Wurfparabel folgt.

§ 3. Hamilton-Jacobische Theorie im $(n+1)$-dimensionalen Raum

Die Hamilton-Jacobische Theorie stellt einen Zusammenhang her zwischen den sog. kanonischen Differentialgleichungen der Mechanik, das sind gewöhnliche Differentialgleichungen, und partiellen Differentialgleichungen für eine gesuchte Funktion. Eine Zwischenstufe auf diesem Verbindungsweg nimmt das Hamiltonsche Prinzip, ein Stationaritätsprinzip (s. § 2.1), ein. Da die zentrale Aufgabe der Variationsrechnung im einfachsten Fall, ein gewöhnliches Integral mit einem Integranden, der noch eine unbekannte Funktion enthält, zu einem Extrem zu machen — unter den üblichen Regularitätsannahmen —, impliziert, daß dieses Integral stationär wird, kann der in der Hamilton-Jacobischen Theorie dargestellte Zusammenhang auch für die allgemeineren Aufgaben der Variationsrechnung, und nicht nur für das Hamiltonsche Prinzip der Mechanik, genutzt werden. Die Darstellung der Theorie im folgenden ist so gehalten, daß keine speziellen Voraussetzungen an den Integranden gestellt werden, so daß dieser Abschnitt zugleich als Teil der Variationsrechnung angesehen werden kann.

1. Neue Aufstellung der Hamilton-Jacobischen Differentialgleichung. Die hier dargestellte Ableitung der Hamilton-Jacobischen Differentialgleichung in der Variationsrechnung rührt wohl von C. CARATHÉODORY her und wurde wegen ihrer überraschenden Eleganz und Kürze von H. BOERNER als „Königsweg in die Variationsrechnung" bezeichnet.

Sei $S(t, q_\nu)$ eine beliebige eindeutige Funktion von t und $q_1, \ldots, q_n$; dann ist das Kurvenintegral längs einer beliebigen Kurve über den Gradienten dieser Funktion unabhängig vom Wege[1]:

$$\int S_t\,dt + \Sigma \int S_{q_\nu}\,dq_\nu = \int \left(S_t(t, q_\nu) + \sum_\nu \dot{q}_\nu S_{q_\nu}\right) d\,t\,.$$

---

[1] Sofern keine Verwechslungen zu befürchten sind, werden wir im folgenden an den die Ableitung andeutenden Indizes den Strich fortlassen.

Mithin ist die Aufgabe, $\int L\,dt$ stationär zu machen, äquivalent der Aufgabe,

$$\int M\,dt \equiv \int (L - S_t - \Sigma\,\dot{q}_\nu S_{q_\nu})\,dt \tag{3.1}$$

stationär zu machen. Damit nun die von dem Parameter u abhängige Kurvenschar

$$q_\nu(t) = \psi_\nu(t,\,u)$$

mit dem Richtungsfeld

$$\dot{q}_\nu(t) \equiv \frac{\partial \psi_\nu(t,\,u)}{\partial t} = \xi_\nu(t,\,q)$$

das Integral (3.1) stationär macht, ist offenbar hinreichend, daß einerseits der Integrand für dieses Richtungsfeld verschwindet:

$$M(t,\,q_\nu,\,\xi_\nu(t,\,q)) = 0 \tag{3.2}$$

und daß andererseits die Ableitung des Integranden nach den Richtungen auch Null wird:

$$\frac{\partial M(t,\,q)}{\partial \xi_\nu} \equiv \frac{\partial L(t,\,q,\,\xi)}{\partial \dot{q}_\nu} - \frac{\partial S(t,\,q)}{\partial q_\nu} = 0\,.$$

Durch Elimination von $\dfrac{\partial L}{\partial \dot{q}_\nu}$, welches als Funktion von $t,\,u$ mit $p_\nu(t)$ $= \varphi_\nu(t,\,u)$ bezeichnet werde, ergibt sich unter Benutzung der in (2.1) eingeführten, zu L gehörigen Hamilton-Funktion H

$$S_t(t,\,q) + H\left(\frac{\partial S}{\partial q},\,q,\,t\right) = 0 \tag{3.3}$$

und wegen (2.12) gilt für das Richtungsfeld der Extremalen:

$$\xi_\nu(t,\,q) = \frac{\partial H\left(\dfrac{\partial S}{\partial q},\,q,\,t\right)}{\partial p_\nu}\,. \tag{3.4}$$

Während aus dieser Ableitung nicht geschlossen werden kann, daß es überhaupt Lösungen der Hamilton-Jacobischen Gleichung gibt, kann man jedoch sagen: Zu jeder Lösungsfunktion $S(t,\,q)$ dieser Gleichung gibt es eine durch das Richtungsfeld

$$\dot{q}(t) = \frac{\partial H\left(\dfrac{\partial S}{\partial q},\,q,\,t\right)}{\partial p_\nu} \tag{3.5}$$

definierte (und damit durch Lösung eines Systems von n gewöhnlichen Differentialgleichungen zu erhaltende) n-parametrige Schar von Stationaritätskurven (in der Variationsrechnung: *Extremalen*). Die Richtung dieser Kurven nennt man „*transversal*" zu den Flächen $S =$ konst.

2. Gewinnung der kanonischen Gleichungen und der Euler-Lagrange-schen Gleichungen aus der Hamilton-Jacobischen Theorie. Gegeben sei außer den Funktionen des mechanischen Problems eine Lösung S

der Hamilton-Jacobischen Gleichung. Für eine beliebige Funktion f von t und q werde mit (3.4) folgende Richtungsableitung definiert:

$$\nabla f = \frac{\partial f}{\partial t} + \Sigma\, \xi_\nu(t, q)\, \frac{\partial f}{\partial q_\nu}\,.$$

Dann gilt also z. B.

$$\nabla q_\mu = \xi_\mu\,.$$

Und für die Impulse

$$p_\nu = \frac{\partial L\,(t,\,q)}{\partial \dot q_\nu} = \frac{\partial S}{\partial q_\nu} = \varphi_\nu(t,\,q)$$

gilt

$$\nabla p_\nu = \frac{\partial^2 S}{\partial t\,\partial q_\nu} + \sum_\mu H_{p_\mu}\left(\frac{\partial S}{\partial q},\,q,\,t\right) \frac{\partial^2 S}{\partial q_\nu\,\partial q_\mu}\,,$$

wegen der nach q_ν differenzierten Hamilton-Jacobischen Gleichung (2.13), also

$$\nabla p_\nu = -\,H_{q_\nu}\left(\frac{\partial S}{\partial q},\,q,\,t\right)$$

und zusammen mit (3.4) haben wir die auch direkt aus dem Stationaritätssatz von HAMILTON zu gewinnenden kanonischen Differentialgleichungen:

$$\dot q_\nu = \nabla q_\nu = H_{p_\nu}(t,\,q,\,p)\,, \tag{3.6}$$

$$\dot p_\nu = \nabla p_\nu = -\,H_{q_\nu}(t,\,q,\,p)\,. \tag{3.7}$$

Da (3.6) äquivalent $p_\nu = \dfrac{\partial L}{\partial \dot q_\nu}$ ist, ist das System der kanonischen Gleichungen äquivalent dem folgenden System von n gewöhnlichen Differentialgleichungen zweiter Ordnung, den früher aufgestellten Euler-Lagrangeschen Gleichungen (1.13)

$$\frac{d}{dt}\left(\frac{\partial L}{\partial \dot q_\nu}\right) - \frac{\partial L}{\partial q_\nu} = 0 \qquad (\nu = 1,\,\ldots,\,n)\,.$$

Als Beispiel sei der Fall der *geometrischen Optik* behandelt: Das zugrunde liegende Stationaritätsprinzip ist das Fermatsche Prinzip des eiligen Lichtstrahles oder der kürzesten Zeit:

$$\text{Zeit} = \int \frac{ds}{\text{Geschw.}} = \text{Minimum!}$$

Da die Lichtgeschwindigkeit der reziproke Wert des Brechungsindex n ist, gilt, wenn mit t eine Raumkoordinate, mit q_ν nur die restlichen Raumkoordinaten bezeichnet werden

$$\int n\,(t,\,q)\,ds = \int n\,(t,\,q)\,\sqrt{1 + \Sigma\,(\dot q_\nu)^2}\;dt = \text{stationär},$$

also

$$L = n\,(t,\,q)\,\sqrt{1 + \Sigma\,(\dot q_\nu)^2}\,.$$

Hiermit ergibt sich

$$\frac{\partial L}{\partial \dot{q}_\nu} = n \frac{\dot{q}_\nu}{\sqrt{1 + \Sigma (\dot{q}_\nu)^2}} = p_\nu,$$

also die Hamiltonsche Funktion

$$H(t, q, p) = \Sigma p_\nu \dot{q}_\nu - L = -\sqrt{[n(t, q)]^2 - \Sigma p_\nu^2}.$$

Die Koeffizienten für die Richtungsableitungen sind

$$\xi_\nu = \frac{\partial H}{\partial p_\nu} = \frac{p_\nu}{\sqrt{n^2 - \Sigma p_\nu^2}},$$

d. h. sie sind proportional zu p_ν, mithin ist in diesem Falle die in 1. definierte Transversalität identisch mit Orthogonalität.

3. Erzeugung von S aus einer n-parametrigen Bahnkurvenschar. Im vorhergehenden Paragraphen wurde gezeigt, daß zu jeder Lösung der Hamilton-Jacobischen partiellen Differentialgleichung erster Ordnung eine n-parametrige Schar von Lösungen der Euler-Lagrangeschen Differentialgleichungen gehören, die in der Mechanik die Bahnkurven darstellen. Jetzt soll versucht werden, aus einer n-parametrigen Schar von Bahnkurven eine Lösung S der Hamilton-Jacobischen Gleichung zu gewinnen; es wird sich zeigen, daß das nur unter gewissen Bedingungen möglich ist.

Die Bahnkurven als Lösungen der Euler-Lagrangeschen Gleichungen oder der ihnen äquivalenten kanonischen Gleichungen seien gegeben in der Form

$$q_\nu = \psi_\nu(t, u), \quad p_\nu = \varphi_\nu(t, u) \qquad (u = u_1, \ldots, u_n = \text{Parameter}). \tag{3.8}$$

Dabei soll die Auflösbarkeit der Gleichungen $q_\nu = \psi_\nu$ nach den u angenommen werden:

$$u_i = U_i(q, t).$$

Wenn die gegebenen Bahnkurven zu der Funktion $S(t, q)$ gehören, muß gelten:

$$p_\nu = \frac{\partial S(t, q)}{\partial q_\nu}. \tag{3.9}$$

Nach Einsetzen der Funktionen ψ_ν wird aus $S(t, q)$ eine Funktion s von t, u:

$$S(t, \psi_\nu(t, u)) \equiv s(t, u). \tag{3.10}$$

Damit wird

$$\frac{\partial S}{\partial q_\nu} = \sum_i \frac{\partial s}{\partial u_i} \frac{\partial U_i}{\partial q_\nu}.$$

Es soll also gelten:

$$\varphi_\nu(t, u) = \sum_i \frac{\partial s}{\partial u_i} \frac{\partial U_i}{\partial q_\nu}. \tag{3.11}$$

Elimination ergibt die äquivalente Gleichung

$$\sum_\nu \varphi_\nu \frac{\partial \psi_\nu}{\partial u_i} = \frac{\partial s}{\partial u_i};$$

t fungiert dabei als Parameter. Dazu kommt

$$\frac{\partial s}{\partial t} = \sum \frac{\partial S}{\partial q_\mu} \psi_{\mu/t} + S_{/t} = -H + \sum \varphi_\mu \psi_{\mu/t}.$$

Die bekannten notwendigen und hinreichenden Bedingungen für die Existenz einer dieser Gleichung genügenden Funktion s lauten:

$$\frac{\partial}{\partial u_j}\left(\sum_\nu \varphi_\nu \frac{\partial \psi_\nu}{\partial u_i}\right) = \frac{\partial}{\partial u_i}\left(\sum_\nu \varphi_\nu \frac{\partial \psi_\nu}{\partial u_j}\right)$$

und

$$\frac{\partial}{\partial u_i}\left(-H + \sum \varphi_\mu \psi_{\mu/t}\right) = \frac{\partial}{\partial t}\left(\sum \varphi_\mu \psi_{\mu/i}\right).$$

Nach Ausführung der Differentiationen, bei denen gewisse Glieder mit zweiten Ableitungen von ψ sich herausheben, bleibt dann nur die Bedingung

$$\sum_\nu \frac{\partial \psi_\nu}{\partial u_i} \frac{\partial \varphi_\nu}{\partial u_j} - \sum_\nu \frac{\partial \psi_\nu}{\partial u_j} \frac{\partial \varphi_\nu}{\partial u_i} = 0 \tag{3.12}$$

bestehen, da die restlichen Bedingungen wegen der kanonischen Gleichungen erfüllt sind. Die hier auftretenden Größen nennt man Lagrangesche Klammern und bezeichnet sie mit

$$L_{ij} = [ij] = \sum_\nu \left(\frac{\partial q_\nu}{\partial u_i} \frac{\partial p_\nu}{\partial u_j} - \frac{\partial q_\nu}{\partial u_j} \frac{\partial p_\nu}{\partial u_i}\right) = \sum_\nu \frac{\partial (q_\nu p_\nu)}{\partial (u_i u_j)}. \tag{3.13}$$

Eine leichte Modifikation der Überlegung läßt erkennen, daß die Existenz der im Ergebnis herausfallenden zweiten Ableitungen nicht gefordert werden muß: Man führt in $p_\nu = \varphi_\nu(t, u)$ anstelle der u die q_ν ein: $p_\nu = \varphi_\nu(t, U(t, q))$, und erhält aus (3.9)

$$\varphi_\nu(t, U(t, q)) = \frac{\partial S(t, q)}{\partial q_\nu}.$$

Dann ergibt die Gleichheit der gemischten Ableitungen direkt folgende Beziehung:

$$\sum_i \frac{\partial \varphi_\nu}{\partial u_i} \frac{\partial U_i}{\partial q_\mu} = \sum_i \frac{\partial \varphi_\mu}{\partial u_i} \frac{\partial U_i}{\partial q_\nu},$$

aus der durch Multiplikation mit $\dfrac{\partial \psi_\nu}{\partial u_k} \dfrac{\partial \psi_\mu}{\partial u_j}$ und Summation

$$L_{ij} = 0$$

folgt. Die aufgestellte Bedingung, das Verschwinden der Lagrangeschen Klammern, ergibt die Existenz einer Funktion $S(t, q)$, für die

$$\varphi_\nu(t, u) = \frac{\partial S(t, \psi_\nu)}{\partial q_\nu}$$

gilt. Diese Funktion ist dadurch nur bis auf einen additiven, von t abhängigen Bestandteil bestimmt; wie in folgender Betrachtung gezeigt wird, kann dieser Summand so festgelegt werden, daß die Funktion der Hamilton-Jacobischen Gleichung genügt:

Wir berechnen für den Ausdruck

$$\mathfrak{H}(t, u) = \frac{\partial S}{\partial t} + H\left(\frac{\partial S}{\partial q}, q, t\right)$$

die partielle Ableitung nach u_i. Zunächst hat man wegen

$$S(t, \psi_\nu(t, u_i)) = s(t, u_i)$$

folgendes

$$\frac{\partial S}{\partial t} + \Sigma \frac{\partial S}{\partial q_\nu} \frac{\partial \psi_\nu}{\partial t} = \frac{\partial s}{\partial t}.$$

Also wird

$$\mathfrak{H}(t, u) = \frac{\partial s(t, u_i)}{\partial t} - \Sigma_\nu \frac{\partial S}{\partial q_\nu} \frac{\partial \psi_\nu}{\partial t} + H(t, \psi_\nu, \varphi_\nu),$$

und die Differentiation ergibt wegen

$$\frac{\partial \psi_\nu}{\partial t} = H_{p_\nu}(t, \psi_\nu, \varphi_\nu) \quad \text{und} \quad \frac{\partial \varphi_\nu}{\partial t} = - H_{q_\nu}(t, \psi_\nu, \varphi_\nu)$$

$$\begin{aligned}
\frac{\partial \mathfrak{H}}{\partial u_i} &= \frac{\partial^2 s}{\partial u_i \partial t} - \Sigma \frac{\partial^2 S}{\partial q_\nu \partial q_\mu} \frac{\partial \psi_\mu}{\partial u_i} H_{p_\nu} - \Sigma \frac{\partial S}{\partial q_\nu} H_{p_\nu q_\mu} \frac{\partial \psi_\mu}{\partial u_i} - \\
&\quad - \Sigma \frac{\partial S}{\partial q_\nu} H_{p_\nu p_\mu} \frac{\partial \varphi_\mu}{\partial u_i} + H_{p_\nu} \frac{\partial \varphi_\nu}{\partial u_i} + H_{q_\nu} \frac{\partial \psi_\nu}{\partial u_i} \\
&= \frac{\partial}{\partial t}\left(\Sigma \frac{\partial S}{\partial q_\nu} \frac{\partial \psi_\nu}{\partial u_i}\right) - \Sigma \frac{\partial S}{\partial q_\nu} \frac{\partial H_{p_\nu}}{\partial u_i} - \Sigma \dot{\varphi}_\nu \frac{\partial \psi_\nu}{\partial u_i} \\
&= \frac{\partial}{\partial t}\left(\Sigma \frac{\partial S}{\partial q_\nu} \frac{\partial \psi_\nu}{\partial u_i}\right) - \Sigma \varphi_\nu \frac{\partial \dot{\psi}_\nu}{\partial u_i} - \Sigma \dot{\varphi}_\nu \frac{\partial \psi_\nu}{\partial u_i} \\
&= \frac{\partial}{\partial t}\left(\Sigma \varphi_\nu \frac{\partial \psi_\nu}{\partial u_i}\right) - \frac{\partial}{\partial t}\left(\Sigma \varphi_\nu \frac{\partial \psi_\nu}{\partial u_i}\right) = 0.
\end{aligned}$$

Es ist also nur nötig, den noch nicht festgelegten Summanden so festzulegen, daß er für ein bestimmtes t den Ausdruck zum Verschwinden bringt. Das Verschwinden der Lagrangeschen Klammern ist damit als notwendig und hinreichend für die Existenz einer Funktion S, zu der die gegebenen Bahnkurven gehören, festgestellt worden.

Zusatz: Die Lagrangeschen Klammern für irgendwelche Bahnkurven sind unabhängig von t, ihr Verschwinden braucht also nur für einen Zeitpunkt t_0 gefordert und geprüft zu werden.

Beweis: Durch direkte Rechnung erhält man

$$\begin{aligned}
\frac{\partial}{\partial t} L_{ij} &= \Sigma \dot{q}_{\nu|i} \dot{p}_{\nu|j} + q_{\nu|i} \dot{p}_{\nu|j} - \dot{q}_{\nu|j} \dot{p}_{\nu|i} - q_{\nu|j} \dot{p}_{\nu|i} \\
&= \Sigma H_{p_\nu|i} \dot{p}_{\nu|j} - q_{\nu|i} H_{q_\nu|j} - H_{p_\nu|j} \dot{p}_{\nu|i} + q_{\nu|j} H_{q_\nu|i} \\
&= \Sigma H_{p_\nu q_\mu} q_{\mu|i} \dot{p}_{\nu|j} - q_{\nu|i} H_{q_\nu q_\mu} q_{\mu|j} - H_{p_\nu q_\mu} q_{\mu|j} \dot{p}_{\nu|i} + \\
&\quad + q_{\nu|j} H_{q_\nu q_\mu} q_{\mu|i} \\
&= 0.
\end{aligned}$$

4. Mathematische Betrachtung über Integrabilität von $\Sigma\, p_\nu dq_\nu -$ **$H\, dt$.** Die vorangehenden Betrachtungen lassen die Lagrangeschen Klammern nur im Zusammenhang mit der Funktion S auftreten; sie treten aber allgemein bei gewissen Integrabilitätskriterien auf, auch wenn nicht Abhängigkeit von n Parametern, sondern von einer geringeren Anzahl zugrunde liegt. Betrachten wir eine Funktion $S(t, q)$ und eine zugehörige Schar von Bahnkurven, so ergibt sich durch Einsetzen die schon früher so bezeichnete Funktion

$$s(t, u) = S(t,\ \psi_\nu(t, u))\,.$$

Für ihr totales Differential bezüglich aller Variablen t, u_i, gilt

$$ds = \frac{\partial S}{\partial t}\, dt + \Sigma\, \frac{\partial S}{\partial q_\nu}\, \frac{\partial \psi_\nu}{\partial t}\, dt + \Sigma\, \frac{\partial S}{\partial q_\nu}\, \frac{\partial \psi_\nu}{\partial u_i}\, du_i\,,$$

wegen der Hamilton-Jacobischen Gleichung (2.13) also

$$ds = -H\, dt + \Sigma\, \varphi_\nu \frac{\partial \psi_\nu}{\partial t}\, dt + \Sigma\, \varphi_\nu \frac{\partial \psi_\nu}{\partial u_i}\, du_i\,.$$

Der Ausdruck

$$-H(t,\ \psi,\ \varphi)\, dt + \Sigma\, \varphi_\nu\, d\psi_\nu$$

ist somit ein totales Differential, wenn $\varphi_\nu(t, u_i)$, $\psi_\nu(t, u_i)$ Bahnkurven sind, die zu einer Fläche $S = $ konst. transversal sind. Fragen wir nach den Bedingungen, wann

$$-H\, dt + \Sigma\, \varphi_\nu\, d\psi_\nu \equiv (-H + \Sigma\, \varphi_\nu\, \psi_{\nu/t})\, dt + \Sigma\, \varphi_\nu\, \psi_{\nu/i} du_i$$

ein totales Differential wird, so ergeben die bekannten Bedingungen — Gleichheit der gemischten Ableitungen — unabhängig von der Anzahl der Größen folgendes:

$$\sum_\nu (\varphi_\nu\, \psi_{\nu/i})_{/j} = \sum_\nu (\varphi_\nu\, \psi_{\nu/j})_{/i}$$

und

$$(-H + \Sigma\, \varphi_\nu\, \psi_{\nu/t})_{/i} = (\Sigma\, \varphi_\nu\, \psi_{\nu/i})_{/t}\,.$$

Die erste Bedingung liefert wie früher

$$L_{ij} \equiv \Sigma (\varphi_{\nu/j}\, \psi_{\nu/i} - \varphi_{\nu/i}\, \psi_{\nu/j}) = 0\,,$$

die zweite ist wegen der kanonischen Gleichungen immer erfüllt.

5. Verwendung von Lösungsscharen der Hamilton-Jacobischen Gleichung für die Bestimmung der Bahnkurven. Einer der Hauptnutzen der Hamilton-Jacobischen Theorie ist die Möglichkeit der Ausnutzung von Lösungsscharen der partiellen Differentialgleichung zur Bestimmung der Bahnkurven. Es wird zunächst hergeleitet, daß

$$\frac{\partial S(t, q, c)}{\partial c_j} = \text{konst.}$$

längs der Bahnkurven ist, wenn $S(t, q, c)$ eine von den Parametern c_j abhängige Lösung der Hamilton-Jacobischen Gleichung ist. Die Hauptanwendung liegt in der Möglichkeit der Bestimmung der vollen $2n$-parametrigen Lösungsschar von Bahnkurven, wenn die Lösungsschar der partiellen Differentialgleichung von n Parametern $c_1, \ldots, c_n$ abhängt, d. h. ein sog. „vollständiges Integral" ist. Es gilt also

$$\frac{\partial S(t, q, c)}{\partial t} + H\left(t, q, \frac{\partial S(t, q, c)}{\partial q}\right) = 0 \, .$$

Differentiation nach c_j ergibt

$$\frac{\partial^2 S}{\partial t \, \partial c_j} + \sum_\nu \frac{\partial H}{\partial p_\nu} \frac{\partial^2 S}{\partial q_\nu \, \partial c_j} = 0 \, ,$$

d. h.

$$\frac{\partial}{\partial t}\left(\frac{\partial S}{\partial c_j}\right) + \sum_\nu \dot{q}_\nu \frac{\partial}{\partial q_\nu}\left(\frac{\partial S}{\partial c_j}\right) \equiv V_\nu\left(\frac{\partial S}{\partial c_j}\right) = 0 \, ,$$

d. h. $\frac{\partial S}{\partial c_j}$ ist konstant längs der Bahnkurven. Seien nun n Parameter $c_1, \ldots, c_n$ vorhanden, und sei

$$\operatorname*{Det}_{i,j}\left(\frac{\partial^2 S}{\partial c_i \, \partial c_j}\right) \neq 0 \, ,$$

dann läßt sich

$$\frac{\partial S(t, q, c_j)}{\partial c_i} = d_i \tag{3.14}$$

nach q auflösen, und ergibt in der Gestalt $q_\nu = \psi_\nu(t, c_j, d_j)$ die Bahnkurven.

Spezialfall: Wenn H unabhängig von t ist, kann man ansetzen:

$$S(t, q, c) = -ht + S_1(q, c) \, ,$$

wo also h die Rolle eines der Parameter übernimmt. Es bleibt dann die *reduzierte Hamilton-Jacobische Gleichung*

$$-h + H\left(q, \frac{\partial S_1}{\partial q}\right) = 0 \, ,$$

von der also nur eine $(n-1)$-parametrige Schar gesucht wird. Der Wert h hat die Bedeutung der Energie.

Die Elimination der q scheint zunächst nicht genügend Parameter zu geben:

$$\frac{\partial S_1}{\partial c_j} = d_j \qquad (j = 1, \ldots, n-1)$$

ergibt $2(n-1)$ Parameter; da auch h als Parameter dient, haben wir $2n-1$ Parameter. Es werden so nur die Bahnkurven als Kurven im q-Raum und nicht zugleich ihre Durchlaufungsgeschwindigkeit dargestellt. Wenn man alle $\frac{dq_\nu}{dt}$ kennt, ergeben sich die $q_\nu(t)$ selbst leicht durch Quadratur.

Es folgen jetzt einige *einfache Beispiele zur Hamilton-Jacobischen Theorie.*

a) Der freie Wurf. Hier ist gegeben die Lagrangesche Funktion

$$L(t, q, \dot{q}) = \frac{m}{2}(\dot{q}_1^2 + \dot{q}_2^2) + m\, g\, \dot{q}_1 .$$

Einführung der kanonischen Impulsvariablen p_ν ergibt leicht die Hamiltonsche Funktion

$$H(t, q, p) = \frac{1}{2m}(p_1^2 + p_2^2) - m\, g\, q_1 .$$

Da die Hamiltonsche Funktion von t unabhängig ist, kann man sofort die reduzierte Hamilton-Jacobische Gleichung aufstellen:

$$\frac{1}{2m}\left\{\left(\frac{\partial S}{\partial q_1}\right)^2 + \left(\frac{\partial S}{\partial q_2}\right)^2\right\} - m\, g\, q_1 = h .$$

Ohne wesentliche Beschränkung (Verschiebung in der 1-Achse) kann man $h = 0$ annehmen. Um alle Bahnkurven zu finden, sucht man dann ein vollständiges Integral, etwa durch Separation der Variablen:

$$S(q, \alpha) = \alpha\, q_2 + \frac{1}{3m^2 g}(2\, m^2 g\, q_1 - \alpha^2)^{3/2} .$$

Dann ergibt sich die Bahnkurvenschar durch

$$\frac{\partial S(q, \alpha)}{\partial \alpha} \equiv q_2 - \frac{\alpha}{m^2 g}(2m^2 g\, q_1 - \alpha^2)^{1/2} = \beta ,$$

d. h. die bekannten Wurfparabeln. Die Zeitabhängigkeit folgt leicht durch

$$\frac{d}{dt} H = 0 .$$

Bemerkung: Wendet man auf das Prinzip der kleinsten Wirkung die Hamiltonsche Theorie an, so kommt man in diesem Fall zu derselben Hamilton-Jacobischen Gleichung.

b) Brachistochrone. Das klassische Beispiel der Variationsrechnung stammt aus der Mechanik; die Bahnkurve zu finden, auf der ein Punkt geführt werden muß, damit er von einem gegebenen Punkt zu einem ebenfalls vorgeschriebenen Endpunkt unter dem alleinigen Einfluß der Schwerkraft in kürzester Zeit gelangt. Es ergibt sich die Variationsrechnungsaufgabe, die Kurve so zu bestimmen, daß das Integral

$$\int \frac{1}{\sqrt{q}}\sqrt{1 + \dot{q}^2}\, dt$$

recht klein wird.

Der Integrand fällt unter den Typ der in der geometrischen Optik behandelten $\left(n = \dfrac{1}{\sqrt{q}}\right)$ und liefert die Hamilton-Jacobische Gleichung

$$S_t^2 + S_q^2 = \frac{1}{q} .$$

Durch Separation der Variablen erhält man die vollständige Lösung

$$S(t, q, \alpha) = \alpha t + \int \sqrt{\frac{1}{q} - \alpha^2}\, dq,$$

aus der die Gleichung der Bahnkurven folgt:

$$\frac{\partial S}{\partial \alpha} \equiv t - \int \frac{\alpha\, dq}{\sqrt{\frac{1}{q} - \alpha^2}} = \beta\,;$$

Substitution $q = \dfrac{1}{\alpha^2}\,(\cos\varphi)^2$ ergibt

$$\beta = t + \frac{2}{\alpha^2}\left(\frac{\varphi}{2} + \frac{1}{4}\sin 2\varphi\right).$$

Unter Benutzung des neuen Parameters $\psi = 2\varphi$ erkennt man in der dann entstehenden Form $\left(R = \dfrac{1}{2\alpha^2}\right)$

$$q = R(1 + \cos\psi)\,,$$
$$t = \beta - R(\psi + \sin\psi)$$

leicht die Zykloiden.

c) Planetenbewegung (Bewegung eines Massenpunktes im Newtonschen Kraftfeld eines Planeten oder der Sonne). Hier ist

$$L(t, q, \dot{q}) = \frac{m}{2}(\dot{q}_1^2 + q_1^2\dot{q}_2^2) + \frac{Mm}{q_1}$$

($q_1 = r = $ Abstand von den Planeten bzw. der Sonne, $q_2 = \varphi = $ Azimut). Die kanonischen Impulse sind dann

$$p_1 = m\dot{q}_1\,, \quad p_2 = m q_1^2\dot{q}_2$$

und die Hamilton-Funktion wird

$$H(t, q, p) = \frac{1}{2m}\left(p_1^2 + \left(\frac{p_2}{q_1}\right)^2\right) - \frac{Mm}{q_1}\,.$$

Für die reduzierte Hamilton-Jacobische Differentialgleichung

$$\frac{1}{2m}\left[\left(\frac{\partial S}{\partial q_1}\right)^2 + \left(\frac{1}{q_1}\frac{\partial S}{\partial q_2}\right)^2\right] - \frac{Mm}{q_1} = h$$

gewinnt man leicht ein vollständiges Integral durch den Ansatz $S = c q_2 + f(q_1)$:

$$f = \int \sqrt{2h + \frac{2Mm}{q_2} - \frac{c^2}{q_2^2}}\, dq_2,$$

so daß aus $\dfrac{\partial S}{\partial c} = d$ die Bahnkurven folgen:

$$\frac{1}{q_1} = \frac{Mm}{c^2} + \frac{a}{c}\cos(q_2 - q_2^0)\,,$$

d. h. Ellipsen mit dem einen Brennpunkt im Koordinaten-Ursprungspunkt (Sonne).

§ 4. Hamilton-Jacobische Theorie und kanonische Transformationen im (2n + 1)-dimensionalen Raum

1. Stationaritätsprinzip für die kanonischen Variablen. Die folgende Einführung der zu den Lagekoordinaten q gehörenden Impulskoordinaten p ist unter anderem deshalb wichtig, weil sie ein Analogon in der Mechanik der Kontinua hat; ähnlich dem Stationaritätsprinzip für die $2n$ Koordinaten ergibt sich dort dann ein REISSNER zugeschriebenes Stationaritätsprinzip für Spannungen und Verschiebungen. Die Transformation läßt sich weiterhin als die erste Stufe der „Friedrichschen Transformation" auffassen[1], die auch in der Mechanik der Kontinua eine besonders wichtige Rolle spielt (Zusammenhang zwischen dem Castiglianoschen Prinzip und dem Prinzip vom Minimum der Formänderungsarbeit in der Statik).

Das Hamiltonsche Prinzip forderte

$$\int L(t, q, \dot{q}) \, dt = \text{stationär}.$$

Hierin werden statt $\dot{q}_\nu$ unabhängige Variable k_ν eingeführt, die dann den Nebenbedingungen

$$k_\nu - \dot{q}_\nu = 0$$

genügen müssen. Nach bekannten Verfahren der Variationsrechnung[2] kann man ein äquivalentes Stationaritätsprinzip durch Hinzufügen der mit Multiplikatoren p_ν multiplizierten Nebenbedingung unter dem Integralzeichen erhalten:

$$\int [L(t, q, k) + \Sigma \, p_\nu (\dot{q}_\nu - k_\nu)] \, dt = \text{stationär}. \tag{4.1}$$

Als Eulersche Gleichungen ergeben sich hieraus offenbar:

$$L_{q_\nu} - \frac{d}{dt} p_\nu = 0 \,, \quad L_{\dot{q}_\nu} - p_\nu = 0 \,.$$

Die als Multiplikator eingeführten Größen p_ν sind also identisch mit den früher definierten kanonischen Impulskoordinaten, und unter Benutzung der früher definierten Hamiltonschen Funktion

$$H(t, q, p) = \Sigma \, p_\nu k_\nu - L(t, q, k) \quad \text{mit} \quad L_{\dot{q}_\nu}(t, q, k) = p_\nu$$

läßt sich die Stationaritätsbedingung in folgender Form schreiben:

$$\int [-H(t, q, p) + \Sigma \, p_\nu \dot{q}_\nu] \, dt = \text{stationär}. \tag{4.2}$$

---

[1] K. FRIEDRICHS, Gött. Nachr. 1929, S. 13—20, s. a. COURANT-HILBERT, Methoden der math. Physik I.

[2] z. B. CARATHEODORY, Variationsrechnung und partielle Differentialgleichungen, Leipzig u. Berlin 1935; die genauere Begründung ist für uns unerheblich, da die entstehenden Gleichungen, die kanonischen, schon bekannt sind.

Diese Form hat die bemerkenswerte Eigenschaft, sich als ein Linienintegral im $(2n + 1)$-dimensionalen Raum schreiben zu lassen:

$$\int \left[-H(t, q, p)\, dt + \Sigma\, p_\nu\, dp_\nu\right] . \tag{4.3}$$

Die zugehörigen Eulerschen Differentialgleichungen lassen sich nach den Regeln der Variationsrechnung aufstellen:

$$\dot{q}_\nu = H_{p_\nu}\,, \quad \dot{p}_\nu = -H_{q_\nu}\,. \tag{4.4}$$

Man erhält diese kanonischen Gleichungen aber auch durch Anwendung des *Stokesschen Satzes* auf die Fläche zwischen einer angenommenen Bahnkurve und einer Nachbarkurve; allgemein ergibt sich aus

$$\delta \int \sum_i a_i(x)\, d x_i = 0\,, \tag{4.5}$$

indem man die Differenz zwischen dem Integral über die angenommene Lösungskurve und eine Nachbarkurve nach dem Stokesschen Satz als Flächenintegral schreibt:

$$\int\int \Sigma \{a_{i/k} - a_{k/i}\}\, d x_i\, \delta x_k = 0\,.$$

Wenn man beachtet, daß die eingespannte (kleine) Fläche an jeder Stelle durch die Tangente $d\dot{x}_i$ der Bahnkurve und ein beliebiges Richtungselement δx_i aufgespannt wird, dann folgen als Stationaritätsbedingungen

$$\sum_i \{a_{i/k} - a_{k/i}\}\, \dot{x}_i = 0 \qquad (k = 1, \ldots)\,, \tag{4.6}$$

im Falle des Integrals (4.3) also die Gleichungen (4.4). Die linke Seite von (4.6) nennt man auch *Pfaffsche Invariante* der unter dem Linienintegral stehenden *Pfaffschen Form* $\Sigma\, a_i\, d x_i$.

2. Die kanonischen Transformationen. Es ist offensichtlich, daß man durch eine beliebige Punkttransformation

$$q_\nu = \psi_\nu(t, Q_\mu)$$

und die entsprechende Transformation der p_ν in P_ν zu einem entsprechenden Stationaritätsprinzip — mit einer anderen Funktion H — in den neuen Variablen kommen muß. Der Vorteil der gleichberechtigten Benutzung *aller* variabler q und p liegt nun hauptsächlich darin, daß man jetzt allgemeinere Transformationen

$$\left.\begin{aligned} q_\nu &= \psi_\nu(t, Q_\mu, P_\mu)\,, \\ p_\nu &= \varphi_\nu(t, Q_\mu, P_\mu) \end{aligned}\right\} \tag{4.7}$$

finden und zulassen kann, die zu einer größeren Klasse äquivalenter Probleme führen, in denen sich ein Stationaritätsprinzip finden läßt, welches unter anderem den Vorteil der leichteren Lösbarkeit haben kann. Man sucht nun insbesondere nach solchen Transformationen, für die gilt

$$\Sigma\, p_\nu\, dq_\nu - H\, dt = \Sigma\, P_\nu\, dQ_\nu - K\, dt + dF\,, \qquad (4.8)$$

wobei $K = K(P_\nu, Q_\nu, t)$ eine noch nicht bestimmte, $F = F(t, p, q)$ eine beliebige Funktion ist. Daraus folgt nämlich, daß sich das Integral

$$\int \left\{ \sum_\nu p_\nu\, dq_\nu - H\, dt \right\}$$

längs eines beliebigen Weges in dem (p, q, t)-Raum von dem entsprechenden Integral

$$\int \left\{ \sum_\nu P_\nu\, dQ_\nu - K\, dt \right\}$$

über den entsprechenden Weg im (P, Q, t)-Raum nur um einen Wert $[F]$ unterscheidet, der lediglich von den Endpunkten des Weges abhängt, mithin dieselben stationären Kurven bestimmt.

Da in den neuen Variablen das Problem wieder die alte Form hat, wissen wir sofort die Differentialgleichungen der Bahnkurven:

$$\dot{Q}_\nu = K_{P_\nu}\,, \quad \dot{P}_\nu = -K_{Q_\nu}\,.$$

Wir stellen die Bedingungen auf, denen die Transformationsgesetze

$$P_\mu = P_\mu(t, q, p)\,, \quad Q_\mu = Q_\mu(t, q, p)$$

genügen müssen, um die Bedingung (4.8) zu erfüllen, d. h. wie man sagt, eine *kanonische Transformation*[1] darstellen. Umrechnung der Differentiale auf Ableitungen nach t, q, p ergibt:

$$\sum_{\nu\mu} P_\nu Q_{\nu|p_\mu} dp_\mu + \sum_{\nu\mu} P_\nu Q_{\nu|q_\mu} dq_\mu + \sum_\nu P_\nu Q_{\nu|t} dt -$$
$$- \Sigma\, p_\nu\, dq_\nu + (H - K^*)\, dt = \text{totales Differential} \qquad (4.9)$$

(dabei bedeute K^* die auf p, q, t umgerechnete Funktion K). Die bekannten Bedingungen für das totale Differential, Gleichheit der gemischten Ableitungen, ergibt nach einiger Rechnung:

$$\left.\begin{aligned}
&\sum_\nu (P_{\nu|p_\lambda} Q_{\nu|p_\mu} - Q_{\nu|p_\lambda} P_{\nu|p_\mu}) = 0\,, \\[4pt]
&\sum_\nu (P_{\nu|p_\lambda} Q_{\nu|q_\mu} - Q_{\nu|p_\lambda} P_{\nu|q_\mu}) = 0\,, \\[4pt]
&\sum_\nu (P_{\nu|p_\lambda} Q_{\nu|p_\mu} - Q_{\nu|p_\lambda} P_{\nu|p_\mu}) = \delta^\mu_\lambda\,, \\[4pt]
&\sum_\nu (P_{\nu|t} Q_{\nu|p_\mu} - Q_{\nu|t} P_{\nu|p_\mu}) = (H - K^*)_{|p_\mu} \\[4pt]
&\sum_\nu (P_{\nu|t} Q_{\nu|q_\mu} - Q_{\nu|t} P_{\nu|q_\mu}) = (H - K^*)_{|q_\mu}\,.
\end{aligned}\right\} \qquad (4.10)$$

---

[1] Jacobi, C. G.: Compt. rend. **1837**, p. 61.

Mit der früher definierten Lagrangeschen Klammer lassen sich diese Bedingungen so schreiben:

$$\left.\begin{aligned}
[p_\lambda, p_\mu] &= 0 \\
[q_\lambda, q_\mu] &= 0 \\
[q_\lambda, p_\mu] &= \delta_\lambda^\mu \\
[t, p_\mu] &= \Phi_{/p\mu} \\
[t, q_\mu] &= \Phi_{/q\mu} ,
\end{aligned}\right\} \tag{4.11}$$

wobei $H - K^*$ zur Abkürzung Φ genannt worden ist. Es ist bemerkenswert, daß die drei ersten Gleichungssysteme von (4.11) unabhängig von H sind; die letzten Bedingungen von (4.11) schreiben partielle Ableitungen für die noch unbestimmte Funktion Φ und damit für K vor. Von diesen Bedingungen rechnet man leicht nach, daß sie verträglich sind, wenn die ersten drei Systeme von (4.11) erfüllt sind; es gilt nämlich z. B.

$$\frac{\partial}{\partial p_\lambda} [t, p_\mu] - \frac{\partial}{\partial p_\mu} [t, p_\lambda] = \frac{\partial}{\partial t} [p_\lambda, p_\mu] .$$

Die Tatsache, daß Ableitungen nach t nur in den späteren, Φ festlegenden Bedingungen auftreten, läßt folgenden Sachverhalt erkennen:

Erfüllt eine Transformation

$$P_\mu = P_\mu(t, q, p) , \quad Q_\mu = Q_\mu(t, q, p)$$

die Gleichung

$$\Sigma P_\nu \, dQ_\nu = \Sigma p_\nu \, dq_\nu + dF ,$$

wobei t als Parameter betrachtet werden soll und also die Differentiale die Bedeutung

$$dF = \Sigma F_{/q\lambda} \, dq_\lambda + F_{/p\lambda} \, dp_\lambda$$

haben, so handelt es sich um eine kanonische Transformation im obigen Sinne.

3. Die Lösungen als kanonische Transformationen. Wir betrachten Bahnkurven zwischen den festen Zeiten t_1 und t_2. Ist eine ein-parametrige Schar durch einen Parameter, u etwa, von dem also auch die Endpunkte und Endgeschwindigkeiten abhängen, herausgegriffen, so gilt wegen der Stationaritätseigenschaft [Gl. (4.2)]

$$\frac{\partial}{\partial u} \int_{t_1}^{t_2} (\Sigma p_\nu \, dq_\nu - H \, dt) = \left[\Sigma p_\nu \frac{\partial q_\nu}{\partial u}\right]_{t_1}^{t_2} {}^1 \tag{4.12}$$

und durch Differentiation nach einem zweiten Parameter v folgt durch Vertauschung von u und v und Subtraktion die schon früher (Zusatz

---

¹ Deutet man $\dfrac{\partial}{\partial u}$ als kleine Verrückung, so drückt diese Gleichung den Satz von Helmholtz aus [Crelles Journal 100 (1886)].

in § 3.3) bewiesene Konstanz der Lagrangeschen Klammern:

$$\left[\sum_\nu \frac{\partial p_\nu}{\partial v}\frac{\partial q_\nu}{\partial u} - \sum \frac{\partial p_\nu}{\partial u}\frac{\partial q_\nu}{\partial v}\right]_{t_1}^{t_2} = 0. \tag{4.13}$$

Aber die vorhergehende Erkenntnis (4.12), daß

$$\sum p_\nu\, dq_{\nu/t_2} = \sum p_\nu\, dq_{\nu/t_1} + dF\,, \qquad F = \int\limits_{t_1}^{t_2}(\sum p_\nu\, dq_\nu - H\, dt)$$

ist, läßt erkennen, daß der Übergang von den Anfangswerten der Bahnkurven eines festen mechanischen Systems zu den entsprechenden Werten zu einer anderen Zeit eine kanonische Transformation vermittelt.

Daß bei den Überlegungen in § 3.3 alle Lagrangeschen Klammern verschwanden, während bei den kanonischen Transformationen einige gleich 1 werden, erklärt sich dadurch, daß damals höchstens n Parameter (gegen hier $2n$) auftreten konnten.

Hat man die Anfangswerte zu einer festen Zeit t_1 als neue Variable eingeführt, so müssen diese längs der Bahnkurven konstant sein; das Problem in diesen Koordinaten muß sich also mit einer Hamiltonschen Funktion schreiben, deren partielle Ableitungen nach p_ν und q_ν verschwinden, damit die kanonischen Gleichungen Konstanten als Lösungen zulassen. Die völlige Bestimmung der Bahnkurvenschar ist daher im wesentlichen damit äquivalent, eine kanonische Transformation aufzufinden, für die $K = 0$ wird.

4. Infinitesimale Transformationen und Poissonsche Klammern. Wir beginnen mit einer mathematischen Hilfsbetrachtung. Gegeben seien Richtungsfelder im n-dimensionalen Raum:
$X_k(P)$; $Y_k(P)$ $(k = 1, \ldots, n)$, $P = $ Punkt aus dem n-dimensionalen Raum. Zu jedem Richtungsfeld gehört ein Integrationsproblem, nämlich die Kurven zu bestimmen, die in jedem Punkt diese vorgeschriebenen Richtungen haben. Diese Kurven mögen zugehörige Bahnkurven heißen. Nun kann man folgende Aufgabe behandeln: Kommt man zu demselben Punkt, wenn man, von einem Punkte 0 ausgehend, zunächst auf den X-Bahnkurven, dann auf einer Y-Bahnkurve wandert, oder wenn man zuerst auf der Y- und nachher auf der X-Kurve läuft (Abb. 4.1)?

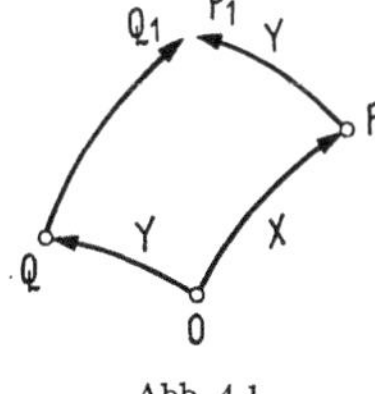

Abb. 4.1

Oder ergibt sich eine (mit abnehmenden Wanderzeiten verschwindende) Differenz, die Anlaß zu einem neuen Richtungsfeld gibt?

Es läßt sich leicht berechnen, daß sich i. A. ein neues Richtungsfeld, das sog. *Kommutatorfeld* ergibt: Wir benutzen dazu die Darstellung der Bahnkurven durch ihre Taylor-Entwicklung in der Nähe von 0 und erhalten

$$x_k(P) = x_k(0) + t\,X_k(0) + \frac{t^2}{2}\sum_l X_{k/l}(\cdot)\,X_l(\cdot)$$

$$x_k(P_1) = x_k(P) + s\,Y_k(P) + \frac{s^2}{2}\sum_l Y_{k/l}(\cdot)\,Y_l(\cdot)$$

$$= x_k(0) + t\,X_k(0) + \frac{t^2}{2}\,\Sigma X_{k/l}(\cdot)\,X_l(\cdot) +$$

$$+ s\,Y_k(P) + \frac{s^2}{2}\,\Sigma Y_{k/l}(\cdot)\,Y_l(\cdot)\,,$$

wobei die Punkte als Argument geeignete Zwischenpunkte bedeuten, auf deren genaue Lage es nicht ankommt. Analog errechnet man $x_k(Q_1)$, so daß sich ergibt

$$x_k(Q_1) - x_k(P_1) = s\,(Y_k(0) - Y_k(P)) + t(X_k(Q) - X_k(0))$$

$$+ O\,(t^2,\,s^2)$$

$$= s\,t\,\{\Sigma X_{k/l}\,Y_l - Y_{k/l}\,Y_l\} + O\,(s^2,\,t^2)\,.$$

Es entsteht also das Kommutatorfeld mit den Komponenten:

$$Z_k = \sum_l (X_{k/l}\,Y_l - Y_{k/l}\,X_l)\,, \tag{4.14}$$

welches mit

$$\mathfrak{Z} = (\mathfrak{X},\,\mathfrak{Y}) = -\,(\mathfrak{Y},\,\mathfrak{X})$$

bezeichnet wird (*Liesche Klammer* für Richtungsfelder).

Es ist evident, daß folgendes für die Theorie der partiellen Differentialgleichungen erster Ordnung sonst unter weitergehenden Differenzierbarkeitsforderungen bewiesene *Resultat* folgt:

Genügt eine Funktion $f(x)$ (einmal stetig differenzierbar) den beiden Gleichungen

$$Xf \equiv \Sigma X_k \frac{\partial f}{\partial x_k} = 0$$

und

$$Yf \equiv \Sigma Y_k \frac{\partial f}{\partial x_k} = 0\,,$$

so genügt sie auch $Zf = 0$. Denn $Xf = 0$ z. B. ist äquivalent damit, daß die zu dem Richtungsfeld X gehörigen Bahnkurven ganz in der Fläche $f = $ konst. liegen.

Für drei Richtungsfelder $\mathfrak{X}$, $\mathfrak{Y}$, $\mathfrak{Z}$ läßt sich eine bemerkenswerte Identität aufstellen, die hier nur der Vollständigkeit wegen erwähnt werden soll:

Wir deuten zu diesem Zweck eines der Richtungsfelder, $\mathfrak{Z}$ etwa, als erzeugendes Element einer Koordinatentransformationsschar, so daß also alle Punkte auf den Bahnkurven, die zu $\mathfrak{Z}$ gehören, entlang wandern (mit demselben Parameter, s etwa). Dann wird aus dem Richtungsfeld

$$\mathfrak{X} \text{ jetzt } \mathfrak{X} + (\mathfrak{X},\,\mathfrak{Z})\,s$$

und ebenso aus $\mathfrak{Y}$ jetzt $\mathfrak{Y} + (\mathfrak{Y}, \mathfrak{Z})\, s$ bzw. aus $(\mathfrak{X}, \mathfrak{Y})$ jetzt $(\mathfrak{X}, \mathfrak{Y}) + ((\mathfrak{X}, \mathfrak{Y}), \mathfrak{Z})\, s$.

Wegen der invarianten Bedeutung der Klammerbildung muß dann aber gelten:

$$(\mathfrak{X} + (\mathfrak{Y}, \mathfrak{Z})\, s,\ \mathfrak{Y} + (\mathfrak{Y}, \mathfrak{Z})\, s) = (\mathfrak{X}, \mathfrak{Y}) + ((\mathfrak{X}, \mathfrak{Y}), \mathfrak{Z})\, s ,$$

d. h. die *Jacobische Identität*

$$((\mathfrak{X}, \mathfrak{Z}), \mathfrak{Y}) + (\mathfrak{X}, (\mathfrak{Y}, \mathfrak{Z})) = ((\mathfrak{X}, \mathfrak{Y}), \mathfrak{Z})$$

die man auch durch (langweiliges!) Differentieren ausrechnen kann.

Für die Mechanik haben nun diejenigen Richtungsfelder im $2n$-dimensionalen Raum der p und q eine Bedeutung, die zu Scharen von kanonischen Transformationen Anlaß geben. Man nennt solche Richtungsfelder *infinitesimale kanonische Transformationen*. Diese Bezeichnungsweise hat ihren Ursprung darin, daß man bisweilen statt der erwähnten Schar kanonischer Transformationen das Richtungsfeld als „unendlich kleine" Verschiebung ansieht.

Es sei also eine Schar kanonischer Transformationen

$$Q_\nu = Q_\nu(\varepsilon, q, p) , \quad P_\nu = P_\nu(\varepsilon, q, p) \tag{4.15}$$

mit

$$Q_\nu(0, q, p) = q_\nu , \quad P_\nu(0, q, p) = p_\nu \tag{4.16}$$

gegeben. Es gilt nach § 4.2:

$$\Sigma\, P_\nu\, dQ_\nu = \Sigma\, p_\nu\, dq_\nu + dF(\varepsilon, p, q) ,$$

was $\Sigma\, P_\nu\, Q_{\nu/q_\mu} = p_\mu + F_{/q_\mu}$ und $\Sigma\, P_\nu\, Q_{\nu/p_\mu} = F_{/p_\mu}$ bedeutet, und woraus durch Differentiation nach ε folgt (durch $'$ angedeutet):

$$\Sigma\, P_\nu\, Q'_{\nu/q_\mu} + \Sigma\, P'_\nu\, Q_{\nu/q_\mu} = F'_{/q_\mu}$$

$$\Sigma\, P'_\nu\, Q_{\nu/p_\mu} + \Sigma\, P_\nu\, Q'_{\nu/p_\mu} = F'_{/p_\mu} .$$

Einsetzen von $\varepsilon = 0$ liefert wegen der Bedingungen (4.16)

$$\Sigma\, p_\nu\, Q'_{\nu/q_\mu} + P'_\mu = F'_{/q_\mu}$$

$$\Sigma\, p_\nu\, Q'_{\nu/p_\mu} = F'_{/p_\mu} .$$

Unter Benutzung der neuen Funktion (der „erzeugenden Funktion" der infinitesimalen kanonischen Transformation)

$$\Phi = F' - \Sigma\, p_\nu\, Q'_\nu \tag{4.17}$$

gilt also für $\varepsilon = 0$

$$P'_\mu = \Phi_{/q_\mu} , \quad Q'_\mu = -\Phi_{/p_\mu} . \tag{4.18}$$

Da dies für jeden anderen Wert von ε genauso gilt, haben wir das Ergebnis:

Jede Schar kanonischer Transformationen läßt sich auffassen als die Lösungsschar eines Systems kanonischer Gleichungen.

Die Umkehrung dieses Satzes hatten wir bereits in der vorhergehenden Ziffer 3 bewiesen. Die Zusammensetzung infinitesimaler kanonischer Transformationen durch die Liesche Klammer-Operation muß wegen der offensichtlichen Gruppeneigenschaft der kanonischen Transformationen wieder eine infinitesimale kanonische Transformation ergeben:

$$X_\nu = - \Phi_{|p_\nu}, \qquad X_{n+\nu} = \Phi_{|q_\nu}$$

sei die erste Transformation,

$$Y_\nu = - \Psi_{|p_\nu}, \qquad Y_{n+\nu} = \Psi_{|q_\nu}$$

die andere, dann folgt für Z_ν nach (4.14)

$$Z_\nu = \Sigma\, (X_{\nu|q_\lambda} Y_\lambda - Y_{\mu|q_\lambda} X_\lambda) + \Sigma (X_{\nu|p_\lambda} Y_{n+\lambda} - Y_{n|p_\lambda} X_{n+\lambda})$$
$$= - \Sigma (\Phi_{|p_\lambda} \Psi_{|q_\lambda} - \Phi_{|q_\lambda} \Psi_{|p_\lambda})_{|p_\nu},$$

entsprechend

$$Z_{\nu+n} = (\Sigma\, \Phi_{|p_\lambda} \Psi_{|q_\lambda} - \Phi_{|q_\lambda} \Psi_{|p_\lambda})_{|q_\nu},$$

d. h. die zusammengesetzte Transformation besitzt die erzeugende Funktion

$$\Gamma = \sum_\lambda \Phi_{|p_\lambda} \Psi_{|q_\lambda} - \Phi_{|q_\lambda} \Psi_{|p_\lambda}. \qquad (4.19)$$

Diesen Ausdruck bezeichnet man als *Poissonsche Klammer* der beiden Funktionen Φ und Ψ und schreibt $\Gamma = (\Phi, \Psi)$.

Der früher für die Lieschen Klammern bewiesenen Identität von JACOBI entspricht die *Jacobische Identität* für Poissonsche Klammern:

$$((\Phi, \Psi), \Gamma) + ((\Psi, \Gamma), \Phi) + ((\Gamma, \Phi), \Psi) = 0.$$

Es gibt eine interessante *Beziehung zwischen Lagrangeschen und Poissonschen Klammern*. Wir nehmen an, daß $Q_1, \ldots, Q_n, P_1, \ldots, P_n$ umkehrbare Funktionen der Argumente $q_1, \ldots, q_n, p_1, \ldots, p_n$ seien. Dann sind die beiden Funktionalmatrizen

$$\frac{\partial(Q, P)}{\partial(q, p)} = \begin{pmatrix} \dfrac{\partial Q_1}{\partial q_1}, & \cdots, & \dfrac{\partial Q_1}{\partial q_n}, & \dfrac{\partial Q_1}{\partial p_1}, & \cdots, & \dfrac{\partial Q_1}{\partial p_n} \\ \dfrac{\partial P_n}{\partial q_1}, & \cdots, & \dfrac{\partial P_n}{\partial q_n}, & \dfrac{\partial P_n}{\partial p_1}, & \cdots, & \dfrac{\partial P_n}{\partial p_n} \end{pmatrix} = \begin{pmatrix} \mathfrak{Q}_q, & \mathfrak{Q}_p \\ \mathfrak{P}_q, & \mathfrak{P}_p \end{pmatrix} = \mathfrak{M}$$

und

$$\frac{\partial(q, p)}{\partial(Q, P)} = \begin{pmatrix} \dfrac{\partial q_1}{\partial Q_1}, & \cdots, & \dfrac{\partial q_1}{\partial Q_n}, & \dfrac{\partial q_1}{\partial P_1}, & \cdots, & \dfrac{\partial q_1}{\partial P_n} \\ \cdots & \cdots & \cdots & \cdots & \cdots & \cdots \\ \cdots & \cdots & \cdots & \cdots & \cdots & \cdots \\ \dfrac{\partial p_n}{\partial Q_1}, & \cdots, & \dfrac{\partial p_n}{\partial Q_n}, & & & \dfrac{\partial p_n}{\partial P_n} \end{pmatrix} = \begin{pmatrix} \mathfrak{q}_Q, & \mathfrak{q}_P \\ \mathfrak{p}_Q, & \mathfrak{p}_P \end{pmatrix} = \mathfrak{M}^{-1}$$

invers.

Mit der Matrix

$$\mathfrak{S} = \left(\begin{array}{c|c} 0 & \begin{smallmatrix}1 & & \\ & \ddots & \\ & & \cdot 1\end{smallmatrix} \\ \hline \begin{smallmatrix}-1 & & \\ & \ddots & \\ & & -1\end{smallmatrix} & 0 \end{array}\right) = \begin{pmatrix} 0 & \mathfrak{E} \\ -\mathfrak{E} & 0 \end{pmatrix} = -\mathfrak{S}^{-1} = -\mathfrak{S}'$$

ergeben sich aus $\mathfrak{M}$ bzw. $\mathfrak{M}^{-1}$ die Poissonschen bzw. Lagrangeschen Klammern:

$$\mathfrak{A} = \mathfrak{M}\,(\mathfrak{S}\,\mathfrak{M}\,\mathfrak{S})' = \begin{pmatrix} -\mathfrak{Q}_q\mathfrak{P}_p' + \mathfrak{Q}_p\mathfrak{P}_q'; & -\mathfrak{Q}_q\mathfrak{Q}_p' - \mathfrak{Q}_p\mathfrak{Q}_q' \\ -\mathfrak{P}_q\mathfrak{P}_p' + \mathfrak{P}_p\mathfrak{P}_q'; & +\mathfrak{P}_q\mathfrak{Q}_p' - \mathfrak{P}_p\mathfrak{Q}_q' \end{pmatrix}$$

$$= \begin{pmatrix} (P_k,\,Q_i), & (Q_k,\,Q_i) \\ (P_k,\,P_i), & (Q_k,\,P_i) \end{pmatrix} (i = \text{Zeilenindex};\ k = \text{Spaltenindex})\,.$$

Analog gilt:

$$\mathfrak{B} = \mathfrak{S}\,\mathfrak{M}^{-1}\mathfrak{S}\,\mathfrak{M}^{-1} = \begin{pmatrix} -p_P'q_Q + q_P'p_Q; & -p_P'q_P + q_P'p_P \\ -p_Q'q_Q + q_Q'p_Q; & -p_Q'q_P + q_Q'p_P \end{pmatrix}$$

$$= \begin{pmatrix} [P_i,\,Q_k], & [P_i,\,P_k] \\ [Q_i,\,Q_k], & [Q_i,\,P_k] \end{pmatrix}$$

und man bestätigt auf Grund der Darstellung durch $\mathfrak{S}$ und $\mathfrak{M}$, daß

$$\mathfrak{A}\,\mathfrak{B} = \text{Einheitsmatrix}$$

ist. Insbesondere folgt, daß $\mathfrak{A}$ und $\mathfrak{B}$ nur gleichzeitig die Einheitsmatrix sein können. „$\mathfrak{B}$, die Matrix der Lagrangeschen Klammern, gleich der Einheitsmatrix", charakterisiert die kanonischen Transformationen, für die also auch $\mathfrak{A}$, die Matrix der Poissonschen Klammern, gleich der Einheitsmatrix charakteristisch ist:

Eine Transformation ist dann und nur dann kanonisch, wenn

$$[P_i,\,Q_k] = \delta_i^k\,, \quad [P_k,\,P_i] = 0\,, \quad [Q_k,\,Q_i] = 0 \tag{4.20}$$

ist.

5. Anwendungen auf die Störungstheorie. Die Klammergrößen werden verwendet bei *Anwendungen auf die Störungstheorie*. Die Erkenntnis, daß die Lösungen eines mechanischen Problems kanonische Transformationen darstellen, wird oft zur numerischen Behandlung von solchen Aufgaben verwendet, deren Hamiltonsche Funktion sich nur wenig von einer solchen unterscheidet, für die die Bahnkurvenschar bekannt ist (ungestörtes Problem).

Das ungestörte Problem sei durch die Hamilton-Funktion H beschrieben, habe also die kanonischen Gleichungen

$$\frac{dq_i}{dt} = -\frac{\partial H}{\partial p_i}\,, \quad \frac{dp_i}{dt} = \frac{\partial H}{\partial q_i}$$

mit den allgemeinen Lösungen

$$p_i = F_i(t, a_1, \ldots, a_{2n}),$$
$$q_i = G_i(t, a_1, \ldots, a_{2n}). \tag{4.21}$$

Das zu behandelnde, durch Addition von H_0 zu H entstandene Problem sei:

$$\frac{dq_i}{dt} = -\frac{\partial(H + H_0)}{\partial p_i}; \quad \frac{dp_i}{dt} = \frac{\partial(H + H_0)}{\partial q_i}. \tag{4.22}$$

Durch Einführung der Größen $a_1, \ldots, a_{2n}$, nach denen (4.21) auflösbar seien, als neue Variablen, wird aus (4.22)

$$\frac{dq_i}{dt} \equiv \frac{\partial G_i}{\partial t} + \sum_\nu \frac{\partial G_i}{\partial a_\nu} \dot{a}_\nu = -\frac{\partial(H + H_0)}{\partial p_i},$$
$$\frac{dp_i}{dt} \equiv \frac{\partial F_i}{\partial t} + \sum_\nu \frac{\partial F_i}{\partial a_\nu} \dot{a}_\nu = \frac{\partial(H + H_0)}{\partial q_i},$$

d. h.

$$\sum \dot{a}_\nu \frac{\partial G_i}{\partial a_\nu} = -\frac{\partial H_0}{\partial p_i}, \quad \sum \dot{a}_\nu \frac{\partial F_i}{\partial a_\nu} = \frac{\partial H_0}{\partial p_i},$$

woraus durch Multiplikation mit $\dfrac{\partial F_i}{\partial a_\mu}$ bzw. $-\dfrac{\partial G_i}{\partial a_\mu}$ und Summation wird:

$$\sum_\nu \dot{a}_\nu [a_\nu a_\mu] = \sum \left(-\frac{\partial H_0}{\partial p_i} \frac{\partial F_i}{\partial a_\mu} - \frac{\partial H_0}{\partial q_i} \frac{\partial G_i}{\partial a_\mu} \right) = -\frac{\partial H_0^*}{\partial a_\mu}, \tag{4.23}$$

wenn H_0^* die auf die a_μ als Argumente umgerechnete Funktion H_0 bezeichnet.

Vermöge der Reziprozitätsbeziehung zwischen den Lagrangeschen und Poissonschen Klammern kann man dafür auch schreiben:

$$\dot{a}_\nu = -\sum_\mu (a_\nu, a_\mu) \frac{\partial H_0^*}{\partial a_\mu}. \tag{4.24}$$

Man beachte, daß sich diese Beziehung bei zeitunabhängigem H wegen der zeitlichen Konstanz der $[a_\nu, a_\mu]$, die sich auf (a_ν, a_μ) überträgt, inhaltlich weiter vereinfacht.

Störungsgleichungen ähnlicher Struktur lassen sich auch für nicht-Hamiltonsche Systeme aufstellen.

§ 5. Zyklische Systeme

1. Allgemeine Theorie. Ein in den Anwendungen wichtiger Fall ist der, daß eine oder mehrere der Koordinaten q_ν nicht selbst in L auftreten.

Aus den Lagrangeschen Gleichungen folgt dann sofort die Beziehung

$$\frac{\partial L}{\partial \dot{q}_\nu} = \text{konst} = \beta. \tag{5.1}$$

Es soll gezeigt werden, daß man das durch Elimination der betreffenden Variablen vereinfachte System wieder als ein Hamiltonsches System behandeln kann, wenn die neue Lagrangesche Funktion in geeigneter Weise definiert wird.

Es trete q_n nicht in L auf. Dann gilt also $\dfrac{\partial L}{\partial \dot{q}_n} = \beta$ (eine Konstante) längs der Bahnkurven. Elimination ergebe

$$\dot{q}_n = f(q_1, \ldots, q_{n-1}; \dot{q}_1, \ldots, \dot{q}_{n-1}; \beta; t)\,. \tag{5.2}$$

Längs der Bahnkurven gilt nach den allgemeinen Überlegungen von § 2.1

$$\delta \int_{t_0}^{t_1} L(q_1, \ldots, q_{n-1}; \dot{q}_1, \ldots, \dot{q}_n; t)\,dt = \left[\sum_{\nu=1}^{n} \frac{\partial L}{\partial \dot{q}_\nu} \delta q_\nu\right]_{t_0}^{t_1}. \tag{5.3}$$

Um daraus ein Stationaritätsprinzip für eine Funktion von q_1, $\ldots$, $q_{n-1}, \dot{q}_1, \ldots, \dot{q}_{n-1}$ zu machen, müssen wir $\delta q_\nu = 0$ für t_0 und t_1 bei $\nu = 1$, $\ldots$, $n-1$ setzen. Dann bleibt

$$\delta \int_{t_0}^{t_1} L(q_1, \ldots, q_{n-1}; \dot{q}_1, \ldots, \dot{q}_n; t)\,dt = \left[\frac{\partial L}{\partial \dot{q}_n} \delta q_n\right]_{t_0}^{t_1}.$$

Schränken wir die Vergleichskurven durch die Bedingung (5.2) ein, was zulässig ist, da sie für die Bahnkurven erfüllt ist, so bleibt

$$\delta \int_{t_0}^{t_1} L(q_1, \ldots, q_{n-1}; \dot{q}_1, \ldots, \dot{q}_{n-1}; f(q_1, \ldots, q_{n-1}; \dot{q}_1, \ldots, \dot{q}_{n-1}; \beta; t); t)\,dt$$

$$= \beta\,[\delta q_n]_{t_0}^{t_1} = \delta\beta \int_{t_0}^{t_1} \dot{q}_n\,dt = \delta\left\{\beta \int_{t_0}^{t_1} f(q, \beta, t)\,dt\right\}.$$

Das läßt sich unter Einführung der neuen Lagrange-Funktion

$$L^*(q_1, \ldots, q_{n-1}; \dot{q}_1, \ldots, \dot{q}_{n-1}; t) =$$
$$= L(q_1, \ldots, q_{n-1}; \dot{q}_1, \ldots, \dot{q}_{n-1}; f(q_1, \ldots, q_{n-1}; \dot{q}_1, \ldots, \dot{q}_{n-1}; \beta; t); t) - \tag{5.4}$$
$$- \beta f(q_1, \ldots, q_{n-1}; \dot{q}_1, \ldots, \dot{q}_{n-1}; \beta; t)$$

als das gesuchte Stationaritätsprinzip für Bahnkurven im $(n-1)$-dimensionalen Raum schreiben:

$$\delta \int_{t_0}^{t_1} L^*(q, \dot{q})\,dt = 0\,, \tag{5.5}$$

so daß sich der alte Formalismus zur Aufstellung der Lagrangeschen Gleichungen erster und zweiter Art, gegebenenfalls die Hamilton-Jacobische Theorie, anwenden läßt.

Die Ausdehnung auf Elimination mehrerer q_ν erfolgt ganz genau so.

Der quadratische Charakter von L in den $\dot{q}_\nu$, wenn q_ν natürliche Koordinaten sind, geht bei diesen Reduktionen im allgemeinen verloren. Allgemein werde betrachtet:

$$L = \sum_{\mu,\nu=1}^{n} a_{\mu\nu}(q, t)\, \dot{q}_\mu \dot{q}_\nu - U(q, t)\,, \qquad (a_{\mu\nu} = a_{\nu\mu}) \tag{5.6}$$

wobei $a_{\mu\nu}$ und U unabhängig von q_n seien. Dann lautet (5.2)

$$\frac{\partial L}{\partial \dot{q}_n} = 2 \sum_{\mu=1}^{n} a_{\mu n}(q, t)\, \dot{q}_\mu = \beta\,, \tag{5.7}$$

also wird aus (5.4)

$$L^* = L - \beta\, \dot{q}_n = \sum_{\mu,\nu=1}^{n-1} a_{\mu\nu}(q, t)\, \dot{q}_\mu \dot{q}_\nu - (\dot{q}_n)^2\, a_{nn}(q, t) - U(q, t)\,, \tag{5.8}$$

wobei $\dot{q}_n$ durch den sich aus (5.7) ergebenden linearen Ausdruck in $\dot{q}_\nu (\nu = 1, \ldots, n-1)$ und β zu ersetzen ist.

Dadurch treten lineare Glieder in $\dot{q}_\nu$ auf; die Auflösung sei

$$\dot{q}_n = \sum_{\mu=1}^{n-1} b_\mu(q, t)\, \dot{q}_\mu + c(q, t) \tag{5.9}$$

und ergibt dann

$$L^* = \sum_{\mu,\nu=1}^{n-1} a_{\mu\nu}(q, t)\, \dot{q}_\mu \dot{q}_\nu - \sum_{\mu=1}^{n-1} b_\mu(q, t)\, c\, \dot{q}_\mu + c^2 - U - \sum_{\mu=1}^{n-1} b_\mu^2 (\dot{q}_\mu)^2 \cdot \tag{5.10}$$

Diese auf diese Weise bei natürlichen Systemen auftretenden linearen Glieder nennt man „gyroskopische Glieder".

2. Beispiele

a) *Ein Massenpunkt in einem Newtonschen Kraftfeld*; Polarkoordinaten r, φ.

$$L = \frac{m}{2}\, (\dot{r}^2 + r^2\, \dot{\varphi}^2) - \frac{A}{r}\,.$$

Das φ tritt in L nicht auf; ist also „zyklisch". Elimination von $\dot{\varphi}$ ergibt $\beta = \dfrac{\partial L}{\partial \dot{\varphi}} = m\, r^2\, \dot{\varphi}$, also nach (5.10) die neue Lagrange-Funktion

$$L^*(r, \dot{r}) = L - \beta\, \dot{\varphi} = \frac{m}{2}\, \dot{r}^2 - \frac{\beta^2}{2m r^2}\,.$$

Die zugehörigen Lagrangeschen Gleichungen lauten

$$\frac{d}{dt}\, \frac{\partial L^*}{\partial \dot{r}} - \frac{\partial L^*}{\partial r} \equiv m\, \ddot{r} - \frac{\beta^2}{3 m r^3} = 0\,.$$

b) *Der symmetrische Kreisel*, der im § 6 behandelt wird. Hier sind die Eulerschen Winkel φ und ψ „zyklisch" und ermöglichen die Reduktion um zwei Variablen auf eine! Es ist

$$L = \frac{A}{2}\, (\dot{\vartheta}^2 + \dot{\psi}^2\, \sin^2\vartheta) + \frac{C}{2}\, (\dot{\varphi} + \dot{\psi} \cos\vartheta)^2\,.$$

Da φ und ψ nicht auftreten, wird eliminiert:

$$\frac{\partial L}{\partial \dot\psi} \equiv C\,(\dot\varphi + \dot\psi\,\cos\vartheta) = \alpha\,,$$

$$\frac{\partial L}{\partial \dot\psi} \equiv A\,\dot\psi\,\sin^2\vartheta + C\,(\dot\varphi + \dot\psi\,\cos\vartheta)\,\cos\vartheta = \beta\,.$$

Also:

$$\dot\varphi = \frac{\alpha}{C} - \cos\vartheta\,\frac{\beta - \alpha\cos\vartheta}{A\,\sin^2\vartheta}\,,\qquad \dot\psi = \frac{\beta - \alpha\cos\vartheta}{A\,\sin^2\vartheta}\,,$$

was dann ergibt:

$$L^*(\vartheta,\dot\vartheta) = \frac{A}{2}\,\dot\vartheta^2 - \frac{\alpha^2}{2\,C} - \frac{(\beta - \alpha\cos\vartheta)^2}{2\,A\,\sin^2\vartheta}\,.$$

Hier treten also keine linearen Glieder in $\dot\vartheta$ auf!

§ 6. Bewegungsgleichung des starren Körpers

Die Eulerschen Gleichungen (1.68) für die Bewegung eines Systems fest miteinander verbundener Massenpunkte, die auch für analog beschriebene kontinuierliche starre Körper gelten, werden hier wegen der Wichtigkeit für die Anwendungen etwas ausführlicher diskutiert; dabei tritt auch der wichtige Begriff des Trägheitstensors auf, der in mathematischer Hinsicht große Ähnlichkeit mit dem Spannungstensor der Kontinuumstheorie hat.

1. Der Trägheitstensor. Der Zusammenhang zwischen dem damals eingeführten Drehgeschwindigkeitsvektor[1] $\mathfrak{w}$ und dem Drallvektor $\mathfrak{D}$ wurde beschrieben durch

$$\mathfrak{D} = \sum_\alpha m_\alpha \mathfrak{y}_\alpha \times (\mathfrak{w} \times \mathfrak{y}_\alpha)\,, \tag{6.1}$$

wobei $\mathfrak{y}_\alpha$ die Ortsvektoren der Massenpunkte sind.

Benutzt man die zueinander orthogonalen und auf die Länge normierten Vektoren $\mathfrak{e}_\nu$ ($\nu = 1, 2, 3$) als Koordinatenachsen, so daß also gilt

$$\mathfrak{D} = \sum D_\nu \mathfrak{e}_\nu\,,\qquad \mathfrak{y}_\alpha = \sum y_{\alpha\nu}\,\mathfrak{e}_\nu\,,\qquad \mathfrak{w} = \sum v_\nu \mathfrak{e}_\nu\,,$$

so folgt der schon im § 1.4 angegebene Zusammenhang

$$D_\nu = \sum_\mu \Theta_{\nu\mu} w_\mu$$

mit den als Trägheitstensorkomponenten bezeichneten Größen

$$\Theta_{\nu\mu} = \sum_\alpha m_\alpha\left[(\mathfrak{y}_\alpha\mathfrak{y}_\alpha)\,\delta_{\nu\mu} - (\mathfrak{y}_\alpha\mathfrak{e}_\nu)\,(\mathfrak{y}_\alpha\mathfrak{e}_\mu)\right]\,. \tag{6.2}$$

---

[1] Hier die Drehgeschwindigkeit des Körpers gegenüber dem raumfesten Koordinatensystem.

Der erste Bestandteil ist offenbar unabhängig vom Koordinatensystem. Wenn wir jetzt nach denjenigen Koordinatensystemen, d. h. e_ν-Systemen, fragen, für die Θ_{11} extremal wird, so ist das äquivalent der Frage nach dem Extremum von

$$s_{11} = \sum_\alpha m_\alpha (\mathfrak{y}_\alpha e)\,(\mathfrak{y}_\alpha e)\,, \tag{6.3}$$

wobei der Einfachheit wegen e statt e_1 geschrieben wurde.

Übergang von e zu einem benachbarten Einheitsvektor $e + \varepsilon\mathfrak{f}$, wobei $(e, \mathfrak{f}) = 0$ gelten muß, ergibt als Zuwachs [der sich korrekterweise als Ableitung nach einem Parameter einer Schar von Einheitsvektoren $e(\varepsilon)$ mit $e(0) = e$, $\dfrac{\partial e}{\partial \varepsilon}\Big|_{\varepsilon=0} = \mathfrak{f}$ darstellt] von s_{11}: $\sum_\alpha m_\alpha (\mathfrak{y}_\alpha \mathfrak{f})\,(\mathfrak{y}_\alpha e)$.

Da in einem Extremum dieser Zuwachs Null sein muß, andererseits aber als $\mathfrak{f}$ sowohl e_2 wie e_3 genommen werden kann, gilt, wenn $e = e_1$ so gewählt wurde, daß $s_{11} =$ Extr. ist, $s_{12} = s_{13} = 0$ und damit auch $\Theta_{12} = \Theta_{13} = 0$.

Die noch nicht eindeutig bestimmten e_2, e_3 sollen nun unter Festhalten von e_1 so gewählt werden, daß s_{22} ein Extremum wird. Dann folgt, da man von e_2 noch zu $e_2 + \varepsilon e_3$ übergehen kann, auf Grund derselben Überlegung, daß $s_{23} = 0$ und damit $\Theta_{23} = 0$ wird.

Jedes System von drei zueinander senkrechten Achsen, für die $\Theta_{12} = \Theta_{13} = \Theta_{23} = 0$ wird, nennt man ein System von Hauptträgheitsachsen. Es ist nicht immer eindeutig bestimmt; aber nach den eben angestellten Betrachtungen existiert es immer.

2. Bewegung des Kreisels ohne äußere Momente. Im Fall, daß die Momente der äußeren Kräfte verschwinden, lauten die Eulerschen Gleichungen nach (1.68), bezogen auf ein mitbewegtes Koordinatensystem, dessen Achsen Hauptträgheitsachsen sind,

$$\left.\begin{aligned}
\Theta_1 \dot{\omega}_1 + (\Theta_3 - \Theta_2)\,\omega_2\omega_3 &= 0\,, \\
\Theta_2 \dot{\omega}_2 + (\Theta_1 - \Theta_3)\,\omega_1\omega_3 &= 0\,, \\
\Theta_3 \dot{\omega}_3 + (\Theta_2 - \Theta_1)\,\omega_2\omega_1 &= 0\,.
\end{aligned}\right\} \tag{6.4}$$

Diese Gleichungen lassen sofort erkennen: Im Falle verschiedener Hauptträgheitsmomente $\Theta_1 \neq \Theta_2 \neq \Theta_3 \neq \Theta_1$ sind die einzigen möglichen „freien Achsen", d. h. körperfeste Achsen, um die eine Drehung erfolgt, die Hauptträgheitsachsen. Denn die Annahme besagt $\omega_\nu(t) = \omega(t)\,d_\nu$. Hieraus folgt

$$\Theta_1\,\dot{\omega}\,d_1 + (\Theta_3 - \Theta_2)\,\omega^2\,d_2 d_3 = 0$$

$$\cdot \qquad \cdot \qquad \cdot$$
$$\cdot \qquad \cdot \qquad \cdot$$

usw. Die Determinante dieses linearen homogenen Gleichungssystems für Θ_1, Θ_2, Θ_3 ist

$$\dot{\omega}^2(t)\,d_1 d_2 d_3 \Big\{[\dot{\omega}(t)]^2 + \sum_{\nu=1}^{3} d_\nu^2\Big\}$$

und es folgt also, da nicht alle $\Theta_\nu = 0$ sind, daß $\dot{\omega}(t) = 0$ oder eines der $d_\nu = 0$ sein muß. Sei im letzten Fall etwa $d_1 = 0$, so ergeben die letzten Eulerschen Gleichungen auch $\dot{\omega} \, d_2 = \dot{\omega} \, d_3 = 0$.

Aus $\dot{\omega} = 0$ aber folgt $d_2 d_3 = 0$, $d_1 d_3 = 0$, $d_1 d_2 = 0$, so daß in jedem Fall mindestens zwei der d_ν verschwinden müssen, q. e. d.

Für die weitere Diskussion werde die Numerierung so getroffen, daß

$$\Theta_1 > \Theta_2 > \Theta_3 \tag{6.5}$$

ist. Durch Multiplikation der Gleichungen mit ω_1, ω_2, ω_3 und Addition folgt der Energiesatz:

$$\Sigma\, \Theta_\nu \omega_\nu \dot{\omega}_\nu = 0, \text{ d. h. } \quad \frac{1}{2} \sum_{\nu=1}^{3} \Theta_\nu \omega_\nu^2 = h \text{ (konst) .} \tag{6.6}$$

Ähnlich erhalten wir durch Multiplikation mit $\Theta_1 \omega_1$, $\Theta_2 \omega_2$, $\Theta_3 \omega_3$ und Addition die Aussage $\Sigma\, \Theta_\nu^2 \omega_\nu \dot{\omega}_\nu = 0$, d. h.

$$\Sigma\, \Theta_\nu^2 \omega_\nu^2 = D^2 = \text{konst.} \tag{6.7}$$

Das heißt: Der Betrag D des Drallvektors ist konstant. Multiplikation des Energiesatzes (6.6) mit Θ_3 und Subtraktion von (6.7) ergibt

$$(\Theta_1^2 - \Theta_1 \Theta_3)\, \omega_1^2 + (\Theta_2^2 - \Theta_2 \Theta_3)\, \omega_2^2 = \text{konst.} \tag{6.8}$$

Ist also der Anfangszustand (*Lage* und *Geschwindigkeit*) so, daß ω_1 und ω_2 nahe bei Null sind, so müssen wegen der Positivität der Koeffizienten in (6.8) ω_1 und ω_2 für alle Zeiten t klein bleiben, d. h. die Drehung um die e_1-Achse ist „stabil"; dasselbe gilt auf Grund ganz ähnlicher Überlegung auch für die Drehung um die e_3-Achse. Die Bewegung um die e_2-Achse ist dagegen *nicht* stabil.

Die Benutzung der beiden aufgestellten Erhaltungssätze zur Vereinfachung der Bewegungsgleichung ist natürlich äquivalent der Elimination der zyklischen Variablen φ und ψ in § 5.2b. Durch Einführung von

$$u = \Sigma\, \omega_\nu^2 \tag{6.9}$$

lassen sich die folgenden Rechnungen ganz symmetrisch durchführen:

Es folgt dann zunächst aus den drei linearen Gleichungen (6.6), (6.7), (6.9)

$$\omega_1^2 = \frac{u\,\Theta_2\Theta_3 - 2h\,(\Theta_2 + \Theta_3 + D^2)}{(\Theta_2 - \Theta_1)\,(\Theta_3 - \Theta_1)}, \tag{6.10}$$

und entsprechendes für ω_2^2, ω_3^2, während sich

$$\frac{du}{dt} = 2\,\Sigma\, \omega_\nu \dot{\omega}_\nu$$

nach der Eulerschen Gleichung (6.4) als

$$2\,\omega_1 \omega_2 \omega_3 \left\{ \frac{\Theta_2 - \Theta_3}{\Theta_1} + \frac{\Theta_3 - \Theta_1}{\Theta_2} + \frac{\Theta_1 - \Theta_2}{\Theta_3} \right\} = 2\,\omega_1 \omega_2 \omega_3 A$$

ergibt, woraus

$$t - t_0 = \int\limits_{u_0}^{u} \frac{du}{\sqrt{A\,\omega_1\omega_2\omega_3}} \qquad (6.11)$$

folgt, also wegen (6.10) ein elliptisches Integral.

Ein Spezialfall des Kreisels, wo das Auftreten elliptischer Integrale aus elementaren Darstellungen bekannt ist, ist das ebene Pendel.

Eine explizite Darstellung der $\omega_\nu(t)$ ist mittels der Jacobischen elliptischen Funktionen möglich, die den Gleichungen

$$\frac{d}{dv}\,sn\,v = cn\,v\,dn\,v$$

$$\frac{d}{dv}\,cn\,v = - \quad sn\,v\,dn\,v$$

$$\frac{d}{dv}\,dn\,v = -\,k^2\,sn\,v\,cn\,v$$

genügen. Dazu muß man $v = t \cdot$ konst. und ω_ν proportional $sn\,v$, $cn\,v$, $dn\,v$ mit geeigneten Konstanten setzen.

3. Der symmetrische Kreisel ohne äußere Momente. Ein starrer Körper wird bei der Untersuchung seiner Drehbewegungen (Kreisel) „symmetrisch" genannt, wenn zwei seiner Hauptträgheitsmomente gleich sind. Es sei $\Theta_1 = \Theta_2$ und $\Theta_3 \gtreqless \Theta_1$. Von den Eulerschen Gleichungen (6.4) bleibt

$$\Theta_1\dot{\omega}_1 + (\Theta_3 - \Theta_1)\,\omega_2\omega_3 = 0\,,$$
$$\Theta_1\dot{\omega}_2 + (\Theta_1 - \Theta_3)\,\omega_1\omega_3 = 0\,, \qquad (6.12)$$
$$\Theta_3\dot{\omega}_3 \qquad\qquad\quad = 0\,.$$

Es folgt also unmittelbar $\omega_3 = konst.$ und damit wird

$$\Theta_1\ddot{\omega}_1 = (\Theta_1 - \Theta_3)\,\dot{\omega}_2\omega_3 = -\frac{(\Theta_1 - \Theta_3)^2}{\Theta_1}\,\omega_3^2\,\omega_1\,;$$

d. h.

$$\omega_1(t) = \omega_1(0)\,\cos\left\{\omega_3\left[\left(1 - \frac{\Theta_3}{\Theta_1}\right)t - t_0\right]\right\}$$

und analog für ω_2.

Die Rotationsachse führt also eine periodische Bewegung auf einem körperfesten Kreiskegel aus.

Die Umlaufzeit ist

$$T = \frac{2\pi}{\omega_3\left(1 - \dfrac{\Theta_3}{\Theta_1}\right)}\,.$$

Für die Erde ergibt das als „Eulersche Periode" $T = 305$ Tage; eine genauere Theorie mit Berücksichtigung der Elastizität ergibt die genauer mit der Wirklichkeit übereinstimmende Chandlersche Periode $T_1 = 433$ Tage.

4. Geometrische Deutung der Kreisel-Bewegung. Die Bewegung eines starren Körpers um einen festen Punkt ohne äußeres Moment läßt sich nach POINSOT auf anschauliche Weise deuten, bei der allerdings die Zeitabhängigkeit nicht erkennbar ist.

Dazu führen wir zunächst ein mit dem Körper verbundenes Ellipsoid ($\mathfrak{E}$) ein (das „Trägheitsellipsoid"):

$$\Sigma\, \Theta_{\nu\mu} x_\nu x_\mu = 2h \quad (h \text{ der Wert der Energie}) . \tag{6.13}$$

Dann liegt offenbar der Endpunkt des Drehgeschwindigkeitsvektors $\mathfrak{w}$ auf $\mathfrak{E}$. Die Tangentialebene von $\mathfrak{E}$ in dem Endpunkt von $\mathfrak{w}$ hat bekanntlich die Gleichung

$$\Sigma\, \Theta_{\nu\mu} \omega_\nu \mathrm{y}_\mu = 2h , \tag{6.14}$$

besitzt also den Normalenvektor mit den Komponenten n_ν proportional zu $\Sigma\, \Theta_{\nu\mu}\omega_\mu = D_\nu$, d. h. diese Normale hat die Richtung des Drallvektors $\mathfrak{D}$ (Abb. 6.1). Weiter soll das Lot $\mathfrak{y}$ vom Ursprungspunkt auf diese Tangentialebene berechnet werden: $\mathfrak{y} = \lambda\mathfrak{n}$, es gilt $(\mathfrak{y} - \mathfrak{w})\,\mathfrak{n} = 0$, also $\lambda\mathfrak{n}^2 = \mathfrak{w}\,\mathfrak{n}$, somit

$$\mathfrak{y} = \frac{2h}{\mathfrak{D}^2}\, \mathfrak{D} .$$

$\mathfrak{y}$ ist also konstant.

Die Bewegung verläuft demnach so, daß der Endpunkt des Drehgeschwindigkeitsvektors (dessen jeweilige Geschwindigkeit Null ist) sich gleichzeitig auf dem körperfesten Trägheitsellipsoid $\mathfrak{E}$ und auf der raumfesten Tangentialebene befindet, so daß das Ellipsoid auf dieser Ebene abrollt.

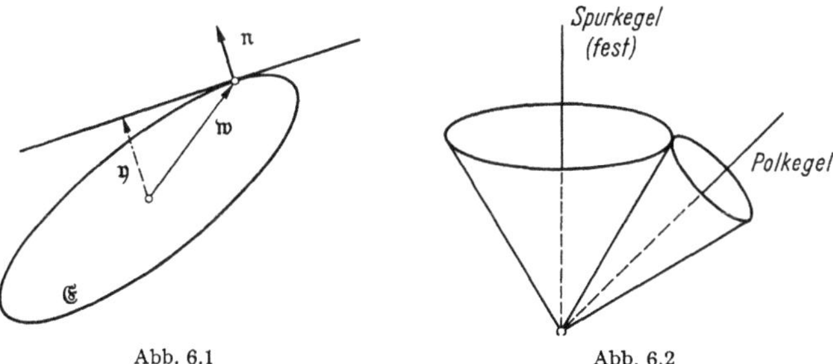

Abb. 6.1   Abb. 6.2

In dem speziellen Fall des symmetrischen Kreisels ist das Trägheitsellipsoid ein Rotationsellipsoid; beim Abrollen entsteht dieselbe Bewegung, als ob ein körperfester Kreiskegel (der „Polkegel") auf einem raumfesten Kreiskegel (dem „Spurkegel") abläuft.

Je nach Lage und Gestalt der beiden Kegel ergeben sich gestaltlich verschiedene Bewegungsformen:

a) Epizykloidenbewegung (Abb. 6.2); b) Perizykloidenbewegung (Abb. 6.3); c) Hypozykloidenbewegung (Abb. 6.4); d) Antizykloidische Bewegung (Abb. 6.5).

5. Der schwere symmetrische Kreisel. Unter einem schweren symmetrischen Kreisel versteht man einen um einen festen Raumpunkt drehbaren Körper mit zwei gleichen Hauptträgheitsmomenten, auf den ein äußeres Moment wirkt, als ob auf einem Punkt der dritten Hauptträgheitsachse seine Masse vereinigt wäre, die der Gravitation (oder einer

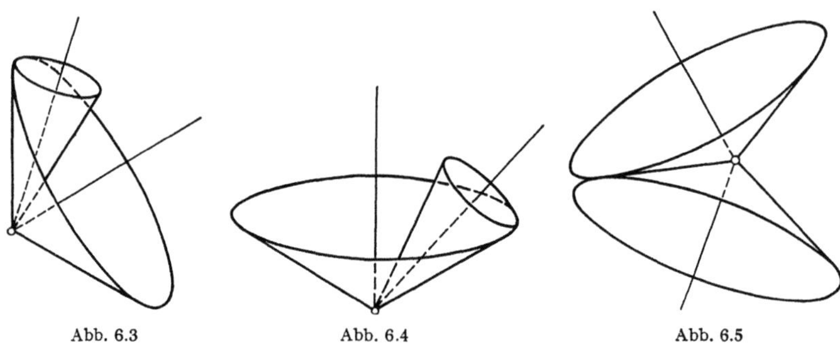

Abb. 6.3 Abb. 6.4 Abb. 6.5

ähnlichen ein homogenes Feld ergebenden Kraft) ausgesetzt ist. Unter Einführung der die Lage des Körpers beschreibenden sog. *Eulerschen Winkel* (Abb. 6.6) ϑ, φ, ψ ergeben sich dann folgende Gleichungen:

$$\left.\begin{aligned}
\Theta_1\dot\omega_1 + (\Theta_3-\Theta_1)\,\omega_2\omega_3 &= a\sin\vartheta\,\cos\varphi\,, \\
\Theta_1\dot\omega_2 + (\Theta_1-\Theta_3)\,\omega_3\omega_1 &= -a\sin\vartheta\,\sin\varphi\,, \\
\Theta_3\dot\omega_3 &= 0\,.
\end{aligned}\right\} \qquad (6.15)$$

Die Diskussion der Lösungen dieser Gleichungen erfolgt nur unter der durch Beobachtung der Wirklichkeit plausiblen Annahme $\vartheta = \text{konst.}$ Dann folgt aus den allgemeinen Gleichungen

$$\left.\begin{aligned}
\omega_1 &= \sin\vartheta\,\sin\varphi\cdot\dot\psi \\
\omega_2 &= \sin\vartheta\,\cos\varphi\cdot\dot\psi
\end{aligned}\right\} \qquad (6.16)$$

und aus der dritten Eulerschen Gleichung (6.15) folgt $\omega_3 = \text{konst.}$ Durch Multiplikation der ersten Eulerschen Gleichung mit ω_1, der zweiten mit ω_2, und Addition ergibt sich nach Integration

$$\frac{\Theta_1}{2}\,(\omega_1^2 + \omega_2^2) + \Theta_3\cdot\frac{\omega_3^2}{2} = \text{konst.,}$$

mit den eben gefundenen Werten für ω_1, ω_2 also

$$\frac{\Theta_1}{2}\sin^2\vartheta\,\dot\psi^2 + \Theta_3\cdot\frac{\omega_3^2}{2} = \text{konst.;}$$

d. h. wegen $\vartheta = \text{konst.}$, $\dot\psi = \text{konst.}$

Daraus ergibt sich (s. Abb. 6.6) wegen $\omega_3 = \dot\varphi + \cos\vartheta \cdot \dot\psi = $ konst auch $\dot\varphi = $ konst. Den Zusammenhang zwischen den Werten $\dot\psi$ und $\dot\varphi$ erhält man durch Subtraktion der mit $\cos\varphi$ bzw. $\sin\varphi$ multiplizierten ersten beiden Gleichungen von (6.15) unter Berücksichtigung von (6.16) und der Beziehung für ω_3

$$-\Theta_1 \dot\psi^2 \cos\vartheta + \Theta_3 \omega_3 \dot\psi = a\,;$$

oder

$$\dot\psi = \frac{\Theta_3 \omega_3 \pm \sqrt{\Theta_3^2 \omega_3^2 - 4a\Theta_1 \cos\vartheta}}{2\,\Theta_1 \cos\vartheta}. \qquad (6.17)$$

Damit $\dot\psi$ reell wird, muß der Radikand positiv sein, d. h.

$$\omega_3^2 \geqq \frac{4a\,\Theta_1 \cos\vartheta}{\Theta_3^2}.$$

Im Falle $\vartheta < \pi/2$ ist also nur bei hinreichend großer Drehzahl die dargestellte Bewegung möglich; bei $\vartheta \geqq \pi/2$ aber immer!

Für den Fall sehr großer ω_3 ergeben sich aus (6.17) für die zwei möglichen Werte von $\dot\psi$ folgende Näherungswerte

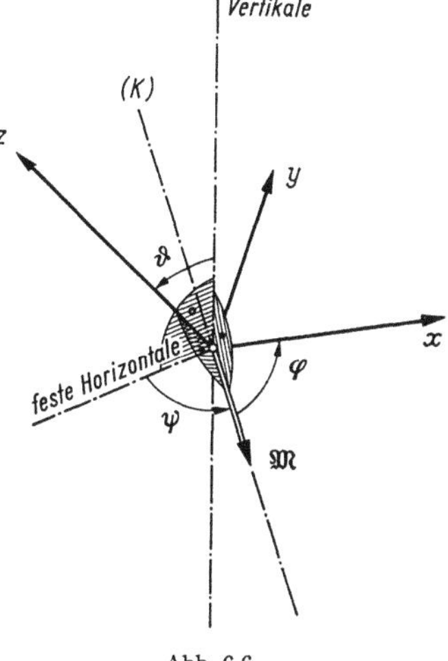

Abb. 6.6

$$\dot\psi_1 \approx \frac{a}{\Theta_3 \omega_3}\,, \qquad \dot\psi_2 \approx \frac{\Theta_3 \omega_3}{\Theta_1 \cos\vartheta} - \frac{a}{\Theta_3 \omega_3}.$$

Dieses Resultat findet sich bestätigt bei den Mondkräften, die auf die rotierende Erde wirken und die „astronomische Präzession" der Erdachse (etwa 22000 Jahre) verursachen.

6. Bemerkungen zu den Anwendungen des Kreisels. Technische Anwendungen des Kreisels benutzen teilweise die mechanische Energie eines schnell-rotierenden Körpers als Energiespeicher (z. B. Omnibusse oder Rasierapparate), wobei die sonstigen Eigenschaften als unerwünschte Nebenwirkungen zu berücksichtigen sind.

Auch bei Radsätzen für Kollermühlen sind die eigentlichen Kreiselkräfte oft nur unerwünschte Nebenerscheinungen, die aber bei geeigneter Bauweise nutzbringend verwendet werden können.

Kreisel werden als Stabilisatoren verwendet bei Schiffen, bei Einschienenbahnen; sie werden als Steuergeräte verwendet in Flugzeugen, in unbemannten Schwimmkörpern, beim Fahrrad (wo die Räder, insbesondere das Vorderrad, diese Rolle übernehmen), beim Kinderreifen; Kreisel werden als Anzeigegeräte verwendet in Flugzeugen (Wendezeiger, künstliche Horizonte) und als Kreiselkompaß.

Eine weitere interessante Rolle spielen die Kreiselkräfte beim Bumerang (australisches Wurfholz, jetzt auch als Sportgerät verwendet).

Aufgaben und Probleme zu § 1—6

1. Standfestigkeit einer aus Münzen zusammengesetzten Säule. Aus N Münzen vom Radius r soll durch nicht notwendig zentrisches Übereinandersetzen ein „Turm" gebildet werden derart, daß die oberste Münze möglichst weit über die Grundfläche des Turmes hinausragt (Abb. A 1.1).

Lösung. Durch das Zentrum der untersten Münze legen wir eine vertikale z-Achse und eine horizontale x-Achse, die die Vertikalprojektion des Turmes (genauer: seiner Mittellinie) enthält. Der Abstand des Mittelpunktes der i-ten Münze von der z-Achse sei f_i. Der Schwerpunkt des von der $i + 1$-ten Münze und den folgenden gebildeten Systems muß innerhalb der i-ten Münze liegen:

$$\frac{G \sum\limits_{i+1}^{N} f_k}{G \sum\limits_{i+1}^{N} 1} \leqq f_i + r \qquad (i = 1, \ldots, N - 1)$$

$(G = \text{Gewicht einer Münze})$, somit

$$\sum\limits_{i+1}^{N} f_k \leqq (N - i)\, f_i + (N - i)\, r$$
$$(i = 1, \ldots, N - 1)\,.$$

Abb. A 1.1

Wir betrachten den durch das Gleichheitszeichen gegebenen Grenzfall. Subtraktion der mit $i - 1$ statt i geschriebenen Gleichung liefert die Rekursionsformel

$$f_i = f_{i-1} + \frac{r}{N - i + 1}\,,$$

hieraus endlich durch Summation (man beachte $f_1 = 0$)

$$f_n = r \cdot \sum\limits_{i=2}^{n} \frac{1}{N - i + 1}\,.$$

$n = N$ liefert den gesuchten größten Abstand der obersten Münze. Das zunächst vielleicht verblüffende an diesem Ergebnis ist, daß f_N durch hinreichend große Wahl von N beliebig groß gemacht werden kann (es verhält sich wie die Partialsummen der bekanntlich divergenten harmonischen Reihe). Das wird offenbar dadurch erreicht, daß durch ein hinreichend steiles Anfangsstück ein genügend schwerer Fuß geschaffen wird. So sieht man hinterher, daß man sich das Ergebnis qualitativ schon vorher hätte überlegen können.

2. Beispiel zum Drallsatz. An einem Seil, das über eine reibungsfrei um eine horizontale Achse drehbare Rolle gelegt ist, hängen zwei gleich schwere Affen, die sich zunächst in gleicher Höhe in Ruhe befinden (s. Abb. A 2.1). Wie bewegen sich beide, wenn der eine von ihnen beginnt, an dem Seile heraufzuklettern?

Lösung. Wir verwenden den Drallsatz (1.65), wobei wir als Bezugspunkt den Mittelpunkt der Rolle wählen. Als äußere Kräfte erscheinen: Die Gewichte und die Auflagerkraft $-2\,\mathfrak{G}$ in der Achse. Ihr Moment ist $\mathfrak{r}_1 \times \mathfrak{G} + \mathfrak{r}_2 \times \mathfrak{G} + 0 \times (-2\,\mathfrak{G}) = \mathfrak{a}_1 \times \mathfrak{G} + (-\mathfrak{a}_1) \times \mathfrak{G}$, also Null. Seien $\mathfrak{v}_1$ und $\mathfrak{v}_2$ die Geschwindigkeit der Tiere, so liefert der Drallsatz

$$\mathfrak{r}_1 \times \dot{\mathfrak{v}}_1 + \mathfrak{r}_2 \times \dot{\mathfrak{v}}_2 = 0$$

d. h.

$$\mathfrak{a}_1 \times (\dot{\mathfrak{v}}_1 - \dot{\mathfrak{v}}_2) = 0 ,$$

somit $\dot{\mathfrak{v}}_1 = \dot{\mathfrak{v}}_2$. Wegen der Anfangsbedingung wird daher auch

$$\mathfrak{v}_1 = \mathfrak{v}_2 .$$

3. Satellitenbewegung mit Reibung[1]. Man stelle die Differentialgleichung für die Bahnkurve eines Satelliten auf unter der Annahme, daß die auf ihn wirkende Reibungskraft entweder

a) proportional dem Quadrat der Geschwindigkeit und umgekehrt proportional dem Abstand r vom Schwerpunkt der Erde

oder

b) proportional der Geschwindigkeit und umgekehrt proportional dem Quadrat von r

sei.

Lösung. In der Ebene der Bewegung führen wir Polarkoordinaten r und φ ein. Die Lagrangesche Funktion lautet bei Benutzung des Gravitationspotentials (1.7) — die Reibungskräfte haben kein Potential —

$$L = \frac{m}{2}\,(r^2\,\dot{\varphi}^2 + \dot{r}^2) + \lambda\,\frac{m}{r} ,$$

worin m die Masse des Satelliten, λ eine Konstante ist. Die den Variablen r und φ entsprechenden Komponenten der Reibungskraft seien R_r und R_φ.

Gemäß (1.21) lauten dann die Lagrangeschen Gleichungen

$$\ddot{r} - r\,\dot{\varphi}^2 = -\frac{\lambda}{r^2} + R_r$$

$$\frac{d}{dt}\,(r^2\,\dot{\varphi}) = R_\varphi .$$

Abb. A 2.1

[1] PERSEN, LEIF N.: Satellitenbewegung mit Reibung. ZAMM 38, Nr. 11/12, S. 437 (1958).

Die Richtung der Reibungskraft ist der der Geschwindigkeit entgegengesetzt gleich. Ist R ihr Betrag, so sind die Komponenten im rechtwinkligen x, y-System

$$R_x = - R \frac{\dot{x}}{v} \; ; \quad R_y = - R \frac{\dot{y}}{v} \, .$$

Um nun hieraus R_r und R_φ zu bestimmen, verwenden wir (1.22). Unser Transformationsgesetz lautet

$$\dot{x} = \dot{r} \cos \varphi - r \dot{\varphi} \sin \varphi$$
$$\dot{y} = \dot{r} \sin \varphi + r \dot{\varphi} \cos \varphi \, .$$

Dann wird [man beachte, daß in (1.15) über den zweiten Index von f, in (1.22) über den ersten summiert wird]

$$R_r = R_x \cos \varphi + R_y \sin \varphi = - \frac{R}{v} \dot{r} \, ,$$
$$R_\varphi = - R_x r \sin \varphi + R_y r \cos \varphi = - \frac{R}{v} r^2 \dot{\varphi} \, .$$

a) Die Bewegungsgleichungen lauten mit $R = k \dfrac{v^2}{r}$

$$\ddot{r} - r \dot{\varphi}^2 = - \frac{\lambda}{r^2} - k \frac{v \dot{r}}{r} \, ,$$
$$\frac{d}{dt} \left(r^2 \dot{\varphi} \right) = - k v r \dot{\varphi} \, .$$

Falls nun die Bahnkurve des Satelliten annähernd kreisförmig ist, können wir $\dot{r}$ gegenüber den anderen auftretenden Größen vernachlässigen. So erhalten wir

$$\ddot{r} - r \dot{\varphi}^2 = - \frac{\lambda}{r^2} \, ,$$
$$\frac{d}{dt} \left(r^2 \dot{\varphi} \right) = - k r^2 \dot{\varphi}^2 \, .$$

Aus diesen Gleichungen kann man die Gleichung der Bahnkurve explizit erhalten. Es ergibt sich

$$\frac{1}{r} = e^{\frac{k}{2}\varphi} \left\{ C_2 \sin \left(\varphi \sqrt{1 - \frac{k^2}{4}} \right) + C_3 \cos \left(\varphi \sqrt{1 - \frac{k^2}{4}} \right) \right\} + \frac{\lambda e^{2k\varphi}}{C_1^2 (1 + 2k^2)} \, .$$

b) Hier erhält man mit dem Ansatz $R = k \dfrac{v}{r^2}$ und derselben Vernachlässigung

$$\ddot{r} - r \omega^2 = - \frac{\lambda}{r^2} \, ,$$
$$\frac{d}{dt} \left(r^2 \dot{\varphi} \right) = - k \dot{\varphi} \, .$$

Die Gleichung der Bahnkurve lautet mit $\eta = \dfrac{C_1}{k - \varphi}$

$$\frac{1}{r} = C_2 \sin\eta + C_3 \cos\eta - \frac{\lambda}{k^2} \left[\cos\eta \; \mathrm{ci}\,(\eta) + \sin\eta \; \mathrm{si}\,(\eta)\right],$$

wobei $\mathrm{ci}\,(\eta)$ und $\mathrm{si}\,(\eta)$ Integralcosinus und -sinus sind.

4. Pendel mit periodisch schwingender Aufhängung. Ein mathematisches Pendel (Masse bzw. Gewicht der Einzelmasse m bzw. G, Länge des masselosen Stabes r) sei so gelagert, daß sein Aufhängepunkt periodische Schwingungen $u = A \cos\omega\, t$ auf einer Geraden a ausführt, die in der Schwingungsebene des Pendels liegt und gegen die Horizontale den Winkel ϑ einschließt (Abb. A 4.1). Man leite die Differentialgleichung für kleine Ausschläge um eine Ruhelage φ_0 her.

Lösung. Wir verwenden die Lagrangeschen Gleichungen. Der Ein-

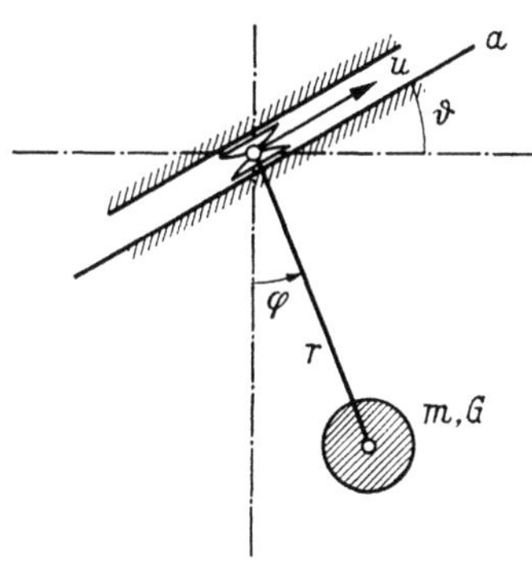

Abb. A 4.1

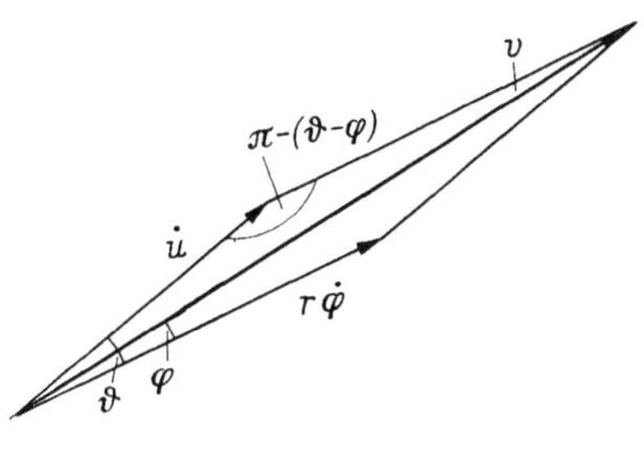

Abh. A 4.2

fachheit halber denken wir uns die Aufhängung derart, daß sie sich auf a beliebig bewegen kann, und bringen dort eine in Richtung u wirkende Kraft $K(t)$ an, die so bemessen sei, daß die vorgeschriebene Bewegung ausgeführt wird. Wir erhalten so ein System von zwei Freiheitsgraden, denen die Variablen u und φ entsprechen.

Legen wir das Nullniveau der potentiellen Energie durch $U = 0$ im Punkte $u = 0$ auf a fest, so wird

$$U = G(-r \cos\varphi + u \sin\vartheta).$$

Bei der Herleitung der kinetischen Energie ist zu beachten, daß sich die Geschwindigkeit der Masse aus zwei von $\dot\varphi$ bzw. $\dot u$ herrührenden Anteilen zusammensetzt. Mit Hilfe des Cosinussatzes ergibt sich (s. Abb. A 4.2)

$$v^2 = r^2\, \dot\varphi^2 + \dot u^2 + 2\, r\, \dot\varphi\, \dot u \cos(\varphi - \vartheta),$$

somit

$$L = T - U$$

$$= \frac{m}{2}\left(r^2\, \dot\varphi^2 + \dot u^2 + 2\, r\, \dot\varphi\, \dot u \cos(\varphi - \vartheta)\right) - G(-r \cos\varphi + u \sin\vartheta).$$

Als Lagrangesche Gleichungen erhalten wir

$$\frac{d}{dt}\frac{\partial L}{\partial \dot\varphi} - \frac{\partial L}{\partial \varphi} \equiv m\,r^2\,\ddot\varphi + m\,r\,\ddot u\,\cos(\varphi-\vartheta) - m\,r\,\dot u\,\dot\varphi\,\sin(\varphi-\vartheta) +$$

$$+ m\,r\,\dot\varphi\,\dot u\,\sin(\varphi-\vartheta) + G\,r\,\sin\varphi = 0\,,$$

$$\frac{d}{dt}\frac{\partial L}{\partial \dot u} - \frac{\partial L}{\partial u} \equiv m\,\ddot u + m\,r\,\ddot\varphi\,\cos(\varphi-\vartheta) - m\,r\,\dot\varphi^2\,\sin(\varphi-\vartheta) -$$

$$- G\,\sin\vartheta = K(t)\,.$$

Da wir u als gegeben ansehen, liefert die erste dieser Gleichungen die gesuchte Differentialgleichung für φ [während die zweite zur Bestimmung von $K(t)$ dienen kann]. Setzen wir $u = A\cos\omega t$ und $\varphi = \varphi_0 + \psi$ und beachten, daß ψ klein sein sollte ($\sin\psi \approx \psi$, $\cos\psi \approx 1$), so erhalten wir mit der neuen Variablen $\omega t = 2x$ und den Abkürzungen

$$\lambda = \frac{4g\cos\varphi_0}{\omega^2 r}\;;\quad 2h = -\frac{4A\sin(\varphi_0-\vartheta)}{r}\,,$$

$$\beta = -\frac{4g\sin\varphi_0}{\omega^2 r}\;;\quad \gamma = \frac{4A\cos(\varphi_0-\vartheta)}{r}$$

die folgende Differentialgleichung für die Funktion $\psi(x)$:

$$\frac{d^2\psi}{dx^2} + (\lambda - 2h\cos 2x)\,\varphi = \beta + \gamma\cos 2x\,.$$

Das ist eine inhomogene Mathieusche Differentialgleichung. Für gewisse Werte der Parameter ergeben sich Ruhelagen φ_0, die im allgemeinen von $\varphi = 0$ verschieden sind. Wegen Einzelheiten s. etwa ROTHE, R., u. I. SZABÓ: Höhere Mathematik VI, Stuttgart 1958, § 11.

Für $u = 0$ ist in diesen Betrachtungen natürlich das allbekannte mathematische Pendel enthalten.

5. Rollendes Rad in der Kurve. Ein Rad mit der Masse m und dem Radius a rolle mit der konstanten Winkelgeschwindigkeit ω durch eine Linkskurve vom Radius R. Welche Kräfte sind notwendig, um ein Umkippen des Rades zu verhindern?

Lösung. Wir bestimmen zunächst die Komponenten des Trägheitstensors, wobei wir als Bezugssystem naheliegenderweise ein Koordinatensystem wählen, das durch den Mittelpunkt des Rades geht und die Radachse als x_1-Achse enthält. Wir nehmen an, daß das Rad konstante Dicke δ habe und aus homogenem Material bestehe. Formel (1.66), in der die Summation durch Integration zu ersetzen ist, zeigt, daß aus Symmetriegründen der Trägheitstensor Diagonalform hat. Es wird ($\varrho =$ Masse pro Volumeneinheit)

$$\Theta_1 = \int (y_2^2 + y_3^2)\,dm = \delta\varrho\,2\pi\int_0^a r^3\,dr = \frac{1}{2}\pi a^4\varrho\,\delta\,,$$

wegen $\pi a^2\,\delta\varrho = m$ also

$$\Theta_1 = \frac{1}{2}\,m\,a^2\,.$$

Offenbar ist $\Theta_2 = \Theta_3$. Dieser gemeinsame Wert ist nicht ganz so einfach wie Θ_1 zu berechnen; wir können, wie sich zeigen wird, darauf verzichten[1].

Um nun die Kreiselgleichungen (1.68) anwenden zu können, legen wir das körperfeste Koordinatensystem so, daß zu einer bestimmten Zeit (etwa $t = 0$) die x_3-Achse vertikal nach oben gerichtet ist. Dann ist, da Kippen ausgeschlossen werden soll, $\omega_2 = 0$. Ferner ist $\omega_1 = \omega$, ω_3 läßt sich aus R und der Geschwindigkeit des Rades berechnen[2]. Durch einfache kinematische Betrachtungen erhält man schließlich $\dot{\omega}_2 = \omega_3\omega_1$ sowie $\dot{\omega}_3 = 0$.

Die erste Gleichung (1.68) liefert $M_1 = 0$. Die zweite liefert

$$M_2 = \Theta_1\omega_1\omega_3\,,$$

die dritte $M_3 = 0$.

Nun ist offenbar $\omega_1 < 0$, $\omega_3 > 0$. Das von außen aufzubringende Moment ist also so gerichtet, daß es einem Umkippen nach außen entgegenwirkt.

Zu diesem Kreiseleffekt kommt natürlich noch der von der Zentrifugalkraft herrührende Effekt, der offenbar ein ebenso gerichtetes Moment bedingt.

6. Rollen auf der schiefen Ebene; Haftreibung. Eine Kugel rolle eine schiefe Ebene hinunter. Man stelle die Differentialgleichung dieser Bewegung auf. Welche Kräfte übt die Kugel auf die Ebene aus?

Lösung. Es sei a der Radius, ϱ die Dichte des Kugelmaterials. Das Trägheitsmoment hinsichtlich eines Durchmessers, den wir als x-Achse eines rechtwinkligen Koordinatensystems wählen, ist

$$\Theta_s = \int\limits_{\text{Kugel}} (y^2 + z^2)\,\varrho\,dV\,.$$

Bildet man die entsprechenden Ausdrücke für die y- und die z-Achse (die alle einander gleich sind) und addiert sie, so erhält man

$$3\Theta_s = 2\int r^2\,\varrho\,dV = \frac{8\,\pi\,a^5\varrho}{5}\,,$$

also

$$\Theta_s = \frac{2}{5}\,m\,a^2$$

(m = Kugelmasse).

---

[1] Man erhält $\Theta_2 = \Theta_3 = m\left(\dfrac{a^2}{4} + \dfrac{2}{3}\,\delta^2\right)$.

[2] $\omega_3 = \dfrac{v}{R} = \dfrac{a\omega}{R}\,.$

Die Ebene sei gegenüber der Horizontalen um den Winkel α geneigt (s. Abb. A 6.1). Wir schreiben zunächst den Drallsatz bezüglich des Berührungspunktes B an (der ein raumfester Punkt ist). Die zur Ebene parallele Komponente des Gewichtes $\mathfrak{G}$ ist $m\,g\sin\alpha$, das von außen auf die Kugel ausgeübte Moment also $m\,g\,a\sin\alpha$. Das Trägheitsmoment bezüglich B berechnet sich aus dem Steinerschen Satz[1] zu

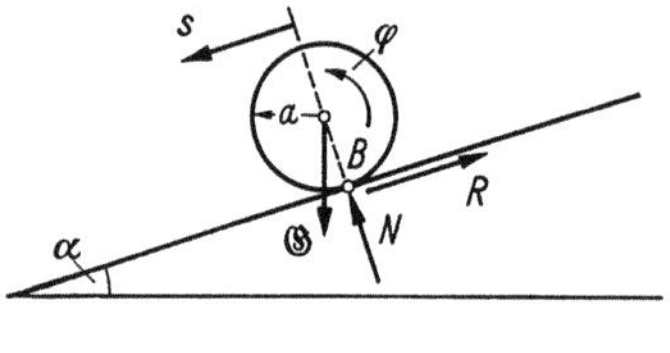

Abb. A 6.1

$$\Theta_B = \Theta_s + m\,a^2 .$$

Damit wird der Drallsatz

$$\Theta_B\,\ddot{\varphi} = m\,g\,a\sin\alpha . \tag{1}$$

Der Schwerpunktsatz lautet

$$m\,\ddot{s} = G\sin\alpha - R , \tag{2}$$

worin R die zur Ebene parallele Komponente der von dieser auf die Kugel ausgeübten Kraft ist. Wegen $\ddot{s} = a\,\ddot{\varphi}$ lassen sich aus (1) und (2) $\ddot{s}$ und R berechnen:

$$R = m\,g\,\frac{\Theta_s}{\Theta_B}\sin\alpha , \tag{3}$$

$$\ddot{s} = \frac{m\,g\,a^2}{\Theta_B}\sin\alpha . \tag{4}$$

(1) oder (4) beschreiben die Bewegung. Die Kraft R wird durch die Reibung zwischen Kugel und Ebene erzeugt. Diese Kraft wird, da Kugel und Ebene in B aneinander haften, als Haftreibung bezeichnet.

Es ist einleuchtend, daß die Haftreibung nicht beliebig groß sein kann. Mit einer Materialkonstanten μ (Haftreibungszahl) pflegt man für die maximal mögliche Haftreibung den Ansatz (s. etwa [1.7])

$$R \leqq R_{\mathrm{max}} = \mu N , \tag{5}$$

worin N die Normalkomponente der von den sich berührenden Körpern aufeinander ausgeübten Kraft ist.

In unserem Fall ist N die senkrecht zur Ebene gerichtete Komponente des Kugelgewichtes:

$$N = m\,g\cos\alpha . \tag{6}$$

Reines Rollen ist also nur möglich, wenn

$$m\,g\,\frac{\Theta_s}{\Theta_B}\sin\alpha \leqq \mu\,m\,g\cos\alpha ,$$

d. h.

$$\mathrm{tg}\,\alpha \leqq \mu\,\frac{\Theta_B}{\Theta_s}$$

ist.

---

[1] Dieser leicht zu beweisende Satz besagt: Ist Θ_s das Trägheitsmoment bezüglich einer durch den Schwerpunkt gehenden Achse, so ist das Moment bezüglich einer zu dieser parallelen Achse (Abstand a)

$$\Theta = m\,a^2 + \Theta_s .$$

N und R sind die von der Ebene auf die Kugel ausgeübten Kräfte. Gleich, aber entgegengesetzt sind dann die von der Kugel auf die Ebene ausgeübten Kräfte. Es mag nützlich sein, zu bemerken, daß man (1) auch aus dem Energiesatz durch Differentiation nach der Zeit (bzw. aus den Lagrangeschen Gleichungen) erhalten kann. Da die Reibungskraft keine Arbeit leistet, somit nicht in die Energie eingeht, muß man zur Herleitung von (3) auf das Newtonsche Grundgesetz o. ä. zurückgreifen. Statt des Schwerpunktsatzes kann man auch den Drallsatz ein zweites Mal anwenden, diesmal um S (Schwerpunkt!)

$$\Theta_s \, \ddot{\varphi} = aR \, ,$$

woraus durch Elimination von $\ddot{\varphi}$ wieder (2) folgt.

7. Beispiel zum D'Alembertschen Prinzip. Man stelle die Bewegungsgleichung für das in Abb. A 7.1 gezeichnete System von Rollen, Seilen und Gewichten auf. Die Lager der Rollen seien reibungsfrei, das Seil sei masselos. G_i seien die Gewichte, m_i die Massen, Θ_i die Trägheitsmomente.

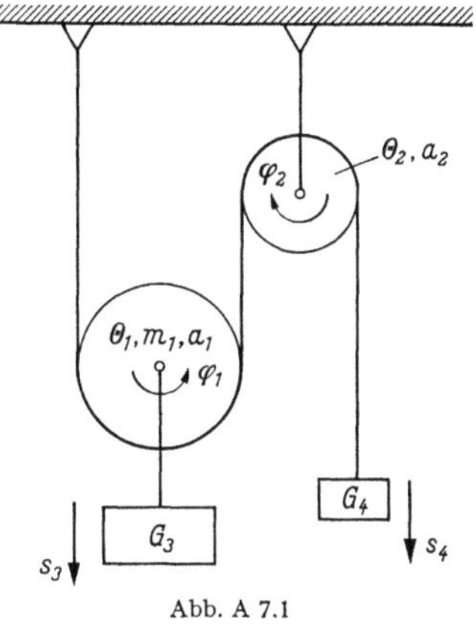

Abb. A 7.1

Lösung. Es gelten folgende kinematischen Beziehungen: $2s_3 = -s_4$, $s_4 = a_2\,\varphi_2$, $2a_1\,\varphi_1 = s_4$. (Zum Verständnis der letzten Beziehung beachte man, daß man die Bewegung des linken Rades als Drehung um die jeweilige linke Ablösungsstelle des Seiles auffassen kann.)

$$(G_4 - m_4 \ddot{s}_4)\,\delta s_4 + (-\Theta_2\,\ddot{\varphi}_2)\,\delta\varphi_2 +$$
$$+ (G_3 - m_3 \ddot{s}_3)\,\delta s_3 + (G_1 - m_1 \ddot{s}_3)\,\delta s_3 + (-\Theta_1\,\ddot{\varphi}_1)\,\delta\varphi_1 = 0 \, .$$

Damit wird, wenn man etwa alles durch s_4 ausdrückt

$$\left(G_4 - m_4 \ddot{s}_4 - \frac{\Theta_2 \ddot{s}_4}{a_2^2} - \frac{G_3}{2} - \frac{m_3 \ddot{s}_4}{4} - \frac{G_1}{2} - \frac{m_1 \ddot{s}_4}{4} - \frac{\Theta_1 \ddot{s}_4}{4\,a_1^2}\right)\delta s_4$$

also
$$= 0 \, ,$$

$$\left(m_4 + \frac{m_3}{4} + \frac{m_1}{4} + \frac{\Theta_2}{a_2^2} + \frac{\Theta_1}{4\,a_1^2}\right)\ddot{s}_4 = G_4 - \frac{G_3}{2} - \frac{G_1}{2} \, .$$

Abb. A 7.2

Es sei dem Leser empfohlen, diese Aufgabe auch durch unmittelbare Anwendung von Schwerpunkt- und Drallsatz zu behandeln. Zu diesem Zweck denke man sich die Verbindung zwischen den sich bewegenden Körpern ‚zerschnitten'; als zusätzliche — bisweilen gerade interessierende — Unbekannte erhält man dann die so „freigelegten" Seilkräfte. Die Zahl der verfügbaren Gleichungen steigt entsprechend. Wir erläutern das Verfahren an der linken der beiden Rollen (Abb. A 7.2).

Drallsatz um A (raumfester Punkt!):

$$(\Theta_1 + m_1 a_1^2)\,\ddot{\varphi}_1 = 2 a_1 S_{12} - a_1 S_{13}\,,$$

Schwerpunktsatz (stattdessen kann auch der Drallsatz um S verwendet werden):

$$m_1 \ddot{s}_3 = S_{13} - S_{11} - S_{12}\,.$$

Es sei noch vermerkt, daß man für das zweite Rad lediglich den Drallsatz um den Mittelpunkt verwenden kann, da hier der Schwerpunkt zugleich der (einzige) raumfeste Punkt ist. Der Schwerpunktsatz ist „entartet" (keine Bewegung) und liefert die Reaktionskraft im Lager.

8. Zentraler Stoß zweier Kugeln. Die Theorie des Stoßes gehört an sich in den zweiten Teil dieses Buches; da dort jedoch nicht darauf eingegangen wird (s. stattdessen etwa [1.8]), soll hier an einem einfachen Beispiel die übliche technische Näherung erläutert werden. Bei ihr wird neben der Gültigkeit des Impulssatzes angenommen, daß das aus den stoßenden Körpern bestehende System infolge des Stoßes einen Energieverlust erleidet. Von einem zentralen Stoß spricht man, wenn die Bewegung beider Körper vor und nach dem Stoß auf einer gemeinsamen Geraden erfolgt.

Zwei Kugeln mit den Massen m_1 und m_2 und den Geschwindigkeiten v_1 bzw. v_2 sollen zentral zusammenstoßen. Man berechne die Geschwindigkeiten nach dem Stoß, unter der Annahme, daß sich die Relativgeschwindigkeit der Kugeln beim Stoß um den Faktor ε (sog. *Stoßzahl*) ändert.

Lösung: $\bar{v}_1$ und $\bar{v}_2$ seien die Geschwindigkeiten nach dem Stoß. Der Impulssatz liefert

$$m_1 \bar{v}_1 + m_2 \bar{v}_2 = m_1 v_1 + m_2 v_2\,. \tag{1}$$

Die Annahme hinsichtlich der Relativgeschwindigkeit ergibt

$$\bar{v}_1 - \bar{v}_2 = -\varepsilon\,(v_1 - v_2)\,. \tag{2}$$

Auflösung nach $\bar{v}_1$ und $\bar{v}_2$ liefert

$$\begin{aligned}
\bar{v}_1 &= v_1 - \frac{(v_1 - v_2)\,(1-\varepsilon)}{1 + \dfrac{m_1}{m_2}}\\[2mm]
\bar{v}_2 &= v_2 + \frac{(v_1 - v_2)\,(1+\varepsilon)}{1 + \dfrac{m_2}{m_1}}\,.
\end{aligned} \tag{3}$$

Der Verlust an kinetischer Energie beträgt

$$\Delta E = \frac{1}{2}\,(1-\varepsilon^2)\,\frac{m_1 m_2}{m_1 + m_2}\,(v_1 - v_2)^2\,. \tag{4}$$

Da ΔE nicht negativ sein kann, folgt $\varepsilon^2 \leqq 1$, und da offenbar $\varepsilon \geqq 0$ sein muß, haben wir

$$0 \leqq \varepsilon \leqq 1\,.$$

Für $\varepsilon = 1$ ist $\Delta E = 0$; das ist der sog. *vollkommen elastische* Stoß. $\varepsilon = 0$ entspricht dem *vollkommen unelastischen* Stoß. Hier ist der Energieverlust am größten.

Der Leser diskutiere die durch Spezialisierung entstehenden Fälle: $m_1 = m_2$, $v_2 = 0$, $v_1 = -v_2$, $m_2 \gg m_1$ in sinnvollen Kombinationen.

9. Geradlinige Bewegung eines Seiles mit einer Knickstelle. Einfache Versuche, etwa a) mit einer Peitschenschnur (Abb. A 9.1) oder b) mit einer fallenden Kette (Abb. A 9.2) zeigen, daß man Bewegungsvorgänge mit einem solchen Knick in guter Näherung herbeiführen kann. Man untersuche beide Fälle für ein Seil der Länge l, der spezifischen Masse μ und für a) $v =$ konst und b) $y(0) = 0$, $\dot{y}(0) = 0$.

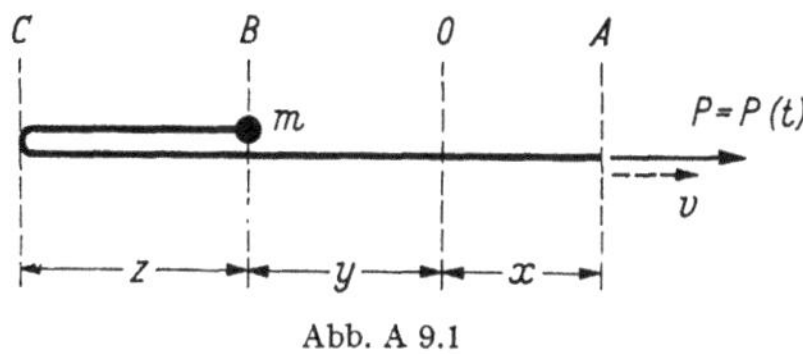

Abb. A 9.1

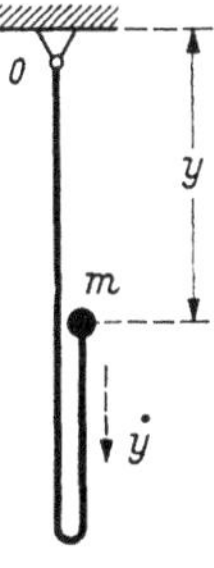

Abb. A 9.2

Lösung. a) Wir verwenden die Lagrangeschen Bewegungsgleichungen (1.13). Bezogen auf die raumfeste Lage 0 setzen wir fest:

$$x(0) = 0; \quad y(0) = y_0; \quad \dot{y}(0) = 0. \tag{1}$$

Von der Abb. A 9.1 lesen wir ab:

$$2z + y + x = l, \text{ also } y = l - x - 2z. \tag{2}$$

Die kinetische Energie beträgt unter Verwendung von (2),

$$E = \frac{\mu}{2}(x + y + z)\dot{x}^2 + \left(\frac{\mu}{2}z + \frac{m}{2}\right)\dot{y}^2$$
$$= \frac{\mu}{2}(l - z)\dot{x}^2 + \frac{1}{2}(\mu z + m)(\dot{x} + 2\dot{z})^2. \tag{3}$$

Da die potentielle Energie der eingeprägten Kraft

$$U = -P(t) \cdot x \tag{4}$$

ist, liefern die Lagrangeschen Gleichungen

$$\frac{d}{dt}\left(\frac{\partial E}{\partial \dot{x}}\right) - \frac{\partial E}{\partial x} = -\frac{\partial U}{\partial x}; \quad \frac{d}{dt}\left(\frac{\partial E}{\partial \dot{z}}\right) - \frac{\partial E}{\partial z} = -\frac{\partial U}{\partial z}$$

wegen $\dot{x} = v =$ konst. folgende Differentialgleichungen:

$$2\mu\dot{z}^2 + 2\ddot{z}(\mu z + m) = P(t) \tag{5}$$
$$\mu\dot{z}^2 + 2\ddot{z}(\mu z + m) = 0. \tag{6}$$

Die Differentialgleichung (6) läßt sich in der Form

$$\frac{\mu \dot z}{\mu z + m} + 2\,\frac{\ddot z}{\dot z} = \frac{d}{dt}\left[\log(\mu z + m)\dot z^2\right] = 0$$

schreiben und somit unter Beachtung von (1) und (2) integrieren:

$$\dot z = -\frac{v}{2}\,\sqrt{\frac{\mu z_0 + m}{\mu z + m}}\;. \tag{7}$$

Abermalige Integration liefert:

$$z(t) = \frac{1}{\mu}\left[\sqrt[3]{(\mu z_0 + m)\left(\mu z_0 + m - \frac{3\mu}{4}\,vt\right)^2} - m\right]. \tag{8}$$

Subtraktion der Gleichung (6) von (5) ergibt mit (8)

$$P(t) = \mu \dot z^2 = \frac{\mu}{4}\,v^2\,\sqrt[3]{\left(\frac{\mu z_0 + m}{\mu z_0 + m - 3\mu vt/4}\right)^2}\;. \tag{9}$$

Schließlich gewinnt man für die Geschwindigkeit $\dot y$ des Peitschenknotens B aus (2) und (7)

$$\dot y = v\left[\sqrt{\frac{\mu z_0 + m}{\mu z + m}} - 1\right], \tag{10}$$

und hieraus ist folgendes ersichtlich: Da nach (7) $\dot z < 0$ ist, nimmt z vom Wert z_0 bis $z = 0$ ab, so daß $\dot y$ von Null bis zum Wert

$$v\left[\sqrt{1 + \frac{\mu z_0}{m}} - 1\right] = \text{Max } \dot y = \dot y_{max} \tag{11}$$

zunimmt, also diesen Betrag erreicht, wenn der Knoten an der Knickstelle ankommt. Für $m = 0$, also für eine Peitsche ohne Knoten, wird die Geschwindigkeit über alle Grenzen wachsen und das ist auch einzusehen: P leistet bei A (Abb. A 9.1) ständig Arbeit, die Masse des Stückes BC aber, welche diese Arbeit (als kinetische Energie) aufnimmt, wird ständig kleiner, so daß die Geschwindigkeit in dem Augenblick, in dem das freie Ende B die Knickstelle erreicht, über alle Maßen angewachsen ist.

b) In diesem Falle (Abb. A 9.2) verwendet man am einfachsten den Energiesatz (1.9) des konservativen Schwerefeldes. Man erhält:

$$\left[\frac{1}{2}\,\mu(l - y) + m\right]\frac{\dot y^2}{2} = gy\left[\frac{1}{2}\,\mu\left(l - \frac{y}{2}\right) + m\right]. \tag{12}$$

Man ersieht hieraus sofort, daß

$$\dot y^2 > 2gy\,,$$

also das freie Ende bzw. die Masse m bewegen sich schneller als beim freien Fall, da das Seil an der Masse „zieht"! Für $y = l$ (gestrecktes Seil) folgt aus (12)

$$(\dot y)_{y=l} = \sqrt{2gl\left(1 + \frac{\mu l}{m}\right)}\,, \tag{13}$$

also für $m \to 0$ wieder $(\dot y)_{y=l} \to \infty$.

Interessant ist noch die Zeit $(t)_{y=l} = T$, in der das Seil gestreckt $(y = l)$ wird. Mit den dimensionslosen Größen

$$\frac{y}{l} = \eta \quad \text{und} \quad \tau = \sqrt{\frac{2g}{l}}\, t$$

erhält man aus (12) für $m = 0$

$$\left(\frac{d\eta}{d\tau}\right)^2 = \eta\,\frac{1 - \eta/2}{1 - \eta}$$

und hieraus — nach Auswertung eines elliptischen Integrals —

$$(\tau)_{y=l} = \int\limits_0^1 \frac{(1-\eta)\,d\eta}{\sqrt{(1-\eta)\,\eta\,(1-\eta/2)}} \approx 1{,}694\;.$$

Man hat demnach

$$T \approx 0{,}85\,\sqrt{\frac{2\,l}{g}}\;,$$

also gegenüber dem freien Fall eine um etwa 15% verkürzte Fallzeit. Zum Schluß bemerken wir, daß die im Aufhängepunkt 0 (Abb. A 9.2) auftretende Reaktionskraft

$$P_0 = \mu g\,(l - y) + \mu \left(\frac{\dot{y}}{2}\right)^2 \tag{14}$$

beträgt. Sie wird nach (13) für $y = l$ und $m = 0$ unendlich.

10. Das schwere Seil ist ein linienhaft gestaltetes undehnbares Gebilde, das (im Gegensatz zum Balken) nur Zugkräfte aufnehmen kann und der Schwere — und evtl. auch noch anderen Kräften — unterworfen ist. Liegen diese Kräfte in einer, etwa in der x,y-Ebene und ist $\mathfrak{q} = \{q_x; q_y\}$ der Vektor dieser Kräfte pro Längeneinheit, so gilt für das Seilelement ds (Abb. A 10.1):

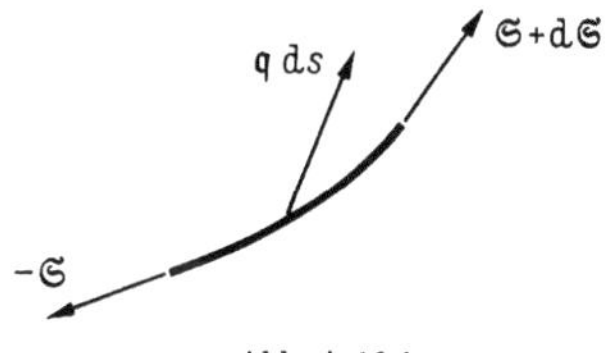

Abb. A 10.1

$$d\mathfrak{S} + \mathfrak{q}\,ds = 0\,, \tag{1}$$

wobei $\mathfrak{S} = \{H; V\}$ die (in Tangentenrichtung des Seiles) fallende Seilkraft ist. Mit den zu (1) kommenden geometrischen Bedingungen

$$ds^2 = dx^2 + dy^2 \quad \text{und} \quad \frac{dy}{dx} = y'(x) = \frac{V}{H} \tag{2}$$

läßt sich bei gegebenem $\mathfrak{q}$ und bei vorgeschriebenen Aufhängebedingungen die Seilform bestimmen.

Man ermittle zunächst die *allgemeine Form eines homogenen schweren Seiles konstanten Querschnittes*. Wie hängen $|\mathfrak{S}| = S$ und y zusammen?

Lösung. Jetzt ist $\mathfrak{q} = \{0; -q\}$ das Eigengewicht und aus (1) folgt einerseits sofort

$$\frac{dH}{ds} = 0, \quad \text{also } H = \text{Horizontalzug} = \text{konst} \tag{3}$$

und andererseits mit (2)

$$\frac{dV}{ds} = q = \frac{d}{ds}\left[H\,y'(x)\right],$$

woraus unter Beachtung von (3) sich

$$\frac{d^2 y}{dx^2} = \frac{q}{H}\,ds = \frac{q}{H}\sqrt{1 + y'^2}\;dx \tag{4}$$

ergibt. Die Integration läßt sich (mit der Substitution $y' = p$) leicht durchführen:

$$y - y_0 = \frac{H}{q}\,\mathfrak{Coj}\,\frac{q(x - x_0)}{H} = a\,\mathfrak{Coj}\,\frac{x - x_0}{a}\;;\quad a = \frac{H}{q}. \tag{5}$$

Die Integrationskonstanten x_0 und y_0 und der i. a. ebenfalls unbekannte Horizontalzug H können aus geeigneten Bedingungen bestimmt werden.

Für den *Seilzug S* erhält man mit (5):

$$S = \sqrt{H^2 + V^2} = H\sqrt{1 + y'^2} = q(y - y_0)\,. \tag{6}$$

11. Freileitung zwischen zwei Masten. Ein vollkommen biegsamer Freileitungsdraht vom konstanten laufenden Gewicht q und der Länge l hängt zwischen zwei Masten (Abb. A 11.1). Welche Form nimmt der Draht an?

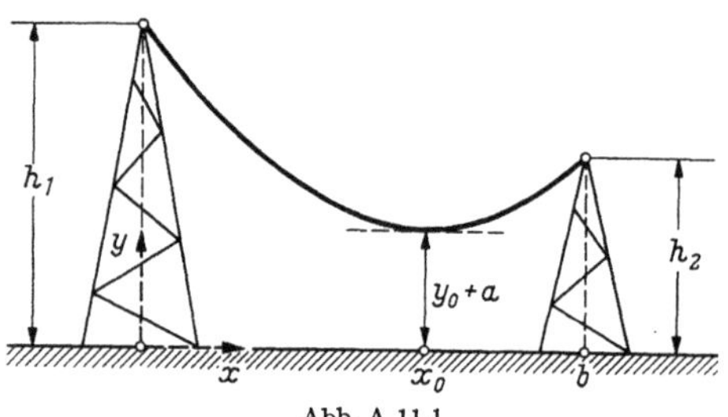

Abb. A 11.1

Lösung. Gemäß Abb. A 11.1 und Gleichung (5) der vorangehenden Aufgabe haben wir

$$h_1 - y_0 = a\,\mathfrak{Coj}\,\frac{x_0}{a} \tag{1}$$

$$h_2 - y_0 = a\,\mathfrak{Coj}\,\frac{x_0 - b}{a}, \tag{2}$$

woraus

$$h_1 - h_2 = a\left(\mathfrak{Coj}\,\frac{x_0}{a} - \mathfrak{Coj}\,\frac{b - x_0}{a}\right) = 2a\,\mathfrak{Sin}\,\frac{b}{2a}\,\mathfrak{Sin}\,\frac{2x_0 - b}{a} \tag{3}$$

hervorgeht. Andererseits ist (ebenfalls unter Verwendung von (5))

$$l = \int_{x=0}^{b}\sqrt{1 + y'^2}\;dx = 2a\,\mathfrak{Sin}\,\frac{b}{2a}\,\mathfrak{Coj}\,\frac{2x_0 - b}{2a}\,. \tag{4}$$

Quadrieren und Subtrahieren von (3) und (4) liefert:

$$l^2 - (h_1 - h_2)^2 = 4a^2\,\mathfrak{Sin}^2\,\frac{b}{2a}\,.$$

Diese Gleichung läßt sich in der Form

$$\mathfrak{Sin}\,\frac{b}{2a} = \frac{b}{2a}\sqrt{\left(\frac{l}{b}\right)^2 - \left(\frac{h_1 - h_2}{l}\right)^2} \tag{5}$$

schreiben und stellt somit eine transzendente Gleichung für a bzw. $b/2a$ dar. Die beim positiven Radikanden reelle Lösung kann (näherungsweise) etwa graphisch ermittelt werden. Nachdem man a bestimmt hat, ist aus (4) x_0 und aus (1) y_0 errechenbar, womit die Form der Freileitung feststeht.

II. Mechanik der Kontinua

§ 7. Allgemeine Grundlegung

In der Mechanik der Kontinua werden anstelle der endlich vielen Massenpunkte volumenfüllende „Massen" zum Gegenstand der Untersuchung gemacht. Die Theorie unterscheidet sich von der Punktmechanik aber nicht nur in der hierdurch komplizierter werdenden mathematischen Formulierung, sondern durch das Auftreten eines weiteren Begriffes, der *inneren Spannung*, eines weiteren Axioms, des *Drall-Axioms*, welches nur irrtümlich oft als „bewiesen" bezeichnet wird, und der Vielgestaltigkeit der sog. Materialgleichungen. Dafür untersucht man aber keine Analoga der nicht-holonomen Systeme.

1. Das Schnittprinzip und die Axiome. Unter einem Körper verstehen wir ein Kontinuum von Punkten, Massenpunkte genannt, die zu jeder Zeit t einen durch brauchbare Flächen beschreibbaren Raumteil V_t einnehmen. Als Koordinaten der Massenpunkte können wir die Zeit t und die Lage $y \in V_0$ der Massenpunkte zu einer bestimmten Zeit t_0 verwenden. Die Massenpunkte durchlaufen Bahnen $x = \{x_1, x_2, x_3\}$

$$x_i = \varphi_i(y_1, y_2, y_3; t) \quad (t = \text{variabel}) \tag{7.1}$$

und definieren so ein Geschwindigkeitsfeld

$$\dot{x}_i = \frac{\partial x_i}{\partial t}(y_k, t) \equiv u_i(y, t), \tag{7.2}$$

welches sich auch als Funktion $v_i(x_k, t)$ der x_k und t ausdrücken läßt. Die Verwendung der Koordinaten x und t geht auf EULER und die von y und t auf LAGRANGE zurück.

Die Teile eines Körpers seien Kräften unterworfen, von denen wir die Existenz einer Dichte $g_i(x, t)$ voraussetzen wollen. Es ist vorläufig unerheblich, wodurch diese „äußeren" Volumenkräfte bestimmt sind; sie können wie im Falle der Schwere auch durch den Körper selbst verursacht werden. Eventuell lassen wir auch äußere Volumenmomentendichten zu. Der innere Zustand des Körpers werde durch „innere Spannungen" beschrieben. Wir nehmen an, daß ein beliebiger Teil des Körpers auf den Restkörper noch direkt durch „Schnittkraftdichten" wirkt, die an seiner Begrenzung definiert sind (Cauchysches Schnittprinzip) und die außer dem jeweiligen Punkt nur durch die jeweilige Normalenrichtung bestimmt werden: $\sigma(n, P)$. Dabei hat man die Vorstellung im Auge, daß bei einer wirklichen Zerschneidung des Körpers diese Kraftdichten durch entsprechende Gegenkräfte kompensiert werden müssen, um den herausgeschnittenen Teil im Gleichgewicht zu halten. Diese Vorstellung hat aber nur heuristischen Wert, denn wirklich meßbar sind die inneren Kräfte nicht, weil wir ja nicht wissen, wie weit das Zerschneiden die evtl. inneren Kräfte beeinflußt (man denke an Gase, wo bei der üblichen Vorstellung der kinetischen Theorie der Ablauf der Molekularbewegung durch Einbringen einer Trennwand sicherlich gestört wird).

Weiterhin werden folgende Axiome aufgestellt:

A. Axiom von der Erhaltung der Masse

Jeder (vernünftig abgegrenzten) Menge von Massenpunkten ist eine nicht-negative Zahl, die Masse, zugeordnet, die bei der Bewegung erhalten bleibt und die sich additiv bei Zerlegung der Menge verhält. Wir nehmen die Existenz einer Massendichte $\varrho(x, t)$ an; dann wird die Masse eines Teiles V_t

$$M = \iiint\limits_{V_t} \varrho(x, t)\, dx = \iiint\limits_{V_0} \varrho_0(y)\, dy\,. \tag{7.3}$$

Dabei ist ϱ_0 unabhängig von t.

Als *Impuls* bezeichnet man den durch

$$\mathfrak{J} = \{J_1, J_2, J_3\}\,, \quad J_i = \iiint\limits_{V_t} v_i(x, t)\, \varrho(x, t)\, dx$$
$$= \iiint\limits_{V_0} u_i(y, t)\, \varrho_0(y)\, dy \tag{7.4}$$

definierten Vektor.

B. Newton-Cauchysches Bewegungsaxiom (Allgemeiner Impulssatz)

Die Summe der Volumen- und Schnittkräfte auf jeden beliebigen Körperteil ist gleich der zeitlichen Änderung des Impulses dieses Körperteiles:

$$\frac{dJ_i}{dt} = \iiint g_i\, dx + \oiint \sigma_i(n)\, do \quad (i = 1, 2, 3)\,. \tag{7.5}$$

Den *Drall* definieren wir als schiefsymmetrische Matrix[1] durch

$$D_{ik} \equiv -D_{ki} = \iiint\limits_{V_t} [x_k v_i(x, t) - x_i v_k(x, t)]\, \varrho(x, t)\, dx\,. \tag{7.6}$$

---

[1] Die drei wesentlichen Bestimmungsgrößen dieser Matrix pflegt man zu einem Vektor zusammenzufassen, s. (7.31). Zunächst ist jedoch die Schreibweise als Matrix für uns bequemer.

C. Drall-Axiom

Die Summe der Volumenmomente und des Momentes der Schnittkräfte auf jeden beliebigen Körperteil ist gleich der zeitlichen Änderung des Dralles dieses Körperteiles:

$$\frac{dD_{ik}}{dt} = \int\!\!\!\int\!\!\!\int_{V_t}\!\!\!\int (x_k g_i - x_i g_k)\,dx + \oiint (x_k \sigma_i(n) - $$
$$- x_i \sigma_k(n))\,dx + \int m_{ik}\,dx . \tag{7.7}$$

Unter den beschriebenen Annahmen der Existenz von Dichten und endlicher Beschleunigungen lassen sich die Axiome in differentieller Gestalt beschreiben. Dafür benötigt man zunächst die Erkenntnis, daß als erste Folge von B die Schnittkräfte sich vermittels eines Tensors, des sog. Spannungstensors, gewinnen lassen.

Wir betrachten eine Folge von Tetraedern (Abb. 7.1), die sich mit $\varepsilon \to 0$ auf den Punkt P zusammenziehen. Da der Einfluß der Volumenkräfte von der Größenordnung ε^3, der der Oberflächenspannungen aber von der Größenordnung ε^2 ist, bleibt im Limes nur der Einfluß der Oberflächenspannungen, und zwar im Punkte P, übrig und läßt wegen der Größenverhältnisse der Tetraederflächen erkennen, daß gilt:

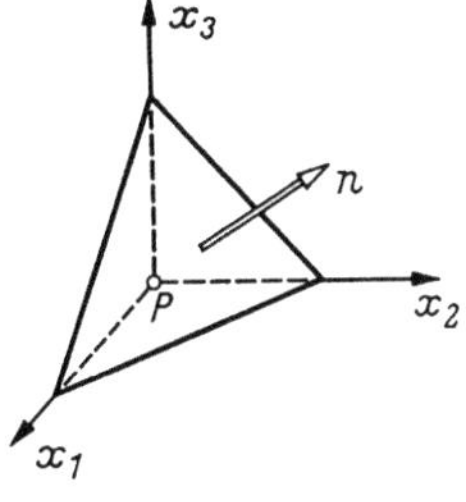

Abb. 7.1

Kraftdichte $\quad k_i(n) = k_i(x_1)\cos(x_1, n) + k_i(x_2)\cos(x_2, n) +$
$$+ k_i(x_3)\cos(x_3, n) . \tag{7.8}$$

Allgemein hat man also

$$k_i(n) = \sum_{k=1}^{3} \sigma_{ik} n_k \quad \text{mit} \quad \sigma_{ik} = k_i(x_k) . \tag{7.9}$$

Diese Größen σ_{ik} bilden die Komponenten des Spannungstensors (s. § 7.2).

Um der verbreiteten Betrachtung an „kleinen Elementen", die oft so kunstvoll sind, daß sie nur der Kenner verstehen kann, weiterhin aus dem Wege zu gehen, benötigen wir einen mathematischen Hilfssatz, der das räumliche Analogon folgender Regel für die Differentiation eines bestimmten Integrals nach einem Parameter ist:

$$\frac{d}{dt}\int_{\varphi(t)}^{\psi(t)} F(t, x)\,dx = \psi'(t)\cdot F(t, \psi(t)) - \varphi'(t)\cdot F(t, \varphi(t)) +$$
$$+ \int_{\varphi(t)}^{\psi(t)} \frac{\partial F(t, x)}{\partial t}\,dt .$$

Es gebe ein Geschwindigkeitsfeld $v_i(x, t)$, welches auch die Geschwindigkeit der Randpunkte des von t abhängigen Integrationsbereiches $\mathfrak{B}_t$ beschreibt; dann gilt

$$\frac{d}{dt} \int\!\!\int\!\int_{\mathfrak{B}_t} F(t, x)\, dx = \int\!\!\int\!\int_{\mathfrak{B}_t} \frac{\partial F}{\partial t}(t, x)\, dx + \int\!\!\int\!\int_{\mathfrak{B}_t} (v_i F)_{|i}\, dx\,, \qquad (7.10)$$

wobei sich das letzte Integral nach dem Gauss-Greenschen Satz auch als Hüllenintegral schreiben läßt:

$$\oiint_{\text{Rand}\,(\mathfrak{B}_t)} F \cdot \sum_i v_i n_i\, do\,.$$

Beweis: Sei $x = \varphi(y, t)$ eine Abbildung mit Umkehrung $\psi(x, t)$, die einen festen Bereich B genau auf $\mathfrak{B}_t$ abbildet, und auch das gegebene Geschwindigkeitsfeld erzeuge. Dann gilt

$$\int_{\mathfrak{B}_t} F(t, x)\, dx = \int_B F(t, \varphi(y, t)) \frac{\partial(\varphi)}{\partial(y)}\, dy\,;$$

also

$$\frac{d}{dt} \int_{\mathfrak{B}_t} F(t, x)\, dx = \int_B \left\{ \frac{\partial F(t, \varphi(y, t))}{\partial t} \cdot \frac{\partial(\varphi)}{\partial(y)} + F(t, \varphi(y, t)) \cdot \frac{\partial}{\partial t}\left(\frac{\partial(\varphi)}{\partial(y)}\right) \right\} dy$$

$$= \int_B F_{/t}(t, \varphi(y, t)) \frac{\partial(\varphi)}{\partial(y)}\, dy + \int_B \sum_i F_{/i}(t, \varphi(y, t)) \cdot \varphi_{i/t} \cdot \frac{\partial(\varphi)}{\partial(y)}\, dy +$$

$$+ \int_{\mathfrak{B}_t} F(t, x) \cdot \frac{\partial}{\partial t}\left(\frac{\partial(\varphi)}{\partial(y)}\right) \frac{\partial(y)}{\partial(x)}\, dx\,,$$

wegen

$$\frac{\partial}{\partial t} \operatorname{Det}\left(\frac{\partial \varphi_i}{\partial y_k}\right) = \sum_{l=1}^{3} \begin{vmatrix} \varphi_{1/1} & \cdots \\ \varphi_{1/lt} & \cdots \\ \varphi_{1/3} & \cdots \end{vmatrix} = \Sigma \begin{vmatrix} \varphi_{1/1} & \cdots \\ v_{1/l} & \cdots \\ \varphi_{1/3} & \cdots \end{vmatrix}$$

entsteht

$$\frac{\partial}{\partial t} \operatorname{Det}\left(\frac{\partial \varphi_i}{\partial y_k}\right) \cdot \operatorname{Det}\left(\frac{\partial y_i}{\partial x_k}\right) = \sum_{i,k} v_{i/v_k} \frac{\partial y_k}{\partial x_i} = \sum_{i,k} \varphi_{i/kt}\, \psi_{k/i} = \sum_i v_{i/i}\,.$$

Damit erhält man schließlich

$$\int_{\mathfrak{B}_t} F_{/t} \cdot dx + \int_{\mathfrak{B}_t} \sum_i F_{/i} \cdot v_i\, dx + \int_{\mathfrak{B}_t} F \cdot \left(\sum_i v_{i/i}\right) dx\,,$$

q. e. d.

Anwendung dieses Satzes ergibt die Axiome in Form von Differentialgleichungen:

A. Es soll gelten

$$\int\!\!\int\!\int_{\mathfrak{B}_t} \varrho(x, t)\, dx = \text{konst.}$$

Die zeitliche Ableitung muß verschwinden, was

$$\iiint\limits_{\mathfrak{B}_t} (\varrho_{/t} + \varSigma (\varrho v_i)_{/i})\, dx = 0 \qquad (7.11)$$

ergibt.

Da dies für jeden Bereich $\mathfrak{B}_t$ gelten muß, folgt dann die sog. *Kontinuitäts-gleichung*

$$\varrho_{/t} + \varSigma (\varrho v_i)_{/i} \equiv \frac{d\varrho}{dt} + \varrho \sum_i v_{i/i} = 0 \; ; \qquad (7.12$$

sie ist äquivalent

$$\frac{\partial \varrho_0}{\partial t} = 0 \; .$$

Der Gaußsche Satz ergibt aus (7.11)

$$\iiint\limits_{\mathfrak{B}_t} \varrho_{/t} dx = - \oiint\limits_{\text{Rand}\,(\mathfrak{B}_t)} \varrho\, \mathfrak{v}\, \mathfrak{n}\, do \; ,$$

d. h. die zeitliche Dichteänderung in einem Teil entspricht einem Aus-strömen der Flüssigkeit.

B. Hier ergibt sich für jede Komponente des Impulsvektors $F = \varrho v_i$

$$\iiint\limits_{\mathfrak{B}_t} \varSigma_i (\varrho_t v_i + \varrho\, v_{i/t} + \sum_k (\varrho\, v_i v_k)_{/k})$$
$$= \iiint\limits_{\mathfrak{B}_t} g_i\, dx + \oiint\limits_{\text{Rand}\,(\mathfrak{B}_t)} \varSigma \sigma_{ik} n_k do \; . \qquad (7.13)$$

Das Hüllenintegral ist gleich $\displaystyle\iiint\limits_{\mathfrak{B}_t} \varSigma_k \sigma_{ik/k}\, dx$.

Unter Verwendung der Kontinuitätsgleichung (7.13) bleibt dann nach derselben Schlußweise das *Cauchysche Bewegungsgesetz (dynamische Grundgleichungen)*

$$\varrho\, (v_{i/t} + \varSigma v_k v_{i/k}) = g_i + \sum_k \sigma_{ik/k} \; . \qquad (7.14)$$

Die linke Seite läßt sich auch als $\varrho \dfrac{\partial^2 \varphi(y,\,t)}{\partial t^2}$ schreiben. Aus (7.13) ergibt der Gaussche Satz folgende Form:

$$\iiint\limits_{\mathfrak{B}_t} (\varrho\, \mathfrak{v})_{/t} dx = - \oiint\limits_{\text{Rand}\,(\mathfrak{B}_t)} (\varrho\, \mathfrak{v})\,(\mathfrak{v}\, n)\, do + \iiint\limits_{\mathfrak{B}_t} \mathfrak{g}\, dx +$$

$$+ \oiint\limits_{\text{Rand}\,(\mathfrak{B}_t)} \varSigma \sigma_{ik} n_k do \; .$$

C. Einsetzen von $F = \varrho (x_k v_i - x_i v_k)$ in den Hilfssatz (7.10) ergibt nach ähnlichen Rechnungen und unter Verwendung der vorherigen Ergebnisse

$$\sigma_{ik} - \sigma_{ki} = m_{ik} = \text{Momentendichte} \; , \qquad (7.15)$$

d. h. insbesondere in dem üblichen, im folgenden stets zugrunde gelegten Falle des Fehlens äußerer Volumenmomentendichten die Symmetrie des Spannungstensors; die Symmetrie des Spannungstensors kann also statt des Drallaxioms gefordert werden (Boltzmannsches Axiom).

2. Diskussion des Spannungstensors. Wir betrachten nur rechtwinklige (rechts-)Koordinatensysteme. Sei x_1, x_2, x_3 ein System, in dem der Spannungstensor an einer festgehaltenen Stelle P die Komponenten $\sigma_{ik} = \sigma_{ki}$ hat. σ_{ii} nennt man *Normalspannungen*, $\sigma_{ik}(i \neq k)$ *Schubspannungen*. Wenn ein anderes Koordinatensystem x_1^*, x_2^*, x_3^* eingeführt wird durch die Koordinatentransformation

$$x_i = \sum a_{ik} x_k^* \,, \tag{7.16}$$

so muß bekanntlich, damit $\sum_{i=1}^{3} x_i^2 = \sum_{k=1}^{3} x_k^{*2}$ wird,

$$\sum_{i=1}^{3} a_{ik} a_{il} = \delta_{kl}$$

sein. Die Matrix $\mathfrak{A} = (a_{ik})$ ist also orthogonal: $\mathfrak{A}\mathfrak{A}^* = \mathfrak{E}$, worin $\mathfrak{A}^*$ die zu $\mathfrak{A}$ transponierte und $\mathfrak{E}$ die Einheitsmatrix ist. Die Umkehrung der Transformation lautet dann also

$$x_k^* = \sum_{i=1}^{3} a_{ik} x_i \,.$$

Da sich die Oberflächenkräfte wie (kovariante) Vektoren transformieren, also statt k_i jetzt

$$k_i^* = \sum a_{ik} k_k$$

auftritt, ergibt sich durch Vergleich der Formeln

$$k_k = \sum \sigma_{k\nu} n_\nu$$
$$k_i^* = \sum \sigma_{i\mu}^* n_\mu^*$$
$$n_\mu^* = \sum a_{\mu j} n_j$$
$$\sum \sigma_{i\mu}^* a_{\mu j} n_j = \sum a_{ik} \sigma_{k\nu} n_\nu$$

und da dies für alle n_j-Werte gelten muß,

$$\sum \sigma_{i\mu}^* a_{\mu j} = \sum a_{ik} \sigma_{kj} \,.$$

Mithin erhalten wir nach Multiplikation mit $a_{\lambda j}$ und Summation die Transformationsformel

$$\sigma_{i\lambda}^* = \sum_{k,\nu} a_{ik} \sigma_{k\nu} a_{\lambda\nu} \,, \tag{7.17}$$

die dasselbe Transformationsgesetz darstellt, wie das für die Komponenten des Trägheitstensors.

Wie der Trägheitstensor läßt sich auch der symmetrische Spannungstensor durch Einführung geeigneter Koordinatensysteme auf Hauptachsen transformieren. Sei das Koordinatensystem bereits so gewählt, daß σ_{11} gleich dem Maximum aller möglichen σ_{11}^*-Werte ist. Dann darf eine Drehung des Koordinatensystems um die x_3-Achse diesen Wert nicht mehr vergrößern; dieser Drehung entspricht die Transformationsmatrix

$$(a_{ik}) = \begin{pmatrix} \cos\varphi & \sin\varphi & 0 \\ -\sin\varphi & \cos\varphi & 0 \\ 0 & 0 & 1 \end{pmatrix}$$

und ergibt auf Grund der Transformationsformel (7.17)

$$\sigma_{11}^* = \sigma_{11}(\cos\varphi)^2 + 2\,\sigma_{12}\cos\varphi\,\sin\varphi + \sigma_{22}(\sin\varphi)^2 \,.$$

Damit diese Funktion von φ bei $\varphi = 0$ ihr Maximum hat, muß notwendig $\frac{\partial}{\partial\varphi}\,\sigma_{11}^* = 0$, d.h. $\sigma_{12} = 0$ sein; entsprechend folgt $\sigma_{13} = 0$ und, wenn in der durch die Wahl von x_1 für x_2 und x_3 nun festgelegten Ebene diese Achsen so gewählt sind, daß σ_{22} ein Maximum annimmt, so folgt auf gleiche Weise auch

$$\sigma_{23} = 0 \,.$$

In diesem Koordinatensystem, das also immer existiert, ist der Spannungstensor ein Diagonaltensor; diese Achsen heißen *Hauptspannungsachsen* und die betreffenden Werte $\sigma_{ii} = \sigma_i$ heißen *Hauptspannungen*. Aus der Festlegung der Hauptspannungen als Extremwerte folgt leicht ihre Bestimmung als Lösung der Gleichung

$$\begin{vmatrix} \sigma_{11} - \lambda & \sigma_{12} & \sigma_{13} \\ \sigma_{21} & \sigma_{22} - \lambda & \sigma_{23} \\ \sigma_{31} & \sigma_{32} & \sigma_{33} - \lambda \end{vmatrix} = 0 \,. \tag{7.18}$$

Durch Kenntnis von σ_1, σ_2, σ_3 lassen sich die in beliebigen Koordinatensystemen möglichen Werte der Normal- und Schubspannungen eingrenzen.

Es gilt für die Kraftdichten bei der Normalenrichtung n_i:

$$k_i = \Sigma\,\sigma_{ik}n_k = \sigma_i n_i \,,$$

also für die Komponente l in Richtung n_i, die Normalspannung

$$l = \Sigma\,k_i n_i = \Sigma\,\sigma_i n_i^2 \,. \tag{7.19}$$

Da für den Betrag k der Kraftdichte

$$k^2 = \Sigma\,k_i^2 = \Sigma\,\sigma_i^2 n_i^2 \tag{7.20}$$

gilt, folgt, wenn man noch

$$\Sigma\,n_i^2 = 1 \tag{7.21}$$

berücksichtigt, durch Auflösen der Gl. (7.19), (7.20) und (7.21)

$$n_1^2 = \frac{k^2 - l^2 + (l - \sigma_2)\,(l - \sigma_3)}{(\sigma_1 - \sigma_2)\,(\sigma_1 - \sigma_3)} \qquad (7.22)$$

und zwei ähnliche Gleichungen. Ohne Einschränkung können wir $\sigma_1 > \sigma_2 > \sigma_3$ annehmen; aus (7.22) folgt dann

$$k^2 - l^2 + (l - \sigma_2)\,(l - \sigma_3) \geqq 0 \qquad (7.23)$$

und zwei entsprechende Ungleichungen, die für die Komponente von k_i senkrecht zur Normalen, also die Schubspannung

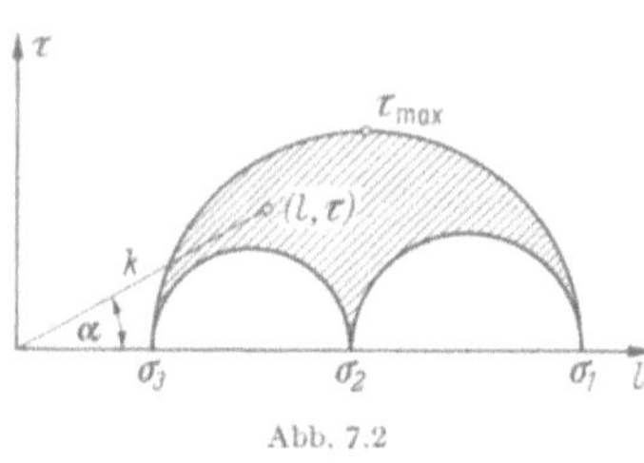

$$\tau = \sqrt{k^2 - l^2}, \qquad (7.24)$$

und l einen Bereich in der l, τ-Ebene abgrenzen, der durch drei Halbkreise begrenzt wird (*Mohrscher Kreis*, Abb. 7.2).

Daraus liest man insbesondere ab, daß die größte Schubspannung

$$\tau_{\max} = \frac{\sigma_1 - \sigma_2}{2} \qquad (7.25)$$

Abb. 7.2

ist, die für $n_1 = n_3 = 1/\sqrt{2}$, $n_2 = 0$ angenommen wird.

3. Schwerpunktsatz und starrer Körper. Der Impulssatz läßt durch Einführung des „Schwerpunktes" oder „Massenmittelpunktes" eine besonders einfache Formulierung zu. Es waren die Impulskomponenten

$$\begin{aligned} J_i &= \iiint\limits_{V_t} v_i(x, t)\,\varrho\,(x, t)\,dx = \iiint\limits_{V_0} u_i(y, t)\,\varrho_0(y)\,dy \\ &= \iiint\limits_{V_0} \frac{\partial}{\partial t}\,\varphi_i(y, t)\varrho_0(y)\,dy = \frac{d}{dt} \iiint\limits_{V_0} \varphi_i(y, t)\,\varrho_0(y)\,dy\,. \end{aligned} \qquad (7.26)$$

Definiert man nun für jeden Zeitpunkt den Schwerpunkt durch seine Koordinaten z_i vermöge

$$M z_i = \iiint\limits_{V_t} x_i \varrho\,(x, t)\,dx = \iiint\limits_{V_0} \varphi_i(y, t)\,\varrho_0(y)\,dy\,, \qquad (7.27)$$

wobei die Masse

$$M = \iiint\limits_{V_t} \varrho\,(x, t)\,dx = \iiint\limits_{V_0} \varrho_0(y)\,dy \qquad (7.28)$$

ist, so bleibt für den Impulssatz

$$M\,\frac{d^2 z_i}{d t^2} = K_i\,, \qquad (7.29)$$

wenn K_i die Resultierende der auf den Körper i wirkenden Kräfte ist:

$$K_i = \iiint\limits_{V_t} g_i\,dx + \oiint \sum_k \sigma_{ik} n_k\,do\,. \qquad (7.30)$$

Nach (7.29) bewegt sich also der Schwerpunkt so, als ob die Resultierende auf eine „Einzelmasse" M in ihm wirken würde: *Schwerpunktsatz*. Eine analoge Fassung des Drallsatzes ist nicht sinnvoll.

Bemerkenswerte Deutungen ergeben sich für den Fall des starren Körpers. Hier wird gefordert, daß alle Abstände der Massenpunkte erhalten bleiben; aus den Überlegungen in § 1.4 folgt dann, daß unter allen Umständen folgende Darstellung gilt

$$\varphi_i(y, t) = \varphi_i(y^{(0)}, t) + \sum_k a_{ik}(t)\,(y_k - y_k^{(0)}) \, ;$$

dabei ist $a_{ik}(t)$ orthogonal und $y_i^{(0)}$ ist ein ausgezeichneter Punkt des Körpers, der Einfachheit halber als Nullpunkt angesetzt; seine jeweilige Lage werde mit $x^{(0)}$ bezeichnet. Für den Schwerpunkt folgt dann

$$M z_i = \iiint\limits_{V_0} [\varphi_i(0, t) + \sum_k a_{ik}(t)\,y_k]\,\varrho_0(y)\,dy = \varphi_i(0, t) \cdot M +$$
$$+ M \sum_k a_{ik}(t)\,y_k^* \qquad (y_k^* = \text{konst}) ,$$

d. h. er bewegt sich wie ein weiterer Punkt des Körpers, obwohl er außerhalb liegen kann; der Schwerpunkt ist also ein nur durch den starren Körper bestimmter körperfester Punkt; er wird oft „*Massenmittelpunkt*" genannt.

Der Drall des starren Körpers beträgt

$$D_{ik} = \iiint\limits_{V_t} (x_i v_k - x_k v_i)\,\varrho(x, t)\,dx = \iiint\limits_{V_t} (\varphi_i \varphi_{k/t} - \varphi_k \varphi_{i/t})\,\varrho_0(y)\,dy .$$

Für die Darstellung der zeitlichen Ableitung von φ_i berücksichtigen wir die aus der Orthogonalität $\mathfrak{A}\mathfrak{A}^* = \mathfrak{E}$ für $\mathfrak{A} = (a_{ik})$ folgende Beziehung

$$\dot{\mathfrak{A}}\mathfrak{A}^* + \mathfrak{A}\dot{\mathfrak{A}}^* \equiv \dot{\mathfrak{A}}\mathfrak{A}^* + (\dot{\mathfrak{A}}\mathfrak{A}^*)^* = 0 ,$$

die die Schiefsymmetrie von $\Omega = \dot{\mathfrak{A}}\mathfrak{A}^* = (\omega_{ik})$ erkennen läßt. Es gilt demnach $\dot{\mathfrak{A}} = \Omega \mathfrak{A}$, und es folgt durch Einsetzen von

$$\varphi_{i/t} = \dot{\varphi}_i(0) + \sum_l \dot{a}_{il} y_l$$

nach einiger Rechnung folgender Ausdruck für den Drall:

$$D_{ik} = M\,\{z_i u_k(0, t) - z_k u_i(0, t)\} +$$
$$+ \Big\{\sum_l \omega_{kl} x_i^{(0)}(z_l - x_l^{(0)}) - \sum_l \omega_{il} x_k^{(0)}(z_l - x_l^{(0)})\Big\} +$$
$$+ \sum_l \omega_{kl}\Big\{\sum_{\nu, s} a_{l\nu} a_{is} \iiint\limits_{V_0} y_s y_\nu \varrho_0 dy\Big\} -$$
$$- \sum_l \omega_{il}\Big\{a_{l\nu} a_{ls} \iiint\limits_{V_0} y_s y_\nu \varrho_0 dy\Big\} .$$

Wählt man insbesondere für den ausgezeichneten Punkt $y = 0$ den Schwerpunkt, dann fällt das zweite Glied sofort weg, während das erste Glied als Folge des Impulssatzes konstant bleibt. Führt man wie früher die Drehgeschwindigkeitskomponenten

$$\omega_1 = -\omega_{23}, \quad \omega_2 = -\omega_{31}, \quad \omega_3 = -\omega_{12}$$

ein, faßt die Größen

$$A_{ik} = \int\limits_{V_t}\!\!\int\!\int (x_i - x_i^{(0)})(x_k - x_k^{(0)}) \varrho \, dx = \sum_{s,\nu} a_{is} a_{k\nu} \int\limits_{V_0}\!\!\int\!\int y_\nu y_s \varrho_0 \, dy$$

zum Trägheitstensor Θ zusammen [s. (6.2)]

$$\Theta_{\nu\mu} = \delta_{\nu\mu}\left(\sum_{l=1}^{3} A_{ll}\right) - A_{\nu\mu}, \quad \nu, \mu = 1, 2, 3$$

und

$$D_{23} = D_1, \quad D_{31} = D_2, \quad D_{12} = D_3 \tag{7.31}$$

zum Drallvektor, so gilt

$$D_\nu = \sum_{\mu} \Theta_{\nu\mu} \omega_\mu. \tag{7.32}$$

Für die Beschreibung der Bewegung um den Schwerpunkt, deren Festlegung (außer der Anfangslage) nur die Kenntnis des Drehgeschwindigkeitsvektors erfordert, bleibt dann der Drallsatz, der mit den früheren Gln. (7.7) identisch ist, übrig:

$$\frac{d}{dt} D_{ik} = M_{ik} \equiv \int\limits_{V_t}\!\!\int\!\int (x_i g_k - x_k g_i + m_{ik}) \, dx +$$
$$+ \oiint \sum_{l} (x_i \sigma_{kl} - x_k \sigma_{il}) \, n_l do.$$

Die beiden Darstellungen

$$A_{ik} = \int\limits_{V_t}\!\!\int\!\int (x_i - x_i^{(0)})(x_k - x_k^{(0)}) \varrho \, dx = \sum_{s,\nu} a_{is} a_{k\nu} \int\limits_{V_0}\!\!\int\!\int y_s y_\nu \varrho_0 \, dy$$

lassen erkennen, daß sich die Komponenten des Trägheitstensors beim Übergang von der Ausgangslage (zur Zeit t_0) zu der jeweiligen Lage tatsächlich wie Komponenten eines zweistufigen Tensors transformieren; der Trägheitstensor ist also fest mit dem starren Körper verbunden; es ist, wie in § 6.1 oder § 7.2 gezeigt, möglich, ihn auf Hauptachsen zu bringen, die im Körper festliegen.

4. Geometrie der Bewegungen und Deformationen. Da, wie eine Abzählung der Funktionen ergibt, die angegebenen Axiome, nämlich eine skalare und zwei vektorielle Gleichungen, also sieben Gleichungen, nicht zur Bestimmung der eingeführten zehn Funktionen (eine Dichte, drei Lagekoordinaten und sechs Spannungsgrößen) ausreichen, ist es notwendig, Materialgleichungen (constitutive equations) zu postulieren, die einen Zusammenhang zwischen geometrisch-kinematischen Größen und den Spannungen bestimmen. Wir diskutieren zunächst die geometrischen und kinematischen Größen, die in die Materialgleichungen eingehen.

Wir betrachten eine Kurve $y_k = \eta_k(s)$ (s = Bogenlänge) im Raum zur Zeit $t_0 = 0$ und ihr Abbild zur Zeit t

$$x_i = \varphi_i(\eta_k(s), t) \, .$$

Die Länge ist jetzt

$$L = \int \sqrt{\Sigma \, dx_i^2} = \int \sqrt{\Sigma \left(\frac{\partial x_i}{\partial s}\right)^2} \, ds = \int \sqrt{\sum_i \left(\sum_k \varphi_{i|k}\eta_k'\right)^2} \, ds \, .$$

Die hier auftretenden Größen $\varphi_{i|k}$ bilden den sog. *Verzerrungstensor*. Differentiation nach der Zeit ergibt daraus

$$\frac{\partial L}{\partial t} = \int \frac{(\Sigma \, \varphi_{i|k}\eta_k')\,(\Sigma \, \varphi_{i|k\,t}\eta_k')}{\sqrt{\sum_i \left(\sum_k \varphi_{i|k}\eta_k'\right)^2}} \, ds \, ,$$

was sich bei $t = 0$ wegen $\varphi_{i|k}(t = 0) = \delta_{ik}$ und $\varphi_{i|k\,t} = v_{i|k}$ auf

$$\frac{\partial L}{\partial t}\bigg|_{t=0} = \int \sum_{i,\,k} \eta_i' v_{i|k} \eta_k' \, ds$$

reduziert.

Die Änderung der Bogenlängen von durch bestimmte Massenpunkte gebildeten Kurven wird also durch den Geschwindigkeitsgradienten $v_{i|k}$ bestimmt (die η_i' bestimmen ja die betrachtete Kurve), und zwar geht dabei offenbar nur der symmetrische Anteil, die *Dehnungsgeschwindigkeit*

$$d_{ik} = \frac{1}{2} \left(v_{i|k} + v_{k|i}\right) \tag{7.33}$$

ein. Die Änderung der Volumina von Körperteilen wurde bei der Aufstellung der Kontinuitätsgleichung schon berechnet; die verantwortliche Größe für die Volumendilatation ist hier

$$\sum_{i=1}^{3} v_{i|i} \, . \tag{7.34}$$

Da die unsymmetrischen Anteile, die sog. „*Verwirbelungsgeschwindigkeiten*"

$$w_{ik} = \frac{1}{2} \left(v_{i|k} - v_{k|i}\right) \tag{7.35}$$

lediglich Drehungen beschreiben, ist die Deformationsänderung durch die d_{ik} bestimmt; denn es gilt der Satz, daß aus dem Verschwinden aller d_{ik} folgt, daß

$$v_i = \Sigma \, a_{ik} x_k + b_i \quad (a_{ik} = -a_{ki}) \tag{7.36}$$

ist (a_{ik}, b_i Konstanten). Das bedeutet aber, daß das Geschwindigkeitsfeld zu einer Drehung (a_{ik}) und Translation (b_i), d. h. zu einer Starrkörperbewegung gehört.

Beweis: Aus $d_{11}= 0$ folgt $v_1 = a_{23}(x_2,\ x_3)$, entsprechend $v_2 = a_{13}(x_1,\ x_3)$, $v_3 = a_{12}(x_1,\ x_2)$. Dann läßt $d_{12} = 0$, was $a_{23/2} = -a_{13/1}$ zur Folge hat, erkennen, daß $a_{23/2}$ unabhängig von x_2 ist. a_{23} ist also linear in x_2; ähnlich folgt die Linearität aller a_{ik} in den x_l, und die angegebene Bedingung für die Konstanten folgt leicht durch erneutes Einsetzen in die Gleichungen $d_{ik} = 0$.

Solange die Abweichungen der jeweiligen Lage x der Massenpunkte von der Ausgangslage y klein sind, können die angegebenen Ausdrücke für die Dehnungsgeschwindigkeiten d_{ik} und die Verwirbelungsgeschwindigkeiten w_{ik} als Näherung für die Verzerrungsgrößen $(\varphi_{i/k}+ \varphi_{k/i})/2$ angesehen und benutzt werden.

Bei endlichen Abweichungen von x gegenüber y muß der exakte Verzerrungstensor

$$\mathfrak{A} = (a_{ik}) = (\varphi_{i/k})$$

benutzt werden; für ihn gibt es, in Analogie zu der additiven Zerlegung von v_{ik} in d_{ik} und w_{ik}, in jedem Punkt eine multiplikative Zerlegung in eine reine Drehung $\mathfrak{R} = (r_{ik})$ und eine reine Dehnung $\mathfrak{S} = (s_{ik})$, und es gilt in Analogie zu dem durch Gl. (7.36) formulierten Satz, daß aus dem Verschwinden der Dehnungen (d. h. $s_{ik}= \delta_{ik}$) in einem Bereich folgt, daß die Abbildung des y-Bereiches auf den x-Bereich eine kongruente Bewegung ist.

Wir begründen zunächst die eben angeführte *Zerlegung:*

$$\mathfrak{A} = \mathfrak{R} \cdot \mathfrak{S}\,; \quad \mathfrak{R} = \text{Rotation}\,, \quad \mathfrak{S} = \text{Dehnung} \qquad (7.37)$$

definiert durch

$$\mathfrak{R}\,\mathfrak{R}^* = \mathfrak{E}\,, \quad \mathfrak{S} = \mathfrak{S}^* \geqq 0\,.$$

Die Zerlegung ergibt sich aus folgenden Tatsachen: Die Eigenwerte von $\mathfrak{A}^*\mathfrak{A}$ sind gleich den Eigenwerten von $\mathfrak{A}\,\mathfrak{A}^*$, denn, wenn

$$\mathfrak{A}^*\mathfrak{A}\,\mathfrak{z} = \lambda\,\mathfrak{z}$$

gilt, folgt

$$\mathfrak{A}\,\mathfrak{A}^*(\mathfrak{A}\,\mathfrak{z}) = \lambda\,(\mathfrak{A}\,\mathfrak{z})\,.$$

Deswegen kann dasselbe (quadratische) Polynom $p(\lambda)$, das die positive Wurzel $\mathfrak{S} = \sqrt{\mathfrak{A}^*\mathfrak{A}}$ in der Form $p(\mathfrak{A}^*\mathfrak{A})$ darstellt, auch die positive Wurzel $\mathfrak{Z} = \sqrt{\mathfrak{A}\,\mathfrak{A}^*}$ in der Form $p(\mathfrak{A}\,\mathfrak{A}^*)$ darstellen, und man erkennt daraus $(\sqrt{\mathfrak{A}^*\mathfrak{A}})^* = \sqrt{\mathfrak{A}^*\mathfrak{A}}$ und die Vertauschbarkeit $\mathfrak{A}\,\sqrt{\mathfrak{A}^*\mathfrak{A}} = \sqrt{\mathfrak{A}^*\mathfrak{A}}\,\mathfrak{A}$. Deswegen gilt auch $\sqrt{\mathfrak{A}^*\mathfrak{A}}\,\mathfrak{A}^{-1} = \mathfrak{A}^{-1}\,\sqrt{\mathfrak{A}^*\mathfrak{A}}$ und ähnlich erkennt man $\mathfrak{A}^{*-1}\,\sqrt{\mathfrak{A}^*\mathfrak{A}} = \sqrt{\mathfrak{A}^*\mathfrak{A}}\,\mathfrak{A}^{*-1}$.

Die durch $\mathfrak{R}^* = \sqrt{\mathfrak{A}^*\mathfrak{A}} \cdot \mathfrak{A}^{-1}$ definierte Matrix ist, da man leicht $\mathfrak{R}\,\mathfrak{R}^* = \mathfrak{E}$ bestätigt, orthogonal und ermöglicht die *beiden* Darstellungen

$$\mathfrak{A} = \mathfrak{R}\,\mathfrak{S} = \mathfrak{Z}\,\mathfrak{R}\,. \qquad (7.38)$$

Bei der Bestimmung der Längenänderung treten nur $\sum\limits_{i} \varphi_{i/k}\varphi_{i/l} =$ $=\sum\limits_{i} a_{ik}a_{il}$, d. h. die Elemente von $\mathfrak{A}^*\mathfrak{A} = \mathfrak{S}^2$ auf; dieser Tensor wird oft als Maß für die Verzerrung benutzt.

Eindeutigkeitssatz. Nehmen wir den Fall, daß keine Dehnung eintritt, d. h. alle Bogenlängen erhalten bleiben: $\mathfrak{S} = \mathfrak{E}$. Ein differentialgeometrischer Satz, der gleich analytisch bewiesen werden soll, besagt dann, daß es sich um eine kongruente Abbildung $y \to x$ handelt. Zum Beweis differenzieren wir die nach Annahme bestehende Identität

$$\sum_{i} \varphi_{i/k}\,\varphi_{i/l} = \delta_{kl} \qquad (7.39)$$

nach y_s:

$$\sum_{i} \varphi_{i/ks}\,\varphi_{i/l} + \sum_{i} \varphi_{i/k}\,\varphi_{i/ls} = 0\,.$$

Die in den beiden ersten Indizes offenbar symmetrischen Größen $A_{ksl} = \sum\limits_{i} \varphi_{i/ks}\,\varphi_{i/l}$ ändern also ihr Vorzeichen, wenn man einen der ersten Indizes mit dem letzten vertauscht. Durch mehrfache Anwendung folgt deshalb

$$A_{ksl} = -A_{lsk} = -A_{slk} = A_{kls} = A_{lks} = -A_{skl} = -A_{ksl}\,,$$

d. h.
$$A_{ksl} = 0\,.$$

Daraus ergibt sich wegen $\mathrm{Det}\,(\varphi_{i/l}) = 0$ sofort $\varphi_{i/ks} = 0$, d. h. die Konstanz der $\varphi_{i/k}$, und erneutes Einsetzen in die Orthogonalitätsbeziehungen (7.39) läßt die Richtigkeit der Behauptung erkennen.

Näherung für kleine Verschiebungen. Der oben erwähnte Übergang von den endlichen Deformationsgeschwindigkeiten als Näherung ergibt sich, wenn man

$$\varphi_i = x_i + h\,v_i\,, \quad r_{ik} = \delta_{ik} + w_{ik}\,, \quad s_{ik} = \delta_{ik} + d_{ik} \qquad (7.40)$$

setzt. Die multiplikative Zerlegung $\mathfrak{A} = \mathfrak{R}\,\mathfrak{S}$ wird dann (bei Vernachlässigung der Glieder mit h^2) eine additive und fällt mit der entsprechenden Zerlegung $\mathfrak{S}\,\mathfrak{R}$ zusammen.

5. Der Satz von D'Alembert. Eine für viele theoretische und praktische Anwendungen wichtige Umformung der Grundgleichungen verdanken wir D'Alembert. Die Grundgleichungen des Impulssatzes

$$\varrho_0(y)\,\frac{\partial^2 \varphi_i}{\partial t^2}\,(y, t) = \sum_{k} \sigma_{ik/k} + g_i \qquad (7.41)$$

werden bei beliebigem Wert t mit einem beliebigen Vektorfeld $z_i(x, t) \equiv$ $\equiv z_i^*(y, t)$ multipliziert und über den Raumteil $\mathfrak{V}$ integriert:

$$\iiint\limits_{\mathfrak{V}} \Sigma\,\frac{\partial^2 \varphi_i}{\partial t^2}\,z_i^*\,\varrho_0\,dy \equiv \iiint\limits_{\mathfrak{V}} \sum_{k} \sigma_{ik/k}\,z_i(x, t)\,dx + \iiint\limits_{\mathfrak{V}} g_i\,z_i\,dx\,. \tag{7.42}$$

Nach partieller Integration läßt sich die rechte Seite schreiben als

$$-\iiint\limits_{\mathfrak{B}} \Sigma\, \sigma_{ik}\, \zeta_{ik}\, dx + \iiint\limits_{\mathfrak{B}} g_i\, z_i\, dx + \oiint \sum_{i,k} \sigma_{ik}\, z_i\, n_k\, do\,,$$

wobei $\zeta_{ik} = \frac{1}{2}\,(z_{i/k} + z_{k/i})$ der zu der als „kleine Verschiebung" gedachten Verrückung z_i gehörige Verzerrungstensor ist und die Symmterie des Spannungstensors benutzt wird. In dem Randintegral kommt die Rand- oder Oberflächenspannung $\Sigma\,\sigma_{ik}\,n_k = f_i$ vor, und für die üblichen Randwertaufgaben des Problems der Bestimmung von Spannungen und Deformationen in $\mathfrak{B}$ muß an jedem Punkt der Oberfläche von $\mathfrak{B}$ entweder $f_i\,(i = 1, 2, 3)$ oder eine Bedingung für die mögliche Deformation gegeben sein. Nehmen wir an, daß die Volumenkräfte g_i ein Potential γ besitzen, d. h. $g_i = -\frac{\partial \gamma\,(x)}{\partial x_i}$ gilt, so läßt sich die rechte Seite der Gl. (7.42) so schreiben:

$$-\iiint \Sigma\sigma_{ik}\,\zeta_{ik}\,dx + \oiint \Sigma\sigma_{ik}\,z_i\,n_k\,do - \left[\iiint \frac{\partial}{\partial\varepsilon}\,\gamma\{(x+\varepsilon z)\}\,dx\right]_{\varepsilon\equiv 0}.$$

Der letzte Bestandteil hierin wird als Variationsableitung bezeichnet:

$$-\,\delta \iiint \gamma\,dx\,.$$

Der Term $\iiint \Sigma\,\sigma_{ik}\,\zeta_{ik}\,dx$ wird oft „innere virtuelle Arbeit" bei der kleinen Verschiebung genannt und dann undeutlich als δA_i bezeichnet. Nach dem Fundamental-Lemma der Variationsrechnung zieht das Bestehen der so abgeleiteten Gleichung

$$\iiint \Sigma\frac{\partial^2\varphi_i}{\partial t^2}\,z_i^*\,(y,t)\,\varrho_0\,(y)\,dy = \oiint \Sigma f_i\,z_i\,do - \iiint \Sigma\,\sigma_{ik}\,\zeta_{ik}\,dx -$$

$$-\,\delta \iiint \gamma\,dx \qquad (7.43)$$

wieder das Bestehen der Gl. (7.41) nach sich. Man nennt die Gleichung (7.42) bzw. (7.43) den Satz von D'ALEMBERT. In vielen Fällen (vgl. § 8), wenn nämlich auch die σ_{ik} ein Potential Ψ besitzen, läßt sich auch $\iiint \Sigma\,\sigma_{ik}\,\zeta_{ik}\,dx$ als Variationsableitung darstellen.

Da auch die dem Drallsatz äquivalente Symmetrie des Spannungstensors bei geeignetem Ansatz des Spannungspotentials Ψ immer erfüllt ist, ist dann dieser Satz von D'ALEMBERT zusammen mit der Kontinuitätsgleichung den in § 7.1 angegebenen Grundgleichungen der Mechanik der Kontinua äquivalent; er kann zusammen mit dem Boltzmannschen Axiom zur Begründung der Mechanik der Kontinua verwendet werden: „D'Alembertsches Prinzip". Die zunächst nur formal eingeführten Größen σ_{ik} werden dann nachträglich als innere Spannungen gedeutet (von HAMEL als „Lagrangesches Befreiungsprinzip" verkündet).

Sucht man insbesondere Spannungen und Deformationen, die mit der Ruhelage $\varphi_i(y, t) \equiv \varphi_i(y)$ verträglich sind, sog. *Gleichgewichtslösungen*, so wird aus dem Satz von D'ALEMBERT der *Satz von der virtuellen Verrückung*:

$$\int\int\int (\Sigma \sigma_{ik}\, \zeta_{ik} - \Sigma g_i\, z_i)\, \varrho\, d\varkappa - \oiint \Sigma f_i\, z_i\, do = 0 \qquad (7.44)$$

bzw.

$$\delta \int\int\int (\Psi \varrho + \gamma)\, d\varkappa = \oiint \Sigma f_i\, z_i\, do\,.$$

Dieser wird oft als Axiom für den Aufbau der Statik verwendet. Es sei aber auch hier betont, daß es sich bei den abgeleiteten Sätzen um Stationaritätssätze und nicht um Extremaleigenschaften handelt, auch wenn es sich bei weitergehenden Betrachtungen beim Satz der virtuellen Verrückung oft um Extrema handelt.

Bemerkung: Aus dem Satz von D'ALEMBERT ergibt die Spezialisierung

$$z_i(x, t) = a_i \text{ (konst.)}$$

den Schwerpunktsatz, die andere

$$z_i(x, t) = \sum_k \omega_{ik}\, x_k \quad (\omega_{ik} = -\omega_{ki} = \text{konst.})$$

den Drallsatz für den in $\mathfrak{B}$ eingeschlossenen Körperteil.

§ 8. Materialgleichungen und klassische Elastizitätstheorie

1. Allgemeines über Materialgleichungen. Wie bereits eine Abzählung der Funktionen und der bisher aufgestellten Gleichungen ergab, reichen die bisher aufgestellten Beziehungen nicht zur Bestimmung des Bewegungsablaufes aus. Es müssen noch spezielle Materialgleichungen (englisch: constitutive equations) dazu genommen werden, die eine Beziehung zwischen den Spannungsgrößen bzw. ihren zeitlichen Ableitungen und den Deformationsgrößen festlegen. Entsprechend den verschieden beobachteten Phänomenen wirklicher Medien (elastisch, plastisch, flüssig, gasförmig usw.) sollen Klassen derartiger Gleichungen angesetzt werden.

Diese Beziehungen sollen nicht ganz beliebig sein: Durch das von WALTER NOLL [4.4] aufgestellte Prinzip der Isotropie des Raumes (später Prinzip der Objektivität [4.5] genannt) werden diese eingeschränkt. Ohne auf dieses Prinzip genauer einzugehen, betrachten wir einige Spezialfälle:

Enthält die Materialgleichung nur die ersten zeitlichen Ableitungen der Spannungen $\sigma_{ik}(x,\,t) = \tilde{\sigma}_{ik}(y,\,t)$ und die ersten räumlichen Ableitungen der Lagekoordinaten, so dürfen diese nur in folgender Verbindung auftauchen

$$\frac{\partial \tilde{\sigma}_{ik}(y,\,t)}{\partial t} + \sum_l (\sigma_{il}\, w_{lk} - w_{il}\, \sigma_{lk}) = \text{Funktion } (\sigma_{rs},\, d_{rs},\, \varrho,\, y)\,. \qquad (8.1)$$

Während diese Gleichungen noch Medien beschreiben, die sowohl Nachwirkungserscheinungen (z. B. langsames Abklingen der Spannungen ohne Deformationsänderungen) als auch Erscheinungen fester Körper (z. B. Anisotropie und Inhomogenität) haben können, kann es bei spezieller Wahl der Funktion auf der rechten Seite möglich sein, diese gleich zu integrieren, so daß eine Spannungs-Dehnungsbeziehung

$$\sigma_{ik} = \mathfrak{F}(\varphi_{i/\alpha}) \qquad (8.2)$$

entsteht, die ein elastisches Medium (sog. Cauchysches elastisches Medium) definiert, weil bei ihm der Spannungszustand nur von dem jeweiligen Deformationszustand abhängig ist.

Ein anderer praktisch äußerst wichtiger und seit langem studierter Spezialfall ist

$$\sigma_{ik} + \delta_{ik}\, p = \mathfrak{F}\,(d_{rs},\, p)\,, \qquad (8.3)$$

wobei p der durch diese Gleichung noch nicht bestimmte „hydrostatische Druck" ist: REINER-RIVLIN-*Flüssigkeit*.

Der meist untersuchte Spezialfall hiervon ist der der *zähen Flüssigkeiten* (s. § 11), wo wir die Materialgleichung in der Form

$$\sigma_{ik} + \delta_{ik}\, p = \text{konst.} \cdot d_{ik} + \text{konst.}\ \delta_{ik}\Big(\sum_l d_{ll}\Big) \qquad (8.4)$$

annehmen. Die Einführung der weiteren unbekannten Funktion p bei diesen Materialgleichungen von Flüssigkeiten führt zu keiner Unbestimmtheit, wenn eine weitere Gleichung (sog. Barotropie-Gleichung)

$$p = p\,(\varrho) \qquad (8.5)$$

dazu genommen wird. In dem Grenzfall inkompressibler Flüssigkeiten, durch $\varrho = \varrho_0 = $ konst. definiert, fällt diese Gl. (8.5) weg, was dann wieder Übereinstimmung der Anzahl der Gleichungen mit der Anzahl der unbekannten Funktionen ergibt, da ϱ als Unbekannte wegfällt.

Eine für die technischen Anwendungen sehr wichtig gewordene Theorie ist die *Plastizitätslehre*, bei der man die später (§ 8.5) behandelten Gleichungen der klassischen Elastizitätstheorie nur verwendet, solange eine gewisse Funktion der Spannungen

$$f(\sigma) < k_0$$

ist; bei $f(\sigma) = k_0$ soll gelten

$$\sigma_{ik} = -p\,\delta_{ik} + \lambda\,(\sigma)\,(v_{i/k} + v_{k/i})$$

und außerdem wird Inkompressibilität verlangt. Der Proportionalitäts-faktor $\lambda(\sigma)$ bestimmt sich aus $f(\sigma) = k_0$. Für die Funktion f sind ver-schiedene Vorschläge gemacht worden

$$f(\sigma) = \Sigma \operatorname{Det}(\sigma_{ik}) - \left(\frac{\Sigma \sigma_{ii}}{3}\right)^2 \equiv \qquad \text{(v. Mises)}$$

$$\equiv \sigma_1\sigma_2 + \sigma_1\sigma_3 + \sigma_2\sigma_3 - \left(\frac{\sigma_1 + \sigma_2 + \sigma_3}{3}\right)^2$$

$$f(\sigma) = \operatorname{Max}(\sigma_i - \sigma_k) \qquad\qquad \text{(Tresca)}.$$

2. Energiebetrachtung. In Analogie zu dem Potential U gewisser mechanischer Punktsysteme soll jetzt eine „innere Energie" ψ des Kontinuums definiert werden. Wenn man von dieser Energie noch an-nimmt, daß sie nicht in nicht-mechanischer Form übertragen werden kann (d. h. insbesondere, daß kein Wärmestrom auftreten soll: sog. *adiabatischer* Prozeß), wird sie durch folgende Gleichung definiert, wenn der Einfachheit halber $g_i \equiv 0$ angenommen wird:

$$\frac{d}{dt} \iiint_{\mathfrak{V}_t} \left[\frac{1}{2} \Sigma (v_i)^2 + \psi\right] \varrho \, dx = \oiint \sum_{i,k} \sigma_{ik}\, n_k\, v_i \, do. \qquad (8.6)$$

Anwendung des Hilfssatzes aus § 7.1 ergibt für die linke Seite

$$\iiint \left[\Sigma v_i v_{i/t}\, \varrho + \frac{1}{2} \Sigma (v_i)^2\, \varrho_{/t} + \frac{\partial \psi}{\partial t} + \Sigma\, v_i\, \varrho\, \frac{\partial \psi}{\partial x_i} + \right.$$

$$+ \psi\, \frac{\partial \varrho}{\partial t} + \frac{1}{2} \Sigma\, (v_i\, \varrho)_{/i}\, \Sigma (v_k)^2 + \varrho \sum_{i,k} v_i v_k v_{k/i} + .$$

$$\left. + \Sigma (\varrho\, v_i)_{/i}\, \psi\right] dx,$$

während die rechte Seite $= \iiint \Sigma \sigma_{ik/k}\, dx$ wird.
Unter Berücksichtigung der dynamischen Grundgleichungen und der Kontinuitätsgleichung bleibt dann unter dem Integralzeichen übrig

$$\varrho\, V_t\, \psi \equiv \varrho \left(\frac{\partial \psi}{\partial t} + \sum_i v_i\, \frac{\partial \psi}{\partial x_i}\right) = \sum_{i,k} \sigma_{ik}\, v_{i/k}. \qquad (8.7)$$

In dem Fall, in dem die Volumenkräfte g_i ein Potential γ haben, kommt links dazu

$$\sum_i \frac{\partial \gamma}{\partial x_i}\, v_i. \qquad (8.8)$$

Stellt man diese Gleichung in einem bewegten Koordinatensystem auf, so kommt wie in § 1.2 noch das Scheringsche Potential dazu.

3. Spannungsenergie des vollelastischen Körpers[1]. Der vollelastische Körper, bei dem wir uns der Einfachheit halber auf homogene isotrope Medien beschränken, wird durch folgende zwei Annahmen definiert:

---

[1] (Englisch: hyper-elastic body) zur Unterscheidung von dem allgemeineren Cauchyschen elastischen Körper, definiert durch ein beliebiges, nicht notwendig aus einem Potential herleitbares Spannungs-Dehnungsgesetz.

Annahme I. Die innere Energie ψ ist nur von den (endlichen!) Deformationsgrößen $\varphi_{i/\alpha}$ abhängig: Dann ergibt die Gl. (8.7)

$$\varrho \, V_t \, \psi = \varrho \sum_{i,\alpha} \frac{\partial \psi}{\partial \varphi_{i/\alpha}} \frac{\partial \varphi_{i/\alpha}}{\partial t} \, .$$

Wegen

$$v_{i/k} = \frac{\partial \dot{\varphi}_i}{\partial x_k} = \sum_{\beta} \frac{\partial \varphi_{i/t}}{\partial y_\beta} \frac{\partial y_\beta}{\partial x_k} \tag{8.9}$$

ergibt sich deswegen aus (8.7)

$$\sum_{i,k,\alpha} \left(\sigma_{ik} \frac{\partial y_\alpha}{\partial x_k} - \varrho \, \frac{\partial \psi}{\partial \varphi_{i/\alpha}} \right) \varphi_{i/\alpha t} = 0 \, . \tag{8.10}$$

Annahme II. Der Energiesatz (8.7) bzw. (8.10) gelte für *alle* Bewegungsabläufe; bei einem bestimmten Deformationszustand sollen also die $\varphi_{i/\alpha t}$ noch beliebig sein. Damit folgt aus der Beziehung (8.10)

$$\sum_{i,k} \sigma_{ik} \frac{\partial y_\alpha}{\partial x_k} - \varrho \, \frac{\partial \psi}{\partial \varphi_{i/\alpha}} = 0 \tag{8.11}$$

oder, indem man mit $\varphi_{l/\alpha}$ multipliziert und summiert

$$\sigma_{il} = \varrho \sum_{\alpha} \frac{\partial \psi}{\partial \varphi_{i/\alpha}} \, \varphi_{l/\alpha} \, . \tag{8.12}$$

Dazu kommt als Folge der Kontinuitätsgleichung noch

$$\varrho = \varrho_0 (y) \, \frac{1}{\text{Det.} \, (\varphi_{l/\alpha})} \, . \tag{8.13}$$

Aus der Symmetrie des Spannungstensors folgt noch eine bemerkenswerte Invarianzeigenschaft (Bezeichnungen wie in § 7.4):

$$\psi(\mathfrak{R} \, \mathfrak{S}) = \psi(\mathfrak{S}) \tag{8.14}$$

(Satz von CELLERIER). Um diese Gleichheit einzusehen, verbinden wir die Drehung $\mathfrak{R}$ mittels eines Parameters t stetig durch eine Schar von Drehungen $\mathfrak{R}(t)$ mit der Einheitsmatrix. Dann folgt durch Differenzieren

$$\frac{\partial \psi(\mathfrak{R}\mathfrak{S})}{\partial t} = \sum_{i\alpha\nu} \frac{\partial \psi}{\partial \varphi_{s/\alpha}} \dot{r}_{i\nu} s_{\nu\alpha} \quad (\text{da } \varphi_{i/\alpha} = r_{i\nu} s_{\nu\alpha} \text{ ist})$$

$$= \sum_{i\alpha\nu\mu j} \frac{\partial \psi}{\partial \varphi_{i/\alpha}} \dot{r}_{i\nu} r_{j\nu} r_{j\mu} s_{\mu\alpha} = \sum_{i\alpha\nu j} \frac{\partial \psi}{\partial \varphi_{i/\alpha}} \dot{r}_{i\nu} r_{j\nu} \varphi_{j/\alpha} \tag{8.15}$$

$$= \sum_{ij} \left(\frac{\partial \psi}{\partial \varphi_{i/\alpha}} \, \varphi_{j/\alpha} \right) \left(\sum_{\nu} \dot{r}_{i\nu} r_{j\nu} \right).$$

Wegen der Schiefsymmetrie des sonst beliebig wählbaren zweiten Faktors $\sum_{\nu} \dot{r}_{i\nu} r_{j\nu}$ wird dieser Ausdruck dann und nur dann Null, wenn der erste Faktor symmetrisch in i und j ist, d. h. wenn $\sigma_{ij} = \sigma_{ji}$ gilt.

Wegen dieser Invarianzeigenschaft kann also ψ nur von dem Bestandteil $\mathfrak{S}$ der Zerlegung $\mathfrak{A} = \mathfrak{R} \, \mathfrak{S}$ abhängen und läßt sich deswegen also als Funktion von $\mathfrak{S} \, \mathfrak{S}^* = \mathfrak{A}^* \, \mathfrak{A}$ darstellen.

Es sei ergänzt, daß aus der Isotropie die weitere Invarianzeigenschaft der Energiefunktion

$$\psi(\mathfrak{A}\mathfrak{R}) = \psi(\mathfrak{A}) \tag{8.16}$$

folgt, so daß ψ eine symmetrische Funktion der Eigenwerte von $\mathfrak{A}^*\mathfrak{A}$, die gleich den Eigenwerten von $\mathfrak{A}\mathfrak{A}^*$ sind, sein muß.

Spezialfall: Hängt ψ nur von der Dichte ϱ ab, d. h., haben wir es mit einer sog. adiabatischen Bewegung eines Gases zu tun, so ergibt sich folgendes:

$$\psi(\varphi_{i/\alpha}) = u(\varrho) . \tag{8.17}$$

Da $\varrho = \varrho_0(y) \, [\mathrm{Det}(\varphi_{i/\alpha})]^{-1}$ ist, erhalten wir daraus

$$\frac{\partial \psi}{\partial \varphi_{i/\alpha}} = - \varrho_0 \, u'(\varrho) \left[\frac{\partial}{\partial \varphi_{i/\alpha}} \mathrm{Det}(\varphi_{i/\alpha}) \right] \cdot [\mathrm{Det}(\varphi_{i/\alpha})]^{-2}$$

$$= - \varrho_0 \, u'(\varrho) \, [\mathrm{Kompl. \, v.} \, \varphi_{i/\alpha}] \cdot [\mathrm{Det} \, \varphi_{i/\alpha}]^{-2} \tag{8.18}$$

$$= - \varrho_0 \, u'(\varrho) \frac{\partial y_\alpha}{\partial x_i} [\mathrm{Det} \, \varphi_{i/\alpha}]^{-1} = - \varrho \, u'(\varrho) \frac{\partial y_\alpha}{\partial x_i} .$$

Das heißt, der Spannungszustand wird dann wegen (8.12) durch einen Kugeltensor mit den Hauptspannungen

$$-p = - \varrho^2 \, u'(\varrho) \tag{8.19}$$

beschrieben: Reiner hydrostatischer Druck. Meistens benutzt man anstelle von u die Funktion $u^*(\varrho) = \varrho \, u(\varrho)$. Es gilt dann statt (8.19)

$$p = \varrho \, u^{*\prime}(\varrho) - u^*(\varrho) . \tag{8.20}$$

Es sei bemerkt, daß für inkompressible Flüssigkeiten die Gleichung

$$\sigma_{ik} = - \delta_{ik} p \tag{8.21}$$

anstelle der Gl. (8.17) die definierende Materialgleichung der *„idealen Flüssigkeiten"* ist (s. § 10).

4. Der Stationaritätssatz von HAMILTON (Hamiltonsches Prinzip). Die Überlegungen des § 2.1 der Punktmechanik lassen sich auf Kontinua übertragen und ergeben den wichtigen Satz von HAMILTON, dessen Nutzen in leichter Umrechnung der Grundgleichungen auf andere Koordinatensysteme, Aufstellung von Gleichungen für die Näherungstheorien und in seiner Verwendung außerhalb der Mechanik liegt.

Wir betrachten $x_i = \varphi_i(y_\alpha, t)$ als gesuchtes Funktionensystem. Dann gilt der folgende Stationaritätssatz von HAMILTON:

Bei festen Anfangs- und Endwerten für $t = t_0$ und $t = t_1$ ist

$$\int_{t_2}^{t_1} dt \int \int \int \varrho_0 \, dy \left\{ \frac{1}{2} \cdot \Sigma (v_i)^2 - \psi - U \right\}$$

für den wahren Bewegungsablauf stationär; dabei ist ψ eine Funktion der Teilchenkoordinaten y_α und der ersten räumlichen Ableitungen $\varphi_{i/\alpha}$, U das Potential der g_i. Im bewegten Koordinatensystem kommt dazu noch das Scheringsche Potential.

Beweis: Nach den Regeln der Variationsrechnung ergeben sich die Stationaritätsbedingungen.

$$\frac{\partial}{\partial t}\left\{\varrho_0\frac{\partial\varphi_i}{\partial t}\right\}-\sum_\alpha\frac{\partial}{\partial y_\alpha}\left\{\varrho_0\frac{\partial\psi}{\partial\varphi_{i/\alpha}}\right\}-\frac{\partial(\varrho_0 U)}{\partial\varphi_i}=0\,. \tag{8.22}$$

Das mittlere Glied wird umgeformt:

$$\sum_\alpha\frac{\partial}{\partial y_\alpha}\left(\varrho_0\frac{\partial\psi}{\partial\varphi_{i/\alpha}}\right)=\sum_{k,\alpha}\varphi_{k/\alpha}\frac{\partial}{\partial x_k}\left(\varrho(x)\,\mathrm{Det}\,(\varphi_{k/\alpha})\frac{\partial\psi(x,t)}{\partial\varphi_{i/\alpha}}\right)$$

$$=\sum_\varkappa\frac{\partial}{\partial x_k}\left(\sum_\alpha\varphi_{k/\alpha}\,y_{\alpha/i}\,\varrho\right)\mathrm{Det}\,(\varphi_{k/\alpha})-$$

$$-\sum_\alpha\varrho\,y_{\alpha/i}\left\{\mathrm{Det}\,(\varphi_{i/\alpha})\frac{\partial}{\partial x_k}(\varphi_{k/\alpha})-\right.$$

$$\left.-\varphi_{k/\alpha}\frac{\partial}{\partial x_k}\mathrm{Det}(\varphi_{k/\alpha})\right\}\,.$$

Die letzte Klammer verschwindet offenbar, und nach Division durch $\mathrm{Det}\,(\varphi_{k/\alpha})$ erkennen wir wegen der in Ziffer 3 gefundenen Beziehung Übereinstimmung mit den dynamischen Grundgleichungen (7.14), q. e. d. Es ist nützlich, sich zu überlegen, daß dieser Stationaritätssatz von HAMILTON, der oft als Grundlage für einen Aufbau der Mechanik der Kontinua gewählt wird, auch gilt, wenn wir die Teilchenkoordinaten y als Funktionen der Eulerschen Koordinaten x, t auffassen. Diese Betrachtung ist besonders für stationäre Gasströmungen von Nutzen, da man dann, wie E. HÖLDER[1] gezeigt hat, ein dreidimensionales Integral angeben kann, dessen Stationärsein den Bewegungsablauf charakterisiert.

5. Die klassische Elastizitätstheorie. Beschränkt man sich bei isotropen homogenen vollelastischen Medien auf Bewegungen mit kleinen Deformationen, so kann man für viele Zwecke in den Fundamentalgleichungen x durch y und umgekehrt ersetzen.

Danach approximiert man auch das Potential durch eine gewisse quadratische Funktion in den ebenfalls als klein vorausgesetzten Verzerrungen und erhält so die praktisch bedeutende klassische Elastizitätstheorie.

Betrachten wir zunächst die Vereinfachung durch die kleinen Deformationen. Mit einer die Approximation kennzeichnenden kleinen

---

[1] HÖLDER, E.: Über die Variationsprinzipe der Mechanik der Kontinua. Ber. Verhandl. sächs. Akad. Wiss. Leipzig. (Math.-naturw.) **97**, Heft 2 (1950).

Größe h, deren Quadrat vernachlässigt wird, werde gesetzt

$$\varphi_i = x_i + h\,u_i, \qquad u_i = \text{die } \textit{Verschiebung}$$

$$\varphi_{i/k} = \delta_{ik} + h(\varepsilon_{ik} + w_{ik}), \quad \varepsilon_{ik} = \frac{1}{2}(u_{i/k} + u_{k/i}) \text{ die } \textit{Verzerrung}. \tag{8.23}$$

Für die Dichte gilt dann

$$\varrho = \varrho_0 \left(1 + h \sum_i \varepsilon_{ii}\right). \tag{8.24}$$

Für vollelastische Körper (§ 8.3) muß dann die innere Energie eine Funktion der ε_{ik} sein, und es wird

$$\sigma_{ik} = \frac{\partial \psi}{\partial \varepsilon_{ik}}. \tag{8.25}$$

In dem speziellen Fall, in dem Gleichgewichtslösungen gesucht werden, kann man die Spannungen und Verzerrungen durch folgenden *Stationaritätssatz von* HAMEL *und* REISSNER[1] charakterisieren: Zunächst werde unter Annahme der Umkehrbarkeit der Transformationen das Spannungspotential

$$w(\sigma_{ik}) = \sum_{\mu\nu} \sigma_{\mu\nu}\,\varepsilon_{\mu\nu} - \psi(\varepsilon) \tag{8.26}$$

eingeführt, welches offenbar

$$\frac{\partial w}{\partial \sigma_{ik}} = \varepsilon_{ik} \tag{8.27}$$

ergibt[2]. Dann lautet die Bedingung für Gleichgewichtszustände unter der vereinfachenden Annahme verschwindender äußerer Kräfte

$$\delta \iiint\limits_{\mathfrak{B}} \left(\sum_{ik} \sigma_{ik}\,\varepsilon_{ik} - w(\sigma_{\mu\nu})\right) dx - \oiint \sum f_i\,u_i\,do = 0, \tag{8.28}$$

wobei $\varepsilon_{ik} = \frac{1}{2}(u_{i/k} + u_{k/i})$ und $\sigma_{ik} \equiv \sigma_{ki}$ einzusetzen ist, und in dem Oberflächenintegral nur über den Teil der Oberfläche von $\mathfrak{B}$ zu integrieern ist, auf dem die Oberflächenspannungen f_i bekannt sind. Bei der δ-Bildung werden dabei sowohl Änderungen der u_i-Felder als auch der σ_{ik}-Felder zugelassen.

Beweis: Für die linke Seite erhalten wir

$$\iiint\limits_{\mathfrak{B}} \left(\sum \delta\sigma_{ik}\,\varepsilon_{ik} - \sum \frac{\partial w}{\partial \sigma_{ik}}\,\delta\sigma_{ik} + \sum \sigma_{ik}\delta\varepsilon_{ik}\right) dx - \oiint \sum f_i\,\delta u_i\,do =$$

$$= \iiint \sum \delta\sigma_{ik}\left(\varepsilon_{ik} - \frac{\partial w}{\partial \sigma_{ik}}\right) dx - \iiint \sum \delta u_i\,\sigma_{ik/k}\,dx + \tag{8.29}$$

$$+ \oiint \sum \delta u_i\,\sigma_{ik}\,n_k\,do,$$

---

[1] HAMEL, G.: Mechanik (S. 371, Zeile 22). — REISSNER, E.: On a variational theorem in elasticity. J. Math. and Phys. **29**, 90—95 (1950); **32**, 129—135 (1953).
[2] Im Falle der linearen Elastizitätstheorie ist $w(\sigma) = \psi(\varepsilon)$.

wobei für den letzten Summanden $f_i = \tilde{\sigma}_{ik}\, n_k$, $\tilde{\sigma}_{ik/k} = 0$ mit dem wahren Spannungsfeld $\tilde{\sigma}_{ik}$ verwendet wurde. Wegen der Willkürlichkeit von $\delta\sigma_{ik} \equiv \delta\sigma_{ki}$ und δu_i im Inneren von $\mathfrak{V}$ und der von δu_i auf dem Teil der Oberfläche, wo keine u_i-Werte gegeben waren, folgt nach dem Hauptlemma der Variationsrechnung das Bestehen der Gleichungen

$$\varepsilon_{ik} = \frac{\partial w}{\partial \sigma_{ik}},$$

damit dann auch

$$\sigma_{ik} = \frac{\partial \psi}{\partial \varepsilon_{ik}}$$

sowie

$$\sum_k \sigma_{ik/k} = 0 ; \tag{8.30}$$

$$\sum_k \sigma_{ik}\, n_k = 0$$

auf dem Teil der Oberfläche, wo u_i nicht gegeben ist („freie Oberfläche").

Es sei bemerkt, daß dieser Stationaritätssatz ein Momentanprinzip ist und trotz formaler Ähnlichkeit mit (4.1) sachlich nichts mit dem Hamiltonschen Prinzip zu tun hat.

Nach dieser nur für Gleichgewichtszustände gültigen Abschweifung soll das Potential, wie das als Näherung immer angebracht ist, als quadratische Funktion der ε_{ik} angesetzt werden.

Die einzigen in ε_{ik} quadratischen Funktionen, die die notwendigen Invarianzeigenschaften haben, sind mit den in der Technik üblichen Konstantenbezeichnungen

$$\psi(\varepsilon_{ik}) = G \sum_{i,k} \varepsilon_{ik}^2 + \frac{G}{m-2}\left(\sum_{l=1}^{3} \varepsilon_{ll}\right)^2. \tag{8.31}$$

Dann bleiben die folgenden Materialgleichungen als Spannungs-Dehnungsbeziehungen

$$\sigma_{ik} = 2G\left\{\varepsilon_{ik} + \frac{\delta_{ik}}{m-2}\left(\Sigma\, \varepsilon_{ll}\right)\right\} \tag{8.32}$$

das sog. *Hookesche Spannungs-Dehnungsgesetz.* Die dynamischen Grundgleichungen ergeben dann die fundamentale Bewegungsgleichung für den Verschiebungsvektor

$$\begin{aligned}
\varrho\, u_{i/tt} &= \sum_k \sigma_{ik/k} + \varrho\, g_i \\
&= \varrho\, g_i + G\left\{\sum_k u_{i/kk} + \frac{m}{m-2}\,\Sigma\, u_{k/ik}\right\}.
\end{aligned} \tag{8.33}$$

Für die entsprechenden Gleichgewichtsbedingungen

$$\sum_k u_{i/kk} + \frac{m}{m-2}\sum_k u_{k/ik} = 0 \tag{8.34}$$

folgt aus der allgemeinen Theorie elliptischer Differentialgleichungen[1] für $(m-1)\, m > 0$ die eindeutige Existenz von Lösungen aller praktisch

---

[1] Ann. Math. stud. 33 (1954), insbesondere die Artikel von F. E. BROWDER und C. B. MORREY JR.

auftretenden Randbedingungen, während ERICKSEN[1] gezeigt hat, daß bei $(m-1)\,m \leq 0$ Eindeutigkeit selbst bei der einfachsten Randwertaufgabe nicht besteht. Bei allen wirklich vorkommenden Materialien ist sogar

$$m > 2 \,.$$

6. Wellen in der Elastizitätstheorie. Die technisch äußerst bedeutsamen Phänomene der Wellenausbreitung in festen Körpern können durch die klassische Elastizitätstheorie beschrieben werden. Dazu suchen wir ohne Randbedingungen und bei Fehlen äußerer Kräfte Lösungen der Bewegungsgleichung (8.33) von der Gestalt

$$u_i = C_i \exp.\left(i\,\omega\,(ct + \Sigma\,n_k\,x_k)\right) \qquad (\Sigma\,n_k^2 = 1) \tag{8.35}$$

(Ebene Wellen). Wir differenzieren die Bewegungsgleichung (8.33) zweimal nach t bzw. wenden den Δ-Operator an und erhalten durch Vergleich der beiden entstehenden Gleichungen

$$\varrho\,u_{i/tttt} = G\,u_{i/kktt} + G\,\frac{m}{m-2}\,u_{k/iktt}$$

$$= G\,\Delta\,u_{i/tt} + \frac{G^2}{\varrho}\,\frac{2m\,(m-1)}{(m-2)^2}\,\Delta\,u_{k/ki} \tag{8.36}$$

und

$$\varrho\,u_{i/tt} = G\,\Delta\Delta\,u_i + G\,\frac{m}{m-2}\,\Delta\,u_{k/ik}$$

die folgenden Gleichungen, die zwar Differentialgleichungen vierter Ordnung, aber nur für jede Komponente u_i einzeln sind:

$$\varrho\,u_{i/tttt} = \frac{G}{\varrho}\,\frac{3m-4}{m-2}\,\Delta\,u_{i/tt} - \frac{G^2}{\varrho^2}\,\frac{2\,(m-1)}{m-2}\,\Delta\Delta\,u_i\,.$$

Das läßt sich so schreiben

$$\left(\frac{\partial^2}{\partial t^2} - a_1\Delta\right)\left(\frac{\partial^2}{\partial t^2} - a_2\Delta\right)u_i = 0\,, \tag{8.37}$$

wenn

$$a_1 + a_2 = \frac{G}{\varrho}\,\frac{3m-4}{m-2}\,; \quad a_1 a_2 = \frac{G^2}{\varrho^2}\,\frac{2\,(m-1)}{m-2} \tag{8.38}$$

ist. Daraus liest man sofort die möglichen Werte für Ausbreitungsgeschwindigkeiten c ab, wenn man (8.35) einsetzt:

$$c = \sqrt{a_1}\,, \quad \text{oder} \quad c = \sqrt{a_2}\,,$$

wofür sich durch Lösung der quadratischen Gleichung (8.38) die Werte

$$a_1 = \frac{G}{\varrho}\,\frac{2\,(m-1)}{m-2}\,, \quad a_2 = \frac{G}{\varrho} < a_1 \tag{8.39}$$

ergeben.

---

[1] ERICKSEN, J. L.: On the Dirichlet problem for linear differential equations. Proc. Am. Math. Soc. **8**, 521 (1957).

Durch Einsetzen in die ursprünglichen Gleichungen (8.33) findet man, daß bei Wellen mit der größeren Ausbreitungsgeschwindigkeit die u_i jeweils ein wirbelfreies Feld darstellen, während bei der kleineren Ausbreitungsgeschwindigkeit die u_i ein divergenzfreies Feld bilden und die u_i orthogonal zur Ausbreitungsrichtung n_i sind: Transversalwellen. Diese Ergebnisse findet man auch leicht durch Benutzen des Satzes über die Zerlegung eines beliebigen Vektorfeldes in ein wirbelfreies und ein divergenzfreies:

$$u_i = u_i^{(1)} + u_i^{(2)} \quad \text{mit} \quad u_{i/k}^{(1)} - u_{k/i}^{(1)} = 0\,; \quad u_{i/i}^{(2)} = 0\,. \tag{8.40}$$

Es sei bemerkt, daß für die Wellengleichung (8.37) eine Spieglungs-Fortsetzungsformel analog der für die Wellengleichung zweiter Ordnung existiert[1].

7. Schwingungen in der Elastizitätstheorie.
Den Grundlagen der angewendeten Theorie entsprechend handelt es sich um die Untersuchung von „kleinen Schwingungen", da sonst die Zulässigkeit der Identifikation von x mit y fraglich ist. Gesucht werden für einen gegebenen Körper $\mathfrak{V}$, dessen Rand teilweise ($\mathfrak{F}_1$) festgehalten ($u_i = 0$), teilweise ($\mathfrak{F}_2$) frei (u_i beliebig, aber $\sum_k \sigma_{ik} n_k = 0$) ist, Lösungen der Bewegungsgleichung von der Form

$$u_i(x, t) = u_i(x) \, \exp.\,(i\,\omega\,t)\,. \tag{8.41}$$

Dann bleibt offenbar das *Eigenwertproblem*

$$-\omega^2\,\varrho\,u_i = G\left\{\sum_k u_{i/kk} + \frac{m}{m-2}\sum u_{k/ik}\right\}. \tag{8.42}$$

Für die Lösungen gilt folgender *Stationaritätssatz:* Die Lösungen $u_i^{(\nu)}$ des Eigenwertproblems machen den *Rayleighschen Quotienten*

$$R\,[u] \equiv \frac{\displaystyle\int\int\int G\left[\sum_{ik}\varepsilon_{ik}^2 + \frac{m}{m-2}\Big(\sum_i \varepsilon_{ii}\Big)^2\right]dx}{\displaystyle\int\int\int \varrho_i \sum_i u_i^2\,dx} \tag{8.43}$$

stationär, wobei alle (hinreichend regulären) den Randbedingungen

$$u_i = 0 \quad \text{auf} \quad \mathfrak{F}_1{}^{\,2} \tag{8.44}$$

genügenden u_i zugelassen werden und $\varepsilon_{ik} = \frac{1}{2}\,(u_{i/k} + u_{k/i})$ eingesetzt wird; der Wert des Rayleighschen Quotienten ist dann $R\,[u^{(\nu)}] = \omega_\nu^2$.

---

[1] JOHN, F.: Continuation and reflection of solutions of partial differential equations. Bull. Am. Math. Soc. **63**, 327—344 (1957).

[2] Die andere Randbedingung wird von den Lösungsfunktionen als Folge der Stationarität auch erfüllt.

Dies sieht man leicht ein, wenn man für die „infinitesimalen Änderungen", das sind die Ableitungen nach einem Scharparameter einer Schar von zulässigen Funktionen u_i die Bezeichnung δ einführt. Dann gilt nämlich, wenn Zähler und Nenner des Rayleighschen Quotienten mit Z bzw. N bezeichnet werden,

$$\delta\left(\frac{Z}{N}\right) = \frac{\delta Z\,N - Z\,\delta N}{N^2} \qquad (8.45)$$

und das verschwindet, wenn

$$\omega^2 \delta N = \delta Z \qquad (8.46)$$

für alle Variationen δ gilt, wobei dann

$$\omega^2 = \frac{Z}{N}$$

ist. Dabei liefert, wie der Vergleich mit den Rechnungen beim Stationaritätssatz von HAMILTON zeigt, δZ gerade die rechte Seite der dynamischen Grundgleichung, mit $-\delta u_i$ multipliziert und integriert, während andererseits

$$\delta N = \int \sum_i \delta u_i \cdot \varrho\, u_i\, dx \qquad (8.47)$$

entsteht, so daß die Gl. (8.46) nach dem Fundamentallemma der Variationsrechnung (8.42) liefert, was zu zeigen war.

Es gibt für die Eigenwertprobleme der Kontinuumsmechanik immer abzählbar viele Lösungen, die paarweise orthogonal sind:

$$\int \sum_i \varrho\, u_i^\nu\, u_i^\mu\, dx = \delta_{\nu\mu}. \qquad (8.48)$$

Der technisch oft bedeutsame kleinste Eigenwert hat die Eigenschaft, daß die zugehörige Eigenfunktion sogar das *Minimum* des Rayleighschen Quotienten ergibt. Im allgemeinen gilt folgende Charakterisierung der der Größe nach sortierten

$$\lambda_1 \equiv \omega_1^2 \leqq \lambda_2 \equiv \omega_2^2 \leqq \cdots \qquad (8.49)$$

Minimum-Maximum-Eigenschaft der Eigenwerte (FISCHER-COURANT)[1]

$$\lambda_n = \underset{v_1,\ldots v_{n-1}}{\text{Max}} \quad \underset{\int \varrho\, u\, v_\nu\, dx = 0\,(\nu=1\ldots n-1)}{\text{Min}} \quad R\,[u]. \qquad (8.50)$$

Auch für die den technischen Näherungstheorien (§ 9) entstammenden Schwingungsaufgaben gelten entsprechende Aussagen über die analog zu bildenden Rayleighschen Quotienten: Im Zähler die potentielle Energie, im Nenner die pseudo-kinetische Energie, die aus der wahren kinetischen Energie entsteht, indem man die Geschwindigkeiten durch die Verschiebungen selbst ersetzt.

---

[1] Siehe auch etwa COURANT-HILBERT: Methoden der mathematischen Physik I, Kap. 6. Der Einfachheit der Formeln wegen wird der Index i weggelassen und die Eigenschwingungsnummer ν als unterer Index geschrieben.

Wegen der praktischen Wichtigkeit von Schwingungen, und weil formal gleichartige Eigenwertaufgaben bei vielen Stabilitätsuntersuchungen, z. B. Knick- und Beulprobleme, auftreten, sei hier eingehender auf die rechnerische Behandlung derartiger Aufgaben eingegangen.

Wenn wir uns der auch später (§ 9.3) verwendeten Bezeichnung bedienen, sei die Eigenwertaufgabe

$$\lambda u = A u \qquad (8.51)$$

mit einem selbstadjungierten Operator A, zu dem eine positiv-definite quadratische Form

$$A\{u\} = (A u, u) \geqq 0$$

mit ihrer Bi-Linearform $(A u, v)$ gehört. Das positive Integral, welches im Nenner des Rayleighschen Quotienten auftritt, werde als inneres Produkt (des Hilbertschen Raumes) mit (u, u) und die entsprechende Bi-Linearform

$$\int \varrho\, u(x)\, v(x)\, dx \quad \text{mit} \quad (u, v)$$

bezeichnet. Dann gilt also die Fischer-Courantsche Festlegung der Eigenwerte

$$\lambda_n = \operatorname*{Max}_{v_1, \dots v_{n-1}} \ \operatorname*{Min}_{\substack{(u, v_\nu)=o\,(\nu=1,\dots n-1) \\ u \in \mathfrak{M}}} \ \frac{(A u, u)}{(u, u)}, \qquad (8.52)$$

wobei $\mathfrak{M}$ den Bereich der zulässigen Funktionen bezeichnet. Dann sind die Eigenwerte der Größe nach angeordnet $\lambda_1 \leqq \lambda_2 \leqq \cdots$ und diese Charakterisierung läßt folgende wichtigen Tatsachen erkennen:

A. Gilt für zwei Eigenwertprobleme mit gleichem A

$$\mathfrak{M}_1 \in \mathfrak{M}_2 , \qquad (8.53)$$

so gilt für deren Eigenwerte

$$\alpha_n^{(1)} \geqq \alpha_n^{(2)} . \qquad (8.54)$$

B. Gilt $A \leqq B$, d. h. $(A u, u) \leqq (B u, u)$ für alle $u \in \mathfrak{M}$, so folgt für die jeweiligen Eigenwerte

$$\alpha_n \leqq \beta_n . \qquad (8.55)$$

C. Ist $B + C \leqq A$, so gilt für die entsprechenden Eigenwerte

$$\beta_\nu + \gamma_{n-\nu} \leqq \alpha_{n-1} \qquad (0 \leqq \nu \leqq n \text{ beliebig}) . \qquad (8.56)$$

Diese Erkenntnisse sind die Grundlagen vieler Rechenverfahren für Eigenwertaufgaben[1]; das verbreitetste ist das *Ritzsche Verfahren:* Man wählt $v_1, \dots, v_n \in \mathfrak{M}$ und benutzt als $\mathfrak{M}_1$ in A die von diesen ϑ_ν erzeugte

---

[1] COLLATZ, L.: Eigenwertaufgaben mit techn. Anwendungen, Leipzig 1949 (bzw.: Eigenwertprobleme und ihre numerische Behandlung, Leipzig 1945).

Linearmannigfaltigkeit der Funktionen $\sum\limits_{\nu=1}^{n} c_\nu v_\nu$. Die Werte

$$\text{Max Min} \; \frac{(A\,u,\,u)}{(u,\,u)} \qquad u \in \mathfrak{M}_1$$

ergeben sich dann, da dies bekanntlich die Minimum-Maximum-Darstellung für die Eigenwerte der Matrix

$$a_{\mu\nu} = (A\,v_\nu,\,v_\mu) \qquad \nu,\,\mu = 1,\,\ldots,\,n \tag{8.57}$$

ist, aus der Säkulargleichung (Gleichung n-ten Grades)

$$\operatorname*{Det}_{\nu,\mu=1\ldots n} \; (\lambda\,\delta_{\nu\mu} - a_{\nu\mu}) = 0\,. \tag{8.58}$$

Deren Lösungen $\lambda_1^*,\,\ldots,\,\lambda_n^*$ (die weiteren $\lambda_\nu^* = \infty$ gesetzt) sind nach A obere Schranken für die gesuchten Eigenwerte:

$$\lambda_\nu \leqq \lambda_\nu^*\,. \tag{8.59}$$

Diese Abschätzung nach oben läßt sich durch Vermehrung der benutzten v_ν immer weiter verbessern.

Das praktisch ebenso wichtige Problem der Bestimmung verbesserungsfähiger unterer Schranken ist erst in jüngerer Zeit in praktisch befriedigender Weise gelöst worden[1].

Vergleichssatz von BAZLEY[2]. Voraussetzungen:

$$A = B + C\,, \tag{8.60}$$

alle auftretenden Operatoren positiv-definit. Das Spektrum von B sei „bekannt", d. h. dessen Eigenwerte und die Eigenfunktionen v_ν können in der Rechnung benutzt werden.

Die Matrix $\mathfrak{G} = (g_{ik}) = \mathfrak{C}^{-1}$ mit den Eigenwerten γ_ν $(i,\,k,\,\nu = 1,\,\ldots,\,n)$ werde durch

$$\mathfrak{C} = (c_{ik}) = (C^{-1}\,v_i,\,v_k) \tag{8.61}$$

(alle Inversen als existierend angenommen) definiert. Behauptung: Für den durch

$$G\left(\sum_{\nu=1}^{\infty} c_\nu v_\nu\right) = \sum_{i=1}^{n}\left(\sum_{\nu=1}^{n} g_{i\nu} c_\nu\right) v_i$$

definierten Operator gilt

$$G \leqq C\,, \tag{8.62}$$

d. h.

$$B + G \leqq A\,,$$

---

[1] Obere *und* untere Schranken für die Eigenwerte bei Benutzung des Differenzenverfahrens erhält H. F. WEINBERGER: Comm. pure appl. Math. 9, 613—623 (1956).

[2] BAZLEY, N. W.: Proc. Nat. Acad. Sci. U. S. 45, 850—853 (1959) (dort mit einem anderen Beweis)

also für deren Eigenwerte die entsprechende Abschätzung nach C:

$$\beta_\nu + \gamma_{n-\nu} \leqq \alpha_{n-1} . \tag{8.63}$$

Diese Abschätzung läßt sich durch Benutzung weiterer v_ν immer weiter verbessern.

Zum Beweis benutzen wir die Zerlegung des Operators C, die der Zerlegung des Funktionenraumes (Hilbertscher Raum) in den von $v_1, \ldots, v_n$ aufgespannten Raum und dessen orthogonales Komplement, das von $v_{n+1}, \ldots$ aufgespannt wird, entspricht:

$$C = \begin{pmatrix} C_{11} & C_{12} \\ C_{21} & C_{22} \end{pmatrix} ; \quad C_{11} = C_{11}^* \geqq 0 ; \quad C_{12}^* = C_{21} , \\ C_{22} = C_{22}^* \geqq 0 . \tag{8.64}$$

Man berechnet leicht für
$$C^{-1} = \begin{pmatrix} D_{11} & D_{12} \\ D_{21} & D_{22} \end{pmatrix},$$
daß

$$D_{11} = (C_{11} - C_{12} C_{22}^{-1} C_{21})^{-1} \tag{8.65}$$

ist; daher wird die Zerlegung des im Satze von BAZLEY auftretenden Operators

$$G = \begin{pmatrix} C_{11} - C_{12} C_{22}^{-1} C_{21} ; & 0 \\ 0 & ; & 0 \end{pmatrix} ,$$

und die Behauptung des Satzes reduziert sich auf den Nachweis, daß

$$\begin{pmatrix} C_{12} C_{22}^{-1} C_{21} ; & C_{12} \\ C_{21} & ; & C_{22} \end{pmatrix} \tag{8.66}$$

positiv-definit ist. Der Wert der zugehörigen quadratischen Form ist aber, wenn man die beiden Komponenten des beliebigen Vektors mit x und y bezeichnet,

$$(C_{12} C_{22}^{-1} C_{21}\, x,\, x) + 2 (C_{12}\, x,\, y) + (C_{22}\, y,\, y) = \\ = \big\| \sqrt{C_{22}^{-1}}\, C_{12}\, x + \sqrt{C_{22}} \big\|^2 \geqq 0, \quad \text{q. e. d.}$$

§ 9. Statik der klassischen Elastizitätstheorie und die Näherungstheorien der technischen Mechanik

Dieser selbständig lesbare Abschnitt behandelt den zeitunabhängigen Spezialfall der homogenen isotropen Hookeschen Medien und geht damit von den folgenden Gleichungen aus:

$$u_i = \text{Verschiebungen } (i = 1, 2, 3)$$
$$\varepsilon_{ik} = \frac{1}{2} (u_{i/k} + u_{k/i}) = \text{Verzerrungstensor } (i, k = 1, 2, 3) \tag{9.1}$$
$$\sigma_{ik} \equiv \sigma_{ki} = \text{Spannungstensor,}$$

aus dem sich die Randspannungen an der Oberfläche durch $f_i = \sum\limits_k \sigma_{ik} n_k$ ergeben. Hookesches Gesetz:

$$\sigma_{ik} = 2\,G\left\{\varepsilon_{ik} + \frac{\delta_{ik}}{m-2}\sum_{l=1}^{3}\varepsilon_{ll}\right\}. \tag{9.2}$$

Spannungsgleichungen:

$$\sum_k \sigma_{ik/k} = -\varrho\,g_i \tag{9.3}$$

($\varrho > 0$ die gegebene Dichte).

Außer den in diesen Grundgleichungen auftretenden elastischen Konstanten $G = \text{Gleitmodul} > 0$ und $m = \text{Poissonsche Zahl} = \dfrac{1}{\nu} > 2$ wird später noch der von ihnen abgeleitete Elastizitätsmodul $E = 2\,G\,\dfrac{m+1}{m}$ benutzt. In der Literatur findet man oft noch die Laméschen Konstanten[1] $\lambda = \dfrac{2\,G}{m-2}$; $\mu = G$. Da die sich auf die Gleichungen (9.1), (9.2) und (9.3) stützende Theorie ausreichende Übereinstimmung mit den Beobachtungen an technischen Bauwerken ergibt, ist ihre Behandlung wichtig; das Interessanteste ist das Vorhandensein zweier Minimalprinzipien (nicht bloß Variationsprinzipien!), die sowohl für numerische Zwecke, für Umrechnung der Differentialgleichungen auf andere Koordinatensysteme, für (hier nicht gebrachte) Existenzbeweise der Lösung der einschlägigen Randwertaufgaben als auch zur Begründung der für die praktischen Rechnungen wichtigen Näherungstheorien der technischen Mechanik verwendet werden können. Diese Näherungstheorien für Balken, Platten, Scheiben und die Torsionsprobleme werden üblicherweise aus der dreidimensionalen Theorie durch gewisse plausibel erscheinende zusätzliche Hypothesen (die im Falle des Balkens nach Jacob Bernoulli benannt werden) hergeleitet, die wegen der eindeutigen Existenz für die dreidimensionale Theorie nur entweder falsch oder überflüssig sein können. Es ist das Ziel des Abschnittes 5 dieses Paragraphen, zu zeigen, wie sich diese Theorien allein aus der dreidimensionalen Theorie bei gewissen Grenzübergängen ergeben.

1. Ergänzende Formeln für die dreidimensionale Theorie. Das Hookesche Gesetz läßt sich nach den Verzerrungsgrößen auflösen[2]:

$$\varepsilon_{ik} = \frac{1}{2\,G}\left\{\sigma_{ik} - \frac{\delta_{ik}}{m+1}\sum_{l=1}^{3}\sigma_{ll}\right\}. \tag{9.4}$$

---

[1] Es gilt dann $m = \dfrac{2\,(\mu+\lambda)}{\lambda}$ und $E = \dfrac{\mu\,(2\,\mu+3\,\lambda)}{\mu+\lambda}$.

[2] Bei den hier nicht berücksichtigten Temperatureinflüssen kommt rechts noch ein Summand $\delta_{ik}\,\alpha\,T$ dazu.

Für die Spuren der beiden Tensoren

$$\varepsilon = \sum_{l=1}^{3} \varepsilon_{ll} \quad \text{und} \quad \sigma = \sum_{l=1}^{3} \sigma_{ll} \tag{9.5}$$

gilt $\varepsilon = \dfrac{1}{2G} \dfrac{m-2}{m+1} \sigma$; der hier auftretende Koeffizient $K = \dfrac{1}{2G} \dfrac{m-2}{m+1}$ wird als *Kompressibilität* bezeichnet; $\dfrac{1}{3K} = Volumenelastizität$.

Unabhängig von der hier behandelten mechanischen Theorie ergeben sich notwendige Differentialbeziehungen für die ε_{ik}, die ja aus nur drei Größen u_i gewonnen sind, die sog. *Kompatibilitätsbedingungen.* Aus $\varepsilon_{ik} = \dfrac{1}{2}(u_{i/k} + u_{k/i})$ folgt mit $k = i$ und zweimaliger Differentiation nach x_l zunächst $\varepsilon_{ii/ll} = u_{i/ill}$; Vertauschen von i und l und Addition ergibt $\varepsilon_{ii/ll} + \varepsilon_{ll/ii} = (u_{i/l} + u_{l/i})_{/il}$, also die drei Identitäten:

$$A_{li} \equiv \varepsilon_{ii/ll} + \varepsilon_{ll/ii} - 2\varepsilon_{il/il} = 0 \quad (i \neq l; \text{ o. B. d. A. } i > l). \tag{9.6}$$

In ähnlicher Weise ergibt sich, wenn ijk paarweise voneinander verschiedene Indizes bezeichnen:

$$B_{ij} \equiv \varepsilon_{kk/ij} - (\varepsilon_{ki/j} + \varepsilon_{jk/i} - \varepsilon_{ij/k})_{/k} = 0 \quad (i \neq j \neq k \neq i) \tag{9.7}$$

(formal ergeben sich die vorhergehenden Identitäten durch $i = j$ hieraus).

Diese insgesamt sechs Identitäten sind nicht unabhängig; es gelten die den Riccischen Gleichungen für den Krümmungstensor entsprechenden leicht zu verifizierenden Identitäten (E. BELTRAMI 1892):

$$\left. \begin{aligned} A_{12/3} + B_{23/2} + B_{13/1} &\equiv 0, \\ A_{23/1} + B_{31/3} + B_{21/2} &\equiv 0, \\ A_{31/2} + B_{12/1} + B_{32/3} &\equiv 0. \end{aligned} \right\} \tag{9.8}$$

Im übrigen ist es leicht einzusehen, daß die insgesamt sechs Kompatibilitätsbedingungen im einfach zusammenhängenden Bereich[1] hinreichend sind für das Bestehen eines Vektorfeldes u_i, aus dem ε_{ik} durch $\dfrac{1}{2}(u_{i/k} + u_{k/i})$ gewonnen wird. Dazu führt man als Hilfsgröße die Verdrehung

$$\omega_{ik} \equiv -\omega_{ki} = \dfrac{1}{2}(u_{i/k} - u_{k/i})$$

ein. Dann müßte, falls ω_{ik} aus dem „hypothetischen" u_i so gewonnen ist, gelten:

$$\omega_{ik/j} = \dfrac{1}{2}(u_{i/kj} - u_{k/ij}) \equiv \varepsilon_{ij/k} - \varepsilon_{kj/i} \equiv b_j^{ik}.$$

Um aber Funktionen $\omega_{i/k}$ haben zu können, die diese ersten Ableitungen besitzen, muß dann bekanntlich gelten

$$b_{j/l}^{ik} = b_{l/j}^{ik},$$

---

d. h.

$$\varepsilon_{ij/kl} - \varepsilon_{kj/il} - \varepsilon_{il/kj} + \varepsilon_{kl/ij} = 0 \,.$$

Hierbei ist wegen $\omega_{ii} = 0$ $i \neq k$; da von den vier hier auftauchenden Indizes mindestens zwei gleich sein müssen, gilt entweder $j = l$ oder eine der Gleichungen $j = i, j = k, l = i$ oder $l = k$. In dem ersten Fall ist die geforderte Integrabilitätsbedingung identisch erfüllt; in den anderen Fällen ist sie formal äquivalent mit $B = 0$.

Aus dem Bestehen der Beziehungen $A \equiv 0$, $B \equiv 0$ folgt also nach dem eben Ausgerechneten die Existenz von $\omega_{ik} \equiv -\omega_{ki}$ mit

$$\omega_{ik/j} = \varepsilon_{ij/k} - \varepsilon_{kj/i} \,. \tag{9.9}$$

Um die Existenz von Funktionen u_i mit $\varepsilon_{ik} = \dfrac{1}{2}(u_{i/k} + u_{k/i})$, $\omega_{ik} = \dfrac{1}{2}(u_{i/k} - u_{k/i})$, d. h., $u_{i/k} = \varepsilon_{ik} + \omega_{ik} \equiv a_k^i$ zu garantieren, müssen die Integrabilitätsbedingungen $a_{k/j}^i = a_{j/k}^i$ erfüllt sein; das bedeutet

$$\varepsilon_{ik/j} + \omega_{ik/j} - \varepsilon_{ij/k} - \omega_{ij/k} = 0 \,,$$

eine Beziehung, die wegen der Gl. (9.9) identisch erfüllt ist. Die ω_{ik} sind durch die ε_{ik} offenbar bis auf je eine additive Konstante bestimmt. Drei weitere Konstanten treten bei der Berechnung der u_i aus den partiellen Ableitungen auf. Diese insgesamt sechs Integrationskonstanten entsprechen der Möglichkeit einer starren („kleinen") Bewegung des elastischen Mediums; eine solche Bewegung ist auf die ε_{ik} offenbar ohne Einfluß.

Durch Einsetzen des Hookeschen Gesetzes in die Gleichgewichtsbedingungen folgen die Fundamentalgleichungen der Statik für die Verschiebungen[1]:

$$\sum_k G \left\{ u_{i/kk} + \frac{m}{m-2} u_{k/ik} \right\} + \varrho\, g_i = 0 \,. \tag{9.10}$$

In dem Spezialfall, wo alle $g_i \equiv 0$ sind, kann man leicht folgern, daß die u_i und damit auch ε_{ik} und σ_{ik} biharmonische Funktionen sind: Denn dann folgt aus diesen Fundamentalgleichungen durch $\sum\limits_i \dfrac{\partial}{\partial x_i}$ zunächst

$$\sum_k \left(\sum_i u_{i/i} \right)_{/kk} = 0$$

und durch erneutes Einsetzen in die zweimal nach x_l differenzierten Gleichungen und Summation

$$\sum_{k,l} u_{i/kkll} = 0 \,.$$

---

[1] Die Koeffizienten G und $G\,\dfrac{m}{m-2}$ sind gerade die Laméschen Koeffizienten μ und $\lambda + \mu$. Bei Mitberücksichtigung des Temperatureinflusses entsteht in der Klammer noch das Zusatzglied $-\,2\,\dfrac{m+1}{m-2}\,\alpha\,T_{/i}$.

Eine Bemerkung zu den allgemeinen Gleichungen linear elastischer Körper: Für die Randwertprobleme des elastischen Körpers nämlich, Gleichgewichtsbedingungen (9.2), Deformationsgleichungen [Gesetze von HOOKE (9.3)] und geeignete Randbedingungen, lassen sich die Lösungen für *beliebige* Randwerte nur bei speziellen Körperformen angeben. Solche Fälle sind z. B.: 1. Vollkugel oder Kugelschale bei kugelsymmetrischer Oberflächenbelastung; 2. Kreiszylinder unter achsensymmetrischen Oberflächen- und Massenkräften; sie werden unter den Nummern 1. und 3. der „Aufgaben und Probleme zu §§ 7—9" behandelt.

2. Die Minimalprinzipien für die dreidimensionale Hookesche Theorie. In den beiden Minimalprinzipien, dem Satz vom Minimum der Formänderungsenergie[1] und dem Satz vom Minimum der Spannungsarbeit, spielt der Ausdruck der Energiedichte

$$\varphi(\varepsilon.., \sigma..) \equiv \frac{1}{2} \sum_{i,k} \varepsilon_{ik} \sigma_{ik} \tag{9.11}$$

eine Rolle. Drückt man φ vermöge des Hookeschen Gesetzes allein durch die ε_{ik} aus, so ergibt sich[2]

$$\varphi = G \left\{ \sum_{ik} \varepsilon_{ik}^2 + \frac{1}{m-2} \left(\sum_{l=1}^{3} \varepsilon_{ll} \right) \right\} = a(\varepsilon_{11}, \ldots, \varepsilon_{1n}) \equiv a(\varepsilon..). \tag{9.12}$$

Umgekehrt ergibt sich die Energiedichte als Funktion der Spannungen zu

$$\varphi = \frac{1}{4G} \left\{ \sum_{i,k} \sigma_{ik}^2 - \frac{1}{m+1} \left(\sum_{l=1}^{3} \sigma_{ll} \right)^2 \right\} \equiv b(\sigma..). \tag{9.13}$$

Die erste Darstellung läßt erkennen, daß immer $\varphi \geq 0$ gilt. Wenn man bei den folgenden Differentiationen ε_{ik} nicht mit ε_{ki} identifiziert (bzw. σ_{ik} nicht mit σ_{ki}), ergibt sich

$$\frac{\partial a}{\partial \varepsilon_{ik}} = 2G \left\{ \varepsilon_{ik} + \frac{\delta_{ik}}{m-2} \left(\sum_{l=1}^{3} \varepsilon_{ll} \right) \right\} \tag{9.14}$$

und

$$\frac{\partial b}{\partial \sigma_{ik}} = \frac{1}{2G} \left\{ \sigma_{ik} - \frac{\delta_{ik}}{m+1} \left(\sum_{l=1}^{3} \sigma_{ll} \right) \right\}, \tag{9.15}$$

d. h. jeweils entsprechend dem Hookeschen Gesetz σ_{ik} bzw. ε_{ik}. Bei Identifikationen von ε_{ik} mit ε_{ki} ergeben sich bei $i \neq k$ Faktoren 2.

Die zu behandelnden Minimalprinzipien beziehen sich auf Randwertaufgaben: Für einen gewissen Raumteil $\mathfrak{R}$ sind die Volumkräfte g_i gegeben und an seiner Oberfläche $\mathfrak{F}$ folgende Randbedingungen gestellt[3]:

---

[1] Die Sätze werden oft nach verschiedenen Wissenschaftlern benannt; diese Benennungen sind aber nicht einheitlich.

[2] Die hier auftretenden Faktoren sind gerade μ und $\dfrac{\lambda}{2}$

[3] Es sind auch allgemeine Randbedingungen möglich und nützlich; nur einige Komponenten von u_i sind vorgeschrieben, dafür aber auch gewisse Bedingungen für $\sum \sigma_{ik} n_k$. Ergebnis und Beweistheorie sind wie hier.

1. An einem Teil $\mathfrak{F}_1$ soll u_i vorgeschriebene Werte u_i^* annehmen.

2. An dem restlichen Teil $\mathfrak{F}_2$ der Oberfläche soll die Oberflächenspannung $\Sigma\,\sigma_{ik}n_k = f_i^*$ gegeben sein.

Im Gegensatz zu früheren Betrachtungen bezeichne jetzt u_i ein beliebiges *geometrisch zulässiges* Verschiebungsfeld, d. h. ein (bis auf Regularitätsbedingungen) beliebiges in $\mathfrak{R}$ definiertes Funktionensystem, welches den Bedingungen 1. genügt; ε_{ik} werde daraus durch

$$\varepsilon_{ik} = \frac{1}{2}\,(u_{i/k} + u_{k/i})\ \text{gewonnen.}$$

Entsprechend bezeichne σ_{ik} jetzt ein *statisch zulässiges* Spannungsfeld, d. h. ein System von in $\mathfrak{R}$ definierten Funktionen $\sigma_{ik} = \sigma_{ki}$, welches den Bedingungen $\sum\limits_{k}\sigma_{ik/k} + \varrho\,g_i = 0$ und den Randbedingungen 2. genügt.

Dann bilden wir die beiden Ausdrücke[1]

$$A\,\{u\} \equiv \iiint a\,(\varepsilon..)\,dx - \iiint \varrho\,\Sigma\,u_i g_i\,dx - \iint\limits_{\mathfrak{F}_2} \Sigma\,u_i f_i^*\,d\omega\,, \tag{9.16}$$

die sog. *Formänderungsarbeit*, und

$$B\,\{\sigma\} = \iiint b\,(\sigma..)\,dx - \iint\limits_{\mathfrak{F}_1} \sum\limits_{ik} u_i^*\,\sigma_{ik}n_k\,d\omega\,, \tag{9.17}$$

die sog. *Spannungsarbeit*[2].

Es wird für jeden dieser Ausdrücke behauptet, daß er am kleinsten ist, wenn die eingesetzten zulässigen Funktionen die Lösungen des Randwertproblems sind, und daß die beiden Minimalwerte entgegengesetzt gleich sind. Dazu wird gezeigt, daß

$$A\,\{u\} + B\,\{\sigma\} \geqq 0 \tag{9.18}$$

ist, wobei das Gleichheitszeichen nur für die Lösung eintritt. Es gilt

$$A\,\{u\} + B\,\{\sigma\} =$$

$$= \iiint \{a\,(\varepsilon..) + b\,(\sigma..) - \varrho\,\Sigma\,u_i g_i\}\,dx - \iint\limits_{\mathfrak{F}} \Sigma\,u_i\sigma_{ik}n_k\,d\omega\,,$$

wegen

$$b\,(\sigma) = a\left(\frac{1}{2G}\left(\sigma_{ik} - \frac{1}{m+1}\,\delta_{ik}\,\Sigma\,\sigma_{ll}\right)\right)$$

und

$$a\,(\varepsilon^{(1)} + \varepsilon^{(2)}) = a\,(\varepsilon^{(1)}) + a\,(\varepsilon^{(2)}) + 2\,\varphi\left(\varepsilon^{(1)},\,2G\left\{\varepsilon_{ik}^{(2)} + \frac{\delta_{ik}}{m-2}\,\Sigma\,\varepsilon_{ll}^{(2)}\right\}\right)$$

---

[1] Bei Mitberücksichtigung der Temperatur T kommt in der Formänderungsarbeit noch das Glied $-\iiint 2G\,\dfrac{m+1}{m-2}\,\alpha\,T\,\sum\limits_{i=1}^{3} u_{i/i}$ dazu.

[2] Bei Mitberücksichtigung der Temperatur kommt der Summand

$$\frac{1}{4G}\iiint \frac{m}{m+1}\,\alpha\,T\left(\sum\limits_{l=1}^{3}\sigma_{ll}\right)dx\ \text{dazu.}$$

also $A\{u\}+B\{\sigma\}=$

$$=\iiint\left\{a\left(\varepsilon_{ik}-\frac{1}{2G}\left(\sigma_{ik}-\frac{1}{m+1}\delta_{ik}(\Sigma\sigma_{ll})\right)\right)+\varphi(\varepsilon,\sigma)-\right.$$
$$\left.-\Sigma\varrho\,u_ig_i\right\}dx-\iint_{\mathfrak{F}}\Sigma u_i\sigma_{ik}n_k\,d\omega\,,$$

was als Folge von $a(..)\geqq 0$ größer ist als

$$\iiint\left\{\sum_{ik}\varepsilon_{ik}\sigma_{ik}-\varrho\,\Sigma u_ig_i\right\}dx-\iint_{\mathfrak{F}}\Sigma u_i\sigma_{ik}n_k\,d\omega=$$
$$=\iiint\left\{\Sigma(u_{i/k}+u_{k/i})\,\sigma_{ik}-\varrho\,\Sigma u_ig_i\right\}dx-\iint_{\mathfrak{F}}\Sigma u_i\sigma_{ik}n_k\,d\omega\,.$$

Nach partieller Integration, bei der sich die Randintegrale aufheben, wird das zu

$$\iiint\left\{-\Sigma u_i(\sigma_{ik/k}+\varrho\,g_k)\right\}dx\,,$$

wegen der Gleichgewichtsbedingungen also Null. Das Minimum eines der beiden Ausdrücke wird nur angenommen, wenn in der eben aufgestellten Ungleichung das Gleichheitszeichen eintritt, d. h.

$$a\left(\varepsilon_{ik}-\frac{1}{2G}\left(\sigma_{ik}-\frac{1}{m+1}\delta_{ik}(\Sigma\sigma_{ll})\right)\right)=0$$

ist. Wegen der Positiv-Definität von $a(..)$ folgt das Bestehen der Gln. (9.4). Die Minima werden also nur für die Lösung der elastischen Randwertaufgabe erreicht. Zugleich folgt die Eindeutigkeit der Lösung für diese Randwertaufgabe.

Es sei bemerkt, daß man in dem wichtigen Spezialfall $g_i=0$ in einfach zusammenhängenden Bereichen die den Gleichgewichtsbedingungen genügenden Spannungssysteme durch erzeugende Funktionen darstellen kann:

denn $\displaystyle\sum_{k=1}^{3}\sigma_{ik/k}=0$ ist ja äquivalent mit $\displaystyle\sigma_{ik}=\sum_{l=1}^{3}F_{ikl/l}$, wobei $F_{ikl}=-F_{ilk}$ ist (d. h. 9 Komponenten).

Die Symmetriebedingung $\sigma_{ik}=\sigma_{ki}$ ergibt $\displaystyle\sum_{l=1}^{3}(F_{ikl/l}-F_{kil/l})=0$, was die allgemeine Darstellung

$$F_{ikl}-F_{kil}=G_{ikls/s}\quad\text{mit}\quad G_{ikls}=-G_{iksl}$$

nach sich zieht. Insgesamt bestehen dann die Bedingungen $G_{ikls}=-G_{iksl}=-G_{kils}=G_{kisl}$, so daß nur 9 Komponenten übrig bleiben. Die sich so ergebende Darstellung der Spannungsfelder in der Form

$$\sigma_{ik}=\frac{1}{2}\sum_{ls}(G_{ikls}+G_{liks}+G_{klsi})_{/sl}$$

läßt sich mit

$$H_{ikls} = \frac{1}{2}\left(G_{ikls} + G_{lsik}\right),$$

welches

$$H_{ikls} = -H_{kils} = \quad H_{iksl} = H_{lsik} = H_{kils} = \cdots$$

genügt, also 6 Komponenten besitzt, in der Form schreiben:

$$\sigma_{ik} = \sum_{mn} H_{mikn/mn} \tag{9.19}$$

(Formel von GWYTHER und FINZI).

Durch geeignete Spezialisierungen ergeben sich die Darstellungen von MAXWELL

$$\left.\begin{array}{l} \sigma_{11} = H_{2/33} + H_{3/22}, \\[4pt] \sigma_{12} = -H_{3/12}, \ldots \end{array}\right\} \tag{9.20}$$

und die von MORERA:

$$\begin{aligned} \sigma_{11} &= 2K_{1/23}, \ldots \\ \sigma_{12} &= -K_{1/13} - K_{2/23} + K_{3/33}. \end{aligned} \tag{9.21}$$

Es sei bemerkt, daß ein Dualismus zwischen den Darstellungen der allgemeinen Lösung der Spannungsgleichungen und den Kompatibilitätsbedingungen besteht[1].

3. Allgemeine Folgesätze der beiden Minimalsätze. Da die später zu formulierenden Minimalsätze für die technischen Näherungstheorien einen gleichartigen Aufbau haben, werden gewisse allgemeine Folgerungen der Minimalsätze nur hier und in allgemeiner Fassung gebracht.

Beide Arten der Minimalsätze sind von der Form:

$$A\{u\} \equiv \frac{1}{2}\,Q\{u, u\} - l\{u\} \doteq \text{Minimum}, \tag{9.22}$$

wobei Q eine verallgemeinerte quadratische positiv-definite Form ist [die zugehörige symmetrische Bilinearform werde mit $Q\{u, v\}$ bezeichnet] und $l\{u\}$ eine Linearform bezeichnet.

Die zugelassenen u-Argumente müssen gewissen linearen Nebenbedingungen genügen. Bezeichnet u_0 die Lösung, so gilt also

$$A\{u\} \geq A\{u_0\},$$

woraus mit $u = u_0 + v$, wobei v eine beliebige den entsprechenden homogenen Nebenbedingungen genügende Argumentgröße ist, folgt

$$Q\{u_0, v\} + \frac{1}{2}\,Q\{v, v\} - l\{v\} \geq 0.$$

Da man insbesondere v durch ξv (ξ = reelle Zahl) ersetzen kann, was wegen der homogenen Nebenbedingungen zulässig ist, ergibt sich, daß offenbar

$$Q\{u_0, v\} - l\{v\} = 0 \tag{9.23}$$

---

[1] TRUESDELL, C.: General solution for the stresses in a curved membrane. Proc. Acad. Sci. **43**, 1070—1072 (1957).

gelten muß. Dies ist die Eulersche Bedingung für das Extremalproblem.

Wenn wir den Satz vom Minimum der Formänderungsenergie benutzen, lautet diese Beziehung:

$$\int\int\int \left\{\sum_{ik} \sigma_{ik}^{(0)} \varepsilon_{ik} - \varrho \sum v_i g_i\right\} dx - \int\int_{\mathfrak{F}_2} \sum v_i f_i^* d\omega = 0, \qquad (9.24)$$

wobei $\sigma_{ik}^{(0)}$ die Lösung, v_i, ε_{ik} ein beliebiges, den *homogenen* Randbedingungen genügendes System von Verschiebungen und Verzerrungen ist ($u_i = 0$ auf $\mathfrak{F}_1$). Die v_i, ε_{ik} werden meist mit δu_i, $\delta \varepsilon_{ik}$ bezeichnet; damit haben wir den *Satz von der virtuellen Verrückung* (vgl. § 7.4).

Denkt man an den Satz vom Minimum der Spannungsenergie, so folgt

$$\int\int\int \left\{\sum_{ik} \varepsilon_{ik}^{(0)} \sigma_{ik}\right\} dx - \int\int_{\mathfrak{F}_1} \sum u_i^* \sigma_{ik} n_k d\omega = 0 \qquad (9.25)$$

für die Lösung $\varepsilon_{ik}^{(0)}$, wobei die σ_{ik} den homogenen Nebenbedingungen $\sum \sigma_{ik} n_k = 0$ auf $\mathfrak{F}_2$ genügende statisch zulässige Spannungsfelder sind. Damit haben wir den *Satz der virtuellen Kräfte*, den man konsequent als den „*Satz von der virtuellen Verkraftung*" bezeichnen müßte.

Mit Hinsicht auf die Verwendung der Minimalprinzipien für die Bestimmung der Lösungen (numerisch als sog. Ritzsches Verfahren oder theoretisch, z. B. die späteren Beweise der technischen Näherungstheorie) ist eine Aussage über die Approximation der Lösung u_0 bei Annäherung von A an den Minimalwert nützlich. Es gilt

$$A\{u\} - A\{u_0\} = \frac{1}{2} Q\{u - u_0, u - u_0\} + Q\{u - u_0, u_0\} - l\{u - u_0\},$$

wegen der Eulerschen Bedingung also

$$A\{u\} - A\{u_0\} = \frac{1}{2} Q\{u - u_0, u - u_0\}. \qquad (9.26)$$

Ein anderes wichtiges, oft falsch interpretiertes, allgemeines Ergebnis bezieht sich auf den Wert des Minimums $A\{u_0\}$, wenn die gestellten Randbedingungen homogen sind ($f_i^* = 0$ bzw. $u_i^* = 0$). Dann kann für v die Lösung u_0 selbst in die Eulersche Bedingung eingesetzt werden und ergibt

$$Q\{u_0, u_0\} - l\{u_0\} = 0. \qquad (9.27)$$

Daraus folgt dann:

$$A_0 = \{\text{Minimalwert von } A\} = -\frac{1}{2} Q\{u_0, u_0\}. \qquad (9.28)$$

Vergleicht man die zu verschiedenen Linearformen l_1 bzw. l_2 gehörigen Lösungen u_1 bzw. u_2 desselben Problemtyps mit homogenen Randbedingungen, so ergibt wechselseitiges Einsetzen in die Eulerschen Bedingungen

$$Q\{u_1, u_2\} - l_1\{u_2\} = 0$$
$$Q\{u_2, u_1\} - l_2\{u_1\} = 0.$$

Wegen der Symmetrie von Q also

$$l_1\{u_2\} = l_2\{u_1\} \, . \tag{9.29}$$

Den Ausdruck $l_1\{u_2\}$ interpretiert man z. B. im Falle des Satzes vom Minimum der Formänderungsenergie als bei der Verschiebung u_2 durch die Kräfte l_1 geleistete Arbeit; diesen sonst als Folge der Symmetrie der Greenschen Funktionen erhaltenen Satz nennt man den *Reziprozitätssatz von* BETTI *und* MAXWELL.

Auch die Abhängigkeit des Minimalwertes von einem in das l eingehenden Parameter läßt sich in dieser allgemeinen Fassung studieren: Es sei $l = l_\xi$ von ξ (reeller Parameter) abhängig; dann sei die Lösung des Problems

$$A_\xi\{u\} \equiv \frac{1}{2}\, Q\{u,\, u\} - l_\xi\{u\} \doteq \text{Minimum}$$

mit von ξ unabhängigen Nebenbedingungen. Der Minimalwert heiße

$$a_\xi = A_\xi\{u_\xi\} \, . \tag{9.30}$$

Dann erhält man durch Differentiation

$$\frac{d\,a_\xi}{d\,\xi} = \frac{d}{d\,\xi}\left[\frac{1}{2}\, Q\{u_\xi,\, u_\xi\} - l\{u_\xi\}\right]$$

$$= Q\left\{u_\xi,\, \frac{d\,u_\xi}{d\,\xi}\right\} - l_\xi\left\{\frac{d\,u_\xi}{d\,\xi}\right\} - \frac{d\,l_\xi}{d\,\xi}\{u_\xi\} \, .$$

Wegen der Eulerschen Bedingung, angewendet auf $d\,u_\xi/d\,\xi$ (welches offenbar den homogenen Bedingungen genügt), also

$$\frac{d\,a_\xi}{d\,\xi} = -\,\frac{d\,l_\xi}{d\,\xi}\{u_\xi\} \, . \tag{9.31}$$

In Worten (im Falle der Formänderungsenergie): Die Ableitung der Formänderungsenergie nach einer gegebenen Kraft (Oberflächen- oder Volumenkraft) ist entgegengesetzt gleich der wirklichen Verschiebung an der Stelle der Kraftänderung.

Man beachte, daß bei Benutzung der Beziehung (9.28) ein anderes Vorzeichen hereinkommt. In dieser Fassung wird der Satz nach A. CASTIGLIANO benannt und bei technischen Aufgaben zur Bestimmung von Verschiebungen oder Kräften benutzt.

Es sei nochmals ausdrücklich bemerkt, daß die in dieser Nummer hergeleiteten Ergebnisse gleichermaßen für beide Arten von Minimalsätze gelten.

4. Näherungstheorien der technischen Mechanik. Da die Lösung der Randwertaufgaben der dreidimensionalen Theorie praktisch zu schwierig ist, hat man für die technisch wichtigen Bauelemente wie Balken, Platten, Membranen, Schalen und Scheiben sowie für das Torsionsproblem Näherungstheorien, die formal der dreidimensionalen Theorie ähneln. Einige von ihnen werden hier mit ihrem wichtigsten Formelapparat dargestellt. Der Nachweis ihres Näherungscharakters wird in Form mathematischer Grenzwertsätze im nächsten Abschnitt gebracht.

a) Ebener Verschiebungszustand. Für ein in der x_3-Richtung sehr ausgedehntes Medium von zylindrischer Gestalt, für das die Randbedingungen am Zylindermantel und die Volumenkräfte unabhängig von x_3 sowie $f_3^* = 0$ und $u_3^* = 0$ sind, verwendet man oft diejenigen Lösungen der dreidimensionalen Theorie, für die $u_3 \equiv 0$; u_1, u_2 unabhängig von x_3 sind. Man beachte, daß es sich hier um die Ersetzung der Lösungen des gegebenen Systems durch Lösungen eines anderen Systems *derselben* Differentialgleichungen handelt, während die anschließend dargestellten Theorien die Approximation durch Lösungen *anderer* Differentialgleichungen liefern.

Dann folgt $\varepsilon_{i3} = 0$ $(i = 1, 2, 3)$ und es bleibt nur eine einzige Kompatibilitätsbedingung: $2\varepsilon_{12/12} = \varepsilon_{11/22} + \varepsilon_{22/11}$. Für die Formänderungsenergiedichte entsteht:

$$a\,(\varepsilon) = G\left\{\sum_{ik=1}^{2}\varepsilon_{ik}^2 + \frac{1}{m-2}\left(\sum_{l=1}^{2}\varepsilon_{ll}\right)^2\right\}. \tag{9.32}$$

Die Fundamentalgleichungen (9.10) lauten unverändert

$$G\left\{\sum_k u_{i/kk} + \frac{m}{m-2}\,u_{k/ik}\right\} + \varrho\,g_i = 0 \quad (i = 1, 2)\;.$$

Das Hookesche Gesetz ergibt $\sigma_{i3} = 0$ $(i = 1, 2)$ und aus $\varepsilon_{33} = 0$ folgt

$$\sigma_{33} = \frac{1}{m}\,(\sigma_{11} + \sigma_{22})\;. \tag{9.33}$$

Damit eliminiert man alle σ_{i3} $(i = 1, 2, 3)$ und es bleibt

$$\left.\begin{aligned}
\varepsilon_{ik} &= \frac{1}{2G}\left\{\sigma_{ik} - \frac{\delta_{ik}}{m}\left(\sum_{l=1}^{2}\sigma_{ll}\right)\right\}, \\
\sigma_{ik} &= 2G\left\{\varepsilon_{ik} + \frac{\delta_{ik}}{m-2}\left(\Sigma\varepsilon_{ll}\right)\right\}.
\end{aligned}\right\} \tag{9.34}$$

Mittels (9.33) berechnet man leicht die Energiedichte als Funktion der Spannungen zu

$$b\,(\sigma) = \frac{1}{4G}\left\{\sum_{i,k=1}^{2}\sigma_{ik}^2 - \frac{1}{m}\left(\sum_{l=1}^{2}\sigma_{ll}\right)^2\right\}. \tag{9.35}$$

Die Gleichgewichtsbedingungen lauten ungeändert:

$$\sum_{k=1}^{2}\sigma_{ik/k} + \varrho\,g_i = 0 \quad (i = 1, 2)\;. \tag{9.36}$$

Ohne Volumenkräfte g_i läßt sich für einfach zusammenhängende Bereiche jede Lösung der Gleichgewichtsbedingungen $\sigma_{11/1} + \sigma_{12/2} = 0$ durch

$\sigma_{11} = \varphi_{/2}$, $\sigma_{12} = -\varphi_{/1}$ und von $\sigma_{21/1} + \sigma_{22/2} = 0$ durch $\sigma_{21} = \psi_{/2}$, $\sigma_{22} = -\psi_{/1}$ darstellen; $\varphi_{/1} = \psi_{/2}$ bedingt wiederum die Existenz einer Funktion F mit $\varphi = F_{/2}$, $\psi = F_{/1}$, so daß also alle statisch zulässigen Spannungsfelder in einfach-zusammenhängenden Bereichen durch nach AIRY benannte *Spannungsfunktionen* $F(x_1, x_2)$ so erzeugt werden[1]:

$$\sigma_{11} = F_{/22}, \quad \sigma_{12} = -F_{/12}, \quad \sigma_{22} = F_{/11}. \tag{9.37}$$

Damit wird die Spannungsenergiedichte

$$b(\sigma) = \frac{1}{4G}\left\{\left(1 - \frac{1}{m}\right)(\Delta F)^2 - 2(F_{/11}F_{/22} - F_{/12}^2)\right\}. \tag{9.38}$$

Das Minimalprinzip der Spannungsenergie lautet damit ähnlich wie das für die Platte (s. S. 166 ff.); der Koeffizient vor dem Ausdruck $F_{/11}F_{/22} - F_{/12}^2$ (ein Divergenzausdruck, der nur von den Randwerten von F, $F_{/i}$ abhängt) ist jedoch anders.

b) *Ebener Spannungszustand*. Für einen zylindrischen Körper (Achse wieder in x_3-Richtung) mit geringer Höhe ($|x_3| \leq h/2$, h klein) und Randbedingungen, die am Mantel des Zylinders von x_3 unabhängig sind, an Boden- und Deckfläche von der Form $\sum\limits_k \sigma_{ik}n_k = 0$ sind, und bei dem auch die Volumenkräfte $g_3 = 0$ und g_1, g_2 unabhängig von x_3 sind, verwendet man die *Scheibentheorie* (auch *zwei-dimensionale Elastizitätstheorie* oder *ebener Spannungszustand* genannt)[2].

Man approximiert die ε_{ik} der dreidimensionalen Theorie durch gewisse $\zeta_{ik}(x_1, x_2)$, die ihrerseits aus zwei Funktionen erzeugt werden:

$$\left.\begin{array}{l} \varepsilon_{ik} \approx \zeta_{ik} = \dfrac{1}{2}(v_{i/k} + v_{k/i}) \\[2mm] \varepsilon_{ik} \approx 0 \end{array}\right\} \;(i, k = 1, 2) \left.\vphantom{\begin{array}{l}a\\a\\a\\a\end{array}}\right\} \tag{9.39}$$
$$\varepsilon_{33} \approx -\frac{1}{m-1}(\zeta_{11} + \zeta_{22}).$$

Dann gilt nach dem Hookeschen Gesetz

$$\sigma_{ik} \approx 2G\left\{\zeta_{ik} + \frac{1}{m-1}\delta_{ik}\left(\sum_{l=1}^{2}\zeta_{ll}\right)\right\} \equiv \tau_{ik} \quad (i, k = 1, 2) \tag{9.40}$$

$$\sigma_{i3} \approx 0 \quad (\text{für } i = 1, 2 \text{ und } 3).$$

Der Zusammenhang (9.40) zwischen den ζ_{ik} und τ_{ik} läßt sich umkehren:

$$\zeta_{ik} = \frac{1}{2G}\left\{\tau_{ik} - \frac{\delta_{ik}}{m+1}\left(\sum_{l=1}^{2}\tau_{ll}\right)\right\}. \tag{9.41}$$

---

[1] Die Kompatibilitätsbedingungen und die allgemeine Lösung für die Spannungen entsprechen sich immer (FINZI-TRUESDELL).

[2] Wegen der anschaulichen Begründung der Näherungstheorie s. z. B. I. SZABÓ: Höhere Technische Mechanik. S. 138 ff. Springer 1960.

Die Größen τ_{ik} sollen den Gleichgewichtsbedingungen

$$\sum_{k=1}^{2} \tau_{ik/k} + \varrho\, g_i = 0 \qquad (9.42)$$

und auf f_2 den Randbedingungen

$$\sum_{k=1}^{2} \tau_{ik} n_k = f_i^* \quad (i = 1, 2) \qquad (9.43)$$

genügen, ferner sollen auf f_1 die Bedingungen

$$v_i = v_i^* \, (\equiv u_i^*) \quad (i = 1, 2)$$

erfüllt sein. Elimination ergibt diesmal die Feldgleichungen

$$G \sum_{k=1}^{2} \left\{ v_{i/kk} + \frac{m+1}{m-1}\, v_{k/ik} \right\} + \varrho\, g_i = 0 \quad (i = 1, 2), \qquad (9.44)$$

und die Energiedichten für die Minimalprinzipien lauten:

$$a_2(\zeta) = G \left\{ \sum_{i,k=1}^{2} \zeta_{ik}^2 + \frac{1}{m-1} \left(\sum_{l=1}^{2} \zeta_{ll} \right)^2 \right\} \qquad (9.45)$$

bzw.

$$b_2(\tau) = \frac{1}{4G} \left\{ \sum_{i,k=1}^{2} \tau_{ik}^2 - \frac{1}{m+1} \left(\sum_{l=1}^{2} \tau_{ll} \right)^2 \right\}. \qquad (9.46)$$

Man bemerke, daß die Gln. (9.45), (9.46) aus den entsprechenden Gleichungen der Theorie des ebenen Verschiebungszustandes durch die Ersetzung von m durch $m-1$ hervorgehen. Daher gelten natürlich dieselben Verträglichkeitsbedingungen wie dort, und ebenso ist es möglich, in einfach zusammenhängenden Bereichen bei $g_i \equiv 0$ jedes statisch zulässige Spannungsfeld durch eine erzeugende Funktion F darzustellen. Dann wird für den ebenen Spannungszustand

$$b_2 = \frac{1}{4G} \left\{ \frac{m}{m+1}\, (\varDelta F)^2 - 2 (F_{/11} F_{/22} - F_{/12}^2) \right\}. \qquad (9.47)$$

Es sei bemerkt, daß bei den Theorien des ebenen Verschiebungs- oder Spannungszustandes für den Fall, daß an der ganzen Randkurve des ebenen Bereiches $\Sigma\, \sigma_{ik} n_k$ (bzw. $\Sigma\, \tau_{ik} n_k$) gegeben sind, sowohl F wie auch $\partial F/\partial n$ aus diesen Randwerten bestimmt werden können:

$$F_{/22} n_1 - F_{/12} n_2 = f_1$$

$$-F_{/12} n_1 + F_{/11} n_2 = f_2$$

ergibt nämlich, wenn $\{t_1; t_2\} = \{-n_2; n_1\}$ der Tangenteneinheitsvektor ist,

$$f_1 = F_{/22} t_2 + F_{/12} t_1 \equiv \frac{\partial}{\partial s} F_{/2}$$

$$f_2 = F_{/12} t_2 + F_{/22} t_1 \equiv -\frac{\partial}{\partial s} F_{/1}.$$

Damit sind $F_{/1}$ und $F_{/2}$ am Rande bestimmt, woraus sich $\frac{\partial}{\partial s} F$ und $\partial F/\partial n$, aus dem ersteren auch F selbst am Rande, ergeben. Da für den zweiten Bestandteil des Minimalausdruckes gilt:

$$\int\!\!\int (F_{/11}F_{/22} - F_{/12}^2)\,dx_1\,dx_2 = \int\!\!\int \{(F_{/11}F_{/2})_{/2} -$$
$$- (F_{/12}F_{/2})_{/1}\}\,dx_1\,dx_2 =$$
$$= \oint (F_{/11}F_{/2}n_2 - F_{/12}F_{/2}n_1)\,ds$$
$$= \oint F_{/2}f_2\,ds\,,$$

er also nur durch die Randwerte bestimmt ist, kann er in dem zuletzt behandelten Fall ($\sum\limits_{k=1}^{2} \sigma_{ik}n_k$ überall gegeben) weggelassen werden.

Die Eulersche Differentialgleichung für den Minimalausdruck lautet in jedem Fall

$$\Delta\Delta F = 0\,. \tag{9.48}$$

Die Airysche Spannungsfunktion ist also für die wahren Spannungen eine Bipotentialfunktion.

c) *Torsionstheorie.* Haben wir es mit einem zylindrischen Körper großer Höhe (Achsenrichtung x_3) zu tun, an dessen Mantel $f_i = 0$ vorgeschrieben ist, während an den Endflächen ($x_3 = 0$; $x_3 = h$) Randbedingungen gestellt werden, so verwendet man zur Beschreibung des Zustandes des Körpers an Stellen, die nicht zu dicht an den Endflächen liegen, die *Torsionstheorie*, die wahre Lösungen der dreidimensionalen Theorie benutzt.

α) Es seien an den Endflächen die Spannungen f_1 und f_2 gegeben:
Dann werde im Satz vom Minimum der Formänderungsarbeit der Ansatz gemacht:

$$\left.\begin{aligned} u_1 &= -\vartheta\,x_2x_3 \\ u_2 &= +\vartheta\,x_1x_3 \\ u_3 &= \vartheta\,\varphi(x_1, x_2)\,. \end{aligned}\right\} \tag{9.49}$$

Dabei ist ϑ eine noch unbekannte Konstante, die sich als „spezifischer Verdrehungs-Winkel" (*Drillung*) ergibt und φ die sog. *Verwölbungsfunktion*.
Damit wird

$$\left.\begin{aligned} \varepsilon_{11} &= 0\,, & \varepsilon_{12} &= 0\,, & \varepsilon_{13} &= \frac{\vartheta}{2}(-x_2 + \varphi_{/1}) \\ \varepsilon_{22} &= 0\,, & \varepsilon_{23} &= \frac{\vartheta}{2}(x_1 + \varphi_{/2}) \\ \varepsilon_{33} &= 0\,, \end{aligned}\right\} \tag{9.50}$$

und es wird der durch die Höhe des Zylinders dividierte alte Energie-ausdruck (9.16)

$$A = \vartheta^2 \cdot \frac{G}{2} \int\!\!\int \left\{(-x_2 + \varphi_{/1})^2 + (x_1 + \varphi_{/2})^2\right\} dx_1\, dx_2 -$$
$$-\vartheta \int\!\!\int (f_2 x_1 - f_1 x_2)\, dx_1\, dx_2 . \tag{9.51}$$

Bei festgehaltenem φ kann man das Minimum bezüglich ϑ leicht berechnen. Wir schreiben A in der Form

$$A = \vartheta^2 \Phi - \vartheta M .$$

Die Beziehung

$$\vartheta^2 \Phi - \vartheta M \equiv \Phi \left(\vartheta - \frac{M}{2\Phi}\right)^2 - \frac{1}{4} \frac{M^2}{\Phi} \geqq - \frac{1}{4} \frac{M^2}{\Phi}$$

läßt erkennen, daß das günstigste

$$\vartheta = \frac{M}{2\Phi} = \frac{\int\!\!\int (f_2 x_1 - f_1 x_2)\, dx_1\, dx_2}{G \int\!\!\int \left\{(-x_2 + \varphi_{/1})^2 + (x_1 + \varphi_{/2})^2\right\} dx_1\, dx_2}$$

ist.

Das günstigste φ bestimmt sich aus der dann noch verbleibenden Aufgabe $-\frac{1}{4} \cdot \frac{M^2}{\Phi} = \text{Min}$, oder, da das Torsionsmoment $M = \int\!\int (f_2 x_1 - f_1 x_2)\, dx_1\, dx_2$ gegeben ist, aus $\Phi = \text{Min}$, d. h. es bleibt die reduzierte Aufgabe:

$$A_0\{\varphi\} \equiv \frac{1}{2} \int\!\!\int \left\{(-x_2 + \varphi_{/1})^2 + (x_1 + \varphi_{/2})^2\right\} dx_1\, dx_2 = \text{Min} . \tag{9.52}$$

Der nur durch die Querschnittsform bestimmte Minimalwert von $A_0\{\varphi\}$ sei $\frac{1}{2} J_t$; die hier auftretende Größe J_t heißt das „Torsionsflächenmoment" des Querschnitts. Für den Minimalwert der Form-änderungsarbeit (9.51) ergibt sich durch Einsetzen leicht der Wert $\text{Min}\{A\} = -\frac{1}{2} \frac{M^2}{G J_t}$.

Nach dem Verfahren der Variationsrechnung ergibt sich aus (9.52) die Eulersche Differentialgleichung

$$\Delta \varphi = 0 \tag{9.53}$$

mit den Randbedingungen

$$\frac{\partial \varphi}{\partial n} = n_1 x_2 - n_2 x_1 \equiv t_2 x_2 + t_1 x_1 \equiv \frac{d}{ds} \left(\frac{x_1^2 + x_2^2}{2}\right) . \tag{9.54}$$

Daraus ersieht man unmittelbar, daß die Fundamentalgleichungen (8.33b) für die Verschiebungen erfüllt sind, der Ansatz (9.49) mit der Extremalfunktion φ dann also Lösungen der dreidimensionalen Theorie liefert.

Die im Falle einfach-zusammenhängender Bereiche existierende konjugierte harmonische Funktion ψ, definiert durch

$$\varphi_{/1} = \psi_{/2} \; ; \quad \varphi_{/2} = - \psi_{/1} \,,$$

genügt dann offenbar der Potentialgleichung

$$\Delta \psi = 0 \tag{9.55}$$

mit der Randbedingung $\dfrac{\partial \psi}{\partial s} = \dfrac{\partial}{\partial s}\left(\dfrac{x_1^2 + x_2^2}{2} \right),$

d. h. da ψ nur bis auf eine Konstante bestimmt ist,

$$\psi = \frac{1}{2}\,(x_1^2 + x_2^2) \text{ am Rand}. \tag{9.56}$$

Die Gln. (9.55) und (9.56) bestimmen eindeutig die Funktion ψ, aus der dann die Lösung φ des Torsionsproblems durch Differentiation und Quadratur bestimmt werden kann.

β) Es seien an den Endflächen $x_3 = 0$ und $x_3 = h$ die Verschiebungen u_1, u_2 gegeben, die wir in der Form

$$u_1 = -\omega\, x_2 \,, \quad u_2 = + \omega\, x_1 \quad \text{für} \quad x_3 = h$$

bzw. $\tag{9.57}$

$$u_1 = u_2 = 0 \quad \text{für} \quad x_3 = 0$$

annehmen. Außerdem sei an den Endflächen $\sigma_{33} = 0$.

Diese Aufgabe entspricht einer gegenseitigen Verdrehung der Endflächen um die x_3-Achse.

Im Satz vom Minimum der Spannungsarbeit machen wir den Ansatz

$$\sigma_{ik} = 0 \quad (i, k = 1, 2)$$

$$\sigma_{33} = 0 \,.$$

Die Gleichgewichtsbedingungen erfordern dann, daß σ_{13} und σ_{23} Funktionen nur von x_1 und x_2 sind, und daß

$$\sigma_{13/1} + \sigma_{23/2} = 0$$

gilt. Die für statisch zulässige Spannungsfelder nötigen Randbedingungen lauten $\sigma_{13} n_1 + \sigma_{23} n_2 = 0$ am Rande des Bereiches der x_1, x_2-Ebene. Mit dieser Spezialisierung wird der durch die Höhe h dividierte Ausdruck der Spannungsenergie (9.17) zu

$$B\{\sigma_{13}, \sigma_{23}\} \equiv$$

$$= \frac{1}{2G} \int\!\!\int \{\sigma_{13}^2 + \sigma_{23}^2\}\, d x_1\, d x_2 + \omega \int\!\!\int \{\sigma_{13} x_2 - \sigma_{23} x_3\}\, d x_1\, d x_2 \,. \tag{9.58}$$

Transformiert man zunächst durch Abspaltung eines Faktors:

$$\sigma_{13} = G\,\omega\,\varrho_{13} \,, \quad \sigma_{23} = G\,\omega\,\varrho_{23} \,,$$

so entsteht $B\{\sigma_{13}, \sigma_{23}\} = G\omega^2 B_0\{\varrho_{13}, \varrho_{23}\}$, wobei

$$B_0\{\varrho_{13}, \varrho_{23}\} = \frac{1}{2} \int\int \{\varrho_{13}^2 + \varrho_{23}^2\}\, dx_1\, dx_2 + \int\int \{\varrho_{13} x_2 - \varrho_{23} x_1\}\, dx_1\, dx_2$$

zu minimieren bleibt. Diese Aufgabe, B_0 mit den oben angeschriebenen Nebenbedingungen für ϱ_{13}, ϱ_{23} zu minimieren, ist der reduzierten Aufgabe des Torsionsproblems, $A_0\{\varphi\}$ zu minimieren, in demselben Sinn dual wie früher die Minimalsätze für Spannungsenergie und Formänderungsenergie. Es gilt nämlich für beliebige zulässige ϱ_{13}, ϱ_{23} und φ die Identität

$$A_0\{\varphi\} + B_0\{\varrho_{13}, \varrho_{23}\} \equiv \frac{1}{2} \int\int \{(-x_2 + \varphi_{/1} - \varrho_{13})^2 +$$

$$+ (x_1 + \varphi_{/2} - \varrho_{23})^2\}\, dx_1\, dx_2 + \int\int \{\varphi_{/1}\varrho_{13} + \varphi_{/2}\varrho_{23}\}\, dx_1\, dx_2 \geqq 0,$$

da der letzte Summand, wie partielle Integration erkennen läßt, wegen der Bedingungen für ϱ_{13} und ϱ_{23} wegfällt. Das Gleichheitszeichen gilt nur, wenn

$$\varrho_{13} = -x_2 + \varphi_{/1}, \quad \varrho_{23} = x_1 + \varphi_{/2} \tag{9.58a}$$

ist, und man schließt wie früher, daß

$$\operatorname{Min} A_0\{\varphi\} = -\operatorname{Min} B_0\{\sigma_{13}, \sigma_{23}\}$$

gilt.

Zur weiteren Behandlung der Aufgabe, B_0 zu minimieren, führen wir die Zerlegung $\varrho_{13} = \lambda r_{13}$, $\varrho_{23} = \lambda r_{23}$ ein, wobei der Faktor λ beliebig festgelegt werden kann. Es entsteht damit

$$B_0 = \lambda^2 \frac{1}{2} \int\int (r_{13}^2 + r_{23}^2)\, dx_1\, dx_2 + \lambda \int\int (r_{13} x_2 - r_{23} x_1)\, dx_1\, dx_2$$

und, da man λ etwa durch $\int\int (r_{13} x_2 - r_{23} x_1)\, dx_1\, dx_2 = 1$ normieren kann, ergibt sich nach derselben kleinen Überlegung wie in α)

$$\operatorname{Min} B_0 = -\frac{1}{2} \frac{[\int\int (r_{13} x_2 - r_{23} x_1)\, dx_1\, dx_2]^2}{\int\int (r_{13}^2 + r_{23}^2)\, dx_1\, dx_2}. \tag{9.59}$$

Das Torsionsproblem ist damit offenbar zurückgeführt auf die Aufgabe, $\int\int (r_{13}^2 + r_{23}^2)\, dx_1\, dx_2$ zu minimieren unter den Nebenbedingungen

$$r_{13/1} + r_{23/2} = 0$$

$$r_{13} n_1 + r_{23} n_2 = 0$$

$$\int\int (r_{13} x_2 - r_{23} x_1)\, dx_1\, dx_2 = 1.$$

In einfach-zusammenhängenden Bereichen sind diese statisch zulässigen r_{13}, r_{23}-Felder darstellbar durch eine Spannungsfunktion F vermöge

$$r_{13} = F_{/2}, \quad r_{23} = -F_{/1}$$

mit der Randbedingung $\dfrac{\partial}{\partial s} F = 0$; also ohne Einschränkung der Spannungen $F = 0$ auf dem Rand.

Die Normierungsbedingung läßt sich dann in der einfachen Form schreiben:

$$1 = \int \int (F_{/2} x_2 + F_{/1} x_1)\, d x_1\, d x_2 \equiv 2 \int \int F\, d x_1\, d x_2 ,$$

und es bleibt die Aufgabe, unter allen Funktionen F mit Randwerten Null diejenige zu bestimmen, die

$$\frac{\dfrac{1}{2} \int \int (\operatorname{grad} F)^2\, d x_1\, d x_2}{\left(\int \int F\, d x_1\, d x_2 \right)^2} \tag{9.60}$$

minimiert. Die zugehörige Eulersche Differentialgleichung lautet

$$\Delta F = 0 . \tag{9.61}$$

Vergleich der Formeln (9.58a) und (9.55) läßt erkennen, daß

$$F = \psi - \frac{x_1^2 + x_2^2}{2} \tag{9.62}$$

gilt.

Die Gl. (9.61) bzw. ihr Analogon im Falle der Nichtexistenz einer spannungserzeugenden Funktion läßt erkennen, daß die Kompatibilitätsbedingungen (9.6), (9.7) erfüllt werden, der für B gemachte Ansatz also Lösungen der dreidimensionalen Theorie liefert.

In Analogie zu der Energieformel

$$\operatorname{Min}(A) = - \frac{1}{2} \frac{M^2}{G J_t}$$

gilt übrigens, wie aus (9.58) und der Beziehung $\operatorname{Min} A_0 = - \operatorname{Min} B_0$ leicht ersichtlich ist, die andere Energieformel

$$\operatorname{Min}(B) = \omega^2 G \operatorname{Min} B_0$$
$$= - \frac{1}{2} \omega^2 G J_t .$$

Es läßt sich vermutlich ähnlich wie in der später folgenden Begründung der Balken-, Plattentheorie usw. nachweisen, daß diese Torsionstheorie die wahren Spannungen und Deformationen bei beliebigen Belastungen bzw. Verdrehungen an den Endflächen approximiert, wenn $h \to \infty$ strebt; dies ist jedoch noch nicht ausgeführt.

Die angegebenen Formeln haben praktische Bedeutung; z. B. für einen ringförmigen Querschnitt (Abb. 9.1) ergibt ein linearer Ansatz für F über die jeweilige Strecke l den (wie man zeigen kann) Näherungswert

$$J_t \approx \frac{4 Q^2}{\oint \dfrac{d s}{l(s)}} . \tag{9.63}$$

Das ist die *zweite Bredtsche Formel,* wobei Q die von der (strichpunktierten) Mittellinie eingeschlossene Fläche ist (Abb. 9.1).

d) Balken. Zur Beschreibung von Spannungen und Deformationen von Körpern, die hauptsächlich in einer (x_1)-Richtung ausgedehnt sind, und die nur Beanspruchungen ausgesetzt sind, die in einer Ebene und dort senkrecht zu der Hauptausdehnungsrichtung wirken, dient die technische, von JACOB BERNOULLI begründete Balkenlehre. Beschränkt man sich auf den einfachsten Fall konstanten Rechteckquerschnittes, so ist der Körper gegeben durch

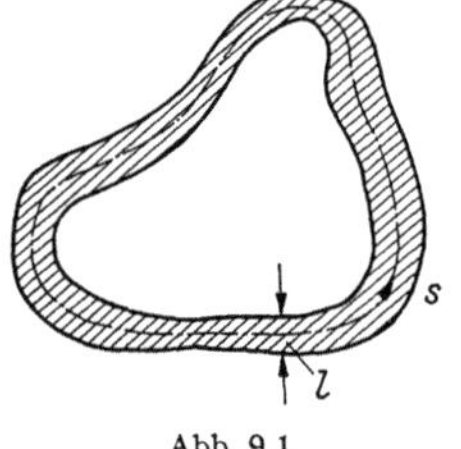

Abb. 9.1

$$0 \leq x_1 \leq l , \quad |x_2| \leq \frac{b}{2} , \quad |x_3| \leq \frac{h}{2} ,$$

die Volumenkräfte sind

$$g_1 = 0 ; \quad g_2 = 0 ; \quad g_3 = g_3(x_1)$$

und die Oberflächenspannungen am Mantel des Balkens (bei $x_2 = \pm \, {}^b/_2$ oder $x_3 = \pm {}^h/_2$)

$$f_k = 0 ,$$

an den Endflächen sei gegeben $f_2 = 0$ und entweder

I. u_3 und u_1, oder II. u_3 und f_1, oder

III. f_1 und f_3, oder IV. u_1 und f_3.

Man führt folgende Größen ein:

Das *Biegemoment*

$$M(x_1) = \int\!\!\int x_3 \sigma_{11} \, d x_2 \, d x_3 \tag{9.64}$$

die *Querkraft:*

$$Q(x_1) = \int\!\!\int \sigma_{13} \, d x_2 \, d x_3 \tag{9.65}$$

die *Last pro Längeneinheit* der x_1-Richtung

$$p(x_1) = \int\!\!\int g_3(x_1) \, d x_2 \, d x_3 . \tag{9.66}$$

Die Deformation des Balkens wird in der Näherungstheorie beschrieben durch die *Biegelinie* $w(x_1)$, die $u_3(x_1, 0, 0)$ oder $\frac{1}{hb}\int\!\!\int u_3 \, d x_2 \, d x_3$ entspricht und deren Ableitung den Ausdruck $\frac{2}{b h^2}\int\!\!\int x_3 u_1 \, d x_2 \, d x_3$ approximiert. Weiterhin wird eingeführt das Flächen-Trägheitsmoment $J = \frac{b h^3}{12}$. Die technische Balkenlehre läßt sich auf folgendes Prinzip vom Minimum der Formänderungsarbeit zurückführen

$$A\{w\} \equiv \frac{E \cdot J}{2} \int_0^l w''^2 \, d x - \int_0^l w p \, d x - \Sigma w_\nu M'_\nu + \Sigma w'_\nu M_\nu = \text{Min}! , \tag{9.67}$$

wobei in den Summen [über die Endpunkte, die auch innere Punkte (Stützen) sein dürfen] die betreffenden Werte durch die aus den Randbedingungen für M und M' bekannten Werte zu ersetzen sind und andere Summanden weggelassen werden sollen:

Entsprechend den Randbedingungen wird an jedem der Enden benutzt:

I. w und w' (wenn beide Null, fest eingespannt), oder

II. w und M (insbesondere, wenn $M = 0$: frei gelagertes Balkenende), oder

III. $M' \equiv Q$ und M (insbesondere, wenn beide Werte Null sind, das sog. freie Balkenende), oder

IV. w' und $M' \equiv Q$ (ein im allgemeinen als technisch unwichtig nicht behandelter Fall).

Diesem Prinzip vom Minimum der Formänderungsarbeit (9.67) läßt sich das Minimalprinzip

$$B\{M\} \equiv \frac{1}{2EJ} \int M^2 \, dx - \Sigma \, w_\nu M'_\nu + \Sigma \, w'_\nu \, M_\nu \qquad (9.68)$$

für Biegemomente M gegenüberstellen. Die M müssen $M'' = p(x)$ und den evtl. Randbedingungen für M bzw. M' genügen, wobei wieder in den Summanden die evtl. gegebenen Werte von w und w' eingesetzt und andere Glieder weggelassen werden sollen (statisch zulässige Momente). Es gilt hier:

$$A + B = \frac{EJ}{2} \int \left(w'' - \frac{M}{EJ}\right)^2 dx + \int w'' M \, dx - \int w \, M'' \, dx -$$
$$- \Sigma \, w_\nu M'_\nu + \Sigma \, w'_\nu M_\nu \equiv \frac{EJ}{2} \int \left(w'' - \frac{M}{EJ}\right)^2 dx \geqq 0 \, . \qquad (9.69)$$

Für die Lösung gilt

$$w'' = \frac{M}{EJ} \, , \qquad (9.70)$$

was dem Hookeschen Gesetz der dreidimensionalen Theorie entspricht[1,2].

Ist der Querschnitt nicht rechteckig, jedoch so beschaffen, daß die x_1, x_3-Ebene die Querschnitte in Hauptträgheitsachsen[3] schneidet, so

---

[1] Auf einem anderen Wege kommt man zu einer im wesentlichen gleichwertigen, erfahrungsgemäß jedoch etwas genaueren Formel

$$\frac{w''}{\sqrt{1 + w'^2}^{\,3}} = \frac{M}{EJ} \, , \qquad (9.71)$$

in der also w'' durch die Krümmung ersetzt wird. (9.71) hat überdies den Vorteil, bei Instabilitätsproblemen (Knickung) die Berechnung von w zu ermöglichen, im Gegensatz zu (9.70).

[2] In der technischen Literatur wird das Koordinatensystem bzw. die Richtung der Belastung häufig derart gewählt, daß in (9.70) und (9.71) ein negatives Vorzeichen erscheint.

[3] Das heißt $\int\limits_{\text{Querschnitt}} x_3 x_2 \, dF = 0.$

bleibt diese Beziehung gültig, falls J definiert wird durch

$$J(x_1) = \int\limits_{\text{Querschnitt}} x_3^2 \, dF \; .$$

Man unterscheidet technisch noch den gewöhnlichen schmalen Balken ($b \ll h$) von dem breiten oder brettförmigen Balken ($b \gg h$), dessen Gleichungen sich aus obigen dadurch ergeben, daß man E hier durch $\dfrac{E}{1 - \nu^2}$ ersetzt.

e) Platten. Eine der technischen Balkenlehre entsprechende Theorie für Platten wurde von KIRCHHOFF gegeben. Das Ziel ist, die Beanspruchungen und Deformationen eines zylindrischen Gebildes niedriger Höhe, der Einfachheit halber konstant (h), $\{x_1, x_2\} \in \mathfrak{S}$, $|x_3| \leq h/2$, zu bestimmen: Es sei belastet durch $g_1 = g_2 = 0$; $g_3 = g_3(x_1, x_2)$ und unterliege den Randbedingungen:

a) An der Ober- und Unterseite $\left(x_3 = \pm \dfrac{h}{2}\right)$ $\sigma_{i3} = f_i = 0$,

b) am Mantel $\{x_1, x_2\} \in \text{Rand}(\mathfrak{S})$ sei $\sum\limits_{k=1}^{2} t_k f_k = 0$ oder $\sum\limits_{1}^{2} t_k u_k = 0$

($t_k = $ Tangentenvektor an $\mathfrak{S}$)

und entweder

$\quad$ I. u_3 und $\sum\limits_{k=1}^{2} n_k u_k$ gegeben (fest eingespannter Rand)

oder $\quad$ II. $u_3 = w(s)$; $\sum\limits_{1}^{2} n_k \sigma_{3k}$ gegeben (frei gelagerter Rand)

oder III. $\sum\limits_{1}^{2} n_k \sigma_{3k}$; $\sum\limits_{i,k=1}^{2} n_i \sigma_{ik} n_k$ gegeben

oder IV. $\sum\limits_{k=1}^{2} n_k u_k = w_{/n}(s)$; $\sum\limits_{i,k=1}^{2} n_i \sigma_{ik} n_k$ gegeben.

Die Spannungen in der Platte werden beschrieben durch die sog. Plattenmomente M_{ik}, die Plattenquerkräfte Q_k und die Last P:

$$\left.\begin{aligned}
M_{ik} &= \int x_3 \sigma_{ik} \, dx_3 \quad (i, k = 1, 2) \, , \\[2mm]
Q_k &= \int \sigma_{i3} \, dx_3 \quad\quad (i = 1, 2) \, , \\[2mm]
P &= \int g_3 \, dx_3 \, ,
\end{aligned}\right\} \tag{9.72}$$

die offenbar den Gleichungen

$$\sum\limits_{k=1}^{2} M_{ik/k} = Q_i \, , \quad \sum\limits_{i=1}^{2} Q_{i/i} = P \tag{9.73}$$

genügen. Diese Gleichungen bestimmen evtl. zusammen mit II, III, IV die statisch zulässigen Felder. Die Deformationen, insbesondere die Durchbiegung der Platte, werden approximiert durch die Plattenbiegefläche $w(x_1, x_2)$, die

a) näherungsweise $\dfrac{1}{h} \int u_3\, d x_3$ sein soll,

b) während am Rande

$$w_{/n} \approx \frac{2}{h^2} \int x_3 \left(\sum_{k=1}^{2} n_k u_k \right) d x_3$$

gelten soll.

Außer den Feldgleichungen

$$-\frac{1}{N} M_{ik} = (1-\nu)\, w_{/ik} + \nu\, \delta_{ik} \left(\sum_{l=1}^{2} w_{/ll} \right) \tag{9.74}$$

mit der Umkehrung

$$-N w_{/ik} = \frac{1}{1-\nu} M_{ik} - \frac{\nu}{1-\nu^2}\, \delta_{ik} \sum_{l=1}^{2} M_{ll}, \tag{9.75}$$

wobei

$$N = \frac{E h^2}{12\,(1-\nu^2)}$$

die sog. *Plattensteifigkeit* ist, werden dann die den vorher angeführten entsprechenden Randbedingungen gefordert:

I. $w(s)$, $w_{/n}(s)$ gegeben [durch (a) bzw. (b)],

II. $w(s)$ gegeben; $\Sigma Q_i n_i + \dfrac{d}{ds} \left(\sum_{ik=1}^{2} M_{ik} n_i t_k \right) = k(s)$,

III. $\Sigma M_{ik} n_i n_k = m(s)$; $\Sigma Q_i n_i + \dfrac{d}{ds} (\Sigma M_{ik} n_i t_k) = k(s)$,

IV. $w_{/n}(s)$ gegeben; $\sum_{ik=1}^{2} M_{ik} n_i n_k = m(s)$.

Dabei erhält man m und k durch

$$k(s) = \int \Sigma n_k \sigma_{3k}\, d x_3 ; \quad m(s) = \int x_3 \sum_{i,k} n_i \sigma_{ik} n_k\, d x_3 .$$

Der Fall IV wird aus praktischen Gründen nicht behandelt, und es soll angenommen werden, daß eine der Randbedingungen I, II, III am ganzen Rande von $\mathfrak{S}$ gilt.

Die technische Plattenlehre läßt sich wieder in die Form zweier Minimalsätze fassen. Der Satz vom Minimum der Formänderungsarbeit für die Platte lautet:

$$A\{u\} \equiv \frac{N}{2} \int \int [(\varDelta w)^2 - 2(1-v)(w_{/11}w_{/22} - w_{/12}^2)]\,dx_1\,dx_2 +$$

$$+ \int \int P w\,dx_1\,dx_2 - \oint k\,w\,ds +$$

$$+ \oint m(s)\,w_{/n}(s)\,ds = \text{Min!}\,,$$

(9.76)

wobei in den Randintegralen die gegebenen Werte von k und m einzusetzen sind und Randintegrale meist wegfallen sollen. Der Integrand des Doppelintegrals läßt sich in der Form

$$(1-v)\sum_{i,k=1}^{2} w_{/ik}^2 + v \left(\sum_{l=1}^{2} w_{/ll}\right)^2$$

schreiben, die ihn als positiv erkennen läßt. Der Ausdruck unterscheidet sich von dem ähnlich gebauten B-Ausdruck der zweidimensionalen Elastizitätstheorie (für die Spannungsfunktion) wesentlich in den Faktoren. Das zweite Prinzip, hier besser Prinzip vom Minimum der Momentenarbeit genannt, lautet

$$B\{M\} = \frac{1}{2N} \int \int \left[\frac{1}{1-v}\sum_{ik=1}^{2} M_{ik}^2 - \frac{v}{1-v^2}\left(\sum_{l=1}^{2} M_{ll}\right)^2\right]dx_1\,dx_2 +$$

$$+ \int w_{/n}\sum M_{ik}n_i n_k\,ds - \int w\left(\sum Q_i n_i + \frac{d}{ds}\sum M_{ik}n_i t_k\right)ds\,,$$

(9.77)

wobei in den Randintegralen die gegebenen Werte aus den Randbedingungen einzusetzen sind, die anderen Bestandteile weggelassen werden sollen, und die M_{ik} statisch zulässig sein sollen, d. h. mit gewissen Größen Q_i den Gleichungen (9.73) und den evtl. Randbedingungen genügen sollen. Für einfach-zusammenhängende Bereiche lassen sich *alle* statisch zulässigen Lösungen durch zwei momentenerzeugende Funktionen gewinnen:

$$M_{11} = \Phi_{/2}\,,\quad M_{12} = -\frac{1}{2}(\Phi_{/1} + \Psi_{/2})\,,\quad M_{22} = \Psi_{/1}\,;$$

$$Q_1 = \frac{1}{2}(\Phi_{/12} - \Psi_{/22})\,,\quad Q_2 = \frac{1}{2}(-\Phi_{/11} + \Psi_{/21})\,.$$

(9.78)

Für die Praxis wichtig ist, daß in dem Falle der Randbedingung I (am Rande fest eingespannte Platte) der Ausdruck A nicht von v abhängig ist, da der mit diesem v behaftete Term ein reiner Divergenzausdruck ist, der dann nur von den Randwerten abhängt. Übrigens folgt aus den Differentialgleichungen sofort die *Plattenbiegegleichung*

$$N\varDelta\varDelta w = -p\,.$$

(9.79)

Der Beweis der beiden Minimalsätze folgt miteinander wie bei den analogen früheren Sätzen.

Es gilt nämlich

$$A\{w\} + B\{M\} \equiv$$

$$\equiv \frac{N}{2} \int\int \left[(1-\nu) \sum_{i,k=1}^{2} \left(w_{/ik} + \frac{1}{N} \left\{ \frac{1}{1-\nu} M_{ik} - \frac{\nu}{1-\nu^2} \delta_{ik} \sum_{l=1}^{2} M_{ll} \right\} \right)^2 + \right.$$

$$\left. + \nu \left(\sum_{l=1}^{2} \left\{ w_{/ll} + \frac{1}{N(1+\nu)} M_{ll} \right\} \right)^2 \right] dx_1\, dx_2 -$$

$$- \int\int \sum_{ik} w_{/ik} M_{ik}\, dx_1\, dx_2 + \int\int P w\, dx_1\, dx_2 +$$

$$+ \oint w_{/n} \sum M_{ik} n_i n_k\, ds -$$

$$- \oint w \left(\sum_{i=1}^{2} Q_i n_i + \frac{d}{ds} \left(\sum_{i,k=1}^{2} M_{ik} n_i t_k \right) \right) ds .$$

Das erste Doppelintegral ist offensichtlich ≥ 0. Das nächste ergibt bei zweimaliger partieller Integration

$$- \int\int \Sigma w_{/ik} M_{ik}\, dx_1\, dx_2 = - \oint \Sigma w_{/i} M_{ik} n_k\, ds +$$

$$+ \oint w\, \Sigma M_{ik/k} n_i\, ds - \int\int w\, \Sigma M_{ik/ki}\, dx_1\, dx_2 .$$

Das Flächenintegral hierin ist gleich $-\int\int P w\, dx_1\, dx_2$. Daher ist

$$A\{w\} + B\{M\} \geq$$

$$\geq - \oint \Sigma w_{/i} M_{ik} n_k\, ds + \oint w\, \sum_i Q_i n_i\, ds + \oint w_{/n} \Sigma M_{ik} n_i n_k\, ds -$$

$$- \oint w \left(\Sigma Q_i n_i + \frac{d}{ds} (\Sigma M_{ik} n_i t_k) \right) ds .$$

Im ersten Integral substituiere man $w_{/i} = n_i w_{/n} + t_i w_{/s}$ und erkennt nach einer partiellen Integration (bezüglich der Integration auf dem Rande), daß sich alles aufhebt.

f) Membran. Für ganz dünne, im Ruhezustand wiederum als eben vorausgesetzte Platten, die unter gleichmäßiger Zugspannung g stehen, gibt es noch die Membrantheorie. Hier sollen nur die Minimalausdrücke angegeben werden:

$$A = \frac{1}{2} \int\int (\mathrm{grad}\, w)^2\, dx_1\, dx_2 - \int\int w\, p\, dx_1\, dx_2 - \oint w\, g\, ds \qquad (9.80)$$

mit der geometrischen Bedingung $w(s) = f(s)$.

$$B = \frac{1}{2} \int\!\int (M_1^2 + M_2^2)\, dx_1\, dx_2 - \oint (M_1 n_1 + M_2 n_2)\, f\, ds\,.$$

Die statisch zulässigen Funktionensysteme M_i werden bestimmt durch $M_{1/1} + M_{2/2} = p$, $\Sigma M_i n_i = g$. Elimination ergibt sofort die Membrangleichung

$$g\,\Delta w = -p\,. \tag{9.81}$$

5. Beweise für die technischen Näherungstheorien. Da die dreidimensionale lineare Elastizitätstheorie eine in sich abgeschlossene, mathematisch befriedigende Theorie mit Existenz- und Eindeutigkeitssätzen für die einschlägigen Randwertaufgaben ist, können die angeführten Näherungstheorien, die oft durch gewisse zusätzliche Hypothesen (z. B. die sog. Bernoullische Hypothese bei der Balkentheorie) begründet werden, nur entweder falsch oder aus der allgemeinen Theorie herleitbar sein, und diese zusätzlichen Hypothesen müssen ebenso entweder falsch oder überflüssig sein. Es ist das Ziel dieses Abschnittes, diese technischen Näherungstheorien im Rahmen der dreidimensionalen linearen Elastizitätstheorie als Grenzwertsätze zu erkennen. Die Methode für die Beweise ist überall die gleiche: Durch Vergleich der Ausdrücke für die Formänderungs- und Spannungsenergie von dreidimensionaler Theorie und der jeweiligen Näherungstheorie wird gezeigt, daß bei abnehmender charakteristischer Größe, z. B. der Plattendicke, die wahren Werte der Energie gegen die wahren Energiewerte der Näherungstheorie konvergieren, und daraus wird auf die immer besser werdenden Approximationen gewisser aus den Lösungen der Näherungstheorien gewonnener Ansätze für Verschiebungen, Verzerrungen und Spannungen gegen die Lösungen, die die dreidimensionale Theorie ergeben würde, geschlossen. Es genügt, die Methode an einigen Fällen zu erläutern:

a) Ebener Spannungszustand (vgl. 4b). Bei der Randwertaufgabe für den ebenen Spannungszustand sei $u_i = u_i(s)$ bzw. $f_i = f_i(s)$ (also unabhängig von x_3) und $f_3 = 0$. Bezeichne A_2 die Formänderungsenergie der Theorie des ebenen Spannungszustandes und A_3 die der dreidimensionalen Theorie; entsprechend B_2 und B_3 die Spannungsenergien. Die Lösungen der Gleichungen der zweidimensionalen Theorie seien

$$v_i\,,\quad \zeta_{ik}\,,\quad \tau_{ik}\quad (i, k = 1, 2)\,.$$

Dann setzen wir

$$\sigma_{ik} = \tau_{ik} \quad (i, k = 1, 2)$$

$$\sigma_{i3} = 0 \tag{9.82a}$$

in B_3 ein und erhalten sofort

$$\frac{1}{h}\, B_3\{\sigma\} = B_2\{\tau\}\,.$$

wegen der Minimumseigenschaft also

$$\frac{1}{h} B_3\{\sigma^h\} \leqq B_2\{\tau\} \equiv b_2, \tag{9.82b}$$

wenn σ^h die wahre Lösung der dreidimensionalen Theorie bezeichnet. Andererseits erzeugen wir aus v_i, ζ_i ein geometrisch zulässiges Verschiebungssystem für A_3:

$$\begin{aligned} u_i &= v_i \quad (i = 1, 2) \\ u_3 &= x_3 \cdot W(x_1, x_2), \end{aligned} \tag{9:82c}$$

wobei W später noch geeignet festgelegt wird. Es folgt daraus

$$\gamma_{ik} = \zeta_{ik} \ (i, k = 1, 2), \quad \gamma_{i3} = \frac{1}{2} x_3 W_{/i}, \quad \gamma_{33} = W,$$

und wir erhalten

$$\frac{1}{h} A_3\{u\} = G \int\!\!\int \left[\sum_{i,k=1}^{2} \gamma_{ik}^2 + \frac{1}{m-2}\left(\sum_{l=1}^{2} \gamma_{ll} + W\right)^2 + W^2 \right] dx_1\, dx_2 +$$
$$+ \frac{G h^2}{24} \int\!\!\int (\operatorname{grad} W)^2\, dx_1\, dx_2 - \oint \ldots$$

Die Identität

$$W^2 + \frac{1}{m-2}(a+W)^2 = \frac{1}{m-1} a^2 + \frac{m-1}{m-2}\left(W + \frac{a}{m-1}\right)^2,$$

angewendet auf

$$a = \sum_{l=1}^{2} \gamma_{ll}$$

läßt die günstigste Wahl von W erkennen und ergibt also mit

$$W = -\frac{1}{m-1} \sum_{l=1}^{2} \gamma_{ll} \tag{9.83}$$

$$\frac{1}{h} A_3\{u\} = A_2\{v\} + \frac{G h^2}{24} \int\!\!\int (\operatorname{grad} W)^2\, dx_1\, dx_2,$$

so daß wir die Ungleichung

$$\frac{1}{h} A_3\{u^h\} \leqq A_2\{v\} + \frac{G h^2}{24} \int\!\!\int (\operatorname{grad} W)^2\, dx_1\, dx_2 \tag{9.84}$$

erhalten. Wenn dieses letzte Integral konvergiert, erkennt man aus den Ungleichungen (9.82b) und (9.84), daß die wahren Minimalwerte so eingeschlossen werden

$$-b_2 \leqq -\frac{1}{h} B_3\{\sigma^h\} \equiv \frac{1}{h} A_3\{u^h\} \leqq a_2 + O(h^2) \quad (a_2 = A_2\{v\}).$$

Wegen $a_2 = -b_2$ gilt also:

$$\lim_{h \to o} \frac{1}{h} A_3\{u^h\} = a_2. \tag{9.85}$$

Wenn das Integral in (9.84) nicht konvergiert, kann man denselben Schluß bis auf ein beliebig kleines ε mit einem gegenüber (9.83) wenig modifizierten W durchführen. Die Ungleichungen (9.82) und (9.84) lassen jetzt wegen der früher allgemein festgestellten Konvergenzen (9.26) die Limes-Aussagen erkennen:

$$\frac{1}{h}\, Q_3\{u^h - u\} \to 0\,,\ \frac{1}{h}\, P_3\{\sigma^h - \sigma\} \to 0\,,$$

wenn Q_3 bzw. P_3 die quadratischen Bestandteile der Formänderungs- bzw. Spannungsenergie bezeichnen. Diese Mittelkonvergenz der als technische Näherung verwendeten Ausdrücke (9.82a) und (9.82c) gegen die wahre Lösung ist damit bewiesen; daraus läßt sich auch auf die übliche Quadratmittelkonvergenz der gemittelten Verschiebungen $\frac{1}{h} \int\limits_{-h/2}^{+h/2} u_i^{(h)}\, dx_3$ gegen v_i schließen.

b) Balken. Begnügt man sich mit der Begründung für die Näherungstheorie des rechteckigen dünnen Balkens, so ist aus den Gleichungen des ebenen Spannungszustandes die Balkentheorie 4d zu gewinnen. Es gelten also die Gleichungen (9.41) und (9.42) in dem Bereich

$$0 \le x_1 \le l\,;\quad |x_2| \le \frac{h}{2}\,, \tag{9.86}$$

und es gelten — die Feldkräfte seien $f_1 = 0$, $f_2 = f_2(x_1) = \dfrac{p\,(x)}{h}$ — die Randbedingungen

$$\tau_{i\,2} = 0 \quad \text{für}\quad x_2 = \pm\,\frac{h}{2}$$

und eine der Randbedingungen bei $x_1 = 0$ bzw. $x_1 = l$ (der Einfachheit halber homogene Randwerte)

$$\begin{aligned}
&\text{I.} && v_1 = v_3 = 0\\
&\text{II.} && v_3 = 0\,;\ \tau_{11} = 0\\
&\text{III.} && \tau_{11} = 0\,;\ \tau_{12} = 0\\
&\text{IV.} && v_1 = 0\,;\ \tau_{12} = 0\,.
\end{aligned}$$

Die Balkendicke h strebe gegen Null. Es werden wieder die Energieausdrücke verglichen, die jetzt mit A_2 und B_2 für die ebene Spannungstheorie und mit A, B für die Balkentheorie bezeichnet werden.

Aus den Lösungen w, M der Balkengleichung gewinnen wir, in einigen Fällen von Randbedingungen ohne weitere Korrekturen, geometrisch bzw. statisch zulässige Vergleichssysteme für A_2 und B_2.

$$\begin{aligned}
v_1 &= -x_2\, w_{/1}\\
v_2 &= w + x_2^2 W\,(x_1)\,.
\end{aligned} \tag{9.87}$$

W wird später geeignet gewählt.

Die zugehörigen Verzerrungen sind

$$\zeta_{11} = - x_2\, w_{/1}$$
$$\zeta_{12} = \frac{1}{2}\, x_2^2\, W_{/1} \tag{9.88}$$
$$\zeta_{22} = 2\, x_2 W \ .$$

Für die Spannungen wählen wir

$$\tau_{11} = 12\, x_2 M$$
$$\tau_{12} = - \left(6\, x_2^2 - \frac{3}{2}\, h^2\right) M' \tag{9.89}$$
$$\tau_{22} = \left(2\, x_2^3 - \frac{x_2}{2}\, h^2\right) M'' \ .$$

Die Randbedingungen für die τ sind hier immer erfüllt. Durch Einsetzen erhält man für die Spannungsenergie

$$\frac{1}{h^3}\, B_2\{\tau\} = \frac{1}{4 G h^3} \int\!\!\int \left\{[12\, x_2^2 M\,(x_1)]^2\, \frac{m}{m+1} + \text{höhere Glieder}\right\} d\,x_1\, d\,x_2$$
$$= \frac{1}{2 E J_0} \int\limits_0^l M^2(x_1)\, d\,x_1 + O\,(h^2) + O\,(h^4)\ \ \left(J_0 = \frac{1}{12}\right).$$

Wegen der Minimaleigenschaft gilt also

$$\overline{\lim_{h \to o}}\ \frac{1}{h^3}\, B_2\{\tau^h\} \leqq B \equiv -A \ . \tag{9.90}$$

Der Ansatz (9.88) ergibt für die Formänderungsenergie

$$\frac{1}{h^3}\, A_2\{v\} = \frac{G}{h^3} \int\!\!\int \left[x_2^2\, w''^2 + \frac{1}{2}\, x_2^4\, W'^2 + 4\, x_2^2 W^2 + \frac{1}{m-1}\, x_2^2(-w'' + \right.$$
$$\left. + 2W)^2\right] d\,x_1\, d\,x_2 - \frac{1}{h} \int\!\!\int (p w + x_2^2\, W)\, d\,x_1\, d\,x_2 =$$
$$= \frac{G}{12} \int \left[w''^2 + 4 W^2 + \frac{1}{m-1}\, (-w'' + 2W)^2\right] d\,x -$$
$$- \int p\,(x)\, w\,(x)\, d\,x + O\,(h^2) \ .$$

Aus der Identität

$$4 W^2 + \frac{1}{m-1}\, (a + 2W)^2 = a^2 + \frac{m}{m-1} \left(2W + \frac{a}{m}\right)^2$$

erkennt man, daß der erste Bestandteil am kleinsten wird, wenn man $2W = \dfrac{w''}{m}$ setzt; dann bleibt

$$\frac{1}{h^3}\, A_2\{v\} = \frac{E J_0}{2} \int\limits_0^l w''^2\, d\,x_1 - \int p\,(x)\, w\,(x)\, d\,x + O\,(h^2)\ \ \left(J_0 = \frac{1}{12}\right),$$

und es gilt im Falle der Konvergenz des letzten Integrals und wenn die evtl. geometrischen Randbedingungen bei I, II, IV erfüllt sind

$$\varlimsup_{h \to o} \frac{1}{h^3} A_2\{v^h\} \leqq \frac{E J_0}{2} \int\limits_0^l w''^2\, dx = A \,.$$

(9.91)

Aus beiden Abschätzungen folgt die behauptete Konvergenz des Energieausdruckes

$$\frac{1}{h^3} A_2^{(h)} \to A \,.$$

Aus (9.26) folgt die Mittelkonvergenz

$$\frac{1}{h^3} Q_2\{\tau - \tau^{(h)}\} \to 0$$

$$\frac{1}{h^3} P_2\{\zeta - \zeta^{(h)}\} \to 0 \,,$$

die die in der technischen Biegelehre als Bernoullische Hypothese bezeichnete Spannungsverteilung asymptotisch als richtig erkennen läßt.

Die Substitution $2W = \dfrac{w''}{m}$ verträgt sich nur mit den Randbedingungen im Falle III. In den anderen Fällen müßte gelten $W = 0$ bzw. sogar $W' = 0$ in dem betreffenden Randpunkt. Durch passende Abänderung von W in einem kleinen Randstreifen läßt sich offenbar erreichen, daß sowohl diese Randbedingung erfüllt ist als auch die Änderung des Ausdruckes A_2, die

$$\int \left(2W - \frac{w''}{m}\right)^2 dx$$

ausmacht, beliebig klein wird. Dann ändert sich an dem Ergebnis nichts.

Durch hier nicht dargestellte Überlegungen läßt sich aus der Konvergenz der Verzerrungen auch die Konvergenz der Verschiebungen

$$v_1^{(h)} \to - x_2 w_{/1}; \quad v_2^{(h)} \to w + x_2^2 W(x_1)$$

schließen, die insbesondere erkennen lassen, daß das w der Balkentheorie tatsächlich dem Mittelwert der senkrechten Verschiebungen v_2 entspricht.

c) Platte und weitere Näherungstheorien. Die Überlegungen zur Begründung der Plattentheorie können in ganz ähnlicher Weise durchgeführt werden wie beim Balken. Die Ansätze für geometrisch zulässige Verschiebungen

$$u_i = - x_3 w_{/i} \quad (i = 1, 2)$$
$$u_3 = w + x_2^2 W$$

(9.92)

und die spätere günstigste Wahl von

$$2W = \frac{\sum\limits_{i=1}^{2} w_{/ii}}{m - 1}$$

(9.93)

und die für statisch zulässige Spannungssysteme

$$\left.\begin{aligned}
\sigma_{ik} &= 12\, x_3 M_{ik} \quad (i,\,k = 1,\,2)\\
\sigma_{i3} &= -\left(6 x_3^2 - \tfrac{3}{2}\, h^2\right) Q_i \quad (i = 1,\,2)\\
\sigma_{33} &= \left(2\, x_3^3 - \tfrac{1}{2}\, x_3 h^2\right) P
\end{aligned}\right\} \tag{9.94}$$

sind analog den Ansätzen der Balkentheorie. Die Anpassung an die Randbedingungen II, III, IV[1] erfordern aber für die Spannungen gesonderte Überlegungen, die damit zusammenhängen, daß die statisch zulässigen M_{ik}-Q_i-Systeme weitgehend unbestimmt sind (sog. statisch unbestimmtes System). Ausgehend von den Lösungen M_{ik} der Plattengleichung soll durch Addition von Funktionen N_{ik} in dem Ansatz (9.94) erreicht werden, daß alle gewünschten Randbedingungen erfüllt sind. Das erfordert

$$\sum_{k=1}^{2} N_{ik/k} = R_i\,; \quad \sum_{i=1}^{2} R_{i/i} = 0 \tag{9.95}$$

und im Falle II

$$\Sigma\, N_{ik} n_k = -\,\Sigma\, M_{ik} n_k \equiv a\,(s) \tag{9.96}$$

und im Falle III außerdem noch

$$\Sigma\, R_i n_i = -\,\Sigma\, Q_i n_i \equiv b\,(s)\,. \tag{9.97}$$

Dabei bestehen wegen der Plattentheorie im Fall II die Randbedingungen $\Sigma\, M_{ik} n_i n_k \equiv \Sigma\, a_i n_i = 0$, so daß man setzen kann $a_i = t_i a\,(s)$ ($t_i =$ Tangentenvektor), während im Falle III zusätzlich gilt

$$\Sigma\, Q_i n_i + \frac{d}{ds}\,(\Sigma\, M_{ik} n_i t_k) = 0\,,$$

also

$$b\,(s) = \frac{d}{ds}\,(\Sigma\, M_{ik} n_i t_k) = \frac{d}{ds}\,(\Sigma\, a_k t_k) = \frac{d}{ds}\, a\,(s)\,.$$

Die Gleichungen (9.95) werden durch den allgemeinen Ansatz

$$N_{11} = \Phi_{/2}\,; \quad N_{12} = -\tfrac{1}{2}\,(\Phi_{/1} + \Psi_{/2})\,, \quad N_{22} = \Psi_{/1}$$

befriedigt. Es wird sich zeigen, daß man am Rande $\Phi = \Psi = 0$ vorschreiben kann. Es wird zunächst Φ_n und Ψ_n bestimmt. Da wegen $\Phi = \Psi = 0$ am Rande $\Phi_s = 0$ und $\Psi_s = 0$ gilt, bleibt am Rande

$$N_{11} = \Phi_n t_1$$

$$N_{12} = -\tfrac{1}{2}\,(\Phi_n n_1 + \Psi_n n_2)$$

$$N_{22} = \Psi_n t_2$$

---

[1] IV wird nicht betrachtet.

und die zu befriedigenden Gleichungen erhalten die Form

$$\Sigma\, N_{1k}n_k \equiv \frac{1}{2}\left(\varPhi_n n_1 - \varPsi_n n_2\right) n_2 = -\,a\,n_2$$

$$\Sigma\, N_{2k}n_k \equiv -\frac{1}{2}\left(\varPhi_n n_1 - \varPsi_n n_2\right) n_1 = a\,n_1,$$

d. h. sie sind äquivalent der sicher lösbaren einen Gleichung

$$\varPhi_n n_1 - \varPsi_n n_2 = -\,a\,(s)\;.$$

Die im Falle III zusätzlich auftretende Gleichung ist wiederum dieser Gleichung äquivalent, denn mit den gemachten Annahmen wird nach kurzer Zwischenrechnung

$$\Sigma\, R_i n_i = \frac{1}{2}\frac{d}{ds}\left(\varPhi_1 - \varPsi_2\right) = \frac{1}{2}\frac{d}{ds}\left(\varPhi_n n_1 - \varPsi_n n_2\right)\;.$$

Indem man nun auf der inneren Normalen (Koordinate ξ vom Rande her gerechnet) $\varPhi(s,\xi) = \varPhi_n(s)\cdot\xi\left(1-\frac{\xi}{\delta}\right)^2$ für $\xi \leq \delta$, sonst $\varPhi = 0$, setzt, und analog für $\varPsi$, erhält man ein System von Funktionen, welches allen Randbedingungen genügt und als additiver Bestandteil zu M_{ik} in B verwendet diesen Ausdruck nur beliebig wenig vergrößert. Die Anpassung des Ansatzes (9.92) durch geeignete Abänderung von W in einem Randstreifen erfolgt wie bei der Balkentheorie. Damit verläuft dann der Beweis für die Begründung der Plattentheorie, wie bei den Überlegungen der Balkentheorie.

Für die Torsionstheorie ist noch keine Herleitung aus der dreidimensionalen Elastizitätstheorie gegeben worden (hier strebt natürlich statt $h \to 0$ die Höhe des betrachteten Zylinders gegen ∞); es scheint aber ganz analog zu gelingen, wenn man nicht eine genauere Aussage über das Verhalten im Endstück (insbesondere bei erzwungener Torsion) haben will.

6. Das Prinzip von SAINT-VÉNANT. Ein für die rechnerische Behandlung praktischer Randwertprobleme der Elastizitätstheorie äußerst wichtiger Näherungssatz ist das Saint-Vénantsche Prinzip. Es besagt: Ändert man die gegebenen Oberflächenspannungen an einem kleinen Teil der Oberfläche eines Körpers derart, daß die dabei zusätzlich angebrachten Kräfte sich das Gleichgewicht halten, so ändern sich die Spannungen und Deformationen nur wenig, abgesehen von der Umgebung der Stelle, an der man die Oberflächenspannungen verändert. Dieser Sachverhalt soll hier in seiner einfachsten Form als Grenzwertsatz bewiesen werden: Greifen an einem Teil $\mathfrak{F}_\varepsilon$ vom Durchmesser ε der Oberfläche eines Körpers $\mathfrak{A}$ Spannungen an, die im Gleichgewicht sind, so gilt, wenn sich dieser Oberflächenteil mit seinen Randspannungen so auf einen Punkt P zusammenzieht, daß die Spannungen in ähnlichen Punkten einander gleich sein sollen (sie „wandern" also mit ihren Punkten mit), daß in allen anderen Teilen des Körpers Spannungen und Deformationen wie ε^3 gegen Null streben.

Beweis: Die Umgebung der betrachteten Stelle des Körpers werde glatt eineindeutig so in einem Halbraum abgebildet, daß die Funktionalmatrix bei P die Einheitsmatrix sei, und daß außerdem der Teil $\mathfrak{F}_\varepsilon$ der Oberfläche in ein ebenes Oberflächenstück übergeht. Halbkugeln $\mathfrak{B}_\varepsilon$ mögen dann den Teilen $\mathfrak{A}_\varepsilon$ entsprechen. Durch sich aus der Abbildung ergebende geeignete Modifikationen der Spannungen entstehen dann auf $\mathfrak{B}_\varepsilon$ Randspannungen, die im Gleichgewicht sein mögen; diese sollen bei der Ähnlichkeitstransformation $\varepsilon \to 0$ wie angeheftet auf den Bildpunkt Q von P zusammenschrumpfen.

Betrachtet man die Randwertaufgabe für den Körperteil $\mathfrak{B}_\varepsilon$: Die transformierten Randspannungen auf dem Bild von $\mathfrak{F}_\varepsilon$, an der restlichen Oberfläche Randkräfte $= 0$, so ergibt eine einfache Ähnlichkeitsbetrachtung, daß die zugehörige Energie proportional ε^3 ist. Da die durch die eineindeutige Abbildung verpflanzten Verschiebungen dieser Lösungen in $\mathfrak{A}_\varepsilon$ zulässige Systeme für das Prinzip vom Minimum der Formänderungsarbeit für das aus $\mathfrak{A}$ herausgeschnittene $\mathfrak{A}_\varepsilon$ sind, und auch das umgekehrte gilt, folgt aus diesem Minimumsatz, daß sich auch die Energie der Lösung des Randwertproblems für $\mathfrak{A}_\varepsilon$ wie ε^3 verhalten. Wenn man jetzt auf den wieder zusammengesetzten Körper $\mathfrak{A}$ den Satz vom Minimum der Spannungsarbeit anwendet, indem man die eben betrachteten Lösungen für $\mathfrak{A}_\varepsilon$ als statisch zulässige Spannungen mit den Null-Spannungen im Restkörper zusammenflickt, erkennt man, daß auch die Energie für den Körper $\mathfrak{A}$, die sich als Minimum des rein quadratischen Ausdruckes der Spannungsenergie (ein anderer Bestandteil existiert in diesem Fall nicht) darstellt, wie ε^3 verhält.

Damit ist die Mittelkonvergenz aller Spannungen und aller Verzerrungen gegen Null wie ε^3 erkannt. Die gewöhnliche Konvergenz im Innern folgt daraus aus einem einfachen Satz über biharmonische Funktionen (alle Verzerrungen und Spannungen sind ja biharmonisch), den wir hier nur für die Ebene beweisen wollen: Aus der Mittelwerteigenschaft biharmonischer Funktionen

$$u(P) = \frac{2}{\pi R^2} \iint_{|Px| \leqq R} u\, dF - \frac{1}{2\pi R} \oint_{|Px| = R} u\, ds\, ,$$

die man am einfachsten durch die allgemeine Darstellung

$$u = r^2 \varphi + \psi \quad (\varDelta \varphi = \varDelta \psi = 0)$$

bestätigt, folgt durch Integration über $0 < R_1 \leq R \leq R_2$ nämlich, daß sich die Funktionswerte $u(P)$ einer biharmonischen Funktion als flächenhafter Mittelwert über Funktionswerte einer kreisförmigen Umgebung darstellen lassen, woraus dann aus der Mittelkonvergenz die gewöhnliche Konvergenz geschlossen werden kann.

Ein mit anderen Methoden (Greensche Funktionen) gefundenes allgemeineres Resultat findet sich bei E. STERNBERG: On Saint-Vénants principle. Bull. Am. Math. Soc. **51**, 556—562 (1945).

Aufgaben und Probleme zu den §§ 7—9

1. Spannungen und Deformationen einer im Inneren geheizten auf der Oberfläche unter Druck stehenden Kugel. Eine Vollkugel vom Radius a steht auf ihrer Oberfläche unter dem Druck p, während in ihrem Inneren pro Volumen- und Zeiteinheit die Wärmemenge Q erzeugt wird. Welcher Spannungs- und Deformationszustand stellt sich in der Kugel ein, wenn sich im stationären Zustande infolge der Wärmeleitung ein Temperaturfeld $T = T(r)$ gemäß der Differentialgleichung

$$\Delta T = T''(r) + \frac{2}{r}\, T'(r) = -\frac{Q}{\lambda} \tag{1}$$

und der Übergangsbedingung

$$-\lambda T'(a) = \beta\, T(a) \tag{2}$$

einstellt? Hierbei sind λ bzw. β konstante Wärmeleitungs- bzw. Wärmeübergangszahlen. Als weitere Materialkonstanten sind die Querkontraktion $v = 1/m$, der Schubmodul G und die Wärmeausdehnungszahl α gegeben, wobei der letzteren eine Dehnung $\varepsilon = \alpha T$ entspricht, so daß die Gl. (9.10) z. B. für die x-Komponente die Form

$$\Delta u + \frac{1}{1-2v}\, \frac{\partial}{\partial x}\left(\frac{\partial u}{\partial x} + \frac{\partial v}{\partial y} + \frac{\partial w}{\partial z}\right) - \frac{2(1+v)\,\alpha}{1-2v}\, \frac{\partial T}{\partial x} = 0 \tag{3}$$

annimmt.

Lösung. Da die Verschiebung ϱ eines Punktes (x, y, z) nur in radialer Richtung erfolgen kann und somit allein eine Funktion der Entfernung $r = \sqrt{x^2 + y^2 + z^2}$ vom Kugelmittelpunkt ist, lassen sich die Verschiebungskomponenten u, v und w mit einer Funktion $f(r)$ offenbar in der Form

$$u = x \cdot f(r)\,, \quad v = y \cdot f(r)\,, \quad w = z \cdot f(r) \tag{4}$$

darstellen, so daß mit (4) aus (3) für $f(r)$ die Differentialgleichung

$$r \cdot f''(r) + 4f'(r) = \frac{1+v}{1-v}\, \alpha\, T'(r) \tag{5}$$

hervorgeht.

Zur Lösung von (5) benötigen wir zunächst die Lösung der Differentialgleichung (1). Mit den willkürlichen Konstanten C_1 und C_2 lautet sie:

$$T(r) = C_1 + \frac{C_2}{r} - \frac{Q}{6\lambda} r^2 \, . \tag{6}$$

Da $T(r)$ für $r = 0$ stetig sein muß, ist $C_2 = 0$ zu fordern, während C_1 sich gemäß (2) bestimmen läßt, wonach man

$$T(r) = Q\left[\frac{a}{3\beta} + \frac{1}{6\lambda}(a^2 - r^2)\right] \tag{7}$$

erhält.

Mit (7) geht (5) in

$$r f''(r) + 4 f'(r) = \frac{(1+\nu)\,\alpha\,Q}{3\lambda(1-\nu)} r = A r \tag{8}$$

über mit der Lösung

$$f(r) = B_1 + \frac{B_2}{r^3} + \frac{A}{10} r^2 \, . \tag{9}$$

Aus Stetigkeitsgründen ist auch hier $B_2 = 0$ zu setzen, während B_1 aus der Bedingung bestimmt wird, daß die Radialspannung $\sigma_r = \sigma_r(r)$ auf der Kugeloberfläche ($r = a$) der Belastung p gleich sein muß:

$$\sigma_r(a) = p \, , \quad p < 0 \; \text{Druck} \, . \tag{10}$$

Nun gilt nach (9.2) für die Normalspannungen

$$\sigma_x = 2G\left[\frac{\partial u}{\partial x} + \frac{\nu}{1-2\nu}\frac{\partial}{\partial x}\left(\frac{\partial u}{\partial x} + \frac{\partial v}{\partial y} + \frac{\partial w}{\partial z}\right) - \frac{1+\nu}{1-2\nu}\,\alpha\,T\right] \tag{11}$$

und entsprechend für die anderen Komponenten. Lassen wir die x- und r-Achse zusammenfallen, was aus Symmetriegründen zulässig ist, so haben wir in (11) $x = r$, $y = z = 0$ und $\sigma_x = \sigma_r =$ Radialspannung und $\sigma_y = \sigma_z = \sigma_t =$ Tangentialspannung (s. Abb. A 1.1) zu setzen.

Wir erhalten zunächst aus (11) unter Beachtung von (4)

$$\sigma_x = 2G\left[\frac{1+\nu}{1-2\nu}f(r) + \left(\frac{x^2}{r} + \frac{\nu}{1-2\nu}r\right)f'(r) - \right.$$
$$\left. - \frac{1+\nu}{1-2\nu}\,\alpha\,T\right]$$

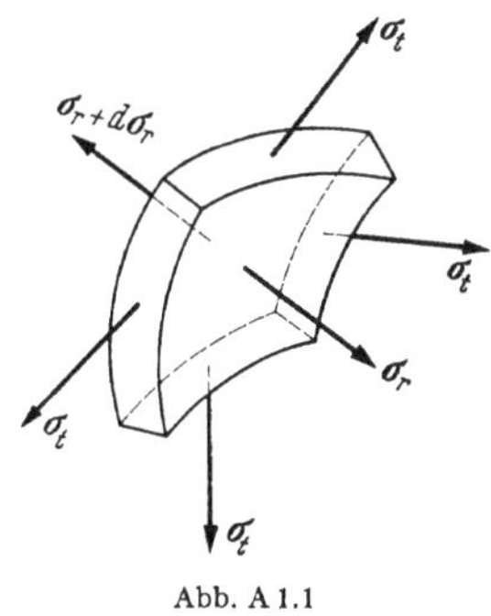

Abb. A 1.1

und entsprechenden Formeln für σ_y und σ_z, woraus entsprechend den vorangehenden Ausführungen sich

$$\sigma_r = \sigma_r(r) = \frac{2G}{1-2\nu}\left[(1+\nu)f(r) + (1-\nu)r f'(r) - (1+\nu)\alpha \cdot T(r)\right], \tag{12}$$

$$\sigma_t = \sigma_t(r) = \frac{2G}{1-2\nu}\left[(1+\nu)f(r) + \nu r f'(r) - (1+\nu)\alpha \cdot T(r)\right] \tag{13}$$

ergeben.

Gemäß (10) erhält man aus (12) mit (7) und (9) die Konstante B_1 zu

$$B_1 = \frac{3-\nu}{1-\nu} \cdot \frac{\alpha Q a^2}{30\lambda} + \frac{\alpha Q a}{3\beta} + \frac{p(1-2\nu)}{2G(1+\nu)},$$

womit $f(r)$ bestimmt ist:

$$f(r) = \frac{\alpha Q a}{3\beta} + \frac{p(1-2\nu)}{2G(1+\nu)} + \frac{\alpha Q}{30\lambda(1-\nu)}\left[(3-\nu)a^2 - (1+\nu)r^2\right]. \tag{14}$$

Mit $f(r)$ sind gemäß (4) bzw. (12) und (13) Deformationen und Spannungen festgelegt. Für die letzteren erhält man:

$$\sigma_r = p - \frac{2G\alpha Q}{15\lambda}\frac{1+\nu}{1-\nu}(a^2 - r^2), \tag{15}$$

$$\sigma_t = p - \frac{2G\alpha Q}{15\lambda}\frac{1+\nu}{1-\nu}(a^2 - 2r^2). \tag{16}$$

2. Lösungen der elastischen Gleichungen für den zylindersymmetrischen Fall. Bedeuten u und w die radiale und achsiale Verschiebung des homogenen elastischen Mediums vom spezifischen Gewicht γ, so lauten die Deformationsgleichungen und Gleichgewichtsbedingungen:

$$\sigma_{zz} = \sigma_z = 2G\left(\frac{\partial w}{\partial z} + \frac{\nu\Theta}{1-2\nu}\right), \quad \sigma_{rr} = \sigma_r = 2G\left(\frac{\partial u}{\partial r} + \frac{\nu\Theta}{1-2\nu}\right),$$

$$\sigma_{tt} = \sigma_t = 2G\left(\frac{u}{r} + \frac{\nu\Theta}{1-2\nu}\right), \quad \sigma_{rt} = \tau = G\left(\frac{\partial u}{\partial z} + \frac{\partial w}{\partial r}\right); \tag{1}$$

und (s. a. Abb. A 2.1)

$$\frac{\partial\sigma_z}{\partial z} + \frac{\partial\tau}{\partial r} + \frac{\tau}{r} + \gamma = 0; \quad \frac{\partial\sigma_r}{\partial r} + \frac{\sigma_r - \sigma_t}{r} + \frac{\partial\tau}{\partial z} = 0. \tag{2}$$

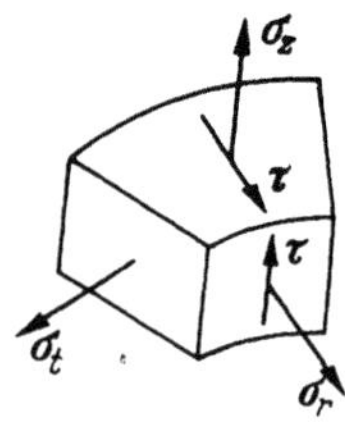

Abb. A 2.1

Hierbei ist

$$\Theta = \frac{u}{r} + \frac{\partial u}{\partial r} + \frac{\partial w}{\partial z} \tag{3}$$

die Gesamtdehnung (Volumendilatation), und die Indizes z, r und t zeigen die achsiale, radiale und tangentiale Richtung an einem Element an. Man gebe stetige Lösungen für u und w der Form $R(r)\cdot Z(z)$ an.

Lösung. Setzt man die Spannungen nach (1) in (2) ein, so ergeben sich die Differentialgleichungen

$$(1-2\nu)\Delta w + \frac{\partial\Theta}{\partial z} + \frac{(1-2\nu)\gamma}{G} = 0, \tag{4}$$

$$(1-2\nu)\left(\Delta u - \frac{u}{r^2}\right) + \frac{\partial\Theta}{\partial r} = 0, \tag{5}$$

woraus wiederum

$$\Delta\Theta = \frac{\partial^2\Theta}{\partial z^2} + \frac{\partial^2\Theta}{\partial r^2} + \frac{\partial\Theta}{\partial r}\cdot\frac{1}{r} = 0 \tag{6}$$

folgt.

Die einfachsten Lösungen der Form $R(r) \cdot Z(z)$ wären Polynome in r und z, und zunächst suchen wir nach solchen. Mit dem (6) genügenden Ansatz

$$\Theta = A_0 + A_1 z \tag{7}$$

folgt aus (4)

$$\Delta w + \frac{A_1}{1 - 2\nu} + \frac{\gamma}{G} = \Delta w + 2C = 0 \tag{8}$$

und hieraus mit

$$w = \sum_{j=1}^{n} a_j z^j + \sum_{j=1}^{m} b_j r^j \tag{9}$$

nach Koeffizientenvergleich $a_j = 0$ für $j > 2$, $b_1 = 0$, $b_j = 0$ für $j > 2$ und $a_2 + 2b_2 + b = 0$. Dementsprechend haben wir gemäß (9)

$$w = a_0 + a_1 z - (2b_2 + C) z^2 + b_2 r^2 \ . \tag{10}$$

Setzen wir (7) in (5) ein, so ergibt sich

$$\Delta u - \frac{u}{r^2} = 0 \ , \tag{11}$$

woraus mit dem Produktansatz $u = R(r) \cdot Z(z)$ für den Parameter Null die Differentialgleichungen

$$r^2 R''(r) + r\, R'(r) - R(r) = 0 \ , \quad Z''(z) = 0$$

mit der für $r = 0$ regulären Lösung $R(r) = r$ bzw. $Z(z) = c_0 + c_1 z$ hervorgehen. Wir haben also als Lösung von (11)

$$u = (c_0 + c_1 z)\, r \ . \tag{12}$$

Aus (3) folgt mit (9), (10) und (12) nach Koeffizientenvergleich

$$A_1 = 2\left[c_1 - (2b_2 + C)\right] \ , \quad A_0 = 2c_2 + a_1 \ , \tag{13}$$

und damit

$$\Theta = 2c_0 + a_1 + 2\left[c_1 - (2b_2 + C)\right] z \ , \tag{14}$$

wobei gemäß (8) $C = A_1/2(1 - 2\nu) + \beta/2G$ ist.

Damit haben wir Lösungen für die Verschiebungen gefunden, in denen c_0, c_1, a_0, a_1, b_2 und C noch frei verfügbar sind.

Nun suchen wir *Lösungen für* $\gamma \equiv 0$. Für diesen Fall lautet (4):

$$(1 - 2\nu)\, \Delta w + \frac{\partial \Theta}{\partial z} = 0 \ . \tag{15}$$

Die Differentialgleichung (6) bleibt bestehen und mit dem Ansatz

$$\Theta = R(r) \cdot Z(z)$$

gewinnen wir aus ihr mit dem Parameter λ^2 die Differentialgleichungen

$$r^2 R(r) + r\, R'(r) + \lambda^2 r^2 R(r) = 0 \ , \quad Z''(z) - \lambda^2 Z(z) = 0$$

und dementsprechend die für $r = 0$ stetige Lösung

$$\Theta = (p\, e^{-\lambda z} + q\, e^{\lambda z})\, J_0(\lambda r)\,. \tag{16}$$

Hierbei sind p und q beliebige Konstanten und $J_0(\lambda r)$ die Besselsche Funktion erster Art.

Mit (16) folgt aus (15):

$$\Delta w = -\frac{\lambda}{1 - 2\,\nu}\,(-p\, e^{-\lambda z} + q\, e^{\lambda z})\, J_0(\lambda r)\,. \tag{17}$$

Der homogene Teil $\Delta w = 0$ hat analog zu (6) eine (16) entsprechende Lösung

$$w = (P\, e^{-\lambda z} + Q\, e^{\lambda z})\, J_0(\lambda r)\,, \tag{18}$$

während der Ansatz

$$w = (A_1 e^{-\lambda z} + A_2 e^{\lambda z})\, z\, J_0(\lambda r) + A\,z + B \tag{19}$$

wegen $J_0'(x) = -J_1(x)$ aus (17) nach Koeffizientenvergleich auf

$$A_1 = -\frac{p}{2\,(1 - 2\,\nu)}\,,\quad A_2 = -\frac{q}{2\,(1 - 2\,\nu)}$$

führt, so daß man nach Superposition der Lösungen (18) und (19)

$$w = -\frac{z}{2\,(1 - 2\,\nu)}\,(p\, e^{-\lambda z} + q\, e^{\lambda z})\, J_0(\lambda r) +$$
$$+ (P\, e^{-\lambda z} + Q\, e^{\lambda z})\, J_0(\lambda r) + A\,z + B \tag{20}$$

erhält.

Nun zur Ermittlung von u. Aus (5) folgt mit (16) wegen $J_0'(\lambda r) = -\lambda J_1(\lambda r)$

$$\Delta u - \frac{u}{r^2} = \frac{\lambda}{1 - 2\,\nu}\,(p\, e^{-\lambda z} + q\, e^{\lambda z})\, J_1(\lambda r)\,. \tag{21}$$

Für die homogene Differentialgleichung $\Delta u - u/r^2 = 0$ erhalten wir mit dem Ansatz $u = R(r) \cdot Z(z)$ die Differentialgleichungen

$$r^2 R''(r) + r\, R'(r) + (\lambda^2 r^2 - 1)\, R(r) = 0\,,\quad Z''(z) - \lambda^2 Z(z) = 0$$

und somit die Lösung

$$u = (B_1\, e^{-\lambda t} + B_2 e^{\lambda t})\, J_1(\lambda r)\,,$$

während aus (21) mit dem Ansatz

$$u = (C_1 e^{-\lambda z} + C_2 e^{\lambda z})\, z\, J_1(\lambda r)$$

zunächst

$$C_1 = -\frac{p}{2\,(1 - 2\,\nu)}\,;\quad C_2 = \frac{q}{2\,(1 - 2\,\nu)}$$

und damit nach Superposition

$$u = (B_1 e^{-\lambda z} + B_2 e^{\lambda z})\, J_1(\lambda r) - \frac{z}{2\,(1 - 2\,\nu)}\,(p\, e^{-\lambda z} - q\, e^{\lambda z})\, J_1(\lambda r) \tag{22}$$

folgt. Setzt man (20) und (22) in (3) ein und beachtet (16), so lassen sich B_1 und B_2 eliminieren, und man erhält schließlich

$$u = \left\{ \left[P + \frac{(3 - 4\,\nu)\,p}{2\,(1 - 2\,\nu)\,\lambda} \right] e^{-\lambda z} + \left[-Q + \frac{(3 - 4\,\nu)\,q}{2\,(1 - 2\,\nu)\,\lambda} \right] e^{\lambda z} \right\} J_1(\lambda r) - \tag{23}$$
$$- \frac{z}{2\,(1 + \nu)} \left(p\, e^{-\lambda z} - q\, e^{\lambda z} \right) J_1(\lambda r)\,.$$

Zu den Lösungen (20) und (23) können (12) und (10) superponiert werden.

3. Kreiszylinder (dicke Kreisplatte unter achsensymmetrischer Last). Man benutze die Ergebnisse des vorangehenden Problems dazu, um folgende Randwertaufgabe zu lösen:

$$\tau(z, a) = 0 \quad (1) \qquad \sigma_z(0, r) = -p(r) \tag{2}$$

$$\tau(0, r) = 0 \quad (3) \qquad \sigma_z(h, r) = \begin{cases} 0 \ \text{für } r < a_0 \to a \\ -p_0 \ \text{für } a_0 \leq r \leq a \end{cases} \tag{4}$$

$$\tau(h, r) = 0 \quad (5) \qquad u(z, a) = 0 \tag{6}$$

$$w(h, a) = 0 \quad (7)$$

Wie man leicht einsieht, entspricht ihr eine Kreisplatte (vom Radius a und der Höhe h), die bei $z = 0$ die (achsensymmetrische) Druckbelastung $p(r)$, aber — ebenso wie für $z = h$ und am Plattenmantel $(r = a)$ — keine Schubbeanspruchung erfährt, bei $z = h$ in einem schmalen Streifen $a_0 \leq r \leq a$ durch einen konstanten Druck p_0 gestützt bzw.

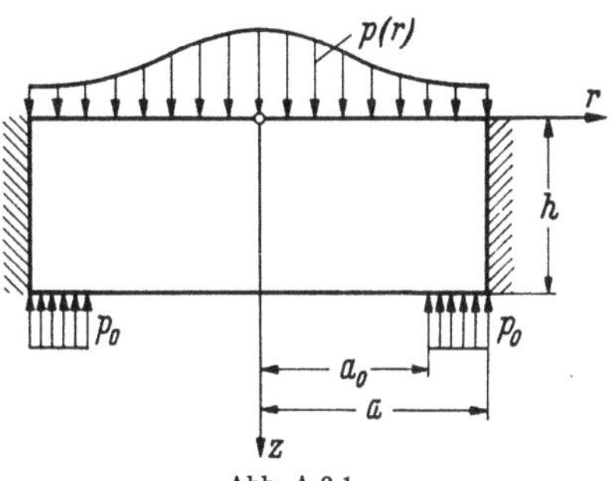

Abb. A 3.1

(für $a_0 \to a$) bei $r = a$ durch eine starre Stützung gehalten wird und schließlich am Mantel $(r = a)$ keine Radialverschiebung erleidet, also „eingespannt" ist (Abb. A 3.1).

Lösung. Sehen wir vom Eigengewicht der Platte ab, was

$$2\pi \int\limits_{r=0}^{a} p(r)\, dr = K = \pi\,(a^2 - a_0^2)\, p_0 \tag{8}$$

zur Folge hat, so müssen wir von den Verschiebungsfunktionen (19) und (23) des vorangehend behandelten Problems ausgehen. Berechnet man mit ihnen gemäß (1) der vorangehenden Aufgabe die Schubspannung τ, so liefert die Randbedingung (1) $J_1(\lambda a) = 0$, die Eigenwerte λ_j $(j = 1, 2, 3, \ldots)$ sind also durch die (unendlich vielen und positiven) Nullstellen x_j der Besselfunktion $J_1(x)$ bestimmt:

$$\lambda_j = \frac{x_j}{a}\,. \tag{9}$$

Nach Superposition erhalten wir also für die Verschiebungen:

$$w = \sum_{j=1}^{\infty} \left\{ \left[P_j - \frac{p_j z}{2(1-2\nu)} \right] e^{-\lambda_j z} + \left[Q_j - \frac{q_j z}{2(1-2\nu)} \right] e^{\lambda_j z} \right\} J_0(\lambda_j r) + \tag{10}$$
$$+ A z + B,$$

$$u = \sum_{j=1}^{\infty} \left\{ \left[P_j + \frac{p_j}{2(1-2\nu)}(3-4\nu-\lambda_j z) \right] e^{-\lambda_j z} + \right.$$
$$\left. + \left[-Q_j + \frac{q_j}{2(1-2\nu)\lambda_j}(3-4\nu+\lambda_j z) \right] e^{\lambda_j z} \right\} J_1(\lambda_j r). \tag{11}$$

Mit diesen Verschiebungsfunktionen werden wir die weiteren Randbedingungen zu erfüllen suchen, wobei die Spannungen gemäß (1) der vorangehenden Aufgabe errechnet werden.

Die Randbedingung (2) ergibt

$$2G \left\{ \sum_{j=1}^{\infty} \left[-\frac{1}{2}(p_j+q_j) - \lambda_j(P_j-Q_j) \right] J_0(\lambda_j r) + \frac{1-\nu}{1-2\nu} A \right\} = -p(r).$$

Multiplikation mit $r\,dr$ bzw. $J_0(\lambda_k r)\,r\,dr$ und Integration zwischen $r=0$ und $r=a$ führt wegen

$$\int_0^a J_0(\lambda_k r)\,r\,dr = 0 \quad \text{bzw.}$$
$$\int_0^a r\,J_0(\lambda_j r)\,J_0(\lambda_k r)\,dr = \begin{cases} \dfrac{a^2}{2} J_0^2(\lambda_j a) \text{ für } j=k \\ 0 \text{ für } j \neq k \end{cases} \tag{12}$$

auf

$$A = -\frac{1-2\nu}{(1-\nu)\,a^2 G} \int_0^a r\,p(r)\,dr \tag{13}$$

bzw.

$$-\frac{1}{2}(p_j+q_j) - \lambda_j(P_j-Q_j) = -\frac{\int_0^a p(r)\,J_0(\lambda_j r)\,r\,dr}{a^2 G\,J_0^2(\lambda_j a)} = C_j. \tag{14}$$

Die Randbedingung (3) liefert

$$p_j - q_j + \frac{(1-2\nu)\lambda_j}{1-\nu} \cdot (P_j+Q_j) = 0. \tag{15}$$

Aus (14) und (15) lassen sich P_j und Q_j durch p_j und q_j ausdrücken, womit (10) und (11) in

$$w = \sum_{j=1}^{\infty} \left\{ \frac{-p_j}{4\lambda_j(1-2\nu)} \left[(3-4\nu+2\lambda_j z) e^{-\lambda_j z} + e^{\lambda_j z} \right] + \right.$$
$$+ \frac{q_j}{4\lambda_j(1-2\nu)} \left[(3-4\nu-2\lambda_j z) e^{\lambda_j z} + e^{-\lambda_j z} \right] + \tag{16}$$
$$\left. + \frac{c_j}{\lambda_j} \mathfrak{Sin}\,\lambda_j z \right\} J_0(\lambda_j r) + A z + B$$

und

$$u = \sum_{j=1}^{\infty} \left\{ \frac{p_j}{4\lambda_j(1-2\nu)} \left[(3-4\nu-2\lambda_j z)\,e^{-\lambda_j z} + e^{\lambda_j z}\right] + \right.$$
$$+ \frac{q_j}{4\lambda_j(1-2\nu)} \left[(3-4\nu+2\lambda_j z)\,e^{\lambda_j z} + e^{-\lambda_j z}\right] - \tag{17}$$
$$\left. - \frac{c_j}{\lambda_j}\,\mathfrak{Cof}\,\lambda_j z \right\} J_1(\lambda_j r)$$

übergehen.

Die Forderung (4) ergibt mit (8):

$$2G\left\{ \frac{1-\nu}{1-2\nu}A + \sum_{j=1}^{\infty}\left[\frac{p_j}{2(1-2\nu)}(\lambda_j h\,e^{-\lambda_j z} - \mathfrak{Sin}\,\lambda_i h) - \right.\right.$$
$$\left.\left. - \frac{q_j}{2(1-2\nu)}(\lambda_j h\,e^{\lambda_j z} - \mathfrak{Sin}\,\lambda_j h) + c_j\,\mathfrak{Cof}\,\lambda_j h \right] J_0(\lambda_j r) = \right.$$
$$= \begin{cases} 0 & \text{für } r < a_0 \\ -\dfrac{K}{\pi(a^2-a_0^2)} & \text{für } a_0 \leqq r \leqq a \,. \end{cases}$$

Multiplikation mit $r\,J_0(\lambda_k r)\,dr$ und Integration liefert mit (12):

$$\frac{p_j}{2(1-2\nu)}(\lambda_j h\,e^{-\lambda_j h} - \mathfrak{Sin}\,\lambda_j h) - \frac{q_j}{2(1-2\nu)}(\lambda_j h\,e^{\lambda_j h} - \mathfrak{Sin}\,\lambda_j h) +$$
$$+ c_k\,\mathfrak{Cos}\,\lambda_j h = \frac{K a_0 J_1(\lambda_j a_0)}{G\pi a^2 \lambda_j(a^2-a_0^2) J_0^2(\lambda_j a)} = b_j\,. \tag{18}$$

Die Randbedingung (5) liefert

$$p_j(\lambda_j h\,e^{-\lambda_j h} + \mathfrak{Sin}\,\lambda_j h) + q_j(\lambda_j h\,e^{\lambda_j h} + \mathfrak{Sin}\,\lambda_j h) = 2(1-2\nu)c_j\,\mathfrak{Sin}\,\lambda_j h\,. \tag{19}$$

Aus (18) und (19) lassen sich p_j und q_j ermitteln:

$$p_j = \frac{1-2\nu}{\mathfrak{Sin}^2\lambda_j h - \lambda_j^2 h^2}\left[c_j\left(\lambda_j h + \frac{1}{2}\,\mathfrak{Sin}2\,\lambda_j h + \mathfrak{Sin}^2\lambda_j h\right) - \right.$$
$$\left. - b_j(\lambda_j h\,e^{\lambda_j h} + \mathfrak{Sin}\,\lambda_j h) \right], \tag{20}$$

$$q_j = \frac{1-2\nu}{\mathfrak{Sin}^2\lambda_j h - \lambda_j^2 h^2}\left[b_j(\lambda_j h\,e^{-\lambda_j h} + \mathfrak{Sin}\,\lambda_j h) - \right.$$
$$\left. - c_j\left(\lambda_j h + \frac{1}{2}\,\mathfrak{Sin}2\lambda_j h - \mathfrak{Sin}^2\lambda_j h\right) \right]. \tag{21}$$

Damit ist aber das Randwertproblem gelöst, denn die Randbedingung (6) wird von (17) befriedigt, während die noch freie Konstante aus (16) entsprechend der Forderung (7) sofort entnommen werden kann.

Wir bemerken noch, daß für $a_0 \to a$ aus (18) nach der L'Hospitalschen Regel

$$b_j = -\frac{K}{2a^2\pi G J_0(\lambda_j a)} \tag{22}$$

folgt.

Der Leser möge sich noch überlegen, daß das vorgelegte Randwertproblem auch noch unter *Berücksichtigung des Eigengewichtes* des Zylinders lösbar ist. Dazu verwende man die Lösungen (10) und (12) der vorangehenden Aufgabe. Man erhält als zu (16) und (17) zu superponierenden Verschiebungen

$$ w = \frac{(1-2\nu)\gamma}{2(1-\nu)G}\,(h^2 - z^2)\,, \quad u \equiv 0\,. $$

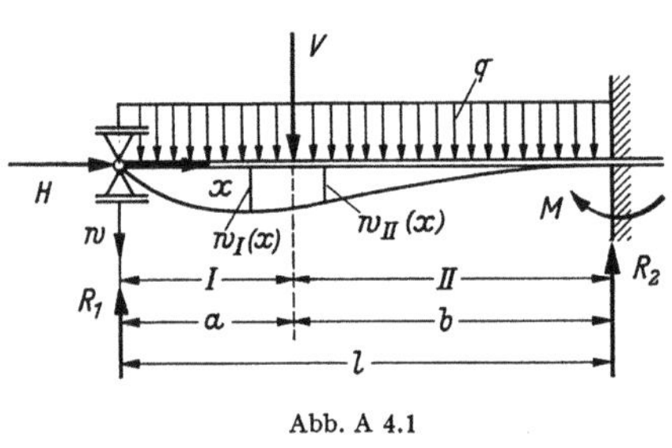

Abb. A 4.1

4. Deformation eines Balkens unter Längs- und Querbelastung:

a) Für den in Abb. A 4.1 dargestellten Balken ermittle man die Auflagerkräfte und die Biegelinie $w(x)$.

b) Wie lautet das Ergebnis im Falle $V = 0$?

c) Was ergibt sich für $V = 0$ und $q = 0$?

d) Wie ändern sich die Ergebnisse für $M = 0$ (beidseitig gelenkige Lagerung)?

e) Für den Fall $V = 0$, $q = 0$, $M = 0$ bestimme man näherungsweise die Größe der Ausbiegungen.

f) Man betrachte den beidseitig gelenkig gelagerten Stab, der nur durch eine pulsierende Längskraft

$$ H = H_1 + H_0 \cos \omega t $$

belastet wird.

Lösung. a) Die Gleichgewichtsbedingungen liefern

$$ R_1 = \frac{Vb}{l} + \frac{ql}{2} - \frac{M}{l}\,, \quad R_2 = \frac{Va}{l} + \frac{ql}{2} + \frac{M}{l}\,, \tag{1} $$

wobei M zunächst noch unbekannt ist (*statische Unbestimmtheit*). Nach (9.70) lauten die Differentialgleichungen der Biegelinie

$$ EJ\,w_I''(x) = -R_1 x + \frac{q x^2}{2} - H w_I(x) \quad \text{für} \quad 0 \leq x \leq a \tag{2} $$

$$ EJ\,w_{II}''(x) = -R_1 x + \frac{q x^2}{2} - H w_{II}(x) + V(x-a) \quad \text{für} \quad a \leq x \leq l\,, \tag{3} $$

deren Lösungen mit $\lambda^2 = H/EJ$

$$ w_I(x) = C_1 \sin \lambda x + C_2 \cos \lambda x + \frac{q}{2H} x^2 - \frac{R_1}{H} x - \frac{qEJ}{H^2}\,, \tag{4} $$

$$ w_{II}(x) = C_3 \sin \lambda x + C_4 \cos \lambda x + \frac{q}{2H} x^2 - \frac{R_1 - V}{H} x - \frac{V}{H} a - \frac{qEJ}{H^2} \tag{5} $$

sind. Die vier unbekannten Konstanten $C_1, \ldots, C_4$ sowie das in R_1 enthaltene noch unbekannte Einspannmoment M ergeben sich aus den

Rand- bzw. Übergangsbedingungen

$$w_{\mathrm{I}}(0) = 0 \, , \quad w_{\mathrm{II}}(l) = 0 \, , \quad w'_{\mathrm{II}}(l) = 0 \tag{6}$$

bzw.

$$w_{\mathrm{I}}(a) = w_{\mathrm{II}}(a) \, ; \quad w'_{\mathrm{I}}(a) = w'_{\mathrm{II}}(a) \, . \tag{7}$$

b) Aus (4) folgt nach Befriedigung der Randbedingungen (6)

$$w(x) = \frac{q}{EJ\lambda^4} \left[\frac{1 - \cos\lambda l - \dfrac{\lambda l}{2}\sin\lambda l}{\sin\lambda l - \lambda l \cos\lambda l} \left(\lambda x - \frac{\sin\lambda x}{\cos\lambda l}\right) + \right.$$

$$\left. + \left(\sin\lambda l - \frac{\lambda l}{2}\right)\frac{\sin\lambda x}{\cos\lambda l} + \cos\lambda x + \frac{\lambda^2}{2}x^2 - \frac{l\lambda^2}{2}x - 1\right] \tag{8}$$

und

$$M = \frac{ql}{\lambda}\,\frac{1 - \cos\lambda l - \dfrac{\lambda l}{2}\sin\lambda l}{\sin\lambda l - \lambda l \cos\lambda l} \, . \tag{9}$$

Wie man sieht, würde für $\operatorname{tg}\lambda l = \lambda l$ diese Lösung über alle Grenzen wachsen. Einen sinnvollen Grenzwert erhält man unter Verwendung der Gl. (9.71).

Ist die Längskraft H nicht vorhanden, läßt sich Gl. (8) in die bekannte Lösung

$$w(x) = \frac{ql^4}{48EJ}\left(2\,\frac{x^4}{l^4} - 3\,\frac{x^3}{l^3} + \frac{x}{l}\right)$$

überführen, wie man durch Anwendung der Regel von DE L'HOSPITAL oder mit Hilfe von Reihenentwicklung zeigen kann.

c) Bei fehlender Querbelastung folgt aus (8) entweder $w \equiv 0$ oder für $\operatorname{tg}\lambda l = \lambda l$

$$w(x) = f\left(\lambda x - \frac{\sin\lambda x}{\cos\lambda l}\right), \tag{10}$$

wobei

$$f = \frac{q}{EJ\lambda^4}\,\frac{1 - \cos\lambda l - \dfrac{\lambda l}{2}\sin\lambda l}{\sin\lambda l - \lambda l \cos\lambda l} \tag{11}$$

im Rahmen dieser Theorie ein unbestimmter Ausdruck der Form $0/0$ ist. Im vorliegenden Falle ist also nur für Lösungen λ_k (Eigenwerte) der Gleichung $\operatorname{tg}\lambda l = \lambda l$, d. h. für $H_k = \lambda_k^2 EJ$, eine ausgelenkte Gleichgewichtslage möglich (Knickung). Auch hier läßt sich die Größe der Auslenkungen ermitteln, indem man Gl. (9.71) verwendet.

d) Ist der Stab beidseitig gelenkig gelagert ($M = 0$), so wird

$$w(x) = \frac{q}{EJ\lambda^4}\left[\frac{1 - \cos\lambda l}{\sin\lambda l}\sin\lambda x + \cos\lambda x + \frac{\lambda^2}{2}x^2 - \frac{\lambda^2 l}{2}x - 1\right]. \tag{12}$$

Für $q = 0$ folgt aus (12) wieder $w \equiv 0$ oder für $\sin \lambda l = 0$ $\Big($d. h. $H_k =$
$= \frac{k^2 \pi^2 EJ}{l^2}$, $k = 1, 2, 3, \ldots\Big)$

$$w(x) = f \cdot \sin \lambda x \,, \tag{13}$$

wobei

$$f = \frac{q}{EJ\lambda^4} \cdot \frac{1 - \cos \lambda l}{\sin \lambda l} \tag{14}$$

wieder ein unbestimmter Ausdruck der Form 0/0 ist.

e) Um die Form der Biegelinie und die Größe der Ausbiegungen zu erhalten, wird Gl. (9.71) benutzt:

$$\frac{w''(x)}{(1 + w'(x)^2)^{3/2}} = \frac{d\alpha}{ds} = -\frac{Hw}{EJ} = -\lambda^2 w \,. \tag{15}$$

Im folgenden wird die Bogenlänge s von der Stabmitte ausgehend als unabhängige Veränderliche eingeführt. Mit

$$\frac{dw}{ds} = \dot{w} = \sin \alpha \,, \quad \ddot{w} = \dot{\alpha} \cos \alpha$$

wird aus (15)

$$\ddot{w} = -\lambda^2 w \cos \alpha \,, \tag{16}$$

woraus unter Annahme kleiner Ausbiegungen $\Big($d. h. $\sin \alpha \approx \alpha$, $\cos \alpha \approx$
$\approx 1 - \frac{1}{2} \dot{w}^2\Big)$ die nichtlineare Differentialgleichung

$$\ddot{w} + \lambda^2 w = \frac{1}{2} \lambda^2 w \dot{w}^2 \tag{17}$$

folgt. Mit der maximalen Auslenkung A in Stabmitte und wegen $w(-A)$
$= -w(A)$ führt der Störungsansatz

$$w = w(s) = A\, w_1(s) + A^3\, w_3(s) \tag{18}$$

zu den Differentialgleichungen (s. etwa [1.8])

$$\ddot{w}_1(s) + \lambda^2 w_1(s) = 0 \tag{19}$$

$$\ddot{w}_3(s) + \lambda^2 w_3(s) = \frac{1}{2} \lambda^2 w_1(s)\, \ddot{w}_1^2(s) \,, \tag{20}$$

deren Lösungen nach Erfüllung der Randbedingungen

$$w = w(s) = A \cos \lambda s + \frac{1}{8} A^3 \lambda^2 \Big(\frac{1}{2} \lambda s - \frac{1}{4} \sin 2\lambda s\Big) \sin \lambda s \tag{21}$$

mit

$$A^2 = -32\, \frac{\operatorname{ctg} \dfrac{\lambda l}{2}}{\lambda^2 (\lambda l - \sin \lambda l)} \tag{22}$$

liefert. Aus $A^2 > 0$ und $\lambda l > \sin \lambda l$ folgt $\operatorname{ctg} \dfrac{\lambda l}{2} < 0$, d. h. $\lambda l < \pi$ und damit $H > \dfrac{\pi^2 EJ}{l^2} = H_1$.

f) Unter Beachtung von $V = q = M = 0$ folgt aus (2) durch zweimalige Differentiation und Hinzufügen der negativen Massenbeschleunigung des seitlich ausschwingenden Stabes die Differentialgleichung des Problems

$$E J \frac{\partial^4 w}{\partial x^4} + (H_1 + H_0 \cos \omega t) \frac{\partial^2 w}{\partial x^2} + \mu \frac{\partial^2 w}{\partial t^2} = 0 \, , \tag{23}$$

wobei μ die Masse pro Längeneinheit des Stabes ist. Wegen der gelenkigen Lagerung an den Enden $x = 0$ und $x = l$ müssen dort w und M, also auch $\partial^2 w / \partial x^2$ Null sein, also

$$w(0, t) = w(l, t) = 0 \, , \left(\frac{\partial^2 w}{\partial x^2} \right)_{x=0} = \left(\frac{\partial^2 w}{\partial x^2} \right)_{x=l} = 0 \, . \tag{24}$$

Diesen Randbedingungen genügt die Funktion

$$w = w(x, t) = u(t) \sin \frac{k \pi x}{l} \, , \quad k = 1, 2, 3, \ldots, \tag{25}$$

die, in (23) eingesetzt, mit der Transformation $\omega t = 2\tau$ und den Abkürzungen

$$\lambda = \frac{1}{\mu} \left(\frac{2\pi k}{\omega l} \right)^2 \left(\frac{E J k^2 \pi^2}{l^2} - H_1 \right) , \quad 2h = \frac{H_0}{\mu} \left(\frac{2\pi k}{\omega l} \right)^2 \tag{26}$$

für $u = u(t)$ die Mathieusche Differentialgleichung

$$\frac{d^2 u}{d\tau^2} + (\lambda - 2h \cos 2\tau) u = 0 \tag{27}$$

liefert. In der Theorie dieser Differentialgleichungen wird gezeigt, daß bei gewissen Wertepaaren λ und h die Lösungen kritische, d. h. mit der Zeit unbeschränkt anwachsende Werte annehmen (s. hierzu R. ROTHE u. I. SZABÓ: Höh. Math. VI, Teubner 1958).

5. Die Fortpflanzungsgeschwindigkeit longitudinaler Wellen in einem homogenen Stab konstanten Querschnittes Q ist zu bestimmen.

Lösung. Die Verschiebung u in der x-Richtung hat die Querverschiebungen $- v\, y\, \partial u / \partial x$ und $- v\, z\, \partial u / \partial x$ zur Folge, so daß die kinetische Energie (wenn ϱ die Dichte, l die Stablänge bedeutet)

$$T = \frac{1}{2} \varrho Q \int_{x=0}^{l} \left[\left(\frac{\partial u}{\partial t} \right)^2 + v^2 \lambda^2 \left(\frac{\partial^2 u}{\partial x \, \partial t} \right)^2 \right] d x \tag{1}$$

ist, wobei λ^2 durch

$$\underset{(Q)}{\int \int} (y^2 + z^2) \, d y \, d z = \lambda^2 Q \tag{2}$$

definiert ist.

Mit dem Elastizitätsmodul E beträgt die potentielle Energie

$$U = \frac{1}{2} E Q \int_{x=0}^{l} \left(\frac{\partial u}{\partial x} \right)^2 d x \, . \tag{3}$$

Das Hamiltonsche Prinzip

$$\delta \int_{t_0}^{t_1} (T - U)\, dt = 0$$

ergibt durch partielle Integration und Berücksichtigung der Randbedingungen (die Endpunkte werden nicht variiert!):

$$\varrho \left(\frac{\partial^2 u}{\partial t^2} - v^2 \lambda^2 \frac{\partial^4 u}{\partial x^2 \partial t^2} \right) = E \frac{\partial^2 u}{\partial x^2}. \tag{4}$$

Der Ansatz

$$u = u_0\, e^{i\,(x+ct)\,2\pi/\mathfrak{L}}, \tag{5}$$

wobei c die Wellengeschwindigkeit und $\mathfrak{L}$ die Wellenlänge bedeutet,
ergibt aus (4)

$$c^2 = \frac{E}{\varrho} \frac{1}{1 + 4\pi^2 v^2 \lambda^2 / \mathfrak{L}^2},$$

woraus für $(2\pi\, v\, \lambda/\mathfrak{L}) \ll 1$ die Näherung

$$c \approx \sqrt{\frac{E}{\varrho}} \left(1 - \frac{2\,\pi^2 v^2 \lambda^2}{\mathfrak{L}^2} \right) \tag{6}$$

hervorgeht; sie besagt eine Abhängigkeit der Wellengeschwindigkeit von
der Wellenlänge $\mathfrak{L}$. Für $v = 0$ (Vernachlässigung der Querverschiebung)
erhält man die übliche Formel

$$c = \sqrt{E/\varrho}.$$

Man vergleiche dieses Ergebnis mit der allgemeinen Betrachtung in § 8.6.

6. Die Kreisplatte unter rotationssymmetrischer Belastung. Eine
Kreisplatte von der Dicke h und vom Radius a ist belastet:

1. In ihrem Mittelpunkt durch eine senkrechte Einzelkraft P;
2. durch die senkrechte Flächenlast $p = p\,(r)$ und
3. durch eine auf die Längeneinheit gleichmäßig verteilte, am
Plattenrande in der Mittelebene wirkende Radiallast R (Abb. A 6.1).

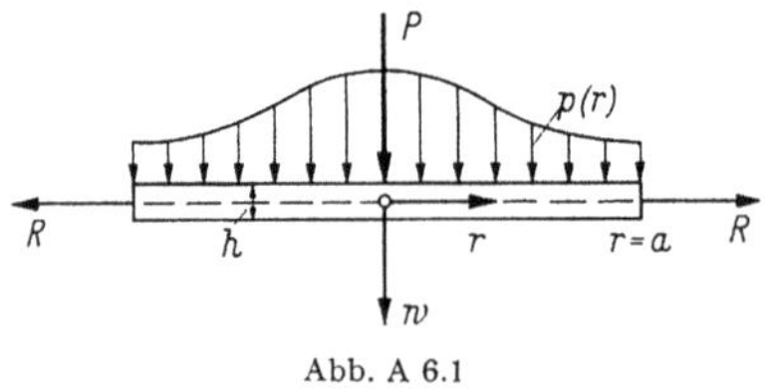

Abb. A 6.1

Man leite für den kleinen Neigungs-
winkel $\varphi = \varphi\,(r)$ der Mittelebene gegen
die Horizontale die Differentialglei-
chung her. Wie lauten die Lösungen
$\varphi = \varphi\,(r)$ bzw. die Durchbiegung
$w = w\,(r)$ a) für eine am Rande eingespannte Platte $[\varphi\,(a) = 0]$, wenn
α) $R = 0$ und $p\,(r) = p_0 = $ const ist;
β) $P = 0, p\,(r) = 0, R = -D$ (Druckbelastung am Rande) und b)
für eine am Rande α) frei gestützte Platte mit den Belastungen
$p\,(r) = p_0 = $ const und $R = Z > 0$ (Zugbelastung) und β) dieselbe
Belastung bei eingespanntem Rand.

Lösung. Die den Spannungen σ_r und σ_ϑ (Abb. A 6.2) entsprechenden, auf die Längeneinheit bezogenen Momente sind:

$$M_r = \int_{-h/_2}^{+h/_2} \sigma_r \, z \, dz \,, \quad M_\vartheta = \int_{-h/_2}^{+h/_2} \sigma_\vartheta \, z \, dz \,, \tag{1}$$

wobei nach den Hookeschen Gesetzen

$$\sigma_r = \frac{E}{1-\nu^2}\,(\varepsilon_r + \nu\,\varepsilon_\vartheta)\,; \quad \sigma_\vartheta = \frac{E}{1-\nu^2}\,(\varepsilon_\vartheta + \nu\,\varepsilon_r) \tag{2}$$

sind. Die Dehnungen ε_r und ε_ϑ lassen sich aus der (Bernoullischen) Annahme, daß nämlich ein Zylinderschnitt $r = \mathrm{const}$ in ein Kegelmantelstück übergeht (Abb. A 6.3), sofort angeben:

$$\varepsilon_r = -z\,\frac{d\varphi}{dr}\,; \quad \varepsilon_\vartheta = -z\,\frac{\varphi}{r}\,. \tag{3}$$

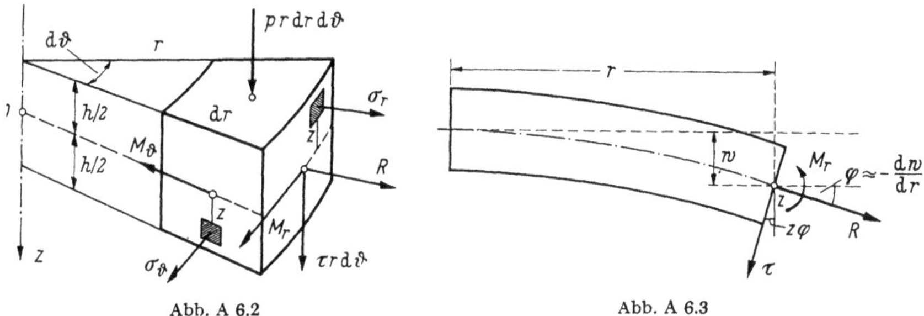

Abb. A 6.2   Abb. A 6.3

Damit ergeben sich die Spannungen nach (2) zu

$$\left.\begin{array}{l}
\sigma_r = -\,\dfrac{E\,z}{1-\nu^2}\left(\dfrac{d\varphi}{dr} + \nu\,\dfrac{\varphi}{r}\right)\,; \\[3mm]
\sigma_\vartheta = -\,\dfrac{E\,z}{1-\nu^2}\left(\dfrac{\varphi}{r} + \nu\,\dfrac{d\varphi}{dr}\right).
\end{array}\right\} \tag{4}$$

Setzt man (4) in (1) ein, so erhält man

$$M_r = -N\left(\frac{d\varphi}{dr} + \nu\,\frac{\varphi}{r}\right)\,; \quad M_\vartheta = -N\left(\nu\,\frac{d\varphi}{dr} + \frac{\varphi}{r}\right), \tag{5}$$

wobei

$$N = \frac{E\,h^3}{12\,(1-\nu^2)} = \frac{E\,m^2\,h^3}{12\,(m^2-1)} \tag{6}$$

die schon bekannte Plattensteifigkeit bedeutet.

Die in senkrechter bzw. in der Umfangsrichtung genommenen Gleichgewichtsbedingungen ergeben (s. Abb. A 6.1 und 6.2)

$$\frac{d}{dr}\,[r\,(\tau + R\varphi)] + r\,p = 0 \tag{7}$$

bzw.
$$\frac{d}{dr}\,(r\,M_r) - M_\vartheta - r\tau = 0 \,. \tag{8}$$

Die Gl. (7) läßt sich integrieren
$$r\,(\tau + R\,\varphi) + \int r\,p\,dr + \text{const} = 0 \,.$$

Die Konstante ergibt sich aus der Forderung, daß für $p = 0$ die Einzelkraft P (in Richtung wachsender Durchbiegung positiv gerechnet) mit den aus Zylindermantel $r = \text{const}$ angreifenden Scherkräften τ und $R\,\varphi$ das Gleichgewicht hält:
$$2\pi\,r\,(\tau + R\,\varphi) = -P \,.$$

Damit geht (7) über in
$$r\,(\tau + R\,\varphi) + \int r\,p\,dr + \frac{P}{2\pi} = 0 \,. \tag{9}$$

Setzt man aus (5) M_r und M_ϑ und aus (9) τ in (8) ein, so erhält man die geforderte Differentialgleichung für $\varphi = \varphi(r)$:
$$\frac{d^2\varphi}{dr^2} + \frac{1}{r}\,\frac{d\varphi}{dr} - \left(\frac{R}{N} + \frac{1}{r^2}\right)\varphi = -\frac{1}{N}\,\frac{1}{r}\left(\frac{P}{2\pi} + \int r\,p\,dr\right) . \tag{10}$$

Jetzt behandeln wir die angegebenen Spezialfälle.

a) Für den Belastungsfall α) erhalten wir die (Eulersche) Differentialgleichung
$$r^2\,\varphi''(r) + r\,\varphi'(r) - \varphi(r) = -\frac{1}{N}\left(\frac{P\,r}{2\pi} + \frac{p_0 r^3}{2}\right) . \tag{11}$$

Die den Bedingungen $\varphi(a) = 0$ und $\varphi(0) = 0$ genügende Lösung ist
$$\varphi = \varphi(r) = \frac{p_0 r}{16N}\,(a^2 - r^2) - \frac{P}{4\pi N}\,r\ln\frac{r}{a} \,. \tag{12}$$

Durch Integration ($w = -\int \varphi(r)\,dr$, $w(a) = 0$, s. a. Abb. A 6.3) gewinnt man hieraus
$$w = w(r) = \frac{p_0}{64N}\,(a^2 - r^2)^2 + \frac{P}{16\pi N}\left(a^2 - r^2 + 2r^2\ln\frac{r}{a}\right) . \tag{13}$$

Im Belastungsfalle β) fließt aus (10) die Besselsche Differentialgleichung
$$r^2\,\varphi''(r) + r\,\varphi'(r) + (\lambda^2 r^2 - 1)\,\varphi(r) = 0 \,, \tag{14}$$

wobei
$$\lambda^2 = \frac{D}{N} \tag{15}$$

ist. Die für $r = 0$ reguläre Lösung von (14) lautet[1]
$$\varphi = \varphi(r) = C\,J_1(\lambda r) \,; \quad C = \text{konst.} \tag{16}$$

Aus $\varphi(a) = 0$ folgt $J_1(\lambda a) = 0$. Mit der (ersten) Nullstelle $x_1 \approx 3{,}8317$ der Besselschen Funktion $J_1(x)$ ergibt sich gemäß (15) also eine sog.

---

[1] Siehe z. B. R. ROTHE u. I. SZABÓ: Höhere Mathematik Bd. VI. Stuttgart: Teubner 1958.

„kritische Last"

$$D_{krit} = \frac{N\,x_1^2}{a^2}$$

in dem Sinne, daß bei dieser radialen Druckbelastung ein „Biegezustand" möglich ist, dessen elastische Fläche $w = w(r)$ mit dieser linearisierten Theorie allerdings nicht bestimmbar ist: In (16) bleibt C unbestimmt. Das ist ein Fall (*„Plattenbeulung"*) der für die Technik wichtigen Instabilitätstheorie.

b) Die aus (10) für diesen Belastungsfall hervorgehende Differentialgleichung

$$r^2\,\varphi''(r) + r\,\varphi'(r) - (\lambda^2 r^2 + 1)\,\varphi(r) = -\frac{p_0 r^3}{2N}\,, \quad \lambda^2 = \frac{Z}{N} \qquad (17)$$

ist wiederum eine (inhomogene) Besselsche, deren homogener Teil als Lösungen die sog. „modifizierten Besselschen Funktionen[1]" $J_1(i\,\lambda\,r)$ $= I_1(\lambda\,r)$ und $K_1(\lambda\,r)$ hat. Von diesen wird $K_1(\lambda\,r)$ für $r=0$ unstetig und kommt somit für die Vollplatte als Lösung nicht in Frage, so daß man mit der partikulären Lösung $p_0 r / 2\lambda^2 N = p_0 r / 2n$ folgendes erhält:

α) Bei der Randbedingung $M_r(a) = 0$ [was nach (4) und (5) mit $\sigma_r(a) = 0$ gleichbedeutend ist] wird

$$\varphi(r) = \frac{p_0 r}{2Z} + C\,I_1(\lambda\,r) \qquad (18)$$

die Lösung, also

$$\varphi = \varphi(r) = \frac{p_0 a}{2Z}\left[\frac{r}{a} - \frac{(1+v)\,I_1(\lambda r)}{\lambda I_0(\lambda a) - (1-v)\,I_1(\lambda a)}\right] \qquad (19)$$

hervorgeht.

Nach Integration ergibt sich die Deformationsfläche zu

$$w = w(r) = \frac{p_0 a^2}{4Z}\left[1 - \left(\frac{r}{a}\right)^2 - \frac{2(1+v)}{\lambda a}\,\frac{I_0(\lambda a) - I_0(\lambda r)}{\lambda a I_0(\lambda a) - (1-v)\,I_1(\lambda a)}\right]. \qquad (20)$$

β) Aus (18) folgt für $\varphi(a) = 0$ die Lösung

$$\varphi = \varphi(r) = \frac{p_0 a}{2Z}\left[\frac{r}{a} - \frac{I_1(\lambda r)}{I_1(\lambda a)}\right] \qquad (21)$$

und nach Integration

$$w = w(r) = \frac{p_0 a^2}{4Z}\left[1 - \left(\frac{r}{a}\right)^2 - \frac{2}{\lambda a}\,\frac{I_0(\lambda a) - I_0(\lambda r)}{I_1(\lambda a)}\right]. \qquad (22)$$

7. Deformation einer kreisförmigen Membran. Die Membran habe den Radius a, die Dicke h, den Elastizitätsmodul E bzw. die Querkontraktionszahl v, sie sei am Rande ($r = a$) „eingeklemmt", durch einen konstanten

---

[1] Siehe das in der Fußnote auf S. 142 angeführte Werk.

Flächendruck p_0 und durch den Radialzug Z belastet. Wie groß ist ihre größte Deformation, wenn man sie

a) als „ideale Membran" (also ohne Biegesteifigkeit);

b) als am Rande frei gestützte bzw. eingespannte Platte ansieht?

Lösung. a) Nach (9.81) haben wir

$$\Delta w = \frac{d^2 w}{d r^2} + \frac{1}{r}\,\frac{d w}{d r} = -\frac{p_0}{Z}$$

mit der der Randbedingung $w(a) = 0$ genügenden Lösung

$$w = w(r) = \frac{p_0}{4Z}\,(a^2 - r^2)\,, \tag{1}$$

so daß

$$\operatorname{Max} w_{\text{Membran}} = \frac{p_0 a^2}{4Z} \tag{2}$$

ist. Dagegen folgt aus (20) bzw. (22) der vorigen Aufgabe

$$\operatorname{Max} w_{\text{Platte}} = \frac{p_0 a^2}{4Z}\left[1 - \frac{2(1+\nu)}{\lambda a}\,\frac{I_0(\lambda a) - 1}{\lambda a I_0(\lambda a) - (1-\nu)I_1(\lambda a)}\right] \tag{3}$$

bzw.

$$\operatorname{Max} w_{\text{Platte}} = \frac{p_0 a^2}{4Z}\left[1 - \frac{2}{\lambda a}\,\frac{I_0(\lambda a) - 1}{I_1(\lambda a)}\right]. \tag{4}$$

Aus (2), (3) und (4) ist ersichtlich, daß die für den Vergleich (Membran-Platte) maßgebende Größe

$$\lambda_a = \sqrt{\frac{Z}{N}}\,a = \sqrt{\frac{12(1-\nu^2)Z}{E h^3}}\,a \tag{5}$$

ist und somit nicht allein die „Steifigkeit" $N = \dfrac{E h^3}{12(1-\nu^2)}$ entscheidend ist. Für die näheren Untersuchungen sind für kleine bzw. große λa die Potenzreihe

$$I_j(x) = \left(\frac{x}{2}\right)^{j} \sum_{k=o}^{\infty} \frac{\left(\frac{x}{2}\right)^{2k}}{k!(k+j)!}\,, \quad j = 0, 1, 2, \ldots \tag{6}$$

bzw. die asymptotische Entwicklung

$$I_j(x) \sim \frac{e^x}{\sqrt{2\pi x}} \tag{7}$$

heranzuziehen. Dann sieht man z. B., daß für große Werte von λa (3) bzw. (4) gegenüber (2) mit $2(1+\nu)/(\lambda a)^2$ bzw. $2/\lambda a$ abnehmende Korrekturen liefern.

Schließlich möge sich der Leser selbst überlegen, daß die Formeln (3) bzw. (4) auch für $Z \to 0$ (d. h. $\lambda^2 N \to 0$) „vernünftige" Grenzwerte liefern!

8. Der Rayleighsche Quotient zur näherungsweisen Berechnung der ersten Eigenfrequenz von a) Saiten, b) Stäben, c) Membranen und d) Platten. Man gebe diese Quotienten für die angeführten Fälle an und zwar zunächst allgemein und mit konzentrierten Zusatzmassen und dann speziell für Kreismembran und Kreisplatte für den rotationssymmetrischen Fall mit Zusatzmassen im Mittelpunkt.

Lösung. Nach den Ausführungen in § 8.7 lauten die gefragten und den Ansätzen

$$a) \quad w = f(x) \sin \omega_1 (t - t_0) \; ; \qquad b) \quad w = f(x) \sin \omega_1 (t - t_0) \, , \tag{1}$$

$$c) \quad w = f(x, y) \sin \omega_1 (t - t_0) \quad \text{bzw.} \quad w = f(r) \sin \omega_1 (t - t_0) \, , \tag{2}$$

$$d) \quad w = f(x, y) \sin \omega_1 (t - t_0) \quad \text{bzw.} \quad w = f(r) \sin \omega_1 (t - t_0) \tag{3}$$

entsprechenden Näherungen:

a)

$$\omega_1^2 = \frac{S \displaystyle\int_{x=0}^{l} f'^2(x) \, dx}{\varrho \displaystyle\int_{x=0}^{l} f^2(x) \, Q(x) \, dx + \displaystyle\sum_{j=1}^{n} m_j f^2(x_j)} . \tag{4}$$

Hierbei bedeutet $Q(x)$ die Querschnittsfläche der Saite, ϱ die Dichte, l die Saitenlänge, S die (konstante) Spannkraft in der Saite, m_j die an den Stellen x_j lokalisierten Massen. Der Zähler in (4) entspricht folgender Näherung:

U = potentielle Energie bei maximaler Auslenkung $\approx$

$$\approx \int_{x=0}^{l} S \, (ds - dx) = \int_{x=0}^{l} S \left(\sqrt{1 + f'^2(x)} \, dx - dx \right)$$

$$\approx \frac{S}{2} \int_{x=0}^{l} f'^2(x) \, dx \, .$$

Für eine an den Stellen $x = 0$ und $x = l$ eingespannte Saite kann man im Sinne des Ritzschen Gedankens (nach Unterdrückung eines konstanten Faktors)

$$f(x) = \sin \frac{\pi x}{l} \tag{5}$$

setzen.

b)

$$\omega_1^2 \approx \frac{S \displaystyle\iint \left[\left(\frac{\partial f}{\partial x} \right)^2 + \left(\frac{\partial f}{\partial y} \right)^2 \right] dx \, dy}{m \displaystyle\iint f^2(x, y) \, dx \, dy + \displaystyle\sum_{j=1}^{n} m_j f^2(x_j, y_j)} . \tag{6}$$

Hierbei ist S die Spannkraft pro Längeneinheit und m die Masse der Membran pro Flächeneinheit.

Für eine Rechteckmembran mit den Seitenlängen a und b wäre der geeignete Ansatz

$$f(x, y) = \sin \frac{\pi x}{a} \sin \frac{\pi y}{b} \, . \tag{7}$$

Für die Kreismembran mit Zusatzmasse im Mittelpunkt ist

$$\omega_1^2 \approx \frac{S \int\limits_{r=0}^{a} f'^2(r)\, 2\pi r\, dr}{\int\limits_{r=0}^{a} f^2(r)\, 2\pi r\, dr + m f^2(0)} \tag{8}$$

und der Ansatz

$$f(r) = a^2 - r^2 \, . \tag{9}$$

c) Für den (biegesteifen) Stab hat man:

$$\omega_1^2 \approx \frac{E \int\limits_{x=0}^{l} J(x)\, f''^2(x)\, dx}{\int\limits_{x=0}^{l} \varrho\, Q(x)\, f^2(x)\, dx + \sum\limits_{j=1}^{n} m_j f^2(x_j)} \, . \tag{10}$$

Hierbei ist $f(x)$ entsprechend den Randbedingungen, etwa an den Stellen $x_R = 0$ und $x_R = l$ zu wählen:

$$f(x_R) = 0 \quad \text{und} \quad f'(x_R) = 0 \quad \text{für starre Einspannung;}$$

$$f(x_R) = 0 \quad \text{und} \quad f''(x_R) = 0 \quad \text{für Gelenklager;} \tag{11}$$

$$f''(x_R) = 0 \quad \text{und} \quad f'''(x_R) = 0 \quad \text{für freien Rand.}$$

Entsprechende Polynome sind leicht zu ermitteln.

d) Für die Platte:

$$\omega_1^2 = \frac{N \int\int \left\{ \left(\frac{\partial^2 f}{\partial x^2} + \frac{\partial^2 f}{\partial y^2} \right)^2 - 2(1-\nu) \left[\frac{\partial^2 f}{\partial x^2} \frac{\partial^2 f}{\partial y^2} - \left(\frac{\partial^2 f}{\partial x \partial y} \right)^2 \right] \right\} dx\, dy}{\varrho\, h \int\int f^2(x, y)\, dx\, dy + \sum\limits_{j=1}^{n} m_j f^2(x_j, y_j)} \, . \tag{12}$$

Für Kreisplatte und im rotationssymmetrischen Falle (s. a. Aufgabe 9) hat man im Zähler

$$N \int\int \left[\left(\frac{d^2 f}{dr^2} + \frac{1}{r} \frac{df}{dr} \right)^2 - 2(1-\nu) \frac{1}{r} \frac{d^2 f}{dr^2} \frac{df}{dr} \right] 2\pi r\, dr \tag{13}$$

zu schreiben.

Für die Funktion $f(x, y)$ bzw. $f(r)$ sind geeignete Ansätze für gelenkige Stützung (an den Rändern $x = 0$, $y = 0$, $x = a$ und $y = b$)

$$f(x, y) = \sin \frac{\pi x}{a} \sin \frac{\pi y}{b} \, , \tag{14}$$

bzw. eine eingespannte Kreisplatte

$$f(r) = (r^2 - a^2)^2 \, . \tag{15}$$

9. Frequenzgleichung einer (eingespannten) Kreisplatte mit Zusatzmasse im Mittelpunkt. Eine am Rande eingespannte Kreisplatte vom Radius a, der Biegesteifigkeit N, der Dichte ϱ und der Dicke h erhält im Mittelpunkt noch eine Zusatzmasse m. Man bestimme ihre Frequenzgleichung, d. h. diejenige Beziehung, aus der Frequenzen (Eigenschwingungszahlen) ihrer freien und ungedämpften Schwingungen ermittelt werden können. Neben der exakten Frequenzgleichung verwende man auch den Rayleighschen Quotienten für die Grundfrequenz.

Lösung. Wir knüpfen an die Ergebnisse der Aufgabe 6 an. Zunächst stellen wir die Differentialgleichung der freien und ungedämpften Schwingung auf: In (9.79) tritt an Stelle der statischen Belastung p die negative Massenbeschleunigung der der Flächeneinheit entsprechenden Masse:

$$\Delta\Delta w = -\frac{\varrho h}{N}\frac{\partial^2 w}{\partial t^2}\,. \tag{1}$$

Der Ansatz

$$w = w(r, t) = f(r)\, e^{i\omega t} \tag{2}$$

liefert mit der Abkürzung

$$\frac{\varrho h}{N}\,\omega^2 = \lambda^4 \tag{3}$$

die Differentialgleichung

$$\Delta\Delta f - \lambda^4 f = (\Delta + \lambda^2)(\Delta - \lambda^2) f = 0$$

mit der allgemeinen Lösung [s. Fußnote auf S. 142]

$$f = f(r) = C_1 J_0(\lambda r) + C_2 N_0(\lambda r) + C_3 I_0(\lambda r) + C_4 K_0(\lambda r)\,. \tag{4}$$

Da für $r = 0$ die Durchbiegung und somit $f(0)$ endlich bleibt, müssen sich die singulären Anteile

$$N_0(\lambda r) = \frac{2}{\pi}\log\frac{\gamma\lambda r}{2}\, J_0(\lambda r) + P_1(\lambda r)\,; \quad P_1(0) = 0$$

und

$$K_0(\lambda r) = -\frac{2}{\pi}\log\frac{\gamma\lambda r}{2}\, I_0(\lambda r) + P_2(\lambda r)\,; \quad P_2(0) = 0$$

„aufheben", also muß

$$C_2 = C_4 \tag{5}$$

sein. Dann bleiben in (4) noch drei Konstanten, deren Bestimmung noch ebenso viele Gleichungen erfordert. Zwei sind geometrischer Natur (Einspannung am Rande $r = a$):

$$f(a) = 0\,; \quad f'(a) = 0\,. \tag{6}$$

Die noch fehlende liefert folgende Überlegung: Die Massenbeschleunigung von m und die vertikal gerichtete Kraft $2\pi r\,\tau$ (s. Aufgabe 6) müssen für

$r \to 0$ gleich sein:

$$\lim_{r \to 0} \left[2\pi \, r \, \tau - m \, \frac{\partial^2 w}{\partial t^2} \right] = 0$$

$$= - \lim_{r \to 0} \left[2\pi \, N \, r \, \frac{\partial}{\partial r} \, \Delta w + m \, \frac{\partial^2 w}{\partial t^2} \right] .$$

Mit dem Ansatz (2):

$$\lim_{r \to 0} \left[2\pi \, N \, r \, \frac{\partial}{\partial r} \, \Delta f - m \, \omega^2 f \right] = 0 . \tag{7}$$

Schließlich ist noch zu beachten, daß 1. die Besselschen Funktionen $J_0(\lambda r)$ und $N_0(\lambda r)$ Lösungen von $\Delta f + \lambda^2 f = 0$ und $I_0(\lambda r)$ und $K_0(\lambda r)$ von $\Delta f - \lambda^2 f = 0$ sind, womit man die Beziehungen

$$\frac{d}{dr} \, \Delta J_0(\lambda r) = - \lambda^2 \frac{d}{dr} \, J_0(\lambda r) = \lambda^3 J_1(\lambda r) ; \quad \frac{d}{dr} \, \Delta N_0(\lambda r) = \lambda^3 N_1(\lambda r) ,$$

$$\frac{d}{dr} \, \Delta I_0(\lambda r) = \lambda^3 I_1(\lambda r) ; \quad \frac{d}{dr} \, \Delta K_0(\lambda r) = - \lambda^3 K_0(\lambda r)$$

erhält, und daß 2.

$$\lim_{r \to 0} r \, [N_1(\lambda r) - K_1(\lambda r)] = - \frac{4}{\pi \lambda} ;$$

$$\lim_{r \to 0} [N_0(\lambda r) + K(\lambda r)] = 0$$

ist. Damit und mit den vorangehenden Zusammenhängen und Bedingungen erhält man die Frequenzgleichung

$$\frac{J_1(\lambda a) \, I_0(\lambda a) + J_0(\lambda a) \, I_1(\lambda a)}{\lambda a \, \{[N_0(\lambda a) + K_0(\lambda a)] \, [I_1(\lambda a) + J_1(\lambda a)] \, [N_1(\lambda a) + K_1(\lambda a)] \, [I_0(\lambda a) + J_0(\lambda a)]\}}$$

$$= \frac{\pi}{8} \, \frac{m}{\pi a^2 h \varrho} \, \lambda a . \tag{8}$$

Die (unendlich vielen) Lösungen dieser transzendenten Gleichung bestimmen das Spektrum der freien Schwingungen.

Der Rayleighsche Quotient

$$\omega_1^2 = \frac{N\pi \displaystyle\int_{r=0}^{a} \left[f''(r) + \frac{1}{r} f'(r) - 2(1-\nu) \, f'(r) \, f''(r) \right] r \, dr}{\varrho \pi h \displaystyle\int_{r=0}^{a} f^2(r) \, r \, dr + \frac{m}{2} f^2(0)} \tag{9}$$

liefert mit dem den Randbedingungen (6) genügenden Ansatz

$$f(r) = \text{konst.} \cdot (r^2 - a^2)^2$$

den Näherungswert

$$\omega_1 \approx \frac{10{,}32}{a^2} \sqrt{\frac{N}{\varrho \, h}} \sqrt{\frac{1}{1 + 5 \dfrac{m}{\pi a^2 h \varrho}}} . \tag{10}$$

§ 10. Ideale Flüssigkeiten

1. Vorbemerkungen zu den folgenden Paragraphen. In den nun folgenden Ausführungen werden die Dynamik der idealen Flüssigkeiten (§ 10), der Flüssigkeiten Newtonscher Zähigkeit (§ 11) und der idealen, reibungsfrei strömenden einkomponentigen[1] Gase (§ 12) behandelt.

Die Mechanik der flüssigen und gasförmigen Medien nimmt innerhalb der Kontinuumstheorie eine Sonderstellung ein. Die auffälligste und gemeinsame Eigenschaft dieser Stoffe ist die leichte Verschiebbarkeit ihrer Teilchen gegeneinander; die Lage der Teilchen zueinander ist indifferent, womit gemeint ist, daß die Konfiguration der Teilchen für einen Ruhe-, d. h. Gleichgewichtszustand nicht festgelegt ist. Im Gegensatz zu den (vollkommen) elastischen Körpern, bei denen die Teilchen nur Bewegungen um eine feste (Ruhe-)Lage ausführen, die sie nach Wegnahme der äußeren Lasten immer wieder erreichen, treten die Teilchen der Flüssigkeiten und Gase eine „Wanderung" an, auf der das „Individuum" in der übrigen Masse quasi verlorengeht und meist nur dann später wieder zu identifizieren ist, wenn man sein „Schicksal" in jeder Phase verfolgt hat. Ist überdies das Medium *physikalisch homogen*, d. h. sind seine physikalischen (Material-) Eigenschaften nicht an das individuelle Teilchen gebunden, sondern diese allen Teilchen gemeinsam, so wird meist der Bewegungs- und thermodynamische Zustand des Kontinuums nach EULER (1707—1783) in Abhängigkeit von dem betrachteten Punkt $P(x_i)$ bzw. $P(x, y, z)$[2] und der Zeit t beschrieben und nicht, wie es prinzipiell auch möglich wäre, der Bewegungsablauf eines einzelnen wandernden Teilchens in der LAGRANGE (1736—1813) zugeschriebenen Weise (s. a. § 7.1) verfolgt.

Aus der leichten Verschiebbarkeit der Teilchen gegeneinander und ihrer indifferenten Konfiguration schließt man auf sehr kleine, der entsprechenden Relativbewegung entgegengesetzt gerichtete Schubkräfte. Vernachlässigt man diese (Reibungs-)Kräfte, so spricht man von *idealen Flüssigkeiten* und *reibungsfrei strömenden Gasen*, wobei man bei den ersteren noch gewöhnlich die vollkommene *Inkompressibilität* voraussetzt. Die *idealen Gase* gehorchen definitionsgemäß mit dem Molekulargewicht $\mathcal{M}$ und der universellen Gaskonstanten R der zwischen Druck p und Dichte ϱ bestehenden *Zustandsgleichung*

$$p = \frac{R}{\mathcal{M}} \varrho \, T \, . \tag{10.1}$$

Diese Beziehungen schließen die *Viskosität* (Zähigkeit) als Kontinuumseigenschaft noch nicht aus und sind somit auch noch für *viskose ideale Gase* gültig.

---

[1] Insbesondere werden Gasgemische nicht betrachtet.

[2] Hinsichtlich der Bezeichnungen werden wir uns an kein starres Schema halten, sondern von Fall zu Fall die zweckmäßigsten wählen.

Die Inkompressibilität wird üblicherweise für alle Flüssigkeiten vorausgesetzt, während der Einfluß der Kompressibilität für Gase nur in einem begrenzten Geschwindigkeitsbereich der Strömung und auch dann nur näherungsweise vernachlässigt werden kann.

In diesem Zusammenhang sei noch der Begriff der *Barotropie* erwähnt. Sie liegt vor, wenn zwischen Druck und Dichte ein Zusammenhang $\varrho = \varrho(p)$ ohne Zuhilfenahme der Temperatur besteht. Damit ist der in (10.1) angegebene allgemeinere Zusammenhang offenbar auf eine speziellere Klasse von Zustandsänderungen der flüssigen und gasförmigen Körper eingeengt.

In der folgenden Ziffer gehen wir auf die Behandlung idealer Flüssigkeiten über und stellen an den Anfang gewisse Ausgangsgleichungen, von denen ein Teil schon innerhalb der allgemeineren Ausführungen zur Kontinuumstheorie (s. § 7) behandelt wurde, so daß wir uns im folgenden kurz fassen können.

2. Grundgleichungen der idealen Flüssigkeit. Die Forderung nach Erhaltung der Masse führte auf (7.12), woraus mit der Annahme der Inkompressibilität der idealen Flüssigkeit ($\varrho = $ konst)

$$\operatorname{div} \mathfrak{v} = \nabla \mathfrak{v} = \sum_l \frac{\partial v_l}{\partial x_l} = 0 \tag{10.2}$$

folgt.

Die Voraussetzung der Reibungsfreiheit drückt sich in fehlenden Schubspannungen aus, so daß entsprechend (8.4) mit rechter Seite identisch Null

$$\sigma_{ik} = -p\,\delta_{ik} \tag{10.3}$$

gilt, wobei der Druck p eine Funktion von Zeit und Ort, $p = p(x_i, t)$, ist.

Um die dynamischen Grundgleichungen (7.14) auf unseren Fall zu spezialisieren, sei daran erinnert, daß in der Eulerschen Betrachtungsweise $\mathfrak{v}$ in der Form $\mathfrak{v} = \mathfrak{v}(\mathfrak{r}, t)$ bzw. $v_i = v_i(x_j, t)$ mit $\mathfrak{r} = \mathfrak{r}(\mathfrak{y}, t)$ bzw. $x_j = x_j(y_k, t)$ ist, wobei der letztere, die Bahn des Teilchens charakterisierende Zusammenhang (meist) nicht bekannt ist. Nun ist aber $d\mathfrak{r}/dt = \mathfrak{v}$ bzw. $dx_j/dt = v_j$, so daß man für die sog. *substantielle Änderung* einer an das mit $\mathfrak{v}$ wandernde materielle Teilchen gebundenen Größe $(\dots)$ die Beziehung

$$\begin{aligned}
\frac{d}{dt}(\dots) &= \frac{\partial}{\partial t}(\dots) + \sum_l \frac{dx_l}{dt}\frac{\partial}{\partial x_l}(\dots) \\[1ex]
&= \frac{\partial}{\partial t}(\dots) + \sum_l v_l \frac{\partial}{\partial x_l}(\dots) \\[1ex]
&= \frac{\partial}{\partial t}(\dots) + (\mathfrak{v}\nabla)(\dots)
\end{aligned} \tag{10.4}$$

mit dem formell als Skalarprodukt zu berechnenden Operator $(\mathfrak{v}V)$ erschließt. Die *substantielle Änderung* setzt sich demnach aus einem lokalen Anteil $\partial(\ldots)/\partial t$ und einem *konvektiven* Glied $(\mathfrak{v}V)$ $(\ldots)$ zusammen.

Der schon aus § 7.1 zu entnehmende entsprechende Ausdruck für $d\mathfrak{v}/dt$ ist ein Spezialfall von (10.4). Mit ihm und mit (10.3) schreiben sich jetzt die dynamischen Grundgleichungen (7.14) wie

$$\frac{dv_i}{dt} = \frac{\partial v_i}{\partial t} + \sum_l v_l \frac{\partial v_i}{\partial x_l} = g_i - \frac{1}{\varrho} \frac{\partial p}{\partial x_i} \qquad (10.5\text{a})$$

bzw.

$$\frac{d\mathfrak{v}}{dt} = \frac{\partial \mathfrak{v}}{\partial t} + (\mathfrak{v}V)\,\mathfrak{v} = \mathfrak{g} - \frac{1}{\varrho}\,\mathrm{grad}\,p = \mathfrak{g} - \frac{1}{\varrho}\,Vp, \qquad (10.5\text{b})$$

wobei $\mathfrak{g} = \{g_i\}$ der auf Masse bezogene Vektor des räumlich verteilten äußeren Kraftfeldes (z. B. des Schwerefeldes) ist. Man nennt (10.5) die EULERschen *Bewegungsgleichungen* der idealen Flüssigkeiten und Gase. Eine (10.5b) äquivalente Form erhält man unter Benutzung der Identität

$$(\mathfrak{v}V)\,\mathfrak{v} = \frac{1}{2}\,\mathrm{grad}\,v^2 - \mathfrak{v} \times \mathrm{rot}\,\mathfrak{v} = \frac{1}{2}\,Vv^2 - \mathfrak{v} \times (V \times \mathfrak{v}) \qquad (10.6)$$

als

$$\frac{\partial \mathfrak{v}}{\partial t} + \frac{1}{2}\,\mathrm{grad}\,v^2 - \mathfrak{v} \times \mathrm{rot}\,\mathfrak{v} = \mathfrak{g} - \frac{1}{\varrho}\,\mathrm{grad}\,p. \qquad (10.7)$$

Einige allgemeine Sätze seien hier noch ohne nähere Herleitung angeführt, da diese schon früher (s. § 7.3 und 7.5) gegeben worden ist.

Aus (10.5a, b) gewinnt man durch Summation bzw. vektorischer Multiplikation mit $\mathfrak{r}$ und nach anschließender Summation den *Schwerpunktsatz* [s. a. (7.29)]

$$m\,\mathfrak{g} - \oiint p\,\mathfrak{n}\,dF = m\ddot{\mathfrak{r}}_s = m\,\dot{\mathfrak{v}}_s, \qquad (10.8)$$

(wobei $\mathfrak{n}$ die äußere Normale, $m = S\,dm$, $\mathfrak{r}_s$ und $\mathfrak{v}_s$ Radiusvektor bzw. Geschwindigkeit des Schwerpunktes bedeuten) bzw. den *Momentensatz*

$$\frac{d}{dt} \iiint dm\,\mathfrak{r} \times \mathfrak{v} = \frac{d\vartheta}{dt} = \mathfrak{r}_s \times m\,\mathfrak{g} - \oiint (\mathfrak{r} \times \mathfrak{n})\,p\,dF, \qquad (10.9)$$

während die skalare Multiplikation mit $d\mathfrak{r} = \mathfrak{v}\,dt$ und Integration (bei $\mathfrak{g} = -\mathrm{grad}\,\Phi$) zum *Energiesatz*

$$\frac{d}{dt} \iiint \left(\frac{v^2}{2} + \Phi\right)\varrho\,dV - \iiint p\,\mathrm{div}\,\mathfrak{v}\,dV = -\oiint p\,\mathfrak{n}\,\mathfrak{v}\,dF \qquad (10.10)$$

führt.

Die Gleichungen (10.2) und (10.5a) bzw. (10.5b) reichen grundsätzlich aus, um ein Rand- und Anfangswertproblem für die vier Unbekannten

$$v_i = v_i(x_j, t), \quad p = p(x_j, t), \quad i, j = 1, 2, 3$$

zu lösen. Um über die Lösungsmöglichkeiten konkretere Aussagen machen zu können, muß man etwas wissen über

3. Die Bewegung und Deformation eines Flüssigkeitsteilchens. Die Verschiebung der einzelnen Punkte eines — ursprünglich etwa kugelförmigen — Flüssigkeitsteilchens in dem Zeitelement dt läßt sich aus — wie schon einleitend zur Kontinuumsmechanik (§ 7.4) gezeigt wurde — drei Anteilen zusammensetzen: Aus einer allen Punkten gemeinsamen *Translation* (Verschiebung des Mittelpunktes), aus einer *Deformation*, die das Element in ein Ellipsoid überführt und schließlich aus einer *Drehung* (Rotation) um den Mittelpunkt des Elementes[1]. Sind die zu diesen Verschiebungen gehörigen Geschwindigkeitsanteile $\mathfrak{v}_T$, $\mathfrak{v}_D$ und $\mathfrak{v}_R$, so ist offenbar [vgl. (7.33) und (7.35)]

$$\mathfrak{v} = \mathfrak{v}_T + \mathfrak{v}_D + \mathfrak{v}_R .$$

Nun ist, wenn wir die Hauptachsen des Ellipsoides als Koordinatenachsen eines $\mathfrak{z}$-Systems wählen, $\mathfrak{v}_T$ unabhängig von $\mathfrak{z} = \{z_i\}$; mit von $\mathfrak{r}$ unabhängigen λ_i wird

$$\mathfrak{v}_D = \{\lambda_i\, z_i\}$$

und schließlich gilt $\mathfrak{v}_R = \mathfrak{w} \times \mathfrak{r}$, wenn $\mathfrak{w}$ der Vektor der Drehachse ist. Dementsprechend wird

$$\operatorname{rot}\mathfrak{v} = \operatorname{rot}\mathfrak{v}_T + \operatorname{rot}\mathfrak{v}_D + \operatorname{rot}\mathfrak{v}_R = \operatorname{rot}\mathfrak{v}_R$$
$$= V \times (\mathfrak{w} \times \mathfrak{z}) = \mathfrak{w}\,(V\mathfrak{z}) - (\mathfrak{w}V)\,\mathfrak{z} = 2\mathfrak{w} . \tag{10.11}$$

Aus diesem Ergebnis ersehen wir, daß

$$\mathfrak{w} = \frac{1}{2}\operatorname{rot}\mathfrak{v} \tag{10.12}$$

den Winkelgeschwindigkeitsvektor angibt, mit dem sich die Flüssigkeitsteilchen drehen; man kann diese Bewegung in der Nähe der Flüssigkeitsoberfläche beobachten, indem man auf diese beispielsweise einen kleinen Probekörper aus Kork legt. Man nennt $\mathfrak{w}$ auch den *Wirbelvektor*.

Mit (10.11) läßt sich (10.7) in folgender Form schreiben:

$$\frac{\partial \mathfrak{v}}{\partial t} + \operatorname{grad}\left(\frac{v^2}{2} + \frac{p}{\varrho}\right) + 2\mathfrak{w} \times \mathfrak{v} = \mathfrak{g} . \tag{10.13}$$

Die Erkenntnis über die Zusammensetzung der Bewegung eines Flüssigkeitsteilchens bietet die Möglichkeit, die Flüssigkeitsbewegung in zwei Klassen einzuteilen:

---

[1] Dieses anschauliche Resultat bewies zuerst HELMHOLTZ, indem er die Taylor-Entwicklung erster Ordnung der Koordinatendifferenz (zwischen Mittelpunkt und einem Aufpunkt des Elementes) in die eben angeführten Anteile aufspaltete.

1. Wirbelfreie Bewegungen, bei denen

$$\operatorname{rot} \mathfrak{v} = 0 \tag{10.14}$$

und damit $\mathfrak{w} = 0$ ist; dies ist in einem einfach zusammenhängenden Bereich notwendig und hinreichend für die Existenz eines *Potentials* $\varphi = \varphi(x_i, t)$ des Strömungsvektors $\mathfrak{v}$, für das

$$\mathfrak{v} = \operatorname{grad} \varphi = \nabla \varphi = \left\{ \frac{\partial \varphi}{\partial x_i} \right\} \tag{10.15}$$

ist; man spricht deshalb auch von einer *Potentialströmung*.

2. Wirbelbehaftete Bewegungen, bei denen (10.14) nicht erfüllt ist.

Bevor wir in die Einzelheiten dieser beiden Fälle gehen, sind noch einige wichtige Begriffe der Flüssigkeitsbewegung zu erklären. Die *Stromlinien* sind für einen bestimmten Zeitpunkt dadurch definiert, daß ihre Richtungselemente $d\mathfrak{r}$ vom Geschwindigkeitsvektor tangiert werden, also $\mathfrak{v} \times d\mathfrak{r} = 0$ ist, woraus die Differentialgleichung der Stromlinien sich zu

$$v_1 : v_2 : v_3 = d x_1 : d x_2 : d x_3 \tag{10.16}$$

ergibt. Von den Stromlinien zu unterscheiden sind die *Bahnkurven* der Flüssigkeitsteilchen: Sie genügen den Differentialgleichungen

$$\dot{x}_1(t) = v_1 , \quad \dot{x}_2(t) = v_2 , \quad \dot{x}_3(t) = v_3 . \tag{10.17}$$

Im stationären Falle $\left(\dfrac{\partial \mathfrak{v}}{\partial t} = 0 \right)$ allerdings fallen Stromlinien und Bahnkurven zusammen.

Ähnlich wie die Stromlinien werden die *Wirbellinien* definiert: Der Wirbelvektor ist parallel zu ihren Linienelementen. Analog zu (10.16) lautet ihre Differentialgleichung:

$$w_1 : w_2 : w_3 = d x_1 : d x_2 : d x_3 . \tag{10.18}$$

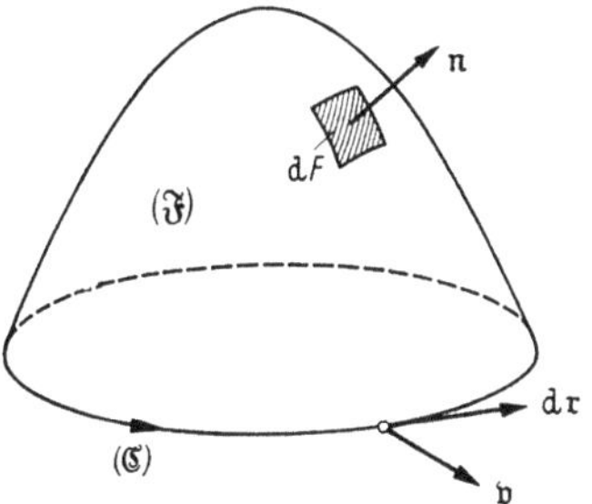

Abb. 10.1

Das über eine geschlossene Kurve $\mathfrak{C}$ gebildete Linienintegral des Geschwindigkeitsvektors wird *Zirkulation* genannt:

$$Z = \oint_{(\mathfrak{C})} \mathfrak{v} \, d\mathfrak{r} = \oint_{(\mathfrak{C})} (v_1 d x_1 + v_2 d x_2 + v_3 d x_3) . \tag{10.19}$$

Mit Hilfe des Stokesschen Satzes und unter Beachtung von (10.11) läßt sich (10.19) wie folgt schreiben (s. a. Abb. 10.1):

$$Z = \oint_{(\mathfrak{C})} \mathfrak{v} \, d\mathfrak{r} = \iint_{(\mathfrak{F})} \operatorname{rot} \mathfrak{v} \, \mathfrak{n} \, dF = 2 \iint_{(\mathfrak{F})} \mathfrak{w} \, \mathfrak{n} \, dF . \tag{10.20}$$

4. Potentialströmungen. Bernoullische Gleichungen. Hydraulik. Hat man in einem bestimmten einfach zusammenhängenden Teil des Raumes $\operatorname{rot}\mathfrak{v} = 0$, so geht (10.13) mit dem Potentialansatz (10.15)

$$\mathfrak{v} = \operatorname{grad} \varphi = \left\{ \frac{\partial \varphi}{\partial x_i} \right\}$$

in

$$\operatorname{grad}\left(\frac{v^2}{2} + \frac{p}{\varrho} + \frac{\partial \varphi}{\partial t} \right) = \operatorname{grad}\left[\frac{1}{2} (\operatorname{grad} \varphi)^2 + \frac{p}{\varrho} + \frac{\partial \varphi}{\partial t} \right] = \mathfrak{g} \quad (10.21)$$

über.

Mit dem gleichen Ansatz gewinnt man aus der Kontinuitätsgleichung (10.2)

$$\sum_l \frac{\partial^2 \varphi}{\partial x_l^2} = \nabla \nabla \varphi = \varDelta \varphi = 0 , \tag{10.22}$$

also die *Laplacesche Potentialgleichung* für φ. Die Potentialtheorie lehrt, daß für ein *einfach zusammenhängendes Gebiet* die Lösung dieser Gleichung durch die Vorgabe von φ oder $\partial \varphi / \partial n$ (Normalableitung) oder bereichsweise von einer der beiden auf der Berandung des Gebietes eindeutig bestimmt ist.

Aussagen über die Randwerte von φ lassen sich vermöge der Kenntnis über die Eigenschaften des Strömungsfeldes $\mathfrak{v}$ am Rande treffen. Sind zum Beispiel an einer Wand (W), deren Punkte sich mit den Geschwindigkeiten $\mathfrak{v}_W$ bewegen mögen, die Richtung der Normalen in einem Punkte mit n_1, zwei dazu senkrechte, linear unabhängige (die Wand tangierende) Richtungen mit t_2 und t_3 bezeichnet, so entsprechen diesen Richtungen offenbar die Geschwindigkeiten $\partial \varphi / \partial n_1$, $\partial \varphi / \partial t_2$, $\partial \varphi / \partial t_3$ des Potentialfeldes, während die entsprechenden Komponenten von $\mathfrak{v}_W : v_{W1}, v_{W2}, v_{W3}$ sind. Nach dem oben Gesagten ist es aber nur möglich, die Werte von φ *oder* von $\partial \varphi / \partial n$ auf dem Rande vorzugeben. Sinnvollerweise beschränkt man sich deshalb darauf, die Undurchdringlichkeit einer „Wand" zu fordern, was sich mathematisch wie

$$\frac{\partial \varphi}{\partial n} = v_{Wn} \quad \text{bzw.} \quad \mathfrak{n} \operatorname{grad} \varphi = \mathfrak{n}\mathfrak{v}_W \tag{10.23}$$

ausdrückt, wobei $\mathfrak{n}$ den jeweiligen Normalvektor bedeutet. Über die Komponenten tangential zur Wand $\partial \varphi / \partial t_2$, $\partial \varphi / \partial t_3$ sind somit keine Aussagen zu treffen. Dieses aus der Voraussetzung der Reibungsfreiheit zu erklärende Ergebnis bedeutet, daß man von der Potentialströmung kein Haften der Flüssigkeit an der Wand fordern kann, sondern ein Gleiten zulassen muß. Ist andererseits bereichsweise auf der Berandung der Druck p vorgegeben, so stellt dessen Zusammenhang mit dem Potential φ die Gleichung (10.21) bzw. (10.26) her. Man beachte aber, daß in einem solchen Falle das Problem vermöge dieser Randbedingung nichtlinear wird, womit die Lösung gegenüber einer direkten Vorgabe von $\partial \varphi / \partial n$ wesentlich erschwert wird.

Ist (10.22) als Anfangs- und Randwertproblem gelöst, so dient (10.21) bzw. (10.26) zur Berechnung der Druckverteilung.

Für *Strömungen mit eindeutigen* Potentialen φ folgt aus (10.19) mit (10.15), daß in ihnen die Zirkulation identisch verschwindet:

$$Z = \oint \sum_l \frac{\partial \varphi}{\partial x_l}\, dx_l = \oint d\varphi = 0 \,. \tag{10.24}$$

Besitzt auch die Massenkraft ein Potential Φ, so läßt sich mit

$$\mathfrak{g} = -\operatorname{grad}\Phi \tag{10.25}$$

und bei Voraussetzung der Vertauschbarkeit der Differentiationen (10.21) einmal integrieren:

$$\frac{v^2}{2} + \frac{p}{\varrho} + \frac{\partial \varphi}{\partial t} + \Phi = C(t) \,. \tag{10.26}$$

Das ist die *Bernoullische Gleichung* bzw. die *Energiegleichung der Potentialströmung*. Aus der Zeitfunktion $C(t)$ wird im stationären Falle ($\partial \varphi/\partial t = 0$) eine *für das gesamte Strömungsfeld charakteristische Konstante*.

Die in (10.26) enthaltene Aussage läßt sich noch auf kompressible Medien verallgemeinern, wenn deren Zustandsänderungen *barotropisch* verlaufen, d. h., wenn (s. § 10.1) ein Zusammenhang $p = p(\varrho)$ bzw. $\varrho = \varrho(p)$ vorliegt: Man führt in diesem Fall das sog. *Druckintegral*

$$\mathcal{P} = \int \frac{dp}{\varrho} \tag{10.27a}$$

ein, was mit $\operatorname{grad}\mathcal{P} = \dfrac{1}{\varrho}\operatorname{grad}p$ gleichbedeutend ist, und erhält so anstelle von (10.26)

$$\frac{v^2}{2} + \mathcal{P} + \frac{\partial \varphi}{\partial t} + \Phi = C(t) \,. \tag{10.27b}$$

Üblicherweise, insbesondere in der technischen Strömungslehre, bezeichnet man als Bernoullische Gleichung das Integral der Eulerschen Bewegungsgleichung *längs einer Stromlinie*, wobei lediglich die Massenkraft, nicht aber der Geschwindigkeitsvektor ein Potential zu haben braucht. Wir erhalten diese zuerst von DANIEL BERNOULLI (1700—1782) im Jahre 1738 formulierte Gleichung, indem wir in (10.7) mit (10.25) hineingehen und die so erhaltene Gleichung mit $d\mathfrak{r} = \mathfrak{v}\, dt$ skalar multiplizieren; man hat dann zunächst wegen $\operatorname{grad}\Phi\, d\mathfrak{r} = d\Phi$ und $(\mathfrak{v} \times \operatorname{rot}\mathfrak{v})\,\mathfrak{v}\, dt = 0$

$$\frac{\partial \mathfrak{v}}{\partial t}\, d\mathfrak{r} + d\left(\frac{v^2}{2} + \Phi + \frac{p}{\varrho}\right) = 0$$

und hieraus nach *Integration längs einer Stromlinie* mit dem Bogenelement $ds = |d\mathfrak{r}|$

$$\frac{v^2}{2} + \Phi + \frac{p}{\varrho} = \frac{v_0^2}{2} + \Phi_0 + \frac{p_0}{\varrho} - \int_{s_0}^{s} \frac{\partial v}{\partial t}\, ds \,. \tag{10.28}$$

Das ist die *Bernoullische Gleichung mit instationärem Glied*, woraus im stationären Falle $(\partial v/\partial t = 0)$ und im Schwerefeld (mit der Höhenkoordinate z) des Potentials $\Phi = g\, x_3 = g\, z$ die ursprünglich von Daniel Bernoulli angegebene *Bernoullische Gleichung* hervorgeht:

$$\frac{v^2}{2} + g\,z + \frac{p}{\varrho} = \frac{v_0^2}{2} + g\,z_0 + \frac{p_0}{\varrho} = \text{konst.} \qquad (10.29)$$

Nach Einführung des spezifischen Gewichtes $\gamma = \varrho\,g$ erhält man aus (10.29)

$$\frac{v^2}{2g} + z + \frac{p}{\gamma} = \frac{v_0^2}{2g} + z_0 + \frac{p_0}{\gamma} = \text{konst.} = H\,. \qquad (10.30)$$

Man nennt die für eine Stromlinie individuelle Konstante H die *Hydraulische Höhe*, die sich gemäß (10.30) aus der sog. *Geschwindigkeits-*, aus der *geodätischen* und aus der *Druck-Höhe* zusammensetzt.

Die als eine Energiegleichung erkennbare Bernoullische Gleichung (10.30) ist grundlegend für die gesamte technische Strömungslehre, insbesondere für den *Hydraulik* genannten Teil. Hier faßt man ein Bündel von Stromlinien zu einer sog. *Stromröhre* (deren mittlerer *Stromfaden* für die hydraulische Höhe maßgebend ist) zusammen und wendet auf die über den Gesamtquerschnitt gemittelten Größen die Bernoullische Gleichung an, wobei noch die Kontinuitätsgleichung (10.2) in der einfachen Form

$$v F = v_0 F_0 = \text{konst.} \qquad (10.31)$$

berücksichtigt wird.

Aus (10.30) gewinnt man die *Ausflußgeschwindigkeit nach* Torricelli (1608—1647):

$$v = \sqrt{2g\,(z_0 - z)} = \sqrt{2g\,h}\,. \qquad (10.32)$$

Man denke sich hierfür ein großes Gefäß mit einer kleinen Bodenöffnung, so daß der Flüssigkeitsspiegel sich nicht merkbar senkt. Dann hat man in (10.30) $v_0 = 0$, $p = p_0$ zu setzen, um zu (10.32) zu kommen.

Dem Umstand, daß die Flüssigkeit nicht ideal ist und insbesondere infolge der Zähigkeit längs des Stromfadens ein Energieverlust eintritt, trägt die Hydraulik in der Weise Rechnung, daß man gemäß

$$\frac{dH}{ds} = -\frac{1}{\lambda}\,\frac{v^2}{2g} \qquad (10.33)$$

die sog. *Verlusthöhe* mit der Erfahrungsgröße λ dem Geschwindigkeitsquadrat proportional ansetzt. Hat die Leitung die Länge l, so bekommt man für unveränderliche Verhältnisse *(isomorphe Strömung)* längs der Leitung zunächst

$$H_0 - H = \frac{l}{\lambda}\,\frac{v^2}{2g}$$

und damit anstelle von (10.30)

$$\frac{v^2}{2g}\left(1 + \frac{l}{\lambda}\right) + \frac{p}{\gamma} + z = \frac{v_0^2}{2g} + \frac{p_0}{\gamma} + z_0\,. \qquad (10.34)$$

Weitere Ausführungen, insbesondere über den Rohrreibungs- oder Verlustbeiwert λ, gehören in die Spezialliteratur der Hydraulik.

Wird an einer Stelle die strömende Flüssigkeit abgebremst ($v = 0$) — z. B. durch ein starres Hindernis —, so entsteht an dieser Stelle ein sog. *Staudruck* $p - p_0$, der sich aus (10.29) für $z = z_0$ zu

$$p - p_0 = \frac{1}{2}\,\varrho\,v_0^2 = \frac{1}{2g}\,\gamma\,v_0^2 \tag{10.35}$$

errechnet.

5. Hydrostatik. Kapillarität. Aus (10.30) geht für $v = 0$ die *Grundgleichung der Hydrostatik inkompressibler schwerer Flüssigkeiten*

$$p = p(z) = \gamma(H - z) \tag{10.36}$$

hervor. Hierbei ist zu betonen, daß die in (10.30) enthaltene *Voraussetzung der Reibungsfreiheit in der Hydrostatik nicht notwendig ist*, da erfahrungsgemäß im Falle der Ruhe keine Schubkräfte auftreten (s. § 11.1).

Ist p_0 der Druck auf dem Flüssigkeitsspiegel $x_3 = z = h$ (Abb. 10.2), so ist $H = h + p_0/\gamma$, so daß man aus (10.36)

$$p = p(z) = p_0 + \gamma(h - z)\,, \tag{10.37}$$

also die *lineare Zunahme des Flüssigkeitsdruckes mit der Tiefe* $(h - z)$, erhält.

Die Resultierende des Druckes, der sog. *Auftrieb*, den eine ruhende Flüssigkeit auf die Oberfläche eines (auch teilweise) eingetauchten Körpers ausübt (Abb. 10.2), ergibt sich damit zu

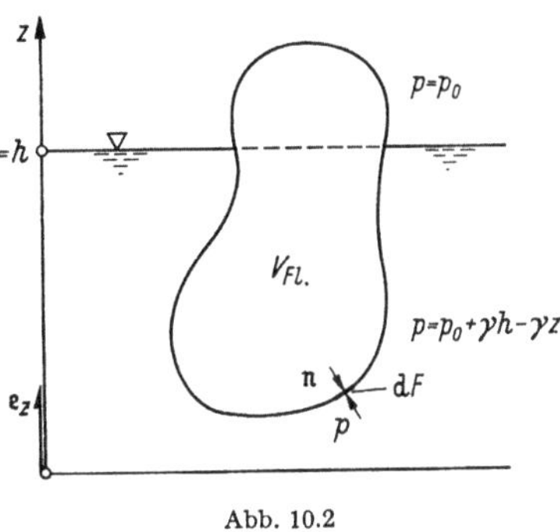

Abb. 10.2

$$\mathfrak{A} = -\oiint\limits_{(O)} p\,\mathbf{n}\,dF = -\iiint\limits_{(V)} \operatorname{grad} p\,dV = \iiint\limits_{(V_{Fl})} \gamma\,\mathbf{e}_z\,dV$$
$$= \gamma\,V_{Fl}\mathbf{e}_z\,, \tag{10.38}$$

worin V_{Fl} das Volumen des eingetauchten Teiles des Körpers ist. Der Auftrieb ist also senkrecht zum Flüssigkeitsspiegel gerichtet und hat den Betrag des vom Körper verdrängten Flüssigkeitsgewichtes (*Satz von* ARCHIMEDES).

In das Gebiet der Hydrostatik gehört auch die *Kapillaritätstheorie*; sie führt ihren Namen auf das merkwürdige Verhalten von Flüssigkeiten in engen Röhren (Kapillaren) zurück. Sie umfaßt aber darüber hinaus die Theorie derjenigen *Oberflächenkräfte*, die in einer Ober- oder Grenzfläche von Flüssigkeiten auftreten. Man kann sie als eine Folge molekularer Anziehungskräfte erklären und sie wie eine *Membranspannkraft* in die

Betrachtung der Kräfteverhältnisse einführen. Sie äußert sich bei gekrümmten Flächen als *Druckunterschied* zwischen den durch die Fläche abgegrenzten Flüssigkeiten (Abb. 10.3). Wir betrachten ein Oberflächenelement der Seitenlängen dl_1 und dl_2, das einer Druckdifferenz $p_1 - p_2$ unterworfen ist. Die den Linienelementen dl_1 und dl_2 zugeordneten Krümmungsradien seien R_1 und R_2. Ist S die auf die Längeneinheit bezogene Oberflächenspannkraft, auch *Kapillarkonstante* genannt, so liefern die Kräfte $S\,dl_1$ bzw. $S\,dl_2$ vertikale Komponenten

$$2\,S\,dl_1 \sin \frac{d\tau_2}{2} \approx S\,dl_1\,d\tau_2 = S\,dl_1\,\frac{dl_2}{R_1} \quad \text{bzw.} \quad S\,dl_2\,\frac{dl_1}{R_2}$$

so daß — bei entsprechender Vorzeichen-Berücksichtigung — aus dem Kräftegleichgewicht in vertikaler Richtung

$$(p_1 - p_2)\,dl_1\,dl_2 = S\,dl_1\,dl_2 \left(\frac{1}{R_1} + \frac{1}{R_2} \right)$$

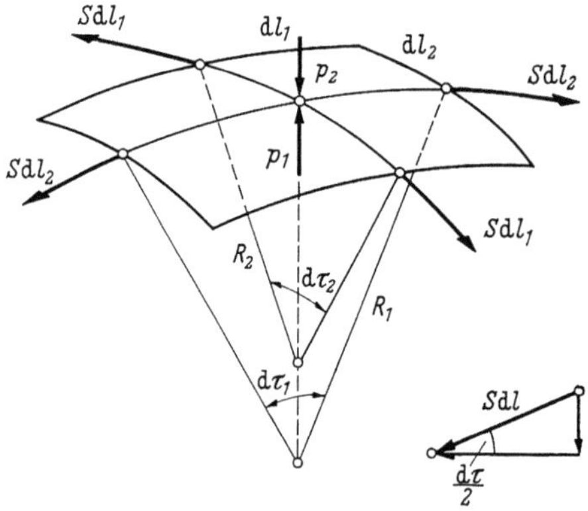

die *Laplacesche Gleichung*

$$p_1 - p_2 = S \left(\frac{1}{R_1} + \frac{1}{R_2} \right) \tag{10.39}$$

hervorgeht. Wegen der Unabhängigkeit der linken Seite von der Schnittrichtung gilt dasselbe für die rechte Seite, insbesondere können R_1 und R_2 also auch in der sog. *mittleren Krümmung* $\frac{1}{R_1} + \frac{1}{R_2}$ die *Hauptkrümmungsradien* bedeuten, die die beiden zueinander senkrechten

Abb. 10.3

Schnitte in Richtung maximaler bzw. minimaler Krümmung bestimmen.

Für zwei *schwere Flüssigkeiten* mit den spezifischen Gewichten γ_1 und γ_2, die sich nicht *mischen* und sich in einer Fläche berühren, haben wir mit der vertikalen Koordinate z in entsprechender Umwandlung von (10.37) $p_1 = p_0 - \gamma_1 z$, $p_2 = p_0 - \gamma_2 z$ zu setzen, so daß (10.39) in

$$\frac{\gamma_2 - \gamma_1}{S}\,z = \frac{1}{R_1} + \frac{1}{R_2} \tag{10.40}$$

übergeht.

Ist $z = z(x, y)$ die Gleichung der Ober- oder Berührungsfläche, so läßt sich (10.40) mit

$$\frac{\partial z}{\partial x} = p \; ; \quad \frac{\partial z}{\partial y} = q \; ; \quad r = \frac{\partial^2 z}{\partial x^2} \; ; \quad s = \frac{\partial^2 z}{\partial x\,\partial y} \; ; \quad t = \frac{\partial^2 z}{\partial y^2}$$

und mit der Konstanten z_0 in der Form

$$(\gamma_2 - \gamma_1)\,(z - z_0) = \pm\, S\left[\frac{\partial}{\partial x}\,\frac{p}{\sqrt{1 + p^2 + q^2}} + \frac{\partial}{\partial y}\,\frac{q}{\sqrt{1 + p^2 + q^2}}\right]$$

$$= \pm\, S\,\frac{(1 + q^2)\,r + (1 + p^2)\,t - 2\,p\,q\,s}{\sqrt{(1 + p^2 + q^2)^3}} \tag{10.41}$$

schreiben.

An der *Grenzfläche dreier Medien* (Abb. 10.4) liefert die Gleichgewichtsbedingung in Richtung der Wand (w)

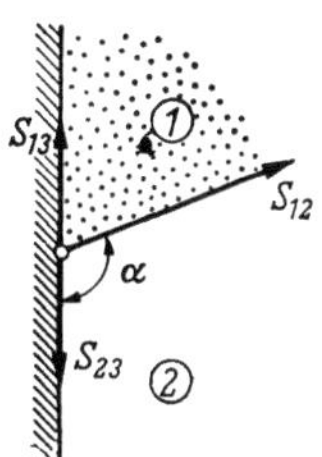

$$S_{12}\cos\alpha + S_{23} = S_{13},$$

woraus

$$\cos\alpha = \frac{S_{13} - S_{23}}{S_{12}} \tag{10.42}$$

folgt. Ist das Medium ① ein Gas, so ist $S_{13} = 0$, also

$$\cos\alpha = -\,\frac{S_{23}}{S_{12}}. \tag{10.43}$$

Abb. 10.4

6. Ebene Potentialströmungen. Wir greifen im Folgenden die schon in der Ziffer 4 begonnene Behandlung von Strömungsvorgängen mit einem Potential wieder auf und wollen uns zunächst auf ebene Probleme beschränken, womit gemeint ist, daß wir zur Beschreibung des Strömungsfeldes nur die Koordinaten einer geeignet gewählten xy-Ebene benötigen. In diesem Falle ist das Geschwindigkeitsfeld (10.15)

$$\mathfrak{v} = \{v_x;\, v_y;\, 0\} = \left\{\frac{\partial\varphi}{\partial x};\, \frac{\partial\varphi}{\partial y};\, 0\right\} \tag{10.44}$$

und die zugehörige Differentialgleichung (10.22) des Strömungspotentials

$$\Delta\varphi = \frac{\partial^2\varphi}{\partial x^2} + \frac{\partial^2\varphi}{\partial y^2} = 0. \tag{10.45}$$

Einen großen Vorrat von — dieser Differentialgleichung genügenden — sog. *Potential-* oder *harmonischen Funktionen* bekommt man, wenn $\varphi = \varphi\,(x, y)$ als Realteil einer analytischen (d. h. differenzierbaren) Funktion[1]

$$w = f(z) = f(x + i\,y) = \varphi(x, y) + i\,\psi(x, y) \tag{10.46}$$

der komplexen Veränderlichen (s. a. Abb. 10.5)

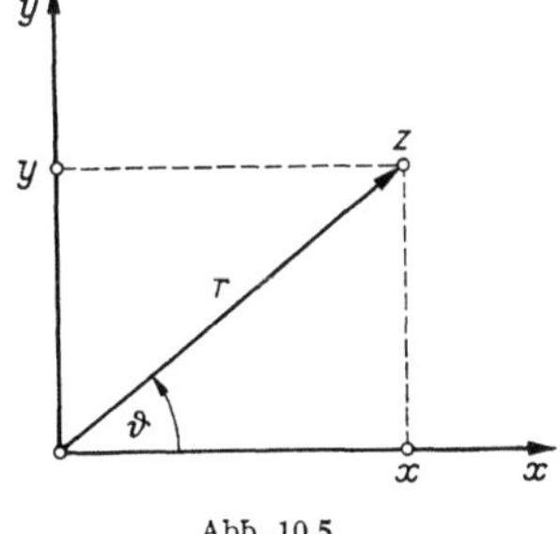

Abb. 10.5

$$z = x + i\,y = r\,e^{i\vartheta} = r\,(\cos\vartheta + i\sin\vartheta)\,, \quad i = \sqrt{-1} \tag{10.47}$$

aufgefaßt wird. Für eine solche Funktion gelten bekanntlich die Cauchy-

---

[1] Sie kann neben den Ortskoordinaten auch noch die Zeit t (als Parameter) enthalten; dann gelten die Betrachtungen für jeden festen Zeitpunkt!

Riemannschen Differentialgleichungen

$$\frac{\partial \varphi}{\partial x} = \frac{\partial \psi}{\partial y}\,, \quad \frac{\partial \varphi}{\partial y} = -\frac{\partial \psi}{\partial x} \tag{10.48}$$

und demzufolge

$$\varDelta \varphi = 0 \quad \text{und} \quad \varDelta \psi = 0\,. \tag{10.49}$$

Wegen (10.48) hat man also

$$v_x = \frac{\partial \varphi}{\partial x} = \frac{\partial \psi}{\partial y}\,, \quad v_y = \frac{\partial \varphi}{\partial y} = -\frac{\partial \psi}{\partial x}\,, \tag{10.50}$$

so daß aus

$$d\psi = \frac{\partial \psi}{\partial x}\,dx + \frac{\partial \psi}{\partial y}\,dy = -v_y\,dx + v_x\,dy$$

für $\psi =$ konst. ($d\psi = 0$) die Beziehung $v_x : v_y = dx : dy$, d. h. die Differentialgleichung der Stromlinien [Gl. (10.16)] folgt. Man nennt dementsprechend ψ die *Stromfunktion*. Auf ähnlichem Wege folgert man aus $d\varphi = 0$ die Beziehung $v_x : v_y = -dy : dx$ und somit die Orthogonalität der Kurvenscharen $\varphi =$ konst. (Äquipotentiallinien) und $\psi =$ konst.

Aus der Ableitung der analytischen Funktion

$$\frac{dw}{dz} = f'(z) = \frac{\partial \varphi}{\partial x} + i\,\frac{\partial \psi}{\partial y} = v_x - i\,v_y$$

ergibt sich der (komplexe) Geschwindigkeitsvektor zu

$$\mathfrak{v} = v_x + i\,v_y = \overline{f'(z)} = \frac{\partial \varphi}{\partial x} - i\,\frac{\partial \psi}{\partial x} = \frac{\partial \psi}{\partial y} + i\,\frac{\partial \varphi}{\partial y}\,, \tag{10.51}$$

also als die konjugiert Komplexe der Ableitung. Aus diesem Grunde nennt man $w = f(z)$ das *komplexe Geschwindigkeitspotential*. Will man mit der Radial- bzw. der dazu senkrechten Umfangsgeschwindigkeit v_r und v_ϑ arbeiten, so hat man aus $\varphi = \varphi(r, \vartheta)$

$$v_r = \frac{\partial \varphi}{\partial r}\,, \quad v_\vartheta = \frac{1}{r}\,\frac{\partial \varphi}{\partial \vartheta} \tag{10.52}$$

zu berechnen.

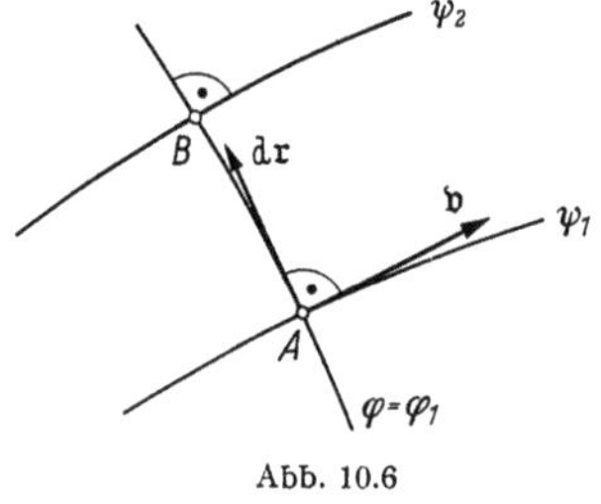

Abb. 10.6

Das zwischen den Stromlinien $\psi = \psi_1$ und $\psi = \psi_2$ je Tiefen- und Zeiteinheit durchströmende Flüssigkeitsvolumen Q ermittelt sich mit dem zur Strömungsebene senkrechten Einheitsvektor $\mathfrak{e}$ wie folgt (Abb. 10.6):

$$Q = \int_A^B v\,ds = \int_A^B (\mathfrak{v} \times d\mathfrak{r})\,\mathfrak{e} = \int_A^B (v_x\,dy - v_y\,dx)$$

$$= \int_A^B d\psi = \psi_2 - \psi_1\,. \tag{10.53}$$

Im vorstehenden haben wir die Erkenntnis gewonnen, daß jeder in einem Gebiet analytischen Funktionen dort eine ebene Potentialströmung einer idealen Flüssigkeit entspricht. Um diese Einsicht auszuschöpfen, kann man so vorgehen, daß man zunächst zu bekannten analytischen Funktionen die Strömungsbilder ermittelt und dann aus diesen durch Superposition neue Strömungen konstruiert und insbesondere die durch starre Hindernisse (Profile) „gestörten Strömungen" zu beschreiben versucht. Der leitende Gedanke diesbezüglicher Überlegungen geht auf RANKINE (1820—1872) zurück und besagt, daß die Superposition von Parallel- und Quell- und Senkenströmungen eine die Quellen und Senken umschließende Stromlinie (bzw. Fläche) liefert, wenn deren Gesamtergiebigkeit Null ist. Dieser Methode, die gewissermaßen die direkte Lösung einer Randwertaufgabe umgeht, dienen die nun folgenden Ausführungen.

7. Beispiele ebener stationärer Potentialströmungen

a) Parallelströmung. Für reelles v_0 und α entspricht der analytischen Funktion

$$w = f(z) = v_0 \, z \, e^{-i\alpha} \tag{10.54}$$

eine — gegenüber der x-Achse um den Winkel α — gedrehte Parallelströmung, denn der Geschwindigkeitsvektor ist gemäß (10.51)

$$\mathfrak{v} = \overline{f'(z)} = v_0 e^{i\alpha} = v_0 \cos\alpha + i\, v_0 \sin\alpha = \text{konst.} \tag{10.55}$$

b) Quellinienströmung. Für reelles C entspricht der außer im Punkte $z = 0$ analytischen Funktion

$$w = f(z) = C \log z = \frac{1}{2}\, C \ln(x^2 + y^2) + i\, C \arctan\frac{y}{x} \tag{10.56}$$

die Potential- und die Stromfunktion

$$\varphi = \frac{1}{2}\, C \ln(x^2 + y^2) \quad \text{und} \quad \psi = C \arctan\frac{y}{x}\,. \tag{10.57}$$

Somit sind die Potentiallinien $\varphi = $ konst. bzw. die Stromlinien $\psi = $ konst. konzentrische Kreise *um* bzw. dazu senkrechte Geraden *durch* den Nullpunkt, wobei der Singularität physikalisch der Quellpunkt entspricht. Die Ergiebigkeit q der Quelle berechnet man leicht gemäß (10.53) aus der Differenz der Werte der mehrdeutigen Stromfunktion (10.57) nach einmaligem Umlauf um den Quellpunkt zu $\psi_2 - \psi_1 = q = 2\pi\, C$. Wie man somit sieht, entspricht ein Wert $C < 0$, reell, einer Quelle, während $C < 0$, reell, zu dem Bild einer Senke führt.

c) Wirbellinienströmung. Für reelles Z vertauschen φ und ψ ihre Rollen gegenüber (10.57) in

$$w = \frac{Z}{2\pi i}\log z = \frac{Z}{2\pi}\arctan\frac{y}{x} - i\,\frac{Z}{4\pi}\ln(x^2 + y^2) \tag{10.58}$$

(Abb. 10.7). Der Geschwindigkeitsvektor ist

$$\mathfrak{v} = \overline{f'(z)} = -\frac{Z}{2\pi}\frac{y - ix}{x^2 + y^2}$$

und somit

$$|\mathfrak{v}| = v = \frac{|Z|}{2\pi r}.$$

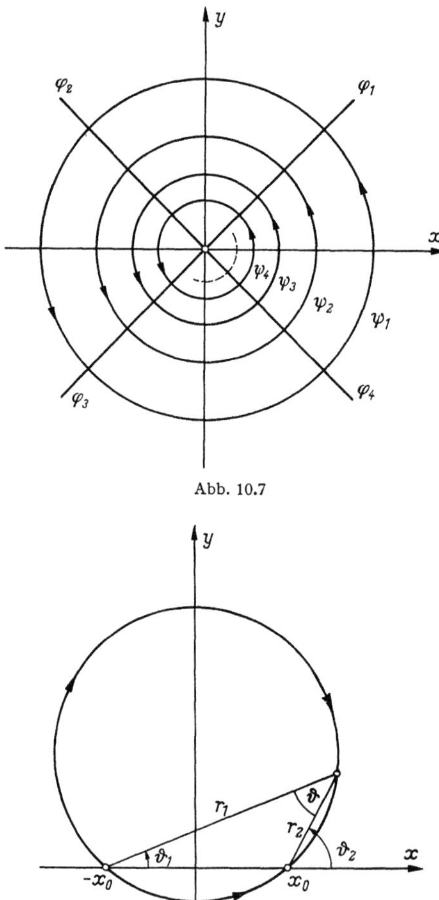

Abb. 10.7

Abb. 10.8

Die Konstante Z ist die Zirkulation, wovon man sich gemäß (10.19) durch die Berechnung von $\oint \mathfrak{v}\, d\mathfrak{r} = \oint (v_x\, dx + v_y\, dy)$ längs eines Kreises um den Ursprung sofort überzeugen kann.

d) Quellsenkenströmung. Der Superposition einer Quelle an der Stelle $z = -x_0$ mit einer Senke gleicher Stärke am Orte $z = x_0$ entspricht nach (10.56) für reelles C das komplexe Geschwindigkeitspotential

$$w = C \log \frac{z + x_0}{z - x_0} = C \log \frac{r_1 e^{i\vartheta_1}}{r_2 e^{i\vartheta_2}} =$$

$$= C\left[\ln \frac{r_1}{r_2} + i(\vartheta_1 - \vartheta_2)\right]. \quad (10.59)$$

Die Stromlinien $\psi = C(\vartheta_1 - \vartheta_2) =$
$= -C(\vartheta_2 - \vartheta_1) = C\vartheta = $ konst.
sind — als Kurven konstanten Peripheriewinkels — Kreise, und die Potentiallinien $\varphi = $ konst., also $r_1 : r_2 = $ konst., (Appolonische) Kreise (Abb. 10.8).

e) Die Dipolströmung geht aus der Quellsenkenströmung hervor, wenn mit $x_0 \to 0$ gleichzeitig $2x_0 C \to \mu \neq 0$ gefordert wird. Aus (10.59) erhalten wir:

$$f(x) = \lim_{x_0 \to 0} \frac{2x_0 C}{2x_0} \log \frac{z + x_0}{z - x_0} = \mu \lim_{x_0 \to 0} \frac{1}{2x_0} \log \frac{1 + \dfrac{x_0}{z}}{1 - \dfrac{x_0}{z}}$$

$$= \mu \lim_{x_0 \to 0} \frac{1}{x_0}\left[\frac{x_0}{z} + \frac{1}{3}\left(\frac{x_0}{z}\right)^3 + \cdots\right] = \frac{\mu}{z}.$$

Somit ist das komplexe Geschwindigkeitspotential eines *in Richtung der negativen x-Achse orientierten* Dipols also

$$f(z) = \frac{\mu}{z} = \frac{\mu x}{x^2 + y^2} - i \frac{\mu y}{x^2 + y^2}\,. \tag{10.60}$$

Dabei sind die Stromlinien (ψ = konst.) den Nullpunkt berührende Kreise mit dem Mittelpunkt auf der y-Achse (Abb. 10.9).

f) Ausweichströmung um einen Kreis. In eine Parallelströmung wird ein Kreis (unendlich langer Kreiszylinder) vom Radius a hineingestellt; wie sieht das durch dieses Hindernis gestörte Strömungsfeld aus?

Setzen wir in (10.54) $\alpha = 0$ (d. h. die Strömung verläuft parallel zur x-Achse), so ist $v_0 z$ das Potential der ungestörten Strömung. Der starre Kreis bewirkt eine

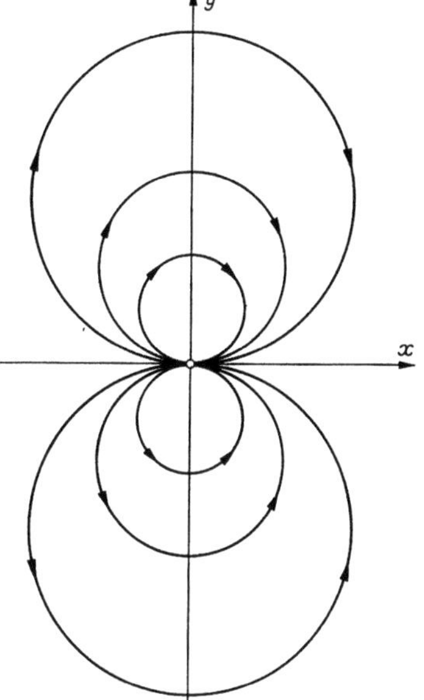

Abb. 10.9

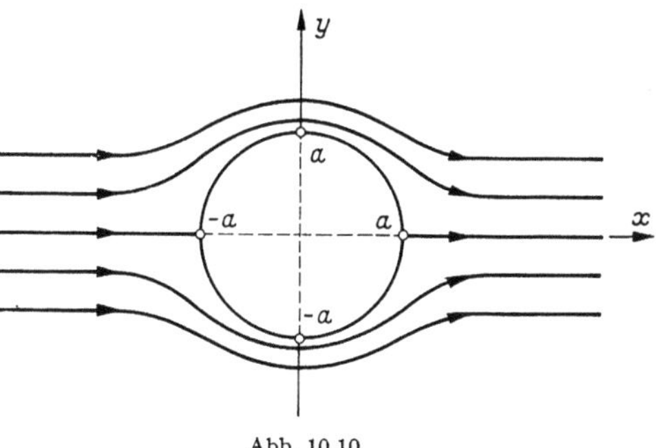

Abb. 10.10

Umlenkung der Strömung, so daß 1. der Kreisumfang eine Stromlinie (ψ = konst.) wird und 2. im Unendlichen ($z \to \infty$) wieder die ursprüngliche Parallelströmung herrscht. Lassen wir den Kreismittelpunkt und Koordinatennullpunkt zusammenfallen, so bleibt offenbar die x-Achse ($y = 0$) weiter eine Stromlinie (Abb. 10.10). Nach diesen Überlegungen versuchen wir den angeführten Bedingungen durch die Superposition einer Parallel- und Dipolströmung gerecht zu werden:

$$f(z) = v_0 z + \frac{\mu}{z} = \left(v_0 + \frac{\mu}{x^2 + y^2}\right) x + i \left(v_0 - \frac{\mu}{x^2 + y^2}\right) y = \varphi + i\,\psi\,.$$

Da $y = 0$ und $x^2 + y^2 = a^2$ (Kreisumfang) Stromlinien (ψ = konst.) sein müssen, haben wir

$$\psi = \left(v_0 - \frac{\mu}{a^2}\right) y = \text{konst.} = 0$$

zu fordern, woraus $\mu = a^2 v_0$ und somit für die gestörte Strömung das Potential

$$f(z) = v_0\left(z + \frac{a^2}{z}\right) \tag{10.61}$$

folgt. Demnach ist

$$f'(z) = v_0\left(1 - \frac{a^2}{z^2}\right) = v_x - i\,v_y = \bar{v}\,,$$

so daß $z = \pm a$ (wie zu erwarten) Staupunkte ($v = 0$) sind (Abb. 10.10), während in $z = \pm i\,a$ die (größten) Geschwindigkeiten $v = 2v_0$ auftreten.

Und jetzt noch etwas zu der *Kraftwirkung auf den Zylinder*. Sehen wir vom Gewicht des Zylinders und der Flüssigkeit, also vom statischen Auftrieb, ab, so bleibt als Kraftwirkung der Flüssigkeit der Druck p übrig, der sich nach (10.29) zu

$$p = \text{konst.} - \varrho\,\frac{v^2}{2} \tag{10.62}$$

ergibt und in Richtung der Normalen auf die Zylinderoberfläche wirkt. Da aber v offenbar (Abb. 10.10) symmetrisch sowohl zur x- als auch zur y-Achse ist, verschwindet die Resultierende dieser Druckkräfte. Insbesondere gibt es keinen gegen die Bewegung gerichteten *Widerstand*. Dieses der Erfahrung widersprechende Resultat nennt man das *D'Alembertsche Paradoxon*. Man kann allgemein nachweisen, daß ein starrer Körper in einer idealen und inkompressiblen Flüssigkeit bei stationärer Potentialströmung keinen Widerstand[1] erfährt. Wohl liefert aber die Potentialtheorie einen auf eine Zirkulation (Wirbellinienströmung) zurückführbaren *Auftrieb*. Das soll anschließend gezeigt werden.

g) Strömung um einen Kreiszylinder mit Zirkulation. Da die Wirbellinienströmung (10.58) auch eine um einen Kreiszylinder mögliche Strömung darstellt (Abb. 10.7), bekommen wir eine gegenüber (10.61) allgemeinere Strömung durch Superposition:

$$f(z) = v_0\left(z + \frac{a^2}{z}\right) - \frac{Z}{2\pi i}\log z\,. \tag{10.63}$$

Die zugehörige Stromfunktion

$$\psi = \psi(x, y) = v_0 y\left(1 - \frac{a^2}{x^2 + y^2}\right) + \frac{Z}{4\pi}\ln(x^2 + y^2)$$

ist zur y-Achse, nicht aber zur x-Achse symmetrisch. An der Zylinderoberseite drängen sich die Stromlinien (s. z. B. Abb. 10.11 oben) zusammen, was auf eine Geschwindigkeitserhöhung schließen läßt. Im Gegensatz dazu erweitern sich die Stromlinien an der Zylinderunterseite, demzufolge nimmt die Geschwindigkeit dort ab. Damit herrscht nach (10.62)

---

[1] Zur Ermittlung dieses Widerstandes unter Heranziehung zusätzlicher Hypothesen siehe z. B. § 11.8, § 11.9 und § 12.8.

an der Zylinderunterseite im Mittel ein größerer Druck als an der Oberseite, so daß der Zylinder in y-Richtung eine Kraft, den sog. *Auftrieb* erfährt. Auf die Berechnung dieses Auftriebes kommen wir am Ende dieser Ausführungen zurück.

Aus (10.63) erhalten wir für den Betrag der Geschwindigkeit

$$v = |f'(z)| = \left| v_0 \left(1 - \frac{a^2}{z^2}\right) + \frac{iZ}{2\pi z} \right|,$$

woraus man für die Staupunkte ($v = 0$)

$$z = z_0 = \frac{-iZ}{4\pi v_0} \pm \sqrt{a^2 - \frac{Z^2}{16\pi^2 v_0^2}}$$

errechnet, so daß man für ihre Lagen die Fallunterscheidungen $a^2 \gtreqless (Z/4\pi v_0)^2$ zu beachten hat (Abb. 10.11). Zu dem Potential (10.63) ist zu bemerken, daß es unter der Forderung der Beschränktheit von $f'(z)$ im Unendlichen die *allgemeinste ebene Potentialströmung um einen Kreiszylinder* beschreibt.

Mit Hilfe dieser Erkenntnis ist es möglich, die ebene Potentialströmung um eine beliebige Kontur zu beherrschen, da es nach dem Abbildungssatz von B. RIEMANN (1826—1866) möglich ist, jeden einfach zusammenhängenden Bereich der ζ-Ebene (mit mindestens zwei Randpunkten) mit Hilfe einer analytischen Funktion $\zeta = g(z)$ bzw. $z = h(\zeta)$ auf einen Kreis der z-Ebene abzubilden. Zu dem Kreis in der z-Ebene gehört aber das

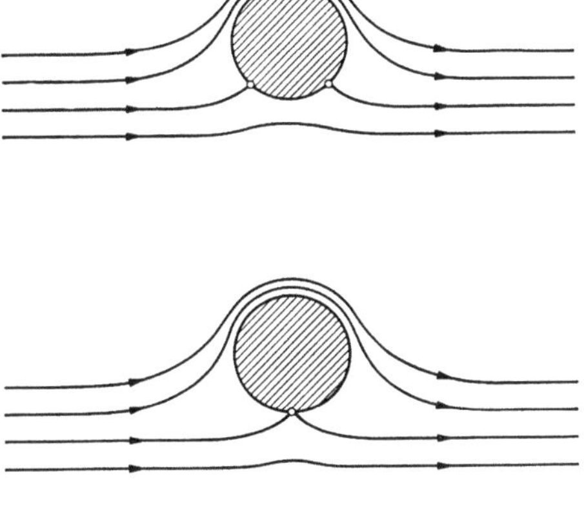

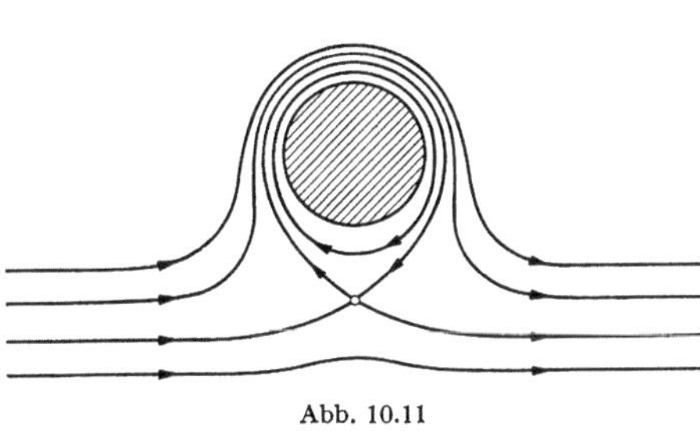

Abb. 10.11

Geschwindigkeitspotential $f(z)$, so daß das Geschwindigkeitspotential der Strömung in der ζ-Ebene

$$f(h(\zeta)) = f(h(\xi + i\eta)) = \Phi(\xi, \eta) + i\Psi(\xi, \eta) \qquad (10.64)$$

ist, da das so erhaltene Stromlinienbild alle Randbedingungen erfüllt. Der Betrag der Geschwindigkeit ist schließlich

$$v = \left|\frac{df}{d\zeta}\right| = \left|\frac{df}{dz}\frac{dz}{d\zeta}\right| = \left|\frac{df(z)}{dz} \middle/ \frac{d\zeta}{dz}\right|. \qquad (10.65)$$

Abschließend soll noch der *Auftrieb* berechnet werden. Wir betrachten zunächst allgemein einen Bereich mit der geschlossenen Berandung $(\mathfrak{C})$, der inneren Normalen $\mathfrak{n} = -\sin\beta + i\cos\beta$ und dem Bogenelement $ds = |d\mathfrak{r}|$ (Abb. 10.12). Dann ist die auf die Berandung einwirkende Kraft je Tiefeneinheit unter Beachtung von (10.62) und wegen $\oint dz = 0$

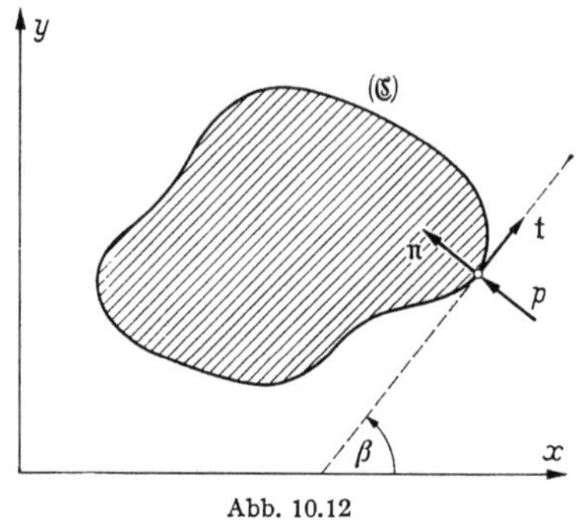

Abb. 10.12

$$\mathfrak{R} = K_x + iK_y = \oint p\,\mathfrak{n}\,ds$$
$$= \oint p\,(-\sin\beta\,ds + i\cos\beta\,ds)$$
$$= \oint p\,(-dy + i\,dx) = i\oint p\,dz$$
$$= -\frac{i\varrho}{2}\oint v^2\,dz$$
$$= -\frac{i\varrho}{2}\oint f'(z)\,\overline{f'(z)}\,dz.$$

Da auf der Berandung als einer Stromlinie $d\psi = 0$ ist, ist dort also

$$df(z) = f'(z)\,dz = d\varphi + i\,d\psi = d\varphi$$

reell und somit auch $df(z) = \overline{df(z)}$, so daß man endlich

$$K_y - iK_x = -\frac{\varrho}{2}\oint \overline{f'(z)}\;\overline{df'(z)} = -\frac{\varrho}{2}\oint \overline{f'^2(z)}\,d\bar{z} \qquad (10.66)$$

erhält. Das ist die *Blasiussche Formel*, die man auch in der Form

$$\overline{\mathfrak{R}} = K_x - iK_y = \frac{i\varrho}{2}\oint f'^2(z)\,dz \qquad (10.67)$$

schreiben kann. Eine ähnliche Formel gilt für das auf den Nullpunkt bezogene Moment

$$\mathfrak{M} = \oint (x\,p\,dx + y\,p\,dy) = -\frac{\varrho}{2}\,\mathrm{Re}\oint f'^2(z)\,z\,dz. \qquad (10.68)$$

Im Falle der oben behandelten Strömung um den Kreiszylinder mit dem Potential (10.63) hat man $f'(z) = v_0(1 - a^2/z^2) - Z/2\pi i z$ einzusetzen und bei der Integration zu beachten, daß nach dem Residuensatz der Funktionentheorie bis auf $\oint dz/z = 2\pi i$ alle Integrale der Form $\oint z^n\,dz$ $(n = \ldots, -3, -2, 0, 1, 2, \ldots)$ verschwinden, so daß man z. B. für (10.67)

$$\overline{\mathfrak{R}} = K_x - iK_y = -i\varrho v_0 Z; \quad K_x = 0; \quad K_y = \varrho v_0 Z, \qquad (10.69)$$

also eine zur Anströmung senkrechte Kraft (Auftrieb) vom Betrage $\varrho\,|v_0 Z|$ erhält.

Damit haben wir die rechnerische Bestätigung des D'Alembertschen Paradoxons. Für das Zustandekommen der Zirkulation kann allerdings erst die Theorie der viskosen Flüssigkeiten eine Erklärung

geben. Experimentell kann man den so entstehenden Auftrieb folgender-
maßen nachweisen: Läßt man einen Kreiszylinder um seine Achse in
einer strömenden Flüssigkeit rotieren, so wird infolge der Zähigkeit die
Flüssigkeit von der Zylinderoberfläche mitgenommen, also eine „Zirkulation" erzeugt; der so entste-
hende „Auftrieb" kann dann tatsächlich beobachtet werden und
wird *Magnus-Effekt* genannt[1].

*h) Ein Beispiel für die Methode
der konformen Abbildung.* Wir betrachten die durch

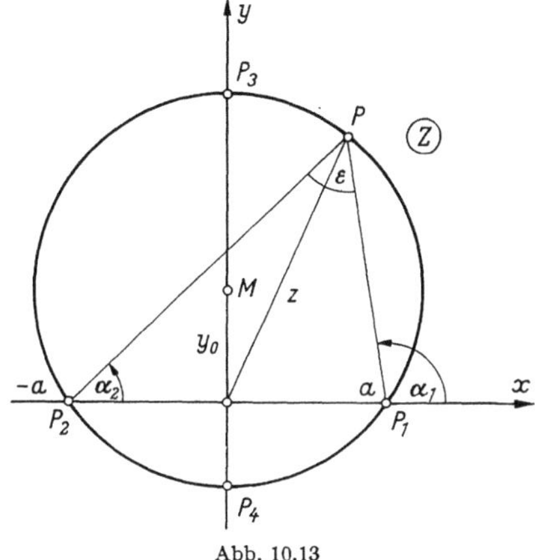

$$\zeta = g(z) = z + \frac{a^2}{z} \qquad (10.70)$$

geleistete Abbildung des Kreises
$|z - i\,y_0|^2 = a^2 + y_0^2$ der z-Ebene auf
die ζ-Ebene (Abb. 10.13).

Wandert P mit dem konstanten
Peripheriewinkel ε auf dem Kreise,
so entsprechen gemäß (10.70) den

Abb. 10.13

Punkten P_1, P_2: $z = \pm\,a$, P_3 und P_4: $z = i(y_0 \pm \sqrt{a^2 + y_0^2})$ in der z-Ebene
(Abb. 10.13) in der ζ-Ebene die Punkte P_1', P_2': $\zeta = \pm\,2a$ und $P_3' = P_4'$:

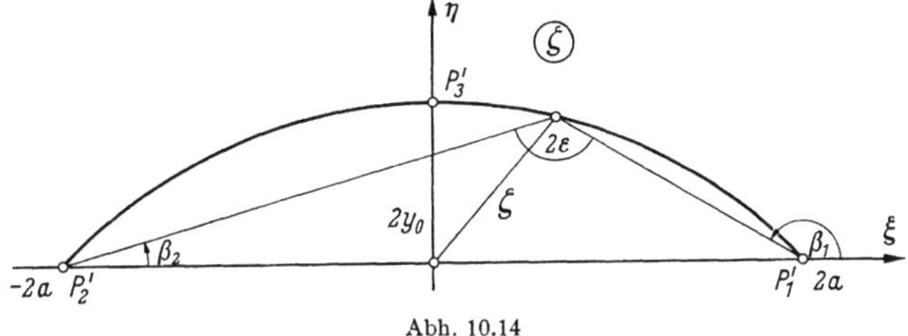

Abh. 10.14

$\zeta = i\,2y_0$ (Abb. 10.14). Aus der aus (10.70) hervorgehenden Beziehung

$$\frac{\zeta - 2a}{\zeta + 2a} = \left(\frac{z - a}{z + a}\right)^2 \text{ bzw.}$$

$$\log \frac{|\zeta - 2a|}{|\zeta + 2a|}\, e^{i(\beta_1 - \beta_2)} = 2 \log \frac{|z - a|}{|z + a|}\, e^{i(\alpha_1 - \alpha_2)}$$

folgt, daß

$$\sphericalangle\, P_1'\,P'\,P_2' = \beta_1 - \beta_2 = 2\,\sphericalangle\, P_1\,P\,P_2 = 2(\alpha_1 - \alpha_2) = 2\varepsilon = \text{konst.}$$

ist, somit beschreibt also P' einen Kreisbogen, d. h. vermöge (10.70) wird
ein Kreis der z-Ebene auf ein „Kreiszweieck" der ζ-Ebene abgebildet.

---

[1] Dieser Effekt wurde sogar von FLETTNER für den Antrieb von Schiffen versuchsweise verwendet.

Läßt man den Nullpunkt und den Kreismittelpunkt zusammenfallen ($y_0 = 0$), so wird dieser Kreis in das — doppelt durchlaufene — Geradenstück von $-2a$ bis $+2a$ der ξ-Achse in der ζ-Ebene abgebildet. Damit beherrscht man aber die *Strömung um eine Platte*: Das Geschwindigkeitspotential bei einem Anströmwinkel β ist [analog zu (10.63)[1]]

$$f(z) = v_0 \left(z\, e^{-i\beta} + \frac{a^2}{z\, e^{-i\beta}} \right) - \frac{Z}{2\pi i} \log z \,.$$

Aus dieser Gleichung und (10.70) folgt

$$\frac{df}{dz} = v_0 \left(e^{-i\beta} - \frac{a^2}{z^2 e^{-i\beta}} \right) - \frac{Z}{2\pi i z} \quad \text{und} \quad \frac{d\zeta}{dz} = 1 - \frac{a^2}{z^2}. \tag{10.71}$$

Demnach wird $d\zeta/dz = 0$ für $z = \pm a$, also nach (10.65) die Umströmungsgeschwindigkeit der zugehörigen Plattenpunkte $\zeta = \pm 2a$, also der Ecken, „unendlich groß"[2] ($v = \infty$). Diese grundsätzliche Schwierigkeit „an scharfen Kanten" behebt man in der *Tragflügeltheorie* dadurch, daß man die eine Kante abrundet, während man nach einer Idee von

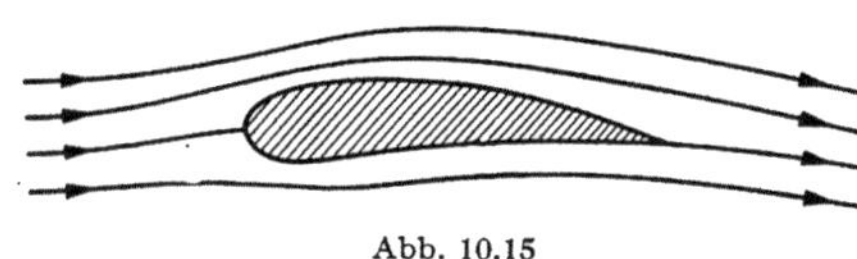

KUTTA postuliert, daß sich die Zirkulation gerade so einstellt, daß an der spitzen Hinterkante ($z = +a$) ein „glatter Abfluß" gesichert wird (Abb. 10.15). Dazu berechnet man aus

Abb. 10.15

$(df/dz)_{z=+a} = 0$ die Zirkulation Z, wodurch die Geschwindigkeit v in der ζ-Ebene an der Hinterkante nach (10.65) in der unbestimmten Form $0/0$

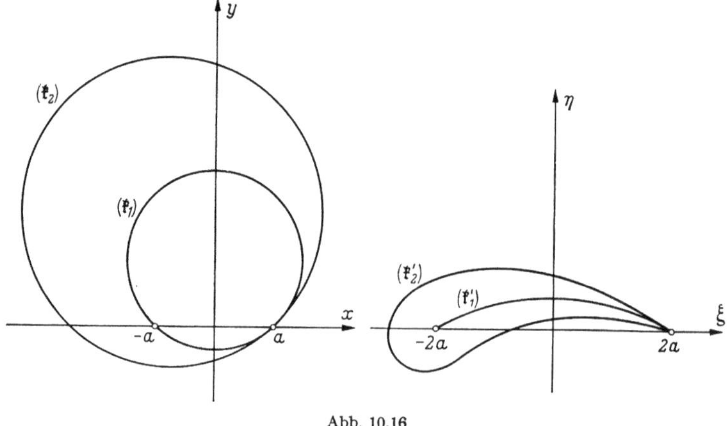

Abb. 10.16

---

[1] Man ersetze dort z durch $z\, e^{-i\beta}$ und lasse die unwesentliche Konstante $\beta Z/2\pi$ fort.

[2] Physikalisch bedeutet das ein Abreißen der Strömung.

erscheint, deren Grenzwert man dann in der üblichen Weise (nach L'HOSPITAL) ermittelt.

Die Erzeugung von Profilen in der in Abb. 10.15 angedeuteten Art durch konforme Abbildung aus Kreisen geht auf JOUKOWSKI zurück: Man nimmt zwei sich berührende Kreise $(\mathfrak{k}_1)$ und $(\mathfrak{k}_2)$, von denen der innere $(\mathfrak{k}_1)$ vermöge (10.70) in ein Kreiszweieck $(\mathfrak{k}_1')$ abgebildet wird, während $(\mathfrak{k}_2)$ diesen umschließt und dessen Abbildung $(\mathfrak{k}_2')$ als Tragflügelprofil verwendet wird (Abb. 10.16). Die Verhältnisse in der Strömung um ein solches sind analog dem schon Gesagten.

8. Räumliche Potentialströmungen. Für das Potential φ solcher Strömungen gilt gemäß (10.22)

$$\varDelta \varphi = \frac{\partial^2 \varphi}{\partial x^2} + \frac{\partial^2 \varphi}{\partial y^2} + \frac{\partial^2 \varphi}{\partial z^2} = 0$$

mit $\mathfrak{v} = \operatorname{grad} \varphi = \{\partial \varphi/\partial x_i\}$ nach (10.15) für das Geschwindigkeitsfeld und den Randbedingungen (10.23) $\partial \varphi/\partial n = v_{W_n}$, während man die Druckverteilung aus (10.21) bzw. (10.26) berechnet.

Um kompliziertere Probleme, wie Umströmung von beliebigen ruhenden oder bewegten starren Körpern, zu beherrschen, ist es notwendig, partikuläre Lösungen zu ermitteln, um durch ihre Superposition zu neuen Strömungsfeldern zu kommen. Einige solcher Potentialfunktionen werden jetzt angeführt:

$$\varphi = c_1 x + c_2 y + c_3 z, \quad c_j = \text{konst.} \qquad (10.72\,\text{a})$$

entspricht einer *Parallelströmung*.

$$\varphi = -\frac{Q}{4\pi r} = -\frac{Q}{4\pi \sqrt{x^2 + y^2 + z^2}} \qquad (10.72\,\text{b})$$

beschreibt das Strömungsfeld einer punktförmigen *Quelle* $(Q > 0)$ bzw. einer *Senke* $(Q < 0)$. Durch Superposition einer Quelle in $\{x + \varepsilon; y; z\}$ und „gleichstarken" Senke in $\{x; y; z\}$ entsteht zunächst

$$\varphi = \frac{Q}{4\pi}\left[\frac{1}{\sqrt{x^2 + y^2 + z^2}} - \frac{1}{\sqrt{(x + \varepsilon)^2 + y^2 + z^2}}\right],$$

woraus für $\varepsilon \to 0$ und $\dfrac{Q\varepsilon}{4\pi} \to M$ das Potential eines räumlichen, in Richtung der x-Achse orientierten *Dipols*

$$\varphi = M\,\frac{x}{r^3} = -M\,\frac{\partial}{\partial x}\left(\frac{1}{r}\right) \qquad (10.72\,\text{c})$$

hervorgeht. Etwas allgemeiner kann man

$$\varphi = \frac{\mathfrak{M}\,\mathfrak{r}}{r^3} \qquad (10.72\,\text{d})$$

schreiben, wobei $\mathfrak{M}$ der Vektor des Dipolmomentes ist.

Das Potential der Quellströmung (10.72b) läßt sich auf eine *kontinuierliche Quellen- und Senkenlinie* der Dichte $q = q(x)$ und der Länge l verallgemeinern:

$$\varphi = -\frac{1}{4\pi} \int_{\xi=0}^{l} \frac{q(\xi)\,d\xi}{\sqrt{(x-\xi)^2 + y^2 + z^2}}. \qquad (10.72\,\mathrm{e})$$

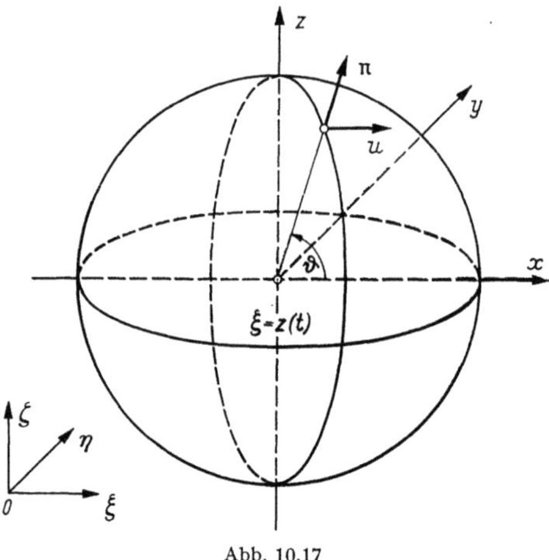

Abb. 10.17

In analoger Weise läßt sich eine *kontinuierliche Dipolbelegung* $m = m(x)$ einführen, deren Potential entsprechend

$$\varphi = \int_{\xi=0}^{l} \frac{m(\xi)\,\xi\,d\xi}{[(x-\xi)^2 + y^2 + z^2]^{3/2}} \qquad (10.72\,\mathrm{f})$$

lautet.

Mit dem Quellsenken- und Dipolpotential sind weitreichende Möglichkeiten zur Lösung von Potentialströmungen gegeben.

Als Anwendungsbeispiel einer räumlichen Potentialströmung berechnen wir den *Widerstand einer in einer ruhenden Flüssigkeit beschleunigten Kugel.* Da die Bewegung der Kugel nicht stationär ist, ist hier im Gegensatz zum D'Alembertschen Paradoxon bei stationärer Bewegung eine der Bewegung entgegengesetzt gerichtete Kraft zu erwarten.

Eine Kugel vom Radius a bewege sich[1] mit ihrem Mittelpunkt mit der Geschwindigkeit $u = u(t) = \dot{e}(t)$ in Richtung der x-Achse eines mitbewegten Koordinatensystems x, y, z, während die durch die bewegte Kugel verursachte Strömungsgeschwindigkeit in einem raumfesten System ξ, η, ζ mit $v = \{v_x; v_y; v_z\}$ bezeichnet werde (Abb. 10.17).

Wir nehmen eine Potentialströmung mit dem Potential $\varphi = \varphi(x, y, z, t)$ an. Von der Geschwindigkeit der Strömung verlangen wir, daß sie im Unendlichen verschwindet ($\lim_{r \to \infty} v = 0$) und daß nach (10.23) auf der Kugeloberfläche ihre Normalkomponente mit der der Kugel übereinstimmt:

$$v_n = v\,n = \frac{\partial \varphi}{\partial n} = \left(\frac{\partial \varphi}{\partial r}\right)_{r=a} = u\cos\vartheta,$$

$$r = \sqrt{x^2 + y^2 + z^2}, \quad \cos\vartheta = \frac{x}{r}. \qquad (10.73)$$

---

[1] Es ist vielleicht nicht ganz überflüssig, darauf hinzuweisen, daß dieser Fall keinesfalls dem äquivalent ist, in dem der ruhende Körper von einer beschleunigten Flüssigkeit angeströmt wird: Das (Galileische) Relativitätsprinzip gilt für beschleunigte Bewegungen nicht! (siehe auch Aufgabe 6 dieses §).

Für das Potential machen wir den der auch im bewegten Koordinatensystem gültigen Potentialgleichung $\Delta\,\varphi = 0$ genügenden Ansatz (10.72c):

$$\varphi = -M\,\frac{\partial}{\partial x}\left(\frac{1}{r}\right) = M\,\frac{x}{r^3} = M\,\frac{\cos\vartheta}{r^2}\,.$$

Die Konstante M ergibt sich aus der Forderung (10.73) wegen $v_n = \partial\,\varphi/\partial r = -2\,M\cos\vartheta/r^3$ zu $M = -u\,a^3/2$, so daß das gesuchte Potential folgende Form hat:

$$\varphi = -\frac{u\,a^3}{2}\,\frac{x}{r^3} = -\frac{u\,a^3}{2}\,\frac{\cos\vartheta}{r^2}\,. \tag{10.74}$$

Die tangentiale Geschwindigkeitskomponente auf der Kugel ist analog zu (10.52)

$$v_\vartheta = \left(\frac{1}{r}\,\frac{\partial\,\varphi}{\partial\vartheta}\right)_{r\,=\,a} = \frac{u}{2}\sin\vartheta\,,$$

so daß auf der Kugeloberfläche $(r = a)$

$$v^2 = v_n^2 + v_\vartheta^2 = \frac{u^2}{4}\,(1 + 3\cos^2\vartheta) = v_a^2 \tag{10.75a}$$

ist.

Den Druck auf die Kugel können wir aus (10.26) unter Vernachlässigung des statischen Auftriebs $(\Phi = 0)$ entnehmen, wobei unter $\dfrac{\partial\,\varphi}{\partial t}$ die zeitliche Ableitung bei festgehaltenen Ortskoordinaten ξ, η, ζ zu verstehen ist (!):

$$p = \varrho\left[C\,(t) - \frac{\partial\,\varphi}{\partial t} - \frac{v^2}{2}\right]_{r\,=\,a} = p_\infty - \varrho\left(\frac{\partial\,\varphi}{\partial t} + \frac{v^2}{2}\right)\bigg|_{r\,=\,a}, \tag{10.75b}$$

da im Unendlichen $\partial\,\varphi/\partial t$ und v Null sind und somit $C\,(t) = p_\infty/\varrho$ wird. Wegen

$$\frac{\partial}{\partial t}\,x = \frac{\partial}{\partial t}\,(\xi - e) = -\dot{e} = -u\,;\quad \frac{\partial}{\partial t}\,y = 0\,;\quad \frac{\partial}{\partial t}\,z = 0$$

wird mit (10.74)

$$\left[\frac{\partial\,\varphi}{\partial t}\right]_{r\,=\,a} = \left[-\frac{a^3\,\dot{u}}{2}\,\frac{x}{r^3} + \frac{a^3\,u^2}{2}\left(\frac{1}{r^3} - \frac{3\,x^2}{r^5}\right)\right]_{r\,=\,a}$$

$$= -a\,\dot{u}\cos\vartheta + \frac{u^2}{2}\,(1 - 3\cos^2\vartheta)\,.$$

Aus allen diesen Größen haben wir nun gemäß

$$W = -\oiint p\cos\vartheta\,dF = -\varrho\oiint\left(C\,(t) - \frac{\partial\,\varphi}{\partial t} - \frac{v^2}{2}\right)_{r\,=\,a}\cos\vartheta\,dF$$

die aus Symmetriegründen in der x-Richtung auftretende Kraft zu berechnen. Da ϑ zwischen 0 und π variiert und $dF = 2\pi\,a^2\sin\vartheta\,d\vartheta$ ist, erhalten wir

$$W = -\pi\,\varrho\,a^3\,\dot{u}\,(t)\int_0^\pi\cos^2\vartheta\,\sin\vartheta\,d\vartheta = -\frac{2}{3}\,\pi\,\varrho\,a^3\,\dot{u}\,(t)\,. \tag{10.76}$$

Nach (10.76) entspricht der Widerstand der Massenbeschleunigung der
halben von der Kugel verdrängten Flüssigkeitsmasse.[1] Bei konstanter
Geschwindigkeit ($\dot{u}(t) = 0$) findet man wieder das D'Alembertsche
Paradoxon bestätigt.

9. Flüssigkeitswellen. Ebene Oberflächenwellen. Kapillarwellen. Die
Theorie der Flüssigkeitswellen ist eine physikalisch ebenso interessante
wie mathematisch schwierige Aufgabe. Schon die Definition einer solchen
Welle ist, im Gegensatz etwa zu den akustischen oder elektrischen Wellen,
in einer in physikalischer und mathematischer Hinsicht gleichermaßen befriedigenden Weise kaum möglich. Man kann etwa folgendes sagen: Erzeugen die an sich kleinen Verrückungen der Flüssigkeitsteilchen „eine
wesentlich deutlicher erkennbare Bewegung irgendeines charakteristischen
Elementes", etwa des freien Flüssigkeitsspiegels, so wollen wir von einer
Flüssigkeitswelle sprechen. Das wesentliche Phänomen, das ganz allgemein mit solchen Wellenbewegungen verbunden ist, ist der *Energietransport*, während ein entsprechender mittlerer Materietransport, wie
auch sonst bei Wellenerscheinungen in der Physik, nur unwesentlich bzw.
sogar Null ist. Bei den im folgenden behandelten Flüssigkeitspotential-
wellen ist das letztere der Fall.

Wir wollen uns im folgenden mit ebenen Oberflächenwellen beschäftigen. Solche Wellen treten beispielsweise auf, wenn man einer ruhenden

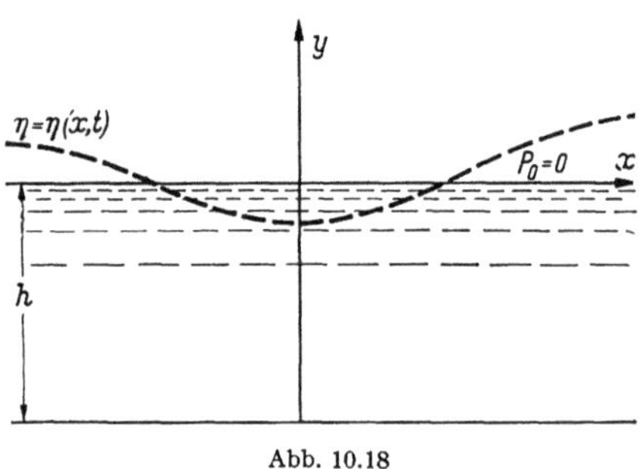

schweren Flüssigkeit zur Zeit
$t = 0$ eine *Störung*, d. h. ihrer
Oberfläche eine bestimmte Gestalt bzw. ihren Teilchen eine
bestimmte Geschwindigkeit er-
teilt. Dies soll so vor sich gehen,
daß die Oberfläche im weiteren
Verlauf der Zeit immer von den
gleichen Flüssigkeitsteilchen gebildet wird und daß eine „wirbelfreie Störung" und somit nach

Abb. 10.18

dem Helmholtzschen Satz (s. nächste Ziffer) für alle Zeiten eine wirbelfreie
Strömung entsteht; außerdem soll der Vorgang zweidimensional und die
(ursprüngliche) Flüssigkeitstiefe h sein (Abb. 10.18).

Ist $\eta = \eta(x, t)$ die Gleichung der gestörten Oberfläche, so haben wir
unter der erwähnten Annahme einer Potentialbewegung die Bernoullische
Gleichung (10.26) heranzuziehen, wobei für das Schwerepotential $\Phi = g\,y$
zu setzen ist. Mit $p = p_0 = 0$ (wir legen also das Nullniveau des Druckes

---

[1] Eine etwas andere Herleitung dieses Resultats findet der Leser in Aufgabe 9
dieses Paragraphen.

in die freie Oberfläche) folgt aus (10.26)

$$\left[\frac{\partial \varphi}{\partial t} + \frac{v^2}{2}\right]_{y=\eta} + g\,\eta = C(t)\,, \qquad (10.77)$$

wobei $\Delta\varphi = 0$ und $v^2 = \left(\frac{\partial\varphi}{\partial x}\right)^2 + \left(\frac{\partial\varphi}{\partial y}\right)^2$ ist. Vernachlässigen wir in (10.77) v^2, so muß die Funktion

$$F(x, y, t) = \frac{\partial\varphi}{\partial t} + g\,y - C(t) \qquad (10.78)$$

auf der Oberfläche, d. h. für $y = \eta$ verschwinden:

$$F(x, \eta, t) = 0\,. \qquad (10.79)$$

Die Annahme, daß die freie Oberfläche stets von den gleichen Teilchen gebildet wird, bedeutet, daß ein Punkt x, η der Oberfläche zur Zeit t auch zur Zeit $t + dt$ ein Punkt der Oberfläche mit den Koordinaten $x + v_x\,dt, \eta + v_y\,dt$ ist. Somit muß also gemäß (10.79)

$$F(x + v_x\,dt, \eta + v_y\,dt, t + dt)$$
$$= F(x, \eta, t) + \frac{\partial F}{\partial x}\,v_x\,dt + \frac{\partial F}{\partial\eta}\,v_y\,dt + \frac{\partial F}{\partial t}\,dt = 0$$

sein, woraus mit (10.78) und (10.79) und wegen

$$v_x = \frac{\partial\varphi}{\partial x}\,, \qquad v_y = \frac{\partial\varphi}{\partial y}$$

$$\left[\frac{\partial^2\varphi}{\partial x\,\partial t}\frac{\partial\varphi}{\partial x} + \frac{\partial^2\varphi}{\partial y\,\partial t}\frac{\partial\varphi}{\partial y} + \frac{\partial^2\varphi}{\partial t^2} + g\,\frac{\partial\varphi}{\partial y}\right]_{y=\eta} - \dot{C}(t) = 0$$

und nach Linearisierung

$$\left[\frac{\partial^2\varphi}{\partial t^2} + g\,\frac{\partial\varphi}{\partial y}\right]_{y=\eta} = \dot{C}(t) = \frac{dC(t)}{dt} \qquad (10.80)$$

folgt.

Der einer *fortschreitenden ebenen Oberflächenwelle* entsprechende Ansatz

$$\varphi = \varphi(x, y, t) = Y(y)\,[A \sin\lambda(x - ct) + B \cos\lambda(x - ct)] \quad (10.81)$$

mit den Konstanten A, B, λ und der *Wellengeschwindigkeit* c liefert aus $\Delta\varphi = 0$ die Differentialgleichung $Y''(y) - \lambda^2 Y(y) = 0$ mit der Lösung $Y(y) = \mathfrak{Cof}\,\lambda(y + y_0)$, deren Konstante y_0 sich aus der Randbedingung an der Sohle der Flüssigkeit

$$[v_y]_{y=-h} = \left[\frac{\partial\varphi}{\partial y}\right]_{y=-h} = 0 \qquad (10.82)$$

unter Heranziehung von (10.81) zu $y_0 = h$ ergibt. Man hat also

$$\varphi = \varphi(x, y, t) = \mathfrak{Cof}\,\lambda(y + h)\,[A \sin\lambda(x - ct) + B \cos\lambda(x - ct)]\,. \quad (10.83)$$

Mit dieser Potentialfunktion kann man, nachdem gemäß (10.78) die Funktion $F(x, y, t)$ gebildet wird, aus (10.79) und (10.80) weitere Folgerungen ziehen. So gewinnt man aus (10.80), wenn man η gegen h vernachlässigt,

$$(-\lambda^2 c^2 \operatorname{\mathfrak{Cof}} \lambda h + g\,\lambda \operatorname{\mathfrak{Sin}} \lambda h)\,[A \sin \lambda (x - ct) + B \cos \lambda (x - ct)] = \dot{C}(t)\,.$$

Aus der Forderung, daß diese Beziehung für alle x und alle t bestehen soll, folgt $\dot{C}(t) = 0$, also $C(t) = C = $ konst. und für das Quadrat der Wellengeschwindigkeit, die auch *Phasengeschwindigkeit* genannt wird,

$$c^2 = \frac{g}{\lambda} \operatorname{\mathfrak{Tg}} \lambda h\,, \tag{10.84}$$

bzw. wenn man gemäß $L = \dfrac{2\pi}{\lambda}$ die *Wellenlänge* (Abb. 10.19) einführt,

$$c^2 = \frac{g \cdot L}{2\pi} \operatorname{\mathfrak{Tg}} \frac{2\pi h}{L}\,. \tag{10.85}$$

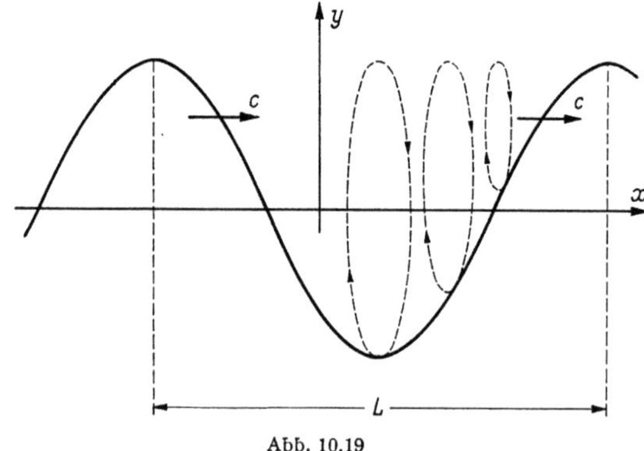

Abb. 10.19

Die hier auftretende Abhängigkeit der Wellengeschwindigkeit von der Wellenlänge nennt man in der Physik *Dispersion*. Schließlich erhält man aus (10.79) mit (10.83) — nach Vernachlässigung von η gegenüber h — mit den neuen Konstanten C_1 und C_2

$$\eta = \eta(x, t) = C_1 \sin \lambda (x - ct) + C_2 \cos \lambda (x - ct)\,. \tag{10.86}$$

Es ist einleuchtend, daß diese von AIRY (1801—1892) stammende linearisierte Theorie weitere Aussagen über C_1 und C_2 nicht zuläßt! Man müßte Lösungen der Form (10.83) verschiedener Wellenlänge superponieren und damit ein Rand- und Anfangswertproblem unter den Bedingungen (10.79), (10.80) und

$$\left[\frac{\partial \varphi}{\partial t}\right]_{\substack{t=0 \\ y=\eta}} = -g\,[\eta]_{t=0} = f(x, y)$$

usw. lösen. Ein solcher Ansatz wäre z. B. für den Tiefenbereich $-\infty \leqq y \leqq 0$

$$\varphi = \varphi(x, y, t) = \int_{\lambda=0}^{\infty} e^{\lambda y}\left[A(\lambda) \sin \lambda(x - ct) + B(\lambda) \cos \lambda(x - ct)\right] d\lambda,$$

$$(10.87)$$

wobei die Funktionen $A(\lambda)$ und $B(\lambda)$ aus der eben angeführten Anfangsbedingung (nach dem Fourierschen Integraltheorem) zu vermitteln wäre. Wir wollen hierauf nicht näher eingehen.

Aus (10.85) kann man für zwei Spezialfälle interessante Schlüsse ziehen: 1. Für *große Wassertiefen* $\left(\dfrac{2\pi h}{L} \gg 1\right)$ wird $\mathfrak{Tg}\,\dfrac{2\pi h}{L} \approx 1$, also

$$c = \sqrt{\frac{g\,L}{2\pi}},$$

$$(10.88)$$

was etwa für die Dünung im Meer zutreffen könnte. 2. Für *seichtes Wasser* $\left(\dfrac{2\pi h}{L} \ll 1\right)$ wird $\mathfrak{Tg}\,\dfrac{2\pi h}{L} \approx \dfrac{2\pi h}{L}$ und ergibt somit eine von der Wellenlänge unabhängige Wellengeschwindigkeit

$$c = \sqrt{g\,h}.$$

$$(10.89)$$

Aus $v_x = \dfrac{dx}{dt} = \dfrac{\partial \varphi}{\partial x}$; $v_y = \dfrac{dy}{dt} = \dfrac{\partial \varphi}{\partial y}$ kann man die *Bahnkurven* bestimmen; sie erweisen sich als Ellipsen (s. Abb. 10.19).

Einen wesentlichen Fortschritt brachte in der Theorie der Flüssigkeitswellen eine grundlegende Arbeit von Levi-Civita, woran sich zahlreiche weitere anschlossen. Dem Problemkreis der Flüssigkeitswellen ist das umfangreiche Werk von J. J. Stoker [7.11] gewidmet; weitere eingehende Ausführungen finden sich beispielsweise in [7.13].

Die Formel (10.85) wird mit kleiner werdender Wellenlänge immer ungenauer, da in diesem Falle die *Kapillarkräfte* berücksichtigt werden müssen. Die Kapillarkräfte äußern sich, wie schon unter Ziffer 5 dargelegt, in freien Oberflächen wie die Spannkräfte S in Saiten und Häuten, die hier in der Tangentialebene der Flüssigkeitsoberfläche liegen. Ihre Größe ist von der Art der sich berührenden Stoffe und von der Temperatur abhängig. Für Wasser und Luft beträgt S bei 20° C etwa 73 dyn/cm.

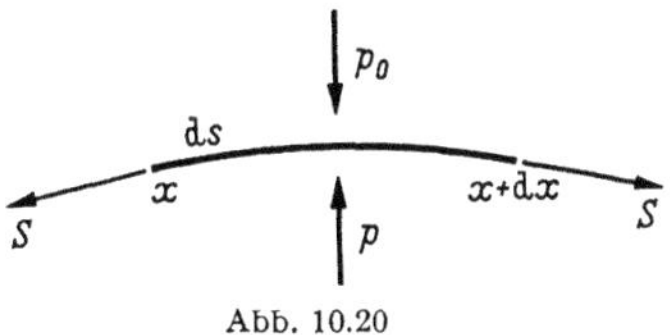

Abb. 10.20

Für ein flach gebogenes zylindrisches Element $ds \approx dx$ der Oberfläche $\eta = \eta(x, t)$ lautet die Gleichgewichtsbedingung (Abb. 10.20):

$$\frac{\partial}{\partial x}\left(-S\,\frac{\partial \eta}{\partial x}\right) dx + (p_0 - p)\,dx = 0,$$

d. h.

$$S \frac{\partial^2 \eta}{\partial x^2} + p - p_0 = 0^{[1]}.\tag{10.90}$$

Berücksichtigen wir diesen Zusammenhang in der aus (10.26) für $\Phi = -g\,y$ und nach Streichung der Geschwindigkeitsquadrate hervorgehenden Gleichung an der Oberfläche,

$$\frac{p - p_0}{\varrho} = -\frac{\partial \varphi}{\partial t} - g\,\eta,\tag{10.91}$$

wobei man sich $C(t)$ in geeigneter Weise dem Potential zugeschlagen denken kann, so erhalten wir

$$\frac{\partial \varphi}{\partial t} - \frac{S}{\varrho}\frac{\partial^2 \eta}{\partial x^2} + g\,\eta = 0,$$

woraus nach Differentiation nach t und wegen $\dfrac{\partial \eta}{\partial t} = \dfrac{\partial \varphi}{\partial y}$ die Oberflächenbedingung

$$\left[\frac{\partial^2 \varphi}{\partial t^2} + g\frac{\partial \varphi}{\partial y} - \frac{S}{\varrho}\frac{\partial^3 \varphi}{\partial x^2 \partial y}\right]_{y=0} = 0\tag{10.92}$$

hervorgeht. Außerdem muß φ der Potentialgleichung $\Delta\varphi = 0$ genügen und schließlich die Bedingung an der Sohle

$$\left[\frac{\partial \varphi}{\partial y}\right]_{y=-h} = 0\tag{10.93}$$

erfüllt sein. Da den beiden letzten Bedingungen analog zu (10.83)

$$\varphi = A\,\mathfrak{Cof}\,\lambda(y+h)\cos\lambda(x-ct)$$

genügt, ergibt sich aus (10.92) mit der Wellenlänge $L = \dfrac{2\pi}{\lambda}$ das Quadrat der Wellengeschwindigkeit zu

$$c^2 = \left(\frac{gL}{2\pi} + \frac{2\pi S}{\varrho L}\right)\mathfrak{Tg}\,\frac{2\pi h}{L}.\tag{10.94}$$

Man ersieht hieraus die Korrektur gegenüber (10.85).

Für sehr große Flüssigkeitstiefen $\left(\dfrac{2\pi h}{L} \gg 1,\ \text{also}\ \mathfrak{Tg}\,\dfrac{2\pi h}{L} \approx 1\right)$ folgt aus (10.94)

$$c^2 = \frac{gL}{2\pi} + \frac{2\pi S}{\varrho L}.\tag{10.95}$$

Hieraus errechnet man wiederum

$$\frac{d(c^2)}{dL} = \frac{g}{2\pi} - \frac{2\pi S}{\varrho L^2},$$

---

[1] Selbstverständlich hätte man diese Formel aus (10.39) für

$$p_1 = p_0,\quad p_2 = p,\quad R_1 \approx \partial^2\eta/\partial x^2 \quad \text{und} \quad R_2 = \infty$$

sofort folgern können!

so daß zu

$$L = L_0 = 2\pi \sqrt{\frac{S}{\varrho\, g}} \tag{10.96}$$

ein Minimum von c gehört:

$$c_{\min} = 2 \sqrt{\frac{g\, S}{\varrho}} \; . \tag{10.97}$$

Das Ergebnis zeigt, daß für Wellenlängen $L < L_0$ der Einfluß der Kapillarkräfte den der Kräfte des Schwerefeldes überwiegt. Man spricht in diesem Fall von *Kräuselwellen* im Gegensatz zu den als Schwerewellen anzusprechenden Wellen mit $L > L_0$. Für Wasser mit $\varrho = 1$ g/cm³, $S = 73$ dyn/cm, $g = 980$ cm/sec² ergeben sich $L_0 \approx 1{,}7$ cm und $c_{\min} = 23$ cm/sec. Das ist also die kleinste mögliche Wellengeschwindigkeit auf unbeschränkt tiefem Wasser!

Zum Schluß sei noch ein wichtiger Begriff der Wellenlehre, nämlich der der *Gruppengeschwindigkeit* erklärt. Die bisher behandelte, in den Formeln (10.85) und (10.94) erfaßte Wellengeschwindigkeit ist genau genommen die Fortpflanzungsgeschwindigkeit der Wellenphase, weswegen sie auch *Phasengeschwindigkeit* genannt wird. Bei einer Welle, die aus einem harmonischen Wellenzug einer einzigen Wellenlänge besteht (wofür man in der Optik „monochromatisch" sagt), ist sie allein vorhanden. Im Gegensatz hierzu steht die Geschwindigkeit, mit der sich ein „*Wellenpaket benachbarter Wellenlängen*" fortpflanzt und die *Gruppengeschwindigkeit* genannt wird. Um diesen, auf den ersten Blick merkwürdigen Sachverhalt zu erklären, betrachten wir entsprechend eine aus zwei Wellen der Form (10.86) bestehende Gruppe benachbarter Wellenlängen und Geschwindigkeiten:

$$\eta = C\left[\sin\lambda_1(x - c_1 t) + \sin\lambda_2(x - c_2 t)\right]$$

$$= 2C\cos\left(\frac{\lambda_1 - \lambda_2}{2}\, x - \frac{\lambda_1 c_1 - \lambda_2 c_2}{2}\, t\right) \sin\left(\frac{\lambda_1 + \lambda_2}{2}\, x - \frac{\lambda_1 c_1 + \lambda_2 c_2}{2}\, t\right) \tag{10.98}$$

$$= 2C\cos\frac{\Delta\lambda\, x - \Delta\omega\, t}{2}\, \sin(\lambda_m x - \omega_m t) \, ,$$

wobei die Bedeutung der Abkürzungen der letzten Ausdrücke sofort ersichtlich ist. Man erkennt aus dieser Gleichung, daß sie einen Schwingungsvorgang mit der langsam veränderlichen „Amplitude"

$$A = 2C\cos\frac{\Delta\lambda\, x - \Delta\omega\, t}{2}$$

darstellt. Diese pflanzt sich mit der sog. *Gruppengeschwindigkeit* fort, die sich aus

$$\Delta\lambda\, x - \Delta\omega\, t = \text{konst.}$$

zu

$$u = \frac{dx}{dt} = \frac{\Delta\omega}{\Delta\lambda}\ \text{bzw.}\quad u = \frac{d\omega}{d\lambda} = \frac{d(c\,\lambda)}{d\lambda} = c - \lambda\,\frac{dc}{d\lambda} \tag{10.99}$$

ergibt. Für den durch Formel (10.84) beschriebenen Fall hätten wir

$$\frac{u}{c} = \frac{1}{2}\left(1 + \frac{2\lambda h}{\mathfrak{Sin}\,2\lambda h}\right),\tag{10.100}$$

woraus für große Tiefen h

$$u = \frac{c}{2}\tag{10.101}$$

folgt.

Von vielen Autoren wird ein Zusammenhang zwischen der Gruppengeschwindigkeit und dem *Energietransport* hergestellt. Dazu berechnen wir den Energiestrom, der an der Stelle $x = 0$ in der x-Richtung durch ein Flächenelement der Höhe $(h + \eta)$ und der Breite Eins während der Zeit einer Periode $T = \frac{2\pi}{\omega} = \frac{2\pi}{\lambda c}$ hindurchtritt. Dieser ist offenbar (entsprechend der vom Druck p geleisteten Arbeit)

$$E = \iint\limits_{(t)\,(y)} p\,dy\,v_x\,dt.\tag{10.102}$$

Hierbei sind p bzw. $v_x = \dfrac{\partial\varphi}{\partial x}$ gemäß der Bernoullischen Gleichung durch das Potential φ auszudrücken. Zunächst haben wir analog zu (10.26)

$$p = -\varrho\,\frac{\partial\varphi}{\partial t} - \varrho\,g\,y + \text{konst.},$$

wobei wir in Abwandlung von (10.83) für große Tiefen (oder was dasselbe ist, für kleine Wellenlängen)

$$\varphi = \varphi(x, y, t) = A\,e^{\lambda y}\sin\lambda(x - ct)$$

zu setzen haben. Somit erhalten wir aus (10.102) für $x = 0$:

$$E = \int\limits_{t=0}^{\frac{2\pi}{\lambda c}}\;\int\limits_{y=-\infty}^{\eta}\left(-\varrho\,\frac{\partial\varphi}{\partial t} - \varrho\,g\,y + \text{konst.}\right)dy\,\frac{\partial\varphi}{\partial x}\,dt$$

$$= \int\limits_{t=0}^{\frac{2\pi}{\lambda c}}\;\int\limits_{y=-\infty}^{\eta}\left(A\,\varrho\,e^{\lambda y}\,\lambda c\cos\lambda\,ct - \varrho\,g\,y + \text{konst.}\right)dy\,A\,e^{\lambda y}\,\lambda\cos\lambda\,ct\,dt.$$

Die Ausführung der elementaren Integration ergibt:

$$E = \frac{1}{2}\,\varrho\,A^2\pi\,e^{2\eta} \approx \frac{1}{2}\,\varrho\pi A^2.\tag{10.103}$$

Der mittlere, auf die Zeiteinheit entfallende Anteil ist unter Beachtung von (10.101)

$$E_1 = \frac{E}{T} = \frac{E}{2\pi/\lambda c} = \frac{1}{4}\,\varrho\,A^2\,\lambda c = \frac{1}{2}\,\varrho\,A^2 u\lambda.\tag{10.104}$$

Der auf die Länge L der Welle entfallende Energieüberschuß der schwingenden Flüssigkeit, verglichen mit der ruhenden, ist dagegen

$$\overline{E} = \varrho \int\limits_{x=0}^{L} \int\limits_{y=0}^{\eta} \left(g\, y + \frac{1}{2}\, v^2 \right) dx\, dy \approx \varrho \pi A^2\,,$$

so daß man für das Verhältnis $E/\overline{E} = 1/2$ bekommt, was nach (10.101) dem Verhältnis von Gruppengeschwindigkeit zu Wellengeschwindigkeit entspricht. Das bedeutet, daß (im betrachteten Falle) nur die Hälfte der gesamten (aus kinetischer und potentieller bestehenden) Energie transportiert wird, während die andere als kinetische Energie der Teilchen am Orte verbleibt.

Auch bei beschränkter Wassertiefe h ist, wie man für den hier behandelten Fall nachweisen kann, das Verhältnis von E zu $\overline{E}$ das von Gruppengeschwindigkeit und Wellengeschwindigkeit und somit nach (10.100)

$$\frac{E}{\overline{E}} = \frac{u}{c} = \frac{1}{2} \left(1 + \frac{2\lambda h}{\mathfrak{Sin}\, 2\lambda h} \right).$$

Die obige Aussage ist aber nicht verallgemeinerungsfähig, d. h. die Gruppengeschwindigkeit und der Energiefluß sind nicht in jedem Falle auf diese Weise miteinander zu verknüpfen. Kritische Ausführungen dazu werden in [7.11] mit entsprechenden Literaturangaben gemacht.

10. Wirbelbewegung idealer (reibungsfreier) Flüssigkeiten. Wirbelsätze von HELMHOLTZ und THOMSON. Ist die Strömung der Flüssigkeit von der Art, daß für den Geschwindigkeitsvektor v die Rotation rot v nicht im gesamten Feld Null wird, womit kinematisch gleichbedeutend ist, daß die Flüssigkeitsteilchen neben ihrer Translation und Deformation *als solche für sich eine Drehung ausführen*, so spricht man von einer *Wirbelbewegung* mit dem Wirbelvektor (10.12)

$$\mathfrak{w} = \frac{1}{2} \operatorname{rot} v = \frac{1}{2}\, \mathfrak{W}.$$

Diese Drehung (Rotation) der Flüssigkeitsteilchen ist nicht zu verwechseln mit der Drehbewegung der Gesamtflüssigkeit, die sich etwa ohne Relativbewegung in einem Topf in einem rotierenden „Riesenrad" befindet: Diese Bewegung ist sicherlich wirbelfrei, da alle Flüssigkeitsteilchen eine reine Translationsbewegung ausführen. Dagegen ist das Geschwindigkeitsfeld $v = \{c\,z;\, 0;\, 0\}$, dem eine Parallelströmung in der $x\,z$-Ebene mit proportional zur Höhe (z) linear anwachsender Geschwindigkeit entspricht, überall wirbelbehaftet.

Zunächst ist festzustellen, daß wegen $\operatorname{div} \mathfrak{w} = \frac{1}{2} \operatorname{div} \operatorname{rot} v = 0$ das Wirbelfeld quellenfrei ist. Wenn man es mit dem Feldvektor $\mathfrak{w}$ als eine neue Strömung deutet, wäre es demzufolge die Strömung einer inkompressiblen Flüssigkeit, für die dann analog der Kontinuitätsgleichung

$$2 \oiint \mathfrak{w}\,\mathfrak{n}\,dF = \oiint \operatorname{rot}\mathfrak{v}\,\,\mathfrak{n}\,dF = 0 \tag{10.105}$$

gelten muß. Dieser Beziehung können wir, wenn man ein Büschel der schon eingeführten Wirbellinien [s. (10.18)] als *Wirbelfaden* mit der *Wirbelstärke* $\operatorname{rot}\mathfrak{v}\,\mathfrak{n}\,dF$ einführt, folgenden Inhalt geben: *Die Wirbelstärke ist längs einer Wirbelröhre konstant.* Diese Aussage nennt man den *ersten*

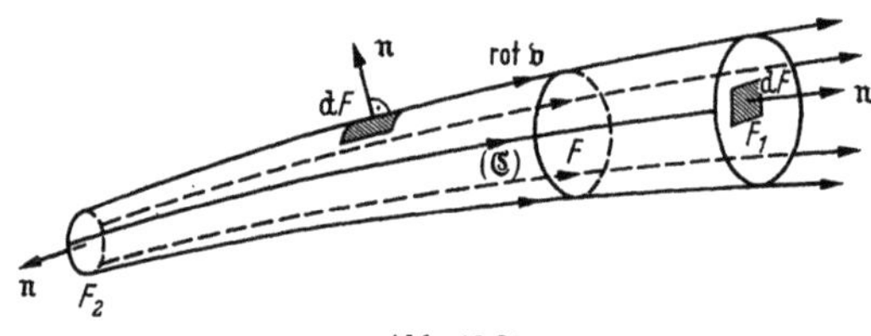

Abb. 10.21

Helmholtzschen Wirbelsatz. Er folgt aus (10.105) sofort, wenn man die Integration über den Röhrenmantel (s. Abb. 10.21) und über die beiden Endquerschnitte erstreckt: Der erste Anteil ist wegen $\operatorname{rot}\mathfrak{v} \perp \mathfrak{n}$ identisch Null; die Anteile der Endquerschnitte heben sich somit gegeneinander auf, was bedeutet, daß sie betragsmäßig gleich sind. Man schreibt für einen *Wirbelfaden* mit dem Flächenelement f_j entsprechend auch:

$$|\operatorname{rot}\mathfrak{v}_j|\,f_j = |\mathfrak{W}_j|\,f_j = \text{konst.} \tag{10.106}$$

Eine Folge des Helmholtzschen Satzes ist, daß *ein Wirbelfaden* innerhalb einer Flüssigkeit *nicht beginnen und enden kann*: Entweder reicht er bis an die Grenzen der Flüssigkeit oder er bildet in dieser einen *Wirbelring.* Wegen (10.20) beinhaltet dieser Wirbelsatz auch gleichzeitig

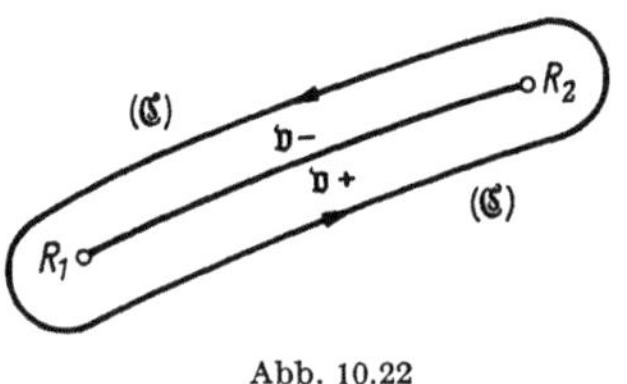

Abb. 10.22

die Identität der Zirkulation längs jeder dieselbe Wirbelröhre umschließenden Kurve.

Aus der Beziehung (10.20):

$$\iint\limits_{(F)} \operatorname{rot}\mathfrak{v}\,\mathfrak{n}\,dF = \oint\limits_{(\mathfrak{C})} \mathfrak{v}\,d\mathfrak{r}$$

ist weiterhin ersichtlich (Abb. 10.22), daß eine Unstetigkeitsfläche R_1R_2 in der Tangentialgeschwindigkeit auf eine Wirbelbewegung mit einer bestimmten Stärke (Zirkulation) zurückzuführen ist: Zieht man $(\mathfrak{C})$ um R_1R_2 zusammen, so ist wegen $\mathfrak{v}_+ \neq \mathfrak{v}_-$ i. a.

$$\int\limits_{R_1}^{R_2} (\mathfrak{v}_+ - \mathfrak{v}_-)\,d\mathfrak{r} = Z = \text{konst.} \neq 0 \;. \tag{10.107}$$

Der zweite wichtige Satz für Wirbelbewegungen ist der *Helmholtz-Thomsonsche Satz* (auch zweiter Helmholtzscher Satz genannt): *Die Zirkulation Z einer Wirbelröhre ist auch zeitlich konstant wenn die Massenkräfte ein Potential haben und die Flüssigkeit ideal* (im Sinne von reibungsfrei und barotrop) *ist.*

Zum Beweise gehen wir von der Bewegungsgleichung (10.5) aus, die man mit $\mathfrak{g} = -\operatorname{grad} U$ und dem Druckintegral (10.27a).

$$P = \int \frac{dp}{\varrho(p)} \,,\ \text{d. h. } \operatorname{grad} P = \frac{1}{\varrho}\operatorname{grad} p \qquad (10.108)$$

in der Form

$$\frac{d\mathfrak{v}}{dt} = -\operatorname{grad}(U + P) = -V(U + P) \qquad (10.109)$$

schreiben kann. Andererseits ist (unter Voraussetzung der Zulässigkeit der vorgenommenen Vertauschung und der Existenz der entsprechenden Ableitungen)

$$\frac{dZ}{dt} = \frac{d}{dt}\oint \mathfrak{v}\, d\mathfrak{r} = \oint \frac{d\mathfrak{v}}{dt}\, d\mathfrak{r} + \oint \mathfrak{v}\,\frac{d}{dt}(d\mathfrak{r})\,.$$

Zur Berechnung von $d(d\mathfrak{r})/dt$ ist zu beachten, daß dieses Glied offenbar der Geschwindigkeitsänderung auf den „mitschwimmenden" Kurven $(\mathfrak{C}(t))$ und $(\mathfrak{C}(t + dt))$ entspricht (Abb. 10.23). Aus

$$\mathfrak{v}(\mathfrak{r})\, dt + d\mathfrak{r}(t + dt)$$
$$= \mathfrak{v}(\mathfrak{r} + d\mathfrak{r})\, dt + d\mathfrak{r}(t)$$

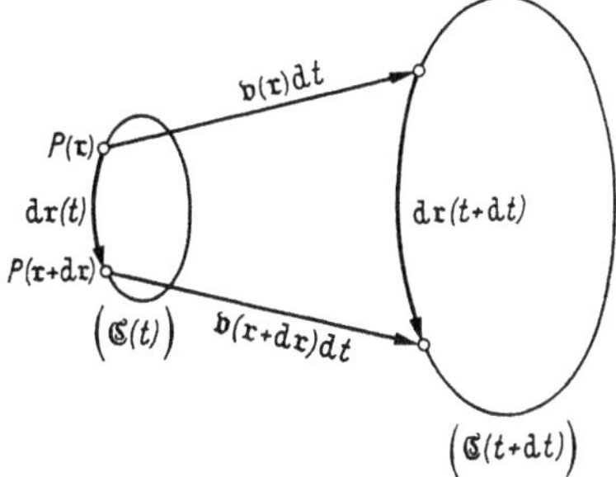

Abb. 10.23

folgt sofort

$$\frac{d}{dt}(d\mathfrak{r}) = \frac{\partial \mathfrak{v}}{\partial \mathfrak{r}}\, d\mathfrak{r} = \frac{\partial \mathfrak{v}}{\partial x}\, dx + \frac{\partial \mathfrak{v}}{\partial y}\, dy + \frac{\partial \mathfrak{v}}{\partial z}\, dz = d\mathfrak{v}$$

und wegen $\mathfrak{v}\, d\mathfrak{v} = d(\mathfrak{v}^2/2)$

$$\frac{dZ}{dt} = \oint \frac{d\mathfrak{v}}{dt}\, d\mathfrak{r} + \oint d\left(\frac{\mathfrak{v}^2}{2}\right) = \oint \frac{d\mathfrak{v}}{dt}\, d\mathfrak{r}\,,$$

so daß man mit (10.109) und dem Stokesschen Satz

$$\frac{dZ}{dt} = \oint \frac{d\mathfrak{v}}{dt}\, d\mathfrak{r} = \iint \operatorname{rot}\frac{d\mathfrak{v}}{dt}\,\mathfrak{n}\, dF = -\iint V \times V(U + P)\,\mathfrak{n}\, dF$$

erhält und somit wegen $V \times V(U + P) = 0$

$$\frac{dZ}{dt} = 0\,;\ Z = \oint \mathfrak{v}\, d\mathfrak{r} = \iint_{(F)} \operatorname{rot}\mathfrak{v}\,\mathfrak{n}\, dF = \text{zeitlich konst.} \qquad (10.110)$$

den Beweis erbracht hat[1].

---

[1] *Für die ebene Bewegung* ($\mathfrak{n} =$ konst.) *einer imkompressiblen Flüssigkeit* (dF = konst.) besagt (10.110) $\operatorname{rot}\mathfrak{v}$ = zeitlich konst.!

Der Helmholtz-Thomsonsche Satz läßt noch eine andere Formulierung zu: *Die Wirbel haften an den Flüssigkeitsteilchen eines Wirbelfadens*; oder: *Eine Wirbelröhre besteht stets aus den gleichen Teilchen.*

Da für eine Potentialströmung ($\operatorname{rot} v = 0$) nach (10.24) die Zirkulation verschwindet und da dieser Zustand nach dem Helmholtz-Thomsonschen Satz (10.110) bestehen bleibt, folgt daraus das *Theorem von* LAGRANGE: *Potentialbewegungen bleiben stets Potentialbewegungen.* Bei diesem und den vorangehenden Sätzen möge man sich stets die physikalischen Voraussetzungen (keine Viskosität, Barotropie, Potential der Massenkraft) vor Augen halten. Es sei noch darauf hingewiesen, daß die angeführten Wirbelsätze die Inkompressibilität nicht voraussetzen; sie werden dementsprechend auch in der Gasdynamik wesentlich verwendet.

Zum Schluß sei noch ein *allgemeiner hydrodynamischer Wirbelsatz von* H. ERTEL ([9.9] und [9.10]) angeführt: Besitzen die Massenkräfte ein Potential, so gilt für eine beliebige Feldfunktion F (Skalar-, Vektor- oder Tensorkomponente)

$$\frac{d}{dt}\left(\frac{1}{\varrho}\,\mathfrak{w}\nabla F\right) - \left(\frac{1}{\varrho}\,\mathfrak{w}\nabla\right)\frac{dF}{dt} = \frac{1}{2\varrho}\left(\nabla p \times \nabla \frac{1}{\varrho}\right)\nabla F \ . \qquad (10.111)$$

Setzt man hier nacheinander für F die einzelnen Komponenten des Ortsvektors $\{x, y, z\}$, so ergibt sich wegen $dx/dt = v_x$ usw. und unter Beachtung der mit (7.12) identischen Kontinuitätsbeziehung $d\varrho/dt + \varrho\nabla v = 0$

$$\frac{d\mathfrak{w}}{dt} - (\mathfrak{w}\nabla)\,v + \mathfrak{w}\nabla v = \frac{1}{2\varrho^2}\,(\nabla\varrho \times \nabla p). \qquad (10.112)$$

Insbesondere errechnet man für Barotropie $\varrho = \varrho(p)$ über $\nabla\varrho = \varrho'(p)\nabla p$ dann $\nabla\varrho \times \nabla p = 0$ und somit den Ertelschen Satz

$$\frac{d\mathfrak{w}}{dt} - (\mathfrak{w}\nabla)\,v + \mathfrak{w}\nabla v = 0 \ . \qquad (10.113)$$

Die Formel enthält die Helmholtz-Thomsonschen Wirbelsätze, da sie (wie man beweisen kann) beinhaltet, daß Feldlinien und Inhalt des Wirbelfadens von $\mathfrak{w}$ erhalten bleiben, worauf zum ersten Male A. A. FRIEDMANN in einer russischen Arbeit 1934 hingewiesen hat.

11. Bestimmung eines Wirbelfeldes. Das Gesetz von BIOT-SAVART.
Ist der Geschwindigkeitsvektor v eines Strömungsfeldes bekannt, so ist damit gemäß $\mathfrak{w} = \frac{1}{2}\operatorname{rot} v$ auch das Wirbelfeld gegeben. Etwas schwieriger ist es, aus

$$\operatorname{rot} v = 2\mathfrak{w} = \mathfrak{W} \qquad (10.114)$$

v, also ein *Strömungsfeld aus seinen Wirbeln zu bestimmen.* Zunächst ist festzustellen, daß auf die in (10.114) gestellte Frage nach der Geschwindigkeit v keine eindeutige Antwort möglich ist, denn zu einer Lösung v

kann immer eine andere $\bar{\mathfrak{v}}$ addiert werden, wenn nur rot $\bar{\mathfrak{v}} = 0$ ist. Dementsprechend kann also zum Wirbelfeld eine Potentialströmung $\bar{\mathfrak{v}} = \operatorname{grad} \varphi$ superponiert werden, wobei diese auch noch Quellen haben kann (div $\bar{\mathfrak{v}} = q$), womit dann φ der Poissonschen Differentialgleichung

$$\Delta \varphi = \frac{\partial^2 \varphi}{\partial x^2} + \frac{\partial^2 \varphi}{\partial y^2} + \frac{\partial^2 \varphi}{\partial z^2} = q \tag{10.115}$$

genügen muß.

Nun besagt ein wichtiger Satz der Potentialtheorie, daß ein Feldvektor $\mathfrak{V}$ eindeutig bestimmt ist, wenn $\operatorname{div}\mathfrak{V} = q$ und $\operatorname{rot}\mathfrak{V} = \mathfrak{W}$ gegeben sind und wenn er im Unendlichen wie $1/r^2$ verschwindet. Es gilt dann:

$$\mathfrak{V} = -\frac{1}{4\pi} \operatorname{grad}_P \iiint \frac{q(Q)}{r_{PQ}} dV + \frac{1}{4\pi} \operatorname{rot}_P \iiint \frac{\mathfrak{W}(Q)}{r_{PQ}} dV. \tag{10.116}$$

Hierin bedeuten P bzw. Q den Aufpunkt bzw. Quellpunkt (Abb. 10.24), und ihre index- bzw. argumentenmäßige Verwendung bedeutet, daß die angezeigten Operationen bzw. Funktionen sich auf diese Punkte beziehen. Setzt man $\mathfrak{V} = \mathfrak{v} + \bar{\mathfrak{v}}$,

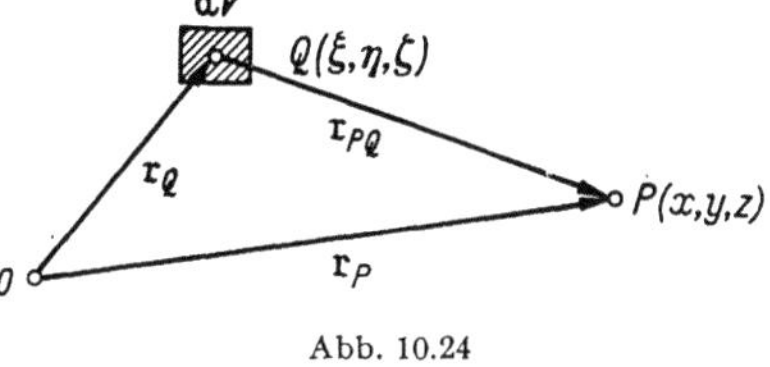

Abb. 10.24

wobei div $\mathfrak{V} = \operatorname{div} \bar{\mathfrak{v}} = q$; rot $\mathfrak{V} = \operatorname{rot} \mathfrak{v} = \mathfrak{W}$ erfüllt sei und somit $\bar{\mathfrak{v}} = \operatorname{grad} \varphi$ bzw. $\Delta \varphi = q$ gilt, so bedeutet der zweite Term in (10.116) offenbar die „Auflösung" von (10.114):

$$\mathfrak{v} = \mathfrak{v}_P = \frac{1}{4\pi} \operatorname{rot}_P \iiint \frac{\mathfrak{W}(Q)}{|\mathfrak{r}_P - \mathfrak{r}_Q|} dV . \tag{10.117}$$

Sehen wir die Voraussetzungen für eine Vertauschbarkeit von Integration und Rotorbildung als gegeben an, so erhalten wir aus (10.117), unter Beachtung der für eine skalare bzw. vektorielle Funktion f bzw. $\mathfrak{y}$ gültigen Formel

$$\operatorname{rot}(f\mathfrak{y}) = f \operatorname{rot}\mathfrak{y} - \mathfrak{y} \times \operatorname{grad} f$$

schließlich

$$\mathfrak{v}_P = -\frac{1}{4\pi} \iiint \left[\mathfrak{W}(Q) \times \operatorname{grad}_P \frac{1}{|\mathfrak{r} - \mathfrak{r}_Q|}\right] dV$$

bzw.

$$\mathfrak{v}_P = -\frac{1}{4\pi} \iiint \frac{\mathfrak{W}(Q) \times (\mathfrak{r}_P - \mathfrak{r}_Q)}{|\mathfrak{r}_P - \mathfrak{r}_Q|^3} dV . \tag{10.118}$$

Für *flächenhaft verteilte Wirbel* hat man analog

$$\mathfrak{v}_P = -\frac{1}{4\pi} \iint \frac{\mathfrak{W}(Q) \times (\mathfrak{r}_P - \mathfrak{r}_Q)}{|\mathfrak{r}_P - \mathfrak{r}_Q|^3} dF . \tag{10.119}$$

Wir wollen zu den vorangehenden Betrachtungen zwei *Anwendungen* bringen. Ein besonders wichtiger Fall ist der *Wirbelfaden* (Abb. 10.25).

Hier haben wir mit (10.106)

$$\mathfrak{W}\, dV = |\mathfrak{W}|\, \frac{d\mathfrak{s}}{d s}\, dF\, ds = Z\, d\mathfrak{s}$$

und somit aus (10.118) das — aus der Elektrodynamik bekannte — sog. Gesetz von BIOT-SAVART:

$$\mathfrak{v}_P = -\frac{Z}{4\pi} \int\limits_{(\mathfrak{C})} \frac{(\mathfrak{r}_P - \mathfrak{r}_Q) \times d\mathfrak{s}}{|\mathfrak{r}_P - \mathfrak{r}_Q|^3} = -\frac{Z}{4\pi} \int\limits_{(\mathfrak{C})} \frac{\mathfrak{r}_{PQ} \times d\mathfrak{s}}{\mathfrak{r}_{PQ}^3}. \qquad (10.120)$$

Auch eine, etwa in der x, y-Ebene liegende, von der Randkurve $(\mathfrak{R})$ eingeschlos-

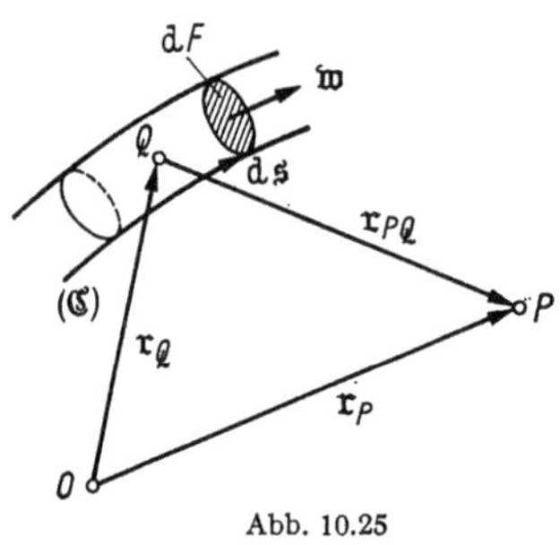

Abb. 10.25

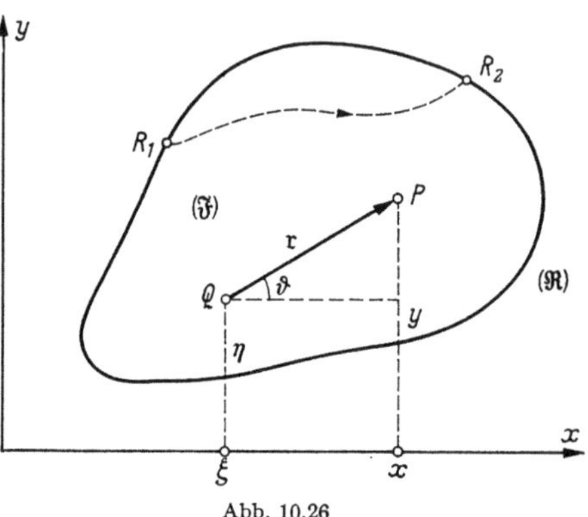

Abb. 10.26

sene *flächenhafte Wirbelbewegung* ist, z. B. für die Tragflügeltheorie von Bedeutung (Abb. 10.26). Deutet man sie im Sinne von (10.107) als Folge eines zwischen der Ober- und Unterseite der Wirbelfläche $(\mathfrak{F})$ bestehenden Geschwindigkeitssprunges

$$\mathfrak{v}_+ - \mathfrak{v}_- = \operatorname{grad}\varphi_+ - \operatorname{grad}\varphi_- = \operatorname{grad}(\varphi_+ - \varphi_-) = \operatorname{grad}\varphi,$$

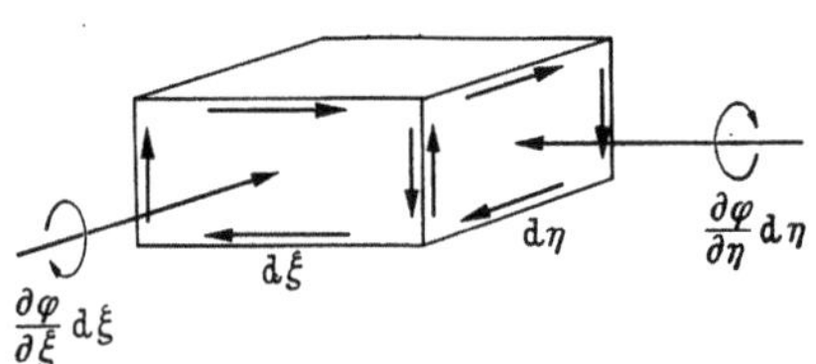

Abb. 10.27

so beschreibt das Potential $\varphi = \varphi(x, y)$ einerseits außerhalb $(\mathfrak{F})$ die Strömung und bestimmt andererseits die in $(\mathfrak{F})$ in senkrechter $(z\text{-})$Richtung *induzierte Geschwindigkeit* $w = w(x, y)$ in folgender Weise: Den Sprüngen $\partial\varphi/\partial\xi$ bzw. $\partial\varphi/\partial\eta$ zwischen Ober- und Unterseite im Punkte $Q(\xi, \eta)$ entsprechen die zur positiven y- bzw. negativen x-Achse gleichgerichteten Zirkulationen $[(\partial\varphi/\partial\xi)\,d\xi]\,d\eta$ bzw. $-[(\partial\varphi/\partial\eta)\,d\eta]\,d\xi$ (Abb. 10.27). Demnach haben wir in (10.119)

$$\mathfrak{W}\, dF = \left\{ -\frac{\partial\varphi}{\partial\eta}\,;\; \frac{\partial\varphi}{\partial\xi}\,;\; 0 \right\} d\xi\, d\eta,$$

$$\mathfrak{r}_P - \mathfrak{r}_Q = \mathfrak{r} = \{x - \xi\,;\; y - \eta\,;\; 0\},$$

$$r = \sqrt{(x - \xi)^2 + (y - \eta)^2}$$

zu setzen und erhalten dann wegen $\mathfrak{W}\|\mathfrak{r}$ für $\mathfrak{v}_P = \{0;\, 0;\, w(x, y)\}$ wobei

$$w(x, y) = \frac{1}{4\pi} \iint\limits_{(\mathfrak{F})} \left(\frac{\partial \varphi}{\partial \xi} \cdot \frac{x - \xi}{r^3} + \frac{\partial \varphi}{\partial \eta} \cdot \frac{y - \eta}{r^3} \right) d\xi\, d\eta \; . \quad (10.121)$$

ist. Infolge

$$\frac{x - \xi}{r^3} = \frac{\partial}{\partial \xi}\left(\frac{1}{r}\right) = -\frac{\partial}{\partial x}\left(\frac{1}{r}\right), \quad \frac{y - \eta}{r^3} = \frac{\partial}{\partial \eta}\left(\frac{1}{r}\right) = -\frac{\partial}{\partial y}\left(\frac{1}{r}\right) \quad (10.122)$$

ergibt sich aus (10.121)

$$w(x, y) = -\frac{1}{4\pi}\left[\frac{\partial}{\partial x} \iint\limits_{(\mathfrak{F})} \frac{1}{r}\frac{\partial \varphi}{\partial \xi}\, d\xi\, d\eta + \frac{\partial}{\partial y} \iint\limits_{(\mathfrak{F})} \frac{1}{r}\frac{\partial \varphi}{\partial \eta}\, d\xi\, d\eta \right] .$$

Partielle Integration und Beachtung dessen, daß das Potential am Rande konstant sein muß[1], also auch Null gesetzt werden kann, ergibt mit Verwendung von (10.122)

$$\begin{aligned}
w(x, y) &= -\frac{1}{4\pi}\left(\frac{\partial^2}{\partial x^2} + \frac{\partial^2}{\partial y^2} \right) \iint\limits_{(\mathfrak{F})} \frac{\varphi(\xi, \eta)}{r}\, d\xi\, d\eta \\
&= -\frac{1}{4\pi} \varDelta \iint\limits_{(\mathfrak{F})} \frac{\varphi(\xi, \eta)}{r}\, d\xi\, d\eta \; .
\end{aligned} \qquad (10.123)$$

Bei gegebenem Potential $\varphi = \varphi(\xi, \eta)$ kann man danach w berechnen; umgekehrt stellt für gegebenes $w(x, y)$ (10.123) eine sog. Integrodifferentialgleichung für φ dar [9.31].

Aufgaben und Probleme zum § 10

1. Impulssatz der stationären Stromfadentheorie und seine Anwendung auf Strömungen in Rohren. Man bestimme die resultierende Kraft, die auf einen dünnen Stromfaden mit der Achse $\mathfrak{r} = \mathfrak{r}(s)$, dem Querschnitt $F = F(s)$, der Strömungsgeschwindigkeit $v = v(s)$ zwischen den Stellen $s = s_1$ und $s = s_2$ ausgeübt wird, wenn in der Zeiteinheit das durchströmende Flüssigkeitsvolumen Q ist. Welche resultierende Kraft

---

[1] Da außerhalb $(\mathfrak{F})$ die Strömung wirbelfrei ist, ist gemäß (10.24) längs jeder in diese Potentialströmung eingebetteten geschlossenen Kurve die Zirkulation Null. Insbesondere gilt dies auch für jeden die Unstetigkeitsfläche $(\mathfrak{F})$ (etwa in der in Abb. 10.22 gezeigten Weise) umschließenden und auf sie zusammengezogenen Kurvenzug.

Mit (10.21) und den eingangs getroffenen Verabredungen über das unstetige Flächenpotential $\varphi = \varphi_+ - \varphi_-$ errechnet man somit für jede durch die beliebigen Randpunkte R_1 und R_2 gehende geschlossene Kurve $(\mathfrak{C})$ um $(\mathfrak{F})$ (s. Abb. 10.26)

$$Z = \oint\limits_{(\mathfrak{C})} (v_x\, dx + v_y\, dy) = \int\limits_{R_1}^{R_2} \left(\frac{\partial \varphi}{\partial x}\, dx + \frac{\partial \varphi}{\partial y}\, dy \right) = \varphi(R_2) - \varphi(R_1) \; .$$

Wegen $Z = 0$ ist demnach φ (Rand) = konst.

wird auf die „Wände des Stromfadens" ausgeübt? Das spezifische Gewicht bzw. die Dichte der (idealen) Flüssigkeit seien γ bzw. ϱ.

Lösung. Auf das Volumenelement $F(s)\,ds$ wirkt die Kraft (Abb. A 1.1)

$$d\mathfrak{R} = \varrho\,F(s)\,ds\,\frac{d\mathfrak{v}}{dt} = \varrho\,F(s)\,ds\left(\frac{\partial \mathfrak{v}}{\partial t} + \frac{\partial \mathfrak{v}}{\partial s}\frac{ds}{dt}\right).$$

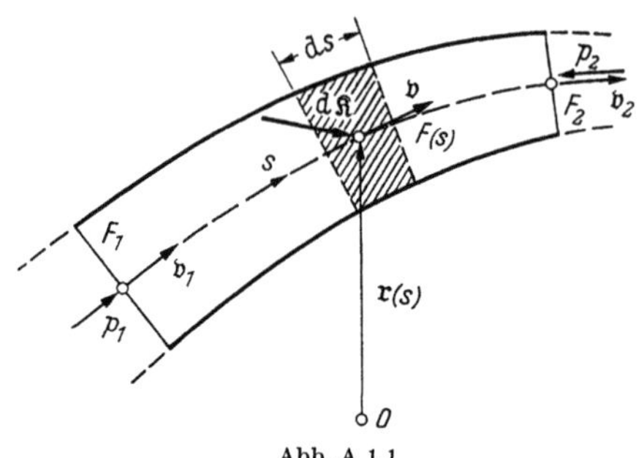

Abb. A 1.1

Mit $ds/dt = v = v(s)$, $\partial\mathfrak{v}/\partial t = 0$ (stationäre Strömung), $F(s)\,v(s) = Q$ erhalten wir nach Integration zwischen den Punkten P_1 und P_2

$$\mathfrak{R}_{12} = \varrho\,Q\,(\mathfrak{v}_2 - \mathfrak{v}_1) = \varrho\,Q\left[\frac{v_2\mathfrak{r}'(s_2)}{|\mathfrak{r}'(s_2)|} - \frac{v_1\mathfrak{r}'(s_1)}{|\mathfrak{r}'(s_1)|}\right], \tag{1}$$

wobei $\mathfrak{r}'(s) = d\mathfrak{r}/ds$ und somit $\mathfrak{r}'(s)/|\mathfrak{r}'(s)| = \mathfrak{e}$ der Tangenteneinheitsvektor der Stromfadenachse bzw. der Geschwindigkeit ist. Man kann nun $\mathfrak{R}_{12}$ in drei Anteile zerlegen: Die Gewichtskraft $\mathfrak{G}_{12} = \gamma\,\mathfrak{g}\int_{s_1}^{s_2} F(s)\,ds$, die von den Wänden ausgeübte Führungskraft $\mathfrak{F}_{12}$ und die Druckkraft $\mathfrak{D}_{12} = p_1 F_1 \mathfrak{e}_1 - p_2 F_2 \mathfrak{e}_2$. Man kann also für (1) schreiben

$$\varrho\,Q\,(\mathfrak{v}_2 - \mathfrak{v}_1) = \mathfrak{G}_{12} + \mathfrak{F}_{12} + \mathfrak{D}_{12}.$$

Die Wandung erfährt die Kraft

$$\mathfrak{W}_{12} = -\mathfrak{F}_{12} = \mathfrak{G}_{12} + (p_1 F_1 + \varrho\,Q\,v_1)\,\mathfrak{e}_1 - (p_2 F_2 + \varrho\,Q\,v_2)\,\mathfrak{e}_2. \tag{2}$$

Hierbei sind $\mathfrak{e}_j = \mathfrak{v}_j/|\mathfrak{v}_j| = \mathfrak{r}'(s_j)/|\mathfrak{r}'(s_j)|$ die Einheitsvektoren. Außerdem gelten die Kontinuitätsgleichung — (10.31) —

$$Q = v_1 F_1 = v_2 F_2$$

und die Bernoullische Stromfadengleichung — (10.29) —

$$\frac{v_1^2}{2g} + g\,z_1 + \frac{p_1}{\varrho} = \frac{v_2^2}{2g} + g\,z_2 + \frac{p_2}{\varrho}.$$

2. Ansteigen einer schweren Flüssigkeit an einer vertikalen Wand. An den vertikalen Wänden (W) eines großen zylindrischen Flüssigkeitsbehälters steigt infolge der Kapillarkräfte — bei sog. *benetzenden Flüssigkeiten* — die Flüssigkeit hoch[1] (Abb. A2.1). Welche Aussagen kann man über den Flüssigkeitsspiegel $z = z(x)$ bzw. $x = x(z)$ machen?

Lösung. Man geht von den Gleichungen (10.40) bzw. (10.41) aus und hat mit $\gamma_1 = 0$, $\gamma_2 = \gamma$, $z_0 = 0$, $R_1 = \infty$, $R_2 = R$, wenn z vom ungestörten Niveau ($R_1 = \infty$, $dz/dx = p = 0$) gemessen wird,

$$z = -\frac{S}{\gamma}\frac{1}{R} = \frac{S}{\gamma}\frac{d}{dx}\frac{p}{\sqrt{1+p^2}}. \tag{1}$$

Multiplikation mit $2p = 2\,dz/dx$ und Integration ($p = 0$ für $z = 0$) liefert

$$z^2 = \frac{2S}{\gamma}\left(1 - \frac{1}{\sqrt{1+p^2}}\right). \tag{2}$$

Wegen $p = dz/dx = \mathrm{tg}\,\tau = \mathrm{ctg}\,\vartheta$ (Abb. A2.1) erhält man aus (1) und (2)

$$z^2 = \frac{2S}{\gamma}(1 - \sin\vartheta) \tag{3}$$

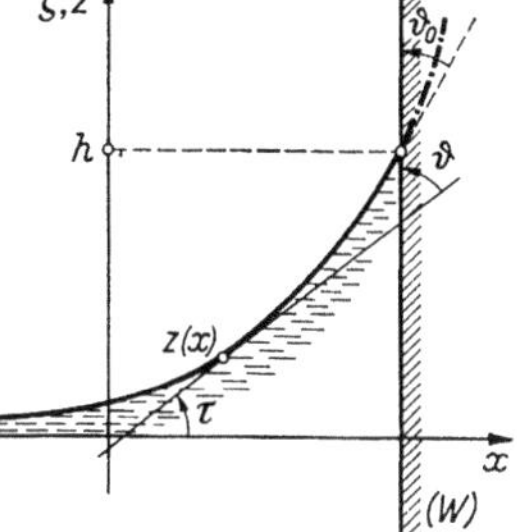

Abb. A 2.1

und somit für die Ansteigehöhe h

$$h = \sqrt{\frac{2S}{\gamma}(1 - \sin\vartheta_0)}. \tag{4}$$

Gleichung (2) läßt sich noch einmal integrieren

$$x(z) = \frac{K}{\sqrt{2}}\ln\left[\frac{h}{z}\cdot\frac{\sqrt{2}\,K - \sqrt{2K^2 - z^2}}{\sqrt{2}\,K - \sqrt{2K^2 - h^2}}\right] + \sqrt{2K^2 - z^2} - \sqrt{2K^2 - h^2}, \tag{5}$$

wobei

$$\frac{2S}{\gamma} = K^2 \tag{6}$$

die sog. *spezifische Kohäsion* ist und die Wand bei $x = 0$ liegt, d. h. $z(0) = h$ ist.

Für das Niveau ($z = 0$) folgt aus (5) $x = -\infty$, so daß zwischen zwei parallelen Wänden der Flüssigkeitsspiegel (Meniskus) nirgends bis auf das Nullniveau herunterreicht. Bezeichnet man die Höhe in der Mitte (jetzt mit $x = 0$) über dem Niveau mit h_0, so hat man aus (1) analog zu dem dortigen Vorgehen

$$z^2 - h_0^2 = \frac{2S}{\gamma}\left(1 - \frac{1}{\sqrt{1+p^2}}\right). \tag{7}$$

Ist der Wandabstand a klein gegenüber der Steighöhe h_0, $a \ll h_0$, so kann man $z = h_0 + \zeta$ setzen, wobei ζ eine kleine Größe ist. Es folgt dann aus (7), wenn man ζ gegen $2h_0$ vernachlässigt und die Abkürzung (6) berücksichtigt, nach Integration

$$x^2 + \left(\zeta - \frac{K^2}{2h_0}\right)^2 = \left(\frac{K^2}{2h_0}\right)^2. \tag{8}$$

---

[1] Eine nicht benetzende Flüssigkeit (z. B. Quecksilber) zeigt dagegen eine „*Kapillardepression*".

Demnach ist in erster Näherung der Flüssigkeitsspiegel ein Kreis vom Radius $K^2/2h_0$. Bei dem Abstand a der Wände hat man somit

$$\zeta_0 = h - h_0 = \frac{K^2}{2h_0}(1 - \sin\vartheta_0)\,, \qquad h_0 = \frac{K^2}{a}\cos\vartheta_0\,. \tag{9}$$

Durch Messung von a und h_0 lassen sich also K^2 und damit S bestimmen.

3. Freie Oberfläche einer Kapillarröhre. Der Flüssigkeitsspiegel (Meniskus) eines Kapillarrohres vom Radius a, das in einen großen Flüssigkeitsbehälter eintaucht (Abb. A3.1), ist näherungsweise zu bestimmen.

Lösung. In diesem achsensymmetrischen Falle ist die mittlere Krümmung der Oberfläche $z = z(r)$

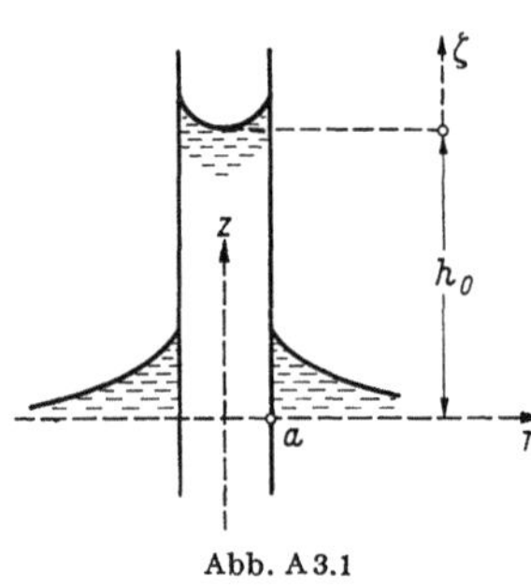

$$\frac{1}{R_1} + \frac{1}{R_2} = \frac{1}{r}\frac{d}{dr}\frac{pr}{\sqrt{1+p^2}}\,, \qquad p = \frac{dz}{dr}\,.$$

Damit ergibt sich aus (10.40) und mit der Abkürzung von (6) der vorangehenden Aufgabe

$$z = \frac{K^2}{2}\frac{1}{r}\frac{d}{dr}\frac{rp}{\sqrt{1+p^2}}\,. \tag{1}$$

Setzt man $z = h_0 + \zeta$, wobei ζ klein gegen h_0 angenommen wird, so läßt sich (1) mit $p = d\zeta/dr$ und $z \approx h_0$ integrieren:

$$\frac{h_0 r}{K^2} = \frac{p}{\sqrt{1+p^2}}\,, \qquad \left(\zeta - \frac{K^2}{h_0}\right)^2 + r^2 = \left(\frac{K^2}{h_0}\right)^2\,. \tag{2}$$

Abb. A 3.1

Die freie Oberfläche ist also der Ausschnitt aus einer Kugel vom Radius K^2/h_0. Für sog. *vollkommen benetzende Flüssigkeiten* ist der Randwinkel aber $\vartheta_0 = 0$ für $r = a$ (s. Abb. A 2.1 der vorangehenden Aufgabe), so daß wir die Beziehung $a = K^2/h_0$ erhalten, was bedeutet, daß sich nach dieser Näherungstheorie für die Oberfläche (Meniskus) eine Halbkugel ergibt.

Man könnte mit ζ aus (2) in (1) hineingehen ($z = h_0 + \zeta$) und durch eine weitere Integration zu einer verbesserten Näherung kommen.

4. Ebene Potentialströmung um Ecken. Man diskutiere die durch die komplexen Funktionen $w = w(z) = c z^\nu$ gegebenen ebenen Strömungsfelder, wenn ν und c reelle Konstanten sind.

Lösung. In Polarkoordinaten (r, ϑ) hat man

$$w = c\,r^\nu(\cos\nu\vartheta + i\sin\nu\vartheta) = \varphi + i\,\psi\,,$$

so daß man aus der Stromfunktion $\psi = c\,r^\nu\sin\nu\vartheta$

$$r = \sqrt[n]{\frac{\psi}{c \cdot \sin\nu\vartheta}}$$

erhält. Für $r \to \infty$ muß demnach $\sin v\vartheta \to 0$ gehen, also $v\vartheta = j\pi$ $(j = 0, 1, 2, \ldots)$ sein, was bedeutet, daß sich die Stromlinien mit wachsender Entfernung vom Ursprung den (Asymptoten-)Geraden $\vartheta = j\pi/v$ nähern (Abb. A 4.1). Für verschiedene Werte $v \geqq 1/2$ erhalten wir in dem Sektor zwischen $\vartheta = 0$ (d. h. $j = 0$) und $\vartheta = \pi/v$ (d. h. $j = 1$) verschiedene Strömungsbilder und zwar für $1/2 \leqq v < 1$ das Bild einer Strömung um eine Ecke (Abb. A 4.2) und für $v > 1$ das einer Strömung in einer Ecke. Für $v = 1$ erhält man

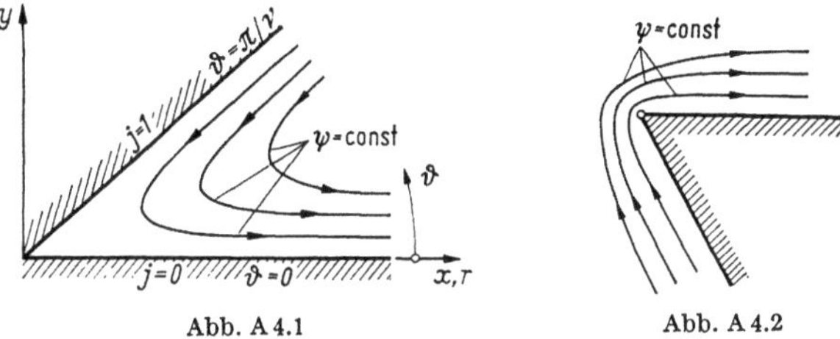

Abb. A 4.1   Abb. A 4.2

die schon bekannte Parallelströmung; für $v = 2$ die Strömung *in* einer Ecke mit dem Winkel $\pi/2$, für $v = 2/3$ *um* die gleiche Ecke.

5. Ausströmen aus einem Kanal. Man untersuche die durch

$$z = -\frac{w}{c} + \frac{h}{\pi} e^{-\frac{\pi w}{ch}} \tag{1}$$

bestimmte ebene Strömung einer idealen inkompressiblen Flüssigkeit.

Lösung. Mit $z = x + iy$ und $w = \varphi + i\psi$ folgt aus (1):

$$x = -\frac{\varphi}{c} + \frac{h}{\pi} e^{-\frac{\pi\varphi}{ch}} \cos\frac{\pi\psi}{ch}\; ; \quad y = -\frac{\psi}{c} - \frac{h}{\pi} e^{-\frac{\pi\varphi}{ch}} \sin\frac{\pi\psi}{ch}. \tag{2}$$

Die x-Achse ($y = 0$) entspricht also der Stromlinie $\psi = 0$. Zu $\psi = \pm ch$ gehören $y = \mp h$ und $x = -\frac{\varphi}{c} \mp \frac{h}{\pi} e^{-\frac{\pi\varphi}{ch}}$, so daß also zu den Werten

$$\varphi = +\infty,\, 0,\, -\infty$$

die Werte

$$x = -\infty,\; -\frac{h}{\pi},\; -\infty$$

gehören. Das bedeutet wiederum, daß $\psi = \pm ch$ die doppelt durchlaufenen Parallelen zur x-Achse im Abstand $\mp h$ entsprechen, die sich von $x = -\infty$ bis $x = -h/\pi$ erstrecken (Abb. A 5.1). Für $\varphi \to +\infty$ verhält sich φ wie $\varphi \to -cx$, so daß gemäß (2) die Geschwindigkeit für $c > 0$ parallel zur negativen x-Achse vom Betrage c ist. Für $\varphi \to -\infty$ geht nach (2)

$$x \to \frac{h}{\pi} e^{-\frac{\pi\varphi}{ch}} \cos\frac{\pi\psi}{ch} \quad \text{und} \quad y \to -\frac{h}{\pi} e^{-\frac{\pi\varphi}{ch}} \sin\frac{\pi\psi}{ch},$$

d. h., φ verhält sich bei Annäherung an $-\infty$ wie $\varphi \to -\frac{ch}{\pi} \ln\frac{\pi r}{h}$

Das bedeutet, daß der Geschwindigkeitsvektor (im Unendlichen) radial vom Nullpunkt ins Unendliche gerichtet ist.

Aus den vorangehenden Überlegungen können wir folgenden Schluß ziehen: Der Funktion (1) entspricht eine Strömung, die aus einem Kanal der Breite $2h$ ins Unendliche austritt (Abb. A5.1).

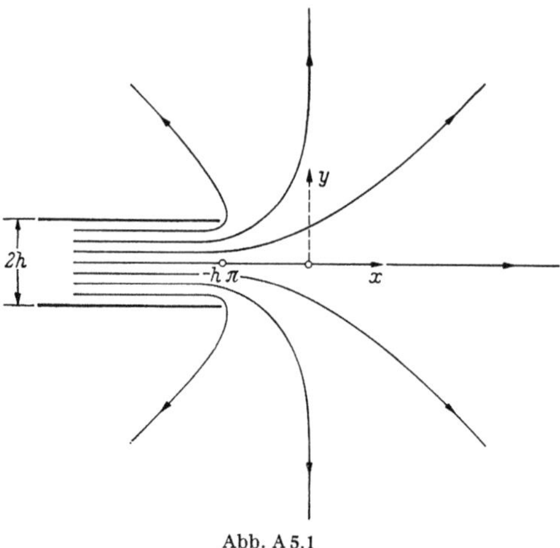

Abb. A 5.1

6. Die Widerstände, die ein beschleunigt bewegter bzw. ein beschleunigt angeströmter ruhender Körper erfährt. Die Geschwindigkeit der im Falle A geradlinigen Bewegung eines Körpers in der (im Unendlichen) ruhenden Flüssigkeit der Dichte ϱ bzw. die der Anströmung desselben, aber im zweiten Falle B ruhenden Körpers, sei $u(t)$ und parallel zur x-Achse. Man beweise, daß die Differenz der Widerstände W_B und W_A gleich der Massenbeschleunigung der vom Körper verdrängten Flüssigkeit ist:

$$W_B - W_A = m\,\frac{du}{dt} = m\,\dot u(t)\,. \tag{1}$$

Lösung nach einer Überlegung von E. MOHR [9.19]. Wir nehmen ein raumfestes ξ,η,ζ-System und ein dazu paralleles körperfestes x, y, z-System an. Bewegt sich der Körper mit der Geschwindigkeit $u = u(t)$ in der ξ-Richtung, so sei sein Widerstand im ξ, η, ζ-System W_A, der (selbstverständlich) auch im x, y, z-System in gleicher Größe errechnet wird, wenn die angreifenden Kräfte durch das Scheinkraftfeld $- \varrho\,\dot u(t)$ ergänzt werden. Im Falle des ruhenden, beschleunigt angeströmten Körpers tritt im x, y, z-System bei sonst ungeänderten Verhältnissen ein solches Scheinkraftfeld *nicht* auf, so daß dieses dementsprechend durch Hinzufügen des Feldes $\varrho\,\dot u(t)$ zu „löschen" ist. Die Wirkung dieser Superposition äußerst sich aber analog zu der einer Druckverteilung, die im hydrostatischen Falle durch das Schwerfeld verursacht wird (s. § 10.5), im Auftreten eines entgegen der Beschleunigung $\dot{u}(t)$ gerichteten zusätzlichen „Auftriebes", womit man zu $W_B = W_A + V\varrho\dot{u}(t) = W_A + m\dot{u}(t)$ kommt und für (1) den Beweis erbracht hat.

7. Parallele Anströmung einer Kugel. Man bestimme das Strömungsfeld, das um eine in einer Parallelströmung $\{u = \text{konst.}; 0; 0\}$ befindliche Kugel vom Radius a entsteht.

Lösung. Das Problem, das dem äquivalent ist, bei dem die Kugel sich mit konstanter Geschwindigkeit bewegt, ist nach den Ausführungen von § 10.8 leicht zu lösen:

Jetzt ist das System x, y, z raumfest (Abb. 10.17). Wir superponieren (10.72a) und (10.72c), also die Potentiale der Parallel- und Dipolströmung:

$$\varphi = \left(c_1 + \frac{M}{r^3}\right)x = \left(c_1 + \frac{M}{r^3}\right)r\cos\vartheta .$$

Die Geschwindigkeitskomponenten sind:

$$v_r = \frac{\partial\varphi}{\partial r} = \left(c_1 - \frac{2M}{r^3}\right)\cos\vartheta ,$$

$$v_\vartheta = \frac{1}{r}\frac{\partial\varphi}{\partial\vartheta} = -\left(c_1 + \frac{M}{r^3}\right)\sin\vartheta .$$

Die Forderungen $(v_r)_{r=a} = 0$ und $v = \sqrt{v_r^2 + v_\vartheta^2} \to u$ für $r \to \infty$ ergeben c_1 und M und damit das Strömungspotential:

$$\varphi = -u\left(r + \frac{a^3}{2r^2}\right)\cos\vartheta .$$

Man hätte natürlich dieses Resultat auch durch eine einfache Überlegung aus (10.74) gewinnen können!

8. Anströmung eines Ellipsoides durch eine gleichmäßige Parallelströmung. Unter Benutzung des Newtonschen Potentials der durch ein homogenes Ellipsoid

$$\frac{x^2}{a^2} + \frac{y^2}{b^2} + \frac{z^2}{c^2} - 1 = F(x, y, z) = 0 \tag{1}$$

auf einen *äußeren* Punkt $P = (x, y, z)$ ausgeübten (Gravitations-) „Kraft":

$$\Phi_{\ddot{a}} = \pi abc\int_\lambda^\infty \left(1 - \frac{x^2}{a^2 + u} - \frac{y^2}{b^2 + u} - \frac{z^2}{c^2 + u}\right)\frac{du}{\sqrt{(a^2 + u)(b^2 + u)(c^2 + u)}} ,$$

$$\tag{2}$$

worin λ die positive Wurzel der Gleichung

$$1 - \frac{x^2}{a^2 + \lambda} - \frac{y^2}{b^2 + \lambda} - \frac{z^2}{c^2 + \lambda} = 0 \tag{3}$$

ist, konstruiere man das Geschwindigkeitspotential φ für die allgemeine Umströmung des Ellipsoides mit der Geschwindigkeit U_∞ im Unendlichen. Des weiteren entwickle man Formeln für den Spezialfall des rotationssymmetrischen Ellipsoides und die entsprechenden Probleme der Anströmung elliptischer bzw. kreisförmiger Platten.

Lösung. Führt man zur Abkürzung die Bezeichnungen

$$\left.\begin{aligned}
A(x, y, z) &= \pi abc \int_\lambda^\infty \frac{du}{(a^2+u)\sqrt{(a^2+u)(b^2+u)(c^2+u)}} \\[2ex]
B(x, y, z) &= \pi abc \int_\lambda^\infty \frac{du}{(b^2+u)\sqrt{(a^2+u)(b^2+u)(c^2+u)}} \\[2ex]
C(x, y, z) &= \pi abc \int_\lambda^\infty \frac{du}{(c^2+u)\sqrt{(a^2+u)(b^2+u)(c^2+u)}} \\[2ex]
D(x, y, z) &= \pi abc \int_\lambda^\infty \frac{du}{\sqrt{(a^2+u)(b^2+u)(c^2+u)}} \\[2ex]
A_0 &= [A]_{\lambda=0}, \quad B_0 = [B]_{\lambda=0}, \quad C_0 = [C]_{\lambda=0}, \quad D_0 = [D]_{\lambda=0}
\end{aligned}\right\} \tag{4}$$

ein, so kann man (2) kürzer als

$$\Phi_{\ddot a} = D - A x^2 - B y^2 - C z^2$$
$$\Phi_0 = [\Phi_{\ddot a}]_{\lambda=0} = D_0 - A_0 x^2 - B_0 y^2 - C_0 z^2$$

schreiben.

Zunächst stellt $\Phi_{\ddot a}$ laut Herkunft schon eine Potentialfunktion dar. Man bestätigt aber auch über die folgende Rechnung, daß $\Phi_{\ddot a}$ der Laplaceschen Differentialgleichung (10.22)

$$\Delta \Phi_{\ddot a} = 0$$

genügt. Es ist nämlich, da aus (2) und (3)

$$\frac{\partial \Phi_{\ddot a}}{\partial \lambda}$$

$$= -\pi abc \left(1 - \frac{x^2}{a^2+\lambda} - \frac{y^2}{b^2+\lambda} - \frac{z^2}{c^2+\lambda}\right) \frac{1}{\sqrt{(a^2+\lambda)(b^2+\lambda)(c^2+\lambda)}} = 0$$

folgt

$$\frac{\partial \Phi_{\ddot a}}{\partial x} = -2x A + \frac{\partial \Phi_{\ddot a}}{\partial \lambda} \frac{\partial \lambda}{\partial x} = -2x A$$

und weiter

$$\frac{\partial^2 \Phi_{\ddot a}}{\partial x^2} = -2\left(A + x \frac{\partial A}{\partial \lambda} \frac{\partial \lambda}{\partial x}\right). \tag{5}$$

Für $x \dfrac{\partial A}{\partial \lambda} \dfrac{\partial \lambda}{\partial x}$ errechnet man aus (4) und (3) über

$$\frac{\partial A}{\partial \lambda} = - \pi a b c \, \frac{1}{(a^2 + \lambda) \sqrt{(a^2 + \lambda)(b^2 + \lambda)(c^2 + \lambda)}} \tag{6}$$

$$\frac{\partial \lambda}{\partial x} = 2 \, \frac{\dfrac{x}{a^2 + \lambda}}{\dfrac{x^2}{(a^2 + \lambda)^2} + \dfrac{y^2}{(b^2 + \lambda)^2} + \dfrac{z^2}{(c^2 + \lambda)^2}} \tag{7}$$

sodann

$$x \frac{\partial A}{\partial \lambda} \frac{\partial \lambda}{\partial x} = - \frac{2 \pi a b c}{\sqrt{(a^2 + \lambda)(b^2 + \lambda)(c^2 + \lambda)}} \cdot \frac{\dfrac{x^2}{a^2 + \lambda}}{\dfrac{x^2}{a^2 + \lambda} + \dfrac{y^2}{b^2 + \lambda} + \dfrac{z^2}{c^2 + \lambda}} \tag{8}$$

und zwei analoge Ausdrücke für $y \dfrac{\partial B}{\partial \lambda} \dfrac{\partial \lambda}{\partial y}$ und $z \dfrac{\partial C}{\partial \lambda} \dfrac{\partial \lambda}{\partial z}$. Eine Addition dieser drei Ausdrücke ergibt, wie man mittels der Beziehungen (4) nachweist,

$$x \frac{\partial A}{\partial x} + y \frac{\partial B}{\partial y} + z \frac{\partial C}{\partial z} = - (A + B + C) . \tag{9}$$

Addiert man jetzt die analog gebildeten zweiten Ableitungen $\dfrac{\partial^2 \Phi_{\ddot{a}}}{\partial y^2}$ und $\dfrac{\partial^2 \Phi_{\ddot{a}}}{\partial z^2}$ zu (5), so erhält man unter Beachtung von (9) aus

$$\Delta \Phi_{\ddot{a}} = - 2 \left\{ A + B + C + x \frac{\partial A}{\partial x} + y \frac{\partial B}{\partial y} + z \frac{\partial C}{\partial z} \right\} = 0 \tag{10}$$

den geforderten Beweis für die Potentialeigenschaft von $\Phi_{\ddot{a}}$.

Welche Bedingungen muß nun das Strömungspotential φ erfüllen? Zunächst einmal (s. a. § 10.4) muß φ der Potentialgleichung (10.22)

$$\Delta \varphi = 0 , \tag{11}$$

den Randbedingungen im Unendlichen

$$\left. \begin{array}{c} u = \dfrac{\partial \varphi}{\partial x} \to u_\infty = U_\infty \cos \alpha, \quad v = \dfrac{\partial \varphi}{\partial y} \to v_\infty = U_\infty \cos \beta , \\[2ex] w = \dfrac{\partial \varphi}{\partial z} \to w_\infty = U_\infty \cos \gamma , \end{array} \right\} \tag{12}$$

wobei α, β, γ die Richtungswinkel zwischen dem Strömungsvektor im Unendlichen und den Koordinatenachsen bedeuten, und den Randbedingungen an der Oberfläche des Ellipsoides (10.23)

$$\frac{\partial \varphi}{\partial n} = 0$$

genügen. Diese letzte Beziehung läßt sich mittels des aus (1) berechneten Gradientenvektors $\operatorname{grad} F = 2 \left\{ \dfrac{x}{a^2} ; \dfrac{y}{b^2} ; \dfrac{z}{c^2} \right\}$ in die folgende für die

Rechnung bequemere Form

$$\frac{x}{a^2}\frac{\partial \varphi}{\partial x} + \frac{y}{b^2}\frac{\partial \varphi}{\partial y} + \frac{z}{c^2}\frac{\partial \varphi}{\partial z} = 0 \qquad \text{(für die Oberfläche)} \qquad (13)$$

bringen.

Betrachten wir im weiteren erst einmal den Fall, daß die einzige vorhandene Komponente der Anströmungsgeschwindigkeit eine solche in x-Richtung ist, nämlich u_∞. Damit im Unendlichen die Randbedingung (12) erfüllt ist, muß sich dort das Potential φ wie $u_\infty x$ verhalten. Da nun nach (10) $\varPhi_{\ddot{a}}$ der Potentialgleichung genügt und damit nach bekannten Sätzen auch $\frac{\partial \varPhi_{\ddot{a}}}{\partial x} = -2xA$ und die analog gebildeten Ausdrücke $\frac{\partial \varPhi_{\ddot{a}}}{\partial y} = -2yB$ und $\frac{\partial \varPhi_{\ddot{a}}}{\partial z} = -2zC$ desgleichen Potentialfunktionen sind, setzen wir versuchsweise für unser Teilproblem

$$\varphi = u_\infty x + k\frac{\partial \varPhi_{\ddot{a}}}{\partial x} = x(u_\infty - 2kA) \qquad (14)$$

mit der noch freien Konstanten k an. Die Geschwindigkeitskomponenten sind dann

$$\left.\begin{aligned} u &= \frac{\partial \varphi}{\partial x} = u_\infty - 2k\left(A + x\frac{\partial A}{\partial \lambda}\frac{\partial \lambda}{\partial x}\right); \\ v &= \frac{\partial \varphi}{\partial y} = -2kx\frac{\partial A}{\partial \lambda}\frac{\partial \lambda}{\partial y}; \qquad w = \frac{\partial \varphi}{\partial z} = -2kx\frac{\partial A}{\partial \lambda}\frac{\partial \lambda}{\partial z}. \end{aligned}\right\} \qquad (15)$$

Setzt man dieses in (13) ein, so folgt zunächst

$$x\left\{\frac{1}{a^2}(u_\infty - 2kA) - 2k\frac{\partial A}{\partial \lambda}\left[\frac{x}{a^2}\frac{\partial \lambda}{\partial x} + \frac{y}{b^2}\frac{\partial \lambda}{\partial y} + \frac{z}{c^2}\frac{\partial \lambda}{\partial z}\right]\right\}_{\lambda=0} = 0. \qquad (16)$$

Nach (7) und analogen Ausdrücken ist aber für $\lambda = 0$ (Oberfläche des Ellipsoides) der Ausdruck in der eckigen Klammer gerade 2, nach (6) dagegen $[\partial A/\partial \lambda]_{\lambda=0} = -\pi/a^2$, so daß man aus (16) schließlich wegen $[A]_{\lambda=0} = A_0$

$$k = \frac{u_\infty}{2(A_0 - 2\pi)}$$

bestimmt. Wird k in (14) eingesetzt, so ist endlich

$$\varphi = u_\infty x\left[1 + \frac{A(x, y, z)}{2\pi - A_0}\right]. \qquad (17)$$

Man überlegt sich noch leicht, daß für $r = \sqrt{x^2 + y^2 + z^2} \to \infty$ A proportional r^{-3} und $[x\,\partial A/\partial x]$ und analoge Ausdrücke in der gleichen Weise verschwinden, womit auch die Erfüllung der Bedingung (12) gesichert ist.

Damit löst (17) die gestellte Teilaufgabe. Der Schluß auf eine allgemeine Anströmung $\mathfrak{v}_\infty = \{u_\infty, v_\infty, w_\infty\} = U_\infty\{\cos\alpha, \cos\beta, \cos\gamma\}$ ist nun nicht mehr schwer. Man erhält die allgemeine Lösung des Problems:

$$\begin{aligned}
\varphi &= \left[u_\infty\, x \left(1 + \frac{A\,(x,\,y,\,z)}{2\,\pi - A_0} \right) + v_\infty\, y \left(1 + \frac{B\,(x,\,y,\,z)}{2\,\pi - B_0} \right) + \right.\\
&\qquad\qquad \left. + w_\infty\, z \left(1 + \frac{C\,(x,\,y,\,z)}{2\,\pi - C_0} \right) \right]\\
&= U_\infty \left[x \left(1 + \frac{A\,(x,\,y,\,z)}{2\,\pi - A_0} \right) \cos\alpha + y \left(1 + \frac{B\,(x,\,y,\,z)}{2\,\pi - B_0} \right) \cos\beta + \right.\\
&\qquad\qquad \left. + z \left(1 + \frac{C\,(x,\,y,\,z)}{2\,\pi - C_0} \right) \cos\gamma \right].
\end{aligned} \qquad (18)$$

Die Auswertung der Integraldarstellungen (4) der Potentialbeiträge A, B, C ist naturgemäß schwierig, da diese Ausdrücke im allgemeinen elliptische Integrale darstellen. Man erhält, wenn man diese in den bekannten elliptischen Integralen $E\,(\chi,\,\varkappa)$ und $F\,(\chi,\,\varkappa)$ ausdrückt, mit den Abkürzungen:

$$\chi = \arcsin \sqrt{\frac{c^2 - a^2}{c^2 + \lambda}}\,, \qquad \varkappa = \sqrt{\frac{c^2 - b^2}{c^2 - a^2}}\,, \qquad (19)$$

wobei o. B. d. A. $a < b < c$ angenommen ist:

$$\begin{aligned}
A &= \frac{2\,\pi abc}{b^2 - a^2} \left\{ \sqrt{\frac{b^2 + \lambda}{(c^2 + \lambda)\,(a^2 + \lambda)}} - \frac{1}{\sqrt{c^2 - a^2}}\, E\,(\chi,\,\varkappa) \right\},\\[2mm]
B &= 2\,\pi abc \left\{ \frac{\sqrt{c^2 - a^2}}{(c^2 - b^2)\,(b^2 - a^2)}\, E\,(\chi,\,\varkappa) - \right.\\
&\qquad \left. - \frac{1}{(c^2 - b^2)\,\sqrt{c^2 - a^2}}\, F\,(\chi,\,\varkappa) - \frac{1}{b^2 - a^2} \sqrt{\frac{a^2 + \lambda}{(c^2 + \lambda)\,(b^2 + \lambda)}} \right\},\\[2mm]
C &= \frac{2\,\pi abc}{(c^2 - b^2)\,\sqrt{c^2 - a^2}} \left\{ F\,(\chi,\,\varkappa) - E\,(\chi,\,\varkappa) \right\}.
\end{aligned} \qquad (20)$$

Im Falle des Rotationsellipsoides, in dem wir o. B. d. A. $b = c$ und $w_\infty = 0$ annehmen wollen, was durch die Wahl des Koordinatensystems immer zu erreichen ist, sind die Integrale (4) elementar auswertbar. Man erhält im Falle

$$c = b > a$$

$$\begin{aligned}
A &= \frac{2\,\pi ab^2}{b^2 - a^2} \left\{ \frac{1}{\sqrt{a^2 + \lambda}} - \frac{1}{\sqrt{b^2 - a^2}}\, \operatorname{arc\,ctg} \sqrt{\frac{a^2 + \lambda}{b^2 - a^2}} \right\}\\[2mm]
B &= (C =)\, \frac{\pi ab^2}{b^2 - a^2} \left\{ \frac{1}{\sqrt{b^2 - a^2}}\, \operatorname{arc\,ctg} \sqrt{\frac{a^2 + \lambda}{b^2 - a^2}} - \frac{\sqrt{a^2 + \lambda}}{b^2 + \lambda} \right\}
\end{aligned} \qquad (21\mathrm{a})$$

und entsprechend für

$$c = b < a$$

$$\left.\begin{array}{l} A = \dfrac{2\pi a b^2}{a^2 - b^2} \left\{ \dfrac{1}{\sqrt{b^2 - a^2}} \operatorname{Ar\,Ctg} \sqrt{\dfrac{a^2 + \lambda}{a^2 - b^2}} - \dfrac{1}{\sqrt{a^2 + \lambda}} \right\} \\[3ex] B = (C =) \dfrac{\pi a b^2}{a^2 - b^2} \left\{ \dfrac{\sqrt{a^2 + \lambda}}{b^2 + \lambda} - \dfrac{1}{\sqrt{a^2 - b^2}} \operatorname{Ar\,Ctg} \sqrt{\dfrac{a^2 + \lambda}{a^2 - b^2}} \right\} . \end{array}\right\} \quad (21\mathrm{b})$$

Dabei ist λ nach (3) die positive Wurzel der Gleichung

$$1 - \frac{x^2}{a^2 + \lambda} - \frac{y^2 + z^2}{b^2 + \lambda} = 0 .$$

Auch der Fall der angeströmten Kugel ist selbstverständlich in den Formeln (21) enthalten. Man erhält durch Grenzübergänge $b \to a$ schließlich

$$A = B = C = \frac{2\pi a^3}{3\,(\sqrt{a^2 + \lambda})^3} \,,$$

so daß wegen der Beziehung (3)

$$1 - \frac{x^2 + y^2 + z^2}{a^2 + \lambda} = 0$$

mit $r = \sqrt{x^2 + y^2 + z^2} = \sqrt{a^2 + \lambda}$ aus (18) das bekannte Resultat

$$\varphi = (u_\infty x + v_\infty y + w_\infty z)\left(1 + \frac{a^3}{2 r^3}\right) \tag{22}$$

wird.

Das Potential der Umströmung einer elliptischen Platte (b, c) erhält man o. B. d. A. mittels der Beziehungen (20) aus (18), nachdem man sich überlegt hat, daß beim Grenzübergang $a \to 0$

$$A = O(a), \; B = O(a), \; C = O(a)$$

und

$$2\pi - A_0 = 2\pi a \left\{ \frac{bc}{(b^2 - a^2)\,\sqrt{c^2 - a^2}} E\big(\chi(0, a), \varkappa(a)\big) - \frac{a}{b^2 - a^2} \right\}$$

$$\to 2\pi a \frac{1}{b} E\left(\frac{\pi}{2} \,;\, \varkappa(0)\right) + O(a^2)$$

$$2\pi - B_0 = 2\pi + O(a), \quad 2\pi - C_0 = 2\pi + O(a)$$

gilt, so daß man zu folgendem Ausdruck für das Strömungspotential kommt:

$$\varphi = u_\infty x \left\{ 1 + \frac{1}{E(\varkappa)} \left[c \sqrt{\frac{b^2 + \lambda}{\lambda(c^2 + \lambda)}} - E(\chi, \varkappa) \right] \right\} + v_\infty y + w_\infty z . \tag{23}$$

Das Argument χ und der Modul $\varkappa$ sind in diesem Falle vermöge

$$\chi = \arcsin \frac{c}{\sqrt{c^2 + \lambda}} , \quad \varkappa' = \sqrt{1 - \varkappa^2} = \frac{b}{c} \tag{24}$$

zu bestimmen, während sich λ nach (3) als positive Lösung der Gleichung

$$1 - \frac{x^2}{\lambda} - \frac{y^2}{b^2 + \lambda} - \frac{z^2}{c^2 + \lambda} = 0 \tag{25}$$

ergibt.

Ein letzter Spezialfall, der der Anströmung einer Kreisscheibe, läßt sich auf analoge Weise durch Grenzübergang $c \to b$ sowohl aus den Gleichungen für das abgeplattete Rotationsellipsoid (21a) wie auch aus denen für die elliptische Platte (23) errechnen. Man erhält hierfür

$$\varphi = u_\infty x \left\{ 1 + \frac{2}{\pi} \left[\frac{b}{\sqrt{\lambda}} - \operatorname{arc\,ctg} \frac{\sqrt{\lambda}}{b} \right] \right\} + v_\infty y + w_\infty z \tag{26}$$

mit λ als positiver Wurzel aus

$$1 - \frac{x^2}{\lambda} - \frac{y^2 + z^2}{\lambda} = 0 \; . \tag{27}$$

Ein Teil des Verhaltens des Potentials beim Übergang zu den Plattenproblemen [Gl. (23) ff.] ist selbstverständlich: Eine Anströmung parallel zur y, z-Ebene wird durch Platteneinschluß in keiner Weise gestört, so daß für diese nur die Potentialterme der Parallelströmung von Einfluß bleiben.

Das Problem ist damit theoretisch vollständig gelöst. Das Geschwindigkeitsfeld ist sodann für jeden Punkt vermöge (10.15):

$$u = \frac{\partial \varphi}{\partial x}, \quad v = \frac{\partial \varphi}{\partial y}, \quad w = \frac{\partial \varphi}{\partial z} \tag{28}$$

mittels der oben entwickelten Beziehungen berechenbar.

9. Hydrodynamische Kräfte auf ein schwingendes Ellipsoid. Unter Benutzung der Ergebnisse der vorigen Aufgabe berechne man die von der umgebenen ruhenden inkompressiblen Flüssigkeit der Dichte ϱ auf eine in sie eingebettetes schwingendes Ellipsoid ausgeübten Kräfte. Die Bewegung des Ellipsoides (a, b, c) erfolge rein translatorisch, wobei sich der Mittelpunkt wie

$$\mathfrak{a}(t) = \{\xi; \eta; \zeta\} = \{x_0 \sin \omega t; \, y_0 \sin \omega t; \, z_0 \sin \omega t\} \tag{1}$$

bewege.

Lösung. Nach den Ausführungen in § 10.8 ist es möglich, das Potential der Strömung in einem Koordinatensystem aufzustellen, das mit dem sich bewegenden Körper fest verbunden ist. Das bietet den Vorteil, daß die Strömung ohne Zuhilfenahme der Zeit beschrieben werden können, womit die Formulierung der Randbedingungen und damit auch die Lösung erleichtert wird.

Nehmen wir eine Potentialströmung $\varphi = \varphi(\xi, \eta, \zeta, t)$ an und gehen von dem System der $\mathfrak{x}$-Koordinaten: ξ, η, ζ auf ein solches der $\mathfrak{r}$-Koordinaten: x, y, z vermöge

$$\mathfrak{r} = \mathfrak{x} - \mathfrak{a}(t) = \{x, y, z\} = \{\xi - x_0 \sin \omega t, \, \eta - y_0 \sin \omega t, \, \zeta - z_0 \sin \omega t\} \tag{2}$$

über, so wird im folgenden eine Funktion $\varphi^* = \varphi^*(x, y, z, t)$ gesucht, die der aus $\Delta\varphi = 0$ hervorgehenden[1] Differentialgleichung

$$\Delta^*\,\varphi^* = 0\,, \qquad \Delta^* = \frac{\partial^2}{\partial x^2} + \frac{\partial^2}{\partial y^2} + \frac{\partial^2}{\partial z^2} \tag{3}$$

genügt, aus der das Geschwindigkeitsfeld mittels der Beziehungen

$$\frac{\partial}{\partial x}\,\varphi^* = u\,, \quad \frac{\partial}{\partial y}\,\varphi^* = v\,, \quad \frac{\partial}{\partial z}\,\varphi^* = w \tag{4}$$

berechnet wird und die Randbedingung im Unendlichen

$$\lim_{r\to\infty} \mathfrak{v} = 0\,, \quad r = \sqrt{x^2 + y^2 + z^2}\,, \tag{5}$$

sowie diejenige an der Oberfläche des Ellipsoides

$$1 - \frac{x^2}{a^2} - \frac{y^2}{b^2} - \frac{z^2}{c^2} = 0$$

befriedigt, die nach (10.23)

$$v_n = \frac{\partial\varphi^*}{\partial n} = \frac{d\mathfrak{a}}{dt}\,\mathfrak{n} \tag{6}$$

lautet. Hierbei ist $\mathfrak{n}$ der nach außen gerichtete Normalenvektor der Oberfläche des Ellipsoides und $d\mathfrak{a}/dt$ die allen Ellipsoidenpunkten gemeinsame Geschwindigkeit.

Man kann sich leicht klar machen, daß die Ergebnisse der vorigen Aufgabe (im folgenden d. v. A.) unmittelbar zu übertragen sind. Das dort angegebene Potential bestand aus einem Teil, der einer Parallelströmung mit $\mathfrak{u}_\infty$ entspricht, und einem Zusatzpotential $\bar\varphi$, das zur Erfüllung der Randbedingung (13a) d. v. A. so beschaffen sein muß, daß es auf der Ellipsoidoberfläche der Gleichung

$$\frac{\partial\bar\varphi}{\partial n} = -\,\mathfrak{u}_\infty\mathfrak{n} \tag{7}$$

genügt. Ersetzen wir also in dem Zusatzpotential $\bar\varphi$ entsprechend der Folgerung aus (6) und (7) $\mathfrak{u}_\infty$ durch $-\,d\mathfrak{a}/dt$, so erfüllt offenbar das so konstruierte

$$\varphi^* = -\,\omega\cos\omega t \left\{ x_0 x\,\frac{A(x, y, z)}{2\pi - A_0} + y_0 y\,\frac{B(x, y, z)}{2\pi - B_0} + z_0 z\,\frac{C(x, y, z)}{2\pi - C_0} \right\} \tag{8}$$

alle an das Potential gestellten Bedingungen (3), (5) und (6).

Prinzipiell ist es natürlich möglich, die Resultierenden der Druckkraftverteilung auf die gleiche Weise zu berechnen, wie es in § 10.8 geschah, nämlich vermöge

$$\mathfrak{R} = -\int\limits_{(0)} p\,df\,, \quad \mathfrak{M} = -\int\limits_{(0)} (\mathfrak{r}\times p\,df) \tag{9}$$

---

[1] Nach den Ausführungen zu § 10.8 ist diese Differentialgleichung gegenüber Translationen invariant.

unter Zuhilfenahme von (10.75b)

$$p = p_0 - \varrho\,\frac{\partial\varphi}{\partial t} - \frac{1}{2}\,\varrho v^2 . \tag{10}$$

Es ist aber bequemer, im folgenden einen

Hilfssatz zu verwenden, der kurz abgeleitet werden soll. Wir benutzen dabei die Tensorschreibweise, wobei speziell das Summationsübereinkommen gelten soll (über doppelt vorkommende Indizes wird stillschweigend summiert) und ε_{ijk} wie gewohnt den ε-Tensor[1] bedeutet. ξ_i seien dabei die raumfesten Koordinaten, x_i die Koordinaten des mit dem Körper translatorisch mitbewegten Systems: $\xi_i = a_i(t) + x_i$, während die partiellen Ableitungen durch $\dfrac{\partial}{\partial t} F = F_{/t}$ (bei festgehaltenem ξ_i), $\dfrac{\partial}{\partial \xi_i} F = F_{/i}$ und $\dfrac{\partial}{\partial x_i} F = F_{,i}$ angedeutet werden.

Wendet man den Satz (7.10) auf die Funktion $F = G_{/i}$ an, so bekommt man

$$\frac{d}{dt}\int\limits_{\mathfrak{B}_t} G_{/i}\,d\xi = \int\limits_{\mathfrak{B}_t} G_{/i\,t}\,d\xi + \int\limits_{\mathfrak{B}_t} (v_j G_{/i})_j\,d\xi ,$$

wobei $d\xi$ das Volumenelement des sich mit dem Geschwindigkeitsfeld v_i bewegenden, d. h. des zeitabhängigen Bereiches $\mathfrak{B}_t$ ist. Vertauscht man im ersten Integral auf der rechten Seite die Reihenfolge der Differentiationen und wendet dann auf sämtliche Integrale den Gauß-Greenschen Satz an, so erhält man

$$\frac{d}{dt}\int\limits_{\mathfrak{B}_t} G_{/\,i}\,d\xi =$$
$$= \frac{d}{dt}\int\limits_{\mathfrak{O}_t} G\,d o_i = \int\limits_{\mathfrak{O}_t} G_{/t}\,d o_i + \int\limits_{\mathfrak{O}_t} G_{/i} v_j\,d o_j , \tag{11}$$

wobei $\mathfrak{O}_t$ die zeitabhängige Berandung des Bereiches $\mathfrak{B}_t$ ist und $d o_i$ der nach außen orientierte Normalenvektor vom Betrage des Flächenelementes ist.

Wenden wir uns wieder der eigentlichen Herleitung der Hilfsformel zu. Das Potential einer durch die Bewegung eines Körpers der Oberfläche $\mathfrak{O}_t$ bzw. des Bereiches $\mathfrak{B}_t$ verursachten Strömung außerhalb von $\mathfrak{B}_t$ sei φ. Ist $\mathfrak{B}_t'$ ein Bereich, in den $\mathfrak{B}_t$ völlig eingebettet ist, und ist K_i' die resultierende aller (Druck-)Kräfte auf die äußere Berandung $\mathfrak{O}_t'$ von $\mathfrak{B}_t'$, während K_i die entsprechende resultierende Kraft ist, die von der Flüssigkeit auf den Körper an der Oberfläche $\mathfrak{O}_t$ aufgebracht wird, so gilt nach dem Impulssatz [s. etwa (10.8)]

$$K_i^* - K_i = \frac{d}{dt}\int\limits_{\mathfrak{B}_t'} \varrho v_i\,d\xi = \frac{d}{dt}\int\limits_{\mathfrak{B}_t'} \varrho\,\varphi_{/i}\,d\xi ,$$

---

[1] D. h. $\varepsilon_{123} = \varepsilon_{231} = \varepsilon_{312} = 1$, $\varepsilon_{213} = \varepsilon_{132} = \varepsilon_{321} = -1$, alle anderen Komponenten gleich 0.

wobei $v_i = \varphi_{/i}$ benutzt wurde. Die Anwendung von (11) hierauf liefert wegen $\varrho = \text{konst}$

$$K_i' - K_i = \int\limits_{\mathfrak{O}_t'} \varrho\,\varphi_{/t}\,do_i' + \int\limits_{\mathfrak{O}_t'} \varrho v_i v_j do_j' - \frac{d}{dt}\int\limits_{\mathfrak{O}_t} \varrho\,\varphi\,do_i, \qquad (12)$$

worin do_i der Vektor des nach $\mathfrak{B}_t'$ hinein (aus $\mathfrak{B}_t$ hinaus) orientierten Flächenelementes ist. Andererseits erhält man mit Hilfe von (9) und (10) unter Beachtung von $\int\limits_{\mathfrak{O}} do_i = 0$

$$K_i' = -\int\limits_{\mathfrak{O}_t'} p\,do_i' = +\int\limits_{\mathfrak{O}_t'} \varrho\,\varphi_{/t}\,do_i' + \frac{1}{2}\int\limits_{\mathfrak{O}_t'} \varrho v_j v_j do_i'. \qquad (13)$$

Subtrahiert man (12) von (13), so ergibt sich

$$K_i = \frac{d}{dt}\int\limits_{\mathfrak{O}_t} \varrho\,\varphi\,do_i + \int\limits_{\mathfrak{O}_t'} \varrho\left(\frac{1}{2}v_k v_k \delta_{ij} - v_i v_j\right) do_j'. \qquad (14)$$

Nehmen wir an, daß $\mathfrak{O}_t'$, die $\mathfrak{O}_t$ völlig einschließende Fläche, eine Kugelfläche von dem sehr großen Radius R ist, so wird die Geschwindigkeit v_i an dieser Fläche von der Größenordnung R^{-2}, der zweite Integrand auf der rechten Seite von (14) von der Ordnung R^{-4} und wegen O' von der Ordnung R^2 das zweite Integral selbst von der Größenordnung R^{-2} sein. Nach dem Grenzübergang $R \to \infty$ entsteht dementsprechend aus (13) die endgültige Hilfsformel zur Ermittlung der auf den bewegten Körper ausgeübten resultierenden Flüssigkeitskraft

$$K_i = \frac{d}{dt}\int\limits_{\mathfrak{O}_t} \varrho\,\varphi\,do_i. \qquad (15)$$

Auf analoge Weise erhält man unter Benutzung der aus (9) und (10) fließenden Beziehung

$$M_i' = -\int\limits_{\mathfrak{O}_t'} p\,\varepsilon_{ijk}\xi_j do_k'$$

$$= \int\limits_{\mathfrak{O}_t'} \varrho\,\varphi_{/t}\varepsilon_{ijk}\xi_j do_k' + \frac{1}{2}\int\limits_{\mathfrak{O}_t'} \varrho v_l v_l \varepsilon_{ijk}\xi_j do_k',$$

aus dem Drehimpulssatz [s. etwa (10.9)]

$$M_i' - M_i = \frac{d}{dt}\int\limits_{\mathfrak{B}_t'} \varepsilon_{ijk}\xi_j \varrho v_k d\xi = \frac{d}{dt}\int\limits_{\mathfrak{B}_t'} \varrho\varepsilon_{ijk}\xi_j \varphi_{/k} d\xi$$

über

$$\varrho\varepsilon_{ijk}\xi_j \varphi_{/k} = (\varrho\,\varphi\varepsilon_{ijk}\xi_j)_{/k}; \quad \xi_{j/k} = \delta_{jk}; \quad \varepsilon_{ijk}\delta_{jk} = 0$$

und

$$\frac{d}{dt}\int\limits_{\mathfrak{B}_t'} \varrho\varepsilon_{ijk}\xi_j \varphi_{/k} d\xi = \frac{d}{dt}\int\limits_{\mathfrak{B}_t'} (\varrho\,\varphi\varepsilon_{ijk}\xi_j)_{/k} d\xi =$$

$$= \int\limits_{\mathfrak{O}_t'} \varrho\,\varphi_{/t}\varepsilon_{ijk}\xi_j do_k' + \int\limits_{\mathfrak{O}_t'} \varrho\varepsilon_{ijk}\xi_j v_k v_l do_l' - \frac{d}{dt}\int\limits_{\mathfrak{O}_t} \varrho\,\varphi\varepsilon_{ijk}\xi_j do_k$$

schließlich für das Moment M_i der auf den bewegten Körper ausgeübten Flüssigkeitsreaktionen bezüglich des Koordinatenursprungs

$$M_i = \frac{d}{dt}\int\limits_{\mathfrak{O}_t} \varrho\,\varphi\,\varepsilon_{ijk}\xi_j do_k + \int\limits_{\mathfrak{O}_t'} \varrho\,\varepsilon_{ijk}\,\xi_j\left(\frac{1}{2}\,v_m v_m \delta_{kl} - v_k v_l\right)do_l' \,.$$

Der Grenzübergang $R \to \infty$ führt hier, da in diesem Falle das zweite Integral (wegen ξ_i von der Ordnung R) wie R^{-1} verschwindet, auf die endgültige Hilfsformel

$$M_i = \frac{d}{dt}\int\limits_{\mathfrak{O}_t} \varrho\,\varphi\,\varepsilon_{ijk}\xi_j do_k \,. \tag{16}$$

Geht man von dem raumfesten ξ_i-System auf das translatorisch mit dem Körper mitbewegte x_i-System vermöge $\xi_i = a_i(t) + x_i$ über, so kann man statt (16) auch

$$M_i = \frac{d}{dt}\left\{\varepsilon_{ijk}a_j(t)\int\limits_{\mathfrak{O}_t} \varrho\,\varphi do_k + \int\limits_{\mathfrak{O}_t} \varrho\,\varphi\varepsilon_{ijk}x_j do_k\right\} \tag{17}$$

schreiben, wobei das erste Integral meist schon aus den Rechnungen zu (15) bekannt ist. Man sieht des weiteren aus (17), wenn man die Flüssigkeitsreaktionen auf den mitbewegten Koordinatenursprung des x_i-Systems vermöge

$$K_i^* = K_i = \frac{d}{dt}\int\limits_{\mathfrak{O}_t} \varrho\,\varphi\,do_i \,,$$

$$M_i^* = M_i - \varepsilon_{ijk}K_k\xi_j(x_l = 0) = M_i - \varepsilon_{ijk}a_j(t)\,K_k \tag{18}$$

reduziert, wobei die Sterne die entsprechenden reduzierten Größen bedeuten, daß sich plausiblerweise für

$$M_i^* = \varepsilon_{ijk}\frac{d}{dt}[a_j(t)]\int\limits_{\mathfrak{O}_t} \varrho\,\varphi do_k + \frac{d}{dt}\int\limits_{\mathfrak{O}_t} \varrho\,\varphi\varepsilon_{ijk}x_j do_k \tag{19}$$

auch Werte ergeben, wenn das zweite Integral, deutbar als ein Pseudodrehimpuls bezüglich des x_i-Systems, verschwindet.

Mittels dieser Hilfsformeln ist die Errechnung der ursprünglich geforderten Ergebnisse sehr einfach. Wir haben hier zunächst die Integrale

$$J_{1i} = \int\limits_{\mathfrak{O}_t} \varrho\,\varphi do_i \,, \quad J_{2i} = \int\limits_{\mathfrak{O}_t} \varrho\,\varphi\varepsilon_{ijk}x_j do_k$$

zu lösen. Gehen wir, da es für die Integration einfacher ist, auf das körperfeste x_i-System (identisch x, y, z-System) über, dessen Größen, wenn nötig, wie anfangs mit Sternen bezeichnet werden, so folgt aus einer Betrachtung des einer Schwingung allein in x_1-Richtung entsprechenden

Potentialanteils $_1\varphi$ von φ^* nach (8)

$$_1\varphi = -\frac{d}{dt}\,[a_1(t)]\,x_1\,\frac{A}{2\,\pi - A_0}\,,$$

daß hierfür die Integrale

$$_1J_{1i} = \int\limits_{\mathfrak{O}^*} \varrho\,\varphi_1^*\,do_i = -\varrho\,\frac{da_1}{dt}\,\frac{A_0}{2\,\pi - A_0}\int\limits_{\mathfrak{O}^*} x_1\,do_i\,,$$

$$_1J_{2i} = \int\limits_{\mathfrak{O}^*} \varrho\,\varphi_1^*\,\varepsilon_{ijk}x_j\,do_k = -\varrho\,\frac{da_1}{dt}\,\frac{A_0}{2\,\pi - A_0}\int\limits_{\mathfrak{O}^*} \varepsilon_{ijk}x_1 x_j\,do_k$$

zu lösen sind, da für $\mathfrak{O}^*$ die Funktion $A \to A_0$ geht. Mittels des Gauß-schen Satzes ist dann aber

$$\int\limits_{\mathfrak{O}^*} x_1\,do_i = \begin{cases} 0 & \text{für } i = 2, 3 \\[2ex] \displaystyle\int\limits_{\mathfrak{B}^*} dx = \frac{4}{3}\,\pi abc & \text{für } i = 1\,, \end{cases}$$

$$\varepsilon_{ijk}\int\limits_{\mathfrak{O}^*} x_1 x_j\,do_k = \varepsilon_{ijk}\int\limits_{\mathfrak{B}^*} (\delta_{1k}x_j + x_1\delta_{jk})\,dx = \varepsilon_{ij1}\int\limits_{\mathfrak{B}^*} x_j\,dx = 0\,,$$

wobei sich das letzte Ergebnis aus der Symmetrie des Ellipsoides erklärt. Damit ist dann

$$_1J_{1i} = \begin{cases} -\dfrac{da_1}{dt}\,\dfrac{4}{3}\,\pi\varrho abc\,\dfrac{A_0}{2\,\pi - A_0} & \text{für } i = 1 \\[2ex] 0 & \text{für } i = 2, 3 \end{cases} \right\} \tag{20}$$

$$_1J_{2i} = 0\,.$$

Die analogen Resultate sind

$$_2J_{1i} = -\frac{da_2}{dt}\,\frac{4}{3}\,\pi\varrho abc\,\frac{B_0}{2\,\pi - B_0} \qquad \text{für } i = 2,$$

$$_3J_{1i} = -\frac{da_3}{dt}\,\frac{4}{3}\,\pi\varrho abc\,\frac{C_0}{2\,\pi - C_0} \qquad \text{für } i = 3, \tag{21}$$

alle übrigen Komponenten sind Null. Die Ergebnisse lassen sich einfacher mit Hilfe eines Tensors

$$N_{ij} = \frac{4}{3}\,\pi\varrho abc \begin{bmatrix} \dfrac{A_0}{2\,\pi - A_0} & 0 & 0 \\[2ex] 0 & \dfrac{B_0}{2\,\pi - B_0} & 0 \\[2ex] 0 & 0 & \dfrac{C_0}{2\,\pi - C_0} \end{bmatrix}\,, \tag{22}$$

der verständlicherweise nur wegen des speziell gewählten Koordinatensystems die Diagonalform hat, nach der Zusammenfassung der einzelnen

J_{1i} und J_{2i} Anteile aus (20) und (21) wie folgt schreiben:

$$J_{1i} = - N_{ij}\frac{da_j}{dt}, \quad J_{2i} = 0.$$

Setzt man diese Formeln in (18) bzw. (19) ein, so erhalten wir endlich

$$K_i^* = \frac{d}{dt}J_{1i} = - N_{ij}\frac{d^2a_j}{dt^2}$$

$$M_i^* = \varepsilon_{ijk}\frac{da_j}{dt}J_{1k} + \frac{d}{dt}J_{2i} = - \varepsilon_{ijk}\frac{da_j}{dt}N_{kl}\frac{da_l}{dt}$$

für das resultierende Kraftsystem der Flüssigkeitsreaktion auf die Körperbewegung.

Bewegt sich also ein starrer Ellipsoidkörper der Masse m_s unter dem Einfluß eines äußeren *eingeprägten*, im Schwerpunkt angreifenden Kraftsystems K_i^e und M_i^e in der angegebenen Weise translatorisch, so muß entsprechend dem Schwerpunktsatz (1.60)

$$m_s\frac{d^2a_i}{dt^2} = K_i^e + K_i^* = K_i^e - N_{ij}\frac{d^2a_j}{dt^2}$$

und nach dem bezüglich des Schwerpunktes angeschriebenen Drallsatz (1.65)

$$0 = M_i^e + M_i^* = M_i^e - \varepsilon_{ijk}\frac{da_j}{dt}N_{kl}\frac{da_l}{dt}$$

gelten. Das zur Erzeugung der Körperbewegung notwendige Kraftsystem im Schwerpunkt des Körpers ist demzufolge

$$K_i^e = m_s\frac{d^2a_i}{dt^2} + N_{ij}\frac{d^2a_j}{dt} = \{m_s\delta_{ij} + N_{ij}\}\frac{d^2a_j}{dt^2} \tag{23}$$

$$M_i^e = \varepsilon_{ijk}\frac{da_j}{dt}N_{kl}\frac{da_l}{dt}. \tag{24}$$

Man sieht noch aus (23) unter Beachtung der Diagonalform von N_{ij}, daß sich der Körper unter dem Einfluß von K_i^e so bewegt, als ob die Masse m_s durch gewisse (bewegungsrichtungsabhängige) Zusatzmassen vergrößert sei. Man spricht demzufolge von *virtuellen Flüssigkeitsmassen* bzw. *hydrodynamischen Massen*, wobei N_{ij} der Tensor dieser „Massen" ist. Diese Deutung läßt sich auch halten, wenn N_{ij} nicht die Diagonalform hat, da man durch eine Drehung des Koordinatensystems wieder auf die Diagonalform übergehen kann. Eine weitere Folge des Zusammenhanges (23) ist, daß die Richtung von K_i^e und die der Beschleunigung d^2a_i/dt^2 i. a. nicht mehr übereinstimmen. Außerdem ist nach (24) zur Erzeugung der translatorischen Bewegung ein Moment M_i^e im Schwerpunkt des Körpers (auch schon bei konstanter Translationsgeschwindigkeit) erforderlich, das nur verschwindet, wenn die Geschwindigkeit da_i/dt nur *eine* Komponente in dem Koordinatensystem der Diagonalform des Tensors der virtuellen Trägheitsmasse hat.

Für die spezielle Bewegung (1) unserer Aufgabe sind die diese Bewegung verursachenden Kräfte und Momente (im Schwerpunkt) nun endlich nach (23) und (24) (in unserer alten Bezeichnungsweise):

$$K_x^e = -\omega^2 x_0 \sin \omega t \left\{ m_k + \frac{4}{3} \pi \varrho abc \frac{A_0}{2\pi - A_0} \right\},$$

$$K_y^e = -\omega^2 y_0 \sin \omega t \left\{ m_k + \frac{4}{3} \pi \varrho abc \frac{B_0}{2\pi - B_0} \right\},$$

$$K_z^e = -\omega^2 z_0 \sin \omega t \left\{ m_k + \frac{4}{3} \pi \varrho abc \frac{C_0}{2\pi - C_0} \right\},$$

$$M_x^e = \omega^2 y_0 z_0 \cos^2 \omega t \frac{4}{3} \pi \varrho abc \left\{ \frac{C_0}{2\pi - C_0} - \frac{B_0}{2\pi - B_0} \right\},$$

$$M_y^e = \omega^2 z_0 x_0 \cos^2 \omega t \frac{4}{3} \pi \varrho abc \left\{ \frac{A_0}{2\pi - A_0} - \frac{C_0}{2\pi - C_0} \right\},$$

$$M_z^e = \omega^2 x_0 y_0 \cos^2 \omega t \frac{4}{3} \pi \varrho abc \left\{ \frac{B_0}{2\pi - B_0} - \frac{A_0}{2\pi - A_0} \right\}.$$

10. Die Birnbaumsche Theorie eines dünnen Tragflügels. Um das Strömungsfeld zu bestimmen, das aus einem parallelen durch ein dünnes und unendlich langes Profil der Breite $2b$ mit flach gewölbter *Skelettlinie*[1] bei einem kleinen Anströmwinkel α ($\alpha \approx \sin\alpha \approx \operatorname{tg}\alpha$) entsteht, wird nach einer Idee von BIRNBAUM das Profil durch kontinuierlich in der x-Achse verteilte Wirbel der Zirkulation $\gamma(\xi)$ ersetzt (Abb. A10.1). Man zeige, daß bei gegebener Skelettlinie $z = z(x)$ die Zirkulationsverteilung $\gamma(\xi)$ bestimmt werden kann.

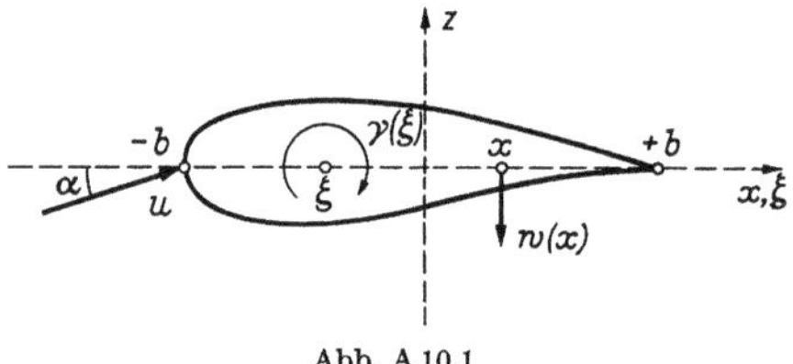

Abb. A 10.1

Lösung. In dem Element $d\xi\, d\eta$ hat der Wirbel die Zirkulation $\gamma(\xi)\, d\xi\, d\eta$, so daß nach (10.121), in der $\partial\varphi/\partial\xi = \gamma(\xi)$ und $\partial\varphi/\partial\eta = 0$ zu setzen ist, die an der Stelle x induzierte (Abwärts-)Geschwindigkeit

$$w(x) = \frac{1}{4\pi} \int_{\eta=-\infty}^{+\infty} \int_{\xi=-b}^{+b} \frac{\gamma(\xi)(x-\xi)\, d\xi\, d\eta}{\sqrt{(x-\xi)^2 + \eta^2}^{\,3}} = \frac{1}{2\pi} \int_{\xi=-b}^{+b} \frac{\gamma(\xi)\, d\xi}{x-\xi} \tag{1}$$

beträgt.

Die Forderung, daß die Resultierende aus $w(x)$ und der Anströmgeschwindigkeit u in Richtung der Profiltangente fällt, die für das als dünn vorausgesetzte Profil näherungsweise durch die Forderung ersetzt

---

[1] Man definiert als *Skelettlinie (-fläche)* eines Profils (-körpers) diejenige Linie (Fläche), die die Mittelpunkte aller die Profilform berührenden Innenkreise (-kugeln) verbindet. Siehe z. B. auch S in Abb. A 11.1.

wird, daß die Skelettlinie tangiert wird (s. a. Abb. A12.1), ergibt mit $\sin\alpha \approx \mathrm{tg}\,\alpha \approx \alpha$, $dz/dx = \mathrm{tg}\,\tau \approx \tau$

$$\frac{dz}{dx} = \alpha - \frac{w(x)}{u} = \alpha - \frac{1}{2\pi u}\int_{-b}^{+b}\frac{\gamma(\xi)\,d\xi}{x-\xi}\,. \tag{2}$$

Bei gegebenem $z = z(x)$ ist das eine Integralgleichung für $\gamma(\xi)$.

Zur Lösung von (2) setzt man:

$$x = -b\cos\varphi\,, \quad \xi = -b\cos\psi\,, \quad \varphi \text{ bzw. } \psi = 0\ldots+\pi\,, \tag{3}$$

$$\gamma = \gamma(\psi) = 2u\left(a_0\,\mathrm{ctg}\,\frac{\psi}{2} + \sum_{k=1}^{\infty}a_k\sin k\,\psi\right). \tag{4}$$

Unter Verwendung von

$$\int_0^{\pi}\frac{\cos k\,\psi\,d\psi}{\cos\psi-\cos\varphi} = \pi\,\frac{\sin k\,\varphi}{\sin\varphi} \tag{5}$$

erhält man aus (1)

$$w = w(\varphi) = u\left(a_0 - \sum_{k=1}^{\infty}a_k\cos k\,\varphi\right),$$

womit aus (2) die Fourier-Koeffizienten für (4) ermittelt werden können, denn aus

$$\frac{dz}{dx} = \alpha - a_0 + \sum_{k=1}^{\infty}a_k\cos k\,\varphi$$

folgen

$$\alpha - a_0 = \frac{1}{\pi}\int_0^{\pi}\frac{dz}{dx}\,d\varphi\,, \quad a_k = \frac{2}{\pi}\int_0^{\pi}\frac{dz}{dx}\cos k\,\varphi\,d\varphi\,. \tag{6}$$

Damit ist gemäß (4) die Wirbelverteilung gegeben und somit auch

die Gesamtzirkulation $Z = \displaystyle\int_{-b}^{+b}\gamma(\xi)\,d\xi = \int_0^{\pi}\gamma(\psi)\,\frac{d\xi}{d\psi}\,d\psi$ und schließlich

entsprechend (10.69) der Auftrieb

$$K_z = \varrho\,u\,Z = \pi\,\varrho\,2b\,u^2\left(a_0 + \frac{1}{2}\,a_1\right) \tag{7}$$

bekannt.

11. Das induzierte Geschwindigkeitsfeld des geraden Schaufelgitters.
Die (stark) gewölbten Profilschaufeln des geraden Gitters werden nach Czi-
BERE [9.8] durch kontinuierlich verteilte hydrodynamische Singularitäten
(Quell-Senkverteilungen q und Wirbelverteilungen γ), die längs der
gekrümmten Skelettlinie (S) der Schaufel angeordnet werden, ersetzt

(Abb. A 11.1). Dabei ist $y = f(x)$ bzw. $\eta = f(\xi)$ die Gleichung der Skelettlinie, t die Teilung des Gitters und λ der Staffelungswinkel. Man zeige,
daß in diesem Fall im beliebigen Aufpunkt $z = x + i\,y$ der komplexen
Ebene die konjugiert komplexe Geschwindigkeit

$$\overline{w}(z) = u - i\,v = \frac{e^{i\lambda}}{2t} \int_{-b}^{b} (q + i\gamma)\,\mathfrak{Ctg}\left(\frac{\pi e^{i\lambda}}{t}\{x - \xi + i\,[y - f(\xi)]\}\right) ds$$

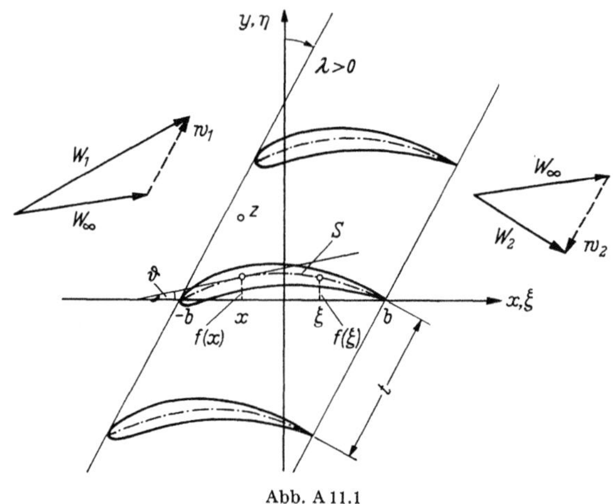

Abb. A 11.1

und an der Ober- bzw. Unterseite der (die Verteilungen q, γ tragenden)
Skelettlinie die Geschwindigkeiten

$$\overline{w}(z)_{0,u} = \pm \frac{\gamma - i\,q}{2}\,e^{-i\vartheta} +$$

$$+ \frac{e^{i\lambda}}{2t} \int_{-b}^{+b} (q + i\gamma)\,\mathfrak{Ctg}\left(\frac{\pi e^{i\lambda}}{t}\{x - \xi + i\,[f(x) - f(\xi)]\}\right) ds$$

induziert werden. Man bestimme die induzierten Geschwindigkeiten
längs der betrachteten Skelettlinie, welche durch die Singularitätenverteilungen q, γ längs derselben Skelettlinie bzw. durch die Singularitätenverteilungen q, γ längs aller übrigen Skelettlinien induziert
werden. (Induzierte Geschwindigkeiten der Einzelschaufel bzw. des Restgitters.)

Lösung. Die Wirbelquelle $G = Q + iZ$, die in einem Punkt $\zeta = \xi + i\,\eta$
der komplexen Ebene lokalisiert wird, induziert im beliebigen Aufpunkt
$z = x + i\,y$ die Geschwindigkeit

$$\overline{w}(z) = \frac{G}{2\pi} \cdot \frac{1}{z - \zeta}. \tag{1}$$

Die Singularitäten G, die in den Punkten $\zeta_\nu = i\,e^{-i\lambda}\cdot\nu\,t$ $(\nu = 0,\ \pm 1,$ $\pm 2,\ \ldots)$ mit einer „Teilung" t längs einer Geraden angeordnet werden (Abb. A 11.2), induzieren somit die Geschwindigkeit

$$\overline{w}\,(z) = \frac{G}{2\pi}\ \sum_{\nu = -\infty}^{+\infty}\ \frac{1}{z - i\,\nu\,t\,e^{-i\lambda}}\,.$$

Mit Hilfe der Partialbruchzerlegung

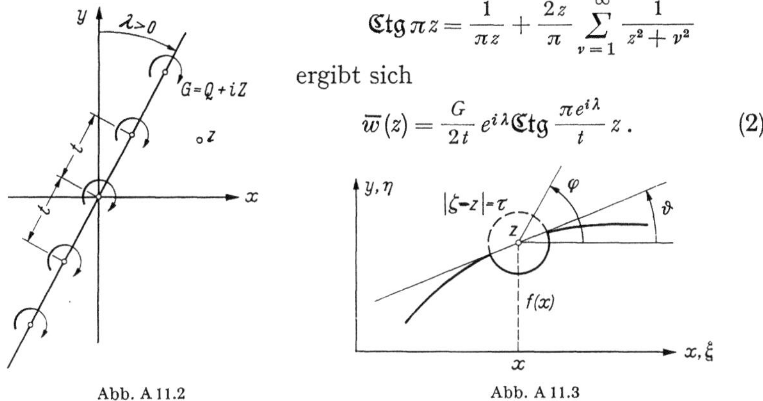

$$\mathfrak{Ctg}\,\pi z = \frac{1}{\pi z} + \frac{2z}{\pi}\ \sum_{\nu = 1}^{\infty}\ \frac{1}{z^2 + \nu^2}$$

ergibt sich

$$\overline{w}\,(z) = \frac{G}{2t}\,e^{i\lambda}\mathfrak{Ctg}\,\frac{\pi e^{i\lambda}}{t}\,z\,. \tag{2}$$

Abb. A 11.2   Abb. A 11.3

Die Summation der im Aufpunkt z induzierten elementaren Geschwindigkeiten, die von den Elementen $g\,(\zeta)\,d\zeta = [q\,(\zeta) + i\,\gamma\,(\zeta)]\,ds$ der Singularitätenverteilung längs der Trägerkurve $\zeta = \xi + i\,f(\xi)$ induziert werden, liefert

$$\overline{w}(z) = \frac{e^{i\lambda}}{2t}\ \int_{-b}^{+b}\ g\,(\zeta)\,\mathfrak{Ctg}\left\{\frac{\pi e^{i\lambda}}{t}\,(z - \zeta)\right\}d\zeta\,. \tag{3}$$

Bezeichnet z einen Punkt der Trägerkurve, so wird der Integrand an der Stelle $\zeta = z$ singulär. Dieser Punkt z (Abb. A 11.3) wird durch den Kreisbogen mit dem Halbmesser τ von der Integration ausgeschlossen. Falls der untere (bzw. obere) Halbkreis den Integrationsweg darstellt, gehört der Punkt z in den Bereich oberhalb (bzw. unterhalb) der Trägerkurve. Somit erhält man durch Grenzübergang mit $\tau \to 0$ die Geschwindigkeit an der oberen (bzw. unteren) Seite der Trägerkurve. I_1 bzw. I_2 seien die Integrale längs des unteren bzw. oberen Halbkreises; τ sei so klein, daß $g\,(\zeta)$ im ausgeschlossenen Gebiet als konstant betrachtet werden kann. Da längs des Kreisbogens

$$z - \zeta = -\tau\,e^{i\varphi}\,, \quad d\zeta = i\,\tau\,e^{i\varphi}\,d\varphi$$

gilt, erhält man

$$\lim_{\tau \to 0} I_{1,2} = \lim_{\tau \to 0}\left[g\,(z)\cdot\int_{\varphi = \vartheta \mp \pi}^{\vartheta}\mathfrak{Ctg}\left(\frac{\pi e^{i\lambda}}{t}\,(-\tau e^{i\varphi})\right)i\,\tau\,e^{i\varphi}\,d\varphi\right] = \mp\,i\,g\,(z)\,t\,e^{-i\lambda}\,.$$

Damit wird

$$\overline{w}(z)_{o,u} = \mp\, i\, \frac{g(z)}{2} + \frac{e^{i\lambda}}{2t} \int\limits_{-b}^{+b} g(\zeta)\, \mathfrak{Ctg}\left(\frac{\pi e^{i\lambda}}{t}(z-\zeta)\right) d\zeta\,, \qquad (4)$$

wobei das Integral als Cauchyscher Hauptwert zu verstehen ist. Aus (4) ergibt sich der Geschwindigkeitssprung, der beim Überschreiten der Trägerkurve auftritt:

$$\overline{w}_o - \overline{w}_u = -i\,g(z)\,.$$

Bekanntlich bedingt dieser Geschwindigkeitssprung eine Quell-Senkbelegung q bzw. eine Wirbelbelegung γ, von der ein Sprung der Normal- bzw. der Tangentialgeschwindigkeit längs der Trägerkurve hervorgerufen wird. Also gelten die Ausdrücke

$$-i\,g(z) = (\gamma - i\,q)\,e^{-i\vartheta}\,, \quad g(z) = (q + i\,\gamma)\,e^{-i\vartheta}\,.$$

Somit erhält man aus (3) die induzierten Geschwindigkeiten des geraden Gitters im beliebigen Aufpunkt z

$$\overline{w}(z) = \frac{e^{i\lambda}}{2t} \int\limits_{-b}^{+b} (q + i\,\gamma)\, \mathfrak{Ctg}\left(\frac{\pi e^{i\lambda}}{t}\{x - \xi + i\,[y - f(\xi)]\}\right) ds \qquad (5)$$

und aus (4) an beiden Seiten der singularitätentragenden Skelettlinie:

$$\overline{w}(z)_{o,u} = \pm\, \frac{\gamma - i\,q}{2}\, e^{-i\vartheta} +$$

$$+ \frac{e^{i\lambda}}{2t} \int\limits_{-b}^{+b} (q + i\,\gamma)\, \mathfrak{Ctg}\left(\frac{\pi e^{i\lambda}}{t}\{x - \xi + i\,[f(x) - f(\xi)]\}\right) ds\,. \qquad (6)$$

Daraus wird die induzierte Geschwindigkeit der betrachteten Einzelschaufel durch den Grenzübergang mit $t \to \infty$ ermittelt:

$$\overline{w}_E = \pm\, \frac{\gamma - i\,q}{2}\, e^{-i\vartheta} + \frac{1}{2\pi} \int\limits_{-b}^{+b} (q + i\,\gamma)\, E(x,\xi)\, \frac{ds}{x-\xi}\,, \qquad (7)$$

wobei

$$E(x,\xi) = \frac{1}{1 + i\,\dfrac{f(x) - f(\xi)}{x - \xi}}$$

die im Integrationsbereich beschränkte komplexe Einflußfunktion bedeutet. Wenn man von der Gleichung (6) die Gleichung (7) abzieht, erhält man die induzierte Geschwindigkeit des Restgitters

$$\overline{w}_G = \frac{1}{2t} \int\limits_{-b}^{+b} (q + i\,\gamma)\, F(x,\xi;\lambda,t)\, ds\,. \qquad (8)$$

Dabei ist

$$F(x,\xi;\lambda,t) =$$

$$= e^{i\lambda}\, \mathfrak{Ctg}\left(\frac{\pi e^{i\lambda}}{t}\{x - \xi + i\,[f(x) - f(\xi)]\}\right) - \frac{t}{\pi\{x - \xi + i\,[f(x) - f(\xi)]\}}$$

die im Integrationsbereich beschränkte komplexe Einflußfunktion dieser Geschwindigkeit.

Eine Bemerkung zur praktischen Berechnung solcher Schaufelgitter: Im allgemeinen sind weder die das Schaufelgitter hydrodynamisch ersetzenden Singularitätenverteilungen q und γ noch die Form der Skelettlinie $y = f(x)$ bekannt. Man weiß allerdings, daß im Falle der richtigen Lösung des Problems die Skelettlinie der Einzelschaufel (der Singularitäten tragende) Teil einer Stromlinie sein muß und daß dann die Konturlinie eine Verzweigungsstromlinie der Gitterströmung ist, welche die aus dem Unendlichen kommende Parallelströmung von der geschlossenen Strömung der Quellsenkenverteilung q trennt.

Nach Czibere [9.8] nimmt man als erste Näherung f_0 für die Skelettlinie eine Kreisbogenlinie an, die die gewünschten Umlenkungseigenschaften (bei vorgegebenem t und näherungsweise ermitteltem λ) hat. Die für die Umlenkung erforderliche Gesamtzirkulation um die Einzelschaufel

$$Z = -t\,(w_1 + w_2)$$

wird sodann als Zirkulationsbelegung γ zunächst elliptisch auf der Skelettlinie f_0 verteilt und eine der gewünschten Schaufelprofilform angenähert entsprechende Quellverteilung q_0 angenommen; w_1 bzw. w_2 sind dabei die parallel zum Gitter liegenden Komponenten von W_1 und W_2, während W_∞ die Geschwindigkeit der dem induzierten Geschwindigkeitsfeld überlagerten Parallelströmung ist (s. Abb. A11.1). Das so bestimmte Strömungsfeld hat dann sicher eine Stromlinie S_1, die durch die Skelettlinienvorderkante hindurchgeht, und für die eine Differentialgleichung angebbar ist. Damit ist auch deren Form bekannt, die i. a. nicht mit der angenommenen Skelettlinie f_0 übereinstimmt. Verwendet man nun den betreffenden Stromlinienteil von S_1 als neue Näherung f_1 für die Skelettlinie und transformiert die Singularitätenverteilungen auf f_1 in Verteilungen q_1 und γ_1 (wobei Änderungen zur Erzeugung einer besseren Profilform durchaus möglich sind), so hat man in der oben skizzierten Art *iterativ* fortzufahren, bis beim i-ten Schritt $S_{i-1} \approx S_i \approx S$ gilt und damit Skelettlinie und entsprechende Stromlinie genügend genau übereinstimmen. Wegen näherer Einzelheiten s. die schon zitierte Arbeit [9.8].

12. Strömung um eine flachgewölbte Fläche elliptischen Umrisses [9.31].
Man bestimme das Strömungsfeld, welches dadurch entsteht, daß in eine Parallelströmung $\mathfrak{u} = \{u\cos\alpha;\ 0;\ u\sin\alpha\}$ eine Fläche $z = z(x, y)$ gebracht wird. Es werde vorausgesetzt, daß der Anströmwinkel α klein ($\sin\alpha \approx \alpha$) und die Fläche flachgewölbt mit einer elliptischen Projektion auf die x,y-Ebene sei. Wie lautet die Lösung speziell für die elliptische Platte?

Lösung. Wegen der Voraussetzungen, insbesondere der der flachen Wölbung, können wir annehmen, daß die der Fläche entsprechende Wirbelbewegung (s. § 10.11) in der x,y-Ebene gelagert sei. Die Forderung, daß die resultierende Geschwindigkeit die Fläche tangieren muß, liefert (Abb. A12.1):

$$\operatorname{tg}\tau = \frac{\partial z}{\partial x} = \frac{u\sin\alpha - w}{u\cos\alpha} \approx \frac{u\,\alpha - w}{u},$$

woraus man mit (10.123)

$$w(x, y) = \left(\alpha - \frac{\partial z}{\partial x}\right)u = -\frac{1}{4\pi}\Delta \iint\limits_{(F)} \frac{\varphi(\xi, \eta)}{r}\, d\xi\, d\eta \tag{1}$$

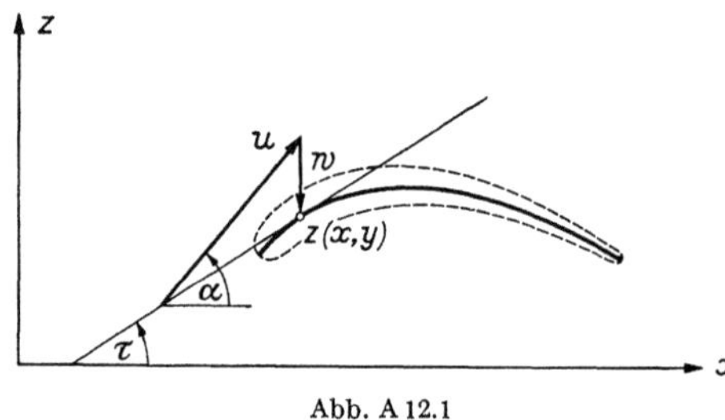

Abb. A 12.1

erhält. Dies ist eine *Integrodifferentialgleichung* für das Potential $\varphi = \varphi(\xi, \eta)$.

Bedeuten a und b die Halbmesser des elliptischen Umrisses, so muß φ am Rande $\xi^2/a^2 + \eta^2/b^2 = 1$ verschwinden. Dementsprechend könnte man mit

$$\varphi = \varphi(\xi, \eta) = 4\pi\,a\,u\sqrt{1 - \frac{\xi^2}{a^2} - \frac{\eta^2}{b^2}}\sum_{(j,k)} c_{jk}\xi^j\eta^k \tag{2}$$

in (1) hineingehen und aus den daraus (nach Koeffizientenvergleich) hervorgehenden Beziehungen die Konstanten c_{jk} ermitteln.

Für die *elliptische Platte* $z(x, y) = 0$ für $\dfrac{x^2}{a^2} + \dfrac{y^2}{b^2} \leq 1$ haben wir mit dem vereinfachten Ansatz

$$\varphi = 4\pi\,a\,u\sqrt{1 - \xi^2/a^2 - \eta^2/b^2}\; c_{00} \tag{2a}$$

nach (1)

$$\alpha = -a\,c_{00}\left(\frac{\partial^2}{\partial x^2} + \frac{\partial^2}{\partial y^2}\right)\iint\limits_{(F)} \frac{\sqrt{1 - \xi^2/a^2 - \eta^2/b^2}}{\sqrt{(x-\xi)^2 + (y-\eta)^2}}\, d\xi\, d\eta,$$

wobei das Flächenintegral über die Ellipse zu erstrecken ist. Als Endergebnis erhält man

$$c_{00} = \frac{\alpha}{2\pi\left(\dfrac{a}{b}\right)^2\displaystyle\int\limits_0^{\pi/2}\frac{d\vartheta}{\sqrt{1 - \varkappa^2\sin^2\vartheta}^{\,3}}}, \qquad \varkappa^2 = 1 - \frac{a^2}{b^2}, \quad b \geq a\,.$$

Das im Nenner stehende Integral läßt sich auf das elliptische Normal-integral zweiter Gattung zurückführen:

$$\int_0^{\pi/2} \frac{d\vartheta}{\sqrt{1 - \varkappa^2 \sin^2 \vartheta}\,^3} = \frac{1}{\varkappa'^2} E = \frac{1}{\varkappa'^2} \int_0^{\pi/2} \sqrt{1 - \varkappa^2 \sin \vartheta}\; d\vartheta \,,$$

$$\varkappa'^2 = \left(\frac{b}{a}\right)^2 .$$

Mit dem so bestimmten c_{00} hat man dann das Potential:

$$\varphi = \varphi(x, y) = \frac{2\,\alpha\,a\,u}{E} \sqrt{1 - \frac{x^2}{a^2} - \frac{y^2}{b^2}}\; . \tag{3}$$

Mit Hilfe von φ kann man schließlich näherungsweise den *Auftrieb*

$$A = \varrho\,u \iint\limits_{(F)} \frac{\partial \varphi}{\partial x}\, d\,x\, d\,y = 0 \tag{4}$$

und das *Längsmoment* um die y-Achse zu

$$M = \varrho\,u \iint\limits_{(F)} \frac{\partial \varphi}{\partial x}\, x\, d\,x\, d\,y = -\frac{4}{3E}\,\pi\,a^2\,b\,\alpha\,\varrho\,u^2 \tag{5}$$

errechnen, wobei ϱ die Dichte ist.

Für die *Kreisplatte* $(a = b)$ hat man $E = \dfrac{\pi}{2}$ zu setzen.

13. Strömung um eine elliptische Platte mit abgehendem Wirbelband [9.31]. Im Anschluß an die Aufgabe 12 und im Sinne der abschließenden Ausführungen von § 11.9 ist die Strömung um eine elliptische Platte (Halbmesser a und $b > a$) unter der Annahme zu bestimmen, daß die Randbedingung

$$(\varphi)_{\xi = -a\,\sqrt{1 - \eta^2/b^2}} = 0 \tag{1}$$

nur an der Anströmkante $\xi = -a\,\sqrt{1 - \eta^2/b^2}$ (Vorderrand) zu erfüllen ist, während am Hinterrand $(\xi = +a\,\sqrt{1 - \eta^2/b^2})$ der Forderung des glatten Abflusses (s. § 10.7, S. 168)

$$\left(\frac{\partial \varphi}{\partial \xi}\right)_{\xi = +a\,\sqrt{1 - \eta^2/b^2}} = 0 \tag{2}$$

zu genügen ist.

Lösung. Der gegenüber (2a) der Aufgabe 12 abgeänderte Ansatz mit der noch freien Funktion $f(\eta)$

$$\varphi = \varphi(\xi, \eta) =$$

$$= 4\pi\,a\,u \left[c_{00} \sqrt{1 - \frac{\xi^2}{a^2} - \frac{\eta^2}{b^2}} + f(\eta)\, \text{arc cos} \left(\frac{-\xi}{a\sqrt{1 - \eta^2/b^2}}\right) \right] \tag{3}$$

genügt (1), während aus (2)

$$f(\eta) = c_{00}\,\sqrt{1 - \frac{\eta^2}{b^2}} \tag{4}$$

folgt, womit sich gemäß (3)

$$\varphi = \varphi(\xi, \eta) = \varphi_F =$$

$$= 4\pi\, a\, u\, c_{00}\left[\sqrt{1 - \frac{\xi^2}{a^2} - \frac{\eta^2}{b^2}} + \sqrt{1 - \frac{\eta^2}{b^2}}\;\operatorname{arc\,cos}\left(\frac{-\xi}{a\sqrt{1 - \eta^2/b^2}}\right)\right] \tag{5}$$

ergibt. Das unstetige Flächenpotential φ ist dabei zunächst nur innerhalb der Ellipsenfläche (F), $\zeta = 0$; $1 - \xi^2/a^2 - \eta^2/b^2 \geq 0$ erklärt. Wir wollen hierfür auch

$$\varphi_F = \varphi_{FR} + \varphi_{FH} \tag{5a}$$

schreiben, wobei φ_{FR} bzw. φ_{FH} dem ersten bzw. zweiten Summanden in (5) entspricht. Gemäß (1) nimmt φ an der Vorderkante der Ellipse $\xi = \xi_v = -a\,\sqrt{1 - \eta^2/b^2}$ den Wert $\varphi = \varphi_{Fv} = 0$ an, während auf dem hinteren Rand $\xi = \xi_h = +a\,\sqrt{1 - \eta^2/b^2}$ sein Wert nach (5)

$$\varphi = \varphi_h = 4\pi^2 a\, u\, c_{00}\,\sqrt{1 - \frac{\eta^2}{b^2}} = \varphi_{WH} \tag{6}$$

ist. Da das Potential in dieser Form die Aussage des Helmholtzschen Satzes (s. § 10.10) verletzt, wonach unter gewissen Voraussetzungen innerhalb einer Strömung Wirbelfäden weder beginnen noch enden können, es sei denn an der Flüssigkeitsberandung, so setzen wir die an der Ellipsenkante austretenden und φ_{FH} entsprechenden Wirbelfäden in Form eines sich ins Unendliche erstreckenden Wirbelbandes (W) fort, dessen unstetige Potentialbelegung $\varphi_W = \varphi_{WH}$ man (6) für den Definitionsbereich $\zeta = 0$ mit $\xi \geq +a\,\sqrt{1 - \eta^2/b^2}$ und $-b \leq \eta \leq b$ entnimmt. Während der schon aus der vorigen Aufgabe bekannte Anteil $\varphi_R = \varphi_{FR}$ [siehe (5a) bzw. (5)] in sich geschlossenen Wirbelfäden, also *Wirbelringen* auf (F), entspricht, haben die durch $\varphi_H = \varphi_{FH} + \varphi_{WH}$ [s. (5a) bzw. (6)] charakterisierten Wirbelfäden hufeisenförmige Gestalt (*Hufeisenwirbel*).

Das so bestimmte bzw. definierte Potential ist nun in Gleichung (1) der vorigen Aufgabe einzusetzen. Man erhält, da für die Platte $\partial z/\partial x = 0$ ist,

$$\alpha u = w = -\frac{1}{4\pi}\left(\frac{\partial^2}{\partial x^2} + \frac{\partial^2}{\partial y^2}\right)\iint\limits_{(F+W)} \frac{\varphi(\xi, \eta)\, d\xi\, d\eta}{\sqrt{(x - \xi)^2 + (y - \eta)^2}}, \tag{7}$$

wobei das Doppelintegral über die Ellipsenfläche (F) und das Wirbelband (W) mit dem entsprechenden $\varphi = \varphi_F$ nach (5) bzw. $\varphi = \varphi_{WH}$ nach (6) zu erstrecken ist.

Da der Beitrag von φ_{FR} schon in der vorigen Aufgabe berechnet wurde, bleibt nur noch der Anteil der auf die Hufeisenwirbel zurückgehenden

Potentialterme φ_{FH} und φ_{WH} zu ermitteln. Anstatt von (6) gehen wir von (10.121) aus und haben dann für diesen Beitrag

$$w_H(x,y) = a\,u\,c_{00} \iint\limits_{(F)} \left\{ \frac{\partial}{\partial \xi}\left[f(\eta)\,\text{arc cos}\left(\frac{-\xi}{a\,\sqrt{1-\eta^2/b^2}}\right)\right]\frac{x-\xi}{r^3} + \right.$$

$$\left. + \frac{\partial}{\partial \eta}\left[f(\eta)\,\text{arc cos}\left(\frac{-\xi}{a\,\sqrt{1-\eta^2/b^2}}\right)\right]\frac{y-\eta}{r^3}\right\} d\xi\,d\eta + \qquad (8)$$

$$+ a\,u\,c_{00}\iint\limits_{(W)} \left\{ \frac{\partial}{\partial \xi}\left[\pi f(\eta)\right]\frac{x-\xi}{r^3} + \frac{\partial}{\partial \eta}\left[\pi f(\eta)\right]\frac{y-\eta}{r^3}\right\} d\xi\,d\eta\,.$$

Das dritte Integral ist Null. Um die übrigen nicht elementaren Integrationen zu vereinfachen, rechnen wir mit einem in der x-Richtung gebildeten Mittelwert der von den hufeisenförmig angeordneten Wirbellinien induzierten Geschwindigkeit w_H:

$$\mathscr{M}_x(w_H) = w^*(y) = \frac{1}{2\bar{x}}\int\limits_{-\bar{x}}^{+\bar{x}} w^*(x,y)\,dx\,,\qquad \bar{x} = a\,\sqrt{1-\frac{y^2}{b^2}}\,.\qquad (9)$$

Wegen
$$\frac{\partial}{\partial x}\left(\frac{1}{r}\right) = -\frac{x-\xi}{r^3}\,,\quad \frac{\partial}{\partial x}\left[\frac{x-\xi}{(y-\eta)\,r}\right] = \frac{y-\eta}{r^3}$$

ist die Mittelwertbildung (9) explizit in (8) möglich, so daß wir für w^*

$$w^*(y) = -\frac{a\,u\,c_{00}}{2\bar{x}}\iint\limits_{(F)}\frac{\partial}{\partial \xi}\left[f(\eta)\,\text{arc cos}\,g(\xi,\eta)\right]\left[\frac{1}{\sqrt{(\bar{x}-\xi)^2+(y-\eta)^2}} - \right.$$

$$\left. - \frac{1}{\sqrt{(\bar{x}+\xi)^2+(y-\eta)^2}}\right]d\xi\,d\eta + \frac{a\,u}{2\bar{x}}\iint\limits_{(F)}\frac{\partial}{\partial \eta}\left[f(\eta)\,\text{arc cos}\,g(\xi,\eta)\right]\times$$

$$\times\left[\frac{\bar{x}-\xi}{\sqrt{(\bar{x}-\xi)^2+(y-\eta)^2}} + \frac{\bar{x}+\xi}{\sqrt{(\bar{x}+\xi)^2+(y-\eta)^2}}\right]\frac{d\xi\,d\eta}{y-\eta} +$$

$$+ \frac{\pi\,a\,u\,c_{00}}{2\bar{x}}\iint\limits_{(W)}\frac{\partial}{\partial \eta}\left[(f)\right]\cdot\left[\frac{\bar{x}-\xi}{\sqrt{(\bar{x}-\xi)^2+(y-\eta)^2}} + \frac{\bar{x}+\xi}{\sqrt{(\bar{x}+\xi)^2+(y-\eta)^2}}\right]\frac{d\xi\,d\eta}{y-\eta}$$

erhalten, wobei $g(\xi,\eta) = -\xi/\sqrt{1-\eta^2/b^2}$ ist. Das erste Doppelintegral wird Null, weil der Integrand eine ungerade Funktion in ξ ist. Die dritte über (W) zu erstreckende Integration ist bezüglich ξ sofort durchführbar. Mit $\bar{\xi} = a\,\sqrt{1-\eta^2/b^2}$ erhält man hierfür:

$$[w^*(y)]_W = \frac{\pi\,a\,u\,c_{00}}{2\bar{x}}\int\limits_{-b}^{+b}\frac{\partial f(\eta)}{\partial \eta}\left[2\bar{x} - \sqrt{(\bar{x}-\bar{\xi})^2+(y-\eta)^2} + \right.$$

$$\left. + \sqrt{(\bar{x}-\bar{\xi})^2+(y-\eta)^2}\right]\cdot\frac{d\eta}{y-\eta}\,.$$

Schließlich liefert die Berechnung des zweiten Integrals über (F), da

$$\text{arc cos}\,g(\xi,\eta) = \left[\text{arc cos}\,g(\xi,\eta) - \frac{\pi}{2}\right] + \frac{\pi}{2}$$

in der eckigen Klammer eine ungerade,

$$\frac{\overline{x} - \xi}{\sqrt{(\overline{x} - \xi)^2 + (y - \eta)^2}} + \frac{\overline{x} + \xi}{\sqrt{(\overline{x} + \xi)^2 + (y - \eta)^2}}$$

dagegen eine gerade Funktion in ξ ist, und

$$\iint\limits_{(F)} f(\eta) \frac{\partial}{\partial \eta} \left[\arccos\left(\frac{-\xi}{a\sqrt{1 - \eta^2/b^2}} \right) \right] \left[\frac{\overline{x} - \xi}{\sqrt{(\overline{x} - \xi)^2 + (y - \eta)^2}} + \right.$$
$$\left. + \frac{\overline{x} + \xi}{\sqrt{(\overline{x} + \xi)^2 + (y - \eta)^2}} \right] \frac{d\xi\, d\eta}{y - \eta} = 0$$

ist,

$$[w^*(y)]_F = \frac{\pi\, a\, u\, c_{00}}{2\overline{x}} \int\limits_{-b}^{+b} \frac{\partial f(\eta)}{\partial \eta} \left[\sqrt{(\overline{x} - \xi)^2 + (y - \eta)^2} - \right.$$
$$\left. - \sqrt{(\overline{x} - \overline{\xi})^2 + (y - \eta)^2} \right] \frac{d\eta}{y - \eta}.$$

Durch Addition erhalten wir den gesuchten Mittelwert

$$w^*(y) = [w^*(y)]_W + [w^*(y)]_F = \pi\, a\, u\, c_{00} \int\limits_{-b}^{+b} \frac{\partial f(\eta)}{\partial \eta} \cdot \frac{d\eta}{y - \eta}. \tag{10}$$

Das Integral in (10) kann mit (4) und der Substitution $y = -b\cos\alpha$, $\eta = -b\cos\beta$ berechnet werden:

$$\int\limits_{-b}^{+b} \frac{\partial}{\partial \eta} \sqrt{1 - \frac{\eta^2}{b^2}} \frac{d\eta}{y - \eta} = \frac{1}{b} \int\limits_{0}^{\pi} \frac{\cos\beta\, d\beta}{\cos\beta - \cos\alpha} = \frac{\pi}{b}.$$

Verwenden wir dieses Resultat, beachten (10), (8) und das Ergebnis der vorigen Aufgabe, so erhalten wir aus (7) endlich:

$$c_{00} = \frac{1}{2E + \pi \dfrac{a}{b}} \frac{\alpha}{\pi}, \tag{11}$$

wobei

$$E = \int\limits_{0}^{\pi/2} \sqrt{1 - \varkappa^2 \sin^2\vartheta}\; d\vartheta; \quad \varkappa^2 = 1 - \left(\frac{a}{b}\right)^2$$

ist.

Damit ist gemäß (3) das Potential φ gegeben, so daß dann auch näherungsweise Auftrieb A, (induzierter) Widerstand W_i und Längsmoment M berechnet werden können.

$$A = \varrho\, u \iint\limits_{(F)} \frac{\partial \varphi}{\partial x}\, dx\, dy = \pi\, a\, b \cdot \varrho\, \frac{u^2}{2} \cdot \frac{4\pi\, \alpha}{2E + \pi \dfrac{a}{b}},$$

$$W_i = \varrho \iint\limits_{(F)} \frac{\partial \varphi}{\partial x}\, w^*(y)\, dx\, dy = \pi\, a\, b \cdot \varrho\, \frac{u^2}{2} \cdot \frac{4\pi^2 \alpha^2 \dfrac{a}{b}}{\left(2E + \pi \dfrac{a}{b}\right)^2}$$

und

$$M = \varrho\, u \iint\limits_{(F)} \frac{\partial \varphi}{\partial x}\, x\, d x\, d y$$

$$= -\frac{8}{3}\,\pi\, a^2 b\, \varrho\, u^2\, \frac{\alpha}{2E + \pi\, \dfrac{a}{b}} = \pi a b \cdot 2 a \cdot \varrho\, \frac{u^2}{2} \cdot \frac{-\dfrac{8}{3}\,\alpha}{2E + \pi\, \dfrac{a}{b}}\,.$$

§ 11. Zähe Flüssigkeiten

1. Grundsätzliche Bemerkungen. NEWTONs Ansatz für die Reibungskraft. Einfache Beispiele. Die für reibungsfreie Flüssigkeiten getroffene Annahme ihrer widerstandsfreien Formänderung ist in diesem idealisierenden Sinne bei keinem flüssigen oder gasförmigen Medium erfüllt: Je nach dem Grad der *Zähigkeit* setzen diese Stoffe, wie die Erfahrung lehrt, jeder *Formänderung* der Teilchen, d. h. jeder *Deformationsbewegung*, aber auch nur dieser, einen Widerstand entgegen. Die entsprechende Kraft erklärt sich aus dem Auftreten von *Schubspannungen* σ_{ik} ($i \neq k$), die zwischen den einzelnen gegeneinander relativ bewegten Teilchen und insbesondere auch an den Begrenzungsflächen von den in den Flüssigkeiten bewegten Körpern auftreten.

Der einfachste Fall einer *Parallelströmung* zwischen zwei Wänden (Abb. 11.1) wurde schon von NEWTON (1642—1726) betrachtet, der auch für die Schubspannung einen Ansatz formulierte. Hierbei sei die Strömung stationär und der Geschwindigkeitsvektor $\mathfrak{v} = \{v_x(y)\,;0\,;0\}$ nur von der Höhe y abhängig. Die

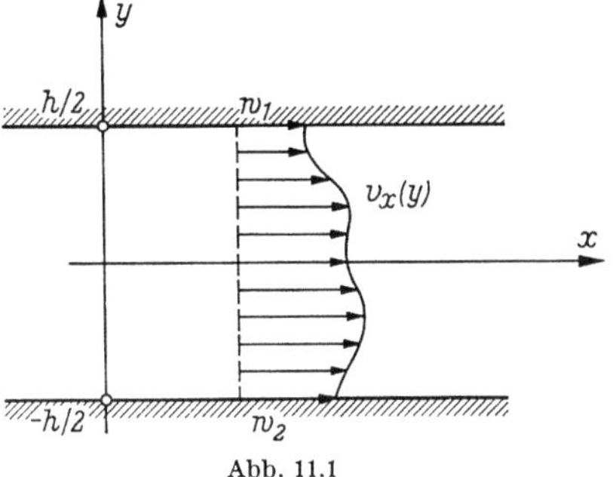

Abb. 11.1

Deformation äußert sich in diesem Falle in dem Geschwindigkeitsunterschied der benachbarten Flächen, zwischen denen in der Form einer Schubspannung $\sigma_{xy} = \tau$ eine Reibungskraft auftritt, die die langsameren Teilchen mitzunehmen bzw. nach dem Gegenwirkungsprinzip die schnelleren abzubremsen sucht. Ein einleuchtender und zugleich der einfachste Ansatz für τ ist

$$\sigma_{xy} = \tau = \mu\, \frac{d v_x}{d y}\,. \tag{11.1}$$

Er besagt, daß die Schubspannung desto größer ist, je stärker das Geschwindigkeitsgefälle (senkrecht zur Strömungsrichtung) ist. Die sog. *Zähigkeitszahl* μ ist für homogene Stoffe eine (positive) Materialkonstante der Dimension dyn cm⁻³. Mit der Dichte ϱ definiert man die sog. *kinematische Zähigkeit*

$$\nu = \frac{\mu}{\varrho} \tag{11.2}$$

mit der Dimension cm² sec⁻¹; sie ist stark temperaturabhängig, und zwar nimmt sie für Flüssigkeiten allgemein mit steigender Temperatur ab, für Gase dagegen i. a. zu.

Mit dem Newtonschen Ansatz (11.1) ist es schon möglich, zwei einfache, aber praktisch wichtige Beispiele zu behandeln:

1. Die *ebene Parallelströmung* zwischen zwei Wänden (Abb. 11.1) und

2. die *parallele Rohrströmung*. Der Zustand sei stationär, das zur Aufrechterhaltung der Strömung (im Gegensatz zu einer reibungsfreien Flüssigkeit) notwendige Druckgefälle $-\partial p/\partial x$. Schneiden wir aus der Flüssigkeit ein Element heraus, und zwar bei der Parallelströmung vom Volumen $dx \cdot dy \cdot 1$ bzw. beim Rohr $2\pi r \cdot dr \cdot 1$ ($r =$ Entfernung von der Rohrachse), so verlangt der stationäre (in diesem Falle sogar beschleunigungslose) Zustand:

$$-\frac{\partial p}{\partial x} dx \, dy + \frac{\partial \tau}{\partial y} dy \, dx = 0$$

$$\text{bzw.} \quad -\frac{\partial p}{\partial x} dx \cdot 2\pi r \, dr + \frac{\partial}{\partial r}(2\pi r \tau) \, dr \, dr = 0,$$

woraus mit (11.1), d. h. mit

$$\tau = \mu \frac{dv_x}{dy} \quad \text{bzw.} \quad \tau = \mu \frac{dv_x}{dr},$$

die Differentialgleichungen

$$\frac{\partial p}{\partial x} = \mu \frac{d^2 v_x}{dy^2} \quad \text{bzw.} \quad \frac{\partial p}{\partial x} = \mu \frac{1}{r} \frac{d}{dr}\left(r \frac{dv_x}{dr}\right) \tag{11.3}$$

hervorgehen. Da die rechten Seiten nur von y bzw. r abhängen, kann $\partial p/\partial x$ nicht von x, aber auch nicht von y bzw. von r abhängen, da diese Abhängigkeit mit der Parallelströmung unvereinbar wäre. Das Druckgefälle $\partial p/\partial x$ muß also eine Konstante sein:

$$\frac{\partial p}{\partial x} = \text{konst} = -\Gamma. \tag{11.4}$$

Sind p_1 und p_2 die Drücke an den Stellen x_1 und x_2 und ist die x-Achse gegen die (zur Schwererichtung senkrechte) Horizontale unter dem Winkel α geneigt, so ist speziell mit $x_2 - x_1 = l$ und dem spezifischen Gewicht γ

$$\Gamma = \gamma \sin \alpha + \frac{p_1 - p_2}{l}. \tag{11.5}$$

Für $p_1 > p_2$ findet die Strömung in der positiven Richtung statt.

Mit (11.4) lassen sich nun die Differentialgleichungen (11.3) integrieren. Es folgt für den 1. Fall:

$$v_x = v_x(y) = -\frac{\Gamma}{2\,\mu}\,(y^2 + C_1 y + C_2)$$

bzw. für den 2. Fall

$$v_x = v_x(r) = -\frac{\Gamma}{4\,\mu}\,(r^2 + C_3 \ln r + C_4)\,.$$

Zur Bestimmung der Konstanten C_1 bis C_4 dient die durch die Erfahrung bestätigte Forderung, daß *die Flüssigkeit an den Wänden haftet*, d. h. deren Geschwindigkeit w annimmt (Abb. 11.1) und sich somit dort in relativer Ruhe befindet. Mit Rücksicht darauf, daß im Falle 2. $v_x(r)$ für $r = 0$ regulär sein muß, folgt $C_3 = 0$, so daß wir aus den eben erwähnten Randbedingungen ($a = $ Rohrradius)

$$v_x\left(\pm\frac{h}{2}\right) = 0 \quad \text{bzw.} \quad v_x(a) = 0$$

für ruhende Wandungen schließlich C_1, C_2 bzw. C_4 ermitteln können. Wir erhalten somit die Ergebnisse:

$$1.\ \ v_x = \frac{\Gamma}{2\,\mu}\left[\left(\frac{h}{2}\right)^2 - y^2\right] \quad \text{bzw.} \quad 2.\ \ v_x = \frac{\Gamma}{4\,\mu}\,(a^2 - r^2)\,. \tag{11.6}$$

Das Geschwindigkeitsprofil ist also parabolisch.

Selbstverständlich sind auch andere Lösungen denkbar. Zum Beispiel ist im 1. Falle die den Randbedingungen $v_x\left(+\dfrac{h}{2}\right) = v_0,\ v_x\left(-\dfrac{h}{2}\right) = 0$ entsprechende Strömung, bei der also die obere Wand mit konstanter Geschwindigkeit v_0 bewegt, die untere festgehalten wird:

$$v_x = \frac{\Gamma}{2\,\mu}\left[\left(\frac{h}{2}\right)^2 - y^2 + \frac{v_0\,\mu}{\Gamma}\left(1 + \frac{2y}{h}\right)\right]. \tag{11.7}$$

Für $\Gamma = 0$ entsteht hieraus

$$v_x = \frac{v_0}{2}\left(1 + \frac{2y}{h}\right), \tag{11.7a}$$

also (bei fehlendem Druckgefälle) ein lineares Geschwindigkeitsprofil. Wir bemerken noch, daß sich auch für ein Rohr mit einer massiven Seele, das aus konzentrischen Kreiszylindern mit den Radien a und b besteht, die Strömung leicht angeben läßt. In diesem Falle bleibt auch ein logarithmisches Glied ($C_3 \neq 0$), da man aus der Forderung $v_x(a) = v_x(b) = 0$ für das Geschwindigkeitsprofil

$$v_x = v_x(r) = \frac{\Gamma}{4\,\mu}\left[a^2 - r^2 + \frac{a^2 - b^2}{\ln(a/b)}\ln\frac{r}{a}\right] \tag{11.7b}$$

erhält.

Wenn auch der Schubspannungsansatz (11.1) auf NEWTON zurückgeht, so vergingen doch noch anderthalb Jahrhunderte, bis STOKES (1819—1890)

im Jahre 1845 das parabolische Geschwindigkeitsverteilungsgesetz (11.6)
herleitete. Einige Jahre vorher fanden HAGEN und POISEUILLE auf
experimentellem Wege, daß die sekundliche Durchflußmenge Q einer
Rohrströmung proportional zum Druckgefälle und der vierten Potenz
des Rohrradius ist, ein Resultat, das auch aus (11.6) folgt:

$$Q = \int\limits_{r=0}^{a} v_x(r) \cdot 2\pi\, r\, dr = \frac{\pi\, \Gamma\, a^4}{8\,\mu}. \tag{11.8}$$

Dieser Durchflußmenge entspricht eine mittlere Geschwindigkeit $\bar{v}$, die
aus $Q = \pi a^2 \bar{v}$ zu

$$\bar{v} = \frac{\Gamma a^2}{8\,\mu} \tag{11.9}$$

zu ermitteln ist.

Der *Vergleich mit der Erfahrung* zeigte, daß die Theorie so lange recht
gut stimmt, wie der Rohrradius und die mittlere Strömungsgeschwindigkeit nicht zu groß sind bzw. präziser, bis die sog. *Reynoldssche Zahl*

$$\mathsf{R} = \frac{\bar{v}\, a\, \varrho}{\mu} = \frac{\bar{v}\, a}{\nu} \tag{11.10}$$

einen kritischen Wert R_{kr} nicht überschreitet. Wie die Versuche von
REYNOLDS gezeigt haben, ist eine solche Strömung oberhalb dieser
Grenze instabil. Beim Auftreten einer Störung ändert sie *plötzlich* ihren
Charakter: Aus der geordneten *Laminarströmung* wird eine *turbulente
Strömung*, in der neben einer visuell erkennbaren und mit träge anzeigenden Meßmitteln (etwa mit einem Pitot-Rohr) feststellbaren Bewegung
eine überlagerte, aus unregelmäßigen Oszillationen bestehende Strömung
nachzuweisen ist. Wir kommen hierauf noch zurück; vorerst wollen wir
für allgemeine laminare Strömungen die Bewegungsgleichungen herleiten.

2. Die Navier-Stokesschen Gleichungen. Entsprechend dem in der
vorigen Ziffer Gesagten, handelt es sich darum, die Eulersche Bewegungsgleichung (10.5a) bzw. (10.5b)

$$\frac{d\mathfrak{v}}{dt} = \frac{\partial\mathfrak{v}}{\partial t} + (\mathfrak{v}\nabla)\,\mathfrak{v} = \mathfrak{g} - \frac{1}{\varrho}\,\nabla p$$

geeignet zur Anwendung auf viskose Flüssigkeiten zu modifizieren.
Dafür muß der Spannungstensor reibungsfreier Flüssigkeiten und Gase
(10.3) noch um einen symmetrischen Zusatztensor σ_{ik}^* erweitert werden:

$$\sigma_{ik} = -p\,\delta_{ik} + \sigma_{ik}^*. \tag{11.11}$$

Entsprechend den Ausführungen in der allgemeinen Kontinuumstheorie § 7 steht damit das einzelne Flüssigkeitselement zusätzlich zu

dem Druckgefälle unter der Einwirkung von Kräften, deren auf die Volumeneinheit bezogene resultierende Größe

$$\sum_{k=1}^{3} \sigma^*_{k\,i/k} \tag{11.11a}$$

ist.

Gesetze, die einen Zusammenhang zwischen Spannungen und Deformationen für verschiedene Materialien herstellen (s. a. § 8.1), sind beispielsweise aus der Elastizitätstheorie bekannt. Insbesondere ist von daher das Hookesche Gesetz (9.2)

$$\sigma_{i\,k} = 2\,G\left(\varepsilon_{i\,k} + \frac{\delta_{i\,k}}{m-2}\sum_{j=1}^{3}\varepsilon_{j\,j}\right),\quad \varepsilon_{i\,k} = \frac{1}{2}\left(u_{i/k} + u_{k/i}\right)$$

geläufig. Wie schon oben angedeutet, lehrt aber die Erfahrung, daß bei zähen Flüssigkeiten nicht die Verzerrungen (wie im Hookeschen Gesetz), sondern die zeitlichen Änderungen der Verzerrungen $(v_{i/k} + v_{k/i})/2$ die Zusatzspannungen σ^*_{ik} hervorrufen. Die diese Tatsache berücksichtigende und zu (9.2) analoge Definitionsgleichung der sog. Newtonschen zähen Flüssigkeiten, die die Beziehung (11.1) als Spezialfall enthält, ist dementsprechend

$$\sigma^*_{i\,k} = 2\,\mu\,\eta_{i\,k} + \bar{\mu}\,\delta_{i\,k}\sum_{j=1}^{3}\eta_{j\,j}\,,\quad \eta_{i\,k} = \frac{1}{2}\left(v_{i/k} + v_{k/i}\right) \tag{11.12}$$

[s. a. (8.4)]. Hierbei ist μ die schon eingeführte Zähigkeitszahl, während $\bar{\mu}$ eine weitere Zähigkeitskonstante bedeutet, die bis jetzt meßtechnisch noch nicht bestimmt werden konnte. Für die Normal- und Schubspannungen gelten also für $i, k = x, y, z$ und $i \neq k$

$$\sigma^*_{i\,i} = 2\,\mu\,v_{i/i} + \bar{\mu}\sum_{j=1}^{3}v_{j/j}\,,\quad \sigma^*_{i\,k} = \mu\left(v_{i/k} + v_{k/i}\right). \tag{11.12a}$$

Ergänzt man gemäß (11.11) das Glied $-p_{/i}$ bzw. $-\mathrm{grad}\,p$ in der Eulerschen Bewegungsgleichung durch (11.11a), so erhält man mit (11.12)

$$\varrho\,\frac{dv_i}{dt} = \varrho\,g_i - p_{/i} + \sum_{k=1}^{3}\left[\mu\left(v_{i/k} + v_{k/i}\right)\right]_{/k} + \left[\mu\sum_{i=1}^{3}v_{j/j}\right]_{/i}. \tag{11.13}$$

Unter Voraussetzung der Homogenität (d. h. μ und $\bar{\mu}$ konstant) wird aus (11.13)

$$\frac{dv_i}{dt} = v_{i/t} + \sum_{j=1}^{3}v_j v_{i/j} = g_i - \frac{1}{\varrho}\,p_{/i} + \frac{\mu}{\varrho}\,\Delta v_i + \frac{\mu+\bar{\mu}}{\varrho}\left(\sum_{j=1}^{3}v_{j/j}\right)_{/i}. \tag{11.14}$$

In der sog. Vektorschreibweise lautet diese Gleichung:

$$\frac{d\mathfrak{v}}{dt} = \frac{\partial\mathfrak{v}}{\partial t} + (\mathfrak{v}\nabla)\,\mathfrak{v} = \mathfrak{g} - \frac{1}{\varrho}\,\nabla p + \nu\,\Delta\mathfrak{v} + \frac{\mu+\bar{\mu}}{\varrho}\,\mathrm{grad}\,\mathrm{div}\,\mathfrak{v}. \tag{11.15}$$

Für inkompressible Flüssigkeiten ($\operatorname{div}\mathfrak{v} = 0$) sind wir der „Sorge" mit der zweiten Zähigkeitskonstanten enthoben:

$$\frac{d\mathfrak{v}}{dt} = \frac{\partial\mathfrak{v}}{\partial t} + (\mathfrak{v}\nabla)\,\mathfrak{v} = \mathfrak{g} - \frac{1}{\varrho}\,\nabla p + \nu\,\Delta\mathfrak{v}\,. \qquad (11.16)$$

Das ist die *Bewegungsgleichung von* NAVIER-STOKES. Besitzen die Massenkräfte $\mathfrak{g}$ ein Potential ($\mathfrak{g} = -\nabla\Phi$), und ist das Medium barotrop $[\varrho = \varrho(p),\ \mathcal{P} = \int dp/\varrho(p)]$, so kann man auch schreiben:

$$\frac{d\mathfrak{v}}{dt} = -\nabla(\Phi + \mathcal{P}) + \nu\,\Delta\mathfrak{v} \qquad (11.17)$$

oder auch

$$\frac{\partial\mathfrak{v}}{\partial t} - \mathfrak{v}\times\operatorname{rot}\mathfrak{v} = -\nabla\left(\frac{v^2}{2} + \Phi + \mathcal{P}\right) + \nu\,\Delta\mathfrak{v}\,. \qquad (11.18)$$

Für Gase, also im Falle einer (merklichen) Kompressibilität, ist gemäß (11.15) auch $\bar\mu$ von Bedeutung. Diese Größe ist bisher der Messung nicht zugänglich[1]. Es wird teilweise versucht, sie molekulartheoretisch zu berechnen. Eine Plausibilitätsbetrachtung, die in der Physik oft angestellt wird, ist die folgende[2]: Aus (11.12a) folgt für inkompressible Flüssigkeiten

$$\sum_{i=1}^{3}\sigma_{ii}^{*} = 2\,\mu\,\operatorname{div}\mathfrak{v} = 0\,,\quad\text{d. h.}\quad\frac{\sigma_{xx}^{*} + \sigma_{yy}^{*} + \sigma_{zz}^{*}}{3} = 0\,,$$

was besagt, daß das arithmetische Mittel der Normalspannungen des Zusatztensors verschwindet. Führt man einen mittleren Druck $\bar p$ vermöge

$$\bar p = \frac{3p - (\sigma_{xx}^{*} + \sigma_{yy}^{*} + \sigma_{zz}^{*})}{3} = -\,\frac{\sigma_{xx} + \sigma_{yy} + \sigma_{zz}}{3}$$

ein, so ist für viskose inkompressible Flüssigkeiten $\bar p = p$, was bei idealen inkompressiblen Flüssigkeiten schon wegen der Isotropie des Druckzustandes selbstverständlich ist. Man fordert nun das Bestehen dieser Beziehung[3] auch für viskose Gase bzw. kompressible Flüssigkeiten:

$$\bar p = p = p - \frac{1}{3}\,(\sigma_{xx}^{*} + \sigma_{yy}^{*} + \sigma_{zz}^{*}) = p - \frac{1}{3}\,(2\,\mu + 3\,\bar\mu)\,\operatorname{grad}\mathfrak{v}\,,$$

---

[1] Die Schwierigkeit der Bestimmung von $\bar\mu$ liegt darin begründet, daß eine Messung die theoretische Beherrschung des in der Meßapparatur verwirklichten Strömungsvorganges voraussetzt. Solche realisierbaren theoretischen Lösungen unter Einschluß des Einflusses von $\bar\mu$ sind aber bis jetzt nicht bekannt. Eine Analyse der bisher verwandten Meßverfahren für μ zeigt überdies, daß diese dem vereinfachten Ansatz (11.1) entsprechen, so daß noch nicht einmal von einem experimentellen Nachweis der Gültigkeit der Navier-Stokesschen Gleichungen gesprochen werden kann.

[2] Siehe für eine energetische Abschätzung auch die folgende Ziffer.

[3] Was aber nicht weiter begründet werden kann; die Annahme ist also hypothetisch.

woraus wegen $\operatorname{grad} \mathfrak{v} \neq 0$

$$\bar{\mu} = -\frac{2}{3}\,\mu \qquad\qquad (11.19)$$

folgt. Man hätte dann anstelle von (11.15)

$$\frac{\partial \mathfrak{v}}{\partial t} + (\mathfrak{v}\nabla)\,\mathfrak{v} = \mathfrak{g} - \frac{1}{\varrho}\,\nabla p + \nu\,\varDelta\mathfrak{v} + \frac{\nu}{3}\,\operatorname{grad}\operatorname{div}\mathfrak{v}\;. \qquad (11.20)$$

Im ebenen Falle $\mathfrak{v} = \{v_x;\,v_y;\,0\}$ folgt für inkompressible Flüssigkeiten aus der Kontinuitätsgleichung (10.2) die Existenz einer Stromfunktion $\psi = \psi(x,\,y)$:

$$v_x = \frac{\partial \psi}{\partial y}\,,\quad v_y = -\frac{\partial \psi}{\partial x}\,. \qquad (11.21)$$

Haben die Kräfte $\mathfrak{g}$ ein Potential ($\mathfrak{g} = -\nabla\,\varPhi$), so lauten die Bewegungsgleichungen nach (11.16)

$$\frac{d v_x}{d t} = \frac{\partial v_x}{\partial t} + v_x\,\frac{\partial v_x}{\partial x} + v_y\,\frac{\partial v_x}{\partial y} = \frac{\partial^2 \psi}{\partial y\,\partial t} + \frac{\partial \psi}{\partial y}\,\frac{\partial^2 \psi}{\partial x\,\partial y} - \frac{\partial \psi}{\partial x}\,\frac{\partial^2 \psi}{\partial y^2}$$

$$= -\frac{\partial}{\partial x}\left(\varPhi + \frac{p}{\varrho}\right) + \nu\,\frac{\partial}{\partial y}\,\varDelta\,\psi,$$

$$\frac{d v_y}{d t} = -\frac{\partial^2 \psi}{\partial x\,\partial t} - \frac{\partial \psi}{\partial y}\,\frac{\partial^2 \psi}{\partial x^2} + \frac{\partial \psi}{\partial x}\,\frac{\partial^2 \psi}{\partial x\,\partial y} = -\frac{\partial}{\partial y}\left(\varPhi + \frac{p}{\varrho}\right) - \nu\,\frac{\partial}{\partial x}\,\varDelta\,\psi\,.$$

Differenziert man die erste Gleichung nach y, die zweite nach x, so kann man durch Subtraktion $\varPhi + p/\varrho$ eliminieren und erhält eine Differentialgleichung nur für ψ:

$$\frac{\partial}{\partial t}\,\varDelta\,\psi + \frac{\partial \psi}{\partial y}\,\frac{\partial}{\partial x}\,\varDelta\,\psi - \frac{\partial \psi}{\partial x}\,\frac{\partial}{\partial y}\,\varDelta\,\psi =$$

$$= \nu\,\varDelta\,\varDelta\,\psi = \frac{d}{d t}\,\varDelta\,\psi\,. \qquad (11.22)$$

Wir stellen hier noch fest, daß gemäß (11.21) und (10.12)

$$\varDelta\,\psi = \frac{\partial^2 \psi}{\partial x^2} + \frac{\partial^2 \psi}{\partial y^2} = -\frac{\partial v_y}{\partial x} + \frac{\partial v_x}{\partial y} = 2 w_z \qquad (11.22\,\mathrm{a})$$

dem *Wirbelvektor* bzw. der *Wirbelstärke* entspricht. Damit kommen wir nach (11.22) auf

$$\frac{d}{d t}\,w_z = \nu \cdot \varDelta w_z\,, \qquad (11.22\,\mathrm{b})$$

was als *Wirbeltransportgleichung* angesprochen wird. Sie besagt, daß die substantielle Änderung der Wirbelstärke, d. h., ihre Dissipation durch Reibung, proportional dem Überschuß der Wirbelstärke gegenüber der Umgebung ist.

3. Energiedissipation zäher Flüssigkeiten. In vielen Fällen ist für energetische Betrachtungen die Kenntnis der *Energiedissipation* notwendig. Da die von den Flüssigkeitselementen gegen das Kraftfeld $\mathfrak{g}$

und das Druckfeld p geleistete Arbeit reversibel ist, wie man sieht, wenn man das Geschwindigkeitsfeld v_i durch $-v_i$ ersetzt, so ist die Energiedissipation gleich derjenigen Arbeit pro Zeiteinheit, die innerhalb der strömenden Flüssigkeit von den Reibungskräften geleistet und in Wärme umgewandelt wird. Für diese Arbeitsleistung kommt dementsprechend nur der Tensor (11.12) der Zusatzspannung

$$\sigma_{ik}^{*}= 2\,\mu\,\eta_{ik}+ \bar{\mu}\,\delta_{ik}\sum_{j=1}^{3}\eta_{jj}\,, \quad \eta_{ik}=\frac{1}{2}\left(\frac{\partial v_i}{\partial x_k}+\frac{\partial v_k}{\partial x_i}\right),\quad i,k=1,2,3$$

in Betracht. Die von ihm pro Volumen- und Zeiteinheit geleistete Energiedissipation $\sum\sum\sigma_{ik}\eta_{ik}$ ergibt sich damit zu [vgl. Gl. (8.7)]

$$
\begin{aligned}
E_D &=\sum_i\sum_k\sigma_{ik}\eta_{ik}\\
&=\frac{1}{2}\sum_i\sum_k\left[\mu\left(\frac{\partial v_i}{\partial x_k}+\frac{\partial v_k}{\partial x_i}\right)^2+\bar{\mu}\,\delta_{ik}\left(\frac{\partial v_i}{\partial x_k}+\frac{\partial v_k}{\partial x_i}\right)\sum_{j=1}^{3}\frac{\partial v_j}{\partial x_j}\right]\\
&=\frac{\mu}{2}\sum_i\sum_k\left(\frac{\partial v_i}{\partial x_k}+\frac{\partial v_k}{\partial x_i}\right)^2+\bar{\mu}\left(\sum_i\frac{\partial v_i}{\partial x_i}\right)^2 \qquad (11.23)\\
&=2\,\mu\left\{\left(\frac{\partial v_x}{\partial x}\right)^2+\left(\frac{\partial v_y}{\partial y}\right)^2+\left(\frac{\partial v_z}{\partial z}\right)^2+\frac{1}{2}\left[\left(\frac{\partial v_x}{\partial y}+\frac{\partial v_y}{\partial x}\right)^2+\right.\right.\\
&\quad\left.\left.+\left(\frac{\partial v_y}{\partial z}+\frac{\partial v_z}{\partial y}\right)^2+\left(\frac{\partial v_z}{\partial x}+\frac{\partial v_x}{\partial z}\right)^2\right]\right\}+\bar{\mu}\left(\frac{\partial v_x}{\partial x}+\frac{\partial v_y}{\partial y}+\frac{\partial v_z}{\partial z}\right)^2.
\end{aligned}
$$

Man kann hieraus etwas über das Verhältnis von μ und $\bar{\mu}$ folgern: Es muß $E_D>0$ sein, und das bedeutet im Falle der Inkompressibilität (div $v=0$) $\mu>0$. Transformiert man (11.23) auf die Hauptachsen, so folgt aus dieser Form

$$E_D = (2\,\mu+\bar{\mu})\,(\eta_{11}^2+\eta_{22}^2+\eta_{33}^2)+2\,\bar{\mu}\,(\eta_{11}\eta_{22}+\eta_{11}\eta_{33}+\eta_{22}\eta_{33})\,. \qquad (11.24)$$

Dieser Ausdruck wird für $\eta_{ii}=\eta$, $i=1,2,3$, zum Minimum, und zwar zu

$$\mathrm{Min}\,E_D=3\eta^2(2\,\mu+3\,\bar{\mu})\,,$$

so daß aus der Forderung $\mathrm{Min}\,E_D>0$ die Schranke

$$\bar{\mu}>-\frac{2}{3}\mu \qquad (11.25)$$

folgt.

In Spezialfällen gilt für die Energiedissipation ein zuerst von HELMHOLTZ aufgestellter und von M. PÄSLER [9.22] erweiterter Satz: Bei stationärer Strömung barotroper Flüssigkeiten $[\varrho=\varrho(p)]$ stellt sich, falls die Massenkraft ein Potential $(\mathfrak{g}=-\nabla\Phi)$ hat, bei Vernachlässigung der (nichtlinearen) Trägheitsglieder unter identischen Randbedingungen derjenige Druckzustand ein, bei dem die Energiedissipation $\iiint E_D\,dV$ ein Minimum ist.

4. Weitere energetische und thermodynamische Betrachtungen.
Selbstverständlich kann man auch für das Strömungsfeld einer reibungsbehafteten Flüssigkeit einen *Energiesatz* formulieren, indem man diesen für ideale barotrope Flüssigkeiten schon in (10.10) ausgesprochenen Satz durch $-E_D$ ergänzt:

$$\frac{d}{dt}(E+\Phi^*)=\frac{d}{dt}\int\int\int\left(\frac{v^2}{2}+\Phi\right)\varrho\,dV$$
$$=-\oiint p\,\mathfrak{v}\,\mathfrak{n}\,dF+\int\int\int p\,\operatorname{div}\mathfrak{v}\,dV-\int\int\int E_D\,dV. \tag{11.26}$$

Hierbei ist E die kinetische Energie, Φ das Potential der Massenkraft ($\mathfrak{g}=-\operatorname{grad}\Phi$), Φ^* das entsprechende durch Integration gewonnene Gesamtpotential und

$$\int\int\int p\,\operatorname{div}\mathfrak{v}\,dV=L_i \tag{11.27}$$

die innere Druckleistung.

Mit der Kontinuitätsgleichung (7.12), dem Druckintegral $\mathcal{P}=\int dp/\varrho(p)$ und Berücksichtigung der Identität

$$-\frac{p}{\varrho^2}\frac{d\varrho}{dt}=\frac{d}{dt}\left(\frac{p}{\varrho}\right)-\frac{1}{\varrho}\frac{dp}{dt}=\frac{d}{dt}\left(\frac{p}{\varrho}-\mathcal{P}\right)$$

erhält man

$$L_i=-\int\int\int\frac{p}{\varrho}\frac{d\varrho}{dt}\,dV=-\int\int\int\frac{p}{\varrho^2}\frac{d\varrho}{dt}\,dm$$
$$=\frac{d}{dt}\int\int\int\left(\frac{p}{\varrho}-\mathcal{P}\right)dm=-\frac{\partial\,\mathcal{U}}{\partial t}, \tag{11.28}$$

wobei

$$\mathcal{U}=-\int\int\int\left(\frac{p}{\varrho}-\mathcal{P}\right)dm \tag{11.29}$$

die *innere Energie* bedeutet. Für (11.26) haben wir somit

$$\frac{d}{dt}(E+\Phi^*+\mathcal{U})=-\oiint p\,\mathfrak{v}\,\mathfrak{n}\,dF-\int\int\int E_D\,dV. \tag{11.30}$$

Um nun über den der Dissipationsfunktion E_D entsprechenden Verbrauch an mechanischer Energie eine Aussage machen zu können, ist es unumgänglich, die *Thermodynamik* heranzuziehen, deren *erster Hauptsatz*

$$\delta Q=d\mathcal{U}+p\,v_n\,dt\,dF=d\mathcal{U}+p\,dV$$
$$=d\mathcal{U}+p\,d\left(\frac{1}{\varrho}\right)=T\,dS \tag{11.31}$$

in der Gleichung (11.30) schon enthalten ist. Dabei bedeuten T die absolute Temperatur und S die *Entropie*, die nach dem *zweiten Hauptsatz* für ein abgeschlossenes System nicht abnehmen kann:

$$\frac{d}{dt}\int\int\int dS\geqq 0. \tag{11.31a}$$

Die dem Element einer Flüssigkeit oder eines Gases zugeführte Wärme δQ dient zur Erhöhung der inneren Energie $\mathcal{U}$ und zur mechanischen Arbeitsleistung. Während der Anteil $\delta Q_D = E_D\,dt$ an δQ aus der örtlichen Energiedissipation stammt, gelangt ein zweiter Beitrag δQ_λ durch Wärmeleitung an diesen Ort. Dieser beträgt nach dem Fourierschen Gesetz

$$\delta Q_\lambda = \operatorname{div}(\lambda \operatorname{grad} T)\,dt\,, \quad \lambda = \text{Wärmeleitfähigkeit}\,.$$

Dementsprechend haben wir

$$T\frac{dS}{dt} = \frac{d\mathcal{U}}{dt} + p\,\frac{d}{dt}\left(\frac{1}{\varrho}\right) = E_D + V(\lambda V T)\,, \qquad (11.32)$$

wobei $d(\dots)/dt$ die substantielle zeitliche Ableitung bedeutet, im Sinne der Eulerschen Betrachtungsweise also

$$\frac{d}{dt} = \frac{\partial}{\partial t} + v_x\frac{\partial}{\partial x} + v_y\frac{\partial}{\partial y} + v_z\frac{\partial}{\partial z}\,.$$

Nimmt man noch die Existenz irgendeiner *Zustandsgleichung* $f(\varrho, p, T) = 0$ an, so hat man in (11.31), (11.32), der Bewegungsgleichung (11.15) oder (11.16) und der Kontinuitätsgleichung (7.12) $(d\varrho/dt = -\varrho \operatorname{div} v)$ sieben Gleichungen, aus denen mit Rand- und Anfangsbedingungen die sieben Unbekannten v_x, v_y, v_z, p, ϱ, T und S grundsätzlich bestimmt werden können. Strenggenommen ist wegen der Abhängigkeit von μ und $\bar\mu$ von der Temperatur in diesem Falle die Homogenität des Feldes gestört, und dementsprechend wären die Bewegungsgleichungen in der Form (11.13) heranzuziehen.

5. Ähnlichkeitsbetrachtungen. Reynoldssche Zahl. Die Schwierigkeiten, die sich einer Integration der Navier-Stokesschen Gleichung entgegenstellen, liegen in erster Linie in ihrem nichtlinearen Charakter. Zu diesem Umstand, der auch schon bei reibungsfreien Flüssigkeiten bestand, kommt noch die Erhöhung der Ordnung der Differentialgleichung durch das Reibungsglied

$$\nu\,\varDelta v \quad \text{bzw.} \quad \nu\,\varDelta v + (\nu + \bar\nu)\operatorname{grad}\operatorname{div} v$$

hinzu, was die Lösung erheblich erschwert. Eine Streichung dieses Gliedes in der Differentialgleichung zur Aufstellung einer Näherungstheorie für kleine Zähigkeiten $\nu \to 0$ ist nicht ohne weiteres möglich, da dadurch die Ordnung der Differentialgleichung erniedrigt und somit die Lösung den betrachteten physikalischen Sachverhalt auch nicht näherungsweise wiedergeben kann. Aus den mathematischen Hindernissen ist es erklärlich, daß sich nur sehr wenige Fälle exakt lösen lassen; zwei von ihnen haben wir in Ziffer 1 dieses Paragraphen kennengelernt, und einige werden wir noch behandeln. In der Mehrzahl der Fälle sind die angegebenen Lösungen nur Näherungen für große bzw. kleine Zähigkeiten, d. h. für kleine bzw. große Reynoldssche Kennzahlen. Daß eine solche, analog zu (11.10) aus einer charakteristischen Geschwindigkeit, aus einer charakteristischen Länge und der kinematischen Zähigkeit aufgebaute Kennziffer für die Strömung zäher Stoffe wirklich eine wesentliche Rolle spielt, lehrt uns eine einfache Ähnlichkeitsbetrachtung. Sie gibt gleichzeitig Auskunft über die *Möglichkeiten, Probleme der Hydrodynamik durch Modellversuche zu lösen.*

Wir gehen von der Navier-Stokesschen Gleichung (11.16) einer viskosen inkompressiblen Flüssigkeit aus:

$$\frac{d\mathfrak{v}}{dt} = \frac{\partial \mathfrak{v}}{\partial t} + (\mathfrak{v}\nabla)\,\mathfrak{v} = \mathfrak{g} - \frac{1}{\varrho}\,\nabla p + \nu\varDelta\mathfrak{v}. \tag{11.33}$$

Mit den Maßstabfaktoren $\boldsymbol{M}_l,\,\boldsymbol{M}_v,\,\boldsymbol{M}_\varrho,\,\boldsymbol{M}_\nu,\,\boldsymbol{M}_p,\,\boldsymbol{M}_g$ und $\boldsymbol{M}_t = \boldsymbol{M}_l/\boldsymbol{M}_v$ für Länge, Geschwindigkeit, Dichte, Zähigkeit, Druck, Massenkraft und Zeit definieren wir durch

$$\mathfrak{r}^* = \frac{\mathfrak{r}}{M_l}\,; \quad \mathfrak{v}^* = \frac{\mathfrak{v}}{M_v}\,; \quad \varrho^* = \frac{\varrho}{M_\varrho}\,; \quad p^* = \frac{p}{M_p}\,;$$
$$\mathfrak{g}^* = \frac{\mathfrak{g}}{M_g}\,; \quad t^* = \frac{tM_v}{M_l}\,; \quad \nu^* = \frac{\nu}{M_\nu} \tag{11.34}$$

eine *ähnliche Strömung*, mit deren charakteristischen Größen (durch Sterne angedeutet) aus (11.33) folgende Beziehung hervorgeht:

$$\frac{M_v^2}{M_l}\frac{d\mathfrak{v}^*}{dt^*} = \frac{M_v}{M_t}\frac{d\mathfrak{v}^*}{dt^*} = M_g\mathfrak{g}^* - \frac{M_p}{M_\varrho M_l}\cdot\frac{1}{\varrho^*}\,\nabla^*p^* + \frac{M_\nu M_v}{M_l^2}\,\nu^*\varDelta^*\mathfrak{v}^*. \tag{11.35}$$

Es ist nun einleuchtend, daß für die Ähnlichkeit der Strömungsfelder $\mathfrak{v}$ und $\mathfrak{v}^*$ zunächst sich die Differentialgleichungen (11.33) und (11.34) nur in einem gemeinsamen Faktor aller Koeffizienten unterscheiden dürfen, weswegen das Bestehen von

$$\frac{M_v^2}{M_l} = M_g = \frac{M_\nu}{M_\varrho M_l} = \frac{M_\nu M_v}{M_l^2} \tag{11.36}$$

gefordert werden muß. Insbesondere folgen aus $M_v^2/M_l = M_\nu M_v/M_l^2$ und $M_v^2/M_l = M_g$ für $M_l = l/l^*$, $M_g = g/g^*$ ($g = g^* =$ Erdbeschleunigung)

$$\frac{v\,l}{\nu} = \frac{v^*\,l^*}{\nu^*} \quad \text{und} \quad \frac{v^2}{g\,l} = \frac{v^{*2}}{g^*\,l^*}\,. \tag{11.37}$$

Führt man mit einer charakteristischen Länge l und Geschwindigkeit v und der Zähigkeit ν

$$\mathsf{R} = \frac{v\,l}{\nu} = \frac{v^*\,l^*}{\nu^*} \tag{11.38}$$

als die sog. *Reynoldssche Zahl* und mit dem spezifischen Gewicht γ

$$\mathsf{F} = \frac{v^2}{g\,l} = \frac{g\,v^2}{\gamma\,l} = \frac{g^*\,v^{*2}}{\gamma^*\,l^*} \tag{11.39}$$

als die *Froudesche Zahl* ein, so können wir die für einen *Modellversuch* wichtige Erkenntnis aussprechen, daß zwei Strömungen einer viskosen und inkompressiblen Flüssigkeit ähnlich sind, wenn ihre Reynoldssche und Froudesche Zahl übereinstimmen. Daß bei einem solchen gleichzeitigen Auftreten von zwei Kräfteklassen (Reibungs- und Schwerkraft) Schwierigkeiten für die Ausführung eines Modellversuches auftreten, ist einleuchtend[1]. Eine wesentliche Vereinfachung tritt ein, wenn entweder der Einfluß der Viskosität oder der der Schwerewirkung als unwesentlich außer acht gelassen werden kann. Hingegen werden die Verhältnisse noch komplizierter, wenn auch noch thermodynamische Effekte (Dissipation, Wärmeleitung usw.) mit berücksichtigt werden [s. z. B. Gl. (11.32)] und damit die Gleichheit weiterer Kennzahlen gefordert werden muß.

6. Exakte stationäre Lösungen. In dieser Ziffer wollen wir weitere stationäre Lösungen der Navier-Stokesschen Gleichungen angeben. Erste Lösungen dieser Art haben wir schon in Ziffer 1 kennengelernt, und zwar die ebene Parallelströmung zwischen zwei Wänden und die Parallelströmung in einem kreiszylindrischen Rohr. Dieses waren stationäre Strömungen ($\partial/\partial t = 0$), deren weiteres wesentliches Merkmal das Verschwinden der nichtlinearen Glieder $(v \, V) \, v$ in der Bewegungsgleichung war, wodurch die Integration elementar durchführbar wurde. Weitere exakt lösbare Fälle sind die folgenden:

a) Die sog. *Couette-Strömung*. Es handelt sich hierbei um eine stationäre (laminare) Parallelströmung einer zähen und inkompressiblen Flüssigkeit zwischen zwei (unendlich langen) Kreiszylindern der Radien r_a und r_i, von denen der äußere mit der konstanten Winkelgeschwindigkeit ω_a, der innere mit ω_i rotiert (Abb. 11.2). Wir behandeln diesen Fall unter Verwendung

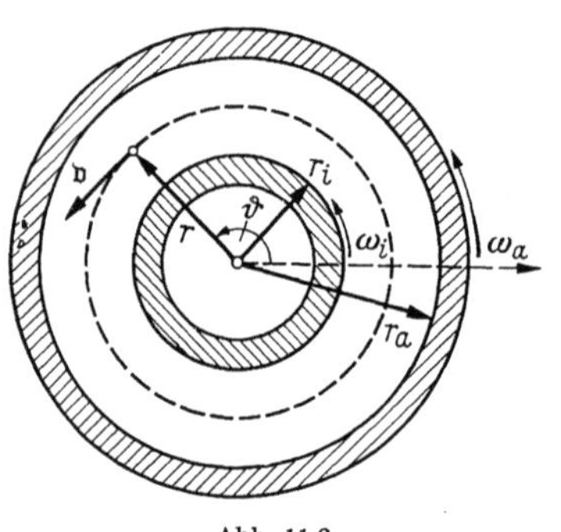

Abb. 11.2

von Zylinderkoordinaten (s. Anhang Formeln 2.) r, ϑ, z und haben dann $v = \{0; v(r); 0\}$. Die tangentiale Geschwindigkeit ist also auf $r = $ konst unveränderlich, womit auch das gleiche für die Schubspannung gilt. Wir erhalten aus der Navier-Stokesschen Bewegungsgleichung

$$\frac{d\,v}{d\,t} = \left\{ -\frac{v^2}{r} \; ; \; 0; \; 0 \right\} = \left\{ -\frac{1}{\varrho}\frac{d\,p}{d\,r} \; ; 0; 0 \right\} + \nu \varDelta v$$

wegen div $v = 0$ über

$$\varDelta v = \operatorname{grad} \operatorname{div} v - \operatorname{rot} \operatorname{rot} v = - \operatorname{rot} \operatorname{rot} v = \left\{ 0; \frac{d}{d\,r}\left[\frac{1}{r}\frac{d}{d\,r}(r\,v) \right] ; 0 \right\}$$

---

[1] Man wähle z. B. $M_l = 100$, so folgt aus (11.39) $v^*/v = 10$ und damit aus (11.38) $v^*/\nu = 1000$ (!).

die Bestimmungsgleichungen

$$\frac{v^2}{r} = \frac{1}{\varrho}\,\frac{dp}{dr}\;;\quad \frac{d}{dr}\left[\frac{1}{r}\,\frac{d}{dr}\,(r\,v)\right] = 0\,. \tag{11.40}$$

Die zweite Gleichung integriert ergibt:

$$v = v(r) = C_1 r + \frac{C_2}{r}\,.$$

Aus den Randbedingungen an den Zylinderwänden $v(r_i) = \omega_i r_i$, $v(r_a) = \omega_a r_a$ lassen sich C_1 und C_2 bestimmen. Man erhält daraus

$$v = v(r) = \frac{(\omega_a r_a^2 - \omega_i r_i^2)\,r^2 + (\omega_i - \omega_a)\,r_i^2\,r_a^2}{(r_a^2 - r_i^2)\,r}\,. \tag{11.41}$$

Aus den ersten der Gleichungen (11.40) kann man mit (11.41) das (radiale) Druckgefälle dp/dr angeben. Die Schubspannung in tangentialer Richtung ist

$$\tau = \tau(r) = \mu\left(\frac{dv}{dr} - \frac{v}{r}\right) = -\,\frac{2\,\mu\,C_2}{r^2} = \frac{2\,\mu\,(\omega_a - \omega_i)\,r_i^2\,r_a^2}{(r_a^2 - r_i^2)\,r^2}\,, \tag{11.42}$$

so daß die an den Zylindermänteln pro Längeneinheit der Achse auftretenden Reibungsmomente $\pm\,[2\pi r \cdot \tau(r) \cdot r]_{i,\,a}$ sich zu

$$\begin{aligned}
M_i &= \frac{4\pi\,\mu\,(\omega_a - \omega_i)\,r_i^2\,r_a^2}{r_a^2 - r_i^2}\,, \\[2mm]
M_a &= \frac{4\pi\,\mu\,(\omega_i - \omega_a)\,r_i^2\,r_a^2}{r_a^2 - r_i^2} = -M_i
\end{aligned} \tag{11.43}$$

ergeben. Von den Zylindern selbst müssen dementsprechend die Momente $-M_i$ und $-M_a$ aufgebracht werden, während die Dissipationsenergie pro Zeiteinheit

$$E_D = -M_i\,\omega_i - M_a\,\omega_a = \frac{4\pi\,\mu\,(\omega_i - \omega_a)^2\,r_i^2\,r_a^2}{r_a^2 - r_i^2} \tag{11.44}$$

beträgt; sie wird für $\omega_i = \omega_a$ (reine Drehung um die Zylinderachse) Null.

b) *Axiale Strömung zwischen zwei konzentrischen Kreiszylindern.* Der äußere Zylinder werde mit konstanter Geschwindigkeit parallel zur Rohrachse bewegt, während der innere ruht. Wir haben jetzt in Zylinderkoordinaten $\mathfrak{v} = \{0;\,0;\,v_z = v(r)\}$, und da $(\mathfrak{v}V)\mathfrak{v} = v(\partial v/\partial z) = 0$ ist, erhält man aus der Navier-Stokesschen Gleichung

$$\varDelta v = \frac{1}{r}\,\frac{d}{dr}\left(r\,\frac{dv}{dr}\right) = 0$$

mit der den Randbedingungen $v(r_i) = 0$ und $v(r_a) = u$ genügenden Lösung

$$v = v_z(r) = u\,\frac{\ln\left(\dfrac{r}{r_i}\right)}{\ln\left(\dfrac{r_a}{r_i}\right)}\,. \tag{11.45}$$

Die auf den (bewegten) Zylindermantel übertragene Reibungskraft pro Längeneinheit beträgt

$$R = \left[2\pi r \mu \frac{dv}{dr} \right]_{r=r_a} = \frac{2\pi u \mu}{\ln \left(\dfrac{r_a}{r_i} \right)} \, .$$

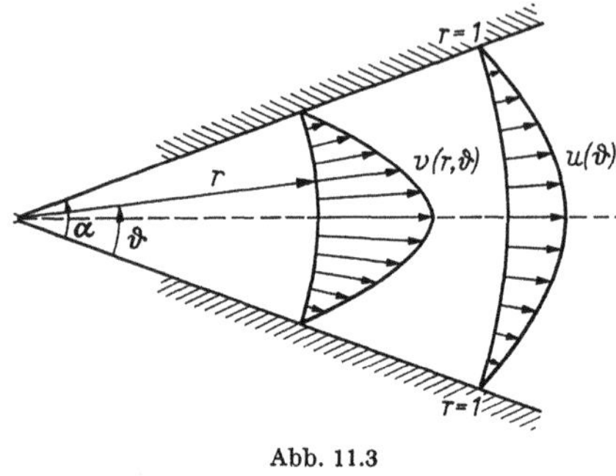

Abb. 11.3

c) *Eine weitere Klasse exakter Lösungen* hat HAMEL [9.15] in einer Arbeit aus dem Jahre 1916 angegeben. In dieser berühmt gewordenen Publikation untersuchte er die stationäre ebene Bewegung einer zähen Flüssigkeit zwischen zwei unter dem Winkel α zusammenlaufenden Wänden (Abb. 11.3). Er hatte vorangehend nachgewiesen, daß es im ebenen stationären Falle, also bei Gültigkeit der Differentialgleichung (11.22)

$$\frac{\partial \psi}{\partial y} \frac{\partial (\Delta \psi)}{\partial x} - \frac{\partial \psi}{\partial x} \frac{\partial (\Delta \psi)}{\partial y} = \nu \Delta \Delta \psi \, ,$$

in Polarkoordinaten (partikuläre) Lösungen der Gestalt $\psi = \psi(A \ln r + B \vartheta)$ gibt, wobei A und B Konstanten sind. Das Bild dieser *Stromlinien* (ψ = konst) sind dementsprechend *logarithmische Spiralen*. Für $A = 0$ erhält man eine reine Radialströmung, für $B = 0$ Strömung auf konzentrischen Kreisen, also die schon bekannte Couette-Strömung.

Unter der *Voraussetzung einer radialen Strömung* lauten in Zylinderkoordinaten die Komponenten der Navier-Stokesschen Gleichung mit den Geschwindigkeitskomponenten $v_r = v(r, \vartheta)$; $v_\vartheta = v_z = 0$

$$v \frac{\partial v}{\partial r} = -\frac{1}{\varrho} \frac{\partial p}{\partial r} + \nu \left(\frac{\partial^2 v}{\partial r^2} + \frac{1}{r} \frac{\partial v}{\partial r} + \frac{1}{r^2} \frac{\partial^2 v}{\partial \vartheta^2} - \frac{v}{r^2} \right),$$

$$0 = -\frac{1}{r} \frac{\partial p}{\partial \vartheta} + 2\mu \frac{1}{r^2} \frac{\partial v}{\partial \vartheta} , \qquad\qquad (11.45\text{a, b, c})$$

$$\frac{\partial (r v)}{\partial r} = 0 \, .$$

Aus (11.45 c) folgt

$$r v(r, \vartheta) = u(\vartheta) \qquad\qquad (11.46)$$

und damit aus (11.45 b) mit einer neuen Funktion $F(r)$

$$p = p(r, \vartheta) = 2\mu \frac{u(\vartheta)}{r^2} + F(r) \, . \qquad\qquad (11.47)$$

Wir bemerken hier, wie aus (11.46) sofort ersichtlich, daß $u(\vartheta)$ die Geschwindigkeit in der Entfernung Eins ($r = 1$) angibt (Abb. 11.3). Gehen wir mit (11.47) in (11.45a) hinein, so erhalten wir unter Beachtung von (11.46)

$$\mu \left[u''(\vartheta) + 4u(\vartheta) + \frac{1}{\nu} u^2(\vartheta) \right] = r^3 F'(r) = \text{konst} = a ,$$

da die linke Seite nur von ϑ, die rechte nur von r abhängt. Demnach läßt sich $F(r)$ gleich angeben:

$$F(r) = -\frac{\mu a}{2 r^2} + b , \quad b = \text{konst} , \tag{11.48}$$

womit gemäß (11.47)

$$p = p(r, \vartheta) = \frac{2\mu}{r^2} \left[u(\vartheta) - \frac{a}{4} \right] + e, \quad e = \text{konst} \tag{11.49}$$

folgt. Dagegen erhält man für $u = u(\vartheta)$ die Differentialgleichung

$$u'' + 4u + \frac{1}{\nu} u^2 - a = 0 ,$$

deren Ordnung sofort nach Multiplikation mit u' durch Integration um eins zu erniedrigen ist:

$$\frac{1}{2} u'^2 + 2u^2 + \frac{1}{3\nu} u^3 - au - c = 0 , \quad c = \text{konst} .$$

Trennung der Variablen und erneute Integration ergibt

$$\vartheta = \sqrt{\frac{3\nu}{2}} \int \frac{du}{\sqrt{-u^3 - 6\nu u^2 + 3\nu a u + 3\nu c}} , \tag{11.50}$$

also ein elliptisches Integral, das mit den der Relation

$$u_1 + u_2 + u_3 = -6\nu \tag{11.51}$$

genügenden Nullstellen des Radikanden u_1, u_2 und u_3 auf die Form

$$\vartheta = \sqrt{\frac{3\nu}{2}} \int \frac{du}{\sqrt{(u_1 - u)(u_2 - u)(u_3 - u)}} \tag{11.52}$$

gebracht werden kann. Bevor wir aus dieser Formel einige interessante Schlüsse andeuten, sei noch darauf hingewiesen, daß zur Bestimmung der Konstanten a und c und der Integrationskonstanten in (11.50) bzw. von u_1, u_2, u_3 in (11.52) die Haftungsbedingungen an den Wänden (Abb. 11.3)

$$u(0) = u(\alpha) = 0 \tag{11.53}$$

und die Durchflußbedingung (Kontinuitätsgleichung)

$$Q = \int_{\vartheta = 0}^{\alpha} v(r, \vartheta) \, r \, d\vartheta \tag{11.54}$$

zur Verfügung stehen.

Und nun einiges davon, was man aus (11.52) herauslesen kann: Da wir uns nur für physikalisch reale Strömungen interessieren, muß der Integrand in (11.50) bzw. (11.52) auch noch für $u = 0$ reell sein, woraus $3\nu c \geqq 0$ bzw.

$$u_1 u_2 u_3 \geqq 0 \tag{11.55}$$

folgt. Betrachten wir das

1. *Ausströmen*, d. h. $u > 0$. Das Extremum (Maximum) liege entsprechend $du/d\vartheta = 0$ bei $u = u_1 > 0$. Dann ist wegen (11.55) auch $u_2 u_3 \geqq 0$, nach (11.51) demnach u_2 und u_3 negativ. Nun liegt die Stelle von u_1 bei Annahme von Symmetrie in der Mitte $\vartheta = \dfrac{\alpha}{2}$ des Winkelbereiches, so daß aus (11.52) der Winkelbereich α berechnet werden kann: Nach Ausmultiplizieren und unter Beachtung von (11.51) erhalten wir:

$$\alpha = \sqrt{6\nu} \int\limits_{u=0}^{u_1} \frac{du}{\sqrt{(u_1 - u)\,[u_2 u_3 + (6\nu + u_1)\,u + u^2]}}\,. \tag{11.56}$$

Da $u_2 u_3 \geqq 0$ ist, gilt unter Verwendung des Mittelwertsatzes der Integralrechnung die *Abschätzung*

$$\alpha \leqq \sqrt{6\nu} \int\limits_{0}^{u_1} \frac{du}{\sqrt{(u_1 - u)\,u\,(6\nu + u_1 + u)}} = \sqrt{\frac{6\nu}{6\nu + u_1 + \varepsilon u_1}} \int\limits_{0}^{u_1} \frac{du}{\sqrt{(u_1 - u)\,u}},$$

das heißt

$$\alpha \leqq \sqrt{\frac{6\nu}{6\nu + (1 + \varepsilon)\,u_1}} \cdot \pi < \pi\,, \tag{11.57}$$

wobei $0 < \varepsilon < 1$ ist und der Faktor von π ein echter Bruch ist. Man ersieht aus dieser Abschätzung die wesentliche Rolle, die u_1 (der Stelle des Maximums) zukommt: Der Winkelbereich — etwa einer *Düse* — wird um so kleiner, je größer u_1 ist und kann beliebig klein werden. Wir sehen also, daß beispielsweise der Öffnungswinkel einer Düse (Diffusor) nicht beliebig vorgegeben werden kann, sondern mit der maximalen Strömungsgeschwindigkeit gekoppelt ist. Wird dieser Zusammenhang etwa durch Vorgabe einer zu großen Geschwindigkeit verletzt, so kann ein

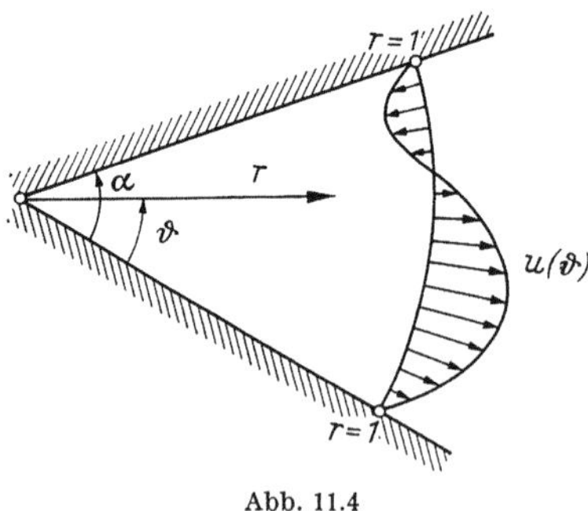

Abb. 11.4

Ablösen an den Wänden oder ein gleichzeitiges Aus- und Einströmen stattfinden (Abb. 11.4).

2. Das *Einströmen* $(u < 0)$ kann ähnlich durchleuchtet werden. Mit $u = -w$ $(w > 0)$, $w_1 = -u_1$ und bei entsprechender Wahl des

Wurzelvorzeichens erhalten wir

$$\alpha = \sqrt{6\,\nu}\;\int\limits_{w=0}^{w_1} \frac{d\,w}{\sqrt{(w_1 - w)\,[-u_2 u_3 + (6\nu - w_1)\,w - w^2]}}\,, \qquad (11.58)$$

wobei wegen $u_1 < 0$ und (11.55) auch $u_2 u_3 < 0$ ist, so daß jetzt alle Wurzeln reell sind. Die Geschwindigkeit liegt zwischen Null und $w_1 = -u_1$, so daß dazwischen keine weitere Nullstelle liegen kann. Wegen $u_2 u_3 < 0$ muß etwa $u_2 > 0$ und $u_3 < 0$ sein, also $u_2 = w_2$ und $u_3 = -w_3$, so daß $w_2 > 0$ und $w_3 > 0$ sind. Man hat dementsprechend

$$\alpha = \sqrt{6\,\nu}\;\int\limits_{0}^{w_1} \frac{d\,w}{\sqrt{(w_1 - w)\,(w_2 + w)\,(w_3 - w)]}}\,. \qquad (11.59)$$

Da nach den vorangehenden Ausführungen $w_3 \geq w_2$ ist, lautet die (11.51) entsprechende Beziehung:

$$w_2 = w_1 + w_3 - 6\,\nu \geq 2\,w_1 - 6\,\nu\,.$$

Nun unterscheiden wir zwei Fälle:

1. $w_1 > 3\nu$, d. h. $w_2 > 0$. Es steht nichts dagegen, daß w_3 beliebig nahe an w_1 heranrückt, dann wächst α nach (11.59) über alle Grenzen, so daß Öffnungswinkel und maximale Strömungsgeschwindigkeit beliebig vorgeschrieben werden können.

2. $w_1 < 3\nu$, womit die Bedingung für w_2 von selbst erfüllt ist. w_3 kann nicht beliebig nahe an w_1 heranrücken: Stets ist $w_3 > w_1$. Als Abschätzung findet man jetzt

$$\alpha \leqq \sqrt{\frac{6\nu}{6\nu - (1 + \varepsilon)\,w_1}} \cdot \pi > \pi\,, \qquad (11.60)$$

damit ist für α auch jeder Wert zwischen 0 und π möglich.

7. Exakte instationäre Lösungen in der Ebene. Man kann entweder versuchen, solche Lösungen direkt aus der Navier-Stokesschen Gleichung zu gewinnen, oder aber mit der Stromfunktion ψ arbeiten, wofür die maßgebende Differentialgleichung gemäß (11.22)

$$\frac{\partial(\Delta\psi)}{\partial t} + \frac{\partial\psi}{\partial y}\,\frac{\partial(\Delta\psi)}{\partial x} - \frac{\partial\psi}{\partial x}\,\frac{\partial(\Delta\psi)}{\partial y} = \nu\,\Delta\Delta\psi \qquad (11.61)$$

ist. Wir behandeln je ein Problem nach einer dieser beiden Methoden.

a) *Laminare Strömung zwischen zwei Wänden bei konstantem Druckgefälle Γ* (Abb. 11.1). Die Navier-Stokessche Differentialgleichung für $\mathfrak{v} = \{v_x(y); 0; 0\} = \{v(y); 0; 0\}$ lautet:

$$\frac{\partial v}{\partial t} = -\frac{1}{\varrho}\,\frac{\partial p}{\partial x} + \frac{\mu}{\varrho}\,\frac{\partial^2 v}{\partial y^2} = \frac{\Gamma}{\varrho} + \frac{\mu}{\varrho}\,\frac{\partial^2 v}{\partial y^2}\,. \qquad (11.62)$$

Ihre allgemeine Lösung setzen wir aus einem stationären Anteil gemäß (11.6) und aus einem zeitabhängigen Teil $w(y, t)$ zusammen:

$$v = v(y, t) = \frac{\Gamma}{2\,\mu}\left[\left(\frac{h}{2}\right)^2 - y^2\right] + w(y, t). \tag{11.63}$$

Mit diesem Ansatz gewinnt man aus (11.62) mit $\mu/\varrho = \nu$ die aus der Theorie der Wärmeleitung bekannte Differentialgleichung:

$$\frac{\partial w}{\partial t} = \nu \frac{\partial^2 w}{\partial y^2}. \tag{11.64}$$

Mittels des Produktansatzes $w = T(t) \cdot Y(y)$ lassen sich in bekannter Weise die Variablen trennen und mit den reellen Konstanten λ, A und B Lösungen der Form

$$w(y, t) = e^{-\nu \lambda^2 t}(A \cos \lambda y + B \sin \lambda y)$$

errechnen, die man den Randbedingungen $w(\pm\, h/2, t) = 0$ anzupassen hat. Man erhält nach leichten Überlegungen die Eigenwerte λ und schließlich aus (11.63)

$$v = v(y, t) = \frac{\Gamma}{2\,\mu}\left[\left(\frac{h}{2}\right)^2 - y^2\right] +$$

$$+ \sum_{j=0}^{\infty} A_j e^{-\nu\left[\frac{\pi}{h}(2j+1)\right]^2 t} \cdot \cos \frac{\pi}{h}(2j+1)\, y + \tag{11.65}$$

$$+ \sum_{j=0}^{\infty} B_j e^{-\nu\left(\frac{2j\pi}{h}\right)^2 t} \cdot \sin \frac{2\pi j}{h}\, y.$$

Die Konstanten A_j und B_j lassen sich in üblicher Weise aus einer Anfangsbedingung $v(y, 0) = f(y)$ ermitteln. Mit wachsender Zeit nähert sich die Strömung asymptotisch der stationären Form (11.6).

b) *Strömungen, deren Geschwindigkeit nur von einer Koordinate abhängt.* In diesem Falle nimmt (11.61) die Gestalt

$$\frac{\partial(\Delta\,\psi)}{\partial t} = \nu\,\Delta\,\Delta\,\psi \tag{11.66}$$

an. Das vorangehende Problem war von dieser Art. Wir sehen, daß (11.66) für $\Delta\,\psi$ der Differentialgleichung der Wärmeleitung entspricht. Ihre spezielle Lösung

$$\Delta\,\psi = \frac{A}{t}\, e^{-\frac{r^2}{4\,\nu t}} \tag{11.67}$$

hat in ihrem rechten Teil als ein sich im Laufe der Zeit vom Nullpunkt ($r = 0$) „ausbreitender Wärmestoß" besonders anschauliche Bedeutung. Diese Funktion findet eine schöne Anwendung bei der *Diffusion eines Wirbelfadens*, die man auch als eine *instationäre Strömung einer zähen Flüssigkeit in konzentrischen Kreisen* ansehen kann.

Das Problem lautet: Zur Zeit $t = 0$ liegt ein Wirbelfaden mit der Zirkulation Z im Nullpunkt ($r = 0$), dessen induziertes Geschwindigkeitsfeld in Zylinderkoordinaten die Geschwindigkeitskomponenten $v_r = 0$, $v_\vartheta = v = Z/2\pi r$ [s. S. 162] und $v_z = 0$ hat. Wie gestaltet sich das Strömungsfeld im Verlaufe der Zeit?

Zunächst erinnern wir daran, daß nach (11.22a) $\varDelta \psi$ gleich der doppelten Wirbelstärke $w = w(r)$ ist, so daß wir aus (11.66) die Differentialgleichung

$$\frac{\partial w}{\partial t} = \nu \varDelta w = \nu \left(\frac{d^2 w}{d r^2} + \frac{1}{r} \frac{d w}{d r} \right) = \frac{\nu}{r} \frac{d}{d r} \left(r \frac{d w}{d r} \right) \qquad (11.68)$$

erhalten, deren (partikuläre) Lösung gemäß (11.67)

$$w = w(r, t) = \frac{A}{t} e^{- \frac{r^2}{4 \nu t}} \qquad (11.69)$$

ist. Zur Bestimmung der Konstanten dient die Vorgabe der Zirkulation bzw. der Geschwindigkeit zur Zeit $t = 0$. Die Zirkulation auf dem Kreise $r = \text{konst}$ zur Zeit t ist

$$Z(r, t) = \int \int w \, dF = \int_{r=0}^{r} w \, 2\pi r \, dr = 4\pi \nu A \left(1 - e^{- \frac{r^2}{4 \nu t}} \right),$$

und da sie zur Zeit $t = 0$ nach Vorgabe Z_0 beträgt, ergibt sich $A = Z_0/4\pi\nu$ und somit

$$Z(r, t) = Z_0 \left(1 - e^{- \frac{r^2}{4 \nu t}} \right) \qquad (11.70)$$

und nach (11.69)

$$w = \frac{Z_0}{4 \pi \nu t} e^{- \frac{r^2}{4 \nu t}} \qquad (11.71)$$

und schließlich wegen $Z = 2\pi r v_\vartheta$

$$v_\vartheta = v = \frac{Z_0}{2 \pi r} \left(1 - e^{- \frac{r^2}{4 \nu t}} \right). \qquad (11.72)$$

Die Formeln (11.70) und (11.72) zeigen das *„Zerfließen eines Wirbels"* im Laufe der Zeit, insbesondere die Tendenz zum Ausgleich des Wirbels zwischen den Flüssigkeitsteilchen im Inneren des Strömungsfeldes. Allgemein gewinnt man für die *zeitliche Änderung der Zirkulation in einer zähen und inkompressiblen* oder *barotropen Flüssigkeit* (mit verschwindender Zähigkeitskonstante $\bar{\mu}$) aus der Navier-Stokesschen Gleichung

$$\frac{d\mathfrak{v}}{d t} = - \nabla \left(\varPhi + \frac{p}{\varrho} \right) + \nu \varDelta \mathfrak{v}$$

auf dem schon bekannten Wege (s. § 10.10)

$$\frac{dZ}{d t} = \nu \oint \varDelta \mathfrak{v} \, d\mathfrak{r}. \qquad (11.73)$$

Die für das Zerfließen eines Wirbelfadens gewonnenen Ergebnisse ermöglichen durch Superposition auch die Lösung des Problems für den Fall, in dem zur Zeit $t = 0$ eine bestimmte Wirbelverteilung $w(r, 0) = = w_0(r)$ derart vorgegeben ist, daß die Flüssigkeitsteilchen sich auf konzentrischen Kreisen bewegen[1]. Da diese Betrachtungen in physikalischer Hinsicht keine neuen Erkenntnisse bringen und mehr einen mathematischen Reiz haben, wollen wir darauf nicht näher eingehen. Wir gehen jetzt dazu über, *Näherungslösungen* für die Strömung zäher Flüssigkeiten anzugeben bzw. hierüber einige grundsätzliche Ausführungen zu machen. Es wurde schon darauf hingewiesen, daß man die zur Näherungslösung führenden Voraussetzungen aus den Annahmen der kleinen bzw. großen Reynoldsschen Zahlen schöpfen kann.

8. Näherungslösungen für kleine Reynoldssche Zahlen. Der Fall kleiner Reynoldsscher Zahlen $\mathsf{R} = vl/\nu$ tritt offenbar für kleine charakteristische Geschwindigkeit v und Länge l und großer Zähigkeitskonstante ν ein. Mit dem letzteren Umstand sind große Zähigkeits-, d. h. Reibungskräfte $\nu \varDelta \mathfrak{v}$ verbunden, gegenüber denen die (konvektiven) Trägheitskräfte $(\mathfrak{v}\nabla)\mathfrak{v}$ in der Navier-Stokesschen Gleichung vernachlässigbar sind. Da man zur Realisierung eines solchen Falles die Annahme einer langsamen Bewegung eines kleinen Körpers in einer zähen Flüssigkeit machen muß, spricht man auch von einer *„schleichenden Bewegung"*. Das klassische Beispiel hierfür ist die

a) *Langsame und gleichförmige Bewegung einer Kugel in einer zähen Flüssigkeit*. Das Problem ist wegen der vernachlässigbaren Trägheitsglieder trotz der allgemeinen früheren Bemerkung[2] identisch mit der parallelen Anströmung einer ruhenden Kugel durch eine zähe Flüssigkeit, deren Geschwindigkeitsvektor im Unendlichen unveränderliche Größe und Richtung hat:

$$\lim_{r \to \infty} \mathfrak{v} = \{0;\, 0;\, v_0\}\,. \tag{11.74}$$

Bei stationären Verhältnissen und bei Vernachlässigung der Trägheits- und Massenkräfte und Voraussetzung der Inkompressibilität haben wir

$$\nabla p = \mu \varDelta \mathfrak{v} \quad \text{und} \quad \nabla \mathfrak{v} = 0\,, \tag{11.75}$$

woraus sich sofort

$$\varDelta p = 0 \tag{11.76}$$

ergibt.

---

[1] Die Anwendbarkeit der Superpostionsmethode, gegen die i. a. die Nichtlinearität der Navier-Stokesschen Gleichung spricht, ergibt sich natürlich hier aus der bei Abhängigkeit der Stromfunktion von nur einer Koordinate eintretenden Linearisierung des Problems, vgl. (11.61) und (11.66).

[2] Siehe Fußnote [1] S. 170.

Wir rechnen mit Kugelkoordinaten r, φ und ϑ (s. Anhang Formeln 3)[1]. Wird die Kugel gemäß (11.74) in der z-Richtung bewegt bzw. angeströmt, so suchen wir nach Abb. 11.5 für p, also für (11.76) und auch für die Geschwindigkeitskomponenten zur z-Achse symmetrische Lösungen $(\partial/\partial\vartheta = 0)$. Eine solche ist mit der Konstanten A und $r = \sqrt{x^2+y^2+z^2}$

$$p = A\,\frac{\partial}{\partial z}\,\frac{1}{r} = -\frac{A}{r^2}\,\frac{\partial r}{\partial z} = -\frac{A}{r^2}\,\frac{z}{r}$$

$$= -\frac{A}{r^2}\sin\varphi\,. \qquad (11.77)$$

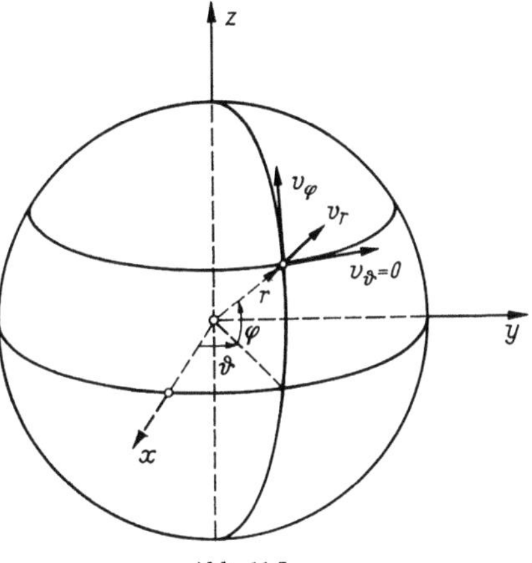

Abb. 11.5

Während die rechte der Gln. (11.75), die Kontinuitätsgleichung $\nabla\mathfrak{v} = \mathrm{div}\,\mathfrak{v} = 0$, in Kugelkoordinaten

$$\frac{\partial}{\partial r}\,(r^2 v_r) + \frac{1}{\cos\varphi}\,\frac{\partial}{\partial\varphi}\,(r v_\varphi \cos\varphi) =$$

$$= 0\,. \qquad (11.78)$$

lautet, besagt die linke dieser Gln. für die Radialrichtung im gleichen System

$$\mu\left[\frac{\partial}{\partial r}\left\{\frac{1}{r^2}\,\frac{\partial}{\partial r}\,(r^2 v_r)\right\} + \frac{1}{r^2\cos\varphi}\,\frac{\partial}{\partial\varphi}\left(\frac{\partial v_r}{\partial\varphi}\cos\varphi\right)\right.$$

$$\left. - \frac{2}{r^2\cos\varphi}\,\frac{\partial}{\partial\varphi}\,v_\varphi\cos\varphi)\right] = \frac{\partial p}{\partial r}\,. \qquad (11.79)$$

Mit Hilfe von (11.78) läßt sich aus (11.79) v_φ eliminieren:

$$\frac{\mu}{r^2}\left[\frac{\partial^2(r^2 v_r)}{\partial r^2} + \frac{1}{\cos\varphi}\,\frac{\partial}{\partial\varphi}\left(\frac{\partial v_r}{\partial\varphi}\cos\varphi\right)\right] = \frac{\partial p}{\partial r}\,.$$

Der Ansatz

$$v_r = \frac{f(r)}{r}\sin\varphi$$

liefert mit (11.77) die — Eulersche — Differentialgleichung

$$r^2 f''(r) + 2r f'(r) - 2f(r) = \frac{2A}{\mu}$$

mit der allgemeinen Lösung

$$f(r) = -\frac{A}{\mu} + Br + \frac{C}{r^2}\,,$$

so daß wir

$$v_r = \left(-\frac{A}{\mu r} + B + \frac{C}{r^3}\right)\sin\varphi \qquad (11.79\,\mathrm{a})$$

____

[1] In den dortigen Formeln ist λ durch $\varphi + \dfrac{\pi}{2}$, d. h. speziell $\sin\lambda$ durch $\cos\varphi$ und $\cos\lambda$ durch $-\sin\varphi$ zu ersetzen.

erhalten. Damit ergibt sich aus (11.78) eine Differentialgleichung für v_φ, die mit dem Ansatz $v_\varphi = g(r)\cos\varphi$ leicht gelöst werden kann:

$$v_\varphi = \left(-\frac{A}{2\mu r} + B - \frac{C}{2r^3}\right)\cos\varphi.$$

Die Konstanten A, B und C errechnen sich aus den Randbedingungen auf der Kugeloberfläche $r = a$ und im Gebiet der ungestörten Strömung $r = \infty$

$$v_\varphi = v_r = 0 \quad \text{für} \quad r = a,$$

$$|\mathfrak{v}| = v = \sqrt{v_r^2 + v_\varphi^2} = v_0 \quad \text{für} \quad r = \infty.$$

Man erhält schließlich:

$$\left.\begin{aligned}
&v_r = v_0\left(1 - \frac{3a}{2r} + \frac{a^3}{2r^3}\right)\sin\varphi; \quad v_\varphi = v_0\left(1 - \frac{3a}{4r} - \frac{a^3}{4r^3}\right)\cos\varphi;\\
&p = -\frac{3\mu v_0 a}{2r^2}\cdot\sin\varphi.
\end{aligned}\right\} \tag{11.80}$$

Die auf die Kugel in der z-Richtung einwirkende Kraft, die gleich dem sog. *Widerstand* ist, ergibt sich zu

$$W = \oiint\left\{\left[-p + 2\mu\frac{\partial v_r}{\partial r}\right]_{r=a}\sin\varphi + \mu\left[\frac{\partial v_\varphi}{\partial r} + \frac{1}{r}\frac{\partial v_r}{\partial\varphi} - \frac{v_\varphi}{r}\right]_{r=a}\cos\varphi\right\}dF.$$

In Kugelkoordinaten ist $dF = 2\pi a^2\cos\varphi\,d\varphi$, so daß wir nach Integration $\left(\varphi = -\frac{\pi}{2}\cdots+\frac{\pi}{2}\right)$ mit Benutzung von (11.80) und den Randbedingungen die *Stokessche Widerstandsformel für die Kugel* erhalten:

$$W = 6\pi\mu a v_0. \tag{11.81}$$

Eine Verbesserung dieser Formel durch Korrekturen hinsichtlich der Trägheitsglieder gab OSEEN:

$$W = 6\pi\mu a v_0\left(1 + \frac{3\varrho a v_0}{8\mu}\right). \tag{11.81a}$$

Er wies auch darauf hin, daß die bei der Kugel praktizierte Art der Vernachlässigung z. B. bei einem Zylinder zu paradoxen Resultaten führt.

Es sei noch erwähnt, daß die Stokessche Widerstandsformel (11.81) durch Experimente bei kleinen Reynoldsschen Zahlen $\left(R = \frac{v_0 a}{\nu} < \frac{1}{2}\right)$ hinreichend genau bestätigt wurde.

b) *Die hydrodynamische Theorie der Schmiermittelreibung* ist für die Praxis eines der wichtigsten Probleme aus der Theorie der zähen Flüssigkeiten. Es handelt sich um die Strömung einer viskosen Flüssigkeit zwischen Zapfen und Lager von rotierenden Maschinenteilen. Dies

wurde von verschiedenen Forschern, wie PETROW, REYNOLDS, SOMMER-
FELD, MICHELL und in neuerer Zeit von VOGELPOHL [9.36] behandelt. Wir
wollen hier nur einige Ausführungen machen, die im Rahmen der klassischen Theorie der zähen Flüssigkeiten liegen und an die mathematischen
Hilfsmittel keine besonderen Anforderungen stellen.

Die die einfachste Lösung liefernde Problemstellung stammt von
PETROW: Hier wird angenommen, daß die zwischen (ruhendem) Lager
und (sich drehenden) Zapfen entstehende Strömung der zwischen zwei
koaxialen Zylindern entspricht, die schon unter dem Namen Couette-
Strömung behandelt wurde. In den entsprechenden maßgebenden Gleichungen (11.41) bis (11.44) haben wir $\omega_a = 0$, $\omega_i = \omega$ zu setzen und
$r_i = a$ bzw. $r_a = a + s$ als Zapfen- bzw. Lagerradius zu deuten. Da die
Dicke der Schmierschicht s notwendigerweise klein ist ($a \gg s$), können
wir für $(r_a^2 - r_i^2) \approx 2\,a\,s$ schreiben, so daß wir aus (11.43) für das am Zapfen
auftretende Drehmoment pro Längeneinheit

$$M \approx \frac{2\pi\,\omega\,a^3}{s} = \frac{2\pi\,a^2 u}{s} = \mu\,a F \frac{u}{s} \tag{11.82}$$

erhalten, wobei $u = \omega a$ die Umlaufgeschwindigkeit, $F = 2\pi a \cdot 1$ die
Schmierfläche bedeutet.

Diese Formel entspricht einer symmetrischen Verteilung der Reibungskräfte, deren resultierender Vektor Null ist, so daß dieses Lager
keine Last abträgt. Um diese Unstim-
migkeit gegenüber der in Wirklichkeit
beobachteten Tragkraft zu beseitigen,
nahm SOMMERFELD [4.6] an, daß Zapfen
und Lager gegeneinander eine Exzentrizität ε aufweisen (Abb. 11.6) und der
Zwischenraum mit dem Schmiermittel
ausgefüllt ist. Für eine kleine Exzentrizität ε
bzw. Radiendifferenz s besteht gemäß
Abb. 11.6 die Näherungsrelation für die
Schmierschichthöhe

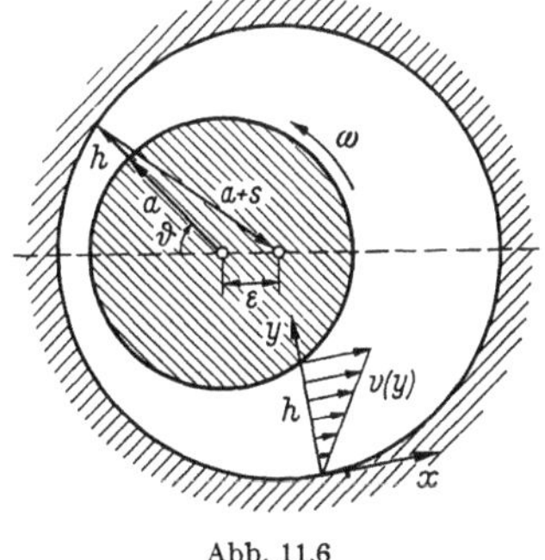

Abb. 11.6

$$h = s - \varepsilon \cos \vartheta . \tag{11.83}$$

Es kommt jetzt darauf an, das Strömungsfeld in der dünnen Schmierschicht zu ermitteln. Dazu nehmen wir an, daß die Strömung eben und
ihre Geschwindigkeit v nahezu parallel zu den Zylinderberandungen ist.
Die Geschwindigkeitsverteilung in dem in Abb. 11.6 angedeuteten
System läßt sich mit entsprechenden Modifikationen der Gleichung
(11.7) entnehmen:

$$v = v(y) = \frac{\Gamma}{2\,\mu}\,y(-y + h) + \omega a\,\frac{y}{h} . \tag{11.85}$$

Das Druckgefälle $\Gamma = - \partial p/\partial x$ ergibt sich aus der Forderung einer über x konstanten Durchflußmenge

$$\int\limits_{y=0}^{h} v\,dy = \frac{\omega\,a\,h}{2} + \frac{\Gamma h^3}{12\,\mu} = \text{konst} = \frac{\omega\,a\,h_0}{2}$$

zu

$$\Gamma = \frac{6\,\mu\,\omega\,a\,(h_0 - h)}{h^3}\,, \tag{11.86}$$

so daß (11.85) übergeht in

$$v = \left[\frac{3\,(h_0 - h)}{h^3}\,y\,(h - y) + \frac{y}{h}\right]\omega\,a\,.$$

Die Schubspannung am Zapfen ist

$$\tau = \mu\left[\frac{dv}{dy}\right]_{y=h} = \mu\,\frac{\omega\,a}{h^2}\,(4h - 3h_0)$$

und das zugehörige Drehmoment

$$M = \int\limits_{\vartheta=0}^{2\pi} a\tau a\,d\vartheta = \mu\,a^3\omega \int\limits_{\vartheta=0}^{2\pi} \left(\frac{4}{h} - 3\,\frac{h_0}{h^2}\right)d\vartheta\,. \tag{11.87}$$

Nun ist mit (11.83)

$$\int\limits_{\vartheta=0}^{2\pi} \frac{d\vartheta}{h} = \int\limits_{\vartheta=0}^{2\pi} \frac{d\vartheta}{s - \varepsilon\cos\vartheta} = \frac{2\pi}{\sqrt{s^2 - \varepsilon^2}}$$

und mit $j = 1, 2, \ldots$

$$\int\limits_{\vartheta=0}^{2\pi} \frac{d\vartheta}{h^{j+1}} = \frac{(-1)^j}{j!}\,\frac{\partial^j}{\partial s^j}\left(\int\limits_0^{2\pi} \frac{d\vartheta}{h}\right) = \frac{(-1)^j 2\pi}{j!}\,\frac{\partial^j}{\partial s^j}\left[\frac{1}{\sqrt{s^2 - \varepsilon^2}}\right]\,. \tag{11.88}$$

Damit folgt aus (11.87)

$$M = 2\,\pi\,\omega\,a^3\mu\left[\frac{4}{\sqrt{s^2 - \varepsilon^2}} - \frac{3\,h_0\,s}{(\sqrt{s^2 - \varepsilon^2})^3}\right]\,.$$

Die noch unbekannte Konstante h_0 ergibt sich daraus, daß der Druck $p = p(\vartheta)$ eine periodische Funktion von ϑ ist. Zunächst haben wir nach (11.86)

$$-\frac{\partial p}{\partial x} = -\frac{1}{a}\,\frac{\partial p}{\partial \vartheta} = \frac{6\,\mu\,\omega\,a\,(h_0 - h)}{h^3}$$

und daraus nach Integration

$$p\,(2\,\pi) - p\,(0) = 0 = 6\,\mu\,\omega\,a^2\left(-\int\limits_0^{2\pi} \frac{d\vartheta}{h^2} + h_0 \int\limits_0^{2\pi} \frac{d\vartheta}{h^3}\right)\,.$$

Unter Benutzung von (11.88) erhält man

$$h_0 = \frac{s\,(s^2 - \varepsilon^2)}{s^2 + \dfrac{\varepsilon^2}{2}}\,,$$

womit sich schließlich

$$M = 2\pi \frac{\omega\,a^3\,\mu}{\sqrt{s^2 - \varepsilon^2}} \cdot \frac{s^2 + 2\varepsilon^2}{s^2 + \dfrac{\varepsilon^2}{2}} \tag{11.89}$$

ergibt.

Eine beachtenswerte und kritische Stellungnahme zu dieser Schmiermittelreibungstheorie und wesentliche Erweiterungen derselben stammen von G. Vogelpohl [9.36]. Weitere Arbeiten über diesen Problemkreis lieferten beispielsweise Nahme [9.21] und Frössel [9.11].

9. Grenzschichttheorie. Eine weitere für laminare Strömungen gut entwickelte Theorie ist die für Strömungen mit großen Reynoldsschen Zahlen $\left(\mathsf{R} = \dfrac{v\,l}{\nu} \to \infty\right)$. Da diese Kennzahl auch als mittleres Verhältnis zwischen den in der Flüssigkeit auftretenden Trägheitskräften und den entstehenden Reibungskräften gedeutet werden kann, handelt es sich also um eine Theorie für Strömungen, in denen die Trägheitskräfte die Reibungskräfte i. a. stark überwiegen. Dies trifft aber *nicht* in der Nähe fester Wände zu, an denen wegen der Wandhaftungsbedingung die Geschwindigkeitskomponenten und damit auch die Trägheitskräfte verschwinden im Gegensatz zu den hier sich aus einem starken Geschwindigkeitsgefälle erklärenden relativ großen Reibungskräften. Während man nun also die Strömungsverhältnisse in Wandnähe (in der sog. *Grenzschicht*) nach der den Einfluß der Zähigkeit berücksichtigenden und auf Prandtl zurückgehenden *Grenzschichttheorie* zu untersuchen hat, kann man zur Beschreibung der Strömung im sog. Außenraum (außerhalb der Grenzschichten) die Ergebnisse der reibungslosen Potentialströmung heranziehen.

Es zeigt sich, daß die Annahme der Existenz einer solchen „dünnen" Grenzschicht in Wandnähe in gewisser Weise fiktiv ist, da der Einfluß der Zähigkeit nur asymptotisch mit der Entfernung vom Körper abnimmt und somit auch die Grenzschichtströmung nur asymptotisch in die Außenströmung übergeht. Wenn man trotzdem von einer (nicht scharf zu definierenden) *Grenzschichtdicke* δ spricht, so legt man ihre Abgrenzung zur Außenströmung dorthin, wo der Einfluß der Zähigkeit unterhalb der Fehlergenauigkeit „praktischer" Rechnungen liegt. Dies ist bei hohen Reynoldsschen Zahlen R schon in Entfernungen von der Wand der Fall, die sehr klein gegenüber der Bogenlänge der Körperkontur sind.

In mathematischer Hinsicht liefert die Grenzschichttheorie asymptotische Lösungen der Navier-Stokesschen Gleichungen für kleine Zähigkeiten $\nu \to 0$ bzw. für $\mathrm{R} \to \infty$. Sie hat sich insbesondere für die Untersuchung von Strömungen schwach zäher Flüssigkeiten wie Wasser und Gase sehr gut bewährt. Im folgenden seien hierzu einige Betrachtungen für die ebene und laminäre Strömung angeführt.

Bei Vernachlässigung der räumlich verteilten Kräfte lauten die Navier-Stokesschen Formeln (11.16) und die Kontinuitätsgleichung (10.2) für diesen Fall bei inkompressibler Flüssigkeit:

$$\frac{\partial v_x}{\partial t} + v_x \frac{\partial v_x}{\partial x} + v_y \frac{\partial v_x}{\partial y} = -\frac{1}{\varrho} \frac{\partial p}{\partial x} + \nu \left(\frac{\partial^2 v_x}{\partial x^2} + \frac{\partial^2 v_x}{\partial y^2} \right) \quad (11.90)$$

$$\frac{\partial v_y}{\partial t} + v_x \frac{\partial v_y}{\partial x} + v_y \frac{\partial v_y}{\partial y} = -\frac{1}{\varrho} \frac{\partial p}{\partial y} + \nu \left(\frac{\partial^2 v_y}{\partial x^2} + \frac{\partial^2 v_y}{\partial y^2} \right) \quad (11.91)$$

$$\frac{\partial v_x}{\partial x} + \frac{\partial v_y}{\partial y} = 0. \quad (11.92)$$

Mit einer kleinen Zahl ε setzen wir

$$y = \varepsilon \eta, \quad v_y = \varepsilon v_\eta, \quad (11.93)$$

was quer zur Wand einer „*mikroskopischen Betrachtung der Strömung in der Grenzschicht*" entspricht. Unsere Gleichungen (11.90) bis (11.92) gehen mit (11.93) über in

$$\frac{\partial v_x}{\partial t} + v_x \frac{\partial v_x}{\partial x} + v_\eta \frac{\partial v_x}{\partial \eta} = -\frac{1}{\varrho} \frac{\partial p}{\partial x} + \nu \left(\frac{\partial^2 v_x}{\partial x^2} + \frac{1}{\varepsilon^2} \frac{\partial^2 v_x}{\partial \eta^2} \right), \quad (11.95)$$

$$\frac{\partial v_\eta}{\partial t} + v_x \frac{\partial v_\eta}{\partial x} + v_\eta \frac{\partial v_\eta}{\partial \eta} = -\frac{1}{\varrho} \frac{1}{\varepsilon^2} \frac{\partial p}{\partial \eta} + \nu \left(\frac{\partial^2 v_\eta}{\partial x^2} + \frac{1}{\varepsilon^2} \frac{\partial^2 v_\eta}{\partial \eta^2} \right) \quad (11.96)$$

$$\frac{\partial v_x}{\partial x} + \frac{\partial v_\eta}{\partial \eta} = 0. \quad (11.97)$$

Als *konkretes Beispiel* einer solchen Strömung wollen wir nun eine Platte der Länge l betrachten, die mit einer im Unendlichen ungestörten

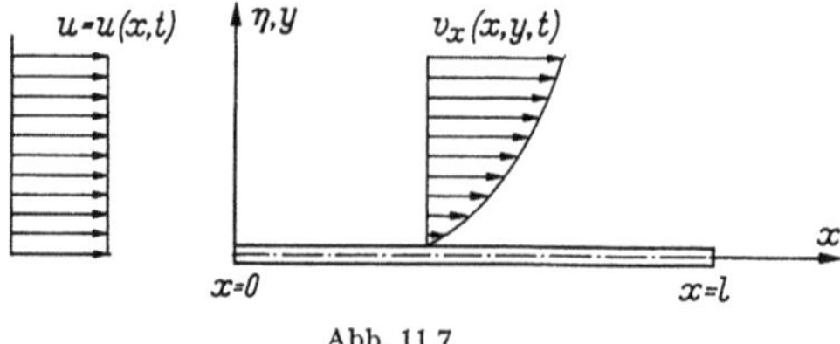

Abb. 11.7

und zur Platte parallelen Geschwindigkeit u angeströmt wird (Abb. 11.7). Bestimmen wir nun die kleine Zahl ε durch

$$\varepsilon^2 = \frac{1}{\mathrm{R}} = \frac{\nu}{u\,l} \quad (11.98)$$

also ihr Quadrat gleich der reziproken Reynoldsschen Zahl, so entspricht $R \to \infty$ (d. h. $\varepsilon^2 \to 0$ bzw. $\nu \to 0$) dem Fall großer Reynoldsscher Zahlen, und wir erhalten aus (11.95) und (11.96) bei Vernachlässigung von Termen kleinen Einflusses

$$\frac{\partial v_x}{\partial t} + v_x \frac{\partial v_x}{\partial x} + v_\eta \frac{\partial v_x}{\partial \eta} = -\frac{1}{\varrho}\frac{\partial p}{\partial x} + ul\frac{\partial^2 v_x}{\partial \eta^2}, \qquad (11.99)$$

$$\frac{\partial p}{\partial \eta} = 0. \qquad (11.100)$$

Diese Gleichungen werden zusammen mit (11.97) die *Prandtlschen Grenzschichtgleichungen* genannt.

Mit der Aufstellung dieser Gleichung durch den formalen Grenzübergang $\varepsilon \to 0$ ist allerdings nicht bewiesen, daß auch die Grenzwerte der Lösungsfunktionen von (11.95) bzw. (11.96) der Grenzgleichung (11.99) genügen. Dies nachzuweisen ist das theoretische Hauptproblem der Grenzschichttheorie zäher Flüssigkeiten. Die Gleichung (11.100) besagt, daß die Druckverteilung p in der Grenzschicht unabhängig von η ist, so daß diese Verteilung von der *Potentialaußenströmung* aufgeprägt gedacht werden kann.

Nach der Einführung der schon bekannten und die Kontinuitätsgleichung (11.97) befriedigenden Stromfunktion $\psi = \psi(x, \eta, t)$ gemäß

$$v_x = \frac{\partial \psi}{\partial \eta}, \ v_\eta = -\frac{\partial \psi}{\partial x}$$

erhalten wir aus (11.99)

$$\frac{\partial^2 \psi}{\partial \eta\,\partial t} + \frac{\partial \psi}{\partial \eta}\frac{\partial^2 \psi}{\partial x\,\partial \eta} - \frac{\partial \psi}{\partial x}\frac{\partial^2 \psi}{\partial \eta^2} = -\frac{1}{\varrho}\frac{\partial p}{\partial x} + ul\frac{\partial^3 \psi}{\partial \eta^3}. \qquad (11.101)$$

Hierbei ist also nach (11.93)

$$\eta = \frac{y}{\sqrt{R}}, \ v_\eta = \frac{v_y}{\sqrt{R}}. \qquad (11.102)$$

An *Randbedingungen* sind zu erfüllen:

$$\left. \begin{array}{l} \text{Für } \eta = 0 \text{ sind } v_x = v_\eta = v_y = 0, \\[4pt] \text{für } \eta = \infty \text{ ist } v_x = u(x, t). \end{array} \right\} \qquad (11.103)$$

Die Erfüllung der zweiten Bedingung, der Übergangsbedingung der Grenzschichtströmung in die Potentialströmung, kann man auch schon für den „Rand" der Grenzschicht $y = \delta$ fordern, wenn man unter δ diejenige Entfernung von der Wand versteht, in der v_x und u sich nur wenig (etwa 1%) voneinander unterscheiden.

Für die inkompressible Flüssigkeit ohne Einwirkung von räumlich verteilten Kräften ($\mathfrak{G} \equiv 0$) ist zunächst nach der Bernoullischen Gleichung (10.26) der Potentialströmung *am Rande der Grenzschicht* in dem verlustlosen Außenraum

$$p + \varrho\frac{\partial \varphi}{\partial t} + \varrho\frac{u^2}{2} = C\,(t), \ \text{d. h.} \ -\frac{\partial p}{\partial x} = -\varrho\frac{\partial u}{\partial t} + \varrho u\frac{du}{dx},$$

so daß man aus (11.99)

$$\frac{\partial v_x}{\partial t} + v_x \frac{\partial v_x}{\partial x} + v_\eta \frac{\partial v_x}{\partial \eta} = \frac{\partial u}{\partial t} + u \frac{d u}{d x} + u l \frac{\partial^2 v_x}{\partial \eta^2} \qquad (11.104)$$

erhält.

Nachdem man aus der Voraussetzung der großen Reynoldsschen Zahl die Konsequenzen gezogen, d. h. die Prandtlschen Grenzschichtgleichungen hergeleitet hatte, kann man diese wieder in der üblichen Form schreiben:

$$\frac{\partial v_x}{\partial t} + v_x \frac{\partial v_x}{\partial x} + v_y \frac{\partial v_x}{\partial y} = \frac{\partial u}{\partial t} + u \frac{\partial u}{\partial x} + v \frac{\partial^2 v_x}{\partial y^2} \,, \qquad (11.105)$$

$$\frac{\partial v_x}{\partial x} + \frac{\partial v_y}{\partial y} = 0 \,. \qquad (11.106)$$

Die Randbedingungen sind in (11.103) angeführt.

Im stationären Falle ist in (11.105) bzw. (11.104) der instationäre Term zu streichen:

$$v_x \frac{\partial v_x}{\partial x} + v_y \frac{\partial v_x}{\partial y} = u \frac{d u}{d x} + v \frac{\partial^2 v_x}{\partial y^2} \,, \qquad (11.107)$$

während in den Randbedingungen (11.103) keine Änderung eintritt.

Die angeführten Betrachtungen (Prandtlsche Grenzschichtvernachlässigungen) und Ergebnisse bleiben auch noch gültig, wenn man bei einer gekrümmten Wand mit x die Bogenlänge längs der Körperkontur bezeichnet und y den Normalabstand von der Wand bedeutet, solange dabei die Dicke der Grenzschicht klein gegenüber dem Krümmungsradius der Stromlinien dieser Schicht, d. h. insbesondere klein gegenüber dem Körperkonturradius ist.

Lösungen der Differentialgleichungen (11.105) bis (11.107) sind von verschiedenen Forschern, wie PRANDTL, BLASIUS, v. KÁRMÁN, POHLHAUSEN und in der neueren Zeit von SCHLICHTING, SCHRÖDER, GÖRTLER und HOWARTH, um nur einige zu nennen, angegeben worden. Hierüber und zum Studium sei hingewiesen auf H. SCHLICHTING: Grenzschichttheorie [7.10].

Die Lösungen der erwähnten und anderer Autoren sind gewöhnlich in Form von unendlichen Reihen gegeben worden. Oft gelangt man zu Näherungslösungen, insbesondere für den Reibungswiderstand und die Grenzschichtdicke, wenn man, anstatt die Differentialgleichungen zu lösen, Impuls- und Energiebetrachtungen anstellt. Um zu der — zuerst von v. KÁRMÁN [9.17] angegebenen — *Impulsgleichung* zu kommen, betrachten wir stationäre Verhältnisse, eliminieren mit Hilfe der aus (11.106) fließenden Beziehung

$$v_y(x, y) = -\int_0^y \frac{\partial v_x}{\partial x} \, d y$$

v_y aus (11.107) und integrieren diese neue Beziehung zwischen $y = 0$ und $y = \delta = \delta(x)$. Wir erhalten so nach Umformung durch partielle Integration und bei Berücksichtigung der Randbedingungen, insbesondere von $\tau(x, \delta) = 0$, $v_x(x, \delta) = u$

$$\int_0^\delta \frac{\partial v_x}{\partial x}(u - v_x)\,dy + \int_0^\delta v_x\left(\frac{du}{dx} - \frac{\partial v_x}{\partial x}\right)dy + \frac{du}{dx}\int_0^\delta (u - v_x)\,dy =$$

$$= -\nu\int_0^\delta \frac{\partial^2 v_x}{\partial y^2}\,dy$$

bzw. $\hspace{8cm}$ (11.108)

$$\int_0^\delta \frac{\partial}{\partial x}[v_x(u - v_x)]\,dy + \frac{du}{dx}\int_0^\delta (u - v_x)\,dy = -\frac{1}{\varrho}\int_0^\delta \frac{\partial\tau}{\partial y}\,dy = \frac{\tau_0}{\varrho},$$

wobei $\tau_0 = (\sigma_{xy})_{y=0} = \mu\left(\dfrac{\partial v_x}{\partial y}\right)_{y=0}$ die Wandschubspannung bedeutet. Man kann hier δ durch $y = \infty$ ersetzen, da außerhalb der Grenzschicht $v_x = u$ ist und somit dort die Integranden verschwinden. Der Wert der Integrale hängt infolgedessen auch nicht von der oberen Grenze ab, so daß wir für (11.108) schreiben können:

$$\frac{d}{dx}\int_0^\infty v_x(u - v_x)\,dy + \frac{du}{dx}\int_0^\infty (u - v_x)\,dy = \frac{\tau_0}{\varrho}. \qquad (11.109)$$

Multipliziert man (11.107) mit v_x und eliminiert wie oben v_y mittels (11.106), so liefert die Integration die *Wieghardtsche Energiegleichung* [9.37] der Grenzschicht

$$\frac{1}{2}\frac{d}{dx}\int_0^\delta v_x(u^2 - v_x^2)\,dy = \nu\int_0^\delta \left(\frac{\partial v_x}{\partial y}\right)^2 dy$$

$$= \frac{1}{\varrho}\int_0^\delta \tau\,\frac{\partial v_x}{\partial y}\,dy, \qquad (11.110)$$

wobei wieder die obere Grenze $y = \delta$ durch $y = \infty$ ersetzt werden kann.

Statt der nur „unscharf" zu definierenden Grenzschichtdicke δ führt man in der Grenzschichttheorie die *Verdrängungsdicke* (s. Abb. 11.8)

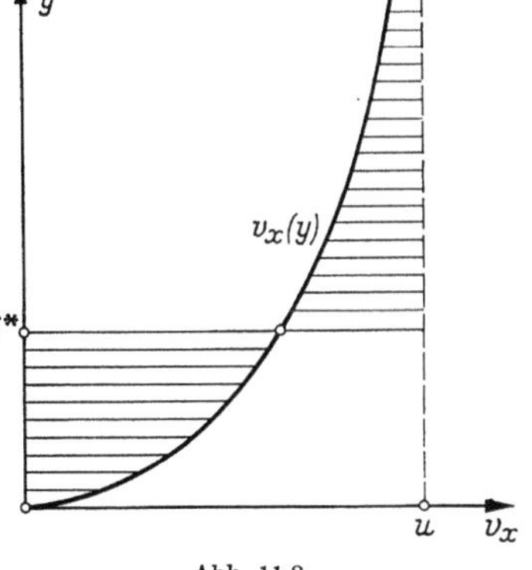

Abb. 11.8

$$\delta^* = \frac{1}{u}\int_0^\infty (u - v_x)\,dy, \qquad (11.111\,\text{a})$$

und die *Impulsverlustdicke*

$$\vartheta^* = \frac{1}{u^2}\int_0^\infty v_x(u - v_x)\,dy, \qquad (11.111\,\text{b})$$

16*

sowie die *Energieverlustdicke*

$$\delta^{**} = \frac{1}{u^3} \int\limits_0^\infty v_x (u^2 - v_x^2) \, dy \qquad (11.111\,\text{c})$$

und eine *Dissipationsgröße*

$$e = \frac{1}{u\tau_0} \int\limits_0^\infty \tau \frac{\partial v_x}{\partial y} \, dy \qquad (11.111\,\text{d})$$

ein. Mit diesen Größen schreibt man dann den *Impulssatz* (11.109) wie

$$\frac{d}{dx} (u^2 \vartheta^*) + \delta^* u \frac{du}{dx} = \frac{\tau_0}{\varrho} \qquad (11.112\,\text{a})$$

und den *Wieghardtschen Energiesatz* in der Form

$$\frac{d}{dx} (u^3 \delta^{**}) = 2 u e \frac{\tau_0}{\varrho}. \qquad (11.112\,\text{b})$$

Auf ähnliche Weise wie oben lassen sich weitere Integralaussagen analog dem Impuls- und Energiesatz schaffen, die sich entsprechend (11.112a bzw. b) in gewöhnlichen Differentialgleichungen für weitere Parameter der Grenzschicht äußern[1]. Schwierigkeiten ergeben sich dann aber dadurch, daß die Zahl der miteinander gekoppelten Parameter mit jedem neuen Integralsatz ansteigt, wie schon ein Vergleich von (11.112a) mit (11.112b) zeigt, so daß man sich bisher auf die Ausnutzung des angeführten Impulssatzes und des Energiesatzes beschränkt, zumal man den in diesen Sätzen auftretenden Größen noch eine anschauliche Deutung geben kann.

Als ein *Beispiel* dafür, wie man etwa mit dem Impulssatz arbeitet, behandeln wir das Problem der parallel angeströmten Platte (Abb. 11.7). Für $u = \text{konst}$ folgt aus (11.109), wobei wir die obere Integralgrenze wieder durch δ ersetzen,

$$u \frac{d}{dx} \int\limits_0^\delta v_x \, dy - \frac{d}{dx} \int\limits_0^\delta v_x^2 \, dy = \nu \left(\frac{\partial v_x}{\partial y} \right)_{y=0} = \frac{\tau_0}{\varrho}. \qquad (11.113)$$

Ein den Randbedingungen

$$v_x = u, \; \frac{\partial v_x}{\partial y} = \frac{\tau}{\mu} = 0, \; \frac{\partial^2 v_x}{\partial y^2} = 0 \; \text{ für } y = \delta = \delta(x)$$

und $v_x = 0$ für $y = 0$ und damit wegen (11.107) auch $\left[\dfrac{\partial^2 v_x}{\partial y^2} \right]_{y=0} = 0$ genügender Ansatz für v_x ist

$$v_x = v_x(x, y) = \left[2 \frac{y}{\delta} - 2 \left(\frac{y}{\delta} \right)^3 + \left(\frac{y}{\delta} \right)^4 \right] u, \qquad (11.114)$$

---

[1] Mathematisch läuft dieses Verfahren auf ein Ersetzen der partiellen Differentialgleichung (11.107) durch ein unendliches System von gewöhnlichen Differentialgleichungen für geeignet konstruierte Parameter des Grenzschichtgeschwindigkeitsprofils $v_x(x, y)$ hinaus. Beschränkt man sich auf die ersten Gleichungen dieses Systems, so gelangt man zu einer Näherungstheorie.

womit aus (11.113) die Differentialgleichung

$$\frac{d}{dx}\left[\delta(x)\right] = \frac{630\,\nu}{37\,u}\cdot\frac{1}{\delta(x)}$$

mit der Lösung

$$\delta = \delta(x) = \sqrt{\frac{1260}{37}\,\frac{\nu\,x}{u}} = 5{,}83\,\sqrt{\frac{\nu\,x}{u}} \qquad (11.115)$$

hervorgeht. Damit ist gemäß (11.114) v_x bekannt, so daß aus (11.113) die Wandschubspannung zu

$$\tau_0 = \mu\left(\frac{\partial v_x}{\partial y}\right)_{y=0} = \mu\,\frac{2u}{\delta} = 0{,}343\,\varrho\,\sqrt{\frac{\nu\,u^3}{x}}$$

und schließlich der Gesamtwiderstand — bei einer Breite b der beiden Plattenseiten — zu

$$W = 2b\int_{x=0}^{l}\tau_0\,dx = 1{,}372\,\varrho\,b\,\sqrt{\nu u^3 l} \qquad (11.116)$$

errechnet werden kann. Für die in der Technik gemäß

$$W = \frac{c_W}{2}\,\varrho F v^2 = \frac{c_W}{2}\,\varrho\,2blu^2 \qquad (11.116a)$$

definierte *Widerstandsziffer* ergibt sich

$$c_w = 1{,}327\,\sqrt{\frac{\nu}{ul}} = \frac{1{,}327}{\sqrt{R}}.$$

Zum Schluß sei noch auf ein sehr wichtiges Phänomen der Grenzschichtströmung hingewiesen: Die Möglichkeit der *Ablösung der Grenzschicht*. Besteht nämlich in der Strömungsrichtung ein Druckanstieg,

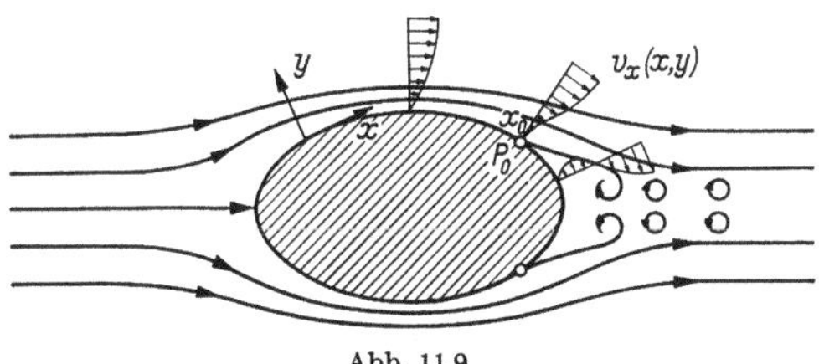

Abb. 11.9

z. B. entsprechend der Bernoullischen Energiegleichung auf der Rückseite eines angeströmten Zylinders (Abb. 11.9), so können unter Umständen die Flüssigkeitsteilchen infolge ihres Energieverlustes in der Grenzschicht „diesen Druckberg nicht mehr ersteigen", was heißt, daß sie zur Ruhe kommen, bzw. in eine rückläufige Bewegung geraten und von der Außenströmung als abgelöste Wirbel fortgetragen werden. Den Voraussetzungen gemäß reicht die Gültigkeit der Grenzschichttheorie nur bis zu diesem Ablösepunkt; wie aus Abb. 11.9 ersichtlich, kann man ihn durch

$$\left(\frac{\partial v_x}{\partial y}\right)_{\substack{y=0 \\ x=x_9}} = 0 \qquad (11.117)$$

festlegen.

Hinter einem angeströmten Zylinder bilden die abschwimmenden Wirbel eine sog. *Kármánsche Wirbelstraße*. Der zu ihrer fortgesetzten Erzeugung notwendige Energieverlust äußert sich am Zylinder in dem sog. *Formwiderstand*, der zusammen mit den Reibungskräften auf der Wand mit dem sog. *Profil-* oder *Oberflächenwiderstand* den *Gesamtwiderstand* bestimmt.

Eine ähnliche Wirbelablösung liefert auch die *Erklärung für die Zirkulation am Tragflügel* (s. § 10.7 h): Bei dem instationären Anlaufvorgang bildet sich zunächst eine zirkulationslose Potentialströmung aus, deren einer Staupunkt auf der Profiloberseite kurz vor der Hinterkante liegt. Die von der Unterseite herkommende und um die Hinterkante zu diesem Staupunkt hinfließende Strömung löst sich aber wegen

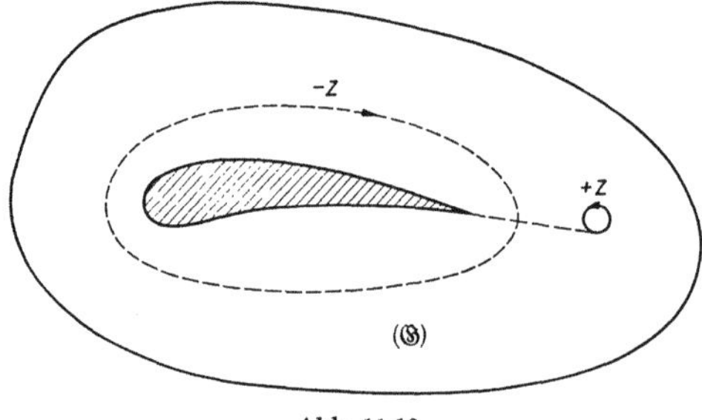

Abb. 11.10

des auf der letzten Strecke herrschenden starken Druckanstieges schon an der scharfen Hinterkante in Form eines Wirbels *(Anfahrwirbel)* mit der Zirkulation $+Z$ ab (Abb. 11.10), wobei Flüssigkeit von der Profiloberseite bis zur Hinterkante nachströmt. Dieser Zusatzströmung entspricht aber nach dem Helmholtz-Thomsonschen Satz für die Potentialströmung eine am Tragflügel zurückgelassene Wirbelverteilung der Gesamtzirkulation $-Z$, die dann zusammen mit der Anströmung den Auftrieb und eine Strömung mit glattem Abfluß an der Hinterkante ergibt, für die die in § 10 dargestellte Potentialtheorie eine gute Näherung darstellt.

10. Turbulenz [7.10, 7.13]. Es ist schon darauf hingewiesen worden, daß neben den bisher ausschließlich betrachteten Laminarströmungen auch eine sog. *turbulente Strömung* existiert, bei der zu der meßtechnisch erfaßbaren Durchschnittsbewegung noch eine unregelmäßige Bewegung kleiner Oszillationen hinzukommt. Es wurde auch erwähnt, daß für das — experimentell beobachtete — „Umschlagen" von laminarer zur turbulenten Strömung eine geeignet definierte Reynoldssche Zahl $R = \dfrac{v\,l}{v}$ maßgebend zu sein scheint, deren kritischen, d. h. die Instabilitätsgrenze bestimmenden Wert beispielsweise für die Kreisrohrströmung REYNOLDS zu $R_{kr} = v_{kr}\, a/v \approx 1150$ ($a =$ Rohrradius) experimentell bestimmte.

Um einen solchen, den Instabilitätspunkt kennzeichnenden Parameter R_{kr} auch quantitativ theoretisch nachzuweisen, bemühten sich unter der Annahme von kleinen Schwingungen für die einsetzende Störbewegung etwa seit Beginn dieses Jahrhunderts zahlreiche Gelehrte, wie REYNOLDS, Lord RAYLEIGH und SOMMERFELD; der Erfolg war negativ: Die von ihnen untersuchten Fälle stationärer laminarer Strömung blieben bei diesen Betrachtungen rechnerisch bei jeder Reynoldsschen Zahl stabil. Eine Klärung dieser Sachlage erfolgte in den dreißiger Jahren durch PRANDTL und seine Mitarbeiter TOLLMIEN, TIETJENS, SCHLICHTING und GÖRTLER: Sie wandten die Methode der kleinen Schwingungen nicht auf das Geschwindigkeitsprofil der ausgebildeten stationären Laminarströmung, sondern auf die „Zwischenprofile" der sich entwickelnden laminaren Strömung an. Auf diese Weise gelang es, die „Entstehung der Turbulenz" als Instabilitätsproblem zu erklären. Der kurzen Darlegung der einen ersten Überblick gebenden mathematischen Gedankengänge dienen die nun folgenden Ausführungen.

Wir beschränken uns auf den ebenen Fall einer stationären und inkompressiblen Grundströmung mit der Geschwindigkeit $\{\mathbf{U}(y); 0; 0\}$ und dem Druck $P(x, y)$. Dieser als gegeben angesehenen Strömung wird eine zeitabhängige und zweidimensionale „Störung" der Geschwindigkeit $\{u(x, y, t); v(x, y, t); 0\}$ und des Druckes $p(x, y, t)$ überlagert. Die Gesamtstörung soll — ebenso wie die Grundströmung — den Navier-Stokesschen Gleichungen genügen, und die Störung soll „klein" in dem Sinne sein, daß ihre Produkte vernachlässigt werden können. Für die so erhaltene Strömung

$$v_x = U + u, \quad v_y = v, \quad v_z = 0; \quad \overline{p} = P + p \tag{11.118}$$

liefert dann das Navier-Stokessche Gesetz und die Kontinuitätsgleichung nach Abspaltung des Störungsanteiles:

$$\left.\begin{aligned}
\frac{\partial u}{\partial t} + U\,\frac{\partial u}{\partial x} + v\,\frac{dU}{dy} + \frac{1}{\varrho}\,\frac{\partial p}{\partial x} &= v\,\Delta u, \\
\frac{\partial v}{\partial t} + U\,\frac{\partial u}{\partial x} \qquad\qquad + \frac{1}{\varrho}\,\frac{\partial p}{\partial y} &= v\,\Delta v,
\end{aligned}\right\} \tag{11.119}$$

$$\frac{\partial u}{\partial x} + \frac{\partial v}{\partial y} = 0. \tag{11.120}$$

Das sind drei Gleichungen für u, v und p, wozu noch die Randbedingungen des Haftens an der Wand kommen. Nun wollen wir die Störung hinsichtlich ihres örtlichen und zeitlichen Verlaufes durch eine Stromfunktion bzw. durch ein Spektrum von Schwingungsfunktionen in der komplexen Form[1]

$$\psi = \psi(x, y, t) = \varphi(y)\, e^{i\,(\alpha x - \beta t)}, \quad \alpha \text{ reell} \tag{11.121}$$

beschreiben, der die Geschwindigkeiten

$$u = \frac{\partial \psi}{\partial y} = \varphi'(y)\, e^{i\,(\alpha x - \beta t)}, \quad v = -\frac{\partial \psi}{\partial x} = -i\,\alpha\, \varphi''(y)\, e^{i\,(\alpha x - \beta t)} \tag{11.122}$$

zugeordnet sind. Nach Einsetzen in (11.119) und (11.120) und nach Elimination des Druckes erhält man die *Orr-Sommerfeldsche Differentialgleichung* der Amplitudenfunktion $\varphi = \varphi(y)$:

$$\left(U - \frac{\beta}{\alpha}\right)(\varphi'' - \alpha^2 \varphi) - U'' \varphi = -\frac{i}{\alpha \mathsf{R}}(\varphi'''' - 2\alpha^2 \varphi'' + \alpha^4 \varphi). \tag{11.123}$$

Hierbei sind dimensionslose Größen eingeführt, indem man alle Längen auf eine charakteristische Größe — wie die Grenzschichtdicke δ — und die Geschwindigkeiten auf den Maximalwert U_{max} der Grundströmung U bezog; die Striche bedeuten Ableitungen nach der dimensionslosen Koordinate, etwa y/δ, während die Reynoldssche Zahl dementsprechend $\mathsf{R} = U_{max}\delta/\nu$ ist.

Die Differentialgleichung (11.123) zusammen mit den Randbedingungen

$$u = v = 0 \quad \text{für} \quad y = 0$$
$$\text{und für} \quad y \to \infty,$$

also nach (11.122)

$$\varphi = 0, \quad \varphi' = 0 \quad \text{für} \quad y = 0$$
$$\text{und für} \quad y \to \infty \tag{11.124}$$

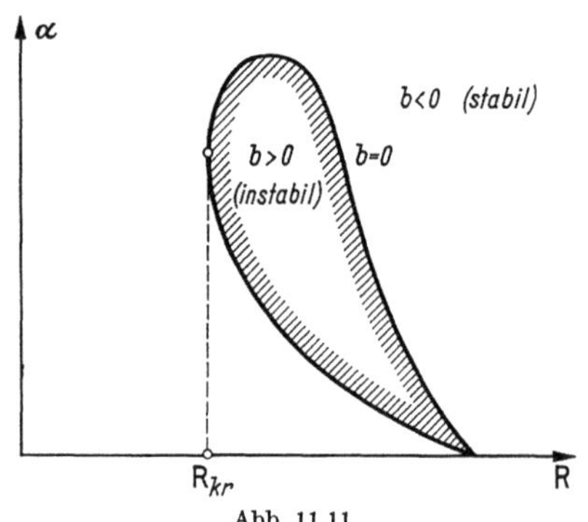

Abb. 11.11

liefert zu jedem gegebenen Wertepaar $\alpha = \dfrac{2\pi}{L}$ (L = Wellenlänge der Störung) und R eine Eigenfunktion $\varphi = \varphi(y)$ und einen — komplexen — Eigenwert $\beta/\alpha = \lambda = a + ib$, wobei im Sinne des Ansatzes (11.121) $b > 0$ Anfachung (Instabilität), $b < 0$ Dämpfung (Stabilität) bedeutet. Die Kurve $b = 0$ der α,R-Ebene trennt die stabilen von den instabilen Störungen; sie heißt die *Indifferentenkurve* (Abb. 11.11), und ihre zur α-Achse parallele Tangente bestimmt „*die theoretisch kritische Reynoldssche Zahl*" und somit die *Stabilitätsgrenze* der gestörten Laminarströmung.

---

[1] Physikalisch sinnvoll ist dann der Realteil von ψ.

Diese liegt unterhalb der experimentell beobachtbaren kritischen Reynoldsschen Zahl, was seine Erklärung darin findet, daß die von der Theorie gelieferte Umschlagstelle während der zur Turbulenzanfachung notwendigen Zeit weiter stromabwärts gewandert ist.

Mit diesen grundsätzlichen Andeutungen[1] wollen wir uns in diesem Rahmen begnügen und mit der Bemerkung schließen, daß die mathematische Durchführung dieser Stabilitätsuntersuchung außerordentlich schwierig ist und ihr wichtigstes Ergebnis das sog. *Wendepunktkriterium* ist: Das Auftreten eines Wendepunktes in einem Geschwindigkeitsprofil, wie er beispielsweise in einem divergenten Kanal mit Druckanstieg vorkommen kann (Abb. 11.12), ist eine hinreichende Bedingung für angefachte Schwingungen und damit für die Instabilität des Profils.

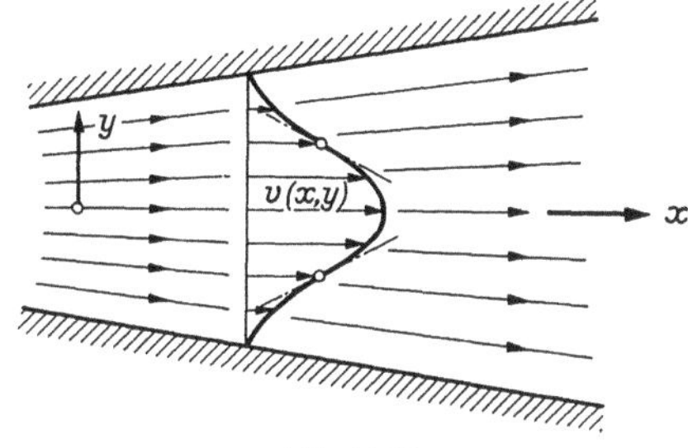

Abb. 11.12

Nun noch einige Bemerkungen über die *mathematische Erfassung der turbulenten Strömung*. Die ersten Ansätze hierzu stammen von REYNOLDS: Analog zu (11.118) wird der inkompressiblen Grundströmung $(u, v, w; \bar{p})$ eine inkompressible turbulente überlagert:

$$v_x = u + u', \quad v_y = v + v', \quad v_z = w + w', \quad p = \bar{p} + p',$$

und zwar mit der Annahme, daß die über kleine (räumliche und zeitliche) Intervalle gebildeten linearen Mittelwerte $\mathscr{M}(v_x) = u$, d. h. $\mathscr{M}(u') = 0$ usw. werden. Dementsprechend ändern sich die Navier-Stokesschen Gleichungen (11.16) in

$$\frac{\partial u}{\partial t} + u\frac{\partial u}{\partial x} + v\frac{\partial u}{\partial y} + w\frac{\partial u}{\partial z} =$$
$$= -\frac{1}{\varrho}\frac{\partial \bar{p}}{\partial x} + \nu\Delta u - \mathscr{M}\left(u'\frac{\partial u'}{\partial x} + v'\frac{\partial u'}{\partial y} + w'\frac{\partial u'}{\partial z}\right) \tag{11.125}$$

usw. Die Bedingung der Inkompressibilität

$$\frac{\partial u'}{\partial x} + \frac{\partial v'}{\partial y} + \frac{\partial w'}{\partial z} = 0$$

liefert dann

$$u'\frac{\partial u'}{\partial x} + v'\frac{\partial u'}{\partial y} + w'\frac{\partial u'}{\partial z} = \frac{\partial}{\partial x}u'^2 + \frac{\partial}{\partial y}(u'v') + \frac{\partial}{\partial z}(u'w') \,.$$

---

[1] Der Theorie der hydrodynamischen Stabilitätsprobleme ist insbesondere die Monographie von LIN [7.6] gewidmet, während für einige neuere Ergebnisse der Stabilitätstheorie axialsymmetrischer Parallelströmung auf die Arbeit von SCHADE [9.29] hingewiesen sei.

Ein Vergleich mit (11.125) und mit den Ausführungen zu Gl. (11.11a) zeigt, daß die überlagerte Turbulenz die zusätzlichen Spannungen

$$\sigma'_{xx}=-\varrho\,\mathcal{M}\,(u'^{\,2}),\ \sigma'_{xy}=\sigma'_{yx}=-\varrho\,\mathcal{M}\,(u'v'),\ \sigma'_{xz}=\sigma'_{zx}=-\varrho\,\mathcal{M}\,(u'w')$$

zur Folge hat.

Im weiteren kam es darauf an, für die Mittelwerte, über die sich von der Theorie her keine weiteren Aussagen machen lassen, geeignete Ansätze zu finden. Beispielsweise stammt für die ebene Parallelströmung von BOUSSINESQ der Ansatz

$$\mathcal{M}\,(u'v')=-\eta'\,\frac{du}{dy}\,, \tag{11.126}$$

wobei aber im Gegensatz zur zähen und laminaren Strömung nach PRANDTL

$$\eta'=l^2\,\frac{du}{dy}\,, \quad l=\text{konst} \tag{11.127}$$

und nach v. KÁRMÁN dagegen

$$l=\varkappa\left|\frac{du}{dy}\right|\Big/\left|\frac{d^2u}{dy^2}\right|, \ \varkappa=\text{konst} \tag{11.128}$$

zu setzen ist. Man nennt l den „*Mischungsweg*", eine Größe, die, ähnlich wie die freie Weglänge der Molekularphysik, charakteristisch für den Impulsaustausch der Turbulenz ist. Mit dem Druckgefälle $\varGamma=-\dfrac{1}{\varrho}\cdot\dfrac{\partial\bar{p}}{\partial x}$ erhält man für die ebene stationäre Parallelströmung die Differentialgleichung von v. KÁRMÁN:

$$\varkappa^2\,\frac{\left(\dfrac{du}{dy}\right)^4}{\left(\dfrac{d^2u}{dy^2}\right)^2}+v\,\frac{du}{dy}+\varGamma y=0\,.$$

Bei Vernachlässigung des Zähigkeitsgliedes ist ihr Integral

$$u=\frac{\sqrt{\varGamma}}{\varkappa}\left[-\sqrt{-y}+\sqrt{A}\,\ln\left(1-\sqrt{-\frac{y}{A}}\right)\right]+B\,, \tag{11.129}$$

wobei A und B Konstanten und $-h\leqq y\leqq 0$ der Gültigkeitsbereich ist.

Das Hauptproblem der Theorie der turbulenten Strömung stellt immer noch die Verknüpfung der turbulenten Zusatzspannung $\sigma'_{ik}=-\varrho\,\mathcal{M}\,(v'_i,v'_k)$ mit der Grundströmung v_i dar. Ob eine solche Verknüpfung in einfacher Weise ähnlich der von Materialgesetzen geleisteten überhaupt möglich ist, kann bis heute noch nicht entschieden werden. Im Moment beschäftigen sich viele Forscher damit, hierfür experimentelle Daten zu sammeln.

Zum Schluß sei noch erwähnt, daß auch sehr tiefgehende Untersuchungen von TAYLOR, GEBELEIN, v. KÁRMÁN, WEIZSÄCKER, E. HOPF,

HEISENBERG, LERAY, BURGERS angestellt worden sind, um von der statistischen Theorie her die Turbulenz zu erfassen, wofür den Ansatzpunkt die bei Aufstellung des Tensors der turbulenten Zusatzspannungen durchgeführte Mittelwertbildung liefert.

Aufgaben und Probleme zum § 11

1. Störung auf der Oberfläche einer zähen Flüssigkeit. Der Oberfläche $y = 0$ einer den unteren Halbraum ausfüllenden und ruhenden zähen Flüssigkeit wird von der Zeit $t = 0$ an

a) die konstante Geschwindigkeit $v_x(0) = v_0$,

b) die konstante Schubspannung $\tau_{yx} = \tau_0$ aufgedrückt.

Welcher Geschwindigkeitszustand entsteht in der Flüssigkeit? Von Massenkräften werde abgesehen, der Druck sei konstant. Kinematische Zähigkeit $\nu = \mu/\varrho$ und die Dichte ϱ seien gegeben.

Lösung. Allgemein gilt mit $\Gamma = 0$ die Gleichung (11.62)

$$\frac{\partial v}{\partial t} = \nu \frac{\partial^2 v}{\partial y^2}.\tag{1}$$

Mit dem Ansatz

$$v = t^\alpha f\left(\frac{y^2}{4\nu t}\right)\tag{2}$$

erhält man Lösungen von (1) z. B. in der Form

$$v = v(y, t) = v_0\left(1 - \frac{2}{\sqrt{\pi}} \int\limits_0^{\frac{-y}{2\sqrt{\nu t}}} e^{-\xi^2} d\xi\right), \quad y \le 0.\tag{3}$$

Diese Funktion genügt wegen $\displaystyle\int\limits_0^\infty e^{-\xi^2} d\xi = \frac{\sqrt{\pi}}{2}$

sogar der Anfangs- und Randbedingung.

Jetzt haben wir eine Funktion zu suchen, die (1) befriedigt und außerdem

$$\mu\left(\frac{\partial v}{\partial y}\right)_{y=0} = \tau_0 \quad \text{für} \quad t > 0.$$

Eine diesen Forderungen genügende Funktion der Gestalt (2) ist

$$v = \frac{\tau_0}{\varrho \sqrt{\pi \nu}} \int\limits_0^t \frac{e^{-\frac{y^2}{4\nu t}}}{\sqrt{t}} dt, \quad y \le 0.\tag{4}$$

Die auftretenden Integrale lassen sich auf das vertafelte Fehlerintegral $\Phi(u)$ von GAUSS zurückführen:

$$\Phi(u) = \frac{2}{\sqrt{\pi}} \int\limits_0^u e^{-\xi^2} d\xi.\tag{5}$$

2. Strömungsanalogon zur Bestimmung der Torsionssteifigkeit einfach zusammenhängender Querschnitte. Man weise nach, daß unter Voraussetzung laminarer, stationärer gerader Strömung die Navier-Stokesschen Gleichungen eine Form annehmen, die eine experimentelle Bestimmung der Torsionssteifigkeit (§ 9. 4c) des durchflossenen Querschnittes ermöglichen.

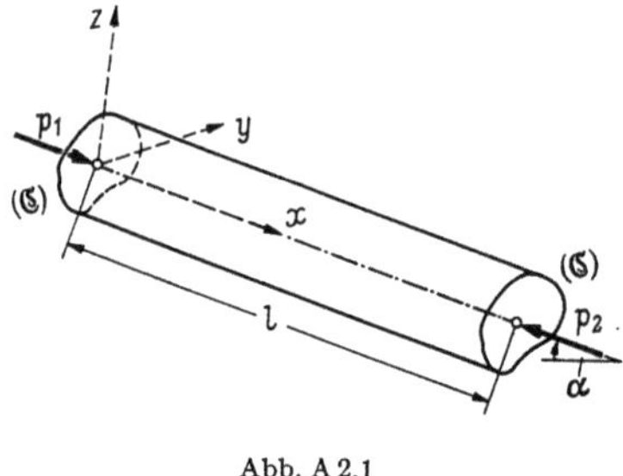

Abb. A 2.1

Lösung. Wir betrachten ein gerades, gegen die Horizontale unter dem Winkel α geneigtes Rohr, in dem eine zähe Flüssigkeit des spezifischen Gewichtes γ strömt (Abb. A.2.1). Die Druckdifferenz zwischen den Endquerschnitten sei gegeben. Die Massenkraft ist $\mathfrak{R} = \{g \sin \alpha; 0; - g \cos \alpha\}$, der Geschwindigkeitsvektor $\mathfrak{v} = \{v_x; v_y; v_z\}$ $= \{v; 0; 0\}$ und somit div $\mathfrak{v} = \partial v/\partial x = 0$, d. h. $v = v(y, z)$. Die drei Komponenten der Navier-Stokesschen Gleichungen lauten demnach:

$$\Delta v = \frac{\partial^2 v}{\partial y^2} + \frac{\partial^2 v}{\partial z^2} = \frac{1}{\mu}\left(\frac{\partial p}{\partial x} - \gamma \sin \alpha\right); \left.\begin{array}{l}\\\\\\\end{array}\right\} \tag{1}$$

$$\frac{\partial p}{\partial y} = 0, \frac{\partial p}{\partial z} = - g \cos \alpha.$$

Den letzten beiden Gleichungen genügt

$$p = p(x, z) = f(x) - \gamma z \cos\alpha, \tag{2}$$

wobei $f(x)$ eine noch unbekannte Funktion von x ist. Dann liefert die erste Gleichung von (1) die Beziehung

$$\Delta v = \frac{1}{\mu}\left[f'(x) - \gamma \sin \alpha\right],$$

der man durch

$$\Delta v = \text{konst} = C_1 \quad \text{und} \quad f'(x) = u C_1 + \gamma \sin\alpha$$

genügen kann. Mit der neuen Konstanten C_2 erhält man

$$p = p(x, z) = - \gamma z \cos\alpha + (\mu C_1 + \gamma \sin\alpha) x + C_2.$$

Aus $p(0, 0) = p_1$, $p(l, 0) = p_2$ lassen sich die Konstanten ermitteln:

$$C_1 = \frac{1}{\mu}\left(\frac{p_2 - p_1}{l} - \gamma \sin\alpha\right), \quad C_2 = p_1.$$

Man hat dann für v die Poissonsche Differentialgleichung

$$\Delta v = \frac{1}{\mu}\left(\frac{p_2 - p_1}{l} - \gamma \sin\alpha\right) = - \frac{\Gamma}{\mu} = \text{konst}, \tag{3}$$

deren Lösung noch der Randbedingung (Harten an der Wand)

$$v = v(y, z) = 0 \quad \text{auf} \quad (\mathfrak{C}) \tag{4}$$

genügen muß, wobei $(\mathfrak{C})$ die Berandungskurve des Querschnittes ist (Abb. A 2.1). Da die Spannungsfunktion (s. § 9.4 c) des Torsionsproblems ebenfalls den Forderungen (3) und (4) genügen muß, und dann einerseits

$$-4 \iint \Phi \, dF = J_t \tag{5}$$

die Torsionssteifigkeit bestimmt, andererseits

$$\iint v \, dF = Q \tag{6}$$

die den Rohrquerschnitt in der Zeiteinheit passierende Flüssigkeitsmenge angibt, hat man durch Messung von Q auf die Torsionssteifigkeit J_t des Querschnittes zu schließen. Der Hinweis auf diese Möglichkeit stammt von Boussinesq, die experimentelle Durchführung des Verfahrens von H. Sander [9.28].

3. Das Temperaturfeld in einer Spalt- und Rohrströmung einer zähen Flüssigkeit bei temperaturunabhängigen Stoffkonstanten. In einem Spalt der Höhe h mit bewegtem oberen Rand bzw. in einem Rohr vom Radius a strömt eine zähe inkompressible Flüssigkeit mit einem Geschwindigkeitsprofil gemäß (11.7) bzw. (11.6). Welches ist das (stationäre) Temperaturfeld, wenn die Wandungen auf konstanter Temperatur gehalten werden?

Lösung. Da der Vorgang stationär, die Flüssigkeit inkompressibel, der Geschwindigkeitsvektor $\boldsymbol{v} = \{v_x(y); 0; 0\}$ ist, folgt aus (11.32) mit (11.23)

$$\lambda \frac{d^2 T}{dy^2} = -\mu \left(\frac{dv_x}{dy} \right)^2 \quad \text{bzw.}$$

$$\lambda \left(\frac{d^2 T}{dr^2} + \frac{1}{r} \frac{dT}{dr} \right) = -\mu \left(\frac{dv_x}{dr} \right)^2 ,$$

also unter Heranziehung von (11.7) bzw. (11.6)

$$\lambda \frac{d^2 T}{dy^2} = -\mu \left(\frac{v_0}{h} - \frac{\Gamma}{\mu} y \right)^2 \quad \text{bzw.} \quad \lambda \left(\frac{d^2 T}{dr^2} + \frac{1}{r} \frac{dT}{dr} \right) = -\frac{\Gamma^2}{4\mu} r^2 .$$

Die Lösungen dieser Differentialgleichungen sind

$$T = T(y) = -\frac{\mu^3}{12 \Gamma^2 \lambda} \left(\frac{v_0}{h} - \frac{\Gamma}{\mu} y \right)^4 + C_1 y + C_2 \tag{1}$$

bzw.

$$T = T(r) = C_3 + C_4 \ln r - \frac{\Gamma^2}{64 \mu \lambda} r^4 . \tag{2}$$

Die Konstanten C_1 und C_2 bzw. C_3 und C_4 lassen sich ermitteln aus den Randbedingungen $T(\pm h/2) = T_0$ bzw. $T(a) = T_0$ und aus der Forderung, daß T für $r = 0$ endlich bleiben soll. Man erhält

$$
\begin{aligned}
T = T(y) \\
= T_0 - \frac{\mu^3}{12\,\Gamma^2\lambda}\left\{\left(\frac{v_0}{h} - \frac{\Gamma}{\mu}\,y\right)^4 + 8\,\frac{y}{h}\left(\frac{v_0}{h}\right)\left(\frac{\Gamma}{\mu}\,\frac{h}{2}\right)\left[\left(\frac{v_0}{h}\right)^2 + \left(\frac{\Gamma}{\mu}\,\frac{h}{2}\right)^2\right] - \right. \\
\left. - \left[\left(\frac{v_0}{h}\right)^4 + 6\left(\frac{v_0}{h}\right)^2\left(\frac{\Gamma}{\mu}\,\frac{h}{2}\right)^2 + \left(\frac{\Gamma}{\mu}\,\frac{h}{2}\right)^4\right]\right\}
\end{aligned}
$$

bzw.

$$
T = T(r) = T_0 + \frac{\Gamma^2}{64\,\mu\,\lambda}\,(a^4 - r^4)\,.
$$

Es bereitet keine Schwierigkeit, die Lösungen (1) und (2) anderen Randbedingungen anzupassen, so z. B. für (1) $T\left(-\dfrac{h}{2}\right) = T_0$ und $\left[\dfrac{\partial T}{\partial y}\right]_{y\,=\,\frac{h}{2}} = 0$ (Wärmeundurchlässigkeit) zu fordern. Die Lösung (2) kann auch für die Strömung zwischen zwei konzentrischen Kreiszylindern verwendet werden.

4. Ebene Strömung zwischen zwei parallelen Platten bei temperaturabhängiger Zähigkeit. Zwischen zwei parallelen Platten ($y = 0$ und $y = h$), die gegeneinander die (konstante) Relativgeschwindigkeit v_0 haben, strömt bei konstantem Druck eine zähe Flüssigkeit. Für den Zähigkeitskoeffizienten setzen wir nach PRANDTL [9.24] bzw. in einer abgewandelten Form von NAHME [9.21]

$$
\mu = \mu_0 e^{-\beta T}\,. \tag{1}
$$

Hierbei sind μ_0 und β Materialkonstanten und T die Temperatur. Welche Strömungsgeschwindigkeit $v_x = v = v(y)$ stellt sich zwischen den Platten ein? Die Wärmeleitfähigkeit der Flüssigkeit sei λ, die Temperatur der Platten T_0.

Lösung. Die Dissipationsenergie [s. Gleichung (11.23)] muß im stationären Falle durch Wärmeleitung in Richtung der Platten abtransportiert werden:

$$
\mu\left(\frac{dv}{dy}\right)^2 = -\lambda\,\frac{d^2 T}{dy^2}\,. \tag{2}
$$

Andererseits zieht aber der konstante Druck eine von y unabhängige Schubspannung nach sich,

$$
\sigma_{yx} = \tau_0 = \mu\,\frac{dv}{dy}\,, \tag{3}
$$

so daß aus (2) mit (1) die Differentialgleichung

$$
\frac{d^2 T}{dy^2} = -\frac{\tau_0^2}{\lambda\mu_0}\,e^{\beta T} \tag{4}
$$

hervorgeht. Die Lösung lautet:

$$
T = T(y) = \frac{1}{\beta}\left[\ln\left(\frac{2\,\lambda\,\mu_0\,C_1}{\beta\,\tau_0^2}\right)^2 - 2\ln\mathfrak{Cof}(C_1 y + C_2)\right]\,. \tag{5}
$$

Die Integrationskonstanten C_1 und C_2 sind aus $T(0) = T(h) = T_0$ zu ermitteln.

Zur Bestimmung der Geschwindigkeit dient die Gleichung (3):

$$\frac{dv}{dy} = \frac{\tau_0}{\mu} = \frac{\tau_0}{\mu_0}\, e^{\beta T} = \frac{2}{\beta\,\tau_0}\, \frac{C_1^2}{\mathfrak{Cof}^2(C_1 y + C_2)}\, .$$

Integration liefert mit der neuen Konstanten C_3:

$$v = v(y) = \frac{2C_1}{\beta\,\tau_0}\, \mathfrak{Tg}\,(C_1 y + C_2) + C_3\, . \tag{6}$$

Aus $v(0) = 0$, $v(h) = v_0$ erhalten wir schließlich

$$v = \frac{v_0}{2}\left[\frac{\mathfrak{Tg}\, C_1(y - h/2)}{\mathfrak{Tg}\,(C_1 h/2)} + 1\right], \tag{7}$$

wobei C_1 der transzendenten Gleichung

$$\mathfrak{Cof}\left(\frac{C_1 h}{2}\right) = \sqrt{\frac{2\,\lambda\,\mu_0}{\beta\,\tau_0^2}}\, C_1 \tag{8}$$

genügt.

5. Strömung einer zähen Flüssigkeit in einem Spalt bzw. in einem Rohr bei temperaturabhängiger Zähigkeit. In einem Spalt der Höhe h bzw. in einem Kreisrohr vom Radius a strömt bei konstantem Druckgefälle $- (\partial p/\partial x) = \Gamma$ eine zähe Flüssigkeit. Welches stationäre Temperatur- und Geschwindigkeitsfeld stellt sich ein, wenn nach HAUSEN-BLAS [9.16] angenommen wird, daß der Zähigkeitskoeffizient μ bzw. $1/\mu$ eine lineare Funktion

$$\frac{1}{\mu} = k_0 + k_1 T \tag{1}$$

der Temperatur T ist und die Wandungen die Temperatur T_0 haben?

Lösung. a) Die *Spaltströmung.* Die Navier-Stokessche Gleichung[1] für $\mathfrak{v} = \{v(y)\,;\, 0\,;\, 0\}$ lautet

$$\frac{d}{dy}\left(\mu\, \frac{dv}{dy}\right) + \frac{dp}{dx} = 0\, ,$$

deren erstes, der Symmetriebedingung $v'(0) = 0$ genügendes Integral

$$\frac{dv}{dy} = -\frac{1}{\mu}\, \frac{dp}{dx}\, y = \frac{\Gamma}{\mu}\, y = \Gamma(k_0 + k_1 T)\, y \tag{2}$$

ist. Mit (1) und Gleichung (2) der Aufgabe 4 erhalten wir

$$\frac{d^2 T}{dy^2} + \frac{\Gamma}{\lambda}\, y^2 (k_0 + k_1 T) = 0\, , \tag{3}$$

---

[1] Sie beinhaltet in diesem Falle wegen der Annahme von Isomorphie und Stationarität, daß Druckgefälle und Schubspannungsänderung im Gleichgewicht sind!

oder nach Einführung von

$$\Theta = \frac{k_0}{k_1} + T \quad \text{und} \quad K^2 = \frac{k_1}{\lambda}\,\Gamma^2 \tag{4}$$

die neue Differentialgleichung

$$\frac{d^2\Theta}{dy^2} + (Ky)^2\,\Theta = 0\,, \tag{5}$$

die sich mit der (Lommel-)Transformation

$$y = \left(\frac{2}{K}\,\eta\right)^{1/2}, \quad \Theta = y^{1/2}\vartheta$$

auf die Besselsche Differentialgleichung

$$\frac{d^2\vartheta}{d\eta^2} + \frac{1}{\eta}\,\frac{d\vartheta}{d\eta} + \left(1 - \frac{1}{16\,\eta^2}\right)\vartheta = 0 \tag{6}$$

zurückführen läßt. Da die Lösung von (6)

$$\vartheta = \vartheta(\eta) = C_1 J_{1/4}(\eta) + C_2 J_{-1/4}(\eta)$$

ist, lautet die in η gerade Lösung von (5) mit $\eta = \dfrac{K}{2}\,y^2$

$$\Theta = \Theta(y) = C_2 \sqrt{y}\, J_{-1/4}\!\left(\frac{K}{2}\,y^2\right) = C_2 \sqrt[4]{\frac{4}{K}} \sum_{j=0}^{\infty} (-1)^j\, \frac{\left(\dfrac{K}{4}\,y^2\right)^{2j}}{j!\left(-\dfrac{1}{4}+j\right)!}\,. \tag{7}$$

Aus $T(\pm h/2) = T_0$ läßt sich C_2 bestimmen, so daß man schließlich

$$T(y) = \frac{T_0 + k_0/k_1}{\sqrt{\dfrac{h}{2}}\, J_{-1/4}\!\left(\dfrac{K}{8}\,h^2\right)}\, \sqrt{y}\, J_{-1/4}\!\left(\frac{K}{2}\,y^2\right) - \frac{k_0}{k_1} \tag{8}$$

erhält.

Die Geschwindigkeit gewinnt man durch Integration aus (2) unter Verwendung von (8) bzw. (7) und Beachtung der Randbedingungen $v(\pm h/2) = 0$:

$$v = v(y) = \frac{\Gamma(k_0 + k_1 T_0)\,\sqrt[4]{4/K}}{\sqrt{\dfrac{h}{2}}\, J_{-1/4}\!\left(\dfrac{K}{8}\,h^2\right)}\left[\frac{h^2}{4}\,F\!\left(\frac{K}{8}\,h^2\right) - y^2 F\!\left(\frac{K}{2}\,y^2\right)\right], \tag{9}$$

wobei

$$F(x) = \sum_{j=0}^{\infty} (-1)^j\, \frac{\left(\dfrac{x}{2}\right)^{2j}}{j!\left(-\dfrac{1}{4}+j\right)!\,(4j+2)} \tag{10}$$

ist.

b) Rohrströmung. Jetzt hat man

$$\frac{d}{dr}\left(\mu r\,\frac{dv}{dr}\right) = -r\,\frac{dp}{dz} = r\Gamma\,.$$

Die erste Integration liefert

$$\frac{dv}{dr} = \frac{1}{2\,\mu}\,\Gamma r = \frac{\Gamma}{2}\,(k_0 + k_1 T)\,r\,, \tag{11}$$

womit aus der Energiebilanz

$$\lambda\left(\frac{d^2 T}{dr^2} + \frac{1}{r}\,\frac{dT}{dr}\right) = -\,\mu\left(\frac{dv}{dr}\right)^2$$

die Besselsche Differentialgleichung

$$\frac{d^2 T}{dr^2} + \frac{1}{r}\,\frac{dT}{dr} + \frac{\Gamma^2}{4\lambda}\,(k_0 + k_1 T)\,r^2 = 0$$

hervorgeht. Setzt man

$$\Theta = \frac{k_0}{k_1} + T\,;\quad \mathfrak{L}^2 = \frac{k_1}{4\lambda}\,\Gamma^2\,, \tag{12}$$

so ergibt sich

$$\frac{d^2\Theta}{dr^2} + \frac{1}{r}\,\frac{d\Theta}{dr} + \mathfrak{L}^2\,\Theta r^2 = 0$$

mit der für $r = 0$ regulären Lösung

$$\Theta = C J_0\left(\frac{\mathfrak{L}}{2}\,r^2\right) = C \sum_{j=0}^{\infty}\,(-1)^j\,\frac{\left(\frac{\mathfrak{L}}{4}\,r^2\right)^{2j}}{(j!)^2}\,. \tag{13}$$

Die Konstante C_0 bestimmt man aus der Randbedingung $T(a) = T_0 = \Theta(a) - k_0/k_1$. Man erhält:

$$T = T(y) = \frac{T_0 + k_0/k_1}{J_0(\mathfrak{L}a^2/4)}\,J_0\left(\frac{\mathfrak{L}}{2}\,r^2\right) - \frac{k_0}{k_1}\,. \tag{14}$$

Aus (11) ergibt sich schließlich die Geschwindigkeit durch Integration

$$v = v(r) = \frac{(k_1 T_0 + k_0)\,\Gamma}{2\,J_0(\mathfrak{L}a^2/4)}\left[a^2 G\left(\frac{\mathfrak{L}}{4}\,a^2\right) - r^2 G\left(\frac{\mathfrak{L}}{4}\,r^2\right)\right],$$

wobei

$$G(x) = \sum_{j=0}^{\infty}\,(-1)^j\,\frac{\left(\frac{x}{2}\right)^{2j}}{(j!)^2\,(2j+2)}$$

bedeutet.

§ 12. Dynamik idealer Gase

1. Die thermodynamischen und mechanischen Grundgleichungen für reibungsfrei strömende ideale Gase. Die Flüssigkeit der in diesem Paragraphen behandelten Strömungen sei kompressibel, jedoch wird von dem Einfluß der Viskosität zwischen den Massenelementen abgesehen. Weiter wird die Gültigkeit der schon angeführten Zustandsgleichung idealer Gase (10.1)

$$p = \frac{\mathcal{R}}{\mathcal{M}}\,\varrho\,T \tag{12.1}$$

vorausgesetzt, wozu noch eine Beziehung der Form

$$\mathcal{U} = \mathcal{U}(T)$$

hinzukommt, wonach die *innere Energie* des idealen Gases allein von der absoluten Temperatur abhängt. Die nähere Definition der inneren Energie (s. a. § 11.4) erfolgt durch den ersten Hauptsatz der Thermodynamik, der den Zuwachs $d\mathcal{U}$ an innerer Energie aus der dem System zugeführten Wärmemenge δQ und der von außen aufgebrachten mechanischen Arbeitsleistung dA erklärt:

$$\delta Q = d\mathcal{U} - dA \;.$$

In den Fällen, in denen dieser Vorgang *reversibel*, d. h. umkehrbar, verläuft, gilt

$$[dA]_{revers.\ Fall} = dA_{rev} = -p\,dV = -p\,d\left(\frac{1}{\varrho}\right),$$

so daß wir dann

$$\delta Q_{rev} = d\mathcal{U} + p\,d\left(\frac{1}{\varrho}\right) \tag{12.2}$$

schreiben können. Dabei soll der Index „rev" jeweils auf die im reversiblen Falle auftretenden Größen hinweisen. Unter einem *reversiblen* Ablauf des Geschehens hat man in unserem Zusammenhang einen solchen Vorgang zu verstehen, der *langsam genug* verläuft, um die der Druckverteilung entsprechende Beschleunigungsarbeit vollständig, d. h. verlustlos, in kinetische Energie umzusetzen. Die im folgenden betrachteten Fälle können in diesem Sinne mit genügender Genauigkeit i. a. als reversibel angesehen werden, wenn auch die auftretenden Geschwindigkeiten und Beschleunigungen nach landläufigen Begriffen „groß" sind. Eine Ausnahme bildet der in § 12.4 behandelte Verdichtungsstoß.

Im folgenden erweist es sich als vorteilhaft, noch weitere thermodynamische Zustandsgrößen in die Betrachtung einzubeziehen. Eine dieser Größen ist die durch die folgende Gleichung definierte *Enthalpie:*

$$\mathcal{E} = \mathcal{U} + \frac{p}{\varrho} = \mathcal{U} + \frac{\mathcal{R}}{\mathcal{M}}\,T = \mathcal{E}(T)\;. \tag{12.3}$$

Damit lautet (12.2)

$$\delta Q_{rev} = d\mathcal{U} + p\,d\left(\frac{1}{\varrho}\right) = d\mathcal{E} - \frac{dp}{\varrho}\;. \tag{12.4}$$

Während δQ bzw. δQ_{rev} kein totales Differential darstellen (darauf soll hier das δ-Zeichen hinweisen), läßt sich, wie schon in § 11.4 angedeutet, (12.4) mittels des integrierenden Faktors $1/T$ in ein vollständiges Differential

$$dS = \frac{dQ_{rev}}{T} = \frac{1}{T}\left[d\mathcal{U} + p\,d\left(\frac{1}{\varrho}\right)\right] = \frac{1}{T}\left[d\mathcal{E} - \frac{1}{\varrho}\,dp\right] \tag{12.5}$$

einer neuen Zustandsgröße S, der sog. *Entropie* umwandeln. Mittels sog. *spezifischer Wärmen*, und zwar der bei konstantem Druck c_p bzw. der bei konstantem Volumen c_v,

$$c_p = \left(\frac{\partial \mathcal{E}}{\partial T}\right)_{p\,=\,\text{konst}} = \frac{d\mathcal{E}}{dT} \quad \text{bzw.} \quad c_v = \left(\frac{\partial \mathcal{U}}{\partial T}\right)_{\varrho\,=\,\text{konst}} = \frac{d\mathcal{U}}{dT}, \tag{12.6}$$

die nach (12.3) durch

$$c_p - c_v = \frac{\mathcal{R}}{\mathcal{M}} \tag{12.7}$$

verknüpft sind, schreibt man für (12.5) mit (12.1) auch

$$dS = c_v \frac{dT}{T} + (c_p - c_v)\, \varrho\, d\left(\frac{1}{\varrho}\right) = c_v d\left(\ln \frac{p}{p_0}\right) + c_p d\left(\ln \frac{\varrho_0}{\varrho}\right).$$

Diese Gleichung ist für das *ideale Gas konstanter spezifischer* Wärme, mit dem wir im folgenden nur rechnen wollen, leicht integrierbar und liefert dann

$$S - S_0 = c_v \ln \frac{p}{p_0} + c_p \ln \frac{\varrho_0}{\varrho},$$

was mit

$$c_p / c_v = \varkappa > 1 \tag{12.8}$$

zu

$$\frac{p}{p_0} = \left(\frac{\varrho}{\varrho_0}\right)^{\varkappa} \exp\left(\frac{S - S_0}{c_v}\right) \tag{12.9}$$

führt.

Bei gasdynamischen Vorgängen rechnet man i. a. mit sog. *adiabatischen Zustandsänderungen* ($\delta Q = 0$). Die Voraussetzung dieser „Wärmeisolierung" wird mit dem schnellen zeitlichen Verlauf der Zustandsänderungen begründet, bei dem von einem Wärmeaustausch des Masseteilchens mit seiner Umgebung abgesehen werden kann. Ist der Ablauf zusätzlich noch *reversibel*, so ist nach dem oben Gesagten $\delta Q = \delta Q_{rev}$, was nach (12.5) auch $dS = 0$ bedeutet, wonach dieser Prozeß *isentropisch*, d. h. ohne Entropieänderung, verläuft. Dieser für die weitere Rechnung sehr wichtige Fall ergibt aber nach (12.9) mit (12.1) für isentrope Zustandsänderungen folgende Zusammenhänge zwischen Druck, Dichte und Temperatur:

$$\frac{p}{p_0} = \left(\frac{\varrho}{\varrho_0}\right)^{\varkappa} = \left(\frac{T}{T_0}\right)^{\frac{\varkappa}{\varkappa-1}}, \tag{12.10}$$

wobei der Index „0" auf einen geeigneten Vergleichszustand, z. B. den Ruhezustand, hindeutet.

Die in Gleichung (12.10) gegebene Beziehung ist ein Spezialfall der allgemeineren sog. *polytropen* Zustandsänderung, für deren Gesetz in (12.10) nur $\varkappa$ mit dem Polytropenexponent n zu vertauschen ist. Der Fall $n = 1$ entspricht dabei der sog. *Isothermie*, d. h. einer Zustandsänderung ohne Änderung der Temperatur, während $n = 0$ bzw. ∞ Zustandsänderungen bei konstantem Druck (*isobare* Prozesse) bzw. konstantem Volumen (*isochore* Prozesse) beschreibt.

Polytrope Vorgänge sind wiederum Spezialfälle der schon mehrfach erwähnten (§ 10.1, § 10.4, § 10.10) *barotropen* Zustandsänderungen, die einer Beziehung

$$p = p(\varrho) \quad \text{bzw.} \quad \varrho = \varrho(p) \tag{12.11}$$

genügen. Aus (12.5) ersieht man, daß das uns schon öfter begegnete *Druckintegral* (10.27a)

$$\mathcal{P} = \int\limits_{p_0}^{p} \frac{dp}{\varrho(p)} \tag{12.12}$$

im Falle isentroper Prozesse $(dS = 0)$ der Enthalpiedifferenz entspricht

$$\mathcal{E} - \mathcal{E}_0 = \int\limits_{p_0}^{p} \frac{dp}{\varrho(p)} = \mathcal{P} . \tag{12.13}$$

In der Eulerschen Bewegungsgleichung (10.5a/b) bzw. (10.7)

$$\begin{aligned}
\frac{d\mathfrak{v}}{dt} &= \frac{\partial \mathfrak{v}}{\partial t} + (\mathfrak{v}\nabla)\,\mathfrak{v} = \frac{\partial \mathfrak{v}}{\partial t} + \frac{1}{2}\,\nabla \mathfrak{v}^2 - \mathfrak{v} \times \mathrm{rot}\,\mathfrak{v} = \\
&= \mathfrak{g} - \frac{1}{\varrho}\,\mathrm{grad}\,p = \mathfrak{g} - \frac{1}{\varrho}\,\nabla p ,
\end{aligned} \tag{12.14}$$

der Kontinuitätsgleichung (7.12)

$$\frac{\partial \varrho}{\partial t} + \mathrm{div}\,(\varrho \mathfrak{v}) = \frac{\partial \varrho}{\partial t} + \nabla(\varrho \mathfrak{v}) , \tag{12.15}$$

der Zustandsgleichung (12.1) sowie der Gleichung (12.10) hat man ein ausreichendes System von insgesamt sechs Gleichungen zur Bestimmung der sechs Unbekannten p, ϱ, T, v_x, v_y, v_z *im Falle isentroper Strömungsvorgänge*. Für einige Rechnungen ist auch die Benutzung von Integralen dieser Gleichungen von Vorteil. So werden wir beispielsweise im folgenden auch die schon bekannte (s. § 10.4) *Bernoullische Energiegleichung* (10.27b)

$$\frac{\partial \varphi}{\partial t} + \frac{1}{2}\,v^2 + \Phi + \mathcal{P} = C(t) \tag{12.16}$$

der Potentialströmung $(\mathfrak{v} = \mathrm{grad}\,\varphi,\ \mathrm{rot}\,\mathfrak{v} = 0)$ mit Φ als Potential des räumlich verteilten äußeren „Kraftfeldes" $(\mathfrak{g} = -\mathrm{grad}\,\Phi)$ verwenden. Für den stationären Fall $(\partial/\partial t = 0)$ erhält man hieraus

$$\frac{v^2}{2} + \Phi + \mathcal{P} = C = \text{konst} , \tag{12.17}$$

was mit (12.12) auf

$$\frac{v^2}{2} + \Phi + \mathcal{E} = C \tag{12.18}$$

führt.

Es sei an dieser Stelle noch einmal betont, daß die Gleichung (12.17) bzw. (12.18) auch für Strömungen, die nicht Potentialströmungen sind, längs jedes einzelnen Stromfadens gilt. Wie man nachweisen kann (s. [8.5]), gilt (12.18) aber auch für stationäre adiabatische Strömungen, die *nicht isentrop* verlaufen. Hiervon werden wir in § 12.4 Gebrauch machen. Dagegen gilt die Eulersche Gleichung (12.14) *nicht* für den adiabatischen, nicht isentropen Fall!

Wenn wir mit dem Index Null den Ruhezustand ($v_0 = 0$) charakterisieren, ergibt sich aus (12.12) und (12.17) für den Fall ohne räumlich verteilte äußere Kräfte ($\Phi = 0$)

$$\frac{v^2}{2} = \int\limits_{p}^{p_0} \frac{dp}{\varrho} , \text{ d. h. } v\,dv = -\frac{dp}{\varrho} . \tag{12.19}$$

Hieraus gewinnt man unter Zuhilfenahme der Gleichung der isentropen Zustandsänderung (12.10) die Formel von DE SAINT-VÉNANT und WANTZEL:

$$v^2 = \frac{2\varkappa}{\varkappa - 1} \frac{p_0}{\varrho_0} \left[1 - \left(\frac{p}{p_0} \right)^{\frac{\varkappa-1}{\varkappa}} \right] . \tag{12.20}$$

2. Zur Integration der gasdynamischen Grundgleichungen. Nach den obigen einleitenden Betrachtungen wenden wir uns dem Problem der Integration der Gleichungen (12.14) und (12.15) zu, und zwar unter der Voraussetzung isentroper Vorgänge, wenn nichts anderes gesagt wird. Wie nach den Erfahrungen mit den idealen (inkompressiblen) Flüssigkeiten nicht anders zu erwarten, ist diese Integration in voller (räumlicher und zeitlicher) Allgemeinheit bis heute nicht geleistet worden. BERNHARD RIEMANN hat im Jahre 1860 den eindimensionalen Fall gelöst. Diese Arbeit ist nicht nur die klassische Grundlage für die Integration der partiellen Differentialgleichungen zweiter Ordnung vom hyperbolischen Typus, sondern sie lieferte auch eine sehr wichtige physikalische Erkenntnis: Es ist möglich, daß sich in einem strömenden Gase Flächen ausbilden, auf denen sich Geschwindigkeit, Druck und Dichte — und damit auch die Temperatur — unstetig ändern; man spricht von einer *Stoßwelle* bzw. etwas präziser von einem *Verdichtungsstoß*, da es sich, wie wir sehen werden, um eine Unstetigkeit im Sinne einer „Verdichtung" handelt.

Nach RIEMANN [9.25] sind wesentliche Beiträge zu diesem Problem von HUGONIOT (1889) und HADAMARD (1904), sowie 1921 von R. BECKER [9.1] und 1939 von K. BECHERT [9.2]—[9.4] geliefert worden. Die Arbeiten von BECHERT sind aus zweierlei Gründen bemerkenswert: Einmal war ihm die Riemannsche Arbeit zunächst unbekannt, zweitens hat er im Gegensatz zu den vorangehenden nicht nur den ebenen Fall behandelt, sondern auch für Zylinder- und Kugelwellen allgemeine Lösungsmöglichkeiten aufgezeigt und gewisse Klassen von Lösungen angegeben.

Wir beginnen unsere nun folgenden Betrachtungen mit Näherungslösungen, zu denen man durch Linearisierung der zu integrierenden Differentialgleichungen kommt. Hieran schließen sich Untersuchungen über die exakten Lösungen des eindimensionalen Falles an. Den Abschluß bilden die Ausführungen über die (linearisierten) Potentialströmungen idealer und reibungsfrei strömender Gase.

3. Fortpflanzung kleiner Störungen in einem idealen und reibungsfreien Gas. Der Schall. Wir beginnen mit dem eindimensionalen Fall: In einem ursprünglich ruhenden Gas der Dichte ϱ_0 und des Druckes p_0 wird eine „kleine Störung" (z. B. in einem gasgefüllten Rohr durch die Bewegung eines Stempels) derart erzeugt, daß 1. eine eindimensionale Strömung in der x-Richtung mit dem Geschwindigkeitsvektor $\mathfrak{v} = \{v(x, t); 0; 0\}$ entsteht und 2. daß v, $\partial v/\partial x$, $\partial v/\partial t$, $\partial \varrho/\partial x$, $\partial \varrho/\partial t$ kleine Größen sind, so daß ihre Produkte vernachlässigt werden können. Sehen wir von Massenkräften ab, so gehen aus (12.14) und (12.15) die Gleichungen

$$\frac{\partial v}{\partial t} = - \frac{1}{\varrho_0} \frac{\partial p}{\partial x}; \quad \frac{\partial \varrho}{\partial t} = - \varrho_0 \frac{\partial v}{\partial x} \tag{12.21}$$

hervor, zu denen noch die Gleichung (12.11) der Barotropie $\varrho = \varrho(p)$ hinzukommt. Dann haben wir

$$\frac{\partial \varrho}{\partial t} = \frac{d\varrho}{dp} \frac{\partial p}{\partial t} = \varrho'(p) \frac{\partial p}{\partial t} \approx \varrho'(p_0) \frac{\partial p}{\partial t} = \frac{1}{(dp/d\varrho)_0} \frac{\partial p}{\partial t}.$$

Damit kann man aus (12.21) z. B. v eliminieren:

$$\frac{\partial^2 \varrho}{\partial t^2} = - \varrho_0 \frac{\partial^2 v}{\partial x \, \partial t} = \varrho'(p_0) \frac{\partial^2 p}{\partial t^2} = \frac{\partial^2 p}{\partial x^2}.$$

Man erhält also, wenn man v bzw. p eliminiert:

$$\frac{\partial^2 p}{\partial t^2} = c^2 \frac{\partial^2 p}{\partial x^2} \quad \text{bzw.} \quad \frac{\partial^2 v}{\partial t^2} = c^2 \frac{\partial^2 v}{\partial x^2}. \tag{12.22}$$

Hierbei ist

$$c^2 = \frac{dp}{d\varrho} \approx \left(\frac{dp}{d\varrho}\right)_0 \tag{12.23}$$

das Quadrat der sog. *Schallgeschwindigkeit*. Ganz allgemein ist die Größe

$$c = \sqrt{\frac{dp}{d\varrho}} \tag{12.23a}$$

die *Fortpflanzungsgeschwindigkeit kleiner Druckstörungen* (insbesondere die des Schalles) relativ zur Strömung.

Für den Fall der ursprünglichen Ruhe sieht man das sofort ein, denn die allgemeine Lösung von (12.22) lautet — mit den willkürlichen Funktionen w_1 und w_2 —

$$p = p(x, t) = w_1(x - ct) + w_2(x + ct), \tag{12.24}$$

wovon man sich durch Bildung der entsprechenden Ableitungen sofort überzeugen kann. Da die Werte von w_1 bzw. w_2 für $x - ct =$ konst bzw. $x + ct =$ konst dieselben bleiben, entspricht w_1 einer in der positiven x-Richtung, w_2 einer hierzu entgegenlaufenden Druckwelle. Zur näheren Bestimmung von w_1 und w_2 benötigt man noch Anfangs- und Randbedingungen. Wir bemerken noch, daß die Lösung (12.24) D'ALEMBERT, während eine andere aus dem Produktansatz $p = X(x) \cdot T(t)$ hervorgehende Form der Lösung

$$p = \left(A \sin \frac{\omega}{c} x + B \cos \frac{\omega}{c} x\right)(C \sin \omega t + D \cos \omega t) \qquad (12.25)$$

DANIEL BERNOULLI zugeschrieben wird; darin sind A, B, C, D und ω aus den Anfangs- und Randbedingungen zu ermittelnde Konstanten, wobei ω den Charakter eines Eigenwertes hat.

Unter der Annahme einer *isentropen* Zustandsänderung gemäß (12.10) und (12.1) ergibt sich die Schallgeschwindigkeit zu

$$c = \sqrt{\frac{dp}{d\varrho}} = \sqrt{\varkappa \frac{p}{\varrho}} = \sqrt{\varkappa \frac{R}{M} T}. \qquad (12.26)$$

Sie ist also für kleine Störungen ($p \approx p_0$; $\varrho \approx \varrho_0$) eine Konstante.

Für eine Potentialströmung ($v = \operatorname{grad} \varphi$) läßt sich die Linearisierung unter den gleichen Voraussetzungen und nach ähnlichen Überlegungen auch für den räumlichen Fall durchführen: Vernachlässigen wir die Massenkraft ($\Phi = 0$), so folgt aus (12.16)

$$P = \int \frac{dp}{\varrho} = - \frac{\partial \varphi}{\partial t} - \frac{v^2}{2} \approx - \frac{\partial \varphi}{\partial t},$$

also

$$- \frac{\partial^2 \varphi}{\partial t^2} = \frac{1}{\varrho} \frac{dp}{d\varrho} \frac{\partial \varrho}{\partial t} \approx \left(\frac{1}{\varrho} \frac{dp}{d\varrho}\right)_0 \frac{\partial \varrho}{\partial t}$$

und aus (12.15) — mit $\varrho \approx \varrho_0$ —

$$\frac{\partial \varrho}{\partial t} = - \frac{\partial}{\partial x}\left(\varrho \frac{\partial \varphi}{\partial x}\right) - \frac{\partial}{\partial y}\left(\varrho \frac{\partial \varphi}{\partial y}\right) - \frac{\partial}{\partial z}\left(\varrho \frac{\partial \varphi}{\partial z}\right) \approx - \varrho_0 \Delta \varphi,$$

so daß wir die *für die Akustik maßgebliche Wellengleichung*

$$\left.\begin{aligned}
\frac{\partial^2 \varphi}{\partial t^2} &= c^2 \Delta \varphi, \\
c^2 = \frac{dp}{d\varrho} &\approx \left(\frac{dp}{d\varrho}\right)_0 = a^2 = \varkappa \frac{p_0}{\varrho_0} = \varkappa \frac{R}{M} T_0 = \text{konst}
\end{aligned}\right\} \qquad (12.27)$$

erhalten.

Eine Bemerkung: Die vorangehenden Linearisierungen hätte man mit den Ansätzen

$$\varrho = \varrho_0(1 + \varepsilon), \qquad \frac{dp}{d\varrho} = c^2 = \text{konst}, \qquad \int \frac{dp}{\varrho} = c^2$$

mathematisch etwas korrekter durchführen können. Für die kleine von Ort und Zeit abhängige Größe ε hätte man dann

$$\frac{\partial \varphi}{\partial t} = - a\,\varepsilon, \quad \frac{\partial \varepsilon}{\partial t} = - \Delta\,\varphi$$

und daraus wieder

$$\frac{\partial^2 \varphi}{\partial t^2} = c^2 \Delta\,\varphi$$

erhalten.

Im kugelsymmetrischen Falle

$$\mathfrak{v} = \left\{ v = \frac{\partial \varphi}{\partial r}\ ;\ 0;\ 0 \right\}$$

lautet die Wellengleichung (12.27)

$$\frac{\partial^2 \varphi}{\partial t^2} = c^2 \left(\frac{\partial^2 \varphi}{\partial r^2} + \frac{2}{r}\ \frac{\partial \varphi}{\partial r} \right),$$

die sich auch in der Form

$$\frac{\partial^2 (r\,\varphi)}{\partial t^2} = c^2\ \frac{\partial^2 (r\,\varphi)}{\partial r^2} \tag{12.28}$$

schreiben läßt. Analog zu (12.24) lautet das Potential der sog. *Kugelwellen*

$$\varphi = \varphi\,(r,\,t) = \frac{w_1(r - c\,t)}{r} + \frac{w_2(r + c\,t)}{r}\ . \tag{12.29}$$

Weitere Ausführungen hierüber gehören in die Akustik, in der man, ganz dem oben angedeuteten Verfahren entsprechend, gewöhnlich mit frequenz- und amplitudenunabhängiger Schallgeschwindigkeit rechnet.

4. Eine exakte Sonderlösung. Verdichtungsstoß. Wir gehen jetzt dazu über, für den eindimensionalen Fall eine exakte Sonderlösung herzuleiten.

Die entsprechenden Gleichungen ohne Massenkräfte lauten nach (12.14) und (12.15):

$$\frac{\partial v}{\partial t} + v\,\frac{\partial v}{\partial x} + \frac{1}{\varrho}\,\frac{dp}{d\varrho}\,\frac{\partial \varrho}{\partial x} = \frac{\partial v}{\partial t} + v\,\frac{\partial v}{\partial x} + \frac{c^2}{\varrho}\,\frac{\partial \varrho}{\partial x} = 0\,, \tag{12.30}$$

$$\frac{\partial \varrho}{\partial t} + v\,\frac{\partial \varrho}{\partial x} + \varrho\,\frac{\partial v}{\partial x} = 0\,. \tag{12.31}$$

Hierbei ist für den isentropen Fall gemäß (12.10):

$$c^2 = \frac{dp}{d\varrho} = C\,\varkappa\,\varrho^{\varkappa - 1} \tag{12.32}$$

das Quadrat der Schallgeschwindigkeit, das aber jetzt keine Konstante mehr ist, was uns später noch deutlicher wird.

Nun fragen wir nach Sonderlösungen in dem Sinne, daß v nur von der Dichte ϱ abhängt, also

$$v\,(x,\,t) = v\,(\varrho\,(x,\,t)) \tag{12.33}$$

ist. Dann ergeben sich aus (12.30) und (12.31)

$$\frac{dv}{d\varrho}\frac{\partial\varrho}{\partial t}+\left(v\frac{dv}{d\varrho}+\frac{c^2}{\varrho}\right)\frac{\partial\varrho}{\partial x}=0,\quad \frac{\partial\varrho}{\partial t}+\left(v+\varrho\frac{dv}{d\varrho}\right)\frac{\partial\varrho}{\partial x}=0\,,\quad (12.34)$$

also ein homogenes lineares System für $\partial\varrho/\partial t$ und $\partial\varrho/\partial x$, so daß es außer den trivialen Lösungen ($v=$ konst und $\varrho=$ konst) nur dann noch weitere gibt, wenn die Koeffizientendeterminante verschwindet. Mit (12.32) erhalten wir:

$$\left(\frac{dv}{d\varrho}\right)^2=\left(\frac{c}{\varrho}\right)^2=\frac{1}{\varrho^2}\frac{dp}{d\varrho}=C\varkappa\varrho^{\varkappa-3}\,.\qquad (12.35)$$

Integration unter Beachtung von (12.32) liefert

$$v=\frac{2\sqrt{C\varkappa}}{\varkappa-1}\left(\varrho^{\frac{\varkappa-1}{2}}-\varrho_0^{\frac{\varkappa-1}{2}}\right)=\frac{2}{\varkappa-1}(c-c_0)\,,\qquad (12.36)$$

das heißt

$$c=\frac{\varkappa-1}{2}v+c_0\,,\qquad (12.37)$$

wobei ϱ_0 und c_0 dem Ruhezustand ($v=0$) zugeordnete Größen sind.

Nach Einsetzen von (12.35) und (12.37) in (12.30) bekommt man

$$\frac{\partial v}{\partial t}+\left(\frac{\varkappa-1}{2}v+c_0\right)\frac{\partial v}{\partial x}=0.\qquad (12.38)$$

Zur Lösung dieser Differentialgleichung setzen wir $x=f(v,t)$, womit aus (12.38) wegen

$$\frac{\partial v}{\partial t}=-\frac{\partial f/\partial t}{\partial f/\partial v}\,,\quad \frac{\partial v}{\partial x}=\frac{1}{\partial f/\partial v}$$

die Differentialgleichung

$$-\frac{\partial f}{\partial t}+\left(\frac{\varkappa-1}{2}v+c_0\right)=0$$

hervorgeht, deren allgemeine Lösung mit der willkürlichen Funktion $\mathbf{w}=\mathbf{w}(v)$

$$f(v,t)=x=\left(\frac{\varkappa+1}{2}v+c_0\right)t+\mathbf{w}(v)=g(v)\,t+\mathbf{w}(v)\qquad (12.39)$$

ist. Gibt man eine Anfangsbedingung $v(x,0)=F(x)$ für $t=0$ vor, so folgt aus (12.39) die Beziehung $x=\mathbf{w}(F(x))$, d. h. ist die Umkehrfunktion von F. Für $v=$ konst stellt (12.39) die Geradenschar

$$\frac{dx}{dt}=\frac{\varkappa+1}{2}v+c_0\qquad (12.40\text{a})$$

dar, wofür man unter Verwendung von (12.32) und (12.36) auch

$$\frac{dx}{dt}=v+c=v\pm\sqrt{\frac{dp}{d\varrho}}\qquad (12.40)$$

schreiben kann. Das besagt, daß die absolute Fortpflanzungsgeschwindigkeit der Störung sich aus Strömungs- und Schallgeschwindigkeit zusammensetzt. Weiterhin ist aus (12.39) ersichtlich, daß für $v = $ konst. die erwähnte Geradenschar der t, x-Ebene den Anstieg $g(v) = \operatorname{tg} \alpha$ und den Achsenabschnitt $\mathbf{w}(v)$ hat (Abb. 12.1).

Für eine gegebene Zeit t und gegebenen Ort x muß geometrisch die durch den Punkt $P = P(x, t)$ hindurchgehende Gerade aufgesucht, bzw. die Gleichung (12.39) algebraisch aufgelöst werden. Diese Auflösung

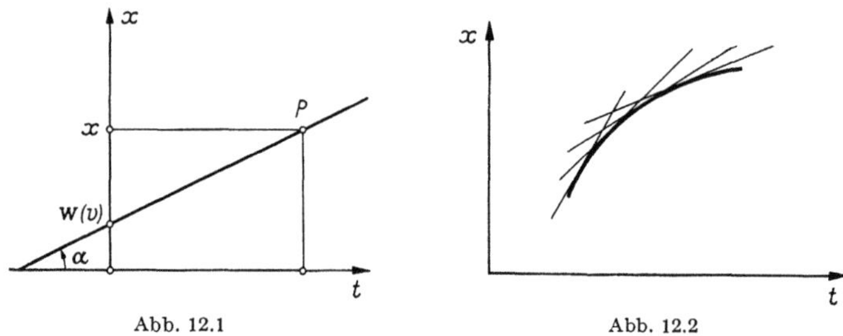

Abb. 12.1   Abb. 12.2

ist wegen $t \geqq 0$ solange *eindeutig* möglich, wie die Geraden der Schar die rechte Halbebene einfach bedecken, d. h., ihre Schnittpunkte in die linke Halbebene fallen. Liegen dagegen die Schnittpunkte benachbarter Geraden in der rechten Halbebene, so besitzen diese gemäß Abb. 12.2 hier eine Einhüllende. Wir interpretieren die diesen Punkten entsprechende Mehrdeutigkeit, d. h. die Existenz zweier Geschwindigkeiten in einem solchen Schnittpunkt, als einen Geschwindigkeitssprung, verbunden mit Unstetigkeiten von Dichte, Druck und Temperatur. Nach (12.39) kann eine solche Unstetigkeit eintreten, wenn $g(v)$ mit wachsendem $\mathbf{w}(v)$ abnimmt.

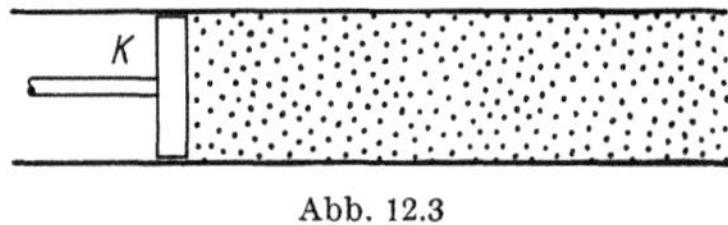

Abb. 12.3

Daß eine solche „*Stoßwelle*" auftreten kann, und zwar nur als „*Verdichtungsstoß*", macht auch folgende Überlegung plausibel: In einem sehr langen Rohr (s. a. Aufgabe 2) befindet sich ein beweglicher Kolben K, rechts davon ruhendes homogenes Gas (Abb. 12.3). Durch einen kleinen Geschwindigkeitsstoß des Kolbens nach rechts entsteht eine in das Gas hineinlaufende Druckwelle, deren Geschwindigkeit gemäß (12.26) $c = \sqrt{\varkappa \mathcal{R} T / \mathcal{M}}$ ist. Die von dieser Störung erfaßten Gasteilchen werden komprimiert und erfahren nach (12.10) eine Temperaturerhöhung, die bei einem erneuten Kolbenstoß eine vergrößerte Fortpflanzungsgeschwindigkeit dieser neuen Verdichtung nach sich zieht. Mit dieser erhöhten Geschwindigkeit läuft die zweite Druckwelle hinter der ersten her. Durch fortgesetzte Wiederholung dieses Spieles wird in dem Gas eine treppenförmige und immer steiler werdende Wellenfront erzeugt, die schließlich in eine Unstetigkeit übergeht und sich in einer sprunghaften Änderung des Druckes, also wirklich in einem *Verdichtungs-stoß* äußert (Abb. 12.4). Eine analoge Überlegung zeigt, daß bei einer Bewegung des Kolbens nach links, also bei Erzeugung von *Verdünnungs-wellen* ein solcher Drucksprung nicht entstehen kann.

Zur quantitativen Erfassung eines solchen Verdichtungsstoßes, also zur Berechnung von Strömungsgeschwindigkeit, Druck, Dichte und Temperatur an der Unstetig-keitsstelle, dienen die Sätze von der Erhaltung der Masse, des Impulses und der Energie. Wir wollen diese Rechnungen für den *geraden stationären Verdichtungsstoß* durchführen: In einem, etwa in einem Rohr strömenden idealen Gas ver-ringert sich an einer Stelle die Strömungsgeschwindigkeit von v auf $\bar{v}$ bei einer gleich-zeitigen Verdichtung von ϱ auf $\bar{\varrho}$ bzw. bei einer Druck-

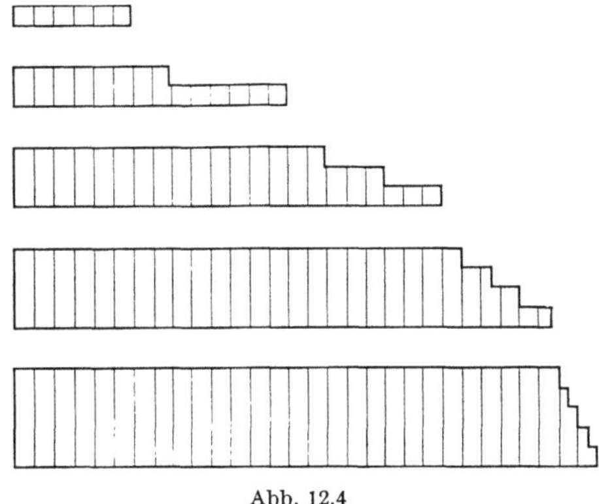
Abb. 12.4

erhöhung von p auf $\bar{p}$ und Temperaturerhöhung von T auf $\bar{T}$. Welche Beziehungen bestehen zwischen den angeführten Größen?

Die Forderung der Erhaltung von Masse, Impuls und Energie [gemäß (12.3) und (12.18) mit $\Phi = 0$] ergeben

$$\varrho v = \bar{\varrho}\bar{v}, \quad \varrho v^2 + p = \bar{\varrho}\bar{v}^2 + \bar{p}, \tag{12.41}$$

$$\frac{v^2}{2} + \mathcal{E} = \frac{v^2}{2} + \mathcal{U} + \frac{p}{\varrho} = \frac{\bar{v}^2}{2} + \bar{\mathcal{E}} = \frac{\bar{v}^2}{2} + \bar{\mathcal{U}} + \frac{\bar{p}}{\bar{\varrho}}. \tag{12.42}$$

Andererseits gelten nach (12.6), (12.7) und (12.1)

$$\mathcal{E} - \bar{\mathcal{E}} = c_p(T - \bar{T}), \quad \frac{p}{\varrho} = (c_p - c_v)\, T, \quad \frac{\bar{p}}{\bar{\varrho}} = (c_p - c_v)\, \bar{T}. \tag{12.43}$$

Zunächst gewinnt man aus (12.41) und (12.42)

$$v = \sqrt{\frac{\bar{\varrho}}{\varrho}\, \frac{\bar{p} - p}{\bar{\varrho} - \varrho}}, \quad \bar{v} = \sqrt{\frac{\varrho}{\bar{\varrho}}\, \frac{\bar{p} - p}{\bar{\varrho} - \varrho}}, \tag{12.44}$$

$$\bar{\mathcal{U}} - \mathcal{U} = \frac{1}{2}\, (p + \bar{p})\, \frac{\bar{\varrho} - \varrho}{\varrho\,\bar{\varrho}}. \tag{12.45}$$

Da sich zur Wahrung stationärer Verhältnisse die Stoßfront mit der *Laufgeschwindigkeit* v relativ gegen das anströmende Gas bewegen muß, kann dementsprechend

$$w = v - \bar{v} = \sqrt{\frac{(\bar{p} - p)\,(\bar{\varrho} - \varrho)}{\varrho\,\bar{\varrho}}} \tag{12.46}$$

als relative *Nachlaufgeschwindigkeit* der Gasmasse hinter der Stoßfront gedeutet werden.

Unter Berücksichtigung der aus (12.6) folgenden Beziehung

$$\overline{U} - U = c_v (\overline{T} - T)$$

folgt aus (12.45) mit (12.8)

$$\varkappa \left(\frac{\overline{p}}{p} + 1\right) \left(\frac{\overline{\varrho}}{\varrho} - 1\right) = \left(\frac{\overline{p}}{p} - 1\right) \left(\frac{\overline{\varrho}}{\varrho} + 1\right). \tag{12.47}$$

Weiterhin kann man z. B. durch $p, \overline{p}$ und ϱ alle anderen Größen ausdrücken:

$$\left.\begin{aligned}
v^2 &= \varkappa \frac{p}{\varrho} \left(1 + \frac{\varkappa + 1}{2\varkappa} \frac{\overline{p} - p}{p}\right), \\
w^2 &= (v - \overline{v})^2 = \frac{2}{\varrho} \frac{(\overline{p} - p)^2}{\overline{p}(\varkappa + 1) + p(\varkappa - 1)}, \\
\overline{\varrho} &= \varrho \frac{\overline{p}(\varkappa + 1) + p(\varkappa - 1)}{\overline{p}(\varkappa - 1) + p(\varkappa + 1)}, \quad T = \frac{p}{\varrho(c_p - c_v)}, \\
\frac{\overline{T}}{T} &= \frac{\overline{p}}{p} \frac{\overline{p}(\varkappa - 1) + p(\varkappa + 1)}{\overline{p}(\varkappa + 1) + p(\varkappa - 1)}.
\end{aligned}\right\} \tag{12.48}$$

Die Beziehung (12.45) nennt man die *Gleichung von* Hugoniot; sie ersetzt beim Verdichtungsstoß die Isentropengleichung und wird wegen der Voraussetzung der Wärmeisolierung auch die Gleichung der *dynamischen Adiabate* genannt. Für kleine Differenzen $\overline{U} - U = dU$, $\overline{\varrho} - \varrho = d\varrho$ geht sie in

$$dU = p \frac{d\varrho}{\varrho^2} = -p \, d\left(\frac{1}{\varrho}\right)$$

über, was nach (12.5) wegen $dS = 0$ in der Tat einer isentropen Änderung entspricht.

Man ersieht aus der ersten Gleichung von (12.48), daß $v > \sqrt{\varkappa p / \varrho} = c$ ist, sich somit also *der Verdichtungsstoß mit „Überschallgeschwindigkeit"* fortpflanzt. Weiter zeigt ein Vergleich von isentropen Zustandsänderungen nach (12.10) mit denen der dynamischen Adiabate nach (12.47) bzw. (12.48), daß die entsprechenden Kurven für schwache Unstetigkeiten $\overline{p}/p \to 1$ nicht nur, wie oben gezeigt, in der ersten Ableitung, d. h. der Tangente, übereinstimmen, sondern an dieser Stelle sogar noch die gleiche Krümmung besitzen. Für $\overline{p}/p \to \infty$ wird ihr Verhalten auch qualitativ merklich verschieden. Während im isentropen Falle damit auch $\overline{\varrho}/\varrho \to \infty$ geht, ist im Falle des adiabatischen Stoßes dieses Verhältnis durch $\overline{\varrho}/\varrho \to (\varkappa + 1)/(\varkappa - 1)$ begrenzt. So entspricht beispielsweise für $\varkappa = 1{,}4$ (Luft) eine *isentrope Druckerhöhung* von $\overline{p}/p = 100$ den Werten $\overline{\varrho}/\varrho = 27$ und $\overline{T}/T = 3{,}7$, während die entsprechenden Werte bei einem gleichstarken *adiabaten Druckstoß* $\overline{\varrho}/\varrho = 5{,}7$ und $\overline{T}/T = 18$ sind.

Zu den vorangehenden Betrachtungen über den Verdichtungsstoß ist noch zu sagen, daß eine solche mathematische Unstetigkeit, wie wir sie angenommen haben, in Wirklichkeit nicht auftritt; vielmehr wird bei einer gewissen Steilheit der Wellentreppe durch das Einsetzen von innerer Reibung und Wärmeleitung ein Weiterwachsen der Steilheit verhindert. Entsprechende quantitative Überlegungen und Abschätzungen (s. a. Aufgabe 3) sind von R. BECKER [9.1] angestellt worden; er wies auch nach, daß die Grundgleichungen der Kontinuumsmechanik zur Beschreibung der Vorgänge innerhalb der Wellenfront unzureichend sind.

5. Die exakte Behandlung des eindimensionalen Problems. Wir wenden uns jetzt der allgemeinen Lösung des in der vorigen Ziffer behandelten Problems zu und gehen dazu wieder von (12.30) und (12.31) aus:

$$\frac{\partial v}{\partial t} + v\,\frac{\partial v}{\partial x} + \frac{c^2}{\varrho}\,\frac{\partial \varrho}{\partial x} = 0, \quad c^2 = \frac{dp}{d\varrho}\,, \tag{12.49}$$

$$\frac{\partial \varrho}{\partial t} + v\,\frac{\partial \varrho}{\partial x} + \varrho\,\frac{\partial v}{\partial x} = 0\,. \tag{12.50}$$

Die Überwindung der Schwierigkeiten zur Integration dieser Gleichungen gelang RIEMANN durch die Entdeckung, daß die Differentialgleichungen (12.49) und (12.50) wohl in $v = v(x, t)$ und $\varrho = \varrho(x, t)$ nichtlinear sind, aber durch die „*Umkehrung*" $x = x(v, \varrho)$ und $t = t(v, \varrho)$ in den Variablen x und t linear werden. Der Beweis verläuft so: Aus

$$dx = \frac{\partial x}{\partial v}\,dv + \frac{\partial x}{\partial \varrho}\,d\varrho, \quad dt = \frac{\partial t}{\partial v}\,dv + \frac{\partial t}{\partial \varrho}\,d\varrho,$$

$$dv = \frac{\partial v}{\partial x}\,dx + \frac{\partial v}{\partial t}\,dt, \quad d\varrho = \frac{\partial \varrho}{\partial x}\,dx + \frac{\partial \varrho}{\partial t}\,dt$$

ergeben sich, indem man die zweite und dritte Gleichung nach dx und dt auflöst und sie mit der ersten und zweiten vergleicht,

$$\left.\begin{array}{ll} \dfrac{\partial v}{\partial x} = D\,\dfrac{\partial t}{\partial \varrho}\,, & \dfrac{\partial v}{\partial t} = -D\,\dfrac{\partial x}{\partial \varrho}\,, \\[2ex] \dfrac{\partial \varrho}{\partial x} = -D\,\dfrac{\partial t}{\partial v}\,, & \dfrac{\partial \varrho}{\partial t} = D\,\dfrac{\partial x}{\partial v}\,. \end{array}\right\} \tag{12.51}$$

Die Jacobische Funktionaldeterminante

$$D = \frac{\partial v}{\partial x}\,\frac{\partial \varrho}{\partial t} - \frac{\partial v}{\partial t}\,\frac{\partial \varrho}{\partial x}$$

ist hierbei als von Null verschieden vorauszusetzen. $D = 0$ würde bedeuten, daß v eine Funktion von ϱ wäre, und das ist der schon in der vorangehenden Ziffer behandelte Sonderfall im Sinne von (12.33).

Geht man mit (12.51) in (12.49) und (12.50) hinein, so ergeben sich die schon angekündigten linearen Differentialgleichungen für $x = x(v, \varrho)$ und $t = t(v, \varrho)$:

$$-\frac{\partial x}{\partial \varrho} + v\frac{\partial t}{\partial \varrho} - \frac{c^2}{\varrho}\frac{\partial t}{\partial v} = 0\,, \tag{12.52}$$

$$\frac{\partial x}{\partial v} - v\frac{\partial t}{\partial v} + \varrho\frac{\partial t}{\partial \varrho} = 0\,. \tag{12.53}$$

Diese Gleichungen lassen sich auch in den folgenden Formen schreiben:

$$\frac{\partial}{\partial \varrho}(x - vt) = -\frac{c^2}{\varrho}\frac{\partial t}{\partial v}\,, \quad \frac{\partial}{\partial v}(x - vt) = -\frac{\partial}{\partial \varrho}(\varrho t)\,. \tag{12.54}$$

Die zweite Gleichung wird durch

$$x - vt = \frac{\partial W}{\partial \varrho} \quad \text{und} \quad \varrho t = -\frac{\partial W}{\partial v} \tag{12.55}$$

befriedigt, womit aus der ersten

$$\frac{\partial^2 W}{\partial \varrho^2} = \left(\frac{c}{\varrho}\right)^2 \frac{\partial^2 W}{\partial v^2}\,, \tag{12.56}$$

also eine lineare partielle Differentialgleichung zweiter Ordnung für $W = W(v, \varrho)$ hervorgeht. Man kann aber auch mit einer den Bedingungen

$$x - vt = \frac{\partial V}{\partial v}\,, \quad \frac{c^2}{\varrho}t = -\frac{\partial V}{\partial \varrho} \tag{12.57}$$

genügenden Funktion V arbeiten, womit man

$$\frac{\partial^2 V}{\partial v^2} = \frac{\partial}{\partial \varrho}\left(\frac{c^2}{\varrho^2}\frac{\partial V}{\partial \varrho}\right) \tag{12.58}$$

erhält.

Die aus der Theorie der partiellen Differentialgleichungen bekannten *Charakteristiken*[1] von (12.56) und (12.58) gehen aus

$$\left(\frac{dv}{d\varrho}\right)^2 = \left(\frac{c}{\varrho}\right)^2,$$

$$dv = \pm\frac{c}{\varrho}\,d\varrho = \pm\frac{1}{\varrho}\sqrt{\frac{dp}{d\varrho}}\,d\varrho = \pm\,df(\varrho) = \pm\,du$$

in der Form

$$v + f(\varrho) = v + u = 2r\,; \quad v - f(\varrho) = v - u = 2s \tag{12.59}$$

hervor, wobei

$$f(\varrho) = \int\frac{1}{\varrho}\sqrt{\frac{dp}{d\varrho}}\,d\varrho = u \tag{12.60}$$

bedeutet. Demnach entsprechen die Sonderlösungen $v = v(\varrho)$ der vorangehenden Ziffer $r = $ konst. bzw. $s = $ konst. Transformiert man (12.58)

---

[1] Hierüber siehe auch die folgende Ziffer.

auf r und s, so erhält man für den isentropen Fall ($p = C \varrho^\varkappa$)

$$\frac{\partial^2 V}{\partial r\, \partial s} + \frac{3 - \varkappa}{2\,(\varkappa - 1)}\, \frac{1}{r + s}\left(\frac{\partial V}{\partial r} + \frac{\partial V}{\partial s}\right) = 0\,,$$

oder in den Variablen u und v

$$\frac{\partial^2 V}{\partial u^2} + \frac{3 - \varkappa}{\varkappa - 1}\, \frac{1}{u}\, \frac{\partial V}{\partial u} - \frac{\partial^2 V}{\partial v^2} = 0\,. \tag{12.61}$$

BECHERT hat nun gezeigt: Wenn V für $n_1 = \dfrac{3 - \varkappa}{\varkappa - 1}$ eine Lösung von (12.61) ist, so ist

$$V_1 = \frac{1}{u}\, \frac{\partial V}{\partial u} \tag{12.62}$$

die Lösung für $n_1 = n + 2$. Den nicht schwierigen Nachweis liefert ein Vergleich der aus (12.61) nach Einsetzen von V_1 und n_1 für V und n hervorgehenden Gleichung mit der direkt aus (12.61) durch Differentiation nach u gewonnenen Beziehung. Damit kann man, ausgehend von $n = 0$ (d.h. $\varkappa = 3$), weitere Lösungen für $\varkappa = \dfrac{5}{3}$ (einatomige Gase), $\varkappa = \dfrac{7}{5}$ (zweiatomige Gase) usw. herleiten.

Die (mathematischen) Schwierigkeiten sind damit natürlich noch nicht überwunden, sondern beginnen dann mit der Frage der Auflösung der Gleichungen (12.57) nach u und v, wobei

$$\frac{\partial V}{\partial \varrho} = \left(\frac{c}{\varrho}\right) \frac{\partial V}{\partial u}$$

zu setzen ist. Auf die nähere Ermittlung der Lösungen von (12.56) bzw. (12.58) wollen wir hier nicht weiter eingehen[1], wohl aber sollen mit Hilfe der Charakteristiken noch einige physikalische Erkenntnisse gewonnen werden:

Multipliziert man (12.50) mit $c = \sqrt{\dfrac{d p}{d \varrho}}$, setzt (12.62) ein und addiert zu bzw. subtrahiert von (12.49), so ergeben sich mit (12.59)

$$\frac{\partial r}{\partial t} = -\,(v + c)\, \frac{\partial r}{\partial x}\,, \qquad \frac{\partial s}{\partial t} = -\,(v - c)\, \frac{\partial s}{\partial x}$$

und damit

$$d r = [d x - (v + c)\, d t]\, \frac{\partial r}{\partial x}\,, \quad d s = [d v - (v - c)\, d t]\, \frac{\partial s}{\partial x}\,. \tag{12.63}$$

Hieraus ist ersichtlich, daß sich der durch $r = \text{konst}$ $(d r = 0)$ bzw. $s = \text{konst}$ gekennzeichnete Zustand mit den Geschwindigkeiten

$$\frac{d x}{d t} = v + c = v + \sqrt{\frac{d p}{d \varrho}} \quad \text{bzw.} \quad \frac{d x}{d t} = v - c = v - \sqrt{\frac{d p}{d \varrho}} \tag{12.64}$$

fortpflanzt. Für $v \ll c$ haben wir wieder den in Ziffer 3 behandelten Fall kleiner Störungen im ruhenden Medium.

---

[1] Es sei noch einmal auf die Arbeiten von RIEMANN und BECHERT hingewiesen.

6. Stationäre Potentialströmungen idealer und reibungsfrei strömender Gase. Physikalische und mathematische Bemerkungen. Diese und ein Teil der folgenden Ziffern sind den Strömungsfällen der Gasdynamik gewidmet, die sich durch ein Potential φ des Geschwindigkeitfeldes v beschreiben lassen. Wie bekannt (§ 10.3), ist die Voraussetzung für die Existenz des Geschwindigkeitspotentials eine wirbelfreie Strömung, d. h. die Erfüllung der Bedingung (10.14): $\operatorname{rot} v = 0$, die die Integrabilitätsbedingung des Potentials darstellt. Wir beschränken uns hier auf den stationären Fall[1] ($\partial/\partial t = 0$), so daß man mit (10.15)

$$v = \{v_x; v_y; v_z\} = \operatorname{grad} \varphi = \left\{\frac{\partial \varphi}{\partial x}; \frac{\partial \varphi}{\partial y}; \frac{\partial \varphi}{\partial z}\right\} = \{\varphi_x; \varphi_y; \varphi_z\} \quad (12.65)$$

aus der Kontinuitätsgleichung (12.15)

$$\varrho(\varphi_{xx} + \varphi_{yy} + \varphi_{zz}) + \varrho_x \varphi_x + \varrho_y \varphi_y + \varrho_z \varphi_z = 0 \quad (12.66)$$

erhält. Andererseits ergibt sich unter Voraussetzung der Barotropie ($p = p(\varrho)$) nach Einführung der Schallgeschwindigkeit ($c^2 = dp/d\varrho$) und unter Heranziehung von (12.19)

$$d\varrho = \frac{d\varrho}{dp} dp = -\frac{\varrho}{c^2} v\,dv = -\frac{\varrho}{2c^2} d(v^2), \quad (12.67)$$

woraus mit (12.65)

$$\frac{\partial \varrho}{\partial x} = \varrho_x = -\frac{\varrho}{2c^2} \frac{\partial}{\partial x}(v^2) = -\frac{\varrho}{2c^2} \frac{\partial}{\partial x}(\varphi_x^2 + \varphi_y^2 + \varphi_z^2)$$

und entsprechende Gleichungen für $\partial \varrho/\partial y = \varrho_y$ und $\partial \varrho/\partial z = \varrho_z$ hervorgehen. Gehen wir mit diesen Beziehungen in (12.66) hinein, so erhalten wir die *Differentialgleichung der Potentialfunktion*[2] $\varphi = \varphi(x, y, z)$:

$$\left(1 - \frac{\varphi_x^2}{c^2}\right)\varphi_{xx} + \left(1 - \frac{\varphi_y^2}{c^2}\right)\varphi_{yy} + \left(1 - \frac{\varphi_z^2}{c^2}\right)\varphi_{zz} -$$
$$- \frac{2}{c^2}(\varphi_x \varphi_y \varphi_{xy} + \varphi_x \varphi_z \varphi_{xz} + \varphi_y \varphi_z \varphi_{yz}) = 0. \quad (12.68)$$

Im Falle einer inkompressiblen Strömung ($c = \infty$) geht sie in

$$\Delta \varphi = \varphi_{xx} + \varphi_{yy} + \varphi_{zz} = 0.$$

über.

Bevor wir auf die nähere Untersuchung der nichtlinearen Differentialgleichung (12.68) eingehen, wollen wir noch einige, sich an dieser Stelle

---

[1] Mit instationären Problemen beschäftigen sich die Aufgaben 10 und 11 am Ende dieses Paragraphen.

[2] Im instationären Falle steht an Stelle von Null:

$$\frac{2}{c^2}(\varphi_x \varphi_{xt} + \varphi_y \varphi_{yt} + \varphi_z \varphi_{zt}) + \frac{1}{c^2}\varphi_{tt}.$$

aufdrängende Betrachtungen anstellen. Zunächst ist hervorzuheben, daß auch in (12.68) *die Schallgeschwindigkeit* bzw. ihr Quadrat

$$c^2 = \frac{dp}{d\varrho}$$

keine Konstante, sondern eine örtlich veränderliche Größe ist, die mit der Strömungsgeschwindigkeit unter Voraussetzung der *isentropen Änderung* gemäß der Beziehung (12.20) zusammenhängt: Es gilt nämlich mit (12.10)

$$\begin{aligned} c^2 &= \frac{dp}{d\varrho} = \frac{d}{d\varrho}\left[p_0\left(\frac{\varrho}{\varrho_0}\right)^{\varkappa}\right] = \varkappa \frac{p_0}{\varrho_0}\left(\frac{\varrho}{\varrho_0}\right)^{\varkappa-1} \\ &= \varkappa \frac{p_0}{\varrho_0}\left(\frac{p}{p_0}\right)^{\frac{\varkappa-1}{\varkappa}} = c_0^2\left(\frac{p}{p_0}\right)^{\frac{\varkappa-1}{\varkappa}}, \end{aligned} \tag{12.69}$$

wonach sich aus (12.20)

$$v^2 = \frac{2\varkappa}{\varkappa-1}\frac{p_0}{\varrho_0}\left[1-\frac{1}{\varkappa}\left(\frac{\varrho_0}{p_0}\right)c^2\right] = \frac{2}{\varkappa-1}\left(\varkappa\frac{p_0}{\varrho_0}-c^2\right) = \frac{2}{\varkappa-1}(c_0^2-c^2)$$

bzw.

$$c^2 = \varkappa\frac{p_0}{\varrho_0} - \frac{\varkappa-1}{2}v^2 = c_0^2 - \frac{\varkappa-1}{2}v^2 \tag{12.70}$$

ergibt. Für den Ruhezustand ($v = 0$) wird die Schallgeschwindigkeit am größten,

$$c_{max} = c_0 = \sqrt{\varkappa\frac{p_0}{\varrho_0}}, \tag{12.71}$$

während die maximale Strömungsgeschwindigkeit beim *Ausströmen ins Vakuum* ($p = 0$) eintritt und nach (12.20) bzw. mit (12.71) den Wert

$$v_{max} = \sqrt{\frac{2\varkappa}{\varkappa-1}\frac{p_0}{\varrho_0}} = \sqrt{\frac{2}{\varkappa-1}}\, c_0 \tag{12.72}$$

hat. Hierbei sind also p_0 und ϱ_0 die dem Ruhezustand ($v = 0$) entsprechenden Werte. Die zu $v = v_{max}$ gehörige Schallgeschwindigkeit ist $c = 0$, wie man aus (12.70) sieht. Aus (12.70) und (12.72) folgt weiterhin

$$c^2 = \frac{\varkappa-1}{2}(v_{max}^2 - v^2). \tag{12.73}$$

Die Formeln (12.69), (12.70) und (12.73) gelten für isentrope Änderungen, wobei für Potentialströmungen $v^2 = \varphi_x^2 + \varphi_y^2 + \varphi_z^2$ ist. Für $v = c$ ergibt sich aus (12.73) bzw. mit (12.71) und (12.72) die sog. *kritische Geschwindigkeit* zu

$$v^* = c^* = \sqrt{\frac{\varkappa-1}{\varkappa+1}}\, v_{max} = \sqrt{\frac{2}{\varkappa+1}}\, c_{max} = \sqrt{\frac{2\varkappa}{\varkappa+1}\frac{p_0}{\varrho_0}}. \tag{12.74}$$

Eine für die Gasdynamik wichtige Größe ist die *Machsche Zahl*

$$\mathsf{M} = \frac{v}{c}, \tag{12.75}$$

also das Verhältnis von Strömungs- zu Schallgeschwindigkeit. Je nachdem $\mathsf{M} > 1$ oder $\mathsf{M} < 1$ ist, spricht man von *Überschall-* oder *Unterschallströmung*. Mit der Definition (12.75) ergeben sich aus (12.70) mit (12.69)

$$\frac{p}{p_0} = \left(1 + \frac{\varkappa - 1}{2}\,\mathsf{M}^2\right)^{\frac{\varkappa}{1-\varkappa}} = \left[1 - \frac{\varkappa - 1}{2}\left(\frac{v}{c_0}\right)^2\right]^{\frac{\varkappa}{\varkappa-1}}, \quad (12.76)$$

$$\frac{\varrho}{\varrho_0} = \left(1 + \frac{\varkappa - 1}{2}\,\mathsf{M}^2\right)^{\frac{1}{1-\varkappa}} = \left[1 - \frac{\varkappa - 1}{2}\left(\frac{v}{c_0}\right)^2\right]^{\frac{1}{\varkappa-1}}. \quad (12.77)$$

Die beiden Formeln ermöglichen durch ihre für $\mathsf{M}^2 < 1$ gültigen Reihenentwicklungen

$$\frac{p}{p_0} = 1 - \frac{\varkappa}{2}\,\mathsf{M}^2 + \cdots; \quad \frac{\varrho}{\varrho_0} = 1 - \frac{\mathsf{M}^2}{2} + \cdots$$

den, durch die Annahme der Inkompressibilität entstandenen Fehler im Unterschallgebiet abzuschätzen. (Danach entspricht z. B. $\mathsf{M} = 0{,}2$ einer Dichteschwankung von 2%.)

Die zentrale Bedeutung der Machschen Zahl M ersieht man auch aus folgender Feststellung: Die Differentialgleichung (12.68) lautet für den ebenen Fall, aus dem wir schon das Nötige ersehen können,

$$\varphi_{xx} + \varphi_{yy} - \frac{1}{c^2}\left(\varphi_{xx}\,\varphi_x^2 + 2\,\varphi_x\,\varphi_y\,\varphi_{xy} + \varphi_{yy}\,\varphi_y^2\right) = 0. \quad (12.78)$$

Sie ist vom elliptischen, parabolischen oder hyberbolischen Typus, je nachdem

$$\left(1 - \frac{\varphi_x^2}{c^2}\right)\left(1 - \frac{\varphi_y^2}{c^2}\right) - \frac{\varphi_x^2\,\varphi_y^2}{c^4} \gtreqless 0, \quad (12.79)$$

d. h.

$$c^2 \gtreqless \varphi_x^2 + \varphi_y^2 = v^2$$

ist. Mit (12.75) haben wir

$$\left(\frac{v}{c}\right)^2 = \mathsf{M}^2 \begin{cases} > 1 \text{ hyperbolischer Typus (Überschallströmung)} \\ < 1 \text{ elliptischer Typus (Unterschallströmung)} . \end{cases} \quad (12.80)$$

Diese *Typenunterscheidung einer partiellen Differentialgleichung* der Form

$$A(x, y)\,\varphi_{xx} + 2\,B(x, y)\,\varphi_{xy} + C(x, y)\,\varphi_{yy} = F(\varphi_x, \varphi_y, \varphi, x, y) \quad (12.81)$$

entspringt der sog. *Charakteristikentheorie,* zu der bekanntlich folgende Problemstellung führt: Längs einer Kurve ($\mathfrak{C}$) der x,y-Ebene seien die (Anfangs-)Werte von φ, φ_x und φ_y vorgegeben; man bestimme $\varphi = \varphi(x, y)$. Dieses Problem ist grundsätzlich gelöst, wenn man für φ eine konvergente Taylor-Reihe

$$p\,dx + q\,dy + \frac{1}{2!}\left(r\,dx^2 + 2\,s\,dx\,dy + t\,dy^2\right) + \cdots$$

angibt, worin

$$p = \varphi_x, \quad q = \varphi_y, \quad r = \varphi_{xx}, \quad s = \varphi_{xy}, \quad t = \varphi_{yy}$$

bedeuten.

Es können aber aus dem Gleichungssystem

$$A r + 2 B s + C t = F, \; dp = r\,dx + s\,dy, \; dq = s\,dx + t\,dy$$

r, s und t errechnet werden, wenn

$$D = \begin{vmatrix} A & 2B & C \\ dx & dy & 0 \\ 0 & dx & dy \end{vmatrix} = A\,dy^2 - 2B\,dx\,dy + C\,dx^2 \neq 0$$

ist. Man kann dann auf ähnliche Weise fortfahren und die höheren Ableitungen aus Gleichungssystemen berechnen, die sich aus dem vorigen durch partielle Differentiationen ergeben. Damit ist die Taylorsche Entwicklung bestimmbar.

Das Verfahren versagt, wenn $D = 0$ ist, also wenn φ, φ_x und φ_y längs einer Kurve $y = y(x)$ vorgegeben sind, deren Differentialgleichung

$$A \left(\frac{dy}{dx}\right)^2 - 2B \frac{dy}{dx} + C = 0 \tag{12.82}$$

lautet. Entsprechend

$$\frac{dy}{dx} = y' = \frac{1}{A}\left(B \pm \sqrt{B^2 - A C}\right) \tag{12.83}$$

gehören hierzu zwei Kurvenscharen $f_1(x,y) = \text{konst}$ und $f_2(x,y) = \text{konst}$; man nennt sie *Charakteristiken* der Differentialgleichung (12.81). Für den hyperbolischen Fall ($B^2 > A C$) sind die Charakteristiken zwei (reelle) Kurvenscharen der x,y-Ebene (Abb. 12.5). Setzen wir von ihnen voraus, daß sie die x,y-Ebene oder einen Teil davon, ein sog. *„Charakteristikenviereck"* $PSQR$ (Abb. 12.5) einfach („schlicht") überdecken, so folgern wir aus den vorangehenden Ausführungen: Durch die Vorgabe von φ, φ_x und φ_y längs einer nicht charakteristischen Kurve ($\mathfrak{C}$) ist φ im Charakteristikenviereck eindeutig bestimmt. Das bedeutet wiederum, daß eine Änderung der Vorgaben auf dem Linienelement PP' (Abb. 12.5) sich nur in den schmalen Bereichen $PRR'P'$ und $PSS'P'$ ausbreitet: *Die Charakteristiken bestimmen die Fortpflanzungsrichtungen der Störungen der Anfangswerte.* Das ist ein für die gesamte (Überschall-)Gasdynamik wichtiger Satz (s. Aufgabe 9).

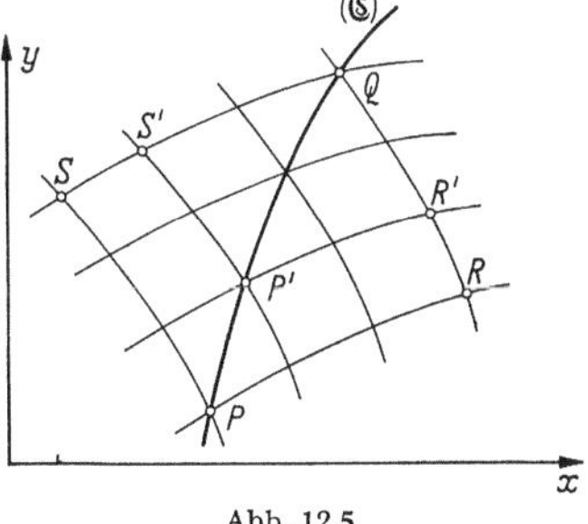

Abb. 12.5

18*

Schließlich sei noch auf eine geometrisch-physikalische Deutung der nach (12.80) über den Typus der Differentialgleichung entscheidenden Machschen Zahl hingewiesen: In einem Gas werde durch eine, mit der Geschwindigkeit v bewegte „Quelle", z. B. durch ein fliegendes Projektil, eine „Störung" in Form einer Druckwelle erzeugt, die sich nach den vorangehenden Erkenntnissen mit der Relativgeschwindigkeit c

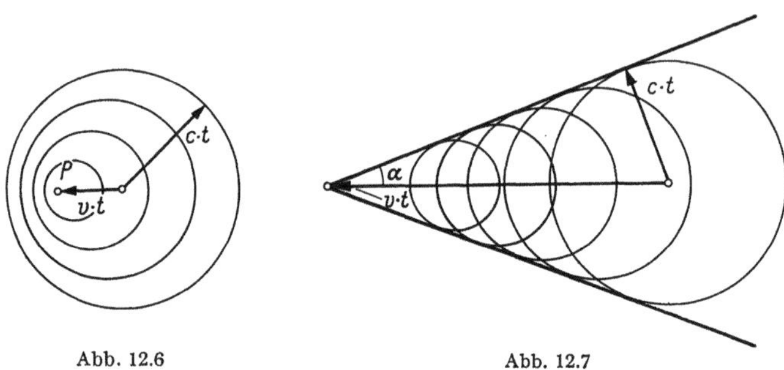

Abb. 12.6   Abb. 12.7

ausweitet, und zwar für $v < c$, d. h. $\mathsf{M} < 1$, nach allen Richtungen (Abb. 12.6) und für $v > c$, d. h. $\mathsf{M} > 1$, in einem Kegel mit dem halben Öffnungswinkel (Abb. 12.7)

$$\sin \alpha = \frac{c\,t}{v\,t} = \frac{c}{v} = \frac{1}{\mathsf{M}}. \tag{12.84}$$

Dementsprechend können sich die von der Spitze P eines mit Überschallgeschwindigkeit ($\mathsf{M} > 1$) fliegenden Geschosses ausgehenden Druckwellen nur nach rückwärts innerhalb des sog. *Machschen Kegels* fortpflanzen.

7. Linearisierung der Potentialgleichung. Die Differentialgleichung (12.68) des Geschwindigkeitspotentials φ ist nicht linear, wodurch ihre Behandlung sehr erschwert ist. Man kann sie ähnlich wie die Gleichungen des instationären Falles im Sinne der Riemannschen Idee, also durch eine Variablentransformation *„exakt linearisieren"*. Bevor wir aber auf diese nach MOLENBROEK und TSCHAPLIGIN bzw. nach LEGENDRE genannten Transformationen etwas näher eingehen, soll hier die *„approximative Linearisierung"* der Potentialgleichung durchleuchtet werden. Der Grundgedanke ist folgender:

Einer stationären „*Grundströmung*" des Potentials $\bar{\varphi} = \bar{\varphi}(x, y, z)$ wird eine „kleine Störung" des Strömungspotentials $\Phi(x, y, z)$ überlagert, so daß die Gesamtströmung durch das Potential

$$\varphi = \varphi(x, y, z) = \bar{\varphi}(x, y, z) + \Phi(x, y, z) \tag{12.85}$$

beschrieben wird. Die Linearisierung der Potentialgleichung (12.68) erfolgt nun in dem Sinne, daß die Geschwindigkeitskomponenten der

Zusatzströmung $\partial\Phi/\partial x = \Phi_x,\ \Phi_y,\ \Phi_z$ gegenüber denen der Grundströmung $\bar\varphi_x,\ \bar\varphi_y$ und $\bar\varphi_z$ als „klein" angesehen werden können. Ein solches Vorgehen erscheint als gerechtfertigt, wenn z. B. in ein paralleles ebenes Strömungsfeld des Potentials

$$\bar\varphi = u_0 x \tag{12.86}$$

ein „schlankes Profil" gebracht wird, oder, was dasselbe ist, wenn ein schlankes Projektil mit der Geschwindigkeit $\mathfrak{v} = \{-u_0; 0; 0\}$ in einem ruhenden Gas fliegt.

Wir wollen diesen Gedanken etwas weiterführen, und zwar für die ebene Strömung mit der aus (12.86) hervorgehenden Differentialgleichung

$$\left(1 - \frac{\varphi_x^2}{c^2}\right)\varphi_{xx} + \left(1 - \frac{\varphi_y^2}{c^2}\right)\varphi_{yy} - \frac{2}{c^2}\,\varphi_x\,\varphi_y\,\varphi_{xy} = 0 \tag{12.87}$$

und für den rotationssymmetrischen Fall des Potentials $\varphi = \varphi(x, r)$ mit den Geschwindigkeitskomponenten (Abb. 12.8)

$$v_x = \frac{\partial\varphi}{\partial x} = \varphi_x;\quad v_r = \frac{\partial\varphi}{\partial r} = \varphi_r \tag{12.88}$$

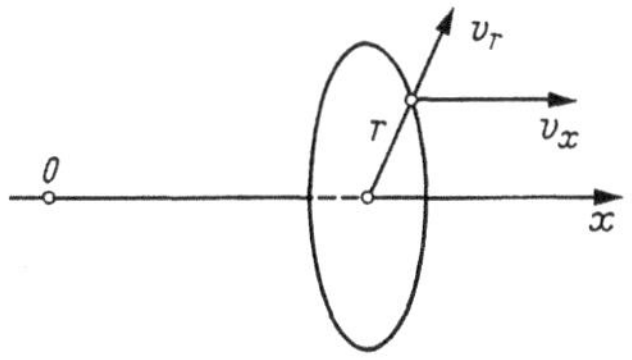

und der Differentialgleichung

Abb. 12.8

$$\left(1 - \frac{\varphi_x^2}{c^2}\right)\varphi_{xx} + \left(1 - \frac{\varphi_r^2}{c^2}\right)\varphi_{rr} - \frac{2}{c^2}\,\varphi_x\,\varphi_r\,\varphi_{xr} + \frac{\varphi_r}{r} = 0\,. \tag{12.89}$$

8. Ebene und parallele linearisierte Potentialströmung. Aus dem Ansatz (12.85) geht mit (12.86) das Potential

$$\varphi = \varphi(x, y) = u_0 x + \Phi(x, y)$$

mit den Geschwindigkeitskomponenten

$$v_x = \frac{\partial\varphi}{\partial x} = \varphi_x = u_0 + \Phi_x;\quad v_y = \Phi_y$$

hervor.

Die Linearisierung im Sinne der vorangehenden Ausführungen ergibt

$$v^2 = \varphi_x^2 + \varphi_y^2 = u_0^2 + 2u_0\Phi_x + \Phi_x^2 + \Phi_y^2 \approx u_0 = \text{konst.} \tag{12.90}$$

und nach (12.70)

$$c^2 = c_0^2 - \frac{\varkappa - 1}{2}\,v^2 \approx c_0^2 - \frac{\varkappa - 1}{2}\,u_0^2 = \text{konst}\,. \tag{12.91}$$

Somit ist auch die Strömungs- und Schallgeschwindigkeit und die gemäß (12.75) definierte Machsche Zahl $\mathsf{M} = v/c = u_0/c$ (näherungsweise) konstant. Wegen

$$1 - \frac{\varphi_x^2}{c^2} \approx 1 - \frac{u_0^2}{c^2} = 1 - \mathsf{M}^2 = \text{konst}\,;\quad 1 - \frac{\varphi_y^2}{c^2} \approx 1\,;$$

$$\frac{\varphi_x\,\varphi_y\,\varphi_{xy}}{c^2} \approx \frac{1}{c^2}\,u_0\Phi_x\Phi_{xy} \approx 0\,;\quad \varphi_{xx} = \Phi_{xx};\quad \varphi_{yy} = \Phi_{yy}$$

geht (12.87) in

$$(1 - M^2)\, \Phi_{xx} + \Phi_{yy} = 0 \tag{12.92}$$

über, also in eine Differentialgleichung, die für $M^2 < 1$ (Unterschallströmung) vom elliptischen, für $M^2 > 1$ (Überschallströmung) vom hyperbolischen Typus ist.

Im *Unterschallgebiet* ($M < 1$) liefert die Prandtl-Glauertsche Transformation

$$\frac{x}{\sqrt{1 - M^2}} = \xi \tag{12.93}$$

aus (12.92) die Laplacesche Potentialgleichung

$$\Phi_{\xi\xi} + \Phi_{yy} = \Delta\Phi = 0\,, \tag{12.94}$$

womit die Unterschallströmung des kompressiblen Mediums auf die eines inkompressiblen ($c^2 \to \infty$) zurückgeführt ist. Zur Weiterverfolgung dieses Problems stehen uns die reichen Mittel der klassischen Potentialtheorie zur Verfügung.

Interessanter (mit Rücksicht auf die Anwendungen in der Flug- und Raketentechnik) ist das Problem für den *Überschallbereich* ($M > 1$). Die auf der Charakteristikentheorie der partiellen Differentialgleichungen fußende Transformation

$$\left.\begin{aligned}
\frac{-x}{\sqrt{M^2 - 1}} + y &= \xi = y - x\,\mathrm{tg}\,\alpha,\\[2mm]
\frac{x}{\sqrt{M^2 - 1}} + y &= \eta = y + x\,\mathrm{tg}\,\alpha,\\[2mm]
\sin\alpha &= \frac{1}{M}
\end{aligned}\right\} \tag{12.95}$$

überführt (12.92) in

$$\Phi_{\xi\eta} = \frac{\partial^2\Phi}{\partial\xi\,\partial\eta} = 0$$

mit der allgemeinen Lösung

$$\Phi = \Phi(\xi, \eta) = w_1(\xi) + w_2(\eta)\,,$$

bzw. wegen (12.95)

$$\Phi = \Phi(x, y) = w_1(y - x\,\mathrm{tg}\,\alpha) + w_2(y + x\,\mathrm{tg}\,\alpha)\,. \tag{12.96}$$

Hierbei sind w_1 und w_2 willkürliche Funktionen, und α ist der *Machsche Winkel* entsprechend (12.84). Die Geradenscharen

$$y = \pm\, x\,\mathrm{tg}\,\alpha + \mathrm{konst} \tag{12.97}$$

nennt man die *Machschen Geraden*, sie bestimmen in der Ebene für den linearisierten Fall das sog. *Machsche Netz*. Durch dieses sind die *Fortpflanzungsrichtungen kleiner Störungen* festgelegt.

Da nach den Ausführungen am Ende der Ziffer 6 (s. a. Abb. 12.7) im Überschallbereich die Störungen sich nur innerhalb des Machschen Kegels ausbreiten können (im ebenen Fall innerhalb eines Keiles), kommt entsprechend der Abb. 12.9 an der *Profiloberseite* von den willkürlichen Funktionen in (12.96) nur w_1 in Betracht. Damit ergibt sich das resultierende Potential zu

$$\varphi = \bar{\varphi} + \Phi = u_0 x + \mathsf{w}_1(y - x \operatorname{tg}\alpha) \,. \tag{12.98}$$

Ist die Gleichung der Profillinie $y = f(x)$ (s. Abb. 12.9) vorgegeben, so läßt sich w_1 aus der Forderung bestimmen, daß der Geschwindigkeitsvektor

$$\mathfrak{v} = \left\{ \frac{\partial \varphi}{\partial x} \,;\, \frac{\partial \varphi}{\partial y} \right\} = \{\varphi_x;\, \varphi_y\} = \left\{ u_0 + \frac{\partial \mathsf{w}_1}{\partial x} \,;\, \frac{\partial \mathsf{w}_1}{\partial y} \right\}$$

für $y = f(x)$ die Profillinie tangiert:

$$f'(x) = \frac{\varphi_y}{\varphi_x} = \frac{\mathsf{w}_1'(f(x) - x \operatorname{tg}\alpha)}{u_0 - \mathsf{w}_1'(f(x) - x \operatorname{tg}\alpha) \operatorname{tg}\alpha} \,. \tag{12.99}$$

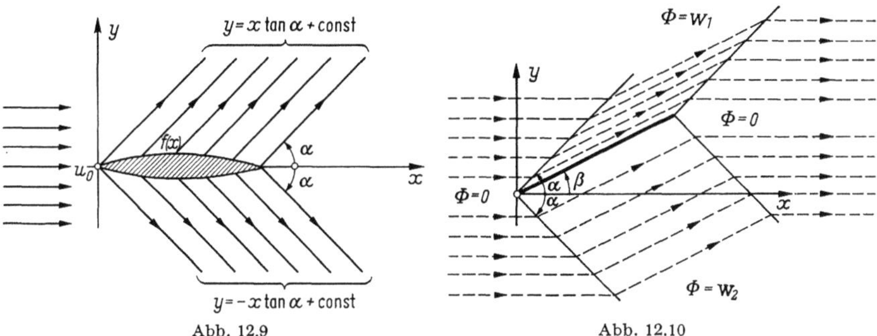

Abb. 12.9   Abb. 12.10

Hierbei bedeuten die Striche Ableitungen nach dem Gesamtargument. Aus (12.99) ergibt sich

$$\mathsf{w}_1'(f(x) - x \operatorname{tg}\alpha) = \frac{f'(x)}{1 + f'(x)\operatorname{tg}\alpha} u_0 \,. \tag{12.100}$$

Für die *Profilunterseite* ist entsprechend in den vier letzten Formeln w_1 durch w_2 bzw. $\operatorname{tg}\alpha$ durch $-\operatorname{tg}\alpha$ zu ersetzen.
Als ein instruktives *Beispiel* behandeln wir die *Überschallströmung um eine flach geneigte Platte* (Abb. 12.10). In diesem Falle ist $f'(x) = \operatorname{tg}\beta$, so daß man für die Plattenoberseite aus (12.100) durch Integration

$$\mathsf{w}_1(y - x\operatorname{tg}\alpha) = \frac{u_0 \operatorname{tg}\beta}{1 + \operatorname{tg}\alpha \operatorname{tg}\beta}(y - x\operatorname{tg}\alpha) \tag{12.101}$$

und somit für das Strömungspotential

$$\varphi = \varphi(x, y) = u_0 \left[x + \frac{\operatorname{tg}\beta}{1 + \operatorname{tg}\alpha \operatorname{tg}\beta}(y - x\operatorname{tg}\alpha) \right] \tag{12.102}$$

erhält. Daraus ergibt sich das analoge Ergebnis für das Potential der Profilunterseite, indem man einfach $\operatorname{tg}\alpha$ durch $-\operatorname{tg}\alpha$ ersetzt.

Unter den gemachten Annahmen kann man nun auch den *auf die Platte ausgeübten Druck* bestimmen: Ersetzen wir in Gl. (12.20)[1] v^2 durch $v^2 - v_0^2$ bzw. $v^2 - u_0^2$, so erhalten wir zunächst

$$\frac{p}{p_0} = \left[1 - \frac{\varkappa - 1}{2\varkappa}\frac{\varrho_0}{p_0}(v^2 - u_0^2)\right]^{\frac{\varkappa}{\varkappa - 1}} \approx 1 - \frac{\varrho_0}{2p_0}(v^2 - u_0^2)$$

und dann mit der aus (12.102) fließenden Beziehung

$$v^2 - u_0^2 = \varphi_x^2 + \varphi_y^2 - u_0^2 \approx 2u_0\,\Phi_x = -\frac{\operatorname{tg}\alpha\,\operatorname{tg}\beta}{1 + \operatorname{tg}\alpha\,\operatorname{tg}\beta}\,2u_0^2 \qquad (12.103)$$

schließlich für den auf den fiktiven „*Staudruck*" $\varrho_0 u^2/2$ bezogenen *Überdruck*

$$D = \frac{p - p_0}{\varrho_0 u_0^2/2} = -\frac{2}{u_0}\,\Phi_x = -\frac{2}{u_0}\frac{\partial\Phi}{\partial x} \qquad (12.104)$$

speziell

$$D = \frac{2\,\operatorname{tg}\alpha\,\operatorname{tg}\beta}{1 + \operatorname{tg}\alpha\,\operatorname{tg}\beta}\,. \qquad (12.105)$$

Die Existenz dieses Überdruckes auf der Vorder- und eines entsprechenden Unterdruckes auf der Rückseite der Platte ist gleichbedeutend mit einem auf die Platte ausgeübten *Widerstand*, der also im *Überschallbereich* im Gegensatz zu dem schon bekannten D'Alembertschen Paradoxon (s. § 10.6), auch in einem reibungsfreien Gas auftritt.

9. Der schiefe Verdichtungsstoß. Stoßpolare. Man kann noch einen weiteren qualitativen, aber sich im folgenden als wesentlich erweisen-

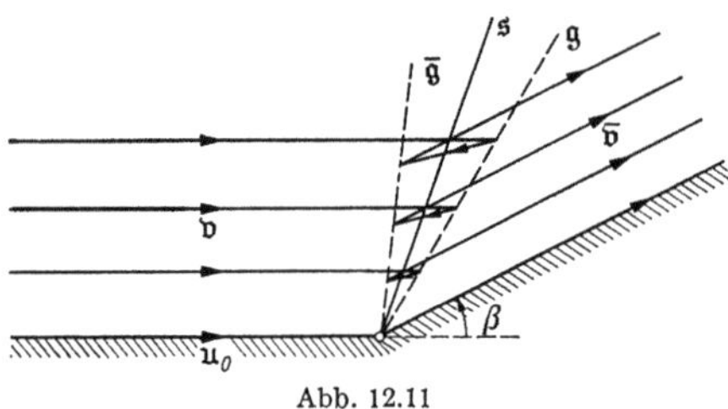

Abb. 12.11

den Hinweis den Gleichungen (12.103) und (12.104) entnehmen: An einer *konkav geknickten* geraden Wand (Abb. 12.11) findet im Überschallbereich nach (12.103) hinter der Ecke eine Geschwindigkeitsabnahme statt, der nach (12.104) eine Druckzunahme, also eine Verdichtung entspricht. Dabei sind in diesen beiden Formeln u_0 durch $|\mathfrak{v}|$ und v durch $|\bar{\mathfrak{v}}|$, die Geschwindigkeiten der ungestörten Strömung vor und nach der Ecke, zu ersetzen.

Nimmt man nun eine adiabatische Änderung der Strömungsgeschwindigkeit $\mathfrak{v}$ in $\bar{\mathfrak{v}}$ an, so kommt man zu einigen Widersprüchen, wenn man auf die allgemeinen, nicht linearisierten Gleichungen zurückgreift. Beispielsweise liefern die Gleichungen (12.84) und (12.70), sowie man

---

[1] Die für eine, auf den Ruhezustand $v_0 = 0$ bezogene Geschwindigkeit hergeleitet wurde.

sie auf unseren Fall anwendet,

$$\sin\alpha = \frac{c}{v} = \sqrt{\left(\frac{c_0}{v}\right)^2 - \frac{\varkappa - 1}{2}}\,, \quad \sin\bar{\alpha} = \frac{\bar{c}}{\bar{v}} = \sqrt{\left(\frac{c_0}{\bar{v}}\right)^2 - \frac{\varkappa - 1}{2}}\,,$$

womit man bei $\bar{v} < v$ für die Machschen Winkel α und $\bar{\alpha}$ der Machschen Geraden $\mathfrak{g}$ und $\bar{\mathfrak{g}}$ die Beziehung $\bar{\alpha} > \alpha$ und schließlich für deren Neigungswinkel in der Strömungsebene $\bar{\alpha} + \beta > \alpha$ erhält. Physikalisch würde einer solchen rückläufigen Drehung der von der Ecke ausgehenden Machschen Linien eine Rückströmung entsprechen, die offenbar nicht verwirklichbar ist, womit sich die obige Annahme als sinnlos erweist.

Diesen physikalischen Widerspruch kann man aber durch die Annahme einer zwischen $\bar{\mathfrak{g}}$ und $\mathfrak{g}$ liegenden Stoßlinie $\mathfrak{s}$ (Abb. 12.11) beheben, längs der ein Geschwindigkeitssprung und damit verbunden eine Unstetigkeit von Druck und Dichte stattfindet. Diese Erscheinung spricht man als *schiefen Verdichtungsstoß an einer konkaven Ecke* an. An einer konvexen Ecke kommt es zu einem solchen Effekt nicht. Man kann sich leicht klar machen, daß hier bei einer vorwärtsläufigen Drehung der von der Ecke ausgehenden Machschen Linien (sog. Verdünnungsfächer) ein stetiger Übergang von $\mathfrak{v}$ auf eine verdünnte Strömung $\bar{\mathfrak{v}}$ nach der Ecke möglich ist.

Die Berechnung des schiefen Verdichtungsstoßes, insbesondere die Ermittlung der Lage der Stoßlinie, erfolgt nach den gleichen Erhaltungssätzen wie beim geraden Verdichtungsstoß: Die Geschwindigkeiten $\mathfrak{v}$ und $\bar{\mathfrak{v}}$ (vor und hinter der Stoßlinie) zerlegt man in bezug auf die

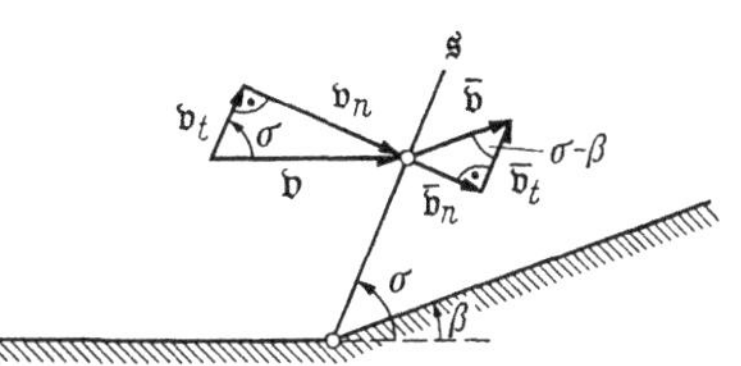

Abb. 12.12

Stoßlinie in eine Normal- und Tangentialkomponente $\mathfrak{v}_n$ und $\mathfrak{v}_t$ bzw. $\bar{\mathfrak{v}}_n$ und $\bar{\mathfrak{v}}_t$ (Abb. 12.12). Kontinuitätsgleichung, Impulssatz und Energiesatz ergeben analog zu (12.41) und (12.42):

$$\varrho v_n = \bar{\varrho}\bar{v}_n, \tag{12.106}$$

$$\varrho v_n^2 + p = \bar{\varrho}\bar{v}_n^2 + \bar{p}; \quad \varrho v_n v_t = \bar{\varrho}\bar{v}_n\bar{v}_t, \tag{12.107}$$

$$\mathcal{E} + \frac{v_n^2 + v_t^2}{2} = \bar{\mathcal{E}} + \frac{\bar{v}_n^2 + \bar{v}_t^2}{2}. \tag{12.108}$$

Aus (12.106) und (12.107) gewinnt man

$$v_t = \bar{v}_t, \tag{12.109}$$

und damit wird aus (12.108)

$$\mathcal{E} + \frac{v_n^2}{2} = \bar{\mathcal{E}} + \frac{\bar{v}_n^2}{2}. \tag{12.110}$$

Weiterhin liest man mit (12.109) aus Abb. 12.12 die folgenden Relationen ab:

$$\operatorname{tg}\sigma = \frac{v_n}{v_t}\; ;\;\; \operatorname{tg}(\sigma-\beta) = \frac{\bar{v}_n}{\bar{v}_t}\,. \tag{12.111}$$

Damit sind die zur Berechnung des Stoßlinienwinkels σ notwendigen Gleichungen gegeben. Mit

$$\Delta\varrho = \bar{\varrho}-\varrho;\;\; \Delta p = \bar{p}-p,$$

$$\mathscr{E} = \frac{p}{\varrho}+\mathscr{U} = \frac{p}{\varrho}+c_v T = \frac{p}{\varrho}+c_v\frac{p}{\varrho}\frac{\mathscr{M}}{R} = \frac{\varkappa}{\varkappa-1}\frac{p}{\varrho}\,, \tag{12.112}$$

$$\bar{\mathscr{E}} = \frac{\varkappa}{\varkappa-1}\frac{\bar{p}}{\bar{\varrho}}$$

erhält man

$$\frac{\Delta p}{\Delta\varrho} = \varkappa\,\frac{p+\Delta p/2}{\varrho+\Delta\varrho/2}\; ;\;\; \Delta p = \varrho v^2\,\frac{\Delta\varrho}{\varrho+\Delta\varrho}\sin^2\sigma, \tag{12.113}$$

$$\frac{\operatorname{tg}\sigma}{\operatorname{tg}(\sigma-\beta)} = -\frac{\varrho+\Delta\varrho}{\varrho}\; ;\;\; \frac{\Delta p}{\Delta\varrho} = v_n\bar{v}_n = \frac{\varrho}{\bar{\varrho}}v_n^2 = \frac{\bar{\varrho}}{\varrho}\bar{v}_n^2\,.$$

Diese Beziehungen können je nach Vorgabe der Zustandsgrößen verwendet werden.

Benutzt man die beiden letzten Gleichungen von (12.112) und führt noch die Ruheenthalpie $\mathscr{E}_0 = \frac{\varkappa}{\varkappa-1}\frac{p_0}{\varrho_0} = \frac{\varkappa+1}{\varkappa-1}\cdot\frac{1}{2}c^{*2}$ ein, wobei c^* nach (12.74) die Schallgeschwindigkeit des kritischen Zustandes ist, so läßt sich (12.102) in der Form

$$\frac{2\varkappa}{\varkappa-1}\bar{p}+\bar{\varrho}\bar{v}_n^2 = \left(\frac{\varkappa+1}{\varkappa-1}c^{*2}-\bar{v}_t^2\right)\bar{\varrho},$$

$$\frac{2\varkappa}{\varkappa-1}p+\varrho v_n^2 = \left(\frac{\varkappa+1}{\varkappa-1}c^{*2}-v_t^2\right)\varrho$$

schreiben. Unter Beachtung von (12.107) und (12.109) erhält man schließlich nach Subtraktion der obigen Gleichungen und Umformung

$$\frac{\bar{p}-p}{\bar{\varrho}-\varrho} = c^{*2}-\frac{\varkappa-1}{\varkappa+1}v_t^2\,, \tag{12.114}$$

so daß man die letzte der Stoßbeziehungen (12.113) auch als

$$v_n\bar{v}_n = c^{*2}-\frac{\varkappa-1}{\varkappa+1}v_t^2 \tag{12.115}$$

angeben kann.

Aus dieser letzten Beziehung läßt sich die *Busemannsche Stoßpolare* ableiten, die eine graphische Konstruktion der Geschwindigkeit $\bar{\mathfrak{v}}$ hinter dem geraden Eckenstoß aus dem Ruhezustand und der Geschwindigkeit $\mathfrak{v}$ vor dem Stoß ermöglicht.

Führt man in der v_x, v_y-Ebene das Achsenkreuz so ein, daß die Geschwindigkeit $\boldsymbol{v}$ durch $\{u, 0\}$ gegeben ist, so ist bei $\bar{\boldsymbol{v}} = \{\bar{u}, \bar{v}\}$

$$\bar{v}_n = \bar{u} \sin\sigma - \bar{v} \cos\sigma\,, \quad \bar{v}_t = \bar{u} \cos\sigma + \bar{v} \sin\sigma\,, \tag{12.116}$$

$$v_n = u \sin\sigma\,, \qquad\qquad v_t = u \cos\sigma$$

und wegen (12.109)

$$\mathrm{tg}\,\sigma = \frac{u - \bar{u}}{\bar{v}}\,. \tag{12.117}$$

Werden die Beziehungen (12.116) in (12.115) eingesetzt und die Winkelfunktionen mittels (12.117) eliminiert, so folgt schließlich

$$\bar{v}^2 \left(\frac{c^{*2}}{u} + \frac{2}{\varkappa + 1}\,u - \bar{u} \right) = (u - \bar{u})^2 \left(\bar{u} - \frac{c^{*2}}{u} \right) \tag{12.118}$$

als die Gleichung der gesuchten Kurve. Diese Stoßpolare läßt sich wie folgt konstruieren (s. Abb. 12.13):

Wir setzen $a = \dfrac{c^{*2}}{u} + \dfrac{2}{\varkappa + 1}\,\bar{u}$

und $b = \dfrac{c^{*2}}{u}$. Diese beiden Punkte sowie u markieren wir auf der v_x-Achse. Ferner zeichnen wir Kreise mit den Durchmessern $u - b$ und $a - b$. Von einem Punkt Q des letzteren fällen wir das Lot auf die v_x-Achse, verbinden Q mit b und den so entstehenden Schnittpunkt S mit u. Auf diese Weise erhalten wir den Punkt $P(\bar{u}, \bar{v})$. Dies ist aber ein Punkt der gesuchten Kurve, wie man aus den geometrischen Beziehungen

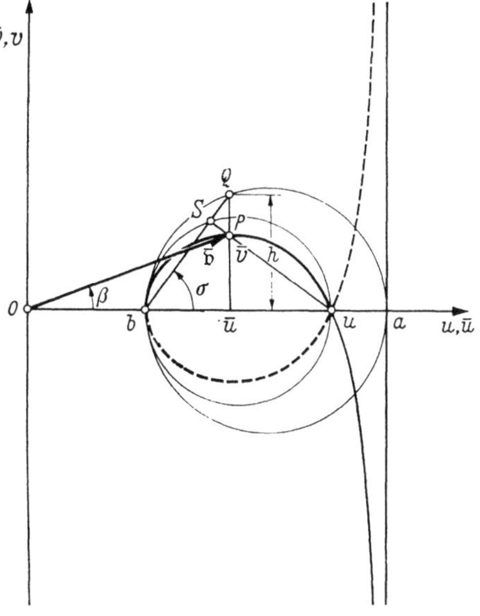

Abb. 12.13

$$\frac{(u - \bar{u})^2}{\bar{v}^2} = \frac{h^2}{(\bar{u} - b)^2} = \frac{(\bar{u} - b)\,(a - \bar{u})}{(\bar{u} - b)^2} = \frac{a - \bar{u}}{\bar{u} - b}$$

durch Vergleich mit (12.118) ablesen kann. Die Kurve hat eine vertikale Tangente in $v_x = b$, einen Doppelpunkt in $v_x = u$ und die Gerade $v_x = a$ als Asymptote.

Für den Winkel σ der Stoßfront mit der v_x-Achse gilt nach (12.114) $\mathrm{tg}\,\sigma = (u - \bar{u})/\bar{v}$, was nach Konstruktion aber gleichbedeutend mit $\mathrm{tg}\,\sigma = h/(\bar{u} - b)$ ist, so daß man diesen Winkel bei gegebenem $\bar{\boldsymbol{v}}$ sofort ablesen kann. Kennt man andererseits den Winkel β zwischen $\bar{\boldsymbol{v}}$ und $\boldsymbol{v}$, so kann man aus der Stoßpolaren $|\bar{\mathfrak{v}}|$ und σ entnehmen, indem man eine um β geneigte Gerade durch den Nullpunkt mit der Polaren zum Schnitt bringt. Dem Schnitt mit dem in Abb. 12.13 schwach gezeichneten Teil der Kurve entspricht ein Verdünnungsstoß $|\bar{\mathfrak{v}}| > |\mathfrak{v}|$, der wegen der Verletzung der Entropiebedingung $\delta S \geqq 0$ ohne physikalisches Interesse ist. Von den beiden übrigen Schnittpunkten liefert der zu dem größerem $|\mathfrak{v}|$ gehörige erfahrungsgemäß die richtige Geschwindigkeit. Ist β so groß, daß sich kein Schnittpunkt mit dem stark ausgezogenen Teil der Kurve ergibt, so ist ein Verdichtungsstoß an der betrachteten Stelle unmöglich. Vielmehr findet ein solcher für diese $\beta > \beta_{krit}$ schon bereits vor der Ecke statt, und zwar in Form einer quer zur Strömung stromabwärts gekrümmten Stoßfront.

10. Anströmung eines schlanken Rotationskörpers. Die Singularitätenmethode von KÁRMÁN. Wir nehmen jetzt unsere Betrachtungen über Potentialströmungen der linearisierten Theorie wieder auf und betrachten statt des ebenen Falles (Ziffer 8) jetzt ein räumliches Problem. Als spezielles Beispiel wählen wir die Anströmung eines schlanken Rotationskörpers mit der Meridian-

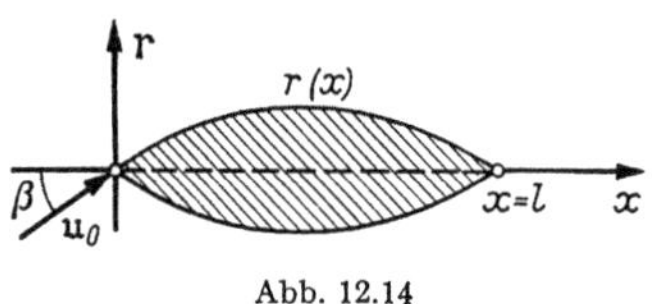

kurve $r = r(x)$ und der Profillänge l unter dem kleinen Winkel β mit der Geschwindigkeit $\mathfrak{u}_0 = \{u_0 \cos\beta; u_0 \sin\beta; 0\}$ (Abb. 12.14). Die später verwendete Voraussetzung der „Schlankheit des Profils" bedeutet, daß $|r'(x)| \ll 1$ sein muß.

Wir haben es wieder mit einer (durch den Rotationskörper) wenig gestörten Parallelströmung zu tun, deren Potential sich aus dem der Parallelströmung $u_0 \cos\beta\, x + u_0 \sin\beta\, y$ und dem der Störung $\Phi = \Phi(x, y, z)$ zusammengesetzt:

$$\varphi = \varphi(x, y, z) = u_0 \cos\beta\, x + u_0 \sin\beta\, y + \Phi(x, y, z) . \quad (12.119)$$

Wir linearisieren im Sinne eines kleinen Anströmwinkels ($\cos\beta = 1$; $\sin\beta = \beta$) und kleiner Werte von $\partial\Phi/\partial x = \Phi_x$, Φ_y und Φ_z. Wir erhalten für (12.68) wegen

$$1 - \frac{\varphi_x^2}{c^2} \approx 1 - \frac{u_0^2}{c^2}; \quad 1 - \frac{\varphi_y^2}{c^2} \approx 1; \quad 1 - \frac{\varphi_z^2}{c^2} \approx 1$$

schließlich

$$\left(1 - \frac{u_0^2}{c^2}\right)\Phi_{xx} + \Phi_{yy} + \Phi_{zz} = 0 , \quad (12.120)$$

wobei nach (12.91)

$$c^2 \approx c_0^2 - \frac{\varkappa - 1}{2}\, v^2 = \text{konst} . \quad (12.121)$$

ist.

Durch Einführung von Zylinderkoordinaten

$$x = x; \quad y = r\cos\vartheta; \quad z = r\sin\vartheta; \quad r = \sqrt{y^2 + z^2}$$

nimmt (12.120) für $\Phi = \Phi(x, r, \vartheta)$ die Form

$$\left(1 - \frac{u_0^2}{c^2}\right)\Phi_{xx} + \Phi_{rr} + \frac{1}{r}\,\Phi_r + \frac{1}{r^2}\,\Phi_{\vartheta\vartheta} = 0 \qquad (12.122)$$

an. Zur Behandlung dieser Differentialgleichung spaltet man meist das Potential in einen achsensymmetrischen Anteil

$$\varphi^{(a)} = u_0 \cos\beta x + \Phi^{(a)}(x, r)$$

und in einen unsymmetrischen Anteil

$$\varphi^{(u)} = u_0 \sin\beta r \cos\vartheta + \Phi^{(u)}(x, r, \vartheta)$$

auf.

Wir beschränken uns jedoch im weiteren auf eine *achsensymmetrische Anströmung* ($\beta = 0$), so daß $\Phi = \Phi(x, r)$; sowie $\varphi = \varphi(x, r) = u_0 x + \Phi(x, r)$ wird und aus (12.122)

$$\left(1 - \frac{u_0^2}{c^2}\right)\Phi_{xx} + \Phi_{rr} + \frac{1}{r}\,\Phi_r = 0 \qquad (12.123)$$

hervorgeht. Wie man sich leicht überzeugt, hat diese Differentialgleichung Lösungen der Form

$$\bar{\Phi} = \bar{\Phi}(x, r) = \pm\,\frac{f(\xi)}{\sqrt{(x-\xi)^2 - \varepsilon^2 r^2}}\,. \qquad (12.124)$$

Hierbei ist $f(\xi)$ eine beliebige Funktion des Parameters ξ und

$$\varepsilon^2 = \frac{u_0^2}{c^2} - 1\,, \qquad (12.125)$$

so daß, je nachdem ob $\varepsilon^2 < 0$ oder $\varepsilon^2 > 0$ ist, Unter- oder Überschallströmung vorliegt. Im Falle $\varepsilon^2 > 0$ trennen die Geraden $x - \xi = \pm\,\varepsilon r$ in der x, r-Ebene die Gebiete, in denen $\bar{\Phi}$ reell bzw. imaginär wird (Abb. 12.15); ihr Steigungswinkel α ist durch $\mathrm{tg}\,\alpha = 1/\varepsilon$ festgelegt.

Wir denken uns jetzt die durch den Rotationskörper hervorgerufene Störung der Parallelströmung durch eine kontinuierliche Singularitätenverteilung auf der x-Achse erzeugt, ähnlich wie wir es bei der

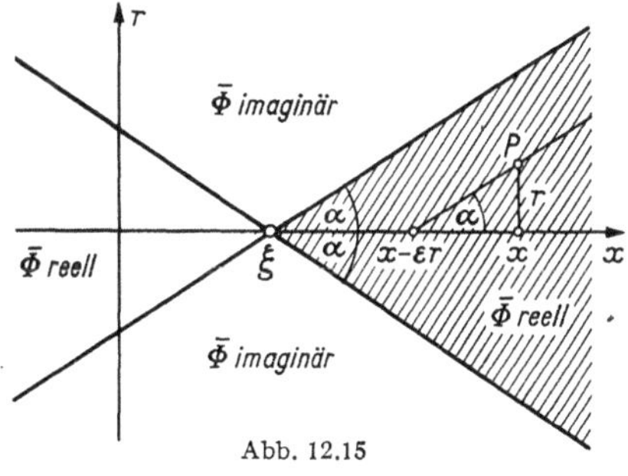

Abb. 12.15

Ausweichströmung um den Kreiszylinder vermöge der Einführung eines Dipols getan haben (§ 10.7 f.). Nun stellt $\bar{\Phi}$ nach (12.124) bereits eine geeignete Singularität dar. Im Unterschallfalle kann (12.124) sogar als quellähnliche Singularität im Punkte $x = \xi$, $r = 0$ mit der „Quell-" bzw. „Senkenstärke" $f(\xi)$ gedeutet werden, wie man leicht durch die Anwendung der Prandtl-Glauertschen Transformation (12.93) nachweisen kann. Im Überschallfalle $\varepsilon^2 > 0$ ist eine solche Deutung nicht möglich. Statt eines einzelnen Punktes gibt es nämlich jetzt Kegelflächen $x = \xi - \varepsilon r$, auf denen $\overline{\Phi}$ singulär wird und zusätzlich die oben erwähnten Gebiete, in denen $\overline{\Phi}$ imaginär wird. Damit ist der Charakter dieser Singularität bei Überschallverhältnissen völlig anders als im Unterschallfalle. Führen wir solche Singularitäten kontinuierlich verteilt als Lösung ein, so ist der auf die Strecke $d\xi$ fallende Anteil des Potentials offenbar $\overline{\Phi} d\xi = d\Phi$, so daß bei Wahl des zweckmäßigen Minuszeichens

$$\Phi = - \int \frac{f(\xi)\, d\xi}{\sqrt{(x-\xi)^2 - \varepsilon^2 r^2}} \qquad (12.126)$$

das Potential der Störung ist.

Besondere Aufmerksamkeit erfordert nun die *Festsetzung der Integrationsgrenzen*:

1. Bei *Unterschallströmung* ($\varepsilon^2 < 0$) wirken auf einen Punkt alle zwischen $\xi = 0$ und $\xi = l$ gelegenen Quellen ein:

$$\Phi = \Phi(x, r) = - \int_{\xi=0}^{l} \frac{f(\xi)\, d\xi}{\sqrt{(x-\xi)^2 - \varepsilon^2 r^2}}. \qquad (12.127)$$

2. Bei *Überschallströmung* ($\varepsilon^2 > 0$) breitet sich — nach den Ausführungen von § 12.6 — eine von dem Punkt ξ ausgehende Störung nur im Inneren des Machschen Kegels (Abb. 12.15)

$$\frac{r}{x-\xi} \leqq \frac{1}{\varepsilon}$$

aus:

$$\Phi = \Phi(x, r) = - \int_{\xi=0}^{x-\varepsilon r} \frac{f(\xi)\, d\xi}{\sqrt{(x-\xi)^2 - \varepsilon^2 r^2}}. \qquad (12.128)$$

Man bestätigt durch Bildung der entsprechenden Ableitungen, daß (12.128) trotz variabler Grenzen noch immer der Differentialgleichung (12.123) genügt.

Die *Bestimmung der Quellverteilung* $f(\xi)$ erfolgt aus der Forderung, daß der Geschwindigkeitsvektor die Oberfläche des Rotationskörpers tangieren muß:

$$\frac{dr}{dx} = r'(x) = \frac{v_r}{v_x} = \frac{\varphi_r}{\varphi_x} = \frac{\Phi_r}{u_0 + \Phi_x}. \qquad (12.129)$$

Mit Hilfe von (12.128) und (12.129) ist nachzuweisen, daß im *Überschallfalle*

$$r'(x) < \frac{1}{\varepsilon} = \frac{1}{\sqrt{M^2 - 1}}$$

sein muß, um überhaupt in der angedeuteten Weise zu physikalisch sinnvollen Lösungen zu kommen. Wir wollen dementsprechend unsere Voraussetzung der Schlankheit auf

$$r'(x) \ll \omega \qquad (12.130\,\text{a})$$

präzisieren, wobei ω der kleinere Wert der beiden Größen 1 und $1/\varepsilon = 1/\sqrt{M^2 - 1}$ ist. Man ist somit von vornherein auf die Behandlung von *spitzen* Körpern

$$0 \leqq r'(0) \ll \omega \qquad (12.130\,\text{b})$$

beschränkt, wobei für Unterschallströmung ($M < 1$) der Körper auch am hinteren Ende eine Spitze besitzen muß. Die letzte Bedingung ist für Überschallströmungen ($M > 1$) nicht wesentlich, da in diesen Fällen der weitere Verlauf der Körperkontur stromabwärts zu keiner Rückwirkung auf die Strömungsverhältnisse stromaufwärts führt. Weiter ist mit (12.128) und (12.129) für die Verhältnisse an der vorderen Spitze unter Beachtung von (12.130b) und von

$$r(0) = 0 \qquad (12.131\,\text{a})$$

noch nachweisbar, daß für die Singularitätenbelegung $f(\xi)$ die Bedingung

$$f(0) = 0 \qquad (12.131\,\text{b})$$

besteht.

Mit der Substitution

$$x - \xi = \varepsilon r \, \mathfrak{Cof}\, \eta; \quad d\eta = - \frac{d\xi}{\sqrt{(x - \xi)^2 - \varepsilon^2 r^2}} \qquad (12.132)$$

erhalten wir für *Überschallströmung* aus (12.128)

$$\Phi = \int\limits_{\eta = \mathfrak{Ar}\,\mathfrak{Cof}\,\frac{x}{\varepsilon r}}^{0} f(x - \varepsilon r \, \mathfrak{Cof}\, \eta) \, d\eta \,, \qquad (12.133)$$

woraus unter Beachtung von (12.131b) und (12.132)

$$\Phi_x = \int\limits_{\eta = \mathfrak{Ar}\,\mathfrak{Cof}\,\frac{x}{\varepsilon r}}^{0} f'(x - \varepsilon r \, \mathfrak{Cof}\, \eta) \, d\eta = - \int\limits_{\xi = 0}^{x - \varepsilon r} \frac{f'(\xi) \, d\xi}{\sqrt{(x - \xi)^2 - \varepsilon^2 r^2}} \,,$$

$$(12.134)$$

$$\Phi_r = - \int\limits_{\eta = \mathfrak{Ar}\,\mathfrak{Cof}\,\frac{x}{\varepsilon r}}^{0} f'(x - \varepsilon r \, \mathfrak{Cof}\, \eta) \, \varepsilon \, \mathfrak{Cof}\, \eta \, d\eta$$

zu berechnen sind. Hiermit geht aus (12.129) die Integralgleichung

$$u_0 r'(x) = - \int\limits_{\eta = \mathfrak{Ar}\,\mathfrak{Cof}\,\frac{x}{\varepsilon r}}^{0} f'(x - \varepsilon r \, \mathfrak{Cof}\, \eta) \, [r'(x) + \varepsilon \, \mathfrak{Cof}\, \eta] \, d\eta \qquad (12.135)$$

hervor. Vernachlässigt man — wegen des schlanken Profils — $r'(x)$ gegen $\varepsilon \, \mathfrak{Cof} \, \eta$ bzw., was dasselbe ist, $r'(x)$ gegen $(x - \xi)/r$, so ergibt sich aus (12.135) nach Resubstitution gemäß (12.132)

$$r \, r' = r \, \frac{dr}{dx} = \frac{1}{u_0} \int\limits_{\xi=0}^{x-\varepsilon r} \frac{(x - \xi) \, f'(\xi) \, d\xi}{\sqrt{(x - \xi)^2 - \varepsilon^2 r^2}} \, . \tag{12.136}$$

Bei gegebener Meridiankurve ist das eine, zum ersten Male von KÁRMÁN hergeleitete Integralgleichung erster Art für $f(\xi)$ bzw. $f'(\xi)$. Für die *Unterschallströmung* folgt nach ähnlichen Überlegungen

$$r \, r' = \frac{1}{u_0} \int\limits_{\xi=0}^{l} \frac{(x - \xi) \, f'(\xi) \, d\xi}{\sqrt{(x - \xi)^2 - \varepsilon^2 r^2}} \, . \tag{12.137}$$

Wir wollen noch für die *Überschallströmung* den auf den fiktiven Staudruck $\varrho_0 u_0^2/2$ bezogenen *Überdruck* angeben. Aus (12.104) ergibt sich mit (12.134)

$$D = \frac{p - p_0}{\varrho_0 \, u_0^2/2} = \frac{2}{u_0} \int\limits_{\xi=0}^{x-\varepsilon r} \frac{f'(\xi) \, d\xi}{\sqrt{(x - \xi)^2 - \varepsilon^2 r^2}} \, . \tag{12.138}$$

Vernachlässigt man in (12.136) wegen der Schlankheit des Profils εr gegen x und $(x - \xi)$, so hat man einerseits

$$u_0 r \, r' = \int\limits_0^x f'(\xi) \, d\xi = f(x)$$

und andererseits mit der Querschnittsfläche

$$Q(x) = \pi r^2(x) \tag{12.139}$$

des Rotationskörpers

$$r \, r' = \frac{Q'(x)}{2\pi} = \frac{q'(x)}{2} \, , \tag{12.140}$$

so daß aus (12.138) wegen

$$f(x) = u_0 r \, r' = \frac{u_0}{2} \, q'(x) \tag{12.141}$$

schließlich

$$D = \frac{p - p_0}{\varrho_0 u^2/2} = \int\limits_{\xi=0}^{x-\varepsilon r} \frac{q''(\xi) \, d\xi}{\sqrt{(x - \xi)^2 - \varepsilon^2 r^2}} \approx \int\limits_{\xi=0}^{x} \frac{q''(\xi) \, d\xi}{x - \xi} \tag{12.142}$$

hervorgeht.

11. Exakte Linearisierung der Potentialgleichung der ebenen Strömung. Molenbroek-Tschapligin-Transformation. Im Gegensatz zu der vorangehenden approximativen Linearisierung, gibt es für die stationäre isentrope, wirbelfreie ebene Strömung auch *exakte* Linearisierungen. Sie beruhen im allgemeinen darauf, daß die Geschwindigkeitskoordinaten statt der Ortskoordinaten als unabhängige Veränderliche eingeführt werden. Da damit das Strömungsbild von der Ebene der reellen Strömung auf die Geschwindigkeitsebene abgebildet wird, spricht man in diesen Fällen auch von der *Hodographenmethode*.

Wir wollen hier die kartesischen Geschwindigkeitskomponenten in x- und in y-Richtung u und v und die entsprechenden polaren Komponenten w und ϑ nennen; w hat dabei die Größe des Geschwindigkeitsbetrages, während ϑ der Winkel des Vektors mit der positiven x-Achse ist. Somit bestehen für die Komponenten die Beziehungen

$$\left.\begin{array}{ll} u = w\cos\vartheta\,, & v = w\sin\vartheta\,, \\[2mm] w = \sqrt{u^2 + v^2}\,, & \vartheta = \operatorname{arc\,tg}\dfrac{v}{u}\,. \end{array}\right\} \qquad (12.143)$$

Unter den obigen Voraussetzungen sicherte (s. Ziffer 6) die Bedingung der Wirbelfreiheit (10.14)

$$\frac{\partial v}{\partial x} - \frac{\partial u}{\partial y} = 0$$

die Existenz eines Geschwindigkeitspotentials $\varphi = \varphi(x, y)$, aus dem die Geschwindigkeitskomponenten vermöge

$$\mathfrak{v} = \{u;\, v\} = \{\varphi_x;\, \varphi_y\} = \{w\cos\vartheta;\, w\sin\vartheta\} \qquad (12.144)$$

auszurechnen sind. Aus der Kontinuitätsgleichung (12.15)

$$\frac{\partial}{\partial x}(\varrho u) + \frac{\partial}{\partial y}(\varrho v) = 0$$

ergab sich dann die nichtlineare Differentialgleichung (12.68) des Potentials, die in unserem Falle

$$\left.\begin{array}{l} \left(1 - \dfrac{\varphi_x^2}{c^2}\right)\varphi_{xx} - 2\,\dfrac{\varphi_x\varphi_y}{c^2}\,\varphi_{xy} + \left(1 - \dfrac{\varphi_y^2}{c^2}\right)\varphi_{yy} = 0 \\[4mm] \left(1 - \dfrac{u^2}{c^2}\right)\varphi_{xx} - 2\,\dfrac{uv}{c^2}\,\varphi_{xy} + \left(1 - \dfrac{v^2}{c^2}\right)\varphi_{yy} = 0 \end{array}\right\} \qquad (12.145)$$

bzw.

lautet. Wegen der oben aufgeführten Kontinuitätsgleichung ist aber andererseits

$$-(\varrho v)\,dx + (\varrho u)\,dy$$

das vollständige Differential $d\psi$ einer Funktion $\psi = \psi(x, y)$ mit

$$\varrho u = \psi_y\,, \qquad -\varrho v = \psi_x\,. \qquad (12.146\,\mathrm{a})$$

Diese Funktion, die im vorliegenden Falle *Stromdichtefunktion* genannt wird, geht für inkompressible Flüssigkeiten in die mit dem konstanten Faktor ϱ_0 multiplizierte sog. Stromfunktion über (s. § 10.6). Mit der Potentialfunktion φ hängt die Stromdichtefunktion ψ in folgender Weise zusammen, wie man aus (12.144) und (12.146a) ersieht:

$$\frac{\partial \psi}{\partial x} = \psi_x = - \varrho v = - \varrho \varphi_y; \qquad \frac{\partial \psi}{\partial y} = \psi_y = \varrho u = \varrho \varphi_x. \qquad (12.146\,\mathrm{b})$$

Auch die sich für ψ ergebende Differentialgleichung

$$\left.\begin{array}{l}\left(1 - \dfrac{\psi_y^2}{\varrho^2 c^2}\right)\psi_{xx} + 2\,\dfrac{\psi_x \psi_y}{\varrho^2 c^2}\,\psi_{xy} + \left(1 - \dfrac{\psi_x^2}{\varrho^2 c^2}\right)\psi_{yy} = 0 \\[3mm] \left(1 - \dfrac{u^2}{c^2}\right)\psi_{xx} - 2\,\dfrac{u\,v}{\varrho^2 c^2}\,\psi_{xy} + \left(1 - \dfrac{v^2}{c^2}\right)\psi_{yy} = 0\,, \end{array}\right\} \quad (12.147)$$

bzw.

die aus der oben aufgeführten Kontinuitätsgleichung folgt, ist nicht-linear. Obwohl jeweils die zweite Gleichung von (12.145) und (12.147) identisches Aussehen haben, beachte man, daß in ihnen die abhängigen Veränderlichen u und v in bezug auf die Funktionen φ und ψ etwas völlig verschiedenes bedeuten, wie auf Grund eines Vergleiches jeweils der entsprechenden ersten Gleichung miteinander auch klar sein dürfte.

Eine der beiden auf eine Linearisierung führenden Methoden geht auf LEGENDRE zurück. Er führt als unabhängige Veränderliche Geschwindig-keitskomponenten $u = \varphi_x$ und $v = \varphi_y$ in (12.145) ein und kommt dann zu der linearen Differentialgleichung

$$\left(1 - \frac{v^2}{c^2}\right)\Phi_{uu} + 2\,\frac{u\,v}{c^2}\,\Phi_{uv} + \left(1 - \frac{u^2}{c^2}\right)\Phi_{vv} = 0$$

für das von ihm verwendete „konjugierte" Potential

$$\Phi = x\,\varphi_x + y\,\varphi_y - \varphi\,.$$

Eine ähnliche Transformation gelingt ihm in bezug auf die Strom-funktion ψ. Hier wählt er als unabhängige Variable die Stromdichte-komponenten $\alpha = \varrho u = \psi_y$ und $\beta = \varrho v = - \psi_x$ und erhält anstelle von (12.147) eine lineare Differentialgleichung

$$\left(1 - \frac{\alpha^2}{\varrho^2 c^2}\right)\Psi_{\alpha\alpha} - 2\,\frac{\alpha\,\beta}{\varrho^2 c^2}\,\Psi_{\alpha\beta} + \left(1 - \frac{\beta^2}{\varrho^2 c^2}\right)\Psi_{\beta\beta} = 0$$

für die „konjugierte" Stromfunktion

$$\Psi = x\,\psi_x + y\,\psi_y - \psi\,.$$

Wie wir unten noch sehen werden, muß zur Anwendung dieser Methoden die eindeutig und umkehrbare Zuordnung von Strömungsfeld und Geschwindigkeitsbild vorausgesetzt werden. Daß solche Verhältnisse nicht immer vorliegen, zeigt das einfache Beispiel der ungestörten Parallelströmung, bei der das Geschwindigkeitsbild durch einen einzigen Punkt dargestellt wird, bzw. solche Fälle, deren Geschwindigkeits-bild in eine Kurve entartet. Die zweite von LEGENDRE eingeführte

Transformation führt, da als unabhängige Veränderliche die Stromdichten α und β eingeführt werden, nicht zu einer Zuordnung von Strömungsebene und Geschwindigkeitsebene, sondern zu einer Verknüpfung von Strömungsebene und Stromdichteebene. Beim Durchgang durch die Schallgeschwindigkeit ist aber die Stromdichte ϱw am größten (s. Ziffer 12), so daß sich in der Stromdichteebene im allgemeinen Unterschall- und Überschallströmungen überdecken, was für die Anwendung von Nachteil ist.

Die zweite Form von zu linearen Gleichungen führenden Transformationen, auf die wir etwas ausführlicher eingehen werden, stammt von MOLENBROEK aus dem Jahre 1890. Seine für $\varkappa = c_p/c_v = 1$ angestellten Untersuchungen wurden von TSCHAPLIGIN 1904 auf beliebige Gase ausgedehnt. Aber erst in den dreißiger Jahren wurde diesen Arbeiten die gebührende Aufmerksamkeit gewidmet und ihre Möglichkeiten u. a. von BUSEMANN, TOLLMIEN [9.33], GUDERLEY [8.3] und RINGLEB [9.26, 9.27] ausgeschöpft; der Darlegung des letzteren wollen wir uns im folgenden anschließen.

Wir gehen dazu von den am Anfang der Ziffer zusammengestellten Überlegungen aus. Die Auflösung der unter Beachtung von (12.144) und (12.146a) entstandenen Beziehungen

$$d\varphi = u\,dx + v\,dy; \quad d\psi = \varrho\,(-v\,dx + u\,dy) \qquad (12.148\text{a})$$

nach dx und dy liefert nach *Einführung von Polarkoordinaten* in der Hodographenebene gemäß (12.143)

$$dx = \frac{\cos\vartheta}{w}\,d\varphi - \frac{\sin\vartheta}{\varrho w}\,d\psi; \quad dy = \frac{\sin\vartheta}{w}\,d\varphi + \frac{\cos\vartheta}{\varrho w}\,d\psi, \qquad (12.148\text{b})$$

woraus man schließlich das Gleichungssystem

$$x_w = \frac{\cos\vartheta}{w}\,\varphi_w - \frac{\sin\vartheta}{\varrho w}\,\psi_w; \quad x_\vartheta = \frac{\cos\vartheta}{w}\,\varphi_\vartheta - \frac{\sin\vartheta}{\varrho w}\,\psi_\vartheta,$$

$$y_w = \frac{\sin\vartheta}{w}\,\varphi_w + \frac{\cos\vartheta}{\varrho w}\,\psi_w; \quad y_\vartheta = \frac{\sin\vartheta}{w}\,\varphi_\vartheta + \frac{\cos\vartheta}{\varrho w}\,\psi_\vartheta \qquad (12.149)$$

erhält. Ihre Verträglichkeitsbedingungen

$$x_{w\vartheta} = x_{\vartheta w}, \quad y_{w\vartheta} = y_{\vartheta w}$$

führen bei Verwendung der aus Gl. (12.67)[1] hervorgehenden Relationen

$$\frac{\partial}{\partial w}\left(\frac{1}{\varrho}\right) = \frac{d}{dw}\left(\frac{1}{\varrho}\right) = \frac{w}{\varrho c^2}, \quad \frac{\partial}{\partial\vartheta}\left(\frac{1}{\varrho}\right) = 0 \qquad (12.150)$$

zu

$$\varphi_w = -\frac{1}{\varrho}\left(1 - \frac{w^2}{c^2}\right)\frac{1}{w}\,\psi_\vartheta; \quad \varphi_\vartheta = \frac{1}{\varrho}\,w\,\psi_w. \qquad (12.151)$$

---

[1] In der hier v durch w zu ersetzen ist.

Eliminiert man aus diesen Gleichungen φ, so erhält man die *Differentialgleichung der Stromdichtefunktion* ψ, mit den Polarkoordinaten des Hodographen als unabhängige Veränderliche, in folgender linearer Form:

$$w^2\,\psi_{ww}+ w\left(1+\frac{w^2}{c^2}\right)\psi_w+\left(1-\frac{w^2}{c^2}\right)\psi_{\vartheta\vartheta}= 0; \qquad (12.152)$$

man nennt sie die *Tschapliginsche Differentialgleichung*.

Nun gilt nach (12.70)

$$c^2= c_0^2-\frac{\varkappa-1}{2}\,w^2\,, \qquad (12.153)$$

so daß aus (12.152) mit den Abkürzungen

$$a=\frac{\varkappa-1}{2c_0^2}\,; \quad b=\frac{\varkappa-3}{2c_0^2}\,; \quad \gamma=\frac{\varkappa+1}{2c_0^2} \qquad (12.154)$$

die folgende Gestalt der *linearen Differentialgleichung der Stromdichtefunktion* zu entwickeln ist:

$$w^2\,(1-a\,w^2)\,\psi_{ww}+ w\,(1-b\,w^2)\,\psi_w+ (1-\gamma\,w^2)\,\psi_{\vartheta\vartheta}= 0\,. \qquad (12.155)$$

Die Lösung dieser Differentialgleichung $\psi=\psi(w,\vartheta)$ liefert in der Form
$\psi(w,\vartheta)=$ konst. $=K$ die Stromlinien; ihre Ableitungen ψ_w und ψ_ϑ
bestimmen gemäß (12.151) die Ableitungen φ_w und φ_ϑ des Potentials
$\varphi=\varphi(w,r)$, womit wiederum aus (12.149) $x=x(w,\vartheta)$ und $y=y(w,\vartheta)$
durch Quadraturen gefunden werden können. Wegen der Linearität von
(12.155) haben wir die Vorteile der Superponierbarkeit.

Eine Klasse von Lösungen der Gl. (12.155) entspringt beispielsweise
dem Produktansatz

$$\psi=\psi(w,\vartheta)= W(w)\cdot\Theta(\vartheta)\,. \qquad (12.156)$$

Dieser führt auf

$$w^2\,\frac{1-a\,w^2}{1-\gamma\,w^2}\cdot\frac{W''(w)}{W(w)}+ w\,\frac{1-b\,w^2}{1-\gamma\,w^2}\,\frac{W'(w)}{W(w)}= -\frac{\Theta''(\vartheta)}{\Theta(\vartheta)}= \lambda^2= \text{konst.}\,,$$

d. h. auf die Differentialgleichungen

$$\Theta''(\vartheta)+ \lambda^2\Theta(\vartheta)= 0 \qquad (12.157)$$

und

$$w^2(1-a\,w^2)\,W''(w)+ w\,(1-b\,w^2)\,W'(w)- \lambda^2(1-\gamma\,w^2)\,W(w)= 0\,, \qquad (12.158)$$

von denen die letzte, mit Singularitäten für

$$w=0,\quad w=\infty\quad\text{und für}$$

$$1-\gamma\,w^2= 0,\quad\text{d. h. für}\quad w=\pm\sqrt{\frac{2}{\varkappa-1}}\,c_0$$

von der sog. *Fuchsschen Klasse* ist, so daß für ihre Lösung mit den Vorzahlen $a_0,\,a_1,\,\ldots$ der Ansatz

$$W(w)= w^\lambda(a_0+ a_1 w+ a_2 w^2+ \cdots) \qquad (12.159)$$

gemacht werden kann, während (12.157) die Lösung

$$\Theta(\vartheta) = A \cos \lambda\vartheta + B \sin \lambda\vartheta, \quad A, B = \text{konst.} \qquad (12.160)$$

hat.

Bei der Weiterverfolgung des Problems treten unter Umständen bei Überschallverhältnissen noch erhebliche Schwierigkeiten auf, die sich in der Existenz von „*Grenzlinien*" äußern, über die die isentrope Potentialströmung nicht fortzusetzen ist. In speziellen Fällen können diese Linien zu Punkten entarten. Diese mathematische Erscheinung kann man sich plausibel machen, indem man sich daran erinnert, daß die Geschwindigkeit w eines idealen (kompressiblen) Gases nach (12.72) auf w_{max} mit $\varrho \to 0$ begrenzt ist, während bei endlichem Stromlinienabstand aus Kontinuitätsgründen die Stromdichte ϱw endlich bleiben muß, so daß sogar für w stets $w < w_{max}$ gilt. Es gibt nun beispielsweise Verhältnisse, wie bei der Umströmung der Spitze einer Körperkontur, unter denen sich nach der Theorie der idealen (inkompressiblen) Flüssigkeit unendliche Geschwindigkeiten ergeben. Nach der gasdynamischen Theorie ist aber die größte dort auftretende Geschwindigkeit $w < w_{max}$, so daß entweder unter den angedeuteten Verhältnissen keine Lösung für kompressible Strömung existiert, oder die entsprechenden Stromlinien keine Spitze bilden (s. Aufgabe **7**). Ganz allgemein gesprochen treten Grenzlinien an den Berandungen von Gebieten auf, in denen eine Fortführung der Stromlinienfiguration, der Geschwindigkeitsverlauf und die Stromdichteentwicklung der isentropen stetigen Strömung nicht mehr in Übereinstimmung gebracht werden können. Faßt man die Strömröhren als feste Begrenzungen auf, so kann man diesen Zustand ganz anschaulich als „Verstopfungserscheinung" der stetigen Strömung beschreiben.

In realer Strömung sind die formal existierenden Grenzlinien nicht nachweisbar. Vielmehr verläuft die Flüssigkeitsbewegung dann derart, daß eine (natürlich nicht mit der Grenzlinie zusammenfallende) Stoßfront auftritt, so daß die Lösung von vornherein nicht in der Form einer stetigen wirbelfreien Strömung, sondern in einer Bewegung zu suchen ist, die Unstetigkeiten unbekannter Form und Lage sowie wirbelbehaftete Gebiete enthält. Nach dem oben Gesagten ist es klar, daß in Sonderfällen sogar die sog. *transsonischen oder kritischen Kurven*, auf denen die Strömungsgeschwindigkeit w gleich der lokalen Schallgeschwindigkeit c ist und die im allgemeinen Unterschall- und Überschallbereiche voneinander trennen, zu Grenzlinien entarten können, nämlich dann, wenn formal die (größte) Stromdichte $\varrho^* w^*$ des kritischen Zustandes vor den Stellen der jeweils stärksten Stromlinienverengung erreicht wird (s. die folgende Ziffer). Die errechnete Lösung ist in diesen Fällen schon von der transsonischen Linie an stromaufwärts als irreal zu verwerfen. Die in

Ziffer 11 und in Aufgabe 6a gebrachten Beispiele gehören dem zuletzt erwähnten Typ der Grenzlinie an, während in Aufgabe 7 eine Grenzlinie vom ersten Typ auftritt.

Mit dem Problem der Grenzlinien haben sich insbesondere W. TOLLMIEN und FR. RINGLEB beschäftigt. Wir wollen hier nur erwähnen, daß das Auftreten der Grenzlinie auf das engste mit den singulären Stellen der Zuordnungen (12.148a) und (12.148b) zusammenhängt, d. h. mit denjenigen Stellen, an denen die Funktionaldeterminanten

$$\frac{\partial(\varphi,\psi)}{\partial(x,y)} = \frac{\partial(\varphi,\psi)}{\partial(w,\vartheta)} \cdot \frac{\partial(w,\vartheta)}{\partial(x,y)} = \frac{\partial(\varphi,\psi)}{\partial(w,\vartheta)} \cdot \left[\frac{\partial(x,y)}{\partial(w,\vartheta)}\right]^{-1}$$

bzw. mit (12.148a)

$$\varrho w^2 \equiv \left[\varphi_w \psi_\vartheta - \varphi_\vartheta \psi_w\right] \cdot \left[\frac{1}{\varrho w^2}\left(\varphi_w \psi_\vartheta - \varphi_\vartheta \psi_w\right)\right]^{-1}$$

der entsprechenden „Abbildungstransformationen" 0 oder ∞ werden. Den erst im Unendlichen der Strömungsebene möglichen Fall des Erreichens der Grenzgeschwindigkeit $w \to w_{max}$, für den $\varrho w \to 0$ geht, können wir hier als nicht interessant ausschließen, so daß wir im weiteren $\varrho w \neq 0$ voraussetzen können. Dementsprechend bleibt nur noch das Verhalten der Funktionaldeterminanten auf der rechten Seite der Gleichung zu untersuchen. Die Differentialgleichung der Grenzlinie erhält man dann unmittelbar durch Forderung von 0 bzw. ∞ für die *einzelnen* Funktionaldeterminanten unter Benutzung der Beziehung (12.151). Wir wollen aber einen anderen Weg beschreiten. Eine nähere Untersuchung zeigt nämlich, daß die Stromlinien $\psi =$ konst. an den Grenzlinien Rückkehrpunkte bilden, so daß man die Grenzlinie auch als Verzweigungsschnitt einer zweiblättrigen Strömungsebene auffassen kann. Entsprechend der „Rückkehreigenschaft" bei $w \neq 0$ können auf den Grenzkurven formal unendlich große Beschleunigungen errechnet werden.

Die Differentialgleichung einer Linie dieser Eigenschaft demzufolge kann in der Hodographenebene wie folgt hergeleitet werden. Nach (12.148) ist das Bogenelement einer Stromlinie ($\psi =$ konst, d. h. $d\psi = 0 = \psi_w dw + \psi_\vartheta d\vartheta$):

$$d\sigma = \sqrt{dx^2 + dy^2} = \frac{1}{w}\,d\varphi = \frac{1}{w}\left(\varphi_w dw + \varphi_\vartheta d\vartheta\right) \qquad (12.161)$$
$$= \frac{1}{w\,\psi_\vartheta}\left(\varphi_w \psi_\vartheta - \varphi_\vartheta \psi_w\right) dw,$$

woraus mit (12.151)

$$d\sigma = \frac{1}{\varrho}\left[\left(\frac{1}{c^2} - \frac{1}{w^2}\right)\psi_\vartheta^2 - \psi_w^2\right]\frac{dw}{\psi_\vartheta}$$

hervorgeht. Für die Tangentialbeschleunigung erhalten wir damit:

$$b_t = \frac{dw}{dt} = w\,\frac{dw}{d\sigma} = \varrho\,w\,\frac{\psi_\vartheta}{\left(\dfrac{1}{c^2} - \dfrac{1}{w^2}\right)\psi_\vartheta^2 - \psi_w^2}\,.$$

Demnach wird $b_t = \infty$ für

$$\left(\frac{1}{c^2} - \frac{1}{w^2}\right)\psi_\vartheta^2 - \psi_w^2 = 0; \quad \text{bei } \psi_\vartheta \neq 0; \quad \psi_w \neq 0 \,. \qquad (12.162)$$

Damit ist die *Differentialgleichung der Grenzlinie* aufgestellt. Entsprechend (12.161) verschwindet auf einer solchen Grenzlinie somit die Funktionaldeterminante, so daß sich auf dieser Linie in der Hodographenebene Kurven $\varphi = $ konst. und $\psi = $ konst. berühren und das Problem wieder mit der oben erwähnten Eigenschaft der Funktionaldeterminante verknüpft ist.

Zum Schluß noch einige Bemerkungen zu den *Charakteristiken*. Die *Differentialgleichung der Charakteristiken* von (12.145) bzw. (12.147) ist — gemäß (12.81) und (12.82) —

$$(c^2 - u^2)\left(\frac{dy}{dx}\right)^2 + 2uv\,\frac{dy}{dx} + (c^2 - v^2) = 0\,; \qquad (12.163)$$

ihr entsprechen im Überschallbereich $(w^2 = u^2 + v^2 > c^2)$ reelle charakteristische Kurven, die sog. *Machschen Wellen*. In der x,y-Ebene, der Strömungsebene, bilden diese zwei Kurvenscharen ein *krummliniges* sog. *Machsches Netz*, das die Stromlinien $\psi = $ konst. unter den (ortsabhängigen) Machschen Winkeln $\alpha = $ arc sin (c/w) schneidet (Abb. 12.16). Dies kann leicht aus der Winkelbeziehung $\tau = \vartheta \pm \alpha$ mit Hilfe

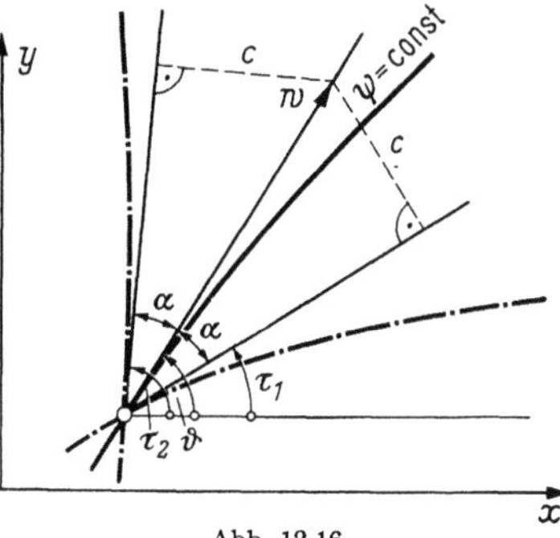

Abb. 12.16

von (12.163) bewiesen werden, wobei tg $\tau = dy/dx$ der Anstieg der Charakteristik und $\vartheta = $ arc tg (u/v) die Strömungsrichtung ist.

Die Charakteristiken $w = w(\vartheta)$ *der Tschapliginschen Differentialgleichung* (12.152) genügen der Differentialgleichung

$$\left(\frac{d\vartheta}{dw}\right)^2 = \frac{w^2 - c^2}{w^2 c^2} = \left(\frac{1}{c^2} - \frac{1}{w^2}\right)\,. \qquad (12.164)$$

Sie läßt sich nach Trennung der Veränderlichen und mit Verwendung von (12.153) leicht integrieren:

$$\vartheta = \pm \left[- \text{arc tg } \xi + \sqrt{\frac{\varkappa + 1}{\varkappa - 1}}\ \text{arc tg }\left(\sqrt{\frac{\varkappa - 1}{\varkappa + 1}}\ \xi\right)\right] + \text{konst.} \qquad (12.165)$$

Hierbei ist

$$\xi = \sqrt{\dfrac{\dfrac{\varkappa + 1}{2}\,w^2 - c_0^2}{c_0^2 - \dfrac{\varkappa - 1}{2}\,w^2}}\,. \qquad (12.166)$$

Entsprechend den beiden Vorzeichen von (12.165) ergeben sich in der Hodographenebene zwei zueinander kongruente Kurvenscharen; man nennt sie das *Hauptnetz* oder auch *charakteristische Hodographen*; sie sind, wie man durch Einsetzen verifizieren kann, *gespitzte Epizykloiden*, die mit ihren Spitzen ($d\vartheta = 0$) auf dem Kreis $w = c$ aufsitzen und bei $dw = 0$ den Kreis $c = 0$ einhüllen (Abb. 12.17). Zu $w = c$ bzw. $c = 0$ gehören nach (12.74) bzw. (12.70) $w = w^* = c^* = c_0 \sqrt{2/(\varkappa + 1)}$ bzw. $w = w_{max} = c_0 \sqrt{2/(\varkappa - 1)}$.

Wie man (12.164) entnehmen kann, bilden die Charakteristiken in der Hodographenebene mit der Strömungsrichtung ϑ den Winkel

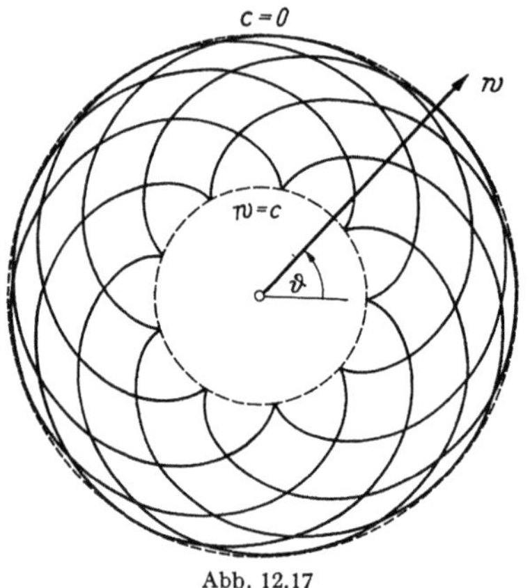

Abb. 12.17

$\mp (\pi/2 - \alpha)$. Den Charakteristiken der einen Schar in der x, y-Strömungsebene entsprechen dabei die dazu senkrechten Charakteristiken der zweiten Schar in der w, ϑ-Hodographenebene.

Man nennt dementsprechend die zwischen der Strömungsrichtung bzw. den Stromlinien und dem Machschen Netz in der Strömungsebene auf der einen Seite und dem Vektor der Strömungsgeschwindigkeit $\mathfrak{w}$ und dem Machschen Netz in der Hodographenebene auf der anderen Seite bestehenden Verhältnisse eine *orthogonal reziproke Beziehung*. Sie erlaubt bei vorgegebenen Überschallströmungsgeschwindigkeiten längs einer *nicht* charakteristischen Kurve in der Strömungsebene und bei aus dem Anfangszustand vorgegebenen Hodographenhauptnetz (Abb. 12.17) die Strömung innerhalb des die Kurve einschließenden Charakteristikenvierecks (s. Abb. 12.5 und dortige Bemerkungen) durch geometrische Konstruktion oder auch numerisch fortzusetzen. Beispiele findet man in der Literatur, z. B. [7.5], [8.4].

Die Anwendung einer rechnerischen *Charakteristikenmethode* auf ein räumliches Problem gibt die Aufgabe 9.

Abschließend sei noch einmal kurz das Problem der Grenzlinien im Hinblick auf das Machsche Netz aufgegriffen. Da nach dem oben Gesagten die sog. *Grenzlinien* die Gebiete stetiger isentroper Strömung beranden, sind diese Grenzlinien gleichzeitig Hüllkurven des Machschen Netzes, während die *transsonischen Linien* den restlichen Teil der Begrenzung bilden. An den transsonischen Linien fallen die beiden Machschen Richtungen zusammen ($\alpha = \pi/2$), so daß die Machschen Kurven dort Rückkehrpunkte haben, während die dazu senkrechten Stromlinien die kritischen Linien im allgemeinen glatt durchsetzen. An der Grenzlinie hingegen weisen sowohl die Stromlinien wie auch die eine Mach-Kurvenschar Rückkehrpunkte auf, während die Kurven der zweiten Schar die Grenzlinie tangieren.

12. Stationäre Stromfadentheorie. Die Laval-Düse. Ähnlich wie in der Hydraulik inkompressibler Flüssigkeiten kann man in vielen Fällen die Strömung eines Gases als ein eindimensionales Problem behandeln, nämlich dann, wenn:

1. Der Geschwindigkeitsvektor annähernd parallel zu einer festen Richtung (etwa zur Achse einer Düse) ist;

2. Geschwindigkeit und Zustandsgrößen (Druck, Dichte, Temperatur) in allen zur festen Richtung senkrechten Ebenen unveränderlich sind.

Wir wollen uns auf die Betrachtung stationärer, adiabatischer Verhältnisse beschränken. In solchen Fällen besteht aus Gründen der Erhaltung der Masse zwischen Querschnittsfläche F, Dichte ϱ und Geschwindigkeit v die Kontinuitätsbeziehung:

$$\varrho v F = \text{konst.} = Q \, . \tag{12.167}$$

Hierzu kommt noch als Gleichgewichtsbeziehung die Gl. (12.19), die mit (12.32) in der Form

$$v\,dv + \frac{dp}{\varrho} = 0 = v\,dv + c^2 \frac{d\varrho}{\varrho} = 0$$

geschrieben werden kann. Setzt man diese Beziehung in der aus (12.167) durch Differentiation hervorgehenden Gleichung

$$\frac{d\varrho}{\varrho} + \frac{dv}{v} + \frac{dF}{F} = 0 \, ,$$

ein, so ergibt sich nach Einführung der in (12.75) definierten Machschen Zahl $\mathsf{M} = v/c$

$$\frac{dF}{F} = \left[\left(\frac{v}{c}\right)^2 - 1\right]\frac{dv}{v} = (\mathsf{M}^2 - 1)\frac{dv}{v} \, . \tag{12.168}$$

Da hier F und v als positive Größen anzusehen sind, können aus (12.168) folgende Schlüsse gezogen werden:

1. Bei einer *Unterschallströmung* ($\mathsf{M} < 1$) entspricht einer Querschnittsverengung ($dF < 0$) eine Geschwindigkeitszunahme ($dv > 0$), also ein von der inkompressiblen Strömung her bekanntes Verhalten;

2. Im Falle der *Überschallströmung* ($\mathsf{M} > 1$) entspricht einer Querschnittsverengung ($dF < 0$) eine Geschwindigkeitsabnahme ($dv < 0$), während eine Vergrößerung des Querschnittes ($dF > 0$) eine Zunahme der Geschwindigkeit ($dv > 0$) nach sich zieht.

3. Der zu $\mathsf{M} = 1$ gehörigen kritischen Geschwindigkeit $v = c = v^* = c^*$ entspricht $dF = 0$, also $F = $ stationär, und zwar — gemäß 1. und 2. — $F = $ Minimum.

4. Die engste Stelle $(dF = 0)$ des Querschnittes kann aber nach (12.168) auch $dv = 0$ entsprechen, also mit einer extremalen Strömungsgeschwindigkeit passiert werden.

Diese Erkenntnisse finden ihren Niederschlag bei der Konstruktion und Verwendung von *Laval-Düsen*. Das sind Rohre mit stetiger Querschnittsverjüngung im Vorderteil und stetiger Querschnittserweiterung im hinteren Teil (Abb. 12.18). Im vorderen Teil herrscht vom Ruhezustand ausgehend immer Unterschallströmung, die engste Stelle wird i. a. sodann nach den Erläuterungen zu Gleichung (12.168) mit einem Geschwindigkeitsextremwert passiert, so daß auch die weitere Strömung Unterschallzustände aufweist. Nur bei passendem Druckgefälle wird an der engsten Stelle $F = F_m$ die durch $\mathsf{M} = 1$ gekennzeichnete kritische Geschwindigkeit $v^* = c^*$ nach (12.74) erreicht, so daß dann ein Übergang zu Überschallströmung möglich ist. Welche Zustandsverhältnisse müssen dazu im engsten Querschnitt vorliegen?

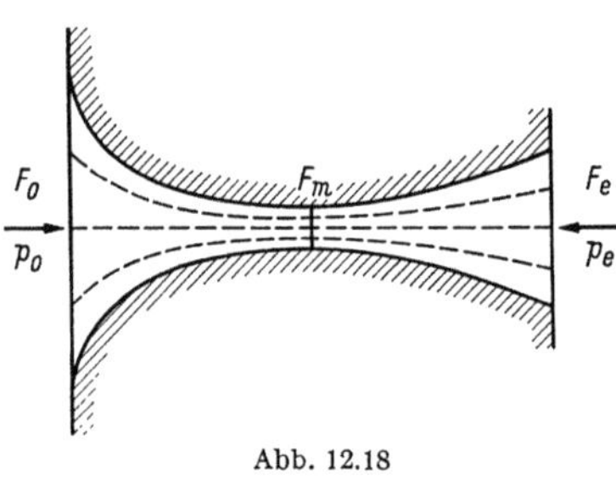

Abb. 12.18

Für die weitere Diskussion, die sich im wesentlichen auf die Formeln (12.69)—(12.77) und einige andere stützen wird, ist es zweckmäßig, statt der durch Gleichung (12.75) als $\mathsf{M} = v/c$ gegebenen Machschen Zahl die sog. *relative Machsche Zahl*

$$\mathsf{M}^* = \frac{v}{c^*} \qquad (12.169)$$

einzuführen, in der c^* die Schallgeschwindigkeit des kritischen Zustandes nach (12.74) ist. Aus (12.70) errechnet man mit (12.74) die Beziehung

$$\mathsf{M}^2 = \frac{\dfrac{2}{\varkappa + 1}\,\mathsf{M}^{*\,2}}{1 - \dfrac{\varkappa - 1}{\varkappa + 1}\,\mathsf{M}^{*\,2}}, \qquad (12.170)$$

in der $\mathsf{M} = 0,\ 1,\ \infty$ die Werte $\mathsf{M}^* = 0,\ 1,\ \dfrac{\varkappa + 1}{\varkappa - 1}$ entsprechen. Die im folgenden benötigten Formeln (12.76) und (12.77) für die isentropischen Zustandsänderungen nehmen dann die Gestalt

$$\frac{p}{p_0} = \left(1 - \frac{\varkappa - 1}{\varkappa + 1}\,\mathsf{M}^{*\,2}\right)^{\frac{\varkappa}{\varkappa - 1}} \qquad (12.171)$$

und

$$\frac{\varrho}{\varrho_0} = \left(1 - \frac{\varkappa - 1}{\varkappa + 1}\,\mathsf{M}^{*\,2}\right)^{\frac{1}{\varkappa - 1}} \qquad (12.172)$$

an.

Für das beim Erreichen der Schallgeschwindigkeit im engsten Querschnitt sich hier einstellende sog. *kritische Druck-* bzw. *kritische Dichteverhältnis* entnimmt man (12.171) bzw. (12.172) für $\mathsf{M}^* = 1$

$$\frac{p^*}{p_0} = \left(\frac{2}{\varkappa + 1}\right)^{\frac{\varkappa}{\varkappa-1}} \text{bzw.} \frac{\varrho^*}{\varrho_0} = \left(\frac{2}{\varkappa + 1}\right)^{\frac{1}{\varkappa-1}} . \tag{12.173}$$

Die Stromdichte ϱv läßt sich mit (12.169) und (12.170) in der Form

$$\frac{\varrho}{\varrho_0} \frac{v}{c^*} = \mathsf{M}^* \left(1 - \frac{\varkappa-1}{\varkappa+1} \mathsf{M}^{*2}\right)^{\frac{1}{\varkappa-1}} \tag{12.174}$$

in ihrer Abhängigkeit von M^* untersuchen: Die Stromdichte ist Null bei Ruhe ($\mathsf{M}^* = 0$) und beim Ausströmen ins Vakuum ($\mathsf{M}^* = \sqrt{(\varkappa+1)/(\varkappa-1)}$), während sie dazwischen nur positive Werte annimmt. Deren Extremwert ergibt sich aus $d(\varrho v)/d\mathsf{M}^*$ für $\mathsf{M}^* = 1$ zu

$$\left(\frac{\varrho v}{\varrho_0 c^*}\right)_{Extr} = \left(\frac{2}{\varkappa+1}\right)^{\frac{1}{\varkappa-1}} = \frac{\varrho^* v^*}{\varrho_0 c^*} = \frac{\varrho^*}{\varrho_0} . \tag{12.175}$$

Das bedeutet, daß die maximale Stromdichte von der Strömung nur bei Schallgeschwindigkeit, d. h. im kritischen Zustand, erreicht wird. Da dieser aber wieder nur im engsten Querschnitt auftreten kann, ist somit der durch eine Düse erzielbare Durchsatz durch

$$Q < Q_{Max} = \varrho^* v^* F_m = \varrho_0 c^* \left(\frac{2}{\varkappa+1}\right)^{\frac{1}{\varkappa-1}} F_m \tag{12.176}$$

$$= \left[\varkappa p_0 \varrho_0 \left(\frac{2}{\varkappa+1}\right)^{\frac{\varkappa+1}{\varkappa-1}}\right]^{\frac{1}{2}} F_m$$

mit v^* nach (12.74) begrenzt.

Ist an einer Stelle der Düse der Zustand bekannt, z. B. im Endquerschnitt mit dem Index e, in dem der Druck p_e bzw. die Geschwindigkeit mit M_e^* vorgegeben ist, so läßt sich der Querschnittsverlauf $F = F(x)$ mit den übrigen Strömungsgrößen durch die Kontinuitätsgleichung (12.167) verkoppeln. Man erhält über

$$\frac{\varrho v F}{\varrho_0 c^* F_m} = \frac{\varrho_e}{\varrho_0} \frac{v_e}{c^*} \frac{F_e}{F_m} \quad \text{bzw.} \quad \frac{\varrho}{\varrho_0} \mathsf{M}^* \frac{F}{F_m} = \frac{\varrho_e}{\varrho_0} \mathsf{M}_e^* \frac{F_e}{F_m}$$

und mit (12.171) und (12.172)

$$\frac{F(x)}{F_m} = \frac{\left(\dfrac{p_e}{p_0}\right)^{\frac{1}{\varkappa}} \left[1 - \left(\dfrac{p_e}{p_0}\right)^{\frac{\varkappa-1}{\varkappa}}\right]^{\frac{1}{2}}}{\left(\dfrac{p}{p_0}\right)^{\frac{1}{\varkappa}} \left[1 - \left(\dfrac{p}{p_0}\right)^{\frac{\varkappa-1}{\varkappa}}\right]^{\frac{1}{2}}} \cdot \frac{F_e}{F_m} \tag{12.177}$$

bzw.

$$\frac{F(x)}{F_m} = \frac{\left(1 - \dfrac{\varkappa-1}{\varkappa+1} \mathsf{M}_e^{*2}\right)^{\frac{1}{\varkappa-1}} \mathsf{M}_e^*}{\left(1 - \dfrac{\varkappa-1}{\varkappa+1} \mathsf{M}^{*2}\right)^{\frac{1}{\varkappa-1}} \mathsf{M}^*} \cdot \frac{F_e}{F_m} . \tag{12.178}$$

Eine Auswertung dieser Zusammenhänge ergibt bei angenommenem Verlauf $F = F(x)$ und für ein bestimmtes $\varkappa$ das in Abb. 12.19 gezeichnete qualitative Bild. Man erhält eine Reihe von Kurven, von denen der strichpunktierte Teil als physikalisch irreal zu verwerfen ist, da er entweder vom Vakuum statt vom Ruhezustand ausgeht oder zu keiner

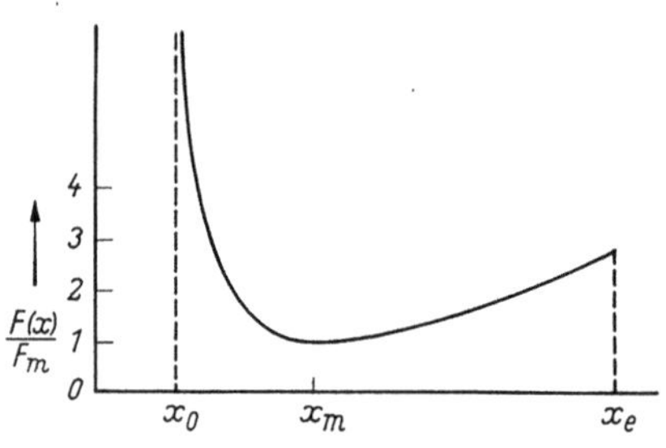

kontinuierlich durchlaufenen Strömung führt. Die letzteren zeigen das Auftreten von unendlich großen Beschleunigungen (siehe die Punkte G in Abb. 12.19) und damit das unter Ziffer 11 erwähnte mathematische Phänomen der Grenzlinien. Auf stetigem Wege sind innerhalb der Düse demnach nur die Endzustände zu erreichen, die zwischen den

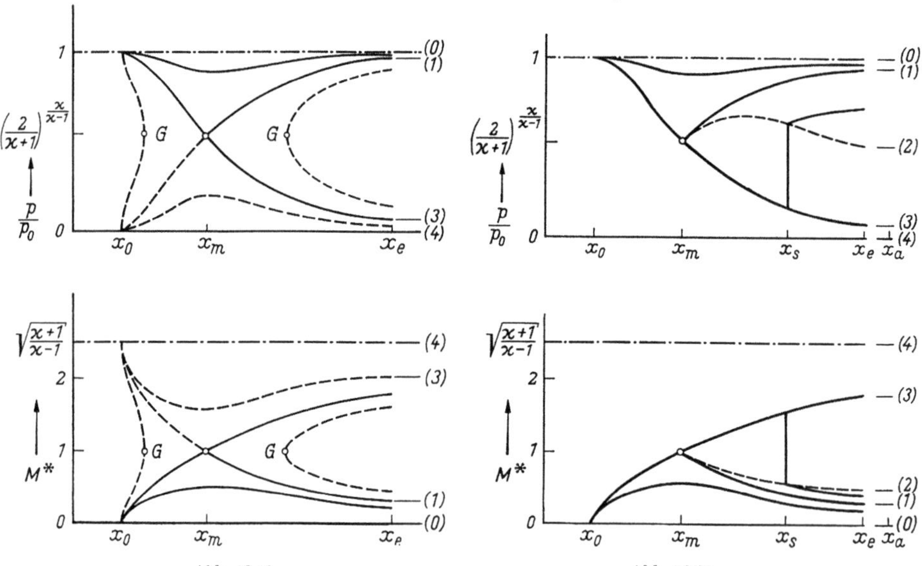

Abb. 12.19Abb. 12.20

Punkten (0) und (1) (Unterschallzustände) der Abb. 12.19 liegen oder dem Punkt (3) (Überschallströmung zwischen x_m und x_e) entsprechen.

Um die zwischen (1) und (3) liegenden Endzustände zu erreichen, muß man das Auftreten von *Verdichtungsstößen* in Kauf nehmen, und zwar findet in einem durch (1) und (2) gekennzeichneten Bereich (s. Abb. 12.20) an der Stelle x_s der Düse ein solcher *gerader Stoß* statt, für den entsprechend (12.115) bei $v_t = 0$, $v_n = v$ mit (12.169) und dem Index s für die Stoßstelle

$$\overline{M}_s^* = \frac{1}{M_s^*}$$

gilt. Das bedeutet für die Geschwindigkeitserniedrigung

$$\frac{\bar{v}_s}{v_s} = \frac{1}{\mathsf{M}_s^{*\,2}},\qquad (12.179)$$

während man für die Dichteerhöhung nach (12.41)

$$\frac{\bar{\varrho}_s}{\varrho_s} = \mathsf{M}_s^{*\,2} \qquad (12.180)$$

errechnen kann. Für die Druckerhöhung ergibt sich sodann entsprechend (12.47)

$$\frac{\bar{p}_s}{p_s} = \frac{1 + \dfrac{\varkappa + 1}{2}\,(\mathsf{M}_s^{*\,2} - 1)}{1 - \dfrac{\varkappa - 1}{2}\,(\mathsf{M}_s^{*\,2} - 1)} = \frac{\mathsf{M}_s^{*\,2} - \dfrac{\varkappa - 1}{\varkappa + 1}}{1 - \dfrac{\varkappa - 1}{\varkappa + 1}\,\mathsf{M}_s^{*\,2}}. \qquad (12.181)$$

An einen solchen zwar adiabatischen, aber nicht isentropischen Verdichtungsstoß schließt sich dann eine weitere isentropische Verdichtung an, deren Verlauf mittels (12.171) und (12.172) bzw. (12.177) und (12.178) verfolgt werden kann, wenn man für die Variablen die entsprechenden quer überstrichenen Größen einsetzt und den neuen Ruhedruck $\bar{p}_0$ vermöge der aus (12.171) und (12.181) fließenden Beziehung

$$\frac{\bar{p}_0}{p_0} = (\mathsf{M}_s^{*\,2})^{\frac{\varkappa}{\varkappa - 1}} \cdot \left(\frac{1 - \dfrac{\varkappa - 1}{\varkappa + 1}\,\mathsf{M}_s^{*\,2}}{\mathsf{M}_s^{*\,2} - \dfrac{\varkappa - 1}{\varkappa + 1}} \right)^{\frac{1}{\varkappa - 1}}$$

einführt.

Liegt der äußere Gegendruck p_a der Düse in dem durch (2) und (3) gekennzeichneten Bereich, so entspricht die Strömung in der Düse und damit auch der Druck p_e in der Düsenmündung dem Überschallzustand (3), jedoch liegen außerhalb des Ausflußorgans schiefe Verdichtungsfronten, die mit dieser eindimensionalen Theorie nicht mehr behandelt werden können. Der zwischen (3) und (4) liegende Bereich schließlich ist wieder in der Düse durch den Zustand (3) gekennzeichnet, während außerhalb der Düse der Strahl aufplatzt und sich sog. *Verdünnungsfächer* ausbilden.

13. Abschließende Bemerkungen zur Gasdynamik. Die Tricomische Differentialgleichung. Die vorangehenden Ausführungen haben gezeigt, wie weit unter gewissen Voraussetzungen, wie Barotropie, reibungsfreie Strömung usw., einige auch für die Praxis bedeutungsvolle gasdynamische Probleme einer idealisierenden Theorie zugänglich sind. Im Vordergrund der Betrachtungen stand, eben den Bedürfnissen der Praxis entsprechend und der augenblicklichen Entwicklung folgend, der Überschallbereich. In einigen Fällen traten merkwürdige Konsequenzen der gemachten Annahmen, insbesondere die Erscheinung von Grenzlinien der adiabatischen Potentialströmung, auf. Wir konnten auch feststellen, daß die Theorie reibungsfrei strömender idealer Gase nur in den einfachsten Fällen (wie eindimensionale instationäre Strömung, stationäre ebene und adiabatische Potentialströmung) bis zu brauchbaren Resultaten hinführt.

Fassen wir noch einmal den letztgenannten Fall ins Auge: Nach (12.145) lautet die Differentialgleichung des Potentials

$$(\varphi_x^2 - c^2)\,\varphi_{xx} + 2\,\varphi_x\,\varphi_y\,\varphi_{xy} + (\varphi_y^2 - c^2)\,\varphi_{yy} = 0\,, \qquad (12.182)$$

mit

$$c^2 = c_0^2 - \frac{\varkappa - 1}{2}\,v^2 = c_0^2 - \frac{\varkappa - 1}{2}\,(\varphi_x^2 + \varphi_y^2)\,, \qquad c_0^2 = \varkappa\,\frac{p_0}{\varrho_0}$$

nach (12.70). Die mathematische Schwierigkeit für die Behandlung von Gl. (12.182) liegt einmal darin, daß sie nichtlinear ist und andererseits, daß sie, entsprechend ihrer charakteristischen Differentialgleichung gemäß (12.83) bzw. (12.163) gebietsweise dem hyperbolischen ($v > c$), dann elliptischen ($v < c$) und schließlich für $v \approx c$ dem „gemischten" Typus angehört.

Die Schwierigkeit der Nichtlinearität versuchten wir auf zwei Wegen zu überwinden:

1. Durch „approximative Linearisierung";

2. durch exakte Linearisierung, indem man durch passenden Transformationen (z. B. die von MOLENBROEK-TSCHAPLIGIN) aus der Strömungsebene in die Hodographenebene übergeht. Wie in § 12.11 näher angeführt wurde, kommt man zu der Tschapliginschen Gleichung (12.152):

$$w^2\,\psi_{ww} + w\left(1 + \frac{w^2}{c^2}\right)\psi_w + \left(1 - \frac{w^2}{c^2}\right)\psi_{\vartheta\vartheta} = 0\,.$$

Dabei ist c eine Funktion von w: $c = c(w)$. Die Eigenschaften dieser Differentialgleichung, die Existenzbedingungen und das Verhalten sowie die Berechnungs- bzw. Konstruktionsmöglichkeiten der Lösungen sind leider bis heute noch nicht in voller Allgemeinheit bekannt. Eine Reihe von Untersuchungen beschäftigt sich mit diesen Fragen unter einschränkenden Bedingungen. So hat man sich z. B. besonders für das Verhalten dieser Gleichung in der Nähe *transsonischer Bedingungen* interessiert und dieser Frage größere Aufmerksamkeit gewidmet. Die Untersuchungen beruhen auf einer Approximation, die etwa in der folgenden Weise durchgeführt wird:

Statt w wird eine neue Veränderliche σ und eine Funktion $K(\sigma)$ vermöge

$$\sigma = \int\limits_{w^*}^{w} \left(1 - \frac{w^2}{w_{max}^2}\right)^{\frac{1}{\varkappa - 1}} \frac{dw}{w}\,, \quad K(\sigma) = \left(1 - \frac{w^2}{w^{*\,2}}\right)\left(1 - \frac{w^2}{w_{max}^2}\right)^{\frac{1+\varkappa}{1-\varkappa}} \qquad (12.183)$$

eingeführt, so daß anstelle von (12.151) die Beziehungen

$$\frac{\partial\varphi}{\partial\vartheta} = \frac{1}{\varrho_0}\frac{\partial\psi}{\partial\sigma}\,, \quad \frac{\partial\varphi}{\partial\sigma} = -\frac{1}{\varrho_0}K(\sigma)\frac{\partial\psi}{\partial\vartheta} \qquad (12.184)$$

treten. Dabei ist, wie schon bekannt, w^* die kritische, w_{max} die maximal mögliche Strömungsgeschwindigkeit und ϱ_0 die Ruhestandsdichte. Auf diese Weise erhalten wir die auch nach TSCHAPLIGIN genannte Gleichung

$$\frac{\partial^2 \psi}{\partial \sigma^2} + K(\sigma) \frac{\partial^2 \psi}{\partial \vartheta^2} = 0 \,. \tag{12.185}$$

Im Übergangsgebiet, dem Gebiet in der Nähe transsonischer Verhältnisse $w = w^*$, d. h. für kleine Werte von $|\sigma|$, kann man

$$K(\sigma) \approx -2 \left(\frac{\varkappa+1}{2}\right)^{\frac{\varkappa+2}{\varkappa-1}} \sigma = -a^3 \sigma \tag{12.186}$$

setzen, woraus bei Einführung der Substitution

$$a\sigma = -\omega \tag{12.187}$$

aus (12.185) die *Tricomische Gleichung* [9.35]

$$\omega \frac{\partial^2 \psi}{\partial \vartheta^2} + \frac{\partial^2 \psi}{\partial \omega^2} = 0 \tag{12.188}$$

hervorgeht. Ihre charakteristische Differentialgleichung

$$\omega \left(\frac{d\omega}{d\vartheta}\right)^2 + 1 = 0$$

hat für $\omega < 0$ die reellen Charakteristiken

$$\vartheta - \vartheta_0 = \pm \frac{2}{3} (-\omega)^{3/2} \,. \tag{12.189}$$

Sie haben auf der ϑ-Achse Umkehrpunkte (Spitzen, in denen die Tangenten parallel zur ω-Achse sind (Abb. 12.21). Dementsprechend geht die Tricomische Differentialgleichung beim Übergang von der oberen Halb-

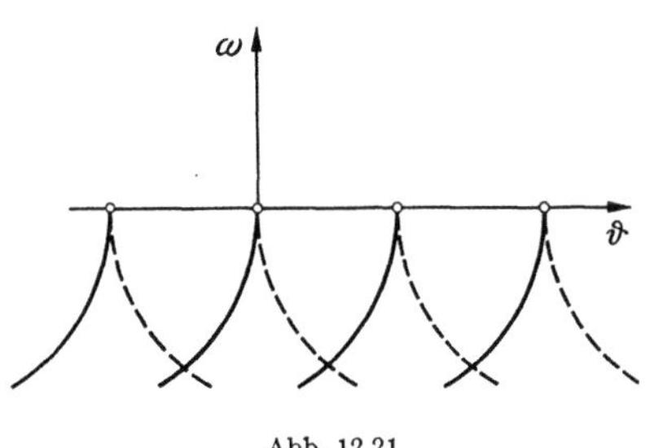
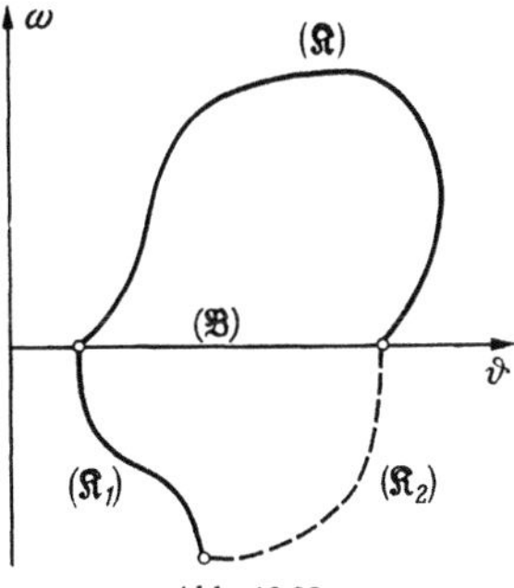

Abb. 12.21
Abb. 12.22

ebene (Unterschallströmung) in die untere Halbebene (Überschallströmung) vom elliptischen zum hyperbolischen Typus über. Diese gut durchforschte Differentialgleichung stellt tatsächlich eine gute Approximation transsonischer Zustände dar, jedoch versagt sie erklärlicherweise leider im praktisch wichtigen Bereich von Staupunktströmungen.

TRICOMI bewies, daß diese nach ihm benannte Gleichung (12.188) im Bereich ($\mathfrak{B}$) eine eindeutige Lösung besitzt, wenn die Werte von ψ auf der Kurve ($\mathfrak{K}$) und *auf der einen* der beiden Charakteristiken ($\mathfrak{K}_1$) oder ($\mathfrak{K}_2$) gegeben sind (Abb. 12.22). Nun tritt aber hier folgende Schwierigkeit auf: Die Kurven ($\mathfrak{K}_1$) und ($\mathfrak{K}_2$) sind a priori gar nicht bekannt! Denn: Der Übergang von der (physikalischen) Strömungs- zur Hodographenebene ist erst dann bestimmt, wenn man das vorliegende Randwertproblem schon gelöst hat! Diese mißliche Lage[1], zu der noch hinzukommt, daß die Lösung der Randwertaufgabe nach C. MORAWETZ [9.20] nur „ausnahmsweise" möglich ist, zwingt uns, von vornherein spezielle Lösungen zu untersuchen, also sich einer „indirekten Methode" zu bedienen, wie es RINGLEB [9.26, 9.27] und in neuerer Zeit TOMOTIKA-TAMADA [9.34] und E. SCHINCKE [9.30] getan haben (s. a. Aufgaben 6 und 7). Unter diesen Umständen bleibt die Methode der approximativen Linearisation das bisher wirksamste Mittel zur Lösung gasdynamischer Aufgaben (s. Aufgaben 4, 5, 8 und 9).

Aufgaben und Probleme zu § 12

1. Fortpflanzungsgeschwindigkeit von ebenen Schallwellen endlicher Amplitude. Wie in § 12.3 betont wurde, ist die Fortpflanzungsgeschwindigkeit der Schallwellen kleiner Amplitude, d. h. geringer Druckstörungen, gemäß (12.26) eine Konstante: $c_0 = a = \sqrt{\varkappa\, p_0/\varrho_0}$. Unter der Annahme adiabatischer Zustandsänderung und mit dem Ansatz für die Dichte

$$\varrho = \frac{\varrho_0}{1 + \dfrac{\partial u}{\partial x}}, \tag{1}$$

wobei $u = u(x, t)$ die *Verschiebung* eines Gasteilchens bedeutet, gebe man eine Näherungsformel für die Schallgeschwindigkeit bei endlicher Amplitude an.

Lösung. Wegen (1) wird

$$p = p_0 \left(\frac{\varrho}{\varrho_0}\right)^{\varkappa} = \frac{p_0}{\left(1 + \dfrac{\partial u}{\partial x}\right)^{\varkappa}},$$

und damit lautet die Bewegungsgleichung (12.14) für unseren Fall in der Lagrangeschen Fassung:

$$\frac{\partial^2 u}{\partial t^2} = -\frac{1}{\varrho}\,\frac{\partial p}{\partial x} = \frac{\varkappa\, p_0}{\varrho_0\left(1 + \dfrac{\partial u}{\partial x}\right)^{\varkappa}}\,\frac{\partial^2 u}{\partial x^2}. \tag{2}$$

---

[1] Sie wird von TRICOMI [9.35] mit folgenden Worten charakterisiert: „Alles betrachtet, scheint es mir, daß der Preis für die Linearisierung der Grundgleichung durch Übergang zur Hodographenebene doch zu hoch ist. Insbesondere scheint es mir zweifelhaft, daß man die ‚transsonic controversy' wirklich entscheiden kann, solange man sich nicht entschließt, trotz der anhaftenden Schwierigkeiten in der physikalischen Ebene zu bleiben."

Der Ansatz

$$\frac{\partial u}{\partial t} = f\left(\frac{\partial u}{\partial x}\right) \tag{3}$$

ergibt aus (2) bei Einführung von $a^2 = \varkappa\, p_0/\varrho_0$

$$\frac{\partial^2 u}{\partial t^2} = f'^2\,\frac{\partial^2 u}{\partial x^2} = \frac{a^2}{\left(1 + \dfrac{\partial u}{\partial x}\right)^\varkappa}\,\frac{\partial^2 u}{\partial x^2}\ ;\quad f' = \frac{\partial f}{\partial\left(\dfrac{\partial u}{\partial x}\right)}\,.$$

Die Betrachtung eines Zustandes $u = $ konst., also $du = 0$, liefert wegen

$$du = \frac{\partial u}{\partial t}\,dt + \frac{\partial u}{\partial x}\,dx = 0$$

einerseits die zu

$$f = f\left(\frac{\partial u}{\partial x}\right) = \mp\,\frac{2a}{2-\varkappa}\left[\left(1+\frac{\partial u}{\partial x}\right)^{\frac{2-\varkappa}{2}} - 1\right] = \frac{\partial u}{\partial t} \tag{4}$$

führende Integrationsbedingung $\partial u/\partial t = 0$ für $\partial u/\partial x = 0$, andererseits aber die Fortpflanzungsgeschwindigkeit dx/dt des Zustandes $u = $ konst. selbst. Somit ist

$$c = \frac{dx}{dt} = -\,\frac{\partial u}{\partial t}\bigg/\frac{\partial u}{\partial x} = \pm\,\frac{2a}{2-\varkappa}\left[\left(1+\frac{\partial u}{\partial x}\right)^{\frac{2-\varkappa}{2}} - 1\right]\bigg/\frac{\partial u}{\partial x} \tag{5}$$

die gesuchte Schallgeschwindigkeit, was für kleine $\partial u/\partial x$ nach Reihenentwicklung bis zum quadratischen Glied in der eckigen Klammer zu der Näherungsformel

$$c = \pm\,a\left(1 - \frac{\varkappa}{4}\,\frac{\partial u}{\partial x}\right) = \pm\,a\left(1 + \frac{\varkappa}{4}\,\frac{\varrho - \varrho_0}{\varrho}\right) \tag{6}$$

führt. Hieraus ersieht man, daß innerhalb einer Schallwelle sich die verschiedenen Teile mit verschiedenen Geschwindigkeiten fortpflanzen: Die Geschwindigkeit der dichteren Teile ist größer, so daß diese die dünneren „einholen" können, und es somit zu einer mit einer „*Brandung*" vergleichbaren Erscheinung, nämlich zum *Verdichtungsstoß*, kommt.

2. Verdichtungsstoß in einem Rohr. In einem unendlich langen Rohr mit einem Kolben K (Abb. 12.3) befindet sich ein ideales Gas. Man bestimme Ort und Zeit des Verdichtungsstoßes, wenn der Kolben in der Zeit t_0 gleichmäßig beschleunigt auf die Geschwindigkeit u_0 gebracht und dann mit dieser konstanten Geschwindigkeit weiter bewegt wird. Wie ist der weitere Verlauf des Verdichtungsstoßes? ($\varkappa = c_p/c_v$ und die Schallgeschwindigkeit im Ruhezustand sind gegeben.)

Lösung. Mit $b = u_0/t_0$ sind Weg und Geschwindigkeit des Kolbens durch

$$\xi = \xi(\tau) = \begin{cases} \dfrac{b}{2}\,\tau^2 & \text{für} \quad 0 \leqq \tau \leqq t_0, \\[2ex] \dfrac{b}{2}\,t_0^2 + u_0(\tau - t_0) & \text{für} \quad t_0 \leqq \tau, \end{cases} \qquad (1)$$

$$u = u(\tau) = \dot{\xi}(\tau) = \begin{cases} b\tau & \text{für} \quad 0 \leqq \tau \leqq t_0, \\[2ex] b t_0 + u_0 & \text{für} \quad t_0 \leqq \tau \end{cases} \qquad (2)$$

gegeben. Nach (12.40a) ist die Strömungsgeschwindigkeit des Gases $v = v(x, t)$ in der t, x-Ebene auf den Geraden mit der Steigung

$$\frac{dx}{dt} = \frac{\varkappa + 1}{2}\,v + c_0$$

konstant. Längs der durch (1) gegebenen Kurve (K) (s. Abb. A 2.1) ist $v = u$, also bekannt. Auf den Geraden

$$x - \xi(\tau) = \left[\frac{\varkappa + 1}{2}\,u(\tau) + c_0\right](t - \tau) \qquad (3)$$

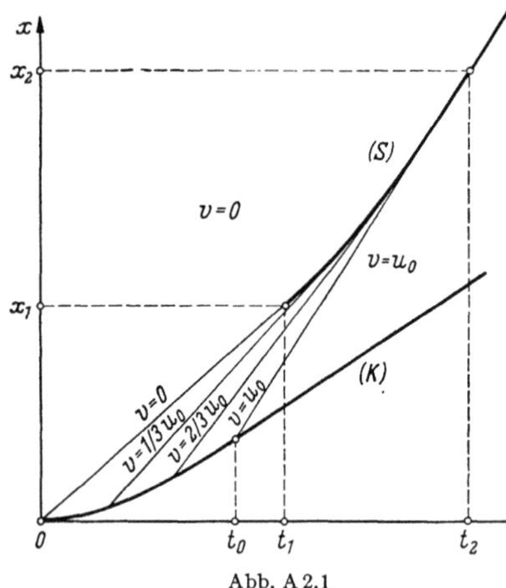

Abb. A 2.1

ist die Geschwindigkeit $v(x,t) = u(\tau)$; da zur Zeit $\tau = 0$ das Gas sich in Ruhe befand, herrscht insbesondere auch überall auf den Geraden

$$x - x_0 = c_0 t, \quad x_0 \geqq 0 \qquad (4)$$

Ruhe $(v = 0)$.

Nach den Ausführungen in § 12.4 tritt ein Verdichtungsstoß ein, wenn sich zwei Geraden der Schar (3) bzw. (4) schneiden. Die durch die Schnittpunkte bestimmte Einhüllende ergibt sich aus (3) durch Differentiation nach dem als Parameter aufzufassenden τ. Unter Beachtung von (1) und (2) erhält man

$$-b\tau = -\left(\frac{\varkappa + 1}{2}\,b\tau + c_0\right) + (t - \tau)\,\frac{\varkappa + 1}{2}\,b,$$

woraus

$$t = \frac{2\varkappa}{\varkappa + 1}\left(\tau + \frac{c_0}{\varkappa b}\right) \qquad (5)$$

folgt. Mit diesem Wert ergibt sich aus (3) eine Parabel als die Einhüllende, deren Endpunkte (t_1, x_1) und (t_2, x_2) sich für $\tau = 0$ und $\tau = t_0$ zu

$$t_1 = \frac{2c_0}{(\varkappa + 1)\,b}, \qquad x_1 = c_0 t_1 = \frac{2c_0^2}{(\varkappa + 1)\,b}$$

und

$$t_2 = \frac{2\varkappa}{\varkappa + 1}\left(t_0 + \frac{c_0}{\varkappa b}\right),$$

$$x_2 = \frac{b}{2}\,t_0^2 + \left(\frac{\varkappa + 1}{2}\,u_0 + c_0\right)(t_2 - t_0) = \frac{1}{2}\,\varkappa\,b t_0^2 + \frac{2\varkappa}{\varkappa + 1}\,c_0 t_0\,\frac{2 c_0^2}{(\varkappa + 1)\,b}$$

ergeben. Der Verdichtungsstoß entsteht also zur Zeit $t = t_1$ an der Stelle x_1 und wandert zunächst auf der Einhüllenden der für $0 \leq \tau \leq t_0$ durch (3) gegebenen Geradenschar. An der dem Parameterwert τ entsprechenden Stelle erfolgt ein Geschwindigkeitssprung von $v = u(\tau) = b\tau$ auf $v = 0$. Von der Zeit t_2 an wandert der Stoß auf der Geraden

$$x = \frac{b}{2}\,t_0^2 + \left(\frac{\varkappa + 1}{2}\,u_0 + c_0\right)(t - t_0)$$

weiter.

Aus der Abb. A 2.1 lassen sich jetzt für jeden Zeitpunkt t die Stellung des Kolbens (K) und die eines eventuell vorhandenen Stoßes (S) sowie die Geschwindigkeiten der verschiedenen Gasteilchen ablesen. Beispielsweise befindet sich für ein t bei $t_1 \leq t \leq t_2$ vor dem sich mit $u = u_0$ bewegenden Kolben zunächst ein Gebiet von Gasteilchen mit $v = u_0$, an das sich sodann ein Gebiet mit stetigem Übergang von $v = u_0$ auf $v = u(\tau)$ anschließt, das schließlich mit einem Stoß von $v = u(\tau)$ auf $v = 0$ abgeschlossen wird. Das weitere Gebiet ist dann in Ruhe. Für ein t mit $t_0 \leq t \leq t_1$ findet kein Stoß und somit ein stetiger Übergang von $v = u_0$ auf $v = 0$ statt. Ähnlich sind die Verhältnisse für ein t mit $0 \leq t \leq t_0$. Hier bewegt sich der Kolben mit $u = u_0 t/t_0$, und die Geschwindigkeit der Gasteilchen ändert sich stetig von diesem Wert auf $v = 0$. Für ein t mit $t_2 \leq t$ bewegt sich der Kolben mit $u = u_0$, während man für die Gasteilchen nur noch Gebiete mit $v = u_0$ und $v = 0$ vor und hinter dem Stoß unterscheiden kann.

3. Struktur (Breite) eines Verdichtungsstoßes. Man gebe unter Berücksichtigung der Viskosität und Wärmeleitung eine Abschätzung der Frontbreite einer eindimensionalen und quasi-stationären Stoßwelle in einem idealen Gas an.

Lösung. Für ein, mit der Stoßwelle mitbewegtes Koordinatensystem, in dem also, wenn u die Geschwindigkeit bedeutet, d/dt durch $u\,d/dx$ zu ersetzen ist, lauten nach (12.15), (11.14) und (11.32) die Kontinuitäts-, Bewegungs- und Energiegleichung:

$$\varrho\,\frac{du}{dx} + u\,\frac{d\varrho}{dx} = \frac{d}{dx}\,(\varrho u) = 0\,, \tag{1}$$

$$\varrho u\,\frac{du}{dx} = -\frac{dp}{dx} + (2\mu + \bar{\mu})\,\frac{d^2 u}{dx^2} = -\frac{d}{dx}\left(p - \mu^*\,\frac{du}{dx}\right), \tag{2}$$

$$\varrho u\,\frac{d\mathcal{U}}{dx} + p\varrho u\,\frac{d}{dx}\left(\frac{1}{\varrho}\right) = \mu^*\left(\frac{du}{dx}\right)^2 + \lambda\,\frac{d^2 T}{dx^2}\,. \tag{3}$$

Hierbei wurde zur Abkürzung

$$\mu^* = 2\mu + \bar{\mu} = \text{konst.} \tag{4}$$

gesetzt.

Die Lösung von (1)

$$\varrho u = \text{konst.} = A \tag{5}$$

ermöglicht auch eine erste Integration von (2):

$$p + A u - \mu^* \frac{du}{dx} = \text{konst.} = B \, . \tag{6}$$

Damit kann auch (3) einmal integriert werden: Man setze aus (6) du/dx ein, beachte, daß wegen (5) $\frac{d}{dx}\left(\frac{1}{\varrho}\right) = \frac{1}{A}\frac{du}{dx}$ ist, und daß schließlich für ideale Gase nach (12.1) bzw. (12.11) die Beziehungen $p = \mathcal{R}\varrho\, T/\mathcal{M}$ bzw. $\mathcal{U} = c_v T$ gelten. Man erhält:

$$A c_v T + B u - \frac{A}{2} u^2 - \lambda \frac{dT}{dx} = \text{konst.} = C \, , \tag{7}$$

während (6) die Form

$$\mu^* u \frac{du}{dx} = A\left(u^2 + \frac{\mathcal{R}}{\mathcal{M}} T\right) - B u \tag{8}$$

annimmt.

Die Integration des Systems (7) und (8) gelang R. BECKER mit dem Ansatz

$$T = a + b u + c u^2 \tag{9}$$

und der für die Rechnung nützlichen mathematischen Forderung[1]

$$\mu^* = 2\mu + \bar{\mu} \approx \frac{4}{3}\mu = \frac{\lambda}{c_v + \mathcal{R}/\mathcal{M}} = \frac{\lambda}{c_p} \, , \tag{10}$$

die sich daraus ergibt, daß die aus (7) und (8) für $du/dx = 0$ und $dT/dx = 0$ ergebenden Wertepaare u_1, u_2 und T_1, T_2 (das sind die Werte an den beiden Seiten der Wellenfront) der Formel (9) genügen müssen. Die Koeffizienten lassen sich dann aus (8) bestimmen:

$$a = \frac{C}{A c_p} \, , \quad b = 0, \quad c = -\frac{1}{2 c_p} \, . \tag{11}$$

Damit läßt sich die Differentialgleichung (8), die jetzt in der Form

$$\mu^* u \frac{du}{dx} = A \frac{1+\varkappa}{2\varkappa} (u - u_1)(u - u_2) \, ,$$

$$u_1 + u_2 = \frac{2B\varkappa}{A(1+\varkappa)} \, , \quad \frac{2C(\varkappa-1)}{A(1+\varkappa)} = u_1 u_2 \tag{12}$$

geschrieben werden kann, lösen. Man erhält:

$$\frac{A(1+\varkappa)}{2\varkappa\mu^*} x = \frac{1}{u_1 - u_2}[u_1 \ln(u_1 - u) - u_2 \ln(u - u_2)] + D \, . \tag{13}$$

---

[1] Sie ist z. B. für Luft auch physikalisch genau genug erfüllt!

Als *Maß für die Breite der Stoßwelle l* setzen wir (Abb. A 3.1)

$$l = \frac{u_1 - u_2}{|(\partial u/\partial x)|_{Max}}, \quad u_1 > u_2. \quad (14)$$

Gemäß (12) wird $\partial u/\partial x$ ein Extremum für $u = \sqrt{u_1 u_2}$ mit dem maximalen Wert

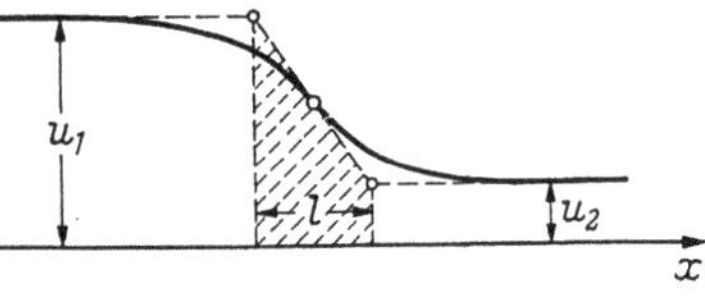

Abb. A 3.1

$$\left|\left(\frac{du}{dx}\right)\right|_{Max} = \left|-\frac{A(1+\varkappa)}{2\varkappa\,\mu^*}\right| (\sqrt{u_1} - \sqrt{u_2})^2,$$

so daß wir nach (14) für die Breite der Stoßwelle

$$l = \frac{2\varkappa\,\mu^*}{A(1+\varkappa)} \frac{1 - \dfrac{u_2}{u_1}}{\left(1 - \sqrt{\dfrac{u_2}{u_1}}\right)^2} \quad (15)$$

erhalten.

Für Luft bei Atmosphärendruck und 0° C ist

$$\mu^* = 2,3 \cdot 10^{-4} \frac{\text{g sec}}{\text{cm}}, \quad \varrho_1 = \frac{29}{22\,400} \frac{\text{g}}{\text{cm}^3},$$

$$p_1 = 1,013 \cdot 10^6 \frac{\text{g sec}^2}{\text{cm}}, \quad \varkappa = 1,4.$$

Gibt man nun das Druckverhältnis p_2/p_1 des „Drucksprunges" vor, so kann man mit Hilfe von (12.48), in der $\bar{p}$, p, v, $\bar{v}$, ϱ, $\bar{\varrho}$ durch p_1, p_2, u_1, u_2, ϱ_1, ϱ_2 zu ersetzen sind, die für (15) notwendigen Größen ausrechnen und danach l bestimmen. Einfacher ist es, etwa u_2/u_1 und u_1 anzunehmen, womit auch $A = \varrho_1 u_1$ bestimmt ist. Für $u_2/u_1 = 4$, $u_1 = 10^5$ cm/sec erhält man aus (15) $l \approx 0,6 \cdot 10^{-5}$ cm, und damit kommen wir in die Größenordnung der freien Weglänge der Moleküle (s. die Ausführungen am Ende von § 12.4).

Diese für Gase angestellten Überlegungen lassen sich auch auf *Flüssigkeiten* übertragen. Als Zustandsgleichung kann man die von TAMMANN,

$$p = \frac{\alpha T}{V - \beta} - \gamma, \quad \alpha, \beta, \gamma = \text{konst.}, \quad V = \frac{1}{\varrho} \quad (16)$$

verwenden. Auch in diesem Falle liefert die Rechnung für die Wellenbreite dieselbe Größenordnung wie für Gase.

4. Widerstand eines schlanken Rotationskörpers in Überschallströmung. Infolge des durch (12.138) gegebenen Überdruckes erfährt ein Körper in Überschallströmung einen Widerstand. Man nennt ihn *Wellenwiderstand W* zur Unterscheidung von dem *Reibungswiderstand* infolge Zähigkeit.

Man gebe W für einen schlanken Rotationskörper mit der Meridiankurve $r = r(x)$ an (Abb. A 4.1).

Lösung. Auf das Oberflächenelement

$$dF = 2\pi r\,ds \approx 2\pi r\,dx \tag{1}$$

wird in der Strömungsrichtung eine Kraft (Abb. A 4.1)

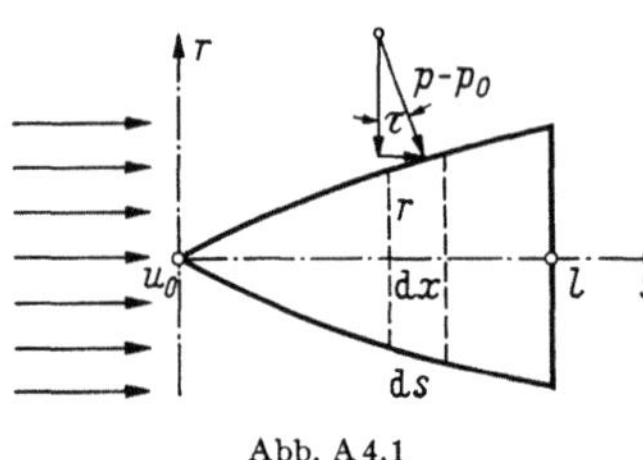

Abb. A 4.1

$$dW = (p - p_0)\,dF \sin\tau$$

ausgeübt. Mit (1) und wegen $\sin\tau \approx r'(x)$ erhält man unter Heranziehung von (12.138)

$$dW = \frac{1}{2}\varrho_0 u_0^2 D\,2\pi r r'\,dx\,.$$

Die Integration über die Gesamtoberfläche liefert den Wellenwiderstand

$$W = \pi\varrho_0 u_0^2 \int\limits_{x=0}^{l} D r r'\,dx = \pi\varrho_0 u_0^2 \int\limits_{x=0}^{l} D(x) r(x) r'(x)\,dx\,, \tag{2}$$

wobei D gemäß (12.138) durch

$$D = \frac{2}{u_0} \int\limits_{\xi=0}^{x-\varepsilon r} \frac{f'(\xi)\,d\xi}{\sqrt{(x-\xi)^2 - \varepsilon^2 r^2}} \tag{3}$$

gegeben ist.

5. Überschallströmung um einen Kreiskegel. Man bestimme die Überschallströmung um einen schlanken Kreiskegel bei gerader Anströmung und berechne seinen Widerstand.

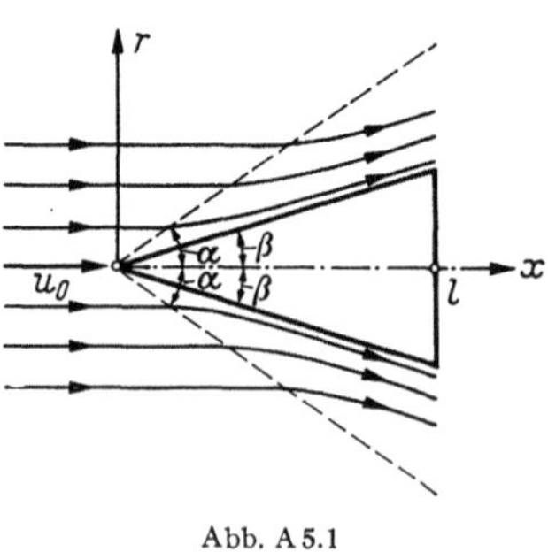

Abb. A 5.1

Lösung. Wir benutzen Gleichung (12.136), in der gemäß Abb. A 5.1 für die Meridiankurve $r = r(x) = b x$, $b = \operatorname{tg}\beta$, zu setzen ist. Der Ansatz

$$f(x) = A x, \quad A = \text{konst.} \tag{1}$$

ergibt

$$b^2 x = \frac{A}{u_0} \int\limits_{\xi=0}^{(1-\varepsilon b)x} \frac{(x-\xi)\,d\xi}{\sqrt{(x-\xi)^2 - (\varepsilon b x)^2}} = $$
$$= \frac{A}{u_0}\sqrt{1 - \varepsilon^2 b^2}\,x\,,$$

womit A bestimmt ist:

$$A = \frac{u_0 b^2}{\sqrt{1 - \varepsilon^2 b^2}}\,, \tag{2}$$

wobei nach den Bemerkungen zu Gl. (12.125) $\varepsilon = 1/\operatorname{tg}\alpha$ ist.

Nach (12.128) ist das *Potential der Störung*

$$\Phi(x, r) = -A \int\limits_{\xi=0}^{x-\varepsilon r} \frac{\xi \, d\xi}{\sqrt{(x-\xi)^2 - \varepsilon^2 r^2}},$$

so daß man als *Potential der Strömung*

$$\varphi = \varphi(x, r) = u_0 x + \Phi(x, r) =$$

$$= u_0 x + A \left[\sqrt{x^2 - \varepsilon^2 r^2} - x \ln \left| \frac{x + \sqrt{x^2 - \varepsilon^2 r^2}}{\varepsilon r} \right| \right] \tag{3}$$

erhält.

Die Geschwindigkeitskomponenten ergeben sich zu

$$v_x = \frac{\partial \varphi}{\partial x} = u_0 - A \ln \left| \frac{x + \sqrt{x^2 - \varepsilon^2 r^2}}{\varepsilon r} \right|, \, v_r = \frac{\partial \varphi}{\partial r} = A \frac{\sqrt{x^2 - \varepsilon^2 r^2}}{r} ; \tag{4}$$

beide hängen also nur von x/r ab, so daß sie längs jeder Geraden durch die Kegelspitze konstant sind.

Nach (12.138) wird der Überdruck

$$D = \frac{2A}{u_0} \int\limits_{\xi=0}^{x-\varepsilon r} \frac{d\xi}{\sqrt{(x-\xi)^2 - \varepsilon^2 r^2}} = \frac{2A}{u_0} \ln \left| \frac{x + \sqrt{x^2 - \varepsilon^2 r^2}}{\varepsilon r} \right|. \tag{5}$$

Damit läßt sich gemäß der Gleichungen (2) und (3) der vorigen Aufgabe der Widerstand berechnen:

$$W = 2\pi \varrho_0 u_0 A \int\limits_{x=0}^{l} \ln \left| \frac{1 + \sqrt{1 - \varepsilon^2 b^2}}{\varepsilon b} \right| b^2 x \, dx ;$$

man erhält mit (2)

$$W = \varrho_0 u_0^2 Q(l) \frac{b^2}{\sqrt{1 - \varepsilon^2 b^2}} \ln \left| \frac{1 + \sqrt{1 - \varepsilon^2 b^2}}{\varepsilon b} \right|, \tag{6}$$

wobei $Q(l) = \pi(bl)^2$ die Querschnittsfläche des Kegelbodens bedeutet.

6. Ebene Quell- und Wirbelströmung im Unter- und Überschallbereich. Man suche Lösungen der Tschapliginschen Differentialgleichung (12.152), die so beschaffen sind, daß a) das Strömungspotential als Stromlinien ein Geradenbüschel bestimmt; b) ψ allein vom Geschwindigkeitsbetrag w abhängt. Man rechne mit $\varkappa = c_p/c_v = 1{,}4$.

Lösung. a) Da einerseits nach Problemstellung $\vartheta = $ konst sein soll, andererseits allgemein $\psi = $ konst die Stromlinien bestimmen, kann ψ nur von ϑ abhängen. Nach (12.152) haben wir also $\psi_{\vartheta\vartheta} = 0$ und somit

$$\psi = C\vartheta . \tag{1}$$

Hierbei ist C eine Konstante, während eine zweite additive unterdrückt wurde. Die Stromlinien gehören also einem durch den Nullpunkt gehenden Geradenbüschel an.

Mit (1) erhalten wir aus (12.151)

$$\varphi_w = -\frac{C}{\varrho w}\left(1 - \frac{w^2}{c^2}\right) ; \quad \varphi_\vartheta = 0$$

und damit wiederum aus (12.149)

$$x_w = -C\,\frac{1}{\varrho}\left(1 - \frac{w^2}{c^2}\right)\frac{\cos\vartheta}{w^2} ; \quad x_\vartheta = -C\,\frac{1}{\varrho}\,\frac{\sin\vartheta}{w} ,$$

$$y_w = -C\,\frac{1}{\varrho}\left(1 - \frac{w^2}{c^2}\right)\frac{\sin\vartheta}{w^2} ; \quad y_\vartheta = C\,\frac{1}{\varrho}\,\frac{\cos\vartheta}{w} .$$

Integration der zweiten und vierten Gleichung über ϑ liefert

$$x = C\,\frac{1}{\varrho}\,\frac{\cos\vartheta}{w} + f_1(w) ; \, y = C\,\frac{1}{\varrho}\,\frac{\sin\vartheta}{w} + f_2(w) .$$

Die Funktionen $f_1(w)$ und $f_2(w)$ erweisen sich nach der ersten und dritten Gleichung als Konstanten. Setzen wir diese Null und $C = K\,\varrho_0 c_0$ ($K =$ konst., ϱ_0 bzw. c_0 Dichte bzw. Schallgeschwindigkeit im Ruhezustand), so erhalten wir

$$x = K\,\frac{\varrho_0 c_0}{\varrho w}\cos\vartheta ; \, y = K\,\frac{\varrho_0 c_0}{\varrho w}\sin\vartheta . \tag{2}$$

Die Parameterdarstellung der Stromlinien $\vartheta =$ konst. $= k$ lautet also

$$x^2 + y^2 = r^2 = \left(\frac{\varrho_0 c_0}{\varrho w}\right)^2 K^2 . \tag{3}$$

Sie sind Kreise mit w als Parameter. Wir haben es hier also mit einer *Quellströmung* (bzw. *Senkenströmung*) zu tun, die aber gegenüber dem inkompressiblen Fall eine Besonderheit aufweist.

Um dieses einzusehen, greifen wir auf die Formel (12.174) zurück. Aus ihr ersehen wir, daß die gemäß (3) für den Kreisradius r maßgebende Größe

$$\varrho w = \varrho_0\, c^* \mathsf{M}^*\left(1 - \frac{\varkappa - 1}{\varkappa + 1}\mathsf{M}^{*2}\right)^{\frac{1}{\varkappa - 1}} \tag{4}$$

als Funktion der relativen Machschen Zahl $\mathsf{M}^* = w/c^*$ ($c^* = c_0\sqrt{2/(\varkappa + 1)}$) für $\mathsf{M}^* = 1$ den größten Wert

$$[\varrho w]_{Max} = \varrho_0 c_0 \left(\frac{2}{\varkappa + 1}\right)^{\frac{\varkappa + 1}{2(\varkappa - 1)}} \tag{5}$$

annimmt. Demnach wird gemäß (3) durch

$$r_{Min} = K\,\frac{\varrho_0 c_0}{[\varrho w]_{Max}} = K \cdot \left(\frac{\varkappa + 1}{2}\right)^{\frac{\varkappa + 1}{2(\varkappa - 1)}} \tag{6}$$

der Radius desjenigen Kreises bestimmt, innerhalb dessen keine Strömung existiert, während außerhalb dieses Radius eine solche möglich ist, und zwar entweder eine reine Unterschallströmung mit einer von $M = 1$ (für $r = r_{Min}$) auf $M = 0$ (für $r = \infty$) abnehmenden Machschen Zahl, oder reine Überschallströmung mit einer von $M = 1$ (für $r = r_{Min}$) bis $M = \infty$ (für $r = \infty$) anwachsenden Machschen Zahl. Ähnliches Verhalten einer Gasströmung haben wir bei der Düsenströmung (§ 12.12) gesehen.

An dem durch $r = r_{Min}$ bestimmten sog. *Grenzkreis* haben wir es mit einer *Grenzlinie* im Sinne der Ausführungen von § 12.11 zu tun. Wegen $M^* = 1$, also $w = c = c^*$, $\psi_w = 0$ und $\psi_\vartheta =$ konst. auf diesem Kreis genügt nämlich dieser der Differentialgleichung (12.162), und ist damit „Grenzlinie".

b) Für $\psi = \psi(w)$ ergibt sich aus (12.155) mit $\psi_w = \psi'(w)$ die gewöhnliche Differentialgleichung

$$(1 - a^2 w^2)\, w^2\, \psi''(w) + (1 - b w^2)\, w\, \psi'(w) = 0 \,. \tag{7}$$

Sie läßt sich mit der Substitution $\psi'(w) = d\psi/dw = F = F(w)$ durch zweimalige elementare Integration leicht lösen. Man erhält nach Unterdrückung einer additiven Konstanten mit (12.154) und für $\varkappa = 1{,}4$:

$$\psi = \psi(w) = C \left\{ \frac{1}{2} \ln \frac{1 - (1 - a\, w^2)^{1/2}}{1 + (1 - a\, w^2)^{1/2}} + \right.$$
$$\left. + (1 - a w^2)^{1/2} \left[1 + \frac{1}{3}(1 - a w^2) + \frac{1}{5}(1 - a w^2)^2 \right] \right\}. \tag{8}$$

Damit ergeben sich aus (12.151)

$$\psi_w = \psi'(w) = C\, \frac{(1 - a\, w^2)^{5/2}}{w}\,; \quad \psi_\vartheta = 0\,;$$

$$\varphi_w = 0\,; \quad \varphi_\vartheta = C\, \frac{1}{\varrho}\,(1 - a w^2)^{5/2}, \tag{8a}$$

und mit diesen Beziehungen folgen aus (12.149)

$$x = C\, \frac{\sin\vartheta}{w}\,, \quad y = -\, C\, \frac{\cos\vartheta}{w}\,. \tag{9}$$

Die Stromlinien $\psi =$ konst. d. h. $w =$ konst. $= k$ sind Kreise konstanter Geschwindigkeit:

$$x^2 + y^2 = r^2 = \left(\frac{C}{w}\right)^2 = \left(\frac{C}{k}\right)^2. \tag{10}$$

Setzt man die aus (12.170) fließende Beziehung

$$M^{*\,2} = \frac{w^2}{c^{*\,2}} = \frac{(\varkappa + 1)\, M^2}{(\varkappa - 1)\, M^2 + 2}\,, \tag{11}$$

bzw. hieraus w^2 in (10) ein, so erhält man

$$r^2 = \left(\frac{C}{c^*}\right)^2 \frac{(\varkappa - 1)\, M^2 + 2}{(\varkappa + 1)\, M^2}\,. \tag{12}$$

Für $M = \infty$ wird

$$r^2 = r^2_{Min} = \left(\frac{C}{c^*}\right)^2 \frac{\varkappa - 1}{\varkappa + 1}, \tag{13}$$

womit aus (12)

$$r^2 = r^2_{Min}\left[1 + \frac{2}{(\varkappa - 1)\,M^2}\right] \tag{14}$$

entsteht. Demnach existiert diese (Potential-)Wirbelströmung nur außerhalb des durch $r = r_{Min}$ festgelegten Kreises. Mit wachsendem Radius nimmt die Geschwindigkeit ab von $M = \infty$ (d. h. $w = w_{Max}$ bei $\varrho = 0$ auf $r = r_{Min}$) bis $M = 0$ (auf $r = \infty$). Für $M = 1$ ($w = w^* = c^*$) wird nach (14)

$$r^* = r_{Min}\sqrt{\frac{\varkappa + 1}{\varkappa - 1}}, \tag{15}$$

also auf diesem Kreis die kritische Geschwindigkeit durchschnitten, so daß wir für $r_{Min} \leqq r < r^*$ einen Überschallbereich haben, während im Gebiet $r > r^*$ Unterschallströmung herrscht.

Es ist noch bemerkenswert, daß bei dieser Wirbelströmung auf $r = r_{Min}$ der durch $\varrho w \to 0$ gekennzeichnete Sonderfall einer Grenzlinie *schon im endlichen Bereich* auftritt. Das ist nur deshalb möglich, weil bei $\varrho = \varrho(w)$ und bei $w =$ konst. auf den Stromlinien $\psi(w) =$ konst. diese Linien gleichzeitig Linien konstanter Stromdichte ϱw sind!

7. Kompressible Gasströmung um eine Kante. Man zeige, daß man durch passende Wahl aus den zu $\lambda^2 = 1$ gehörigen Lösungen der Differentialgleichungen (12.157) und (12.158) die Möglichkeit hat, die kompressible Strömung eines idealen Gases ($\varkappa = 1{,}4$) um eine Kante (Halbgerade) zu beschreiben (Fr. Ringleb [9.26]).

Lösung. Für $\lambda^2 = 1$ haben (12.157) und (12.158) die Partikularlösungen $\Theta(\vartheta) = \sin\vartheta$ und $W(w) = w^{-1}$, so daß mit der Konstanten $K\varrho_0$

$$\psi = \frac{K\varrho_0}{w}\sin\vartheta \tag{1}$$

ein Strömungspotential darstellt.

Nach (1) hat man zunächst

$$\psi_w = -\frac{K\varrho_0}{w^2}\sin\vartheta; \quad \psi_\vartheta = \frac{K\varrho_0}{w}\cos\vartheta \tag{2}$$

und somit nach (12.151)

$$\varphi_w = -K\frac{\varrho_0}{\varrho}\left(1 - \frac{w^2}{c^2}\right)\frac{\cos\vartheta}{w^2}; \quad \varphi_\vartheta = -K\frac{\varrho_0}{\varrho}\frac{\sin\vartheta}{w}. \tag{3}$$

Mit (2) und (3) läßt sich das System (12.149) in der Weise wie in Aufgabe 6 integrieren:

$$x = \frac{K}{2}\left(\frac{\varrho_0}{\varrho}\frac{\cos 2\vartheta}{w^2} + \int \frac{\varrho_0}{\varrho}\frac{dw}{wc^2}\right); \quad y = \frac{K}{2}\frac{\varrho_0}{\varrho}\frac{\sin 2\vartheta}{w^2}. \tag{4}$$

Mit (12.70) und (12.77) läßt sich das Integral als Funktion von w bestimmen:

$$\int \frac{\varrho_0}{\varrho}\,\frac{dw}{wc^2} = I = I(w) = -\frac{1}{c_0^2}\left\{\frac{1}{2}\ln\frac{1+(1-aw^2)^{1/2}}{1-(1-aw^2)^{1/2}} - \frac{1}{(1-aw^2)^{1/2}}\left[1+\frac{1}{3}\,\frac{1}{1-aw^2}+\frac{1}{5}\,\frac{1}{(1-aw^2)^2}\right]\right\},\quad a=\frac{\varkappa-1}{2c_0^2}. \tag{5}$$

Um den Charakter der Strömung zu erkennen, betrachten wir erst den inkompressiblen Fall ($c=c_0=\infty$, $\varrho=\varrho_0$), in dem also $I=0$ ist. Den Stromlinien $\psi=$ konst. entspricht gemäß (1) mit einer neuen Konstanten k

$$w = k\sin\vartheta, \tag{6}$$

so daß aus der allgemeinen Parameterdarstellung der Stromlinien

$$x=\frac{K}{2}\left[\frac{\varrho_0}{\varrho}\left(\frac{1}{w^2}-\frac{2}{k^2}\right)+I\right];\quad y=\pm\frac{K}{k}\,\frac{\varrho_0}{\varrho\,w}\sqrt{1-\left(\frac{w}{k}\right)^2} \tag{7}$$

im inkompressiblen Falle ($I=0$, $\varrho=\varrho_0$)

$$x=\frac{K}{2}\left(\frac{1}{w^2}-\frac{2}{k^2}\right);\quad y=\pm\frac{K}{k\,w}\sqrt{1-\left(\frac{w}{k}\right)^2}$$

hervorgehen. Die Stromlinien sind also für verschiedene Werte von k konfokale Parabeln:

$$y^2=\left(\frac{K}{k}\right)^2\left(\frac{2x}{K}+\frac{1}{k^2}\right), \tag{8}$$

deren gemeinsamer Brennpunkt im Endpunkt der Halbgeraden liegt. Ihnen entspricht die inkompressible Strömung um eine Kante (Halbgerade). Sie ist in der Aufgabe 4 zu § 10 für den Fall $\nu=\frac{1}{2}$ enthalten (Abb. A 7.1).

Auch die kompressible Strömung hat für kleinere Geschwindigkeit, wenn man also in (7) von dem Einfluß von $I=I(w)$ absehen kann, wieder ein durch Parabeln als Stromlinien charakterisiertes Aussehen. Die jeweils größten Geschwindigkeiten werden auf der Symmetriegeraden erreicht

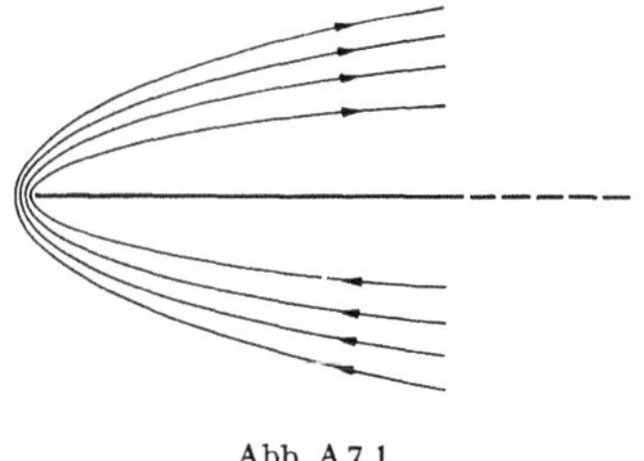

Abb. A 7.1

und entsprechen gemäß (6) dem zu der betreffenden Stromlinie gehörigen Wert von k. Die Kurven gleicher Geschwindigkeit sind entsprechend der aus (7) hervorgehenden Beziehung

$$\left(x-\frac{K}{2}\,I\right)^2+y^2=\left(\frac{K}{2}\,\frac{\varrho_0}{\varrho}\right)^2\frac{1}{w^4} \tag{9}$$

Kreise.

Zur näheren Charakterisierung der (kompressiblen) Strömung berechnen wir Anstieg und Krümmungsradius R der Stromlinien. Aus (7) erhält man:

$$\operatorname{tg}\tau = \frac{dy}{dx} = \pm\frac{w}{\sqrt{k^2 - w^2}}\;;\qquad \frac{1}{R} = \pm\frac{K}{k}\frac{c^2\varrho\,w}{\varrho_0\left(1 - \dfrac{w^2}{k^2} - \dfrac{c^2}{w^2}\right)}. \tag{10}$$

Die tangentiale Beschleunigung ergibt sich damit zu

$$b = \frac{dw}{dt} = w\frac{dw}{ds} = w\frac{1}{R}\frac{dw}{d\tau} = \frac{Kc^2\varrho\,w\sqrt{1 - \left(\dfrac{w}{k}\right)^2}}{\varrho_0\left(1 - \dfrac{w^2}{k^2} - \dfrac{c^2}{w^2}\right)}. \tag{11}$$

Nach (10) und (11) haben die Krümmung und Beschleunigung denselben Nenner, so daß die Unendlichkeitsstellen der Krümmung, d. h. die *Spitzen* der Stromlinien, und die Unendlichkeitsstellen der Beschleunigung, die sog.[1] „*Strömungsstöße*" zusammenfallen, nämlich dort, wo

$$1 - \frac{w^2}{k^2} - \frac{c^2}{w^2} = 0 \tag{12}$$

wird. Benutzt man hier (12.70), so liefert die Auflösung von (12) nach w:

$$w^2 = \left(\frac{k}{2}\right)^2(\varkappa + 1) \pm k\sqrt{\left(\frac{\varkappa + 1}{4}\right)^2 k^2 - c_0^2}. \tag{13}$$

Bei einem bestimmten Wert k kann also auf der zugehörigen Stromlinie ein „Strömungsstoß" nur dann eintreten, wenn

$$k \geqq \frac{4}{\varkappa + 1} c_0 \tag{14}$$

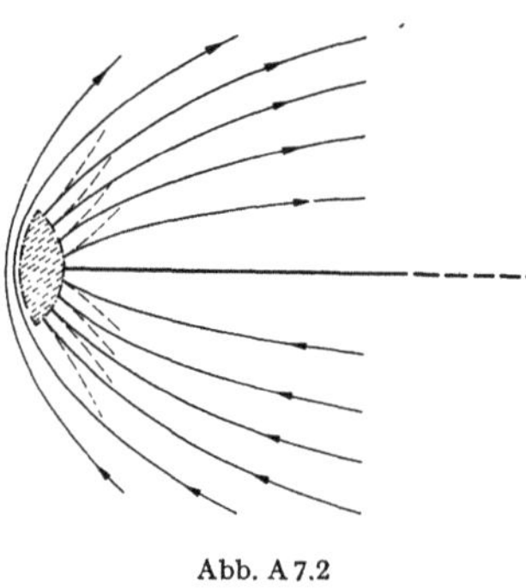

Abb. A 7.2

erfüllt ist. Hierbei ist zu beachten, wie schon erwähnt [s. Gleichung (6)], daß die höchste mögliche Geschwindigkeit auf einer Stromlinie $w = k$ ist. Für $\varkappa = 1{,}4$ erhält man aus (14): $k \geqq 1{,}67\,c_0$ und damit aus (13) angenähert $w = 1{,}2\,c_0$. Wird also theoretisch die Geschwindigkeit $1{,}67\,c_0$ erreicht, so treten an den Stellen der Geschwindigkeit $w = 1{,}2\,c_0$ ertsmals „Strömungsstöße" auf. Diese mathematischen Ergebnisse sind physikalisch so zu interpretieren, daß ein „Strömungsstoß" eine isentrope (Potential-)Strömung ausschließt!

In Abb. A 7.2 ist der qualitative Verlauf der Strömung angedeutet. Die „Strömungsstöße" treten auf der strich-punktierten Kurve (Grenzlinie) auf, während das gestrichelte Gebiet von der isentropen Potentialströmung nicht erreicht wird.

---

[1] Nach Fr. Ringleb, nicht zu verwechseln mit Verdichtungsstößen!

8. Geschoßform kleinsten Wellenwiderstandes. Man bestimme die Meridiankurve $r = r(x)$ eines schlanken Geschosses der Länge l und des Volumens V so, daß sein Wellenwiderstand ein Minimum wird (W. HAACK [9.13]).

Lösung. Wir benutzen die (abschließenden) Ergebnisse von § 12.10 und die der Aufgabe 4 zu § 12: Aus (12.142) und (2) der Aufgabe 4 ergibt sich der auf den Staudruck $\varrho_0 u_0^2/2$ bezogene Widerstand zu

$$\overline{W} = \pi \int\limits_{x=0}^{l} q'(x) \left[\int\limits_{\xi=0}^{x} \frac{q''(\xi)}{x - \xi}\, d\xi \right] dx , \tag{1}$$

wobei nach (12.140)

$$q'(x) = 2r(x)r'(x) \tag{2}$$

ist.

Wir wollen an dieser Stelle von vornherein betonen, daß alle hier auftretenden *Integrale* bei singulärem Verhalten ihres Integranden *im Sinne des Cauchyschen Hauptwertes* auszuwerten sind. Dieses Problem tritt im folgenden wegen des mehrfachen Vorkommens des Faktors $1/(x - \xi)$ in den Integranden häufig an uns heran.

Nach Problemstellung muß $\overline{W}$ = Minimum werden unter der Nebenbedingung $V = V_0$, die wir in der Form

$$V - V_0 = \pi \int\limits_{x=0}^{l} q(x)\, dx - V_0 = 0 \tag{3}$$

schreiben. Mit dem Lagrangeschen Multiplikator λ haben wir also das Verschwinden der Variation von $\overline{W} + \lambda(V - V_0)$ zu fordern, was unter Beachtung von (3) auf

$$\delta\left[\overline{W} + \lambda(V - V_0)\right] = \delta\overline{W} + \delta V = 0 \tag{4}$$

führt.

Betrachten wir ein Geschoß mit einem stumpfen Heck (s. Abb. A 4.1 zu Aufgabe 4 dieses Paragraphen), so sind noch die Bedingungen

$$q(0) = 0; \quad q'(0) = 0; \quad q'(l) = 0 ,$$

$$q(l) = r^2(l) = \left(\frac{K}{2}\right)^2 = \frac{Q}{\pi}, \quad K = \text{Kaliber} \tag{5}$$

zu beachten.

Eine für die weitere Rechnung nützliche und unter der Voraussetzung $q'(0) = 0$ geltende Beziehung ist

$$\frac{d}{dx} \int\limits_{0}^{x} \frac{q'(\xi)\, d\xi}{x - \xi} = \int\limits_{0}^{x} \frac{q''(\xi)\, d\xi}{x - \xi} , \tag{6}$$

womit aus (1) durch partielle Integration unter Beachtung von (5) zunächst

$$\overline{W} = -\pi \int_{x=0}^{l} q''(x) \left[\int_{\xi=0}^{x} \frac{q'(\xi)}{x-\xi}\, d\xi \right] dx$$

und dann durch Vertauschung der Integrationsreihenfolge und Umtausch der Variablen (Abb. A 8.1)

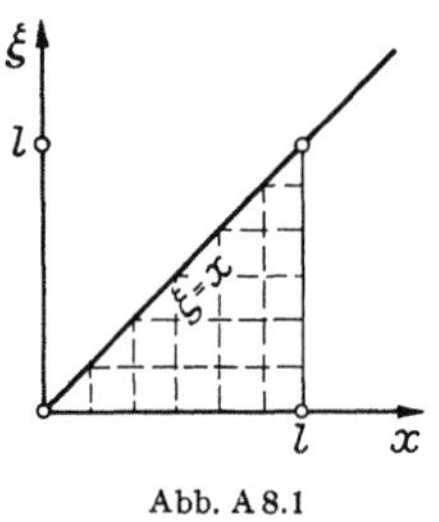

Abb. A 8.1

$$\overline{W} = \pi \int_{x=0}^{l} \int_{\xi=x}^{l} \frac{q''(\xi)\, q'(x)}{x-\xi}\, d\xi\, dx \tag{7}$$

erhält. „Das arithmetische Mittel" von (1) und (7) liefert

$$\overline{W} = \frac{\pi}{2} \int_{x=0}^{l} \int_{\xi=0}^{l} \frac{q'(x)\, q''(\xi)}{x-\xi}\, d\xi\, dx. \tag{8}$$

Das für $x = \xi$ singuläre Integral ist, wie erwähnt, im Sinne eines Cauchyschen Hauptwertes aufzufassen.

Für die Variation $\delta \overline{W}$ folgt aus (8) vorerst:

$$\delta \overline{W} = \frac{\pi}{2} \left\{ \int_{x=0}^{l} \delta q'(x) \left[\int_{\xi=0}^{l} \frac{q''(\xi)}{x-\xi}\, d\xi \right] dx + \right.$$

$$\left. + \int_{x=0}^{l} q'(x) \left[\int_{\xi=0}^{l} \frac{\delta q''(\xi)}{x-\xi}\, d\xi \right] dx \right\}$$

und nach Vertauschung der Integrationsreihenfolge, partieller Integration bei Beachtung von (5) und (6)

$$\delta \overline{W} = \pi \int_{x=0}^{l} \delta q'(x) \left[\int_{\xi=0}^{l} \frac{q''(\xi)}{x-\xi}\, d\xi \right] dx .$$

Eine abermalige partielle Integration liefert

$$\delta \overline{W} = -\pi \int_{x=0}^{l} \delta q(x) \left[\frac{d}{dx} \int_{\xi=0}^{l} \frac{q''(\xi)}{x-\xi}\, d\xi \right] dx ,$$

so daß aus (4) mit (3)

$$\int_{x=0}^{l} \delta q(x) \left[\lambda - \frac{d}{dx} \int_{\xi=0}^{l} \frac{q''(\xi)}{x-\xi}\, d\xi \right] dx = 0 \tag{9}$$

hervorgeht.

In (9) ist $\delta q(x)$ beliebig, so daß

$$\frac{d}{dx} \int_{\xi=0}^{l} \frac{q''(\xi)}{x-\xi}\, d\xi = \lambda ,$$

das heißt

$$\int_{\xi=0}^{l} \frac{q''(\xi)}{x-\xi}\,d\xi = \lambda x + C, \quad C = \text{konst.} \tag{10}$$

gefordert werden muß. Damit ist eine Integralgleichung für $q''(\xi)$ gefunden worden, womit gemäß (2) auch die Meridiankurve bestimmt werden kann.

Die Substitutionen

$$x = \frac{l}{2}(1-\cos\alpha), \quad \xi = \frac{l}{2}(1-\cos\beta), \quad 0 \le \alpha,\ \beta \le \pi \tag{11}$$

und der Ansatz

$$q''(\xi) = \frac{1}{\sin\beta} \sum_{j=0}^{\infty} c_j \cos j\beta \tag{12}$$

ergeben mit dem Cauchyschen Hauptwert des folgenden Integrals

$$\int_{0}^{\pi} \frac{\cos j\beta}{\cos\beta - \cos\alpha}\,d\beta = \pi\,\frac{\sin j\alpha}{\sin\alpha}\,,$$

durch Koeffizientenvergleich mit (10) für die Vorzahlen $c_j = 0$ für $j \ge 3$, d. h.

$$q''(\xi) = \frac{1}{\sin\beta}(c_0 + c_1 \cos\beta + c_2 \cos 2\beta)\,.$$

Integration und Beachtung von (5) liefert

$$q'(x) = \frac{l}{2}\left(c_1 \sin\alpha + \frac{c_2}{2}\sin 2\alpha\right) \tag{13}$$

und weiter

$$q = q(\alpha) = \int_{\beta=0}^{\alpha} q'(\xi)\,\frac{l}{2}\sin\beta\,d\beta$$
$$= \left(\frac{l}{2}\right)^2\left[\frac{c_1}{2}(\alpha - \sin 2\alpha) + \frac{c_2}{2}\sin^3\alpha\right]. \tag{14}$$

Damit ergibt sich aus (3)

$$V = \pi\frac{l}{2}\int_{\alpha=0}^{\pi} q(\alpha)\sin\alpha\,d\alpha = \frac{\pi^2}{16}\,l^3\left(c_1 + \frac{c_2}{4}\right). \tag{15}$$

Aus (5) bzw. (15) folgt mit (13)

$$c_1 = \frac{8Q}{\pi^2 l^2} \tag{16}$$

bzw.

$$c_2 = \frac{64}{\pi^2 l^3}\left(V - \frac{1}{2}Ql\right), \tag{17}$$

so daß gemäß (14) die Gleichung der Meridiankurve

$$q(\alpha) = r^2(\alpha) = \frac{2}{\pi^2}\left[\frac{Q}{2}\left(\alpha - \frac{1}{2}\sin 2\alpha\right) + \frac{4}{3}\left(2\frac{V}{l} - Q\right)\sin^3\alpha\right] \tag{18}$$

heißt. Damit erhält man nach (8) den Wellenwiderstand:

$$\overline{W} = \frac{\pi^3 l^2}{16}\left(c_1^2 + \frac{1}{2}c_2^2\right) = \frac{4}{\pi l^2}\left[9\,Q^2 + 32\left(\frac{V}{l}\right)^2 - 32\,\frac{Q\,V}{l}\right]. \tag{19}$$

Da bei der Lösung des Problems V, Q und l als konstante Größen angesehen wurden, andererseits $q = r^2 \geq 0$ sein muß, kann man von den drei Größen zwei willkürlich vorgeben, wodurch der Variationsbereich der dritten festgelegt wird. Sind z. B. *Kaliber (Q) und Länge (l) gegeben*, so steht nach (16) c_1 fest, während c_2 sich gemäß (17) mit dem Volumen V ändert. Das kleinste bzw. größte Volumen, für das nach (18) q noch positiv ist, ist $c_1 = -c_2$ bzw. $c_1 = c_2$, und zwar

$$V_1 = \frac{3}{8}\,Q\,l \text{ bzw. } V_2 = \frac{5}{8}\,Q\,l. \tag{20}$$

$\overline{W}$ erreicht sein Minimum bei einem V, das sich aus $d\overline{W}/dV = 0$ zu

$$V = \frac{1}{2}\,Q\,l \tag{21}$$

ergibt, wozu nach (19)

$$\overline{W}_{Min} = \frac{4\,Q^2}{\pi l^2} \tag{22}$$

gehört.

Ähnlich erhält man:

Bei gegebenem Volumen (V_0) und gegebener Länge (l):

$$Q = \frac{16}{9}\,\frac{V_0}{l}\ ;\quad \overline{W}_{Min} = \frac{128}{9\pi}\,\frac{V_0^2}{l^4} \tag{23}$$

und schließlich bei *Vorgabe des größten Querschnittes (Q) und des Volumens (V_0)*

$$l = \frac{8\,V_0}{3\,Q}\ ;\quad \overline{W}_{Min} = \frac{27\,Q^4}{32\pi\,V_0^2}. \tag{24}$$

Abschließend bemerken wir, daß dasselbe Problem sich auch für symmetrische Langgeschosse behandeln läßt: Anstelle von (5) treten

$$q(0) = q(l) = 0;\quad q(x-l) = q(x). $$

9. Das Charakteristikenverfahren zur Berechnung von Überschallströmungen. Ein schlanker Rotationskörper wird unter dem kleinen Winkel β mit der (konstanten) Geschwindigkeit v_0 angeströmt (Abb. 12.14). Nach den Ausführungen in § 12.10 gilt für das Zusatzpotential Φ der gestörten Strömung die linearisierte Differentialgleichung (12.122):

$$(1 - \mathsf{M}^2)\,\Phi_{xx} + \Phi_{rr} + \frac{1}{r}\,\Phi_r + \frac{1}{r^2}\,\Phi_{\vartheta\vartheta} = 0, \tag{1}$$

wobei

$$\mathsf{M}^2 = \left(\frac{u_0}{c}\right)^2,\quad c^2 = \frac{\varkappa - 1}{2}\left(v_{max}^2 - u_0^2\right) \tag{1a}$$

ist.

Wir zerlegen $\Phi = \Phi(x, r, \vartheta)$ in einen achsensymmetrischen und einen unsymmetrischen Anteil:

$$\Phi = F(x, r) + \Psi(x, r) \cos\vartheta \tag{2}$$

und erhalten aus (1) die Differentialgleichungen

$$(1 - M^2) F_{xx} + F_{rr} + \frac{1}{r} F_r = 0 \tag{3}$$

und

$$(1 - M^2) \Psi_{xx} + \Psi_{rr} + \frac{1}{r} \Psi_r - \frac{1}{r^2} \Psi = 0 , \tag{4}$$

die sich in der Form

$$(1 - M^2) f_{xx} + f_{rr} + \frac{1}{r} f_r - \frac{\lambda}{r^2} f = 0 \tag{5}$$

einheitlich behandeln lassen: Für $\lambda = 0$ ist $f = F$, und für $\lambda = 1$ hat man $f = \Psi$ zu setzen. Nun seien auf einer Kurve $(\Re)$, die von der Charakteristik von (5) nirgends berührt wird, die Werte f, f_r und f_x gegeben. Man zeige, daß man mit Hilfe der Charakteristiken zunächst das sog. Cauchysche Anfangswertproblem lösen und danach auch die Strömung um einen schlanken Rotationskörper (näherungsweise) ermittelt werden kann.

Lösung. Wir folgen einer Darstellung von W. HAACK [9.14]. Die Differentialgleichung (5) hat nach (12.82) die charakteristische Differentialgleichung

$$(M^2 - 1) \left(\frac{dr}{dx}\right)^2 - 1 = 0 . \tag{6}$$

Demnach sind die Charakteristiken zwei Geradenscharen, die mit der x-Achse den Machschen Winkel α einschließen:

$$\sin\alpha = \frac{1}{M} . \tag{7}$$

Verwenden wir die Bogenlänge s der Charakteristik als Parameter, so haben wir wegen $ds^2 = dr^2 + dx^2 = M^2 dr^2$

$$x' = \frac{dx}{ds} = \sqrt{1 - \frac{1}{M^2}} , \quad r' = \frac{dr}{ds} = \pm \frac{1}{M} . \tag{8}$$

Die in Richtung der Charakteristik gebildete Ableitung von f ist demnach

$$\frac{df}{ds} = f_x x' + f_r r' = \sqrt{1 - \frac{1}{M^2}} \, f_x \pm \frac{1}{M} f_r . \tag{9}$$

Aus

$$f^{(1)} = \sqrt{1 - \frac{1}{M^2}} \, f_x + \frac{1}{M} f_r, \quad f^{(2)} = \sqrt{1 - \frac{1}{M^2}} \, f_x - \frac{1}{M} f_r \tag{10}$$

ergeben sich

$$f_r = \frac{M}{2} (f^{(1)} - f^{(2)}); \quad f_x = \frac{1}{2\sqrt{1 - \frac{1}{M^2}}} (f^{(1)} + f^{(2)}) . \tag{11}$$

Sind s_1 bzw. s_2 die Bogenlängen längs der Charakteristiken $r' = 1/M$ bzw. $r' = -1/M$, so folgt aus (8) und (11) mit $f^{(12)} = df^{(1)}/ds_2$ und $f^{(21)} = df^{(2)}/ds_1$

$$f^{(12)} = f_x^{(1)} \sqrt{1 - \frac{1}{M^2}} - \frac{1}{M} f_r^{(1)}$$

und daraus

$$-f^{(12)} = -f^{(21)} = \frac{1}{M^2} \left[(1 - M^2) f_{xx} + f_{rr}\right] . \tag{12}$$

Damit läßt sich (5) mit den Ableitungen in Richtungen der Charakteristiken als

$$M^2 f^{(12)} - \frac{M}{2r} (f^{(1)} - f^{(2)}) + \frac{\lambda}{r^2} f = 0 \tag{13}$$

schreiben. Dieser Gleichung entspricht die Differenzenform

$$\Delta f^{(1)} = \left(\frac{f^{(1)} - f^{(2)}}{2r M} - \frac{\lambda}{r^2 M^2} f\right) \Delta s_2 , \tag{14}$$

$$\Delta f^{(2)} = \left(\frac{f^{(1)} - f^{(2)}}{2r M} - \frac{\lambda}{r^2 M^2} f\right) \Delta s_1 . \tag{15}$$

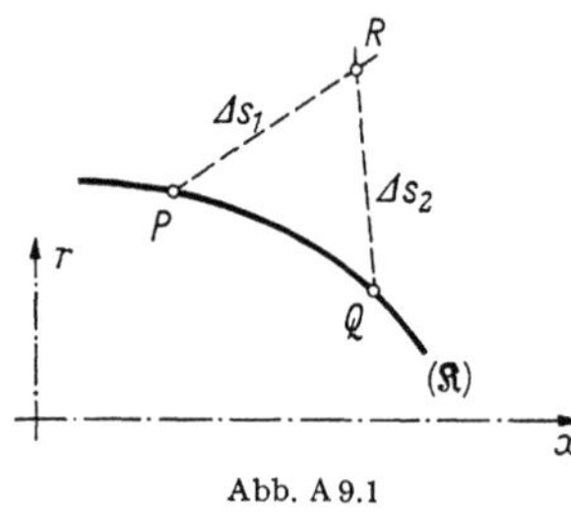

Abb. A 9.1

Danach ist das Anfangswertproblem wie folgt zu lösen (Abb. A 9.1): Längs $(\Re)$ sind f, f_r und f_x gegeben und damit nach (10) $f^{(1)}$ und $f^{(2)}$ berechenbar. Wir gehen von zwei hinreichend nahen Punkten P und Q aus; die zu ihnen gehörigen charakteristischen Richtungen ($\pm \arcsin 1/M$) bestimmen den Schnittpunkt R bzw. $PR = \Delta s_1$ und $QR = \Delta s_2$. Dann ist

$$f^{(1)}(R) = f^{(1)}(Q) + \Delta f^{(1)}; \quad f^{(2)}(R) = f^{(2)}(P) + \Delta f^{(2)} , \tag{16}$$

wobei $\Delta f^{(1)}$ und $\Delta f^{(2)}$ aus (14) und (15) zu entnehmen sind, in denen allerdings für $\lambda = 1 \neq 0$ noch $f(R)$ berechnet werden muß. Das kann näherungsweise auf zwei Wegen durch Integration in Richtung der Charakteristiken erfolgen:

$$f_1(R) = f(P) + \frac{1}{2} \left[f^{(1)}(P) + f^{(1)}(R)\right] \Delta s_1 , \tag{17}$$

$$f_2(R) = f(Q) + \frac{1}{2} \left[f^{(2)}(Q) + f^{(2)}(R)\right] \Delta s_2 . \tag{18}$$

Da im allgemeinen $f_1(R) \neq f_2(R)$ sein wird, setzt man

$$f(R) = \frac{1}{2} \left[f_1(R) + f_2(R)\right] . \tag{19}$$

Nun muß dieses Verfahren auf das Umströmungsproblem übertragen werden. Bei diesem ist längs der Profillinie $(\mathfrak{P})$ die Richtung der Geschwindigkeit bekannt. Ist die Strömung im Punkte A_1 der Profillinie

($\mathfrak{P}$) und links davon bekannt (Abb. A 9.2), dann kennt man f, $f^{(1)}$ und $f^{(2)}$ längs der Charakteristik (1) durch A_1. Durch den Punkt B auf (1) legen wir die Charakteristik (2) und bestimmen den Profilpunkt A_2. Dann ist nach (16)

$$f^{(1)}(A_2) = f^{(1)}(B) + \Delta f^{(1)} . \qquad (20)$$

Zur Bestimmung von $f^{(2)}(A_2)$ betrachten wir die Randbedingung. Zunächst gilt mit (11):

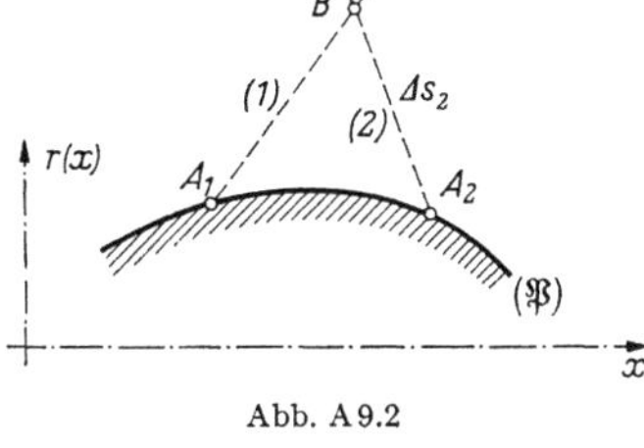

$$\frac{dr}{dx} = \frac{f_r}{f_x} = \frac{f^{(1)} - f^{(2)}}{f^{(1)} + f^{(2)}} \sqrt{M^2 - 1} , \qquad (21)$$

woraus mit (20)

$$f^{(2)}(A_2) = f^{(1)}(A_2)\, \frac{\sqrt{M^2 - 1} - \left(\dfrac{dr}{dx}\right)_{A_2}}{\sqrt{M^2 - 1} + \left(\dfrac{dr}{dx}\right)_{A_2}} \qquad (22)$$

folgt.

Und schließlich errechnet man für $\lambda = 1 \neq 0$ noch $f(A_2)$ nach (19):

$$f(A_2) = f(B) + \frac{1}{2}\,[f^{(2)}(B) + f^{(2)}(A_2)]\,\Delta s_2 . \qquad (23)$$

Durch Wiederholung dieser Schritte kann man f und damit das unsymmetrische Potential Ψ ermitteln. Für den symmetrischen Anteil $F = F(x, r)$ hat man $\lambda = 0$ zu setzen, wobei anstelle von (21) unter Beachtung von (11)

$$\frac{dr}{dx} = \frac{F_r}{u_0 + F_x} = \frac{M\,(F^{(1)} - F^{(2)})}{2u_0 + (F^{(1)} + F^{(2)})\,\dfrac{M}{\sqrt{M^2 - 1}}} \qquad (24)$$

tritt.

10. Potentialfunktionen für linearisierte und instationäre Überschallströmungen in Gasen. Die linearisierte Differentialgleichung für das Strömungspotential des (etwa durch ein Geschoß) gestörten Feldes lautet in Zylinderkoordinaten um die x-Achse [s. Gl. (12.122) bzw. die Fußnote zu Gl. (12.68)]:

$$\varepsilon^2\,\Phi_{xx} - \Phi_{rr} - \frac{1}{r}\,\Phi_r - \frac{1}{r^2}\,\Phi_{\vartheta\vartheta} + \frac{2u_0}{c^2}\,\Phi_{xt} + \frac{1}{c^2}\,\Phi_{tt} = 0 , \qquad (1)$$

wobei nach (12.125) bzw. (12.91)

$$\varepsilon^2 = \frac{u_0^2}{c^2} - 1 \ \text{bzw.} \ c^2 \approx \frac{\varkappa - 1}{2}\,(v_{max}^2 - u_0^2) = \text{konst.} \qquad (2)$$

und gemäß

$$\varphi = \varphi(x, r, \vartheta, t) = u_0 x + \Phi(x, r, \vartheta, t) \qquad (3)$$

das gesamte Strömungspotential bestimmt ist.

21*

Man suche zunächst achsensymmetrische Lösungen der Form

$$\Phi = \Phi(x, r, t) = F(x, r)\, e^{\,i\,\omega\left(t - \frac{u_0 x}{c^2 \varepsilon^2}\right)}, \tag{4}$$

leite daraus Lösungen für eine Quellsenkenverteilung $f(x)$ auf der x-Achse her und gebe schließlich durch Richtungsableitung (Dipole in der x-Achse) Lösungen für die Differentialgleichung (1) an (G. Bruhn [9.7]).

Lösung. Der Ansatz (4) in (1) eingesetzt, liefert

$$F_{xx} - \frac{1}{\varepsilon^2}\left(F_{rr} + \frac{1}{r}\,F_r\right) + \frac{\omega^2}{c^2 \varepsilon^4}\,F = 0,$$

woraus mit der Transformation

$$\sigma = \sqrt{x^2 - \varepsilon^2 r^2}$$

für $F = F(\sigma)$ die Differentialgleichung

$$\frac{d^2}{d\sigma^2}\,(\sigma F) + \frac{\omega^2}{c^2 \varepsilon^4}\,(\sigma F) = 0$$

mit der (partikulären) Lösung

$$\sigma F = \cos\left(\frac{\omega}{c\,\varepsilon^2}\,\sigma\right)$$

hervorgeht. Dementsprechend erhalten wir

$$F = F(x, r) = \frac{\cos\left(\dfrac{\omega^2}{c\,\varepsilon^2}\sqrt{x^2 - \varepsilon^2 r^2}\right)}{\sqrt{x^2 - \varepsilon^2 r^2}} \tag{5}$$

und definieren gemäß (4) als sog. „Grundlösung" für Überschallströmung

$$G = G(x, r, t, \omega) = \left\{ \begin{array}{ll} 0 & \text{für } x \leqq \varepsilon r \\[2ex] \dfrac{e^{\,i\,\omega\left(t - \frac{u_0 x}{c^2 \varepsilon^2}\right)} \cos\left(\dfrac{\omega}{c\,\varepsilon^2}\sqrt{x^2 - \varepsilon^2 r^2}\right)}{\sqrt{x^2 - \varepsilon^2 r^2}} & \text{für } x > \varepsilon r \end{array} \right\} . \tag{6}$$

Durch Superposition der Grundlösungen $G\,d\xi$ erhalten wir unter Zuhilfenahme einer Quellsenkendichtefunktion $f = f(x, \omega)$ als achsensymmetrische Lösung von (1):

$$\Phi = \Phi(x, r, t) =$$

$$= e^{i\omega t} \int\limits_{\xi=0}^{x - \varepsilon r} \frac{f(\xi, \omega)\, e^{-\frac{i\,u_0 \omega}{c^2 \varepsilon^2}(x - \xi)} \cdot \cos\left(\dfrac{\omega}{c\,\varepsilon^2}\sqrt{(x - \xi)^2 - \varepsilon^2 r^2}\right)}{\sqrt{(x - \xi)^2 - \varepsilon^2 r^2}}\, d\xi. \tag{7}$$

Aus (7) gewinnt man von der Richtung ϑ abhängige Lösungen von (1) durch Richtungsableitung:

$$\frac{\partial \Phi}{\partial y} = \frac{\partial \Phi}{\partial r} \cos\vartheta = \Phi_r \cos\vartheta \,. \tag{8}$$

Sie sind wichtig, wenn es sich um das Potential einer Schräganströmung handelt. Anstelle von (3) tritt dann

$$\varphi = u_0 x + \Phi_r \cos\vartheta \,. \tag{9}$$

Das ist das Potential für ein im Unendlichen stationäres Strömungsfeld, das im Zusammenhang mit einer entsprechenden Energiegleichung (s. die folgende Aufgabe) die Bestimmung des gestörten Strömungsfeldes gestattet.

11. Instationäre Energiegleichung. Man leite die instationäre (Bernoullische) Energiegleichung für die isentrope Potentialströmung eines idealen Gases her, das sich im Unendlichen in stationärem Zustande befindet und keiner Massenkraft unterworfen ist.

Lösung. Wegen $\mathfrak{v} = V\varphi$, $\mathfrak{g} = 0$ folgt aus (12.14):

$$V\left[\frac{\partial \varphi}{\partial t} + \frac{1}{2}(V\varphi)^2\right] + \frac{1}{\varrho} Vp = 0 \,. \tag{1}$$

Aus dem Isentropengesetz (12.10) ergibt sich mit (12.26):

$$\frac{1}{\varrho} Vp = \frac{p_0^{1/\varkappa}}{\varrho_0} p^{-1/\varkappa} Vp = V\left(\frac{\varkappa}{\varkappa-1} \frac{p_0^{1/\varkappa}}{\varrho_0} p^{1-1/\varkappa}\right) = V\left(\frac{\varkappa}{\varkappa-1} \frac{p}{\varrho}\right)$$
$$= V\left(\frac{c^2}{\varkappa-1}\right) \,. \tag{2}$$

Aus (1) und (2) erhalten wir:

$$V\left[\frac{\partial \varphi}{\partial t} + \frac{1}{2}(V\varphi)^2 + \frac{c^2}{\varkappa-1}\right] = 0 \,. \tag{3}$$

Unter der Einschränkung, daß die Strömung im Unendlichen stationär ist, folgt aus (3):

$$\frac{\partial \varphi}{\partial t} + \frac{1}{2}(V\varphi)^2 + \frac{c^2}{\varkappa-1} = \varphi_t + \frac{v^2}{2} + \frac{c^2}{\varkappa-1} = \frac{v_\infty^2}{2} + \frac{c_\infty^2}{\varkappa-1} \,. \tag{4}$$

Hierbei bedeuten v_∞ und c_∞ Strömungs- und Schallgeschwindigkeit im Unendlichen.

III. Anhang

Abriß der Geschichte der klassischen Mechanik

Der zeitliche Überblick

1. Allgemeine Bemerkungen. Geschichte ist eine unübersehbare Folge von Taten materieller und geistiger Art, die man *nur aus dem Geist der jeweiligen Zeit* verstehen kann. Gesichtspunkte, die uns gegenwärtig selbstverständlich geworden sind, wurden früher oft nicht beachtet; Einteilungen und Begriffe, die uns heute geläufig sind, waren einst unbekannt. So darf es uns denn nicht verwundern, wenn die Geschichte der Mechanik in unserem Kulturkreis, zeitlich von den Griechen zur Zeit ihrer größten politischen Ausdehnung an bis zur gegenwärtigen Forschung in allen Teilen der fast völlig zivilisierten, wenn auch nur wenig kultivierten Welt, ein sehr buntes Bild von Ideen, Erfindungen und Persönlichkeiten ergibt.

Entgegen der heutigentags immer weitergehenden Spezialisierung können diejenigen, die sich früher mit Mechanik beschäftigten, — genauer gesagt mit dem beschäftigten, aus dem die heutige Mechanik entstand — entsprechend ihrem weiteren, wenn auch unscharf überschautem Fachgebiet oft ebensogut als Physiker, Mathematiker, Astronomen oder Ingenieure gezählt werden.

Um die Entwicklung aus der ihr jeweils zukommenden Perspektive zu betrachten und ihr damit einigermaßen gerecht zu werden, muß man bedenken, daß die klare Formulierung eines den jeweils „Eingeweihten" schon bekannten Sachverhaltes im allgemeinen eine große Leistung darstellt; ebenso ist die Bildung eines neuen Begriffes oft bedeutender als die Aufstellung einer ganzen Theorie. Zu solchen Leistungen gehört ebenso die Einführung etwa des Kraftbegriffes wie die Feststellung, daß andere Begriffe wie z. B. der des Äthers, für die Naturwissenschaft überflüssig sind.

Auch in bezug auf die Vorstellung, was als eine Theorie anzusprechen ist, und was sich überhaupt beweisen läßt, haben sich die Ansichten gewandelt, man denke z. B. an die „Existenzbeweise" von DESCARTES und PASCAL für einen Gott, oder daran, daß JOHN NAPIER (1550—1617) im Satz 36 seines Kommentars zur Offenbarung JOHANNIs „beweist", daß die apokalyptischen Heuschrecken die Türken sind!

Es würde dem Rahmen dieses Buches nicht entsprechen, etwa den Versuch zu unternehmen, anschließend eine umfassende und kritische

Geschichte der Mechanik zu geben: Es soll sich hier lediglich um einen historischen Abriß aus heutiger Sicht, also „aus dem Geiste unserer Zeit" handeln, damit sei darauf hingewiesen, daß sich auch in unseren Ansichten, in der Beurteilung und insbesondere der Würdigung der Leistungen der Gelehrten der Vergangenheit, manche Änderungen vollziehen. Neueren Datums und richtungsweisend sind für eine kritische Darstellung die Arbeiten von C. A. TRUESDELL ([10.17] bis [10.21]).

Bevor wir uns den näheren Einzelheiten zuwenden, ist es sicherlich nicht ganz überflüssig zu betonen, daß wir uns hinsichtlich der Begriffe, des mathematischen Kalküls, der sprachlichen Ausdrucksweise, also in der gesamten Terminologie — von Zitaten abgesehen — unserer Zeit anpassen werden. Das hat zur Folge, daß ein historisch interessierter Leser, der einen gerade abgeleiteten und nach einem berühmten Gelehrten genannten Satz, eine Gleichung, ein Prinzip oder eine Hypothese in der ursprünglichen Fassung — etwa aus der Zeit von 1550 bis 1750 — lesen möchte und zur Originalabhandlung greift, meistens zunächst „enttäuscht" wird: Die sprachliche Darstellung und die verwendeten mathematischen Methoden dieser Schriften sind uns heute schwer verständlich. Hierzu einige Beispiele: Das sog. Newtonsche Grundgesetz

$$\mathfrak{K} = m\,\mathfrak{b} = m\,\frac{d\,\mathfrak{v}}{d\,t} = m\,\frac{d^2\,\mathfrak{r}}{d\,t^2}$$

ist jedem jungen Studenten der Naturwissenschaften geläufig; in dieser Form würde man es bei NEWTON vergeblich suchen. Oder: Die nach DANIEL BERNOULLI (1700—1782) genannte Stromfadengleichung einer idealen und inkompressiblen Flüssigkeit,

$$\frac{v^2}{2} + \frac{p}{\varrho} + g\,z = \text{konst.}$$

ist jedem Ingenieur bekannt; in dieser Gestalt ist sie natürlich in D. BERNOULLIs „Hydrodynamica" (1738) nicht zu finden! Auch die nach seinem Oheim JAKOB BERNOULLI (1654—1705) genannte, für die technische Balkenfestigkeitslehre grundlegende Hypothese vom Ebenbleiben der „Querschnitte" steht in der heutigen Literatur in einem anderen „Gewand"! Diese Bemerkungen, denen man noch weitere anschließen könnte, sollten eher eine Anregung zum Studium als eine „Warnung" vor dem Lesen der Originalarbeiten sein!

2. Das klassische Altertum. Die Entwicklung der Mechanik ist eng mit Glanz und Untergang der verschiedenen Zeitalter der Menschheitsgeschichte verbunden und hat demzufolge selbst mehrere Perioden, die durch Völkerstürme und Religionsfanatismen begrenzt werden. Einen ersten glanzvollen Zeitabschnitt (gemessen an einem Beginnen aus dem Nichts!) haben wir in der Spätzeit des griechischen Weltreiches.

Die Physik des Altertums ist ausschließlich eine Schöpfung der Griechen; denn obwohl auch die Chaldäer, Ägypter und Inder die Natur und insbesondere den Himmel denkend beobachtet haben, wurden diese durch ihre theologisch-mystischen Spekulationen daran gehindert, zur Idee einer gesetzmäßigen Naturforschung zu gelangen. Nur dem freien, nach einem erkennbaren Zusammenhang suchenden griechischen Geiste war es möglich, eine Naturwissenschaft oder mindestens deren Anfänge zu schaffen. Hierbei darf aber nicht vergessen werden, daß die Griechen im heutigen Sinne mehr Philosophen als Naturwissenschaftler gewesen sind; insbesondere fehlt bei ihnen die *„Befragung der Natur"*, das *Experiment.* PLATO (427—347 v. Chr.) war zwar ein begeisterter Anhänger der „reinen" Mathematik, jedoch lehnte er die „praktische" Astronomie ab: „Die wahren Astronomen rechne ich zu den weisen Männern, aber nicht die, die den Auf- und Untergang der Gestirne und dergleichen mehr beobachten, sondern vielmehr diejenigen, welche die acht Sphären des Himmels und die große Harmonie des Weltalles erforschen, was allein dem Geiste des von den Göttern erleuchteten Menschen würdig und angemessen ist." Diesem Geist und dieser Einstellung entsprechend entstand in Form von Beobachtungsprotokollen und Spekulationen eine *Naturphilosophie,* deren größter „Enzyklopädist" ARISTOTELES (384—322 v. Chr.) wurde.

Das Eingreifen der Mathematik in die Physik oder, etwas präziser gesagt, die Anwendung der mathematischen, d. h. quantitativen, in Zahlen ausdrückbaren Denkweise, beginnt bei den Griechen bald nach ARISTOTELES und findet in ARCHIMEDES von Syrakus (287—212 v. Chr.) ihren größten und erfolgreichsten Vertreter. Er fand insbesondere das Hebelgesetz und das Auftriebsgesetz, bestimmte die Schwerpunkte von homogenen Dreiecken, Parallelogrammen, Paralleltrapezen und parabolischen Segmenten. Ihm waren auch schon die Schraube, der Flaschenzug und der Hohlspiegel bekannt. Im übrigen tat er sich als einer der ersten Waffentechniker durch Bau von Kriegsmaschinen hervor. Wenn auch gerade die letzteren Leistungen ARCHIMEDES' Namen schon im Altertum unsterblich gemacht haben, so hat er sie selbst, nach PLUTARCHs Beschreibungen, gegenüber seinen sonstigen, rein geometrischen, gering eingeschätzt. Somit findet sich auch bei ihm die griechische Geisteshaltung!

HERON von Alexandrien (um 150 v. Chr.) war, wie wir aus seinen pneumatischen Konstruktionen (Heronsball) schließen können, der Luftdruck ein bekanntes Phänomen. Er verfaßte auch eine Schrift über die Hebewinde, deren Wirkungsweise er mit Hilfe des Hebelgesetzes richtig erläutert, während eine andere Schrift über „Elemente der Mechanik" uns nicht erhalten geblieben ist.

Mit CLAUDIUS PTOLEMÄUS (etwa 85—160 n. Chr.), dessen astronomisches Werk *„Μεγάλη σύνταξις"* (d. h. *„Die große Zusammenstellung"*,

nach dem Titel der arabischen Übersetzung auch „*Almagest*" genannt),
bzw. dessen Autorität am längsten gegolten hat, schließt die antike
Naturwissenschaft ab. Das Ptolemäussche System mit seiner Planeten-
theorie der ruhenden Erde und der Epizyklen hat sich bis zum Ende des
Mittelalters gehalten.

3. Das Mittelalter. Nachdem der griechische Kulturkreis unter das
römische Imperium kam, wurden die Wissenschaften wenig gefördert,
und unter dem Einfluß von Völkerwanderung und Kirchenkämpfen gin-
gen sogar viele Erkenntnisse der griechischen Wissenschaft für die christia-
nisierten Kulturgebiete verloren. Nur in der arabischen Welt erfahren
die Erkenntnisse des Altertums eine mehr kompilatorische als schöpfe-
rische Pflege.

Mit dem Absterben der alten heidnischen Welt ergreift das erstarkte
Christentum Besitz von dem ganzen Menschen, so daß für etwas anderes
kein Raum mehr bleibt, denn „wo es sich um die höchsten Güter der
Menschheit handelt, da ist es eine Sünde, etwa an die mechanische Natur
auch nur zu denken!" So ist es nur zu selbstverständlich, daß das Christentum des beginnenden Mittelalters der „heidnischen Naturwissenschaft" feindlich gegenübersteht. Erst als die christlich-religiösen Güter
als gesichert gelten können, mindert sich der Gegensatz, und die Naturwissenschaften werden geduldet, soweit sie sich mit der scholastischen
Naturphilosophie des ARISTOTELES im Einklang befinden. Unter diesen
Voraussetzungen war natürlich an eine echte, also unabhängige Naturwissenschaft nicht zu denken, geschweige an einen Fortschritt. (Man muß
diese Situation freilich aus dem Geist der Zeit zu verstehen suchen und
nicht eine nur zu billige Verdammung des christlichen Mittelalters aussprechen[1].)

Dieser Zustand hält bis zum Ausgang des Mittelalters an, und hier erst
tut sich dem wohl ersten systematisch beobachtenden und messenden
Naturwissenschaftler, dem Frauenburger Domherrn KOPERNIKUS (1473
bis 1543) am Himmel ein neues Weltbild auf: Das heliozentrische System.
Damit ist zur echten Naturforschung der Beginn getan und die Richtung gezeigt. Die Erfindung und Verbreitung der Buchdruckerkunst
erleichtert den Austausch der nunmehr sich stürmisch entwickelnden
echten Naturwissenschaften.

4. Das XVI. und XVII. Jahrhundert. Die Barockzeit. Die weitere Entwicklung fördert zunächst die Mechanik des Himmels. Der Däne TYCHO
DE BRAHE (1546—1601) bringt im Jahre 1599 die Ergebnisse seiner durch
königliche Gunst ermöglichten, sich über ein Vierteljahrhundert erstreckenden astronomischen Messungen nach Prag, wohin er von dem

---

[1] Wer einmal in einem romanischen Dom oder in einem frühgotischen Münster
stand, wird einer solchen Versuchung kaum erliegen!

römisch-deutschen Kaiser aus dem Hause Habsburg, RUDOLF II. (1552 bis 1612, Kaiser seit 1576) gerufen wurde. Dieser Monarch, von dem die Historiker überwiegend Nachteiliges zu berichten wissen, war ein die Künste und Wissenschaften liebender und fördernder Herrscher, wofür im Falle von BRAHE die Tatsache spricht, daß er ihm ein für die damaligen Verhältnisse enormes Jahresgehalt von 2000 Gulden[1] gewährte, wozu noch weitere 1000 Gulden Einnahmen der Ländereien seines ländlichen Wohnsitzes Schloß Benatek kamen. In Prag selbst stellte ihm RUDOLF II. das wunderschöne, heute noch stehende Renaissance-Lustschloß seiner Großmutter, Königin ANNA (1503—1547) von Ungarn (aus dem Hause Jagello) zur Verfügung[2]. BRAHE konnte sich der kaiserlichen Huld nicht lange erfreuen, da er schon 1601 starb. Der Kaiser kaufte von der Familie BRAHEs seine gesamte Hinterlassenschaft und stellte sie dem von ihm ebenfalls nach Prag gerufenen JOHANNES KEPLER (1571—1630) zur Verfügung. Diese Unterlagen, insbesondere die Beobachtungsergebnisse von BRAHE am Planeten Mars, ermöglichten KEPLER — in den Jahren 1609 und 1619 — die Aufstellung seiner berühmten drei Gesetze für die Bewegung der Planeten.

GALILEO GALILEI (1564—1643) vereinigt in genialer und vorbildlicher Weise bei der Herleitung der Fall- und Wurfgesetze Experimentierkunst, Mathematik und Logik und schafft somit das Ideal naturwissenschaftlicher Forschung. Nach KEPLERs (nach unseren heutigen Begriffen) rein phoronomischen Gesetzen schält sich schon bei GALILEI der zentrale Begriff der Beschleunigung heraus. Lang ist die Liste der Erkenntnisse und Erfindungen, die wir GALILEI verdanken: Fallgesetze, Andeutung des Trägheitsprinzips, Relativbewegung, Isochronie der (kleinen) Pendelschwingungen, Erfindung des Fernrohres (Entdeckung der Jupitermonde) und der hydrostatischen Waage, die ersten tastenden Gedanken über die Festigkeit eines Balkens, Konstruktion und Anfertigung eines Thermometers. Auf die bekannte Kontroverse zwischen der Kirche (als geistiger Obrigkeit der damaligen Zeit) und GALILEI können und wollen wir nicht eingehen; darüber ist unendlich viel geschrieben worden, und da es eben eine vom Gefühlsmäßigen vollkommen freie Objektivität nicht gibt, werden hierüber die Meinungen stets im Widerstreit stehen. Eines ist jedoch sicher: GALILEIs gewaltige Leistungen stellen mit denen KEPLERs den Beginn der abendländischen Physik dar.

Auch das Parallelogrammprinzip der Geschwindigkeiten findet man schon bei GALILEI, seine Verwendung für Kräfte kommt jedoch wohl zum ersten Male beim Holländer SIMON STEVIN (1548—1620) vor. Seine

---

[1] Dem heutigen Wert nach etwa 30 000 Mark!

[2] Dem den ganzen Menschen suchenden Betrachter erscheint danach das übliche Bildnis des Kaisers zumindest als verzerrt; wie anders spricht er uns an in GRILLPARZERs „Bruderzwist in Habsburg"!

mechanische Probleme behandelnden Arbeiten wurzeln zwar noch in der rein statischen Gedankenwelt von ARCHIMEDES, aber sie zeichnen sich durch eine klare Sprache und Begriffsbildung aus; sie enthalten sicher geführte, gewöhnlich durch wirkliches oder Gedankenexperiment belegte Beweise, von denen der bekannteste, mit der um ein dreieckiges Prisma gelegten Kette, zum Gleichgewichtsgesetz der schiefen Ebene führte. Als Oberaufseher der Wasserbauwerke seines Landes beschäftigte er sich auch mit Hydrostatik. Hier hat er schon richtige Vorstellungen von Boden- und Wanddruck, und da er behauptet, daß ein untergetauchter Schwimmer deswegen keine „Belästigung" empfindet, weil er „von allen Seiten gleichmäßig gedrückt" wird, können wir annehmen, daß ihm die Richtungsunabhängigkeit des hydrostatischen Druckes dem Wesen nach bekannt war; klar ausgesprochen hat sie allerdings erst BLAISE PASCAL (1623 bis 1662), dem wir auch andere mechanische Erkenntnisse (barometrische Höhenmessung, Gesetz der kommunizierenden Röhren, Adhäsion) verdanken.

Heute behandelt und zeigt man in einer elementaren Vorlesung über Mechanik, wie „leicht" man aus den drei Keplerschen Gesetzen das allgemeine Massenanziehungsgesetz gewinnt. Die Frage warum dies nicht schon KEPLER selbst gelang, ist noch „leichter" zu beantworten: Es fehlten dazu noch die klaren Formulierungen für das Trägheits- und Reaktionsprinzip, das Kraftgesetz für die Massenbeschleunigung (die Anziehung der Himmelskörper deutet KEPLER als „Vereinigungsbestrebungen des Gleichartigen" und versucht sie durch den Magnetismus zu erklären) und schließlich die Kinematik der krummlinigen Bewegungen, also kurz gesagt die Erweiterung des kinematischen und kinetischen Wissens. Hierzu und somit zur gesamten Mechanik als einheitlicher Wissenschaft die Fundamente gelegt zu haben, ist das Verdienst von CHRISTIAN HUYGENS (1629—1695) und ISAAC NEWTON (1642—1727).

Es ist interessant, daß die für die Entwicklung der Mechanik so sehr wesentlichen Beiträge von HUYGENS mit seiner Erfindung der Pendeluhr zusammenhängen. Das im XVII. Jahrhundert auf allen Gebieten der Physik einsetzende Experimentieren und insbesondere die Beobachtung des Himmels verlangten nach einer verbesserten Zeitmessung, die von den schon seit dem XIV. Jahrhundert in Gebrauch befindlichen Räderuhren (Gewichtsuhren mit Hemmungen) nicht geleistet werden konnte. Auf die Erkenntnisse GALILEIs mit dem Pendel zurückgreifend, erfand HUYGENS die Pendeluhr, woran auch schon GALILEI dachte, und zwar in der Form einer Verbindung des Pendels mit einem die verflossene Zeit durch die Anzahl der vollendeten Schwingungen anzeigenden Zählwerk. HUYGENS wählte genialerweise einen anderen Weg: Er griff auf die alten Räderuhren zurück, ließ von der Hemmung das an der Spindel befestigte Kreuz (den sog. Balancier) weg und verband sie mit dem

Pendel, dessen Isochronismus (bei kleinen Ausschlägen) einen gleich-
mäßigen Gang der Uhr gewährleistet. Für uns sind hier weniger die
technischen Einzelheiten der Konstruktion wichtig, sondern die Tatsache, daß sich HUYGENS seit dem Jahre 1657, als er seine Idee und
Konstruktion der Pendeluhr patentieren ließ, weiter und sehr intensiv mit
seiner Erfindung und mit allen damit zusammenhängenden mechanischen
Problemen beschäftigt hatte. Aus diesem, scheinbar so engen Problemkreis ging sein epochales Werk „Horologium oscillatorium" (1673) hervor. Wenn man sich aber überlegt, daß GALILEIs Erkenntnisse nur das
isochron schwingende Massenpunktpendel (das sog. mathematische
Pendel) umfassen, so blieben noch grundsätzliche Fragen offen, von denen
die wichtigsten die folgenden sind: 1. Wie ist die Schwierigkeit zu überwinden, wenn (bei größeren Amplituden) das Pendel nicht mehr isochron schwingt? 2. Wie wird die Schwingungszeit beeinflußt, wenn
die Pendelmasse nicht mehr um einen Punkt konzentriert ist? Durch
Klärung dieser und anderer Fragen wurde HUYGENS' Werk reich an Entdeckungen von technisch-konstruktiver, mechanischer und mathematischer Art. So beschreibt er und begründet im ersten Teil des Werkes eine
gegenüber 1657 verbesserte Uhrenkonstruktion und berichtet über die
Erfahrungen der Seefahrer mit solchen Uhren. Da wegen des Schwankens
der Schiffe die Seefahrt nach Uhren verlangt, deren Schwingungsdauer
unabhängig von der Amplitude ist, wird nachgewiesen, daß die (noch
oben offene) Zykloidenbahn die Eigenschaft der Isochronie für die auf
ihr ablaufenden Fallbewegungen besitzt, d. h. die Unabhängigkeit der
Schwingungszeit von der Fallhöhe aufweist. Da die Bahnevolvente
wieder eine Zykloide ist, ist somit die konstruktive Möglichkeit des
Zykloidenpendels in der Weise gegeben, daß der Pendelfaden sich
auf zwei (zur Vertikalen symmetrischen) Zykloidenbacken abwickelt.
Damit wäre die vorangehend unter 1. gestellte Frage beantwortet bzw.
die damit verbundene Schwierigkeit grundsätzlich gelöst[1]. Das unter 2. angeführte Problem läuft auf die Bestimmung des Schwingungsmittelpunktes eines (sog. physischen) Pendels bzw. seiner reduzierten Pendellänge l_{red} hinaus. Zur Lösung dieser Frage verwendet HUYGENS den (axio-
matischen) Satz, daß der Schwerpunkt einer Körpergruppe, die unter dem
Einfluß der Schwere um eine horizontale Achse schwingt, nur bis zu
seiner ursprünglichen Höhe, niemals aber höher steigt; das ist offenbar
das, was wir heute den Erhaltungssatz der (kinetischen und potentiellen)

---

[1] Das Zykloidenpendel hat sich infolge konstruktionstechnischer Schwierigkeiten (schwierige Herstellung der Zykloidenbacken, Steifigkeit des Fadens, großer
Luftwiderstand wegen der großen Amplitude) nicht durchgesetzt, und man kehrte
zum Kreispendel kleiner Amplitude zurück. Aber noch im Jahre 1839 griff der öster-
reichische Ingenieur STAMPFER auf HUYGENS' Idee zurück und stellte für den
Rathausturm von Lemberg eine Zykloidenpendel-Uhr her, die sich durch große
Genauigkeit auszeichnete!

Energie nennen. Er erhält dann für die um die Punkte r_j (Entfernung von der Schwingungsachse) konzentrierten Massen m_j als reduzierte Pendellänge

$$l_{red} = \frac{\sum\limits_{(j)} m_j r_j^2}{\sum\limits_{(j)} m_j r_j} .$$

Damit berechnet sich die Schwingungsdauer eines Kreispendels kleiner Amplitude nach der zum ersten Male von ihm angegebenen Formel[1]

$$T = 2\pi \sqrt{\frac{l_{red}}{g}} .$$

Aus dem Experiment mit dem Sekundenpendel erhält er für die Erdbeschleunigung (in heutigen Maßeinheiten) $g = 9{,}824$ m/sec. Die größte Beachtung verdient schließlich von HUYGENS' Leistungen die Bestimmung der im Pendelfaden auftretenden Spannung infolge der Fliehkraft oder Zentrifugalkraft. Nach Ermittlung der hierfür maßgeblichen Normalbeschleunigung

$$b_n = \frac{v^2}{R}$$

(v = Geschwindigkeit, R = Kreisradius) war der Weg frei zur Kinematik der krummlinigen Bewegung, indem man bei gekrümmten Bahnen die Kurve in jedem Punkte durch ihren Schmiegungskreis approximiert.

HUYGENS ist der letzte und sicherlich virtuoseste und bewunderungswürdigste Vertreter der sog. synthetischen Methode: Er führt alle seine theoretischen Untersuchungen in der Sprache der alten klassischen Geometrie durch, also ohne etwa Zuhilfenahme der Analysis, deren Anfänge ihm erst gegen Ende seines Lebens bekannt geworden sein dürften.

Die Gründe dafür anzugeben, warum HUYGENS aus seinen Erkenntnissen, so z. B. aus derjenigen der Fliehkraft, unter Heranziehung der Keplerschen Gesetze[2] keine weiterreichenden und nunmehr wirklich „leicht" möglichen Folgerungen zog, ist kaum möglich; man kann hierüber nur Vermutungen aussprechen: HUYGENS war, wofür schon seine synthetische Behandlungsmethode spricht, ein Anhänger des auch CARTESIUS genannten großen Geometers DESCARTES (1596—1650) und somit wohl auch Anhänger seiner Naturphilosophie, in der sich kaum

---

[1] GALILEI war nur bekannt, daß die Quadrate der Schwingungszeiten verschieden langer (mathematischen) Pendel sich wie ihre (Faden-) Längen verhalten.

[2] Für den Kreisfall sieht das so aus: Aus der Normalbeschleunigung $\dfrac{v^2}{R} = \dfrac{4\pi^2 R}{T^2}$ (T = Umlaufzeit) und dem 3. Keplerschen Gesetz $\dfrac{R^3}{T^2}$ = konst folgt ein Kraftgesetz der Form $\dfrac{\text{konst}}{R^2} .$

etwas Neues findet, was für die Weiterentwicklung der Mechanik förder-
lich gewesen wäre[1]. Diese Bindung oder zumindest Orientierung nach
der Descartesschen Richtung zeigt sich auf dem Gebiete der Mechanik
auch darin, daß Huygens außer den um das Pendel gruppierten Problemen nur noch den Stoß aufgreift, der von Descartes auch mit
metaphysischen Beimischungen mehr gepriesen als wissenschaftlich
behandelt wird. Vielleicht sind das mögliche Erklärungen dafür, daß
Huygens der entscheidende Durchbruch, insbesondere zur Gravita-
tionstheorie, nicht gelang; dies und weitere fundamentale Entdeckungen
und ihre systematische und organische Ordnung zu Beginn eines
Neubaus blieben dem Genie des großen Engländers Isaac Newton
(1642—1727) vorbehalten.

Galilei sprach schon das Beharrungsprinzip aus, ohne es jedoch tiefer
zu erörtern; und sein Satz, daß nämlich „die Bewegung, welche aus der
Wirkung einer Kraft entsteht, mit derjenigen verbunden wird, die der
Körper schon hatte", ist dem Wesen nach mit Newtons „lex secunda"
identisch. Huygens beherrschte die Kinematik der Kreisbewegung
ohne seine Resultate über den Schmiegungskreis auf die allgemeine
krummlinige Bewegung zu übertragen. Newtons Landsmann und Zeit-
genosse Robert Hooke (1635—1703) hatte von der Gravitation die
richtige Vorstellung, war aber außerstande, dafür das quantitative Gesetz anzugeben[2]. Newton ordnete nun alle diese Erkenntnisse, schaffte
neue dazu und legte somit die Voraussetzungen zu einer nunmehr stürmisch einsetzenden Entwicklung. Man kennt die berühmten drei Gesetze,
die an der Spitze seiner (viel zitierten, aber wenig gelesenen) aus sog. drei
„Büchern" (liberi) bestehenden „Principia" (1687) stehen. Von ihnen
sind die ersten beiden (Beharrungsprinzip und Kraftgesetz) schon bei
Galilei angedeutet, während das dritte (Gegenwirkungsprinzip) Newtons ureigenste Schöpfung ist, auch wenn es Huygens in seiner erst

---

[1] In ihr wird u. a. die Behauptung aufgestellt, daß beim Stoß eines Körpers
gegen einen, den er nicht bewegen kann, der stoßende Körper nichts von seiner
„Bewegung" verliert und dem „stärkeren" nur ausweicht, gegen einen „schwäche-
ren" aber die weitergegebene Bewegungsmenge einbüßt! Daß Descartes bei solchen Ansichten für die Galileische Mechanik nichts übrig hatte (wobei in seiner eige-
nen im wesentlichen nur das richtig war, was er von jenem übernahm!), ist erklärlich.
In einem Brief an Mersenne (1588—1648) schreibt er: „Was Galilei anbetrifft,
so will ich Ihnen sagen, daß ich ihn niemals gesehen und mit ihm auch keinen Ver-
kehr gehabt habe, folglich von ihm nichts entlehnt haben kann und auch in seinen
Büchern nichts sehe, was ich beneidete und fast nichts, was ich als das meinige ein-
gestehen möchte."

[2] Er schreibt: „Die anziehenden Kräfte sind um so stärker, je näher ihnen der
Körper ist, auf den sie wirken. Welches die verschiedenen Grade der Anziehung
sind, habe ich durch Versuche noch nicht feststellen können. Aber es ist ein Gedanke, der die Astronomen instandsetzen muß, die Bewegungen der Himmelskörper
nach einem Gesetz zu bestimmen."

nach seinem Tode gedruckten Abhandlung „Über die Zentrifugalkraft"
unbewußt benutzt, ohne es auszusprechen, geschweige seine fundamentale Bedeutung zu erkennen.

Als wichtigster Zusatz (Corollarium) zu den drei Gesetzen erscheint
bei NEWTON das nunmehr klar ausgesprochene und formulierte Parallelo-
grammaxiom und daran schließt sich die Behandlung der schiefen Ebene
und des Keiles an. In mehr als hundert „Theoremen" aus allen Gebieten
der Mechanik demonstriert NEWTON die Leistungsfähigkeit seiner Prinzipien. Im ersten Buch werden u. a. die Zentralkräfte behandelt und insbesondere ihr Gesetz aus der elliptischen Bahnform erschlossen. Der Inhalt
des zweiten Buches bildet die Hydraulik und der Widerstand bewegter
Körper in Flüssigkeiten und Luft. Hier ist allerdings manches, so z. B.
der Ausfluß aus der Bodenöffnung eines zylindrischen Gefäßes, falsch.
Sein zum Geschwindigkeitsquadrat proportionales Widerstandsgesetz
hat sich (mit entsprechenden empirischen Beiwerten) bis heute bewährt.
Die Anwendung seiner Erkenntnisse auf die Himmelsmechanik, die Ver-
kündung des allgemeinen Masseanziehungsgesetzes stehen im dritten und
letzten Buch, womit er selbst die Rangordnung zwischen den allgemeinen
Erkenntnissen und den speziellen Folgerungen in seinem Werk aufzeigt.
Es ist interessant festzustellen, daß NEWTON auch „allgemeine Postulate
über das Aufstellen von Theorien" angegeben hat, unter denen das
„Prinzip der Einfachheit" angeführt wird.

Zur Schilderung der Weiterentwicklung der Mechanik leitet am besten
der Hinweis über, daß NEWTON in seiner „Principia" sich ausschließlich
der schon von HUYGENS so meisterhaft beherrschten geometrisch-syn-
thetischen Methode bedient, obwohl er im Besitze eines von ihm selbst
entscheidend geförderten Kalküls, nämlich der Differential- und Integralrechnung gewesen ist; warum NEWTON die Verwendung dieses mäch-
tigen Hilfsmittels vermeidet, wissen wir nicht.

Die ersten Demonstrationen der Leistungsfähigkeit der Analysis bei
der Lösung mechanischer Probleme finden sich bei G. W. LEIBNIZ (1646
bis 1716): Im Jahre seiner ersten Publikation über Differentialrechnung
(1684) behandelt er die schon von GALILEI erörterte Bruchfestigkeit
prismatischer Stäbe rechteckigen Querschnittes. Unter der Verwendung
des von HOOKE für Uhrenfedern aufgestellten Gesetzes, gewinnt er hinsichtlich der Höhe und Breite des Querschnittes und der Länge des Stabes
das richtige Resultat, der dabei auftretende Zahlenfaktor ist aber — wie
bei GALILEI — auch bei ihm falsch, da er die unumgängliche Voraussetzung der spannungsfreien (neutralen) Ebene nicht erkennt.

Auf LEIBNIZ geht auch der berühmte Streit zwischen ihm und seinen
Anhängern und denen von DESCARTES um „*das wahre Kraftmaß*" zurück: Ob nämlich für die „Kraft" das Produkt aus Masse und Geschwindigkeit mv, wie es die „Cartesianer" behaupten, oder „die lebendige

Kraft" mv^2 maßgebend sei. Daß diese Frage völlig „ungereimt" ist, sieht man sofort ein an dem Beispiel konstanter Kräfte. Je nachdem, ob die Geschwindigkeiten v_1 und v_2 *am Ende gleicher Zeiten* bzw. *gleicher Wege* erlangt werden, verhalten sich die Kräfte (also ihr „Kraftmaß") $K_1 : K_2$ wie $m_1 v_1 : m_2 v_2$ bzw. $\hat{K}_1 : \hat{K}_2$ wie $m_1 v_1^2 : m_2 v_2^2$, d. h. sowohl mv wie auch mv^2 können in diesem Sinne als „Kraftmaß" angesehen werden! Wie schon D'ALEMBERT (1717—1784) festgestellt hatte, handelt es sich hierbei um einen „Wortstreit", „der vollends nicht wert ist, Philosophen zu beschäftigen"! Nicht anders ist die Sachlage, wenn man „das wahre Kraftmaß" mit der Frage koppelt, ob bei dem Ablauf einer Bewegung die Summe der Bewegungsgrößen mv oder die der kinetischen Energie $mv^2/2$ erhalten bleibt.

D'ALEMBERT bildet mit seiner „Dynamik" (1743) und dem darin enthaltenen, nach ihm genannten Prinzip (vom Gleichgewicht der verlorenen Kräfte) einen gewissen Abschluß einer Periode, die mit LEIBNIZ begann und ihre Fortsetzung in den Brüdern JAKOB BERNOULLI (1654 bis 1705) und JOHANN BERNOULLI (1667—1748) fand; sie bedienten sich mit großem Erfolg und glänzender Virtuosität des neuen analytischen Kalküls. JAKOB BERNOULLI begründet die Balkentheorie und behandelt das Problem des physischen Pendels und damit des Schwingungsmittelpunktes in einer Weise, in der schon der Kerngedanke des d'Alembertschen Prinzips enthalten ist [1.8]. Sein jüngerer Bruder JOHANN formuliert im Jahre 1717 das Prinzip der virtuellen Arbeiten, und das von ihm den Gelehrten der Zeit gestellte Problem der Brachistochrone ist der Beginn der Variationsrechnung [10.7].

Für die eingangs erwähnte Veränderlichkeit des Begriffes „Beweis" ist gerade diese Periode ein gutes Beispiel: Man war der Ansicht, daß die mechanischen Prinzipien beweisbar sind und eines anderen „Beweises" bedürfen als der Übereinstimmung ihrer Konsequenzen mit der Erfahrung. Auch manche theologische, dem Geist der Zeit entspringenden Bemerkungen sind in den Schriften des XVIII. Jahrhunderts anzutreffen; so z. B. von der „Weisheit des Schöpfers", der die Naturvorgänge so ablaufen läßt, daß dabei eine bestimmte Größe extremale Eigenschaften hat. In dieser Weise formuliert schon im Jahre 1689 LEIBNIZ — in Worten — etwas, was unserem Prinzip der kleinsten Wirkung entspricht; nicht minder dunkel sind ähnliche Worte und eine Formel des ersten Präsidenten der Preußischen Akademie der Wissenschaften MAUPERTUIS (1698—1759) aus dem Jahre 1747. Erst LEONHARD EULER (1707—1783) hat aus diesem Prinzp etwas „Brauchbares" gemacht.

5. LEONHARD EULER und die Vollendung der klassischen Mechanik. Die geniale Zusammenfassung der vielen Ideen und Begriffe, Schaffung völlig neuer Einsichten, Erkenntnisse und quantitativer Resultate gelang dem wohl größten und fruchtbarsten Gelehrten aller Zeiten, Leonhard Euler. Wenn uns an dieser Stelle auch nur das interessiert, was er auf dem Gebiete der Mechanik geschaffen hat, so darf zur Untermauerung der vorangehenden Worte nicht vergessen werden, daß er in allen Bereichen der Mathematik genauso schöpferisch und fruchtbar gewesen ist: Er schafft die Variationsrechnung und schöpft ihre kalkülmäßigen Möglichkeiten genauso aus, wie die der Integralrechnung[1]; er fördert die Theorie der Differentialgleichungen; er beschäftigt sich mit zahlentheoretischen Problemen und seine hierzu zählenden „Sätze über Potenzreste" sind der Anfang der Gruppentheorie; sein berühmtes „Königsberger Brückenproblem" ist ein klassisches Beispiel der in unserer Zeit so mächtig entwickelten Topologie, und wer kennt nicht, um die noch lange fortsetzbare Liste mit einer „kleinen Perle" zu schließen, die Eulersche Formel $e^{i\varphi} = \cos\varphi + i\sin\varphi$? Nichts illustriert mehr seine gewaltige Schaffenskraft als die Tatsache, daß die Herausgabe seiner Werke im Jahre 1911 begann, jetzt als letzter der 46. Band der geplanten 80 großen Quartbände erschienen ist, von denen übrigens 31 Bände der Mechanik und Himmelsmechanik gewidmet sind!

Wie vorangehend dargelegt, waren schon zu Eulers Zeiten richtige mechanische Prinzipien vorhanden; man konnte viele mechanische Erscheinungen erklären, man beherrschte isolierte Einzelprobleme, wie z. B. die Bewegung der Himmelskörper, die Deformationskurve der Balkenachse, man konnte einzelne Fragen der Hydrodynamik beantworten, aber es fehlte eine Theorie, deren (Differential-) Gleichungen die Bewegung des beliebig begrenzten und beschaffenen *Kontinuums* zu beschreiben imstande sind. Nach jahrzehntelangen Bemühungen formulierte im Jahre 1752 Euler als „*erstes Prinzip einer allgemeinen Mechanik*" das allgemeine Impulsgesetz:

$$d K_x = d m\, b_x; \quad d K_y = d m\, b_y; \quad d K_z = d m\, b_z.$$

Gewöhnlich ist man freilich beim Anblick dieser Formeln verblüfft, wird sie doch in fast allen Büchern als „das Newtonsche Grundgesetz" deklariert! Hierzu ist folgendes zu sagen: 1. Die Formel findet sich in Differentialform und in kartesischen Koordinaten (wie schon einleitend zu diesem Abschnitt auf S. 327 betont wurde) nirgends bei Newton; 2. das Impulsgesetz als ein auf einen „Körper" bzw. auf dessen Element angewandtes Prinzip findet sich zum ersten Male bei Euler, wogegen bei Newton die Bedeutung des Wortes „Körper" von Stelle zu Stelle wechselt; 3. im Zeitalter Newtons ist, abgesehen vielleicht von dem Schwingungsmittelpunkt, bzw. der reduzierten Pendellänge (s. S. 333),

---

[1] Man pflegt zu sagen: „Wenn ein Integral nicht bei Euler steht, ist es elementar sicherlich nicht berechenbar!"

kaum ein Problem der Kontinuumsmechanik richtig gelöst worden. Und
NEWTON selbst muß die Mängel seiner Mechanik empfunden haben, als
er — am 8. Mai 1686 — im Vorwort zu seiner „Principia" schrieb:
„Möge alles mit Eifer gelesen werden, Mängel in einer so schwierigen
Materie den Leser weniger zum Tadel als zu neuen Versuchen und
gefälliger Ergänzung veranlassen!"

Das allgemeine Impulsgesetz von EULER ist „von göttlicher Einfachheit und gerade deswegen nicht minder genial" (TRUESDELL). Seine Anwendung auf die Flüssigkeiten und Gase gelang EULER vermöge seines
kongenialen „*Schnittprinzips*", mit dem er uns lehrte, *die inneren Kräfte*
der Betrachtung zugänglich zu machen, also etwas in der Phantasie zu
erfassen, was weder mit den Augen sichtbar noch mit einem Gerät meßbar ist[1]. EULERs diesbezügliches Ergebnis ist die Definition der idealen
(reibungsfreien) Flüssigkeit: Sie vermag *sowohl im Inneren, wie auch an
einer Wand* nur einen zum Element senkrechten Druck aufzunehmen.
Zusammen mit dem Impulsgesetz war damit der Weg frei zur Hydrodynamik.

Jenseits der Hydromechanik idealer Flüssigkeiten, also für die
Mechanik der festen Körper, brauchte man noch freilich, wie es heute
jedem einleuchtet, das *Drehimpulsgesetz*:

$$dM_x = (y b_z - z b_y)\,dm; \quad dM_y = (z b_x - x b_z)\,dm; \quad dM_z = (x b_y - y b_x)\,dm.$$

Dieses Gesetz von EULER ist aus dem Jahre 1775, also 23 Jahre nach
dem Impulsgesetz, und nichts beweist mehr als diese mehr als zwei da-
zwischenliegenden Jahrzehnte die Unhaltbarkeit der weitverbreiteten,
auf E. MACH (1838—1916) zurückgehende Ansicht, daß nämlich alles,
was nach NEWTON kam, weiter nichts als eine „Mathematisierung" seines „Grundgesetzes" gewesen ist! Der Drehimpulssatz, mit dem wir
heute die schon von EULER gefundenen Kreiselgleichungen ableiten und
zum Begriff der ihm ebenfalls bekannten freien Achse kommen, ist
EULERs letzter großer Beitrag zur allgemeinen Mechanik; auf einige von
seinen großen Leistungen bei der Lösung spezieller Probleme kommen wir
noch zurück.

In J. L. LAGRANGEs (1736—1812) „Mecanique analytique" (1788)
finden wir u. a. das d'Alembertsche Prinzip in seiner heute üblichen
Formulierung und die nach ihm genannten Bewegungsgleichungen.

Eine wesentliche Lücke im Aufbau einer allgemeinen Kontinuumsmechanik wurde erst relativ spät, nämlich im Jahre 1822 von A. L.
CAUCHY (1789—1857) geschlossen, durch die axiomatische Annahme eines

---

[1] Man beachte: Die inneren Kräfte sind definitionsmäßig die Kräfte, die ein
Teil des Kontinuums bzw. hier der Flüssigkeit auf einen anderen ausübt; beim Einführen eines Meßinstrumentes wird der angrenzende Teil kein innerer mehr, sondern
befindet sich an einer „Wand"!

tensoriellen Spannungsfeldes im Inneren fester Körper. Die für elastische Körper übliche Annahme des Hookeschen Materialgesetzes wurde allerdings erst 1903 von STAN. ZAREMBA (1863—1937) übertroffen und beseitigt.

Nach den aus dem XIX. Jahrhundert (aus den Jahren 1829 und 1834) stammenden Prinzipien von C. F. GAUSS (1777—1855) und W. R. HAMILTON (1805—1865) und wichtigen Beiträgen von C. G. JACOBI (1804 bis 1856), unternahm noch am Ende jenes Jahrhunderts (1891) H. HERTZ (1857—1894) einen kühnen Versuch, eine vom Kraftbegriff losgelöste Mechanik zu schaffen. Den Ausgangspunkt seiner Mechanik bildet eine Verbindung des Galileischen Trägheitsgesetzes und des Gaussschen Prinzips: Jedes freie System beharrt in seinem Zustande der Ruhe oder der gleichförmigen Bewegung *„in einer geradesten Bahn"* in dem Sinne, daß — mit der Masse m und einem gewissen Krümmungsradius R —

$$S \frac{dm}{R^2} = \text{Minimum}$$

wird.

Entsprechend den zunehmenden mathematischen Forderungen nach axiomatischem Aufbau wurden in unserem Jahrhundert auch immer wieder die Grundlagen kritisch betrachtet: LUDWIG BOLTZMANN (1844 bis 1906) und GEORG HAMEL (1877—1954), die sich insbesondere mit Axiomatik für die Punktmechanik beschäftigten und in letzter Zeit W. NOLL ([4.3] bis [4.5]), der dasselbe für die Kontinuumsmechanik tat.

Die Fülle der gegenwärtig auf dem wieder größer gewordenen Bereich der Mechanik entstehenden wissenschaftlichen Arbeiten ebenso wie die Schwierigkeit der mit einer Auswahl notwendig verbundenen Beurteilung von Personen, lassen nur eine grobe Andeutung der gegenwärtigen Lage und Entwicklung zu: Neben den für die Mathematiker noch immer interessanten (und oft schwierigen), Beispiele liefernden klassischen Teilen der Mechanik sind im Bereich der nichtlinearen elastischen Theorien sowie bei allgemeinen kontinuierlichen Medien (z. B. plastische und zähflüssige Stoffe) ganz neue und sich in voller Entwicklung befindliche Gebiete entstanden, die theoretisch zwar schwierig, aber doch praktisch bedeutend zu sein scheinen. Dabei haben wir auf die im Rahmen unserer Vorlesungen nicht behandelten „Ableger der Mechanik", wie Relativitätstheorie, Quantenmechanik und Statistische Mechanik gar nicht hingewiesen.

Entwicklung verschiedener Spezialgebiete

Nachdem die zeitliche Entwicklung der allgemeinen Prinzipien der Mechanik skizziert worden ist, soll noch ein kurzer historischer Überblick über diejenigen drei Spezialgebiete gegeben werden, die auch heute noch das größte technische Interesse beanspruchen, aber im wesentlichen als abgeschlossen angesehen werden können, nämlich die: Elastizitätstheorie, Hydromechanik und Gasdynamik.

1. Festigkeitslehre und Elastizitätstheorie. Trotz der bewunderungswürdigen Baukultur im klassischen Altertum und Mittelalter findet man bei den Schriftstellern dieser Zeiten keine Vorschriften oder Hinweise darüber, nach welchen Regeln die Festigkeit ihrer Bauwerke bemessen wurde. Wir können annehmen, daß sich die alten Baumeister durch die Erfahrung gelieferter und von Generation zu Generation vererbter „Faustregeln" bedient haben und dabei die Baustoffe als starre Körper betrachtet haben. Diese Anschauung haben sich auch noch GALILEI und LEIBNIZ zu eigen gemacht und die Bruchfestigkeit eines einseitig eingespannten am anderen Ende durch eine Einzellast beanspruchten Balkens rechteckigen Querschnittes unter der Annahme zu berechnen versucht, daß die Spannung über dem Querschnitt gleichmäßig verteilt ist und der Bruch in der Weise eintritt, daß der Balken sich um die untere Kante des Einspannquerschnittes dreht; ihr Ergebnis ist zwar hinsichtlich der Balkenabmessungen richtig, aber mit einem falschen Faktor behaftet. Erst der Franzose E. MARIOTTE (1628—1684), der, anscheinend unabhängig von HOOKE, auch das lineare Spannungs-Dehnungs-Gesetz fand, berücksichtigt bei der Behandlung der Balkenfestigkeit die Elastizität des Materials und erkennt, daß beim Galileischen Balkenproblem die eine Hälfte der Fasern gedehnt, die andere verkürzt wird (1686); an welcher Stelle in einem beliebig geformten Querschnitt keine Deformation eintrat, blieb aber noch offen, denn hierzu brauchte man neben der Gleichgewichtsbedingung senkrecht zum Querschnitt auch noch das Spannungsverteilungsgesetz über dem Querschnitt und dieses wiederum konnte nur aus einer Deformationstheorie des Balkens erschlossen werden.

Die hierzu notwendige Hypothese verdanken wir JAKOB BERNOULLI (1705); freilich nicht in der heute üblichen Form: Er nimmt an, daß die Querschnittsebene infolge der Biegung nur „eine Drehung um eine indifferente Faser" erleidet; er verwendet das Hookesche Gesetz nicht und verkündet auch nicht das in seinen Ausführungen implizit enthaltene Gesetz der Proportionalität zwischen Krümmung (des ursprünglich geraden Stabes) und dem Biegemoment an jeder Stelle. Erst sein Neffe DANIEL zieht hieraus den Schluß, daß die in einem Element des Stabes aufgespeicherte Energie dem Quadrate seiner Krümmung proportional ist, und somit die Gesamtenergie durch Integration über die Stablänge gewonnen werden kann, und sie muß im Falle des elastischen Gleichgewichtes ein Minimum sein! Er teilt 1742 seine Überlegungen EULER mit und schlägt ihm vor, mit Hilfe seines (BERNOULLI aus einem Manuskript bekannten) Variationskalküls die Differentialgleichung der Biegelinie des Stabes herzuleiten. EULER gelingt die Lösung des Problems und er publiziert sie 1744 als „Anhang" zu seiner „Variationsrechnung"[1], und schöpft dabei den gesamten Problemkreis weitgehend aus: Er erkennt über J. BERNOULLI hinaus, daß bei anfänglich gekrümmten Stäben die Krümmungsänderung auch dem Biegemoment proportional ist; er behandelt die transversalen Schwingungen und die Knickung elastischer Stäbe für kleine Auslenkungen und ist somit der erste, der ein *Eigenwertproblem* löst[2]. Für die Messung der von ihm in ihrem Wesen nicht voll erkannten Biegesteifigkeit EJ schlägt er ein experimentelles Verfahren vor. Angeregt durch EULER löst LAGRANGE später das Knickproblem für den nichtlinearisierten Fall mittels Reihenentwicklung.

Zum Abschluß gebracht wurde die Balkentheorie durch CH. A. COULOMB (1736—1806), der aus der Bernoullischen Hypothese auf das lineare Spannungsgesetz schließt und mit der Gleichgewichtsbedingung (in Richtung der Balkenachse) die Lage der spannungsfreien (neutralen) Achse (bzw. Ebene) ermittelt.

COULOMB behandelt auch als erster die *Torsion kreiszylindrischer Stäbe*, aber das Wesen des dabei auftretenden Proportionalitätsfaktors, der Torsionssteifigkeit, erkannte erst L. NAVIER (1785—1836), nachdem TH. YOUNG (1773—1829) wohl den Elastizitätsmodul, nicht aber den Schubmodul einführte; die Einführung der dritten elastischen Konstanten, nämlich der Querkontraktionszahl, trifft man zum ersten Male 1828 in einem Werk von D. POISSON (1781—1840), in dem er einen (vergeblichen) Versuch unternimmt, die Elastizitätstheorie molekulartheoretisch zu fundieren. NAVIERs Versuch, das Torsionsproblem für beliebig berandete (aber konstante) Querschnitte zu lösen, ist mißlungen, da er die Verwölbung der Querschnitte nicht berücksichtigt; eine einwandfreie Torsionstheorie lieferte erst DE SAINT-VÉNANT (1797—1886), womit die technische Balkentheorie einen gewissen Abschluß fand.

Nachdem CAUCHY den von EULER in die Hydromechanik eingeführten Spannungsbegriff als tensorielle Größe auf beliebige Körper ausdehnte,

---

[1] Mit dem schönen Titel „Methodus inveniendi curvas maximi minimive proprietate gaudentes" (d. h. Methoden, um Kurven zu finden, die sich maximaler oder minimaler Eigenschaften erfreuen).

[2] Heute weiß jeder praktische Ingenieur (z. B. der Turbinenbauer wegen der Schaufelschwingungen, der Baumeister wegen der Säulenknickung, diese „theoretischen Ergebnisse" EULERs zu schätzen, aber noch 1805 „würdigte" ein „Praktiker" (wie er leider auch jetzt noch anzutreffen ist) EULERs theoretische Arbeiten mit den Worten: „Es findet sich in diesen Abhandlungen nichts außer trockenen mathematischen Untersuchungen, die sich aus sinnlosen Ansätzen entwickeln, um mit mathematischer Kraft rücksichtslos gegen die physikalische Wahrheit vorzugehen. Seine Theorie der Säulenbiegung ist als eines der stärksten Beweisstücke dieser frevelhaften Art des Vorgehens anzusehen."

war es für ihn leicht, die allgemeinen Bewegungsgesetze unter Verwendung von zwei elastischen Konstanten anzugeben (1823).

Die weitere Entwicklung der Elastizitätstheorie ist gekennzeichnet durch die Spezialisierung auf Tragwerke bestimmter Gestalt. In Weiterverfolgung der in der Balkentheorie angewandten Ideen und Hypothesen wurde als nächstes *das Problem der Biegung einer dünnen Platte* in Angriff genommen. Durch einen Versuch von JAKOB BERNOULLI dem Jüngeren (1759—1789), die Gedanken EULERs bei den Stabschwingungen auf die Platten (bestehend aus zwei zueinander senkrechten Streifen) zu übertragen, wobei er einleuchtenderweise mit der Konstanten C zur Differentialgleichung

$$C\left(\frac{\partial^4 w}{\partial x^4} + \frac{\partial^4 w}{\partial y^4}\right) + \frac{\partial^2 w}{\partial t^2} = 0$$

kam, wurde der Physiker E. CHLADNI (1756—1827) angeregt, BERNOULLIs theoretische Resultate experimentell nachzuprüfen. In seiner klassisch gewordenen „*Akustik*" (1802) stellte CHLADNI fest, daß die von ihm an mit Pulver bestreuten und durch einen Violinbogen in Schwingungen gesetzten Platten beobachteten Figuren mit denen von BERNOULLI errechneten nicht im Einklang standen. Diese Diskrepanz dürfte wohl die Pariser Akademie veranlaßt haben, für die Theorie der Plattenschwingungen einen Preis auszuschreiben. Entsprechend DANIEL BERNOULLIs schon erwähnter Idee für den Balken geht die von der Französin und wohl ersten namhaften Mathematikerin der neueren Zeit[1] SOPHIE GERMAIN (1776—1831) eingereichte Arbeit von der damit naheliegenden Annahme aus, daß die in einem Plattenelement aufgespeicherte Energie dem Quadrate der mittleren Flächenkrümmung proportional und ihr Gesamtbetrag ein Minimum ist. Bei der Bildung der Variation des Energieintegrals unterlief ihr ein Fehler, den LAGRANGE, der zur Prüfungskommission gehörte, korrigierte. Diese Korrektur führte dann zur Differentialgleichung

$$C\left(\frac{\partial^4 w}{\partial x^4} + 2\,\frac{\partial^4 w}{\partial x^2 \partial y^2} + \frac{\partial^4 w}{\partial y^4}\right) + \frac{\partial^2 w}{\partial t^2} = 0$$

in der aber die Konstante C nicht der uns bekannten[2] entsprach, da die Querkontraktionszahl ν, wie schon erwähnt, erst 1829 durch POISSON eingeführt wurde. Auch die Festlegung der Randbedingungen war bei S. GERMAIN falsch, und um diese entwickelte sich ein über mehrere Jahrzehnte andauernder Streit. Dieser lag darin begründet, daß die

---

[1] Sie war ein echtes Kind ihrer Zeit, d. h. der der Französischen Revolution. Sie lernte Lateinisch, um NEWTONs „Principia" lesen zu können und korrespondierte mit LAGRANGE, LEGENDRE und GAUSS.

[2] Nämlich

$$C = \frac{E\,h^3}{12\,(1 - \nu^2)\,\varrho\,h}$$

Plattengleichung (eine inhomogene Bipotentialgleichung) für einen Rand
nur zwei Bedingungen für die Durchbiegung w (nämlich für w und ihre
Ableitungen) zu erfüllen gestatten, denen dann auch nur zwei Beziehungen für die am Rande auftretenden *drei* „Schnittlasten" (das sind die auf
die Längeneinheit bezogene Vertikalkraft, das Biege- und Torsionsmoment) entsprechen. Diese von POISSON vertretene Ansicht (1829)
wurde von G. KIRCHHOFF (1824—1887) dadurch widerlegt (1850), daß
er nachwies, daß sie zu viel ausdrücken und zwei Randbedingungen
genügen, nämlich für das Biegemoment und für eine Kombination aus
der (vertikalen) Querkraft Q und dem Torsionsmoment T mit der Be-
randungslinie s in der Form $Q - \dfrac{dT}{ds}$, in der, wie W. THOMSON (1824 bis
1907) — der spätere Lord KELVIN — und P. G. TAIT (1831—1901) gezeigt haben, das Glied $\dfrac{dT}{ds}$ als eine Anordnung von Ersatzkräften (bzw.
Kräftepaaren) gedeutet werden kann, wodurch diese im Sinne des Saint-
Vénantschen Prinzips (bis auf die unmittelbare Umgebung des Randes)
die (kontinuierlich verteilten) Torsionsmomente ersetzen[1]. Damit war der
Streit entschieden, wenn auch der sonst so verdienstvolle E. MATHIEU
(1835—1890) noch im Jahre 1869 einen schnell widerlegten „Angriff"
auf KIRCHHOFFs nunmehr „klassisch" gewordene Theorie unternahm.

Die weitere Entwicklung der (linearisierten) Elastizitätstheorie ist
eine Spezialisierung einerseits hinsichtlich der geometrischen Form des
Tragwerkes, wobei in erster Linie die *Schalentheorie*, die Lösungen
einiger dreidimensionaler Probleme (z. B. Kugel, Kreiszylinder, Halbraum unter bestimmten Lasten) und des ebenen Spannungszustandes
zu nennen sind, andererseits in bezug auf die angewandten mathematischen Methoden, von denen sich die der zuerst von G. B. AIRY (1801 bis
1892) eingeführten *Spannungsfunktion* und die mit dem Minimum der Formänderungsarbeit zusammenhängenden und daraus hervorgehenden besonders bewährt haben. Die bekanntesten Sätze letzterer Art sind die von
A. CASTIGLIANO (1847—1884); sie haben sich insbesondere in der Theorie
der Stäbe und Stabsysteme, also bei Tragwerken endlicher Freiheitsgrade[2] als sehr geeignet erwiesen. Liegen dagegen elastische Deformationen unendlich vieler Freiheitsgrade vor, so würde hier die Methode von
CASTIGLIANO ebenso viele lineare Gleichungen für die statisch unbestimmten Größen liefern, denen wiederum unendliche Reihen für die Verschiebungen entsprechen würden. Diese Schwierigkeit überwindet man mit
einem, zuerst von J. W. RAYLEIGH (1842—1919) mit großer Virtuosität
praktizierten, von W. RITZ (1878—1909) mathematisch allgemein fundier-
ten und von uns auch verwendeten Verfahren.

---

[1] Vgl. § 9.4 und §. 9.5.
[2] Den Knoten und Stützen entsprechend.

Ihrer Natur nach gehört auch die *Theorie des Stoßes* in die Elastizitätstheorie. In diesem Sinne sind allerdings die ersten Versuche von GALILEI (der zur Messung der Stoßkraft das bekannte Experiment [1.7] mit der Waage macht) und von dem des in Prag als Leibarzt des Kaisers FERDINAND III. tätige MARCUS MARCI DE KRONLAND (1595 bis 1667) mit einer verschwommenen Aussage über den „Geschwindigkeitsaustausch" stoßender Körper, nicht zu werten; auch die Stoßtheorie von DESCARTES enthält mehr Metaphysik als Naturwissenschaft. Auf eine Ausschreibung der Londoner *Royal Society* hin sind Arbeiten über Stoßvorgänge von J. WALLIS (1616—1703) und CHR. WREN (1632—1723) im Jahre 1668 und von HUYGENS 1669 eingegangen. WALLIS behandelt den unelastischen Stoß mit dem Satz der Erhaltung des Impulses und kommt auch schon zum Begriff des (mit dem Schwingungsmittelpunkt „verwandten") Stoßmittelpunktes (s. [1.7], S. 324). WREN und HUYGENS befaßten sich mit dem (vollkommen) elastischen Stoß; WREN (der übrigens ein berühmter Baumeister seiner Zeit war) prüfte seine Ergebnisse auch experimentell nach, während von HUYGENS etwas Ähnliches nicht bekannt ist. Die in NEWTONs „Principia" enthaltene Stoßtheorie (mit experimentellen Ergebnissen) geht nicht wesentlich über die der letztgenannten hinaus. Der erste wirkliche Versuch, den Stoß elastizitätstheoretisch zu behandeln, geht auf den schon oft gerühmten DANIEL BERNOULLI zurück (1770): Während die vorangehenden Bemühungen sich in der Regel auf kugelförmige Körper bezogen, untersuchte BERNOULLI einen in Achsenrichtung angestoßenen Stab. In der Folgezeit und insbesondere im XIX. Jahrhundert haben die Mathematiker und Physiker zahlreiche Arbeiten über das Stoßroblem publiziert, aber einen entscheidenden Fortschritt erzielte erst HEINRICH HERTZ, als er die Ergebnisse seiner „Theorie der Härte" (1882), in der er die (statische) Deformation gegeneinander gepreßter Körper ermittelt, zum Ausgangpsunkt seiner (dynamischen) Stoßtheorie machte [1.8]. Die wesentliche Voraussetzung von HERTZ ist hierbei, daß die Stoßdauer (d. h. die Zeit, während der die sich stoßenden Körper berühren) groß ist im Verhältnis zu der Zeit, welche die durch den Stoß hervorgerufenen elastischen („Schall"-) Wellen benötigen, um die am Stoß beteiligten Körper zu durchlaufen; eine bei mäßigen Geschwindigkeiten sicherlich zutreffende Voraussetzung. Im Gegensatz hierzu steht die Stoßtheorie von DE SAINT-VÉNANT, in der der Stoßvorgang als ein Wellenfortpflanzungsproblem angesehen wird.

Soviel über die wichtigsten Entwicklungsstufen aus der klassischen Elastizitätstheorie.

2. Hydromechanik. Nach den schon im zeitlichen Überblick angeführten hydrostatischen Erkenntnissen von ARCHIMEDES, STEVIN und PASCAL wird die Hydrostatik durch A. CLAIRAUTs (1713—1765) „Theorie der Erdgestalt" (1743) zum Abschluß gebracht. In seinem Werk trifft man

zum ersten Male auf ein Kraftfeld $\mathfrak{K} = \{X; Y; Z\}$ mit der (für die Hydrostatik charakteristischen) Eigenschaft, daß

$$X\,dx + Y\,dy + Z\,dz$$

ein totales Differential sein muß; diese Formel beinhaltet das CLAIRAUTs
Überlegungen zugrunde liegende *Prinzip der in sich selbst zurücklaufenden
Kanäle*: Innerhalb einer Flüssigkeit verharrt ein beliebiger kanalartiger
Teil, der auch in sich zurücklaufen darf, in sich selbst im Gleichgewicht;
wenn also der Kanal an zwei beliebigen Stellen durchschnitten wird, so
müssen beide Flüssigkeitssäulen auf die Schnittflächen den gleichen, nur
von der Lage, nicht aber von Länge und Form der Säulen abhängigen
Druck ausüben. Man findet in C. CLAIRAUTs Werk *den Potentialbegriff,
die Theorie der Niveauflächen und eine sorgfältige Unterscheidung zwischen
(z. B. Zentrifugal-)Kraft und Flüssigkeitsgewicht.*

In der Hydrodynamik (also in der Mechanik der bewegten Flüssigkeiten) konnte es so lange keinen entscheidenden Fortschritt geben, wie
der *Begriff des Flüssigkeitsdruckes* nicht feststand; diese fundamentale
Erkenntnis gelang, wie schon dargelegt, EULER; vor ihm gab es, bis
vielleicht auf die Formel für die Ausflußgeschwindigkeit von E. TORRI-
CELLI (1608—1647) keine wesentlichen quantitativen Einsichten. Nichts
spricht mehr für die Genialität EULERs als die Tatsache, daß es schon
vor seinen grundlegenden hydrodynamischen Arbeiten aus den Jahren
1752—1755, beachtenswerte Leistungen auf diesem Gebiet gab: Die
„Hydrodynamica" (1738) von DANIEL BERNOULLI, dessen Priorität sein
eigener Vater, „der alte, mächtige und reizbare JOHANN BERNOULLI",
durch Vordatierung des Manuskriptes seiner „Hydraulica" streitig zu
machen suchte; D'ALEMBERT wendet auf die hydrostatischen Erkenntnisse CLAIRAUTs sein Prinzip an (1753) und kommt schon zu partiellen
Differentialgleichungen für die Flüssigkeitsströmung. In allen diesen
Arbeiten aber wird nicht mit dem auf die Flüssigkeit von allen Seiten
ausgeübten *Druck* gearbeitet, sondern mit dem Gewicht der „über
dem gedrückten Teil" liegenden Flüssigkeitssäule und mit der auf die
Gefäßwände ausgeübten Kraft.

Nach der schon geschilderten klaren Definition des Flüssigkeitsdruckes
durch EULER war es an ihm, unter Verwendung seines auf das Flüssigkeitselement angewandten Impulssatzes, die Grundgleichungen der
Hydrodynamik in der heute noch üblichen Form aufzustellen (1755);
im Jahre 1770 fügt er als Schlußstein noch die Kontinuitätsgleichung
hinzu unter Betonung dessen, daß die (reibungsfreien) „Flüssigkeiten"
auch „elastisch" (also z. B. „Gase") sein können. EULER war sich darüber im klaren, daß er Grundgleichungen einer neuen Disziplin schuf,
denn er schreibt: „Wenn die Integration dieser Gleichungen mißlingt,

so sind daran nicht die Prinzipien der Mechanik schuld, sondern es ist die Analysis, die uns hier im Stich läßt."

In der Hydrodynamik ist es üblich, von einer „Eulerschen und Lagrangeschen Darstellungsweise" zu sprechen. Dazu ist folgendes zu bemerken: In der Tat bedient sich EULER 1755 und auch sonst fast ausschließlich der nach ihm genannten Methode (Druck und Geschwindigkeit als Orts- und Zeitfunktionen), aber in seiner erwähnten Arbeit aus dem Jahre 1770 findet sich schon der Hinweis und entsprechende Ausführungen auf die heute nach LAGRANGE (1788) genannte Behandlungsweise hydrodynamischer Probleme. Die bekannteste Arbeit EULERs auf dem Gebiete der angewandten Hydromechanik ist seine „Turbinentheorie" (1754), aber vielleicht ist es nicht ganz ohne Interesse zu erwähnen, daß schon bei ihm Ansätze zu finden sind, die auf die Anwendungsmöglichkeiten komplexer Funktionen auf (ebene) Flüssigkeitsströmungen hinweisen!

Mit EULERs Erkenntnissen und Gleichungen war die Hydromechanik *reibungsfrei strömender Flüssigkeiten* in den Fundamenten fertig, aber ein wichtiges Problem, mit dem sich schon NEWTON mit großer Beharrlichkeit und Ausführlichkeit beschäftigt hatte, wartete auf seine Lösung: *Der Widerstand in Flüssigkeiten oder Gasen bewegter Körper.* NEWTONs diesbezüglichen Bemühungen war nur ein Teilerfolg beschieden. Besondere Aufmerksamkeit erregte *das d'Alembertsche Paradoxon* in seiner schon erwähnten Arbeit aus dem Jahre 1753, wobei bemerkt werden muß, daß auf dieses Phänomen schon EULER in seiner „Neue Grundsätze der Artillerie" (1745) gestoßen ist. Die Potentialströmung idealer Flüssigkeiten, deren Anfänge ebenfalls schon bei EULER anzutreffen sind und deren „Beständigkeit" (s. S. 182) LAGRANGE nachwies, ergab (selbstverständlich neben dem d'Alembertschen Paradoxon) an Ecken (z. B. einer zur Strömung quergestellten Platte) unendliche Geschwindigkeiten. KIRCHHOFF und H. v. HELMHOLTZ (1821—1894) nahmen an, daß an den Kanten (als Wirbelbewegungen deutbare) *Unstetigkeitsflächen* ihren Anfang nehmen, die ein *Totwassergebiet* einschließen. Der auf diese Weise gefundene, auf den Druckunterschied zwischen Vorder- und Rückseite zurückführbare Widerstand stand aber in Widerspruch mit dem Experiment, wenn auch die dieser Hypothese entsprechende Strömungsablösung an den Kanten der beobachteten Wirklichkeit entsprach und TH. v. KÁRMÁN als Vorbild seiner berühmten Theorie der *Wirbelstraßen* diente. Damit waren aber die mathematischen Möglichkeiten zur Widerstandsberechnung idealer Flüssigkeiten ausgeschöpft und ein Fortschritt war nur noch denkbar, wenn man die Zähigkeit (Viskosität) der Flüssigkeiten in Betracht zog.

Den ersten (qualitativen) Hinweis auf *viskose Flüssigkeiten* finden wir in NEWTONs „Principia": Im IX. Abschnitt des II. Buches steht als

§ 73 die Hypothese: „Der Widerstand, welcher aus einer unvollkommenen Schlüpfrigkeit der Teile einer Flüssigkeit entspringt, ist unter übrigen gleichen Umständen der Geschwindigkeit proportional, mit welcher diese Teile sich voneinander trennen." Das ist der Ausgangspunkt zur Erfassung der Schubspannungen in viskosen Flüssigkeiten, womit erst die Aufstellung der Bewegungsgleichungen möglich wird: Die Annahme eines linearen Zusammenhanges zwischen Spannungen und Deformationsgeschwindigkeit führt zu den Bewegungsgleichungen von NAVIER und G. STOKES (1819—1903). Bei der Lösung dieser Differentialgleichungen gab es zunächst über zwei Fragen lange Diskussionen: Einmal über die „zweite Zähigkeitskonstante" (s. § 11) und zweitens, ob die zähe Flüssigkeit die Geschwindigkeit der starren Wand annimmt.

Von den Navier-Stokesschen Gleichungen sind, wie an den betreffenden Stellen dargelegt, nur wenige exakte Lösungen bekannt; es existieren einige Näherungslösungen (z. B. für die Kugel); für Medien geringer Zähigkeit (Wasser und Gase) liefert die Grenzschichthypothese von L. PRANDTL (1875—1953) die Voraussetzung für befriedigende Näherungslösungen.

3. Gasdynamik. Der eben erwähnte LUDWIG PRANDTL hatte nicht nur die Hydromechanik, sondern auch die Gasdynamik durch geniale Ideen sowie durch von ihm selbst oder von seinen Mitarbeitern und Schülern hergeleitete Ergebnisse entscheidend gefördert. Die Forderung, auch die Strömung der kompressiblen Medien, insbesondere die der Luft zu beherrschen, wurde zu Beginn des XX. Jahrhunderts mit der Verwirklichung des uralten Traumes des Menschen vom Fliegen immer dringlicher. Um diese Zeit lagen allerdings schon beachtenswerte Erkenntnisse auf dem Gebiete der kompressiblen Flüssigkeiten vor. Es ist schon erwähnt worden, daß D'ALEMBERT und EULER in ihren hydrodynamischen Arbeiten die „Elastizität der Flüssigkeit" zuließen, allerdings verhinderte die damals noch fehlende Thermodynamik für Gasströmungen erfolgversprechende Ansätze. An älteren Ergebnissen der Physik der Gase waren bekannt: TORRICELLIs Vakuumsversuch; die Luftpumpe von O. V. GUERICKE (1602—1686) und seine „Neue Magdeburgische Versuche" (1672); das isotherme Gasgesetz von R. BOYLE (1627—1691); NEWTONs Versuch, die Schallgeschwindigkeit in Luft zu bestimmen, scheiterte daran, daß er in

seiner (in unserer Terminologie $C = \sqrt{\dfrac{dp}{d\varrho}}$ lautenden, also richtigen)

Formel den Druck p der Dichte proportional setzte (also BOYLEs Gesetz benutzt); P. S. LAPLACE (1794—1827) korrigierte NEWTONs Irrtum, indem er statt des isothermen das adiabatische Gasgesetz heranzieht (1816). Mit dem Begriff der Schallgeschwindigkeit war diejenige Größe gefunden, die in Verbindung mit der Strömungsgeschwindigkeit bzw. der Geschwindigkeit eines im Gas bewegten Körpers — wie wir gesehen haben — als Machsche Zahl eine zentrale Rolle spielt.

In der ersten Hälfte des XIX. Jahrhunderts vollzieht sich die Entwicklung der Thermodynamik: Im Jahre 1824 publiziert S. CARNOT (1796—1832) seine berühmte Arbeit über den Kreisprozeß der Wärmetheorie; die heute übliche (diagrammäßige) Darstellung des Carnotschen Gedankens stammt von B. CLAPEYRON (1799—1864) aus dem Jahre 1834, nachdem ihm 1827 die Aufstellung der allgemeinen Zustandsgleichung idealer Gase gelang. R. CLAUSIUS (1822—1888) faßt 1850 die Gedanken von CARNOT und R. MEYER (1814—1878) in den beiden Hauptsätzen der Wärmelehre zusammen und bringt die Thermodynamik zu einem gewissen Abschluß, womit die Möglichkeit zur Weiterentwicklung der Gasdynamik[1] gegeben wurde. An der Spitze der neuen Entwicklung steht eine klassisch gewordene mathematische Arbeit: B. RIEMANN (1826 bis 1866) integriert die eindimensionale Eulersche Bewegungsgleichung unter der Annahme eines polytropen Gasgesetzes und entdeckt dabei die Möglichkeit des Verdichtungsstoßes (1860).

Die weitere Entwicklung der Gasdynamik und ihre namhaftesten Förderer sind an den betreffenden Stellen der Gasdynamik geschildert und genannt worden.

---

[1] Die man unter diesem Gesichtspunkt auch Gas- oder *Aerothermodynamik* nennen könnte (V. KÁRMÁN).

Formeln und Operatoren in orthogonalen Koordinaten[1]

Im folgenden bedeuten φ bzw. $\mathfrak{v}$ räumliche und zeitliche skalare bzw. vektorielle Funktionen, deren benötigte Ableitungen existieren sollen.

1. Kartesische Koordinaten (s. Abb. 1)

Der Gradient:
$$\operatorname{grad}\,\varphi = \nabla\,\varphi = \left\{ \frac{\partial \varphi}{\partial x}\,;\ \frac{\partial \varphi}{\partial y}\,;\ \frac{\partial \varphi}{\partial z}\right\}. \tag{1}$$

Die Divergenz:
$$\operatorname{div}\,\mathfrak{v} = \nabla\,\mathfrak{v} = \frac{\partial v_x}{\partial x} + \frac{\partial v_y}{\partial y} + \frac{\partial v_z}{\partial z}. \tag{2}$$

Der Rotor:
$$\operatorname{rot}\,\mathfrak{v} = \nabla \times \mathfrak{v} = \left\{ \frac{\partial v_z}{\partial y} - \frac{\partial v_y}{\partial z}\,;\ \frac{\partial v_x}{\partial z} - \frac{\partial v_z}{\partial x}\,;\ \frac{\partial v_y}{\partial x} - \frac{\partial v_x}{\partial y}\right\}. \tag{3}$$

Der Laplaceoperator Δ:
$$\Delta\,\varphi = \frac{\partial^2 \varphi}{\partial x^2} + \frac{\partial^2 \varphi}{\partial y^2} + \frac{\partial^2 \varphi}{\partial z^2}. \tag{4}$$

Die Gleichgewichtsbedingungen mit dem Spannungstensor $\sigma_{ik} \equiv \sigma_{ki}$ in der Schreibweise $\sigma_{ik} = \sigma_i$ für $i = k$ und $\sigma_{ik} = \tau_{ik} = \tau_{ki}$ für $i \neq k$, wobei die jeweils benutzten Koordinatenbezeichnungen anstelle der Zahlen 1, 2 und 3 als Richtungssymbole verwendet werden, sowie mit der Massenkraft $\mathfrak{R} = \{K_x;\, K_y;\, K_z\}$:

$$\left.\begin{aligned}
\frac{\partial \sigma_x}{\partial x} + \frac{\partial \tau_{yx}}{\partial y} + \frac{\partial \tau_{zx}}{\partial z} + K_x &= 0\,, \\[4pt]
\frac{\partial \tau_{xy}}{\partial x} + \frac{\partial \sigma_y}{\partial y} + \frac{\partial \tau_{zy}}{\partial z} + K_y &= 0\,, \\[4pt]
\frac{\partial \tau_{xz}}{\partial x} + \frac{\partial \tau_{yz}}{\partial y} + \frac{\partial \sigma_z}{\partial z} + K_z &= 0\,.
\end{aligned}\right\} \tag{5}$$

Die Dehnungen und Gleitungen (das sind die halben Schubverzerrungswinkel) mit dem Deformationstensor $\varepsilon_{ik} \equiv \varepsilon_{ki}$ in der Schreibweise $\varepsilon_{ik} = \varepsilon_i$ für $i = k$ und $\varepsilon_{ik} = \gamma_{ik} = \gamma_{ki}$ für $i \neq k$ sowie dem Verschiebungsvektor $\mathfrak{u} = \{u_x;\, u_y;\, u_z\}$:

$$\left.\begin{aligned}
\varepsilon_x &= \frac{\partial u_x}{\partial x}\,, & \gamma_{xy} &= \frac{1}{2}\left(\frac{\partial u_x}{\partial y} + \frac{\partial u_y}{\partial x}\right), \\[4pt]
\varepsilon_y &= \frac{\partial u_y}{\partial y}\,, & \gamma_{yz} &= \frac{1}{2}\left(\frac{\partial u_y}{\partial z} + \frac{\partial u_z}{\partial y}\right), \\[4pt]
\varepsilon_z &= \frac{\partial u_z}{\partial z}\,, & \gamma_{zx} &= \frac{1}{2}\left(\frac{\partial u_z}{\partial x} + \frac{\partial u_x}{\partial z}\right).
\end{aligned}\right\} \tag{6}$$

---

[1] Orthogonale Koordinaten sind solche, bei denen sich die Flächen $u_1 =$ konst., $u_2 =$ konst., $u_3 =$ konst. senkrecht durchdringen. Der (kovariante) Maßtensor g_{ik} hat dann nur für $i = k$ von Null verschiedene Komponenten, und das Linienelement hat die Form $(ds)^2 = g_{11}(du_1)^2 + g_{22}(du_2)^2 + g_{33}(du_3)^2$.

Die Spannungen aus der Airyschen Spannungsfunktion F ($\Delta\Delta F = 0$)

$$\sigma_x = \frac{\partial^2 F}{\partial y^2}\,, \quad \sigma_y = \frac{\partial^2 F}{\partial x^2}\,, \quad \tau_{xy} = -\frac{\partial^2 F}{\partial x\,\partial y}\,. \tag{7}$$

Der Geschwindigkeitsvektor aus einem Strömungspotential φ:

$$\mathfrak{v} = V\varphi = \left\{\frac{\partial\varphi}{\partial x}\,; \ \frac{\partial\varphi}{\partial y}\,; \ \frac{\partial\varphi}{\partial z}\right\}\,; \ \mathrm{rot}\ \mathfrak{v} = V \times V\varphi = 0\,. \tag{8}$$

Die Navier-Stokesschen Gleichungen für inkompressible Flüssigkeiten bei konstanter Zähigkeit μ:

$$\left.\begin{aligned}
\frac{\partial v_x}{\partial t} + v_x\frac{\partial v_x}{\partial x} + v_y\frac{\partial v_x}{\partial y} + v_z\frac{\partial v_x}{\partial z} &= \\
= K_x - \frac{1}{\varrho}\frac{\partial p}{\partial x} + \frac{\mu}{\varrho}\left(\frac{\partial^2 v_x}{\partial x^2} + \frac{\partial^2 v_x}{\partial y^2} + \frac{\partial^2 v_x}{\partial z^2}\right)&, \\[4pt]
\frac{\partial v_y}{\partial t} + v_x\frac{\partial v_y}{\partial x} + v_y\frac{\partial v_y}{\partial y} + v_z\frac{\partial v_y}{\partial z} &= \\
= K_y - \frac{1}{\varrho}\frac{\partial p}{\partial y} + \frac{\mu}{\varrho}\left(\frac{\partial^2 v_y}{\partial x^2} + \frac{\partial^2 v_y}{\partial y^2} + \frac{\partial^2 v_y}{\partial z^2}\right)&, \\[4pt]
\frac{\partial v_z}{\partial t} + v_x\frac{\partial v_z}{\partial x} + v_y\frac{\partial v_z}{\partial y} + v_z\frac{\partial v_z}{\partial z} &= \\
= K_z - \frac{1}{\varrho}\frac{\partial p}{\partial z} + \frac{\mu}{\varrho}\left(\frac{\partial^2 v_z}{\partial x^2} + \frac{\partial^2 v_z}{\partial y^2} + \frac{\partial^2 v_z}{\partial z^2}\right)&.
\end{aligned}\right\} \tag{9}$$

Die Kontinuitätsgleichung:

$$\frac{\partial\varrho}{\partial t} + \frac{\partial}{\partial x}(\varrho v_x) + \frac{\partial}{\partial y}(\varrho v_y) + \frac{\partial}{\partial z}(\varrho v_z) = 0\,. \tag{10}$$

Die Dissipationsenergie E_D:

$$E_D = 2\left(\frac{\partial v_x}{\partial x}\right)^2 + 2\left(\frac{\partial v_y}{\partial y}\right)^2 + 2\left(\frac{\partial v_z}{\partial z}\right)^2 +$$
$$+ \left(\frac{\partial v_x}{\partial y} + \frac{\partial v_y}{\partial x}\right)^2 + \left(\frac{\partial v_y}{\partial z} + \frac{\partial v_z}{\partial y}\right)^2 + \left(\frac{\partial v_z}{\partial x} + \frac{\partial v_x}{\partial z}\right)^2\,. \tag{11}$$

In den im folgenden in krummlinigen Koordinaten geschriebenen Ausdrücken sind alle Komponenten als sog. *physikalische Koordinaten* geschrieben, d. h., die Komponenten werden gemessen mit Hilfe der dimensionslosen Einheitsvektoren in Richtung der Tangenten der Koordinatenlinien. Alle Komponenten besitzen dabei die Dimension des betreffenden physikalischen interpretierten Tensorfeldes.

Es sei erwähnt, daß die sog. *kontravarianten Koordinaten* z. B. eines Vektors a^i bezogen sind auf das nicht normierte Tangentendreibein, während die *kovarianten Koordinaten* a_i auf das — zum Tangentendreibein reziproke — Gradientendreibein bezogen sind. Der Vektor ist also die räumliche Diagonale eines Parallelepipeds, dessen Kantenrichtungen und Kantenmaßstäbe durch das jeweils gewählte Dreibein bestimmt sind.

Die Transformation innerhalb der letztgenannten Systeme erfolgt mit Hilfe des ko- bzw. kontravarianten Maßtensors g_{ik} bzw. g^{ik}

$$a_i = g_{ik} a^k , \quad a^i = g^{ik} a_k .$$

Der Übergang auf physikalische Koordinaten erfolgt im Falle orthogonaler Koordinatenlinien z. B. für einen Tensor zweiter Stufe nach der Vorschrift

$$\begin{aligned}
T_{ij}^{(P)} &= T_{ij} \sqrt{g^{(ii)}} \sqrt{g^{(jj)}} \\
&= T_i^j \sqrt{g^{(ii)}} \sqrt{g_{(jj)}} \\
&= T_j^i \sqrt{g_{(ii)}} \sqrt{g^{(jj)}} \\
&= T^{ij} \sqrt{g_{(ii)}} \sqrt{g_{(jj)}} .
\end{aligned}$$

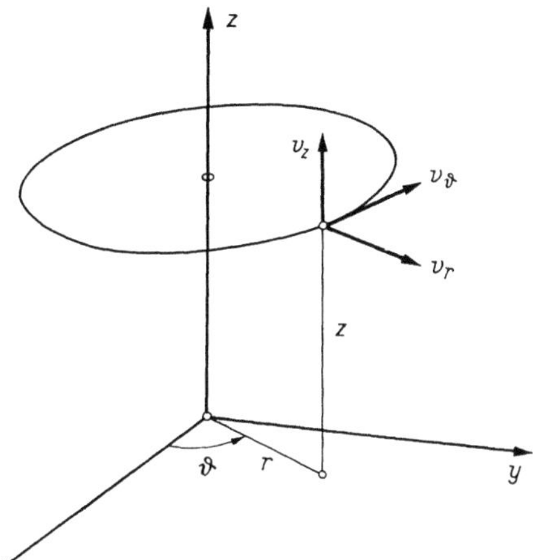

In der vorstehenden Formel sind eingeklammerte Indizes von der Summationskonvention ausgeschlossen, und es gilt wegen der Orthogonalität der Koordinatensysteme

$$g^{(jj)} = \frac{1}{g_{(jj)}} .$$

2. Zylinderkoordinaten oder räumliche Polarkoordinaten (Abb. 1).

Der Gradient:

$$\operatorname{grad} \varphi = \nabla \varphi = \left\{ \frac{\partial \varphi}{\partial r} ; \; \frac{1}{r} \frac{\partial \varphi}{\partial \vartheta} ; \; \frac{\partial \varphi}{\partial z} \right\} . \tag{12}$$

Die Divergenz:

$$\operatorname{div} \mathfrak{v} = \nabla \mathfrak{v} = \frac{\partial v_r}{\partial r} + \frac{1}{r} \frac{\partial v_\vartheta}{\partial \vartheta} + \frac{\partial v_z}{\partial z} . \tag{13}$$

Der Rotor: $\quad \operatorname{rot} \mathfrak{v} = \nabla \times \mathfrak{v} =$

$$= \left\{ \frac{1}{r} \frac{\partial v_z}{\partial \vartheta} - \frac{\partial v_\vartheta}{\partial z} ; \; \frac{\partial v_r}{\partial z} - \frac{\partial v_z}{\partial r} ; \; \frac{1}{r} \frac{\partial}{\partial r} (r v_\vartheta) - \frac{1}{r} \frac{\partial v_r}{\partial \vartheta} \right\} . \tag{14}$$

Der Laplaceoperator Δ:

$$\Delta \varphi = \frac{1}{r} \left[\frac{\partial}{\partial r} \left(r \frac{\partial \varphi}{\partial r} \right) \right] + \frac{1}{r^2} \frac{\partial^2 \varphi}{\partial \vartheta^2} + \frac{\partial^2 \varphi}{\partial z^2} . \tag{15}$$

Die Gleichgewichtsbedingungen

$$\left. \begin{aligned}
\frac{1}{r} \frac{\partial}{\partial r} (r \sigma_r) &+ \frac{1}{r} \frac{\partial \tau_{\vartheta r}}{\partial \vartheta} + \frac{\partial \tau_{zr}}{\partial z} - \frac{\sigma_\vartheta}{r} + K_r = 0 , \\
\frac{1}{r} \frac{\partial}{\partial r} (r \tau_{r\vartheta}) &+ \frac{1}{r} \frac{\partial \sigma_\vartheta}{\partial \vartheta} + \frac{\partial \tau_{z\vartheta}}{\partial z} + \frac{\tau_{r\vartheta}}{r} + K_\vartheta = 0 , \\
\frac{1}{r} \frac{\partial}{\partial r} (r \tau_{rz}) &+ \frac{1}{r} \frac{\partial \tau_{\vartheta z}}{\partial \vartheta} + \frac{\partial \sigma_z}{\partial z} \qquad\quad + K_z = 0 .
\end{aligned} \right\} \tag{16}$$

Die Dehnungen und Gleitungen:

$$\left.\begin{aligned}
\varepsilon_r &= \frac{\partial u_r}{\partial r}, & \gamma_{r\vartheta} &= \frac{1}{2}\left(\frac{\partial u_\vartheta}{\partial r} + \frac{1}{r}\frac{\partial u_r}{\partial \vartheta} - \frac{u\vartheta}{r}\right), \\
\varepsilon_\vartheta &= \frac{1}{r}\frac{\partial u_\vartheta}{\partial \vartheta} + \frac{u_r}{r}, & \gamma_{\vartheta z} &= \frac{1}{2}\left(\frac{1}{r}\frac{\partial u_z}{\partial \vartheta} + \frac{\partial u_\vartheta}{\partial z}\right), \\
\varepsilon_z &= \frac{\partial u_z}{\partial z}, & \gamma_{zr} &= \frac{1}{2}\left(\frac{\partial u_z}{\partial r} + \frac{\partial u_r}{\partial z}\right).
\end{aligned}\right\} \quad (17)$$

Die Spannungen aus der Airyschen Spannungsfunktion F $(\varDelta\varDelta F = 0)$:

$$\left.\begin{aligned}
\sigma_r &= \frac{1}{r^2}\frac{\partial^2 F}{\partial \vartheta^2} + \frac{1}{r}\frac{\partial F}{\partial r}, \quad \sigma_\vartheta = \frac{\partial^2 F}{\partial r^2}, \\
\tau_{r\vartheta} &= -\left(\frac{1}{r}\frac{\partial^2 F}{\partial \vartheta\,\partial r} - \frac{1}{r^2}\frac{\partial F}{\partial \vartheta}\right).
\end{aligned}\right\} \quad (18)$$

Der Geschwindigkeitsvektor aus einem Strömungspotential φ:

$$\mathfrak{v} = \left\{\frac{\partial \varphi}{\partial r};\ \frac{1}{r}\frac{\partial \varphi}{\partial \vartheta};\ \frac{\partial \varphi}{\partial z}\right\}. \quad (19)$$

Die Navier-Stokesschen Gleichungen für inkompressible Flüssigkeiten bei konstanter Zähigkeit μ:

$$\left.\begin{aligned}
&\frac{\partial v_r}{\partial t} + v_r\frac{\partial v_r}{\partial r} + \frac{v_\vartheta}{r}\frac{\partial v_r}{\partial \vartheta} + v_z\frac{\partial v_r}{\partial z} - \frac{v_\vartheta^2}{r} = \\
&= K_r - \frac{1}{\varrho}\frac{\partial p}{\partial r} + \frac{\mu}{\varrho}\left[\frac{1}{r}\frac{\partial}{\partial r}(rv_r) + \frac{1}{r^2}\frac{\partial^2 v_r}{\partial \vartheta^2} + \frac{\partial^2 v_r}{\partial z^2} - \frac{v_r}{r^2} - \frac{2}{r^2}\frac{\partial v_\vartheta}{\partial \vartheta}\right], \\
&\frac{\partial v_\vartheta}{\partial t} + \frac{v_r}{r}\frac{\partial}{\partial r}(rv_\vartheta) + \frac{v_\vartheta}{r}\frac{\partial v_\vartheta}{\partial \vartheta} + v_z\frac{\partial v_\vartheta}{\partial z} = \\
&= K_\vartheta - \frac{1}{\varrho}\frac{1}{r}\frac{\partial p}{\partial \vartheta} + \frac{\mu}{\varrho}\left[\frac{1}{r}\frac{\partial}{\partial r}(rv_\vartheta) + \frac{1}{r^2}\frac{\partial^2 v_\vartheta}{\partial \vartheta^2} + \frac{\partial^2 v_\vartheta}{\partial z^2} - \frac{v_\vartheta}{r^2} + \frac{2}{r^2}\frac{\partial v_r}{\partial \vartheta}\right], \\
&\frac{\partial v_z}{\partial t} + v_r\frac{\partial v_z}{\partial r} + \frac{v_\vartheta}{r}\frac{\partial v_z}{\partial \vartheta} + v_z\frac{\partial v_z}{\partial z} = \\
&= K_z - \frac{1}{\varrho}\frac{\partial p}{\partial z} + \frac{\mu}{\varrho}\left[\frac{1}{r}\frac{\partial}{\partial r}(rv_z) + \frac{1}{r^2}\frac{\partial^2 v_z}{\partial \vartheta^2} + \frac{\partial^2 v_z}{\partial z^2}\right].
\end{aligned}\right\} \quad (20)$$

Die Kontinuitätsgleichung:

$$\frac{\partial \varrho}{\partial t} + \frac{\partial}{\partial r}(\varrho v_r) + \frac{1}{r}\frac{\partial}{\partial \vartheta}(\varrho v_\vartheta) + \frac{\partial}{\partial z}(\varrho v_z) = 0. \quad (21)$$

Die Dissipationsenergie E_D:

$$\begin{aligned}
E_D = {}&2\left(\frac{\partial v_r}{\partial r}\right)^2 + 2\left(\frac{1}{r}\frac{\partial v_\vartheta}{\partial \vartheta} + \frac{v_r}{r}\right)^2 + 2\left(\frac{\partial v_z}{\partial z}\right)^2 + \\
&+ \left(\frac{\partial v_\vartheta}{\partial r} + \frac{1}{r}\frac{\partial v_r}{\partial \vartheta} - \frac{v_\vartheta}{r}\right)^2 + \left(\frac{1}{r}\frac{\partial v_z}{\partial \vartheta} + \frac{\partial v_\vartheta}{\partial z}\right)^2 + \left(\frac{\partial v_r}{\partial z} + \frac{\partial v_z}{\partial r}\right)^2.
\end{aligned} \quad (22)$$

3. Sphärische Polarkoordinaten oder Kugelkoordinaten (Abb. 2).

Der Gradient:

$$\operatorname{grad}\varphi = \nabla\varphi = \left\{\frac{\partial\varphi}{\partial r}\;;\;\frac{1}{r\sin\lambda}\frac{\partial\varphi}{\partial\vartheta}\;;\;\frac{1}{r}\frac{\partial\varphi}{\partial\lambda}\right\} \qquad (23)$$

Die Divergenz:

$$\operatorname{div}\mathfrak{v} = \nabla\mathfrak{v} = \frac{1}{r^2}\frac{\partial}{\partial r}\left(r^2 v_r\right) + \frac{1}{r\sin\lambda}\frac{\partial v_\vartheta}{\partial\vartheta} + \frac{1}{r\sin\lambda}\frac{\partial}{\partial\lambda}\left(v_\lambda\sin\lambda\right). \qquad (24)$$

Der Rotor:

$$\operatorname{rot}\mathfrak{v} = \nabla\times\mathfrak{v} =$$

$$=\left\{\frac{1}{r\sin\lambda}\left[\frac{\partial}{\partial\lambda}\left(v_\vartheta\sin\lambda\right)-\frac{\partial v_\lambda}{\partial\vartheta}\right]\;;\right.$$
$$\frac{1}{r}\left[\frac{\partial}{\partial r}\left(r v_\lambda\right)-\frac{\partial v_r}{\partial\lambda}\right]\;; \qquad (25)$$
$$\left.\frac{1}{r\sin\lambda}\frac{\partial v_r}{\partial\vartheta}-\frac{1}{r}\frac{\partial}{\partial r}\left(r v_\vartheta\right)\right\}.$$

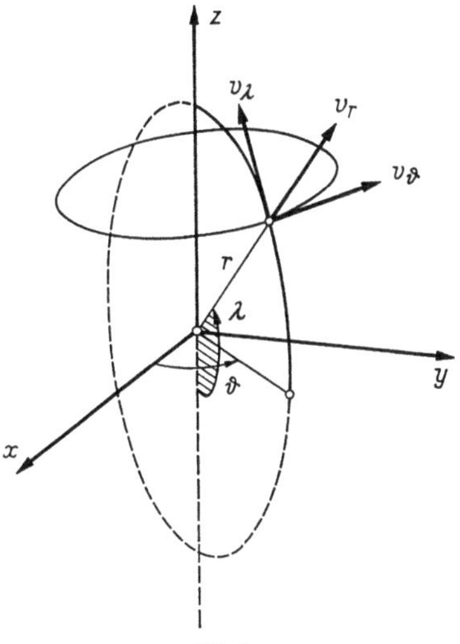

Der Laplaceoperator Δ:

$$\Delta\varphi = \frac{1}{r^2}\frac{\partial}{\partial r}\left(r^2\frac{\partial\varphi}{\partial r}\right) + \frac{1}{r^2\sin^2\lambda}\frac{\partial^2\varphi}{\partial\vartheta^2} +$$
$$+ \frac{1}{r^2\sin\lambda}\frac{\partial}{\partial\lambda}\left(\frac{\partial\varphi}{\partial\lambda}\sin\lambda\right). \qquad (26)$$

Abb. 2

Die Gleichgewichtsbedingungen:

$$\left.\begin{aligned}
&\frac{\partial\sigma_r}{\partial r} + \frac{1}{r\sin\lambda}\frac{\partial\tau_{\vartheta r}}{\partial\vartheta} + \frac{1}{r}\frac{\partial\tau_{\lambda r}}{\partial\lambda} + \frac{2\sigma_r - \sigma_\vartheta - \sigma_\lambda + \tau_{\lambda r}\operatorname{ctg}\lambda}{r} + K_r = 0, \\
&\frac{\partial\tau_{r\vartheta}}{\partial r} + \frac{1}{r\sin\lambda}\frac{\partial\sigma_\vartheta}{\partial\vartheta} + \frac{1}{r}\frac{\partial\tau_{\lambda\vartheta}}{\partial\lambda} + \frac{3\tau_{\vartheta r} + 2\tau_{\lambda\vartheta}\operatorname{ctg}\lambda}{r} + K_\vartheta = 0, \\
&\frac{\partial\tau_{r\lambda}}{\partial r} + \frac{1}{r\sin\lambda}\frac{\partial\tau_{\vartheta\lambda}}{\partial\vartheta} + \frac{1}{r}\frac{\partial\sigma_\lambda}{\partial\lambda} + \frac{(\sigma_\lambda - \sigma_\vartheta)\operatorname{ctg}\lambda + 3\tau_{r\lambda}}{r} + K_\lambda = 0.
\end{aligned}\right\} \qquad (27)$$

Die Dehnungen und Gleitungen:

$$\left.\begin{aligned}
&\varepsilon_r = \frac{\partial u_r}{\partial r}, && \gamma_{r\vartheta} = \frac{1}{2}\left(\frac{1}{r\sin\lambda}\frac{\partial u_r}{\partial\vartheta} + \frac{\partial u_\vartheta}{\partial r} - \frac{u_\vartheta}{r}\right), \\
&\varepsilon_\vartheta = \frac{1}{r\sin\lambda}\frac{\partial u_\vartheta}{\partial\vartheta} + \frac{u_r}{r} + \frac{u_\lambda}{r}\operatorname{ctg}\lambda, \\
& && \gamma_{\vartheta\lambda} = \frac{1}{2}\left(\frac{1}{r}\frac{\partial u_\vartheta}{\partial\lambda} + \frac{1}{r\sin\lambda}\frac{\partial u_\lambda}{\partial\vartheta} - \frac{u_\vartheta}{r}\operatorname{ctg}\lambda\right), \\
&\varepsilon_\lambda = \frac{1}{r}\frac{\partial u_\lambda}{\partial\lambda} + \frac{u_r}{r}, && \gamma_{\lambda r} = \frac{1}{2}\left(\frac{\partial u_\lambda}{\partial r} + \frac{1}{r}\frac{\partial u_r}{\partial\lambda} - \frac{u_\lambda}{r}\right).
\end{aligned}\right\} \qquad (28)$$

Der Geschwindigkeitsvektor aus einem Strömungspotential φ:

$$\mathfrak{v} = \left\{ \frac{\partial \varphi}{\partial r}\ ;\ \frac{1}{r \sin \lambda}\frac{\partial \varphi}{\partial \vartheta}\ ;\ \frac{1}{r}\frac{\partial \varphi}{\partial \lambda} \right\}. \tag{29}$$

Die Navier-Stokesschen Gleichungen für inkompressible Flüssigkeiten bei konstanter Zähigkeit μ:

$$\begin{aligned}
&\frac{\partial v_r}{\partial t} + v_r \frac{\partial v_r}{\partial r} + \frac{v_\vartheta}{r \sin \lambda}\frac{\partial v_r}{\partial \vartheta} + \frac{v_\lambda}{r}\frac{\partial v_r}{\partial \lambda} - \frac{v_\lambda^2 + v_\vartheta^2}{r} = \\
&= K_r - \frac{1}{\varrho}\frac{\partial p}{\partial r} + \frac{\mu}{\varrho}\left[\frac{1}{r^2}\frac{\partial}{\partial r}\left(r^2 \frac{\partial v_r}{\partial r}\right) + \frac{1}{r^2 \sin^2 \lambda}\frac{\partial^2 v_r}{\partial \vartheta^2} + \right. \\
&\qquad + \frac{1}{r^2 \sin \lambda}\frac{\partial}{\partial \lambda}\left(\frac{\partial v_r}{\partial \lambda}\sin \lambda\right) - \frac{2}{r^2}\frac{\partial v_\lambda}{\partial \lambda} - \frac{2}{r^2 \sin \lambda}\frac{\partial v_\vartheta}{\partial \vartheta} - \\
&\qquad\qquad\qquad\qquad \left. - \frac{2 v_r}{r^2} - \frac{2 v_\lambda}{r^2}\operatorname{ctg}\lambda \right], \\[4pt]
&\frac{\partial v_\vartheta}{\partial t} + v_r \frac{\partial v_\vartheta}{\partial r} + \frac{v_\lambda}{r}\frac{\partial v_\vartheta}{\partial \lambda} + \frac{v_\vartheta}{r \sin \lambda}\frac{\partial v_\vartheta}{\partial \vartheta} + \frac{v_r v_\vartheta}{r} + \frac{v_\lambda v_\vartheta \operatorname{ctg}\lambda}{r} = \\
&= K_\vartheta - \frac{1}{\varrho}\frac{1}{r \sin \lambda}\frac{\partial p}{\partial \vartheta} + \frac{\mu}{\varrho}\left[\frac{1}{r^2}\frac{\partial}{\partial r}\left(r^2 \frac{\partial v_\vartheta}{\partial r}\right) + \frac{1}{r^2 \sin^2 \lambda}\frac{\partial^2 v_\vartheta}{\partial \vartheta^2} + \right. \\
&\qquad + \frac{1}{r^2 \sin \lambda}\frac{\partial}{\partial \lambda}\left(\frac{\partial v_\vartheta}{\partial \lambda}\sin \lambda\right) + \frac{2}{r^2 \sin \lambda}\frac{\partial v_\vartheta}{\partial \vartheta} + \\
&\qquad\qquad\qquad + \left. \frac{2 \cos \lambda}{r^2 \sin^2 \lambda}\frac{\partial v_\lambda}{\partial \vartheta} - \frac{v_\vartheta}{r^2 \sin^2 \lambda} \right], \\[4pt]
&\frac{\partial v_\lambda}{\partial t} + v_r \frac{\partial v_\lambda}{\partial r} + \frac{v_\lambda}{r}\frac{\partial v_\lambda}{\partial \lambda} + \frac{v_\vartheta}{r \sin \lambda}\frac{\partial v_\lambda}{\partial \vartheta} + \frac{v_r v_\lambda}{r} - \frac{v_\vartheta^2 \operatorname{ctg}\lambda}{r} = \\
&= K_\lambda - \frac{1}{\varrho}\frac{1}{r}\frac{\partial p}{\partial \lambda} + \frac{\mu}{\varrho}\left[\frac{1}{r^2}\frac{\partial}{\partial r}\left(r^2 \frac{\partial v_\lambda}{\partial r}\right) + \frac{1}{r^2 \sin^2 \lambda}\frac{\partial^2 v_\lambda}{\partial \vartheta^2} + \right. \\
&\qquad + \frac{1}{r^2 \sin \lambda}\frac{\partial}{\partial \lambda}\left(\frac{\partial v_\lambda}{\partial \lambda}\sin \lambda\right) - \frac{2 \cos \lambda}{r^2 \sin^2 \lambda}\frac{\partial v_\vartheta}{\partial \vartheta} + \\
&\qquad\qquad\qquad + \left. \frac{2}{r^2}\frac{\partial v_r}{\partial \lambda} - \frac{v_\lambda}{r^2 \sin^2 \lambda} \right].
\end{aligned} \tag{30}$$

Die Kontinuitätsgleichung:

$$\frac{\partial \varrho}{\partial t} + \frac{1}{r^2}\frac{\partial}{\partial r}\left(r^2 \varrho v_r\right) + \frac{1}{r \sin \lambda}\frac{\partial}{\partial \vartheta}\left(\varrho v_\vartheta\right) + \frac{1}{r \sin \lambda}\frac{\partial}{\partial \lambda}\left(\varrho v_\lambda \sin \lambda\right) = 0 . \tag{31}$$

Die Dissipationsenergie E_D:

$$\begin{aligned}
E_D = {}& 2\left(\frac{\partial v_r}{\partial r}\right)^2 + 2\left(\frac{1}{r \sin \lambda}\frac{\partial v_\vartheta}{\partial \vartheta} + \frac{v_r}{r} + v_\lambda \frac{\operatorname{ctg}\lambda}{r}\right)^2 + \\
&+ 2\left(\frac{1}{r}\frac{\partial v_\lambda}{\partial \lambda} + \frac{v_r}{r}\right)^2 + \left(\frac{1}{r \sin \lambda}\frac{\partial v_r}{\partial \vartheta} + \frac{\partial v_\vartheta}{\partial r} - \frac{v_\vartheta}{r}\right)^2 + \\
&+ \left(\frac{1}{r}\frac{\partial v_\vartheta}{\partial \lambda} + \frac{1}{r \sin \lambda}\frac{\partial v_\lambda}{\partial \vartheta} + v_\vartheta \frac{\operatorname{ctg}\lambda}{r}\right)^2 + \left(\frac{\partial v_\lambda}{\partial r} + \frac{1}{r}\frac{\partial v_r}{\partial \lambda} - \frac{v_\lambda}{r}\right)^2 .
\end{aligned} \tag{32}$$

Literaturverzeichnis

1. *Allgemeines über Mechanik*

[1.1] KIRCHHOFF, G.: Vorlesungen über mathematische Physik. Band I: Mechanik. 4. Auflage. Leipzig: Teubner 1897.

[1.2] HAMEL, G.: Theoretische Mechanik. Berlin-Göttingen-Heidelberg: Springer 1949.

[1.3] — Elementare Mechanik. Leipzig-Berlin: Teubner 1912.

[1.4] KAUDERER, H.: Nichtlineare Mechanik. Berlin-Göttingen-Heidelberg: Springer 1958.

[1.5] ZIEGLER, H. Mechanik. 3 Bände. Basel u. Stuttgart: Birkhäuser 1947—1960.

[1.6] SYNGE, J. L., and B. A. GRIFFITH: Principles of mechanics. New York: McGraw-Hill 1959 (3rd ed.).

[1.7] SZABÓ, I.: Einführung in die Technische Mechanik, 5. Auflage. Berlin-Göttingen-Heidelberg: Springer 1961.

[1.8] — Höhere Technische Mechanik, 3. Auflage. Berlin-Göttingen-Heidelberg: Springer 1960.

[1.9] WEBER, R. H., u. R. GANS: Repertorium der Physik. 2 Bände. Leipzig: Teubner 1915—1916.

2. *Punktmechanik*

[2.1] WHITTAKER, E. T.: Analytische Dynamik der Punkte und starren Körper. Berlin: Springer 1924.

[2.2] WINTNER, A.: The analytical foundation of celestical mechanics. Princeton, Univ. Press, 1941.

3. *Kreiseltheorie*

[3.1] GRAMMEL, R.: Der Kreisel, seine Theorie und Anwendungen. 2 Bände 2. Auflage. Berlin-Göttingen-Heidelberg: Springer 1950.

[3.2] KLEIN, F., u. A. SOMMERFELD: Über die Theorie des Kreisels. Band I—IV. Leipzig: Teubner 1877—1910.

[3.3] SCARBOROUGH, J. B.: The Gyroskope; theory and applications. London, N. Y.: Interscience 1958.

4. *Allgemeine Theorie der Kontinua*

[4.1] COLEMAN, B. D., and W. NOLL: On the thermostatics of continuous media. Arch. rational mech. anal. 4, 97—128 (1959).

[4.2] DOYLES, T. C., and J. L. ERIKSEN: Non-linear Elasticity. Adv. in appl. Mech. IV, 53—115 (1956).

[4.3] NOLL, W.: The foundation of classical mechanics in the light of recent advances in continuum mechanics. Proceedings of the Berkeley Symposium on the axiomatic method. 1958.

[4.4] — On the continuity of the solid and the fluid. J. rat. Mech. Anals. 4, 3—81 (1955).

[4.5] — A mathematical theory of the mechanical behaviour of continuous media. Arch. rational mech. anal. 2, 197—226 (1958/59).

[4.6] SOMMERFELD, A.: Mechanik der deformierbaren Medien. Leipzig: Akadem. Verlagsges. 1957.

[4.7] TRUESDELL, C.: The mechanical foundation of elasticity and fluid dynamics. J. rat. Mech. Anals. 1, 125—300 (1952); 2, 593—616 (1953).

[4.8] PRAGER, W.: Einführung in die Kontinuumsmechanik. Birkhäuser, Basel und Stuttgart 1961. (Während des Druckes erschienen.)

5. *Elastizitätstheorie*

[5.1] BABUSKA, I., F. VYCICHLO u. K. REKTORYS: Mathematische Elastizitätstheorie der ebenen Probleme. Berlin: Akademie-Verlag 1960.

[5.2] ERIKSEN, J. L., and C. TRUESDELL: Exact theory of stress and strain in rods and shells. Arch. rational mech. anal. 1, 295—323 (1958).

[5.3] GIRKMANN, K.: Flächentragwerke. 5. Auflage. Berlin-Göttingen-Heidelberg: Springer 1959.

[5.4] MARGUERRE, K.: Ansätze zur Lösung der Grundgleichungen der Elastizitätstheorie. ZAMM 35, 242—263 (1955).

[5.5] PARKUS, HEINZ: Instationäre Wärmespannungen. Wien: Springer 1959.

[5.6] SOKOLNIKOFF, I. S.: Mathematical Theory of elasticity. (2nd ed.) New York: McGraw-Hill 1956.

[5.7] TIMOSHENKO, ST.: Theory of elasticity. (2nd ed.) New York: McGraw-Hill 1951.

6. *Plastizität*

[6.1] HILL, R.: The mathematical theory of plasticity. Oxford: At the Clarendon Press 1950.

[6.2] HODGE, P. G. jr.: Plastic analysis of structures. New York: McGraw-Hill 1959.

[6.3] HOWARTH, L.: Modern Developments in fluid-dynamics I, II, Oxford, 1953.

[6.4] PRAGER, W., u. PH. G. JR. HODGE: Theorie ideal plastischer Körper. Wien: Springer 1954 (Übersetzung von: Theory of perfectly plastic solids. Wiley N. Y. 1951).

[6.5] SOKOLOVSKY, V. V.: Theorie der Plastizität. Berlin: VEB-Verlag Technik 1955 (Übersetzung aus dem Russ. 1950, Moskau-Leningrad).

7. *Hydromechanik*

[7.1] BIRKHOFF, GARRET: Hydrodynamics. A study in logic, fact and similiarity. Princeton, Univ. Press 1950.

[7.2] GARABEDIAN, P. R.: Mathematical theory of three-dimensional cavities and jets. Bull. Am. Math. Soc. 52, 219—235 (1956).

[7.3] HAMEL, G.: Mechanik der Kontinua. Stuttgart: Teubner 1956.

[7.4] KAUFMANN, W.: Technische Hydro- und Aeromechanik. Berlin-Göttingen-Heidelberg: Springer 1954.

[7.5] KOTSCHIN, N. J., I. A. KIBEL u. N. W. ROSE: Theoretische Hydromechanik. Berlin: Akademie-Verlag. I, 1954; II, 1955.

[7.6] LIN, C. C.: The theory of hydrodynamic stability. Cambridge: At the Univ. Press 1955.

[7.7] MILNE, W. E., and L. M. THOMSON: Theoretical hydrodynamics. (3rd ed.). New York: 1955 McMillan.

[7.8] MÜLLER, W.: Einführung in die Theorie der zähen Flüssigkeiten. Leipzig: Akademische Verlagsges. 1932.

[7.9] PRANDTL, L.: Führer durch die Strömungslehre, 4. Auflage. Braunschweig: Vieweg 1956.

[7.10] SCHLICHTING, H.: Grenzschichttheorie, 3. Auflage. Karlsruhe: Braun 1958.

[7.11] STOKER, J. J.: Water waves. New York-London: Interscience 1957.

[7.12] TRUESDELL, C.: The kinematics of vorticity. Bloomington: Indiana Univ. Press 1954.

[7.13] Handbuch der Physik VIII/1 — Strömungsmechanik I —, Berlin-Göttingen-Heidelberg: Springer 1959.

[7.14] Handbuch der Physik IX — Strömungsmechanik III — Berlin-Göttingen-Heidelberg: Springer 1960.

8. *Gasdynamik*

[8.1] COURANT, R., and K. FRIEDRICHS: Supersonic flows and shock waves. New York 1948.

[8.2] DORFNER, K.-R.: Dreidimensionale Überschallprobleme der Gasdynamik. Berlin-Göttingen-Heidelberg: Springer 1957.

[8.3] GUDERLEY, K. G.: Theorie schallnaher Strömungen. Berlin-Göttingen-Heidelberg: Springer 1957.

[8.4] OSWATITSCH, K.: Gasdynamik. Wien: Springer 1952.

[8.5] SAUER, R.: Einführung in die Theoretische Gasdynamik, 2. Auflage. Berlin-Göttingen-Heidelberg: Springer 1960.

[8.6] SEARS, W. R.: General theory of high-speed-aerodynamics, Princeton, 1954.

9. *Einzelabhandlungen*

[9.1] BECKER, R.: Stoßwelle und Detonation. Z. Physik 8, 321 (1922).

[9.2] BECHERT, K.: Zur Theorie ebener Strömungen in reibungsfreien Gasen. Ann. Phys. 37, 89 (1940); 38, 1 (1940).

[9.3] — Über die Ausbreitung von Zylinder- und Kugelwellen in reibungsfreien Gasen und Flüssigkeiten. Ann. Phys. 39, 169 (1941).

[9.4] — Ebene Wellen in idealen Gasen mit Reibung und Wärmeleitung. Ann. Phys. 40, 207 (1941).

[9.5] BERGER, F.: Das Gesetz des Kraftverlaufes beim Stoß. Braunschweig: Vieweg & Sohn 1924.

[9.6] BLASIUS, H.: Grenzschichten in Flüssigkeiten mit kleiner Reibung. Z. Math. Phys. 56, 1 (1908).

[9.7] BRUHN, G.: Querkräfte auf langsam pendelnde schlanke Rotationskörper im Überschallflug. Dissertation T. U. Berlin 1960.

[9.8] CZIBERE, T.: Berechnungsverfahren zum Entwurfe gerader Flügelgitter mit stark gewölbten Profilschaufeln I und II. Acta Tech. Acad. Sci. Hung. 28, 43—71, 241—280 (1960).

[9.9] ERTEL, H.: Ein neuer hydrodynamischer Wirbelsatz. Meteorolog. Z. 59, 277 (1942).

[9.10] — Über hydrodynamische Wirbelsätze. Physik. Z. 43, 526 (1942).

[9.11] FRÖSSEL, W.: Berechnung der Reibung und Tragkraft eines endlich breiten Gleitschuhes auf ebener Gleitbahn. ZAMM 21, 321 (1941).

[9.12] GREEN, A. E., and W. ZERNA: Theoretical elasticity. Oxford Univ. Press 1954 (Behandelt hauptsächlich nichtlineare Elastizitätstheorie, Anwendungen der analytischen Funktionen und Schalentheorie).

[9.13] HAACK, W.: Geschoßformen kleinsten Wellenwiderstandes. Bericht 139 der Lilienthal-Gesellschaft (1941).

[9.14] — Charakteristikenverfahren zur näherungsweisen Berechnung der unsymmetrischen Überschallströmung um ringförmige Körper. ZAMP II, 357 (1951).

[9.15] HAMEL, G.: Spiralförmige Bewegung zäher Flüssigkeiten. Jahresber. DMV 25, 34 (1917).

[9.16] HAUSENBLAS, H.: Die nicht-isotherme laminare Strömung einer zähen Flüssigkeit durch enge Spalten und Kapillarrohren. Ing.-Arch. **18**, 151 (1950).

[9.17] v. KÁRMÁN, TH.: Über laminare und turbulente Reibung. ZAMM **1**, 233 (1921).

[9.18] KAUFMANN, W.: Die Erweiterung des Zirkulationssatzes von W. THOMSON auf zähe viskose Flüssigkeiten. Z. Flugwiss. **7**, 103 (1959).

[9.19] MOHR, E.: Der Beschleunigungswiderstand bewegter Körper in einer Flüssigkeit. ZAMM **32**, 87 (1952).

[9.20] MORAWETZ, C. S.: On the non-existence of continuous transonic flows past profiles I, Comm. Pure and Appl. Math. **9**, 45—68 (1956).

[9.21] NAHME, R.: Beiträge zur hydrodynamischen Theorie der Lagerreibung. Ing.-Arch. **11**, 191 (1940).

[9.22] PAESLER, M.: Neuer Beweis und Gültigkeitserweiterung eines hydrodynamischen Minimalsatzes. Z. Physik **156**, 287 (1959).

[9.23]. POHLHAUSEN, K.: Zur näherungsweisen Integration der Differentialgleichung der laminaren Grenzschicht. ZAMM **1**, 252 (1921).

[9.24] PRANDTL, L.: Ein Gedankenmodell zur kinetischen Theorie der festen Körper. ZAMM **8**, 85 (1928).

[9.25] RIEMANN, B.: Über die Fortpflanzung ebener Luftwellen von endlicher Schwingungsweite. B. RIEMANNs gesammelte mathematische Werke. S. 157. Leipzig: Teubner 1892.

[9.26] RINGLEB, FR.: Die exakte Lösung der Differentialgleichungen einer adiabatischen Gasströmung. ZAMM **20**, 185 (1940).

[9.27] — Über die Differentialgleichungen einer adiabatischen Gasströmung und dem Strömungsstoß. Dt. Math. V. **1940**, 377.

[9.28] SANDER, H.: Eine experimentelle Methode zur Bestimmung der Torsionssteifigkeit beliebig geformter einfach zusammenhängender Querschnitte. Bauing. **1959**, 309.

[9.29] SCHADE, H.: Die hydrodynamische Stabilitätstheorie ebener und axialsymmetrischer Parallelströmungen. Diss. T. U. Berlin 1961.

[9.30] SCHINCKE, E.: Berechnung von symmetrischen Profilströmungen mit beschränkten Überschallbereichen. ZAMM **39**, 437 (1959).

[9.31] SZABO, I.: Die Strömung um eine Fläche von elliptischem Umriß. Ing.-Arch. **14**, 351 (1944).

[9.32] — Beiträge zur Theorie der achsensymmetrisch belasteten schweren dicken Kreisplatte. ZAMM **32**, 359—371 (1952).

[9.33] TOLLMIEN, W.: Grenzlinien adiabatischer Potentialströmungen. ZAMM **21**, 140 u. 308 (1941).

[9.34] TOMOTIKA, S., and K. TAMADA: Studies on two-dimensional transonic flows of a compressible fluid. Part III, Quart. Appl. Math. **9**, 129—147 (1951).

[9.35] TRICOMI, FR. G.: Mathematische Fragen der transsonischen Gasdynamik. ZAMM **39**, 445 (1959).

[9.36] VOGELPOHL, G.: Beiträge zur Kenntnis der Gleitlagerreibung. VDI-Forschungsheft 386. Berlin: VDI-Verlag 1937.

[9.37] WIEGHARDT, K.: Über einen Energiesatz zur Berechnung laminarer Grenzschichten. Ing.-Arch. **16**, 231 (1948).

10. *Zur Geschichte der klassischen Mechanik*

[10.1] GALILEI, G.: Unterredungen und mathematische Demonstrationen (Discorsi). Ostwalds Klassiker der exakten Wissenschaften, Nr. 11, 24 und 25.

[10.2] HUYGENS, CHR.: Die Pendeluhr (Horologium Oscillatorium). Ostwalds Klassiker der exakten Wissenschaften, Nr. 192.

[10.3] — Über die Bewegung der Körper durch den Stoß und über die Zentrifugalkraft. Ostwalds Klassiker der exakten Wissenschaften, Nr. 138.

[10.4] GUERICKE, O. VON: Neue Magdeburgische Versuche. Ostwalds Klassiker der exakten Wissenschaften, Nr. 59.

[10.5] NEWTON, I.: Mathematische Prinzipien der Naturlehre (Principia). Deutsch von J. P. H. WOLFERS. Berlin 1872.

[10.6] D'ALEMBERT: J. R.: Abhandlung über die Dynamik. Ostwalds Klassiker der exakten Wissenschaften, Nr. 106.

[10.7] BERNOULLI, JOHANN, JAKOB BERNOULLI u. L. EULER: Abhandlung über Variationsrechnung I. Ostwalds Klassiker der exakten Wissenschaften, Nr. 46.

[10.8] EULER, L.: Vollständige Theorie der Maschinen, die durch Reaktion des Wassers in Bewegung versetzt werden. Ostwalds Klassiker der exakten Wissenschaften, Nr. 182.

[10.9] — Neue Grundsätze der Artillerie. Berlin 1745.

[10.10] BERNOULLI, JAKOB, u. L. EULER: Abhandlungen über das Gleichgewicht und die Schwingungen der ebenen elastischen Kurven. Ostwalds Klassiker der exakten Wissenschaften, Nr. 175.

[10.11] CLAIRAUT, A.: Theorie der Erdgestalt nach Gesetzen der Hydrostatik. Ostwalds Klassiker der exakten Wissenschaften, Nr. 189.

[10.12] LAGRANGE, J. L., RODRIGUEZ, JACOBI u. GAUSS: Abhandlungen über die Prinzipien der Mechanik. Ostwalds Klassiker der exakten Wissenschaften, Nr. 167.

[10.13] DÜHRING, E.: Kritische Geschichte der allgemeinen Prinzipien der Mechanik. Berlin 1873.

[10.14] RÜHLMANN, M.: Vorträge über Geschichte der technischen Mechanik. Leipzig 1885.

[10.15] STRAUB, H.: Die Geschichte der Bauingenieurkunst. Basel 1949.

[10.16] KÁRMÁN, TH. VON: Aerodynnamik. Genf 1956.

[10.17] TRUESDELL, C.: Editors Introduction to Vol. II 13 of EULERs works. Zürich 1956.

[10.18] — Zur Geschichte des Begriffes „innerer Druck", Phys. Blätter, Bd. 12 (1956) S. 315.

[10.19] — EULERs Leistungen in der Mechanik. L'Enseignement Mathématique 1957.

[10.20] — Neuere Anschauungen über die Geschichte der allgemeinen Mechanik. ZAMM 38, 148 (1958).

[10.21] — A programm toward rediscovering the rational mechanics of the age of reason. Arch. Hist. Exact Sci. 1, 3 (1960).

[10.22] DUGAS, R.: Historie de la Mécanique. Neuchâtel 1950.

[10.23] TIMOSHENKO, ST. P.: History of strength of materials. New York 1952.

[10.24] POGGENDORFs biographisch-literarisches Handwörterbuch der Naturwissenschaft. 7 Bände. Leipzig 1863—1960

Namen- und Sachverzeichnis

Druckfehlerberichtigungen

S. 8: in der 15. Zeile von oben muß m_α statt m stehen.

S. 9: in der 7. Zeile von oben muß in der linken Seite der Gleichung $\dot{b}_\nu$ statt $\ddot{b}_\nu$ stehen.

S. 13: in (1.49) muß $\hat{q}_j$ statt $\hat{a}_j$ stehen.

S. 13: in (1.50) muß $\hat{\dot{q}}_k(t) \to \dot{q}_k^*(t)$ statt $\hat{\dot{q}}_k(t) \to \hat{q}_k^*(t)$ stehen.

S. 13: in (1.51) muß $\dot{q}_k^*$ statt $\ddot{q}_k^*$ stehen.

S. 18: in der 7. Zeile von oben ist das Komma durch ein Minuszeichen zu ersetzen.

S. 20: in der 10. Zeile von unten muß $\dot{q}_\nu$ statt $\ddot{q}_\nu$ stehen.

S. 42: in der 11. Zeile von oben muß $st\,\Sigma\{X_{k/l}Y_l - Y_{k/l}X_l\}$ statt $st\{\Sigma X_{k/l}Y_l - Y_{k/l}Y_l\}$ stehen.

S. 45: letzte Zeile muß $\dfrac{dp_i}{dt}$ statt $\dfrac{dp_j}{dt}$ stehen.

S. 52: in der 18. Zeile von oben muß $\Theta_1\dot{\omega}_1$ statt $\Theta_1\omega_1$ stehen.

S. 54: in (6.16) muß $\dot{\psi}$ statt ψ stehen.

S. 98: in der 13. Zeile von unten muß $B_{32/3}$ statt $B_{32/2}$ stehen.

S. 112: letzte Zeile muß $r_{23} = -F_{/1}$ statt $r_{23} = -F_{/2}$ heißen.

S. 130: in der 13. Zeile von oben muß $\dfrac{\nu\,\Theta}{1-2\nu}$ statt $\dfrac{\gamma\,\Theta}{1-2\nu}$ stehen.

S. 197: in (1) muß ω statt w ($3\times$) stehen.

S. 207: in Abb. 11.3 muß $|\zeta - z| = \tau$ statt $|\zeta = z| = \tau$ stehen.

S. 247: in der 14. Zeile von unten muß $U(y)$ statt $V(y)$ stehen.

S. 253: in der 1. Zeile von oben muß „Haften" statt „Halten" stehen.

S. 374: in der 8. Zeile von oben „Wurfparabel 27, 35" statt „Wurfparabel 3".

MIX
Papier aus verantwortungsvollen Quellen
Paper from responsible sources
FSC® C105338

www.fsc.org

If you have any concerns about our products,
you can contact us on
ProductSafety@springernature.com

In case Publisher is established outside the EU,
the EU authorized representative is:
**Springer Nature Customer Service Center GmbH
Europaplatz 3, 69115 Heidelberg, Germany**

Printed by Libri Plureos GmbH
in Hamburg, Germany